CHINESE MATHEMATICAL OLYMPIAD TESTS AND ANSWERS FROM THE FIRST TO THE LATEST

历届中国数学奥林匹克试题及解答

● 刘培杰　主编

$\sum_{k=1}^{5} k^5 x_k = a^3$

$\sum_{k=1}^{5} k^3 x_k = a^2$

$\sum_{k=1}^{5} k x_k = a$

哈爾濱工業大學出版社
HARBIN INSTITUTE OF TECHNOLOGY PRESS

内容简介

“全国中学生数学冬令营”是在“全国高中数学联赛”的基础上进行的较高层次的数学竞赛，后改名为“中国数学奥林匹克”. 本书汇集了第1届至第40届中国数学奥林匹克竞赛试题及解答，适合于数学奥林匹克竞赛选手和教练员、高等院校相关专业研究人员及数学爱好者参考使用.

图书在版编目(CIP)数据

历届中国数学奥林匹克试题及解答/刘培杰主编.
哈尔滨：哈尔滨工业大学出版社，2025.7. —ISBN
978-7-5767-1870-6

Ⅰ. G634.603

中国国家版本馆CIP数据核字第20256QV826号

策划编辑 刘培杰 张永芹
责任编辑 钱辰琛
封面设计 孙茵艾
出版发行 哈尔滨工业大学出版社
社　　址 哈尔滨市南岗区复华四道街10号 邮编150006
传　　真 0451-86414749
网　　址 http://hitpress.hit.edu.cn
印　　刷 哈尔滨博奇印刷有限公司
开　　本 787 mm×1 092 mm 1/16 印张26.25 字数502千字
版　　次 2025年7月第1版 2025年7月第1次印刷
书　　号 ISBN 978-7-5767-1870-6
定　　价 68.00元

序 | Prelude

在首届数学冬令营上的讲话①

吴大任

同学们：

我非常高兴和你们见面. 数学这个共同的爱好把我们聚在了一起. 你们不但对数学有较浓厚的兴趣,而且已经表现出了对数学有较高的才能. 可以肯定,你们当中的绝大多数同学将要在数学方面继续深造,并且运用这个有力工具为“四个现代化”服务. 我祝愿你们在建设有中国特色的社会主义中,做出自己的贡献.

(一)数学的巨大作用

我们有理由为数学有巨大作用而自豪.

时至今日,数学已经无所不在. 基础科学和技术科学中,自然科学和社会科学中,数学的应用越来越广泛. 可以说,数学的应用方兴未艾. 数学对自然科学包括理论科学和技术科学的重要性,人们都比较了解. 我只简略谈谈数学应用于经济学的一些情况,作为它渗入社会科学的一例. 数学的许多分支,它的丰硕成果,都用到经济学里去了. 数学和经济学相结

① 本文是吴大任 1986 年 1 月 21 日对全国中学生数学冬令营营员的讲演词.

合,甚至产生了像数理经济学、计量经济学这样的自成体系的交叉学科.从1969年到1981年,13次的诺贝尔经济学奖中,就有7次可以看成是对应用数学颁发的,其中一次是苏联数学家获得的,他为处理经济问题创立了一项新方法,并获得成功.

18世纪德国大哲学家康德(Kant)说过:“我坚决认为,任何一门自然科学,只有当它数学化之后,才是完备的.”那时候,即使在自然科学中,数学的应用还不广泛,他能有这样的预见,是难能可贵的.马克思(Marx)对康德这句话十分欣赏.康德那个时候,还不能预见到数学对社会科学的作用.现在康德的预言已经实现,而且对社会科学也在实现中.有人甚至说,人文科学也可能数学化.

(二)数学应用广泛的根本原因

为什么数学有那样大的威力呢?最根本的原因是,数学研究的对象是空间形式和数量关系,而这两者正是客观世界一切事物共同的基本要素.所以柏拉图说:“数学是现实世界的真髓.”19世纪一位数学家说:“数学是科学的语言.”这都是对数学本质的很好概括.

数学来源于实践,这和一切科学没有什么不同.所不同的是,别的科学必须研究事物的具体性质,或多或少,涉及它们的某些方面的特殊性,而数学则只研究它们的共性,并且把这些共性抽象化,把其中规律加以高度概括.我们说“一加二等于三”不说“一本书加两本书等于三本书”.我们说,圆周长等于圆周率乘直径,不管是圆桌边还是地球赤道.由于这个原因,数学就有自己的概念符号以及表达其规律的特殊方式.数学家对客观事物的形状和数量中的五花八门的关系进行分析,找出其中少数最简单且基本的作为公理,然后从公理出发,通过严格的逻辑推理来得到其他关系.这些概念、符号、表达形式等放在一起,就成为数学语言.无论自觉或不自觉,我们都是这样做的.其结果,就是从比较简单的关系,推得比较复杂的关系.数学以及它的各个分支就这样被逐步建立起来了.

数学来源于实践,而在数学推导中,又不联系到它的实际内容,这不是脱离实际,恰恰相反,这使得它的结论会有最广泛的(也许是潜在的)实际应用.与此同时,数学家对所得到的结果通过分析综合,找出其内在联系,整理成一定的体系,并逐步使它成为完善的逻辑结构.对于这种过程,我们就常说:

数学内部的矛盾促使它相对地独立于实践而发展. 历史上一个著名的例子,就是非欧(几里得)几何的发现. 在欧几里得(Euclid)《几何原本》问世之后,无数的数学家考察了它里面的公理体系. 在这些公理中,有一个现在称为平行公理的第五公设. 它本质上是说:已给一条直线和不在它上面的一点,恰好有一条直线经过所给点而平行于所给直线. 人们希望从其他公理推得平行公理,但一切尝试都失败了. 经过了两千多年,在19世纪,人们终于认识到平行公理和其他公理是完全独立的,如果用另一个公理来代替平行公理,具体地说,假定有两条直线经过所给点而和所给直线不相交,就得到了和欧几里得几何不同,但在逻辑上完全不含任何矛盾的双曲几何学,这就是两种非欧几何学之一(另一种非欧几何叫作椭圆几何). 起初,许多人不承认双曲几何,又过了几十年,才彻底证明了双曲几何和欧氏几何在逻辑上有同等的地位. 到20世纪初,狭义相对论创立,闵可夫斯基(Minkowski)几何对相对论提供了天然的几何阐述,它和非欧几何的理论基础联系密切,非欧几何的实践意义才获得进一步承认.

另外,微积分和几何相结合,产生了微分几何. 就在非欧几何出现后不久,黎曼(Riemann)推广了高斯(Gauss)关于曲面的成果,建立了黎曼几何,它成为广义相对论的基础. 广义相对论的出现,促使近代的伟大几何学家嘉当(Cartan)用十年时间来研究各种联络的空间,这些研究后来促使陈省身等创立纤维丛理论. 物理学家杨振宁说:“我所惊叹的是,(物理中的)规范场恰好就是纤维丛上的联络,而后者是数学家没有参照物质世界所发展起来的.”在我们看来,这是十分有意思的事例,但并不奇怪. 因为数学既然是从实际中来的,它本质就是联系着实际的. 在它的自我完善中,有时似乎是离实际很远,但联系着它和实际的纽带并没有完全割断,它的成果,有朝一日又能用来说明或解决实际问题,就是很自然的了. 可以认为,纤维丛和规范场的同一性是客观世界统一性的反映.

上面举的例子也表明,数学(包括其中最抽象的部分)是如何和其他学科交织在一起,互相作用,互相促进的. 而这也是数学发展最重要的动力之一. 伟大的数学家希尔伯特(Hilbert)说过:“只要一门(数学)分支能提出大量的问题,它就充满着生命力;而问题的缺乏,就预示着独立发展的中止.”数学的问题是哪里来的? 一部分来自它的内部矛盾,但更多的则来自实践. 应用数学大师,现代计算机的创始人冯·诺伊曼(von Neumann)说:“大多数最美妙的灵感来源于经验.”

就是这个道理.数学和实践是有直接联系的,优选法就是一例,但更多的是间接的,是通过其他科学的.著名数学家克莱因(Klein)指出:"最伟大的数学家,像阿基米德(Archimedes)、牛顿(Newton)和高斯,总是把理论和应用等量地糅合在一起."其实,不止数学家,历史上其他伟大的科学家也总是不同程度上把自己的学科和别的学科相结合的.可以说,当一门学科和其他学科割裂的时候,它发展就相对慢,而当它和别的学科结合的时候,它发展就相对快.当前,不同学科的结合,产生了难以尽数的交叉学科,这是现代科学发展的一个特点,也是现代科学之所以迅速发展的一个重要因素.本来,客观世界是一个统一体,反映客观世界的科学也应当是统一的.分成不同学科是为了研究便利.把不同学科相结合,在一定意义上就是部分地还原其本来面目.这样看,交叉学科之富有生命力就不足为奇了.苏东坡咏庐山诗:"横看成岭侧成峰,远近高低各不同,不识庐山真面目,只缘身在此山中."要认识庐山真面目,就要坐上飞机,要认识地球真面目,就要坐上航天飞机.瞎子摸象,有很大局限性,但如果多摸几个部位,也能对大象的轮廓获得较多的了解.

话说远了,让我们回到本题.在学科与学科的结合中,数学处于非常特殊的地位.因为数学可以和一切其他学科直接结合,而它又是打开科学大门的钥匙,没有它就难以深入到事物的本质.数学和其他学科结合,产生了应用数学;和不同学科结合,就有不同的应用数学.数学本身也还是一个整体,"分家"仍然是为了研究的便利.有人出于个人的爱好,认为只有纯粹数学是好的或漂亮的,而把应用数学说成是坏的或不漂亮的数学,这是不公正的.从逻辑体系看,纯粹数学是基础,应用数学是派生的;但从实践观点看,谁也离不开谁,就像一棵树的根、躯干和枝叶那样.

(三)中国数学的状况

现在我想谈谈中国数学的情况.

我们都知道,我国古代数学和其他科学都有着光辉的成就,许多成果比外国早得多.到近几百年,西方后来居上,把我们远远抛在了后面.我国老一辈的数学家努力把现代数学移植到国内,使它生根发芽,工作是很艰苦的.移植,首先是培养人,其次也做些研究工作.但是,在那时的半封建半殖民地社会,生产建设规模小,战乱频繁,数学工作者的活动范围基本上限于纯粹数学研究,工作也只能是零散的.1949 年以后,形势有了根本改变,数学工作者们感到有用武之地了.特别是从1956年制订科学规划起,不但纯粹数学,应用数学也受到了重视,特别是1958年开展的“教育革命”,强调了理论联系实际,许多数学工作者大搞应用研究,有些纯粹数学的转到了应用数学方面,这是好现象,缺点是基础数学受到了削弱.“三年困难”时期过后,情况有所转变,可惜好景不长,又发生了“文化大革命”,培养人才的工作停顿了,科研工作中止了,只有个别可以直接取得经济效益的数学应用,还能进行一些.这样,数学和其他科学一样,1949年后本来在缩小中的同先进国家的差距,又拉大了.

“文化大革命”结束,开始了中国的历史新篇章,也开始了数学教育和科研的新篇章.和国外交流的增加,使我们对自己与国外的差距有了比较明确的认识.这激励我们非全力以赴地赶上去不可,而党中央“四个现代化”的要求和十一届三中全会以后的英明决策,又创造了能够赶上的条件.几年来,中国数学会组织了四次全国性会议和为数众多的专业会议.前后比较,我高兴地看到,大批年轻有为的数学家正在迅速成长.我们的研究工作和国际上前沿工作的联系,也明显地多起来了.我们的信心大为增强,我们的前途无比光明.

但是,必须清醒地估计我们的现状.我们的数学队伍已经不小,但和先进国家比,还不够壮大,总的来说,质量还不够高.我们的研究成果,有的居于前列,个别的处于领先地位,但面还不够宽,而且还有缺项.我们多数的研究课题,涉及的面较窄,因而没有足够的分量.这些都是现阶段难以避免的.无论我的这些估计对或不对,都应当这样看:认识差距,才能缩短以至消灭差距.

有一个现象不能不引起我们的高度关注,那就是,人们对数学重要性的认识还缺乏深度.我们对数学事业的支持还有待加强.例如在高等学校,数学以外的专业还没有开设足够的数学课程(包括选修课程),以满足部分有较高数学才能的学生的要求.包括数学专业在内,急于求专,忽视基础的现象还严重存在.基础不宽不牢,提高就要受到限制.近几年来,高考中报考数学(还有物理)专业的学生很不踊跃.这个现象如果不改变,其后果将是很严重的,我们不应当要求有数学才能的青年都去学数学,但是,中国如果没有一定数量的高水平数学家,我们的科学技术就不可能立足于国际.

造成这些令人不安的情况,原因是多方面的,在这里我不进行全面分析.我只谈谈数学的重要性为什么不易为人们所充分了解.首先,它的语言是非大众化的.对于专家来说,这种语言有利于准确地表达抽象且带高度概括性的数学概念和关系.遗憾的是,其发展趋势离大众化不是越来越近而是越来越远.我现在感到,这个矛盾很难统一.我希望有人能用大众化的语言来阐明现代数学,只要说得明白而准确,哪怕啰唆一点也行.其次,数学直接应用得少,间接应用得多.数学通过别的学科应用于实际,人们往往归功于那个学科而忽略了数学的作用.这个时候,数学便成了"无名英雄"."英雄",因为没有它不可;"无名",因为"论功行赏"时,它没有份.数学是不声不响地渗入到科学技术各个领域的.在这方面,我们特别应当感谢不久前去世的华罗庚同志.他搞了那么多带来直接经济效益的数学应用,又写了那么多数学普及读物,对帮助人们认识数学起了很大作用.

了解过去和现状,才能规划未来.我讲这段话是要说明:第一,我们数学目前和世界先进水平的差距还是不小的;第二,要避免重复过去对纯粹数学和应用数学认识的片面性;第三,要宣传数学的巨大作用.在强调经济效益的今天,最后一点是特别重要的.我们高兴的是,在党中央的关怀和扶持下,我们已经有了中国科学院的几个关于数学的研究所和北京大学、复旦大学、武汉大学等数学研究所,又把原来的南开大学数学研究所改组成"立足南开,面向全国,放眼世界"的南开数学研究所.我认为,成立这个数学研究所的目的,就是在国内建立一个和世界有较多联系的,培养现代数学人才和发展现代数学研究的基地.全国数学界正在紧密团结合作来把它办好.

(四)对同学的几点建议

同学们!为"四个现代化"服务,你们可以把数学作为工具来从事其他专业的工作,也可以把数学作为自己的终身事业.在后一种情况下,你们可以成为纯粹数学工作者,也可以成为应用数学工作者.那么在学习和研究数学中,有哪些需要注意的问题呢?我想提几点建议,供大家参考.

首先,要尽可能把基础打得宽广些、扎实些.这是老生常谈了.在这里所谓基础数学包括分析、代数和几何.许多年来,几何没有受到应有的重视,这是不恰当的.因为这三方面也是互相联系、互相促进的,不能偏废.许多数学家,包括希尔伯特在内,都曾强调过几何的重要性.

在现代物理中,几何的作用更是突出的.

我们不能搞实用主义,特别是对基础数学,不要认为有用的就学,用处不明显的就不学. 现在,在国内、在苏联,都开始注意到这个问题,都在适当加大几何和代数的比重,并且开始尝试把这三个分支在一定程度上结合起来讲授.我所谓扎实,就是掌握好基本概念和方法,培养自学能力、分析能力、运算能力、逻辑推理和逻辑表达等能力.要创造性地学习,要做书本的主人,不做书本的奴隶,还要学习查文献.这些要通过实践环节来逐步达到.基本功扎实了,就能够通过自学来学到在课堂上没有学到的东西,否则就会在业务上停滞不前,更谈不上创新.

对于有志从事应用数学工作的人,当然要兼顾某一门或更多门其他学科,这是不在话下的.现在不是有双学位制吗?这是个好制度.在一个专业毕业,再作为另一个专业的研究生继续学习,也是发展应用数学的一种方式.据我了解,许多应用数学家是纯粹数学家出身的,因为学数学的兼学别的学科比较容易,反过来就比较困难.

对于有志从事纯粹数学工作的人,最好也能学点别的学科.在数学内部,也力求知识面宽一些,经典的要学,现代的也要学.英国著名数学家阿蒂亚(Atiyah)说:“数学像是发育中的机体,它同过去以及同其他学科的联系是历史悠久的.”数学内部的横向联系,当然也是这样.数学家常常意外地发现各个数学分支之间有许多相似的地方,它们是可以互为工具,互相启发的.1983 年三个菲尔兹(Fields)奖获得者(其中有一位是丘成桐)都是由于他们在几何和分析的交叉领域中的工作而被评上的.这当然有偶然性,但偶然性是寓于必然性之中的.伟大的数学家往往是精通几个分支的,但这不妨碍他以其中一两个分支为主.

为了扩大知识领域,扩展视野,我们提倡交朋友,交同行朋友,也交不同行的朋友.南开数学研究所每年确定一两个研究方向,各年方向不同,年年邀请有关方面的国内外专家来进行研究和学术交流,这是我们的数学工作者广交朋友、扩大视野的好机会.

其次,要分清当前数学研究的主流和支流.主流就是最活跃的研究领域,问题最丰富的领域.主流不是国内一段时间在“业余数学家”中出现的热门,像一个时期的四色问题、哥德巴赫(Goldbach)问题之类.年轻同志在主流中选题,较容易学到新概念、新方法、新成果,也较容易做出有意义的结果.非主流的东西也可以做,但不能成为多数人的主攻方向.学点数学史,了解数学的过去和现状,了解它的发展规律,也便于识别主流和支流.

第三，要不懈地、勤奋地工作. 我非常欣赏“天才来自勤奋”这句话. 人的天赋是有所不同的，但是天赋好的不少，科学上取得好成就的相对不多，起决定作用的还是勤奋. 我还非常欣赏体育界流行的一句话“从头开始”. 不因胜利而骄傲自满，不因失败而丧失信心. 在座的同学们在数学竞赛中取得好成绩，现在也要“从头开始”. 在一切工作中，总有成功和失败，在数学研究中更是失败多于成功，失败提供反面经验，而有些反面经验比正面经验更宝贵.

任何重大成就都不是侥幸得来的. 牛顿看到苹果落地而发现万有引力，瓦特(Watt)看到水壶中的水烧开后把壶盖掀起而发明蒸汽机，这种传说是很片面的. 有人把这叫作“灵感”，那么这种灵感就来自长期的观察和深入思考，而不是凭空突然产生的. 许多人都有这样的经验：当他对一个问题钻研很久，碰到困难，解决不了时，他在休息当中或者休息以后会忽然发现解决问题的途径. 有人会在半夜睡觉醒来的时候，或在卫生间里找出办法. 英国数学家李特尔伍德(Littlewood)说，他有不少问题是星期一解决的. 我自己也有这样的经验，假期之后，常常容易获得研究的进展. 这说明脑力劳动要“一张一弛”. 在紧张的脑力劳动之后，特别是遇到难以克服的困难时，就该休息一段时间，再把工作捡起来，这会提高效率.

同学们！陈省身教授认为，到 20 世纪末，中国可能成为数学大国. 这是有根据的. 历史和现状都证实，中国人是有数学才能的，我们又处在中华人民共和国成立以来政治经济最好的时期. 到 1990 年，你们大学毕业，到 20 世纪末，你们已从事科学工作十年. 那时我国要达到小康水平，成为数学大国，都包含着你们的贡献. 你们工作到八十岁，就到了 21 世纪中叶，可以预期，那时候中国在各个方面，包括数学在内，都会处于领先地位. 这将是在座同学和全国人民一路奋斗的结果.

祝愿冬令营成功，同学们前途无量！

吴大任(1908—1997)，出生于天津市(祖籍广东省肇庆市). 1930 年毕业于南开大学；1933 年赴英国留学；1935 年获硕士学位；1935 年至 1937 年在德国汉堡大学进修积分几何；1937 年回国后先任武汉大学、四川大学教授，后任南开大学教授、教务长、副校长，还曾任中国数学会副理事长.

吴大任在几何学方面做出了重要贡献. 他对三维椭圆空间的积分几何做了系统研究，并得到其中运动的基本公式. 他出版了《微分几何讲义》(人民教育出版社，1959)等著作.

前　言 | Preface

中学生参加数学竞赛对他们一生都有着深刻的影响，且不说陶哲轩、佩雷尔曼(Perelman)、吴宝珠都是国际数学奥林匹克竞赛(International Mathematical Olympiad，简称 IMO)金牌得主，2014 年的菲尔兹奖，又有一位昔日的国际数学奥林匹克竞赛金牌选手获奖了，而且是首位获奖的女性，她就是玛丽亚姆·米尔扎哈尼(Maryam Mirzakhani)，生于伊朗，美国斯坦福大学教授. 那些早期天才更别提了，如印度天才数学家拉马努金(Ramanujan)，在高中阶段就经常赢得数学问题解决竞赛第一名，以至他的校长克里希纳斯瓦米·耶耳(Krishnaswami Iyer)在 1904 年授予他“K. 兰加纳塔·拉奥(K. Ranganatha Rao)数学奖”时评价说：“拉马努金是如此出色，满分也不足以说明”. 非线性科学中最为大众所知晓的通俗解释是“蝴蝶效应”，即非线性系统的输出对初始条件有敏感依赖性(就是古语所云：差之毫厘，谬以千里). 从人的成长来看人的童年和少年的经历就类似于初始条件，而人成年后的行为则类似于数学中函数 n 次迭代的结果，而人生显然是非线性的(线性行为多为决定性的，而非线性以非决定性居多)，我们来看一个典型的与数学竞赛有关的“蝴蝶效应”.

卡尔·波莫伦斯(Carl Pomerance)在美国读高中时参加了一次数学竞赛，其中有一道题目是要求分解 8 051，并要求在 5 分钟之内完成，而当时还没有微型计算器，虽然波莫伦斯长于心算，但他决定首先看看，是否可以找到一个巧妙的捷径，而不是通过一个一个地尝试来找到答案. 他回忆说：“我用了两分钟左右寻找新方法，逐渐地我觉得自己浪费了太多时间，开始变得焦急，于是重新开始尝试可能的因子，但由于时间浪费太多，我没有做出这道题.”

分解 8 051 的失败,激起了波莫伦斯一生对于快速分解整数方法的研究,并最终发明了"二次筛选法". 1994 年 4 月,两位数学家阿仁·伦斯特拉(Arjen Lenstra)和马克·玛纳斯(Mark Manasse)使用波莫伦斯的"二次筛选法",集合了 24 个国家数百台计算机的威力,加上 8 个月的实时计算终于破解了 MIT 三剑客 RSA,即罗恩·瑞威斯特(Ron Rivest)、莱昂纳德·阿德曼(Leonard Adleman)和阿迪·沙米尔(Adi Shamir)提出的挑战 RSA129,而三剑客开始估计需要 4×10^{16} 年才能破解.

从 8 051 到 RSA129 就是从数学竞赛到数学研究的过程. 类似的例子有很多,如法国的领袖数学家庞加莱(Poincaré)在 1871 ~1872 学年的全面基础数学竞赛中获得了头等奖; 1872 ~1873 学年他进入了特殊数学班,并再次获得全面基础数学竞赛的头等奖. 这使得他对数学产生了浓厚的兴趣,最后成为一代大师.

在青少年成才的规律中还有一个"皮格马利翁(Pygmalion)效应",即人们期待你成为什么样的人,你就会成为什么样的人. 现在密码学中最热门的话题是椭圆曲线,这些曲线由具有特殊形式的方程所定义,并在安德鲁·怀尔斯(Andrew Wiles)关于费马(Fermat)大定理的证明中处于核心地位,它们已经作为一种快速地将整数分解为素数的方法进入了密码学世界. 华盛顿大学西雅图分校的尼尔·柯布利兹(Neal Koblitz)在 20 世纪 80 年代中期就研究了利用椭圆曲线来进行加密.

作为一名资深的数学家,柯布利兹对数学有很高的热情,他回忆说那是由童年时期意外发生的一连串偶然事件引起的:"当我 6 岁时,我们全家在印度的巴罗达(Baroda)待了一年,那里学校对数学的要求比美国的要高许多,第二年当我返回美国时,我已经超过同班同学一大截,我的老师误认为我对数学有特殊天分. 就像其他一些容易在头脑中形成的错误概念一样,这种错觉逐渐变成了一种自我实现的预言. 我从印度回来之后受到的所有鼓励,促使我走上了数学家的道路."

我们必须强调一点,任何形式的考试都只能判断出一个人是否优秀但不足以判断一个人是否是天才. 例如法国心理学家阿尔弗雷德·比奈(Alfred Binet,1859—1911)发明的智商测试方法在一段时间内被公认为比较科学,但是数学界的领袖人物庞加莱在数学和科学创造与普及的影响都达到巅峰时,曾参加了一组比奈智力测试,他的表现大失水准,被判为傻子,人们把这归结为天才通常比测试的发起者或组织者看问题更深远,所以有些数学家也考不过中学生.

另外,参加数学竞赛越早对其一生的影响越深远,这并不是像张爱玲所说的"成名要趁早",而是因为中学阶段正是观念形成的重要时期.

意大利解析数论专家恩里科·邦比里(Enrico Bombieri)对黎曼假设的成立有一种绝对的信心,这像是一种信仰,"如果它不正确,那么整个世界都将崩溃,因此它必须正确."为此邦比里详细地描述过这点:"当我在十一年级的时候,我读过一些中世纪哲学家的东西,其中一位叫奥卡姆(Ockham).他提出过一个思想,当我们必须在两种解释中选择一个的时候,总是应该选简单的那一个.这就是奥卡姆剃刀的原则,排除困难的,选取简单的."对邦比里而言,"落在临界线之外的零点就像是管弦乐队中某件乐器掩盖了其他乐器的声响——这是一种非美学的情形.作为奥卡姆剃刀的忠实信徒,我拒绝接受这个结论,因此我相信黎曼假设是正确的".

对于国际中学生数学奥林匹克,陈省身先生说:"这项竞赛的难度是高中程度,不包括微积分,但题目需要思考,我相信我是考不过这些小孩子的.因此有人觉得,好的数学家未必长于这些考试,竞赛胜利者也未必是将来的数学家.这个意见似是而非.数学竞赛大约是一百年前在匈牙利开始的,而匈牙利产生了同它的人口不成比例的许多大数学家."在匈牙利那些大数学家中没有参加过数学竞赛的只有两位——爱尔特希(Erdös)和冯·诺伊曼,而这两位据说都是因为竞赛时没在国内.(陈省身,怎样把中国建为数学大国,原载《数学传播》第14卷第4期,1990年12月.)

在许多公开的数学竞赛中,学生并不一定会输给职业数学家,例如在全世界范围寻找大素数的竞赛中,开始是数学家领先,如著名数学家朱莉娅·罗宾逊(Julia Robinson)的丈夫拉斐尔·罗宾逊(Raphael Robinson),他在伯克利的数学家们的协助下,在一台由莱默(Lehmer)建造的叫作标准西部自动计算机(Standards Western Automatic Computer)上发现了一个大梅森(Mersenne)素数 $2^{2\,281}-1$,而一位加拿大的学生迈克尔·卡梅隆(Michael Cameron)一个人仅用个人计算机就证明了 $2^{13\,466\,917}-1$ 为素数,这是一个超过400万位的数.

对于想进一步学习数学的学生参加数学竞赛是大有益处的.陈省身先生说:"我们每年派去参加国际数学奥林匹克竞赛的中学生都很不错.虽然中学里数学念得好将来不一定都研究数学,但希望有一部分人搞数学,而且能有所成就.昨天,我和在北京的一些数学竞赛中获奖的学生见面,谈了话.我对他们说,搞数学的人将来会有大的前途,10年、20年之后,世界上一定会缺乏数学人才.现在的年轻人不愿学数学,势必造成人才短缺.学生不想学数学也难怪,因为数学很难,又没有把握.苦读多年之后,往往离成为数学家还很远.同时,又有许多因素在争夺数学家,例如计算机.做一个好的计算机软件,需要很高的才能,很不容易,不过它与数学相比,需要的准备知识较少.搞数学的人不知要念多少书,好像一直念不完.这样,有能力的人就转到计算机领域去了.也有一些数学博士,毕业后到股票市场做生意,例如预测股票市场的变化,写个计算机程序,以供决策使用,其收入比大学教授高得多了.因此,数学人才的流失,是世界性的问题."(《科技导报》,1992年第11期.)

许多年过去了,陈老的话应验了,数学人才成了稀缺资源,特别是高端的数学人才.当然部分原因是我们国家选拔人才的途径还比较少.数学竞赛官方承认的只有高中全国数学联赛几种,而像美国类似的大奖赛却有很多,如英特尔国际科学与工程大奖赛(Intel ISEF),它是美国历史最悠久的一项高中科学竞赛,该科学奖常常成为高中生进入哈佛大学、耶鲁大学等著名大学的"录取通知书",人们将该奖项看作未来科学家的摇篮,自该奖设立以来的54年间,获奖者中已有30人成为美国国家科学院院士,5人获诺贝尔奖.2006年获奖者是年仅16岁的美国加州少年迈克尔·维斯卡尔迪(Michael Viscardi),他凭借对一个历史悠久的数学难题——"迪利克雷(Dirichlet)问题"的全新解法获奖,并斩获高达10万美元的奖学金.

在英国也有类似的科学竞赛,优秀选手层出不穷.1991年1月《泰晤士报》刊登了一篇头版文章,标题是"少女破解电子邮件密码".这项成就为爱尔兰少女萨拉·弗兰娜瑞(Sarah Flannery)获得了一项科学竞赛的奖励.弗兰娜瑞以一篇长达50页题为《密码研究——一种与RSA相对的新算法》(*Cryptography: A New Algorithm Versus the* RSA)的报告获物理、化学和数学类第一名,并荣获大赛全能奖,被提名为1999年"爱尔兰年度青年科学家".1999年9月,弗兰娜瑞又以一篇题为《密码学——和RSA相对的一种新算法的研究》(*Cryptography: An Investigation of a New Algorithm Versus the* RSA)的报告被提名为1999年欧洲青年科学家,获得了5 000欧元的奖励并参加了在瑞典举行的诺贝尔颁奖典礼.

不过我国正在弥补这个不足.2008年3月26日,在北京隆重地举办了"丘成桐中学数学奖"启动仪式,这是丘成桐先生提议并得到泰康人寿保险响应的一个面向全球华人青少年的大赛.希望通过专题研究,培养新一代中学生的数学素养,引发青年人探索知识的兴趣及提升他们的创新能力.第一届“丘成桐中学数学奖”颁奖仪式已于2008年10月24日在北京举行,当时美国哈佛大学、布朗大学等著名学校的本科招生主任出席了该仪式,并面试了部分获奖学生.

本书是刘培杰数学工作室继成功推出《历届国际数学奥林匹克试题集》《历届美国大学生数学竞赛试题集》《前苏联大学生数学竞赛试题集》之后的续集.这几本试题集的一个共同特点是先易后难,体现了这几种竞赛活动从幼稚走向成熟的过程,也表明选手们一代更比一代强.苏联数学不论是中学还是大学均领先于我们,而美国单就数学竞赛而言是弱于中国的,但大学例外,其早期也不像我们想象的那样强.

美国早期的大学主要是为了训练神职人员,因而紧跟英国的计划,将他们的工作主要限制在拉丁文和希腊文,结果,即便是硕士学位的科学课程,也没有什么价值.1700年前,美国产生的唯一数学硕士论文的标题是《圆面积可求吗》,这篇论文1693年出现在哈佛大学,还好,作者认为是可求的.

为了更清楚地看出早期美国大学数学的标准,我们找到了1718年耶鲁大学学士学位论文的若干题目,水平之低,可见一斑.

1.《任何给定的数乘以一个小数,其值减小,而除以一个小数,其值增大》.

2.《被乘方的数可以从开方得到》.

3.《给定三角形的底和高,底角不能用含有正弦函数的公式表达》.

4.《运用对数能精确求解三角问题》.

5.《球体表面积是其最大圆周面积的4倍》.

当然这并不能说明西方人不聪明,没有学习数学的天分,而是说在当时并不重视这一学科.有一则逸事是说,19世纪英国数学家哈密尔顿(Hamilton)发现四元数的热情鼓励着泰特(Tait,1831—1901),泰特在剑桥大学当学生时,那儿的数学教授总被人嘲笑没有《圣经》知识,他和另一位学数学的同学决心为他们雪耻.结果在接下来的两年里,他们相继赢得了《圣经》知识竞赛的一等奖.就是说学数学的人素质是有的,关键是是否重视.早年,原东德在国际数学奥林匹克中一直是屈居末位.当时的执政党专门开了一次政治局会议研究这一问题,结果第二年就跃居首位.

目前社会上有些人将数学奥林匹克“妖魔化”，这并不足怪，因为纵观历史我们发现对数学的轻视、敌视也曾反复出现，如中世纪宗教领袖奥古斯丁就曾说过：“好的基督徒应该警惕数学家和所有制造空洞预言的那些人，危险已经存在，数学家已经与魔鬼结盟，要一起来败坏灵魂，把人们禁闭在地狱.”

公元4世纪时，在罗马皇帝的法典中有：“任何人都不要向占星士和数学家请教.”在公元6世纪的法典中也有一条“关于凶犯、数学家和类似的人”的法律. 将凶犯和数学家并列是对数学最大的不敬，而现在社会上也有人将奥数和杂技并列，其实奥数是社会留给天才人物的一架后楼梯，否则类似拉马努金那样的超级天才只能偶然地被哈代发现而别无他途.

会解难题是数学天才的最显著特征，以至于好莱坞的编剧们都知道这一点.

由马特·达蒙担任主演的好莱坞电影《心灵捕手》(*Good will Hunting*)讲的是一个出生于劳苦家庭的孩子，在剑桥的后街里巷中长大. 他是麻省理工学院的门房警卫，没事的时候常与地痞流氓厮混，打架斗殴. 然而麻省理工学院的教授们却吃惊地发现，这个市井小地痞实际上是个数学天才，对于看似纠缠不清的数学难题，他能够一挥而就地写出答案. 意识到这个野小子已经自己学完了高等数学以后，其中一个教授脱口而出：他就是“下一个拉马努金”.

任何一个高中生如果仅凭自己能独立解出本书中的全部题目，那他也很有可能就是下一个“拉马努金”，我们期待发现他.

刘培杰

2025年7月1日

目录

中国数学奥林匹克(CMO) 简介

(全国中学生数学冬令营)

全国中学生数学冬令营是在全国高中数学联赛的基础上进行的较高层次的数学竞赛.1985 年,由北京大学、南开大学、复旦大学和中国科学技术大学四所大学倡议,中国数学会决定,自 1986 年起每年 1 月份(第 29 届起改为每年 12 月份举行,从第 32 届起改为每年 11 月份) 举行全国中学生数学冬令营,后又改名为中国数学奥林匹克(Chinese Mathematical Olympiad, 简称 CMO). 冬令营邀请各省、市、自治区在全国高中数学联赛中的优胜者参加,人数为 100 多人,分配原则是每省市区至少一人,然后设立分数线择优选取. 冬令营为期 5 天:第一天为开幕式;第二、第三天考试;第四天学术报告或参观游览;第五天闭幕式、宣布考试成绩和颁奖.

中国数学奥林匹克考试完全模拟国际数学奥林匹克考试进行,每天 3 道题,限 4.5 小时完成. 每题 21 分(为国际数学奥林匹克试题的 3 倍),6 道题满分为 126 分. 题目难度接近国际数学奥林匹克,颁奖也与国际数学奥林匹克类似,设立一、二、三等奖,分数排名前 20 至 30 名的选手将组成参加当年国际数学奥林匹克的中国国家集训队.

从 1990 年开始,冬令营设立了"陈省身杯" 团体赛. 从 1991 年起,全国中学生数学冬令营被正式命名为中国数学奥林匹克,它成为目前中国中学生最高级别、最具规模、最有影响的数学竞赛.

注:后附历届中国数学奥林匹克一览表.

历届中国数学奥林匹克一览表

届次	年份	地点	承办单位
1	1986	天津	南开大学
2	1987	北京	北京大学
3	1988	上海	复旦大学
4	1989	合肥	中国科学技术大学
5	1990	郑州	《中学生数理化》编辑部
6	1991	武汉	华中师范大学
7	1992	北京	北京数学奥林匹克发展中心
8	1993	济南	山东大学
9	1994	上海	复旦大学
10	1995	合肥	中国科学技术大学
11	1996	天津	南开大学
12	1997	杭州	浙江大学
13	1998	广州	广州师范学院
14	1999	北京	北京大学
15	2000	合肥	中国科学技术大学
16	2001	香港	香港数学奥林匹克委员会
17	2002	上海	上海中学
18	2003	长沙	长沙一中
19	2004	澳门	澳门数学奥林匹克委员会
20	2005	郑州	郑州外国语学校
21	2006	福州	福州一中
22	2007	温州	温州中学
23	2008	哈尔滨	哈尔滨师范大学附属中学
24	2009	琼海	嘉积中学
25	2010	重庆	重庆南开中学
26	2011	长春	东北师范大学附属中学
27	2012	西安	西北工业大学附属中学
28	2013	沈阳	东北育才中学
29	2013	南京	南京师范大学附属中学
30	2014	重庆	巴蜀中学
31	2015	鹰潭	鹰潭市第一中学
32	2016	长沙	雅礼中学

续表

届次	年份	地点	承办单位
33	2017	杭州	杭州学军中学
34	2018	成都	成都七中
35	2019	武汉	华中师范大学第一附属中学
36	2020	长沙	长沙市长郡中学
37	2021	福州	福建师范大学附属中学
38	2022	深圳	深圳中学(线上)
39	2023	武汉	武钢三中
40	2024	宁波	宁波市镇海中学

第1届中国数学奥林匹克

天津,1986

1986年夏天,我国正式派出6名中学生参加第27届国际数学奥林匹克.为了选拔集训队员,1986年1月21日至25日,在天津南开大学举办了首届全国中学生数学冬令营.不言而喻,为时两个上午的数学竞赛是这一次冬令营最重要的活动.以这次竞赛的成绩作为依据,从78名营员中选拔出21名集训队员,经过为期3个月的专门训练后,再通过严格的考试,选拔出的6名同学就是代表我国参加第27届国际数学奥林匹克的选手了.

第1届中国数学奥林匹克试题及其解答如下.

1 设 $a_1,a_2,\cdots,a_n$ 均为实数,如果它们中任意两数之和非负,那么对于满足

$$x_1+x_2+\cdots+x_n=1$$

的任意非负实数 $x_1,x_2,\cdots,x_n$,有以下不等式

$$a_1x_1+a_2x_2+\cdots+a_nx_n\geqslant a_1x_1^2+a_2x_2^2+\cdots+a_nx_n^2$$

成立.请证明上述命题及其逆命题.

证明 先来证明逆命题.对于 $1,2,\cdots,n$ 中的任何不同的两个数 i,j,取 $x_i=x_j=\frac{1}{2}$,其余的 $x_k=0,k\neq i,j$.由于这一组数能使不等式成立,得到

$$\frac{1}{2}(a_i+a_j)\geqslant\frac{1}{4}(a_i+a_j)$$

即 $a_i+a_j\geqslant 0$,这就证完了逆命题.

至于命题本身,有许许多多的证法,限于篇幅,这里只列举三种.

证法1 由于 $x_1+x_2+\cdots+x_n=1$,所以

$$\begin{aligned}&a_1x_1+a_2x_2+\cdots+a_nx_n=\\&(a_1x_1+a_2x_2+\cdots+a_nx_n)(x_1+x_2+\cdots+x_n)=\\&a_1x_1^2+a_1x_1x_2+\cdots+a_1x_1x_n+\\&a_2x_1x_2+a_2x_2^2+\cdots+a_2x_2x_n+\cdots+\\&a_nx_1x_n+a_nx_2x_n+\cdots+a_nx_n^2\end{aligned}$$

由此可知

$$a_1x_1+a_2x_2+\cdots+a_nx_n-(a_1x_1^2+a_2x_2^2+\cdots+a_nx_n^2)=$$
$$(a_1+a_2)x_1x_2+(a_1+a_3)x_1x_3+\cdots+(a_1+a_n)x_1x_n+$$
$$(a_2+a_3)x_2x_3+(a_2+a_4)x_2x_4+\cdots+(a_2+a_n)x_2x_n+\cdots+$$
$$(a_{n-1}+a_n)x_{n-1}x_n$$

由题设可知,最后的这个和式是非负的. 证毕.

证法 2 当 $0\leqslant x_i\leqslant 1$ 时,总有 $x_i^2\leqslant x_i$;因此,当 $a_i\geqslant 0$ 对 $i=1,2,\cdots,n$ 均成立时,不等式显然是成立的.

设在 $a_1,a_2,\cdots,a_n$ 中有一个负数,不妨设 $a_1<0$,由条件 $a_1+a_j\geqslant 0(j=2,3,\cdots,n)$,可知 $a_j\geqslant -a_1>0$. 因此

$$a_1x_1(1-x_1)+a_2x_2(1-x_2)+\cdots+a_nx_n(1-x_n)\geqslant$$
$$a_1x_1(1-x_1)-a_1x_2(1-x_2)-\cdots-a_1x_n(1-x_n)=$$
$$-a_1[x_2(1-x_2)+\cdots+x_n(1-x_n)-x_1(1-x_1)]=$$
$$-a_1[x_2(1-x_2)+\cdots+x_n(1-x_n)-x_1(x_2+\cdots+x_n)]=$$
$$-a_1[x_2(1-x_1-x_2)+\cdots+x_n(1-x_1-x_n)]\geqslant$$
$$-a_1(x_2\cdot 0+\cdots+x_n\cdot 0)=0$$

证毕.

证法 3 许多同学试图用数学归纳法来证明本题,遗憾的是,只有个别同学是正确的.

本题是可以通过数学归纳法来证明的,其中的一种证法如下.

当 $n=2$ 时是很容易证明的,这时 $x_1=1-x_2,x_2=1-x_1$,故有

$$a_1x_1(1-x_1)+a_2x_2(1-x_2)=a_1x_1x_2+a_2x_1x_2=(a_1+a_2)x_1x_2$$

它显然不是负数.

设 $n=k$ 时命题成立.

当 $x_1+x_2+\cdots+x_k+x_{k+1}=1$ 时,若 $x_{k+1}=1$,则只能是 $x_1=x_2=\cdots=x_k=0$,不等式成为 $a_{k+1}\geqslant a_{k+1}$,这是合理的,故设 $0\leqslant x_{k+1}<1$,这时

$$\frac{x_1}{1-x_{k+1}}+\frac{x_2}{1-x_{k+1}}+\cdots+\frac{x_k}{1-x_{k+1}}=1$$

依归纳假设有

$$\sum_{i=1}^{k}a_i\frac{x_i}{1-x_{k+1}}\geqslant\sum_{i=1}^{k}a_i\left(\frac{x_i}{1-x_{k+1}}\right)^2$$

(这里及以后,均设想读者掌握了求和记号 $\sum$ 的意义和性质). 由上式可得

$$(1-x_{k+1})\sum_{i=1}^{k}a_ix_i \geqslant \sum_{i=1}^{k}a_ix_i^2$$

即
$$\sum_{i=1}^{k}a_ix_i \geqslant \sum_{i=1}^{k}a_ix_i^2 + x_{k+1}\sum_{i=1}^{k}a_ix_i$$

将 $a_{k+1}x_{k+1}$ 同时加到上式两边,得

$$\sum_{i=1}^{k+1}a_ix_i \geqslant \sum_{i=1}^{k+1}a_ix_i^2 + x_{k+1}\sum_{i=1}^{k}a_ix_i + a_{k+1}x_{k+1} - a_{k+1}x_{k+1}^2$$

让我们看

$$x_{k+1}\sum_{i=1}^{k}a_ix_i + a_{k+1}x_{k+1} - a_{k+1}x_{k+1}^2 =$$

$$x_{k+1}\sum_{i=1}^{k}a_ix_i + a_{k+1}x_{k+1}(1-x_{k+1}) =$$

$$x_{k+1}\sum_{i=1}^{k}a_ix_i + a_{k+1}x_{k+1}(x_1+x_2+\cdots+x_k) =$$

$$x_{k+1}\sum_{i=1}^{k}(a_i+a_{k+1})x_i \geqslant 0$$

因此就证得了

$$\sum_{i=1}^{k+1}a_ix_i \geqslant \sum_{i=1}^{k+1}a_ix_i^2$$

这样就完成了归纳法证明.

2 如图1,在 $\triangle ABC$ 中,BC 边上的高 $AD=12$,$\angle A$ 的平分线 $AE=13$. 设 BC 边上的中线 $AF=m$. 问 m 在什么范围内取值时,$\angle A$ 分别为锐角、直角和钝角?

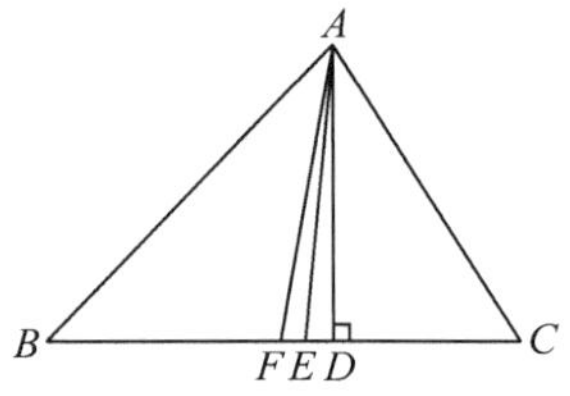

图 1

解 这是一个比较接近于课本内容的平面几何题目. 解答本题也有多种方法. 这些解法大体上又可以分两类,一类是通过代数的或三角的计算,另一类侧重于纯几何的方法. 以下,我们给出两种解法.

解法1 首先,由勾股定理,得出

$ED=\sqrt{AE^2-AD^2}=\sqrt{13^2-12^2}=\sqrt{(13-12)(13+12)}=5$

可见,不论 $\triangle ABC$ 怎样变化,Rt$\triangle AED$ 总是固定的,用字母 α 来记 $\angle EAD$,于是 $\tan\alpha=\frac{5}{12}$.

令 $\beta=\angle BAE=\angle CAE$,故有

$$\angle BAD=\beta+\alpha,\ \angle CAD=\beta-\alpha$$

从而

$$BD=AD\tan(\beta+\alpha)=12\tan(\beta+\alpha)$$
$$CD=AD\tan(\beta-\alpha)=12\tan(\beta-\alpha)$$

由 $BD = BF \pm FD, CD = CF \mp FD$ 及 $BF = CF$，有

$$FD = \frac{1}{2}|BD - CD| = 6|\tan(\beta + \alpha) - \tan(\beta - \alpha)| =$$

$$6\left|\frac{\tan\alpha + \tan\beta}{1 - \tan\alpha\tan\beta} - \frac{\tan\beta - \tan\alpha}{1 + \tan\beta\tan\alpha}\right| =$$

$$6\left|\frac{2\tan\alpha(1 + \tan^2\beta)}{1 - \tan^2\alpha\tan^2\beta}\right| = 5\cdot\frac{1 + \tan^2\beta}{\left|1 - \left(\frac{5}{12}\right)^2\tan^2\beta\right|} =$$

$$5\cdot\frac{1 + \tan^2\beta}{1 - \left(\frac{5}{12}\right)^2\tan^2\beta}$$

以下分三种情形讨论.

(1) 当 $\angle A$ 为锐角时，$0 < \beta < \frac{\pi}{4}$，$0 < \tan^2\beta < 1$. 这时 $5 < FD < \frac{1\ 440}{119}$，因为 $m = AF = \sqrt{AD^2 + DF^2} = \sqrt{144 + DF^2}$，所以这时 $13 < m < \frac{2\ 028}{119}$.

(2) 当 $\angle A$ 为直角时，$\beta = \frac{\pi}{4}$，这时 $m = \frac{2\ 028}{119}$.

(3) 当 $\angle A$ 为钝角时，这时有 $\frac{\pi}{4} < \beta < \frac{\pi}{2} - \alpha$，这个不等式后一部分是因为必须有 $\alpha + \beta < \frac{\pi}{2}$. 这时

$$1 < \tan^2\beta < \tan^2\left(\frac{\pi}{2} - \alpha\right) < \left(\frac{12}{5}\right)^2$$

因此 $\frac{1\ 440}{119} < DF < +\infty$，从而 $\frac{2\ 028}{119} < m < +\infty$.

容易看出，m 的值与 $\angle A$ 的大小有着一一对应的关系，因此我们得出结论：

当 $m \in \left(13, \frac{2\ 028}{119}\right)$ 时，$\angle A$ 为锐角；

当 $m = \frac{2\ 028}{119}$ 时，$\angle A$ 为直角；

当 $m \in \left(\frac{2\ 028}{119}, +\infty\right)$ 时，$\angle A$ 为钝角.

解法 2 作 $\triangle ABC$ 的外接圆. 过 BC 的中点 F 作 BC 的垂直平分线，交外接圆于点 G. 容易得出，当 $\angle A$ 为锐角时（图 2），$AF > FG$；当 $\angle A$ 为直角时，$AF = FG$；当 $\angle A$ 为钝角时，$AF < FG$.

因为 AE 为 $\angle BAC$ 的平分线，所以 AE 的延长线一定通过点 G. 于是

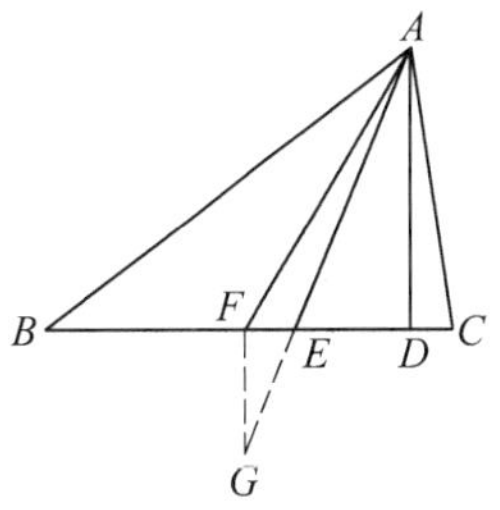

图 2

$$\frac{FG}{FE}=\frac{AD}{ED}=\frac{12}{5}$$

由此得 $FG=\frac{12}{5}FE$. 但是

$$AF^2=AD^2+DF^2=12^2+(FE+5)^2$$

即
$$FE=\sqrt{m^2-12^2}-5$$

于是
$$FG=\frac{12}{5}(\sqrt{m^2-12^2}-5)$$

不等式 $FG<m$ 相当于

$$\sqrt{m^2-12^2}-5<\frac{5}{12}m$$

去掉根号并化简之后,得到不等式

$$m^2-\frac{600}{119}m-\frac{(12\times 13)^2}{119}<0$$

解上述不等式得到

$$-12<m<\frac{2\ 028}{119}$$

m 当然不能取负值. 不但如此,仔细观察几何图形,$m=13$ 都是不可能的,否则将导致 $12=13$. 因此,当 $\angle A$ 为锐角时,只能是 $13<m<\frac{2\ 028}{119}$. 其他情形,亦如解法 1 所列出的结果.

3 设 $z_1,z_2,\cdots,z_n$ 为复数,满足 $|z_1|+|z_2|+\cdots+|z_n|=1$,求证:上述 n 个复数中,必存在若干个复数,它们的和的模不小于 $\frac{1}{6}$.

证明 本题是由美国的一本高等数学书中的一个引理改编而成的. 事实上,题中的常数可以增大到 $\frac{1}{4}$.

冬令营的一位营员(来自江苏)给出了一个很简洁的证法,这一证法,是基于以下的考虑.

设 $z_1=3-2\mathrm{i},z_2=-3+2\mathrm{i}$,那么 $|z_1+z_2|=0$. 而如果 $z_1=3-2\mathrm{i},z_2=3+1.9\mathrm{i}$,那么 $|z_1+z_2|=|6-0.1\mathrm{i}|\geqslant 6$. 这两个例子表明,若干个复数相加,只有当它们的实部或虚部具有相同的符号时,和的模才可能比较大;否则正负相抵,和的模就可能相对较小.

令 $z_k=x_k+\mathrm{i}y_k,x_k,y_k\in\mathbf{R},k=1,2,\cdots,n$. 由于

$$|z_k|\leqslant|x_k|+|y_k|$$

故得
$$1=\sum_{k=1}^{n}|z_k|\leqslant\sum_{k=1}^{n}|x_k|+\sum_{k=1}^{n}|y_k|$$

因为我们有显然的等式

$$\sum_{k=1}^{n}|x_k|=\sum_{x_k>0}x_k-\sum_{x_k<0}x_k$$

$$\sum_{k=1}^{n}|y_k|=\sum_{y_k>0}y_k-\sum_{y_k<0}y_k$$

这里，$\sum\limits_{x_k>0}x_k$ 表示把 $x_1,x_2,\cdots,x_n$ 中全部正数都加起来，而 $\sum\limits_{y_k<0}y_k$ 表示把 $y_1,y_2,\cdots,y_n$ 中全部负数都加起来. 由于

$$\sum_{x_k>0}x_k+\left(-\sum_{x_k<0}x_k\right)+\sum_{y_k>0}y_k+\left(-\sum_{y_k<0}y_k\right)\geqslant 1$$

故以上四个和式中必有一个不小于$\frac{1}{4}$，不妨设

$$-\sum_{y_k<0}y_k=\sum_{y_k<0}|y_k|\geqslant\frac{1}{4}$$

这时

$$\left|\sum_{y_k<0}z_k\right|=\left|\sum_{y_k<0}x_k+\mathrm{i}\sum_{y_k<0}y_k\right|\geqslant\left|\sum_{y_k<0}y_k\right|=\sum_{y_k<0}|y_k|\geqslant\frac{1}{4}$$

在上式中，记号 $\sum\limits_{y_k<0}z_k$ 表示把复数 $z_1,z_2,\cdots,z_n$ 中具有负虚部的那一部分复数加起来.

其实常数$\frac{1}{4}$还可以更大一些，运用高等数学中的工具，可以证明，本题中的常数$\frac{1}{6}$可以用$\frac{1}{\pi}$来代替，这里 π 代表圆周率.

4 已知四边形 $P_1P_2P_3P_4$ 的四个顶点位于 $\triangle ABC$ 的边上，求证：四个三角形 $\triangle P_1P_2P_3$，$\triangle P_1P_2P_4$，$\triangle P_1P_3P_4$，$\triangle P_2P_3P_4$ 中，至少有一个的面积不大于 $\triangle ABC$ 面积的$\frac{1}{4}$.

证明 为简便起见，我们直接用 $\triangle ABC$ 来代表 $\triangle ABC$ 的面积，其余类似的记号，均有此含义.

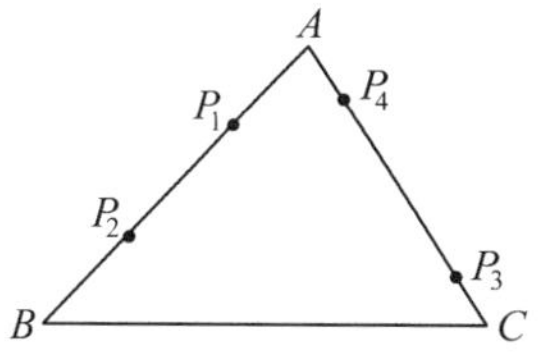

图 3

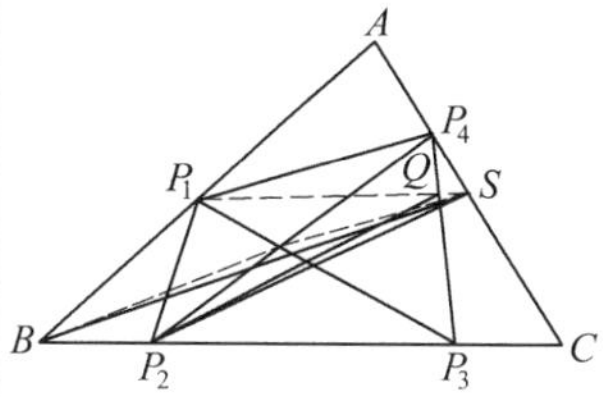

图 4

要考虑两种情形：

(1) $\triangle ABC$ 中，有一边上不含 P_1,P_2,P_3,P_4 中的任何一点，如图 3 所示.

(2) $\triangle ABC$ 的每一条边上均有 P_1,P_2,P_3,P_4 中的点，当然至少有一条边，例如 BC 边上，含有其中的两个点，如图 4 所示.

先讨论后一种情形. 设 P_4 到 BC 的距离大于或等于 P_1 到 BC 的距离，联结 P_1P_4 及 P_4P_3. 过 P_1 作平行于 BC 的直线段，分别交 P_4P_3，AC 于 Q 及 S 两点. 对于同底三角形 $\triangle P_4P_1P_2$，$\triangle QP_1P_2$，$\triangle P_3P_1P_2$，我们有

$$\min\{\triangle P_4P_1P_2,\triangle P_3P_1P_2\}\leqslant\triangle QP_1P_2\leqslant\triangle SP_1P_2$$

由于 $\triangle P_2SP_1$ 与 $\triangle BSP_1$ 同底等高，故得

$$\min\{\triangle P_4P_1P_2,\triangle P_3P_1P_2\}\leqslant\triangle BSP_1$$

把 $\triangle BSP_1$ 放在 $\triangle BSA$ 中考察，若设 $BP_1: BA=x$，那么

$$\triangle BSP_1=x\triangle BSA$$

再把 $\triangle BSA$ 放在 $\triangle ABC$ 中来看，因为 $AS: AC=1-x$，所以

$$\triangle BSP_1=x\triangle BSA=x(1-x)\triangle ABC$$

当 $0<x<1$ 时，$x(1-x)\leqslant\left(\frac{x+(1-x)}{2}\right)^2=\frac{1}{4}$，所以有

$$\min\{\triangle P_4P_1P_2,\triangle P_3P_1P_2\}\leqslant\frac{1}{4}\triangle ABC$$

再来讨论图1所示情形，联结 P_2P_3，利用前面已证明过的情形，四个小三角形的面积中必有一个小于或等于$\frac{1}{4}\triangle AP_2P_3$，但因 $\triangle AP_2P_3<\triangle ABC$，结论仍然正确. 在竞赛中，不少同学恰恰是忽略了这一种情形.

5 能否把1,1,2,2,3,3,…,1 986,1 986这些数重新排成一行，使得两个1之间夹着一个数，两个2之间夹着两个数，……，两个1 986之间夹着1 986个数？请证明你的结论.

证明 为了使结果更一般些，我们考虑 $1,1,2,2,\cdots,n-1,n-1,n,n$，这 $2n$ 个数重排的可能性问题，要求还是：两个 k 之间夹着 k 个数，这里 k 取 $1,2,\cdots,n-1,n$ 中的每一个值.

以下给出三种证法. 第一种证法多少带有高等数学的色彩，主要的思想与 n 阶行列式的理论基础——置换——有些关系；第二种证法简单一些，只涉及前若干个自然数的求和公式，这是高中数学课本中的内容；第三种证法几乎不需要多少知识，但体现着巧妙的思考，这一证法是参加冬令营的一位来自上海的女同学给出的.

证法1 对于 $1,1,2,2,\cdots,n,n$ 的任一排列，用一个大写字母，例如 P 来表示. 设想对于某一确定的排列 P，在其中，两个 k 之间夹着 R_k 个数，这里 $k=1,2,\cdots,n$，定义

$$R(P)=R_1+R_2+\cdots+R_n$$

它是一个非负整数，我们称 $R(P)$ 为排列 P 的“指数”.

现在，对调 P 中的某相邻两个数，例如 i,j，不妨设 $i\neq j$，其余的数均保留在原来的位置上，得出了一个新的排列 Q. 我们来看两个指数 $R(P)$ 与 $R(Q)$ 之间的关系.

设

$$P=\boxed{\cdots}\boxed{i}\boxed{\cdots}\boxed{i}\boxed{j}\boxed{\cdots}\boxed{j}\boxed{\cdots}$$

故

$$Q=\boxed{\cdots}\boxed{i}\boxed{\cdots}\boxed{j}\boxed{i}\boxed{\cdots}\boxed{j}\boxed{\cdots}$$

设在 P 中两个 i 之间夹着 R_i 个数,两个 j 之间夹着 R_j 个数,显然,在 Q 中,两个 i 之间夹着 R_i+1 个数,而两个 j 之间夹着 R_j+1 个数. 由于其他各对数的位置没有变化,因此 $R(Q)=R(P)+2$. 此式也可写为 $R(P)=R(Q)-2$.

再设

$$P=\boxed{\cdots}\boxed{j}\boxed{\cdots}\boxed{i}\boxed{\cdots}\boxed{i}\boxed{j}\boxed{\cdots}$$

故

$$Q=\boxed{\cdots}\boxed{j}\boxed{\cdots}\boxed{i}\boxed{\cdots}\boxed{j}\boxed{i}\boxed{\cdots}$$

在排列 Q 中,显然两个 i 之间夹的数的个数为 R_i+1,两个 j 之间夹的数的个数为 R_j-1,由此可知 $R(Q)=R(P)$.

所以,不论 P 为怎样一个排列,如果只对换 P 中相邻的两数,保持其余的各数不变,得出的排列为 Q,那么必有 $R(P)=R(Q)\pm 2$. 这就是说,这样的两个排列 P 与 Q,其指数具有相同的奇偶性.

经过有限次的相邻两数之间的对换,任一排列 P 总可以变为排列

$$P_0=\boxed{1}\boxed{1}\boxed{2}\boxed{2}\boxed{3}\boxed{3}\boxed{\cdots}\boxed{n}\boxed{n}$$

显然 $R(P_0)=0+0+\cdots+0=0$,结合上述推理可知:$1,1,2,2,\cdots,n,n$ 的任一排列的指数只能为偶数.

今设所要求的排列存在,记为 P^*. 这一排列的指数是

$$R(P^*)=1+2+\cdots+n=\frac{n(n+1)}{2}$$

按前面的说法,它应当为偶数,记为 $2t$,于是

$$n(n+1)=4t$$

这里 t 为正整数. 当 n 为奇数时,4 应整除 $n+1$,亦即 $n=4m+3$,这里 m 为非负整数. 当 n 为偶数时,$n+1$ 为奇数,这时 4 必整除 n,所以 $n=4m$,这里 m 为某一正整数.

这就是说,如果具有所要求的性质的排列存在,那么必须有 $n\equiv 0$ 或 $3\pmod 4$.

当 $n=1\ 986$ 时,此数被 4 除之余 2,不满足上述关系,因此,一定不能排成所要求的形式.

证法 2 对一行上的 $2n$ 个位置,按从左到右的次序依次编上 $1,2,3,4,\cdots,2n-1,2n$ 号. 对任一 $i\in\{1,2,\cdots,n-1,n\}$,设其中

此证法属于常庚哲教授.

一 i 占据 a_i 号位,另一 i 占据 b_i 号位,不妨设 $a_i < b_i$. 如果所要求的排列 P^* 存在,应有

$$b_i - a_i = i + 1, i = 1, 2, \cdots, n$$

由此得

$$a_i + b_i = 2a_i + i + 1$$

将上式等号两边求和,即

$$\sum_{i=1}^{n}(a_i + b_i) = \sum_{i=1}^{n} 2a_i + \sum_{i=1}^{n}(i + 1)$$

上式左边是一切位置号码之和,应等于

$$1 + 2 + \cdots + 2n = n(2n + 1)$$

可是 $$\sum_{i=1}^{n} 2a_i + \sum_{i=1}^{n}(i + 1) = 偶数 + n + \frac{n(n+1)}{2}$$

因此,我们有

$$2n^2 = 偶数 + \frac{n(n+1)}{2}$$

也可以说 $\frac{n(n+1)}{2}$ 为一偶数,得到了证法 1 所得的同样的结论.

证法 3　如果说前一证法中还要用到前若干个自然数之和的公式,那么当前这一证法更为初等,几乎不用任何特殊的知识. 在证法 2 中,我们已经得到 $a_i + b_i = 2a_i + i + 1$,这也可以说成

$$a_i + b_i = 偶数 + i + 1$$

仔细观察上式可知,若 i 为偶数,则 $a_i + b_i$ 等于奇数,这表明 a_i 与 b_i 的奇偶性不同. 也就是说,对于偶数 i,其中的一个被排在奇号位置上,另一个一定被排在偶号位置上. 若 i 为奇数,则 $a_i + b_i$ 等于偶数,即 a_i 与 b_i 有相同的奇偶性,那就是说,如果 a_i 是奇数,那么 b_i 必为奇数. 或者说,对于奇数 i,若有一个 i 出现在奇号位置上,则另一 i 也将出现在奇号位置上. 这表明,奇号位置上的奇数的个数必为偶数个,设此数为 $2m$(m 为非负整数). 但是,编号为奇数的位置有 n 个,而 $1, 2, \cdots, n$ 中,偶数的个数为 $\left[\frac{n}{2}\right]$,这里 $[x]$ 表示不超过 x 的最大整数. 这样,我们得出等式

$$n = \left[\frac{n}{2}\right] + 2m$$

当 $n = 1\ 986$ 时,上式变为 $1\ 986 = 993 + 2m$,由此可导出 993 是一偶数,是一矛盾. 这个矛盾说明,所要求的排列不存在.

一般地,当 $n \equiv 1, 2 \pmod 4$ 时,代入 $n = \left[\frac{n}{2}\right] + 2m$ 都将产生同样的矛盾. 而当 $n \equiv 0, 3 \pmod 4$ 时,都不会产生明显的矛盾. 因此,这里得出的结论,同前面证法得出的结论是完全相同的.

条件 $n\equiv 0,3(\bmod 4)$ 对于所要求的排列的存在性是否也是充分的呢？国外有人已经作出了肯定的回答.

6 用任意的方式给平面上的每一个点染上黑色或白色. 求证：一定存在一个边长为 1 或 $\sqrt{3}$ 的正三角形，它的三个顶点是同色的.

证明 这个题目来自罗马尼亚的一本《组合与图论问题集》.

在证明这个问题的时候，许多同学都画了一个边长为 1 的正六边形，因为其中含有六个边长为 1 的正三角形以及两个边长为 $\sqrt{3}$ 的正三角形（用虚线表示），用 · 与 * 来表示两种不同的颜色，得出图 5，但是，所有这些正三角形，三个顶点的颜色都是不同的. 有的同学做到这里，感到无法再进行下去，只好不了了之，半途而废.

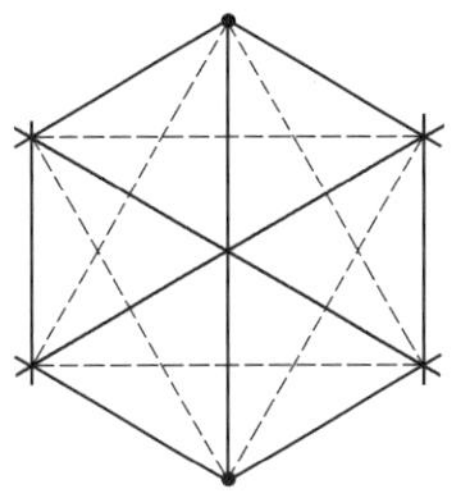

图 5

如果能看出，上述图形不能成功的一个主要原因是，任何距离为 2 的两点都是同色的. 这就找到了症结所在.

现在，设有两点 A,B，使 $\overline{AB}=2$，而且 A,B 异色. 如图 6 所示，取 A 与 B 连线的中点为 O，它一定与 A 或 B 同色. 不妨设 A,O 同色，以 AO 为一边作两个正三角形，其他两个顶点分别记为 C,D. 若 C 与 D 中有一个与 A 同色，则 $\triangle OAC$ 与 $\triangle OAD$ 都是边长为 1 的正三角形，而且其中有一个三角形的三个顶点同色，就证明了结论. 因此，可设 C 与 D 所染颜色与 A 所染颜色不同，很明显，此时 $\triangle BCD$ 为一个边长等于 $\sqrt{3}$ 的正三角形，三个顶点同色，命题得证.

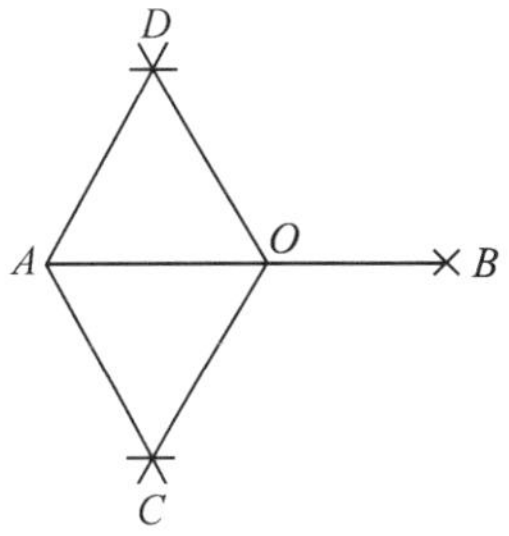

图 6

假如任何距离为 2 的两点都染了同样的颜色，我们可以证明，这时全平面每一点都染着相同的颜色. 现在，如图 7 所示，任取平面上的两点 A,B（A 不与 B 重合），用直线把点 A,B 联结起来，从点 A 出发，用步长 2 朝点 B 前进，依次得到点 $A_1,A_2,A_3,\cdots$，它们与 A 同色. 很明显，总可以找到一点 A_k，使 $\overline{A_kB}\leqslant 2$，这时，以 A_kB 为底边作一腰长为 2 的等腰 $\triangle A_kCB$，依假设，这时 C 与 A_k 同色，B 与 C 同色，即 B 与 A 同色. 这就证明了：在任何距离等于 2 的两点都同色的情形下，平面上任何两点有相同的染色，即每一点只被同一种颜色所染. 这时，任何边长为 1 的正三角形的三个顶点是同色的，结论也正确.

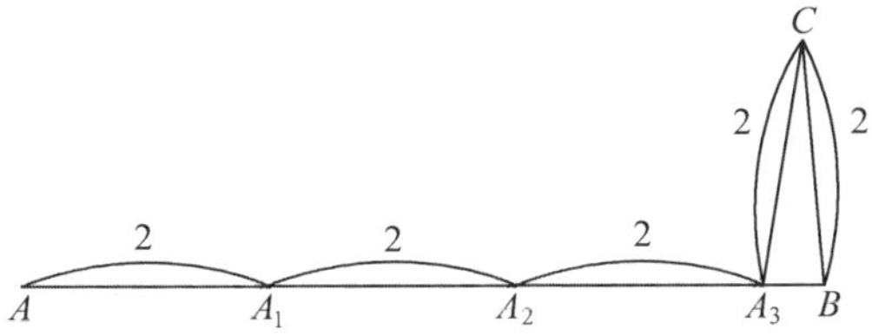

图 7

带有组合性质的题目都有这样的特征,必须无遗漏地考察各种可能的情况,在每一种情况下都要证明结论的正确性.

证完题目之后,再对这些竞赛题做一些评论. 正如近年来国外的许多竞赛题一样,它们已越来越多地带有高等数学的色彩,有的是一个高级定理的特殊情况,有的以高等数学中的事实为背景. 我们已经提到,第1题来自科学研究,第3题与第6题来自国外的高等数学专著. 第5题虽然没有这种背景,但它的第一种证法体现了一些中学数学课本中没有出现过的思想. 第2题与第4题是两道几何题目,第2题离不开必要的计算,第4题则要求有严密的、清晰的推理. 第3题要求学生对复数的向量性质有很好的认识,最后一题是一个组合题目,考查学生是否能区别对待各种情况,并要求相当的灵活性.

每个题目都不是只有一种解法,这样就不至于使学生束手无策. 第一试的平均成绩是32分,第二试的平均成绩是13.2分(这两试的满分各为60分),这也是正常的. 这次竞赛,较圆满地完成了选拔集训队员的任务. 集训队传来的信息是队员们的学习情况与他们在冬令营的这次竞赛中表现出来的成绩是相匹配的,这就证明了这次竞赛的命题工作是令人满意的.

第 2 届中国数学奥林匹克

北京,1987

1 设 n 为自然数. 求证:方程

$$z^{n+1}-z^{n}-1=0$$

有模为 1 的复根的充分必要条件是 $n+2$ 可被 6 整除.

证明 设方程

$$z^{n+1}-z^{n}-1=0 \qquad (*)$$

有根 z, $|z|=1$,则因 $z^{n}(z-1)=1$,两边取模得 $|z|^{n}|z-1|=1$,即 $|z-1|=1$,故 z 为圆 $|z|=1$ 和圆 $|z-1|=1$ 的交点,所以 $z=e^{\pm i\frac{\pi}{3}}$, $z^{3}=-1$, $z^{6}=1$,且 $z^{k}=1$,当且仅当 k 被 6 整除. 又因为 $z^{3}=-1$, 所以 $(z+1)(z^{2}-z+1)=0$. 因为 $z\neq-1$,所以 $z^{2}-z+1=0$, $z-1=z^{2}$,代入方程(*),便得 $z^{n+2}=1$,因此 $n+2$ 可被 6 整除.

反之,若 $n+2$ 可被 6 整除,令 $z=e^{\pm i\frac{\pi}{3}}$,易验证 $z-1=z^{2}$, $z^{n+2}=1$,代入方程(*),适合,而 $|z|=1$,便证得充分性.

2 把边长为 1 的正 $\triangle ABC$ 的各边都 n 等分,过各分点作平行于其他两边的直线,将此三角形分成小三角形. 各小三角形的顶点都称为结点. 在每一结点上放置了一个实数. 已知:

(Ⅰ) A,B,C 三点上放置的数分别为 a,b,c;

(Ⅱ) 在每个由公共边的两个最小三角形组成的菱形之中,两组相对顶点上放置的数之和相等.

试求:

(1) 放置最大数的点与放置最小数的点之间的最短距离 r;

(2) 所有结点上的数的总和 S.

解 不失一般性,设 $a\leqslant b\leqslant c$. 我们把性质(Ⅱ)称为"菱形性质". 如图 1 所示,考虑同线相邻的三个结点 D,E,F,它们上面放置的数为 d,e,f;再取与 D,E 相邻的结点 G,以及与 E,F 相邻的结点 H,它们上面放置的数为 g,h. 根据"菱形性质"有 $g+e=d+h$, $g+f=e+h$,所以 $f-e=e-d$. 这表明 D,E,F 上的数成等

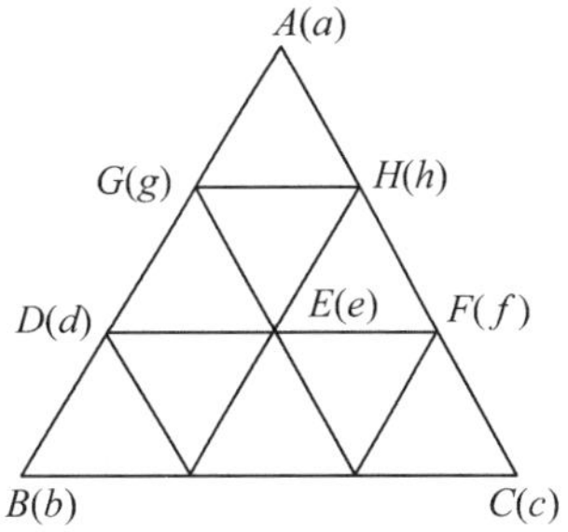

图 1

差数列.

由等差数列的"传递性"易得,同一直线的全部结点上的数成等差数列;由等差数列的"边界性"易知,若公差非0,则等差数列的最大(小)值出现在两端.因此:

(1)若 $a<b<c$,易见每条直线上的最大(小)数在两端,故点 C 放最大数 c,点 A 放最小数 a,$r=1$.若 $a=b<c$,同理可知点 C 放最大数 c,AB 直线上任一结点均放最小数 a,其中与点 C 最接近的是点 P.当 n 为偶数时,P 为 AB 的中点;当 n 为奇数时,P 为 AB 的第 $\frac{n-1}{2}$ 或 $\frac{n+1}{2}$ 个 n 等分点,对前者 $r=\frac{\sqrt{3}}{2}$,对后者 $r=\sqrt{\left(\frac{\sqrt{3}}{2}\right)^2+\left(\frac{1}{2n}\right)^2}=\frac{1}{2n}\sqrt{3n^2+1}$.若 $a<b=c$,结果同上.若 $a=b=c$,则所有结点上放同一个数,同时为最大数和最小数,故 $r=0$,综合得

$$r=\begin{cases}1, a,b,c\text{ 全不相等}\\ \frac{\sqrt{3}}{2}, a,b,c\text{ 中有两个相等,且 } n\text{ 为偶数}\\ \frac{1}{2n}\sqrt{3n^2+1}, a,b,c\text{ 中有两个相等,且 } n\text{ 为奇数}\\ 0, a=b=c\end{cases}$$

(2)绕 $\triangle ABC$ 的中心把 $\triangle ABC$ 旋转 $120°,240°,360°$,把三次旋转所得的三个三角形叠合成一个 $\triangle A'B'C'$.$\triangle A'B'C'$ 的结点上放的数是叠合在同一个结点的三个数之和.因等差数列具有"可加性"(两个等差数列相加仍为等差数列),易知 $\triangle A'B'C'$ 上的每一直线的全部结点上的数仍成等差数列.但此时,三个顶点 A',B',C' 上放置的数均为 $a+b+c$,故所有结点上均放同一个数 $a+b+c$.$\triangle A'B'C'$ 的所有结点上的数的总和为 $3S=N(a+b+c)$,N 为结点总数,即

$$N=1+2+\cdots+(n+1)$$

所以
$$S=\frac{1}{6}(n+1)(n+2)(a+b+c)$$

3 某次体育比赛,每两名选手都进行一场比赛,每场比赛一定决出胜负.通过比赛确定优秀选手.选手 A 被确定为优秀选手的条件是对任何其他选手 B,或者 A 胜 B;或者存在选手 C,C 胜 B,A 胜 C.

如果按上述规则确定的优秀选手只有一名,求证:这名选手胜所有其他的选手.

证法 1 为了叙述方便,约定:若 A 胜 C,C 胜 B,则称 A 间接胜 B.

(1) 先证按题设规则必存在优秀选手. 因选手人数有限,故必存在胜场次数最多的选手,设其中之一为 A. 若 A 胜其余选手,则 A 为优秀选手无疑;若 A 胜 $B_1,B_2,\cdots,B_k$,但败于 $B_1',B_2',\cdots,B_r'$(k,r 为正整数),则 $B_i'(i=1,2,\cdots,r)$ 必不能全胜 $B_1,B_2,\cdots,B_k$,否则 B_i' 至少胜 $k+1$ 场,比 A 胜场数还多,引出矛盾. 从而至少有一 B_j 胜 B_i',因此 A 间接胜 B_i'(即 A 胜 B_j,B_j 胜 B_i'),按规则,A 为优秀选手.

(2) 再证若优秀选手唯一,则必全胜其他选手. 设 A 为唯一的优秀选手,若 A 胜 $B_1,B_2,\cdots,B_k$,但败于 $B_1',B_2',\cdots,B_r'$(k,r 为正整数),则由(1)知 $B_1',B_2',\cdots,B_r'$ 共 r 人中也有"局部的"优秀选手 B_i',从而 B_i' 胜或间接胜 $B_1',B_2',\cdots,B_r'$ 中其余选手,并且 B_i' 胜 A,A 胜 $B_1,B_2,\cdots,B_k$,即 B_i' 胜或间接胜 $B_1,B_2,\cdots,B_k$,按规则,B_i' 也为优秀选手,与 A 的唯一性矛盾. 所以 A 全胜其他选手. 证毕.

证法 2 对人数 n 采用数学归纳法.

当 $n=1,2$ 时命题显然成立. 设命题对 n 人成立. 现在有 $n+1$ 人的集合 α,A 为 α 中唯一的优秀选手. 设 A 败于 B,α 去掉 B 后得到 n 人的集合 β,易见 A 仍为 β 中的优秀选手. 设 β 中另有一优秀选手 A',则因 α 中优秀选手唯一,故 A' 不能胜 B,也不能间接胜 B. 设 β 中有选手 C 胜 B,则 C 胜 A'(否则 A' 间接胜 B,引出矛盾),但 A' 为 β 中的优秀选手,故有 D,A' 胜 D,D 胜 C;此 D 不能胜 B(否则 A' 间接胜 B,矛盾),从而 B 胜 D,D 胜 C. 所以 B 胜或间接胜 β 中全部选手,这样 B 也成为 α 中的优秀选手,引出矛盾. 此矛盾表明 A 亦为 β 中唯一的优秀选手,由归纳法假设,A 胜 β 中所有其他选手,但 B 胜 A,故 B 胜或间接胜 β 中全部选手,B 也为 α 中的优秀选手,引出矛盾. 所以 A 战胜 α 中其余全部选手. 故命题成立.

4 在一个面积为 1 的正三角形内部,任意放五个点. 试证:在此正三角形内,一定可以作三个正三角形盖住这五个点,这三个正三角形的各边分别平行于原三角形的边,并且它们的面积之和不超过 0.64.

证明 以 $\alpha_1,\alpha_2,\alpha_3$ 记所作的三个正三角形,其面积记为 S_1,S_2,S_3. 因为所放五点均在原三角形(记为 $\triangle ABC$)的内部,所以可以 $\triangle ABC$ 的中心为中心,在 $\triangle ABC$ 的内部作它的位似三角形

$\triangle A'B'C'$,使得所放五点仍在 $\triangle A'B'C'$ 内部. $\triangle A'B'C'$ 可认为是由 $\triangle ABC$ 收缩而成的. $\triangle A'B'C'$ 的面积为 S,$S=1-e$,$0<e<1$.

把 $\triangle A'B'C'$ 三边五等分,第 1,4 分点依次为 D_1,D_2,E_1,E_2,F_1,F_2,如图 2 所示,联结 D_1E_2,E_1F_2,F_1D_2,交于 L,M,N,分 $\triangle A'B'C'$ 为七部分,记为小三角形 π_0,菱形 π_1,π_2,π_3,梯形 π_4,π_5,π_6.

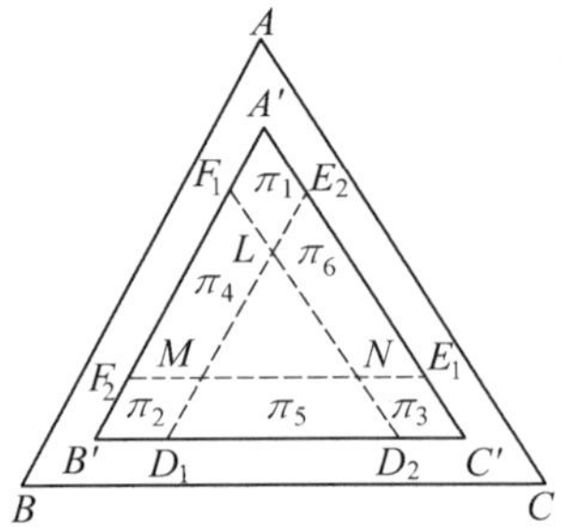

图 2

(1) 若有一菱形(如为 π_1)没放进点,则 $\pi_2\cup\pi_4$ 与 $\pi_3\cup\pi_6$ 中必有一区域(如为 $\pi_2\cup\pi_4$)最多放进两点,显然可作 α_1,α_2 盖住这至多两个点,且其面积可任意适当选取,不妨使

$$S_1=S_2=\delta=\frac{1}{2}\left(\frac{4}{5}\right)^2\varepsilon$$

令 α_3 为 $\triangle C'E_2D_1$,则 $S_3=\left(\frac{4}{5}\right)^2S$,从而 $\alpha_1,\alpha_2,\alpha_3$ 满足要求(即盖住了五个点,且三个正三角形的各边分别平行于原三角形的边),且

$$S_1+S_2+S_3=\left(\frac{4}{5}\right)^2\varepsilon+\left(\frac{4}{5}\right)^2S=\left(\frac{4}{5}\right)^2=0.64$$

(2) 若每一菱形均放进点,而其余区域均没放进点,令 $\triangle A'B'C'$ 各边的第2,3分点依次为 L_1,M_2,M_1,N_2,N_1,L_2,如图3所示,则 $\triangle A'L_1L_2$,$\triangle B'M_1M_2$,$\triangle C'N_1N_2$ 可作为 $\alpha_1,\alpha_2,\alpha_3$,显然满足要求,且

$$S_1+S_2+S_3=3\times\left(\frac{2}{5}\right)^2S<\left(\frac{4}{5}\right)^2S<\left(\frac{4}{5}\right)^2=0.64$$

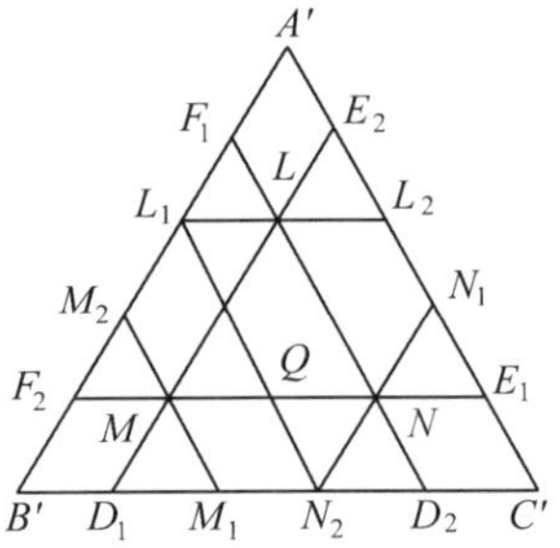

图 3

(3) 若每一菱形均放进点,而其余区域只放进一点 P,则不妨设 π_1 中放进两点,π_2,π_3 中各放进一点.

若 P 落入 $\pi_4\cup\pi_0\cup\pi_6$ 中,则以 $\triangle A'F_2E_1$ 为 α_3,情况类似于(1),同理可证.

若 P 落入 π_5 中,则不妨设落入 π_5 的左半部分. 设 MN 的中点为 Q,过 Q 作 AC 的平行线,交 $B'C'$ 于 N_2,交 $A'B'$ 于 L_1. 显然可作 α_1 盖住 π_3 中的一点,使 $S_1=\delta=\left(\frac{1}{5}\right)^2S$. 令 α_2 为 $\triangle A'L_1L_2$,α_3 为 $\triangle B'N_2F$,则 α_2 盖住了 π_1 中的两点,α_3 盖住了 π_2 中的一点和点 P,$\alpha_1,\alpha_2,\alpha_3$ 符合要求,且

$$S_1+S_2+S_3=\left[\left(\frac{1}{5}\right)^2+\left(\frac{2}{5}\right)^2+\left(\frac{3}{5}\right)^2\right]S<$$
$$\left(\frac{4}{5}\right)^2S<\left(\frac{4}{5}\right)^2=0.64$$

(4) 若每一菱形均放进点,而其余区域也放进两点 P,Q,则 π_1,π_2,π_3 中各放进一点,而三个梯形中至少有一个(如为 π_4)没

放进点，则以 $\triangle C'D_1E_2$ 为 α_3，情况类似于(1)，同理得证，证毕.

5 设 $A_1A_2A_3A_4$ 是一个四面体，S_1,S_2,S_3,S_4 分别是以 A_1,A_2,A_3,A_4 为球心的球，它们两两相切. 如果存在一点 Q，以这点为球心可作一个半径为 r 的球与 S_1,S_2,S_3,S_4 都相切，还可作一个半径为 R 的球与四面体的各棱都相切. 求证：这个四面体是正四面体.

证明 先证明一个引理.

引理 设有 $\triangle A_1A_2A_3$，S_1,S_2,S_3 分别是以 A_1,A_2,A_3 为圆心的圆，它们两两相切. 如果存在一点 O，以这点为圆心可作一个半径为 r 的圆与 S_1,S_2,S_3 都相切，还可作一个半径为 R 的圆与 $\triangle A_1A_2A_3$ 的各边都相切，则 $\triangle A_1A_2A_3$ 为正三角形.

引理的证明 (1) 先设 S_1,S_2,S_3 两两外切.

① 若圆 $O(r)$(即以半径为 r 的圆，下同)与 S_1,S_2,S_3 均外切. 如图 4 所示，设圆 $O(R)$ 为 $\triangle A_1A_2A_3$ 的内切圆，与 A_2A_3 切于点 D. 令圆 S_1,S_2,S_3 的半径分别为 r_1,r_2,r_3. 若 $r(r+2r_2)>R^2$，则

$$A_2D=\sqrt{(r+r_2)^2-R^2}>r_2$$

从而 $A_3D<r_2$，推出 $r(r+2r_3)<R^2$.

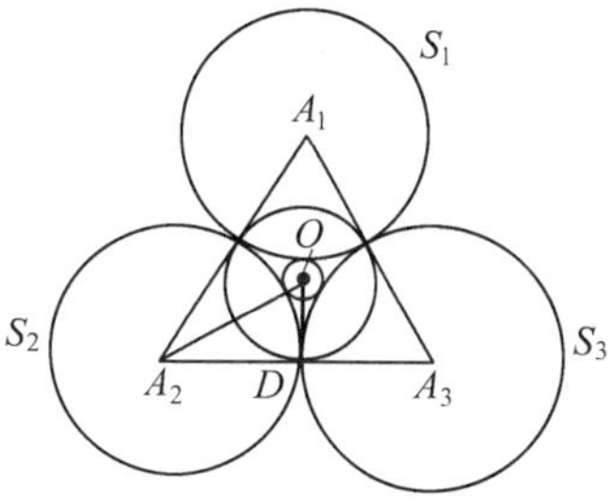

图 4

同理，由 $r(r+2r_3)<R^2$ 可推得 $r(r+2r_1)>R^2$，又可推得 $r(r+2r_2)<R^2$，引出矛盾.

同理，设 $r(r+2r_2)<R^2$ 也推出矛盾，所以 $r(r+2r_2)=R^2$.

同理

$$r(r+2r_1)=r(r+2r_2)=r(r+2r_3)=R^2$$

推得 $r_1=r_2=r_3$.

若记 a,b,c 为 $\triangle A_1A_2A_3$ 的三边，则有 $a=b=c$，$\triangle A_1A_2A_3$ 为正三角形.

② 若圆 $O(r)$ 与 S_1,S_2,S_3 均内切，类似于①，只需把 $r+2r_1$，$r+2r_2$，$r+2r_3$ 相应地改为 $r-2r_1$，$r-2r_2$，$r-2r_3$ 即可，仍可证得 $\triangle A_1A_2A_3$ 为正三角形(不考虑圆 $O(R)$ 为 $\triangle A_1A_2A_3$ 的旁切圆的情形).

(2) 再设 S_1,S_2,S_3 中有一对外切，两对内切，则易证得点 O 必在 $\triangle A_1A_2A_3$ 外，不可能作圆 $O(R)$ 为 $\triangle A_1A_2A_3$ 的内切圆. 易知 S_1，S_2,S_3 不可能再有其他情形，证毕.

下面证明原题.

(1) 先设 S_1,S_2,S_3,S_4 两两外切. 用完全类似于引理证明中的(1)的方法，可推得：对于 $\triangle A_1A_2A_3$，有 $A_1A_2=A_2A_3=A_3A_1$，$\triangle A_1A_2A_3$ 为正三角形；……；对于 $\triangle A_2A_3A_4$，有 $A_2A_3=A_3A_4=A_4A_2$，

$\triangle A_2A_3A_4$ 为正三角形(亦即应用"圆幂定理"的推广"球幂定理"). 从而得四面体 $A_1A_2A_3A_4$ 为正四面体.

(2) 再设 S_1, S_2, S_3, S_4 不两两外切,用类似于引理证明中的(2)的方法,也易知不可能作球 $O(R)$ 与六条棱 $A_1A_2, \cdots, A_3A_4$ 均相切. 证毕.

6 m 个互不相同的正偶数与 n 个互不相同的正奇数的总和为 1 987,对于所有这样的 m 与 n,问 $3m+4n$ 的最大值是多少? 请证明你的结论.

解 欲使 $s=3m+4n$ 尽可能大,须使作出 m 个偶数 $a_1, a_2, \cdots, a_m$ 和 n 个奇数 $b_1, b_2, \cdots, b_n$ 尽可能小,因此可考虑不等式

$$(2+4+\cdots+2m)+[1+3+\cdots+(2n-1)] \leqslant 1\ 987 \quad ①$$

式①即

$$m(m+1)+n^2 \leqslant 1\ 987 \quad ②$$

式②表示 MON 平面上的圆盘

$$\left(m+\frac{1}{2}\right)^2+n^2 \leqslant \frac{7\ 949}{4} \quad ③$$

所有符合条件的数对(m,n),以此为坐标的点均落入圆盘③与第一象限(包括坐标轴)的公共范围,如图 5 所示.

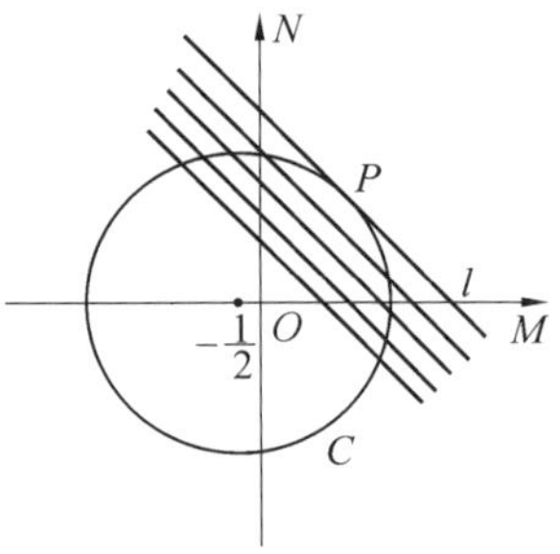

图 5

作一组平行直线:$3m+4n=s$(s 为正整数),所求 $3m+4n$ 的最大值应为使得直线 $3m+4n=s$ 与圆盘③有为整点的交点的 s 的最大值.

若不限制 s 为正整数,则使得平行直线组 $3m+4n=s$ 与圆盘③有交点的 s 的最大值,出现在 $3m+4n=s$ 为圆盘③的切线 l 的情况下,这时切点 $P(m,n)$ 满足

$$-\frac{3}{4}=-\frac{m+\frac{1}{2}}{n} \Rightarrow 3n=4m+2$$

代入

$$m(m+1)+n^2=1\ 987$$

解得

$$m=\frac{3}{10}\sqrt{7\ 949}-\frac{1}{2}, n=\frac{2}{5}\sqrt{7\ 949} \quad ④$$

$$s=3m+4n=\frac{5}{2}\sqrt{7\ 949}-\frac{3}{2}$$

因为

$$89^2<7\ 949<89.16^2$$

所以

$$221 < s < 221.4$$

考虑到 s 为正整数,便有 s 的最大值小于或等于221. 把直线 l 平行地左移,碰到第一个格点 $Q(m,n)$(在圆盘③中),则 $s=3m+4n$ 便为最大值. 因为 n 显然为奇数,所以应改述为"碰到第一个满足 n 为奇数的格点 $Q(m,n)$",这个格点的纵坐标 n 应尽可能接近 $\frac{2}{5}\sqrt{7\,949}=35.6\cdots$,故可考虑 $n=35$ 或 $n=37$. 前者使得 $m(m+1)\leqslant 1\,987-n^2=762$,$m$ 的最大值为27,s 的最大值为221;后者可同样计算得 s 的最大值为220,故应取前者. 实际构造可取(并非唯一)

$$a_1=2,a_2=4,\cdots,a_{26}=52,a_{27}=60$$

$$m=27,b_1=1,b_2=3,\cdots,b_{35}=69$$

$$n=35$$

则得

$$a_1+a_2+\cdots+a_{27}+b_1+b_2+\cdots+b_{35}=1\,987$$

同理 $s=3m+4n=221$ 取最大值.

第3届中国数学奥林匹克

上海,1988

1 设 $a_1,a_2,\cdots,a_n$ 是给定的不全为0的实数,$r_1,r_2,\cdots,r_n$ 是实数,如果不等式

$$r_1(x_1-a_1)+r_2(x_2-a_2)+\cdots+r_n(x_n-a_n)\leqslant \sqrt{x_1^2+x_2^2+\cdots+x_n^2}-\sqrt{a_1^2+a_2^2+\cdots+a_n^2}$$

对任何实数 $x_1,x_2,\cdots,x_n$ 成立,求 $r_1,r_2,\cdots,r_n$ 的值.

解 由假设,对任何实数 $x_1,x_2,\cdots,x_n$ 成立不等式

$$r_1(x_1-a_1)+r_2(x_2-a_2)+\cdots+r_n(x_n-a_n)\leqslant \sqrt{x_1^2+x_2^2+\cdots+x_n^2}-\sqrt{a_1^2+a_2^2+\cdots+a_n^2} \quad ①$$

在式 ① 中令 $x_k=2a_k$ 及 $x_k=0(k=1,2,\cdots,n)$,则得

$$r_1a_1+r_2a_2+\cdots+r_na_n\leqslant \sqrt{a_1^2+a_2^2+\cdots+a_n^2} \quad ②$$

$$r_1a_1+r_2a_2+\cdots+r_na_n\geqslant \sqrt{a_1^2+a_2^2+\cdots+a_n^2} \quad ③$$

所以 $$r_1a_1+r_2a_2+\cdots+r_na_n=\sqrt{a_1^2+a_2^2+\cdots+a_n^2}$$

从而不等式 ① 变成

$$r_1x_1+r_2x_2+\cdots+r_nx_n\leqslant \sqrt{x_1^2+x_2^2+\cdots+x_n^2} \quad ④$$

由式 ④ 及柯西不等式,得

$$r_1a_1+r_2a_2+\cdots+r_na_n\leqslant \sqrt{a_1^2+a_2^2+\cdots+a_n^2}\cdot\sqrt{r_1^2+r_2^2+\cdots+r_n^2}$$

即知 $1\leqslant\sqrt{r_1^2+r_2^2+\cdots+r_n^2}$. 又因式 ④ 对任何实数 $x_1,x_2,\cdots,x_n$ 成立,令 $x_k=r_k(k=1,2,\cdots,n)$,就有 $\sqrt{r_1^2+r_2^2+\cdots+r_n^2}\leqslant 1$,于是 $r_1^2+r_2^2+\cdots+r_n^2=1$.

由上面所证结论,可知

$$r_1a_1+r_2a_2+\cdots+r_na_n=\sqrt{a_1^2+a_2^2+\cdots+a_n^2}=\sqrt{a_1^2+a_2^2+\cdots+a_n^2}\cdot\sqrt{r_1^2+r_2^2+\cdots+r_n^2}$$

因为柯西不等式恰好成为等式,所以有实数 t 使得 $r_k=ta_k(k=1,2,\cdots,n)$. 因此

$$ta_1^2+ta_2^2+\cdots+ta_n^2=\sqrt{a_1^2+a_2^2+\cdots+a_n^2}$$

解得
$$t=\frac{1}{\sqrt{a_1^2+a_2^2+\cdots+a_n^2}}$$

因此
$$r_k=\frac{a_k}{\sqrt{a_1^2+a_2^2+\cdots+a_n^2}},k=1,2,\cdots,n$$

注 解本题的关键是由不等式①对任何实数$x_1,x_2,\cdots,x_n$成立可得出不等式④对任何实数$x_1,x_2,\cdots,x_n$成立以及等式$r_1a_1+r_2a_2+\cdots+r_na_n=\sqrt{a_1^2+a_2^2+\cdots+a_n^2}$.而作为题目的要求,并不需要验证这样的$r_1,r_2,\cdots,r_n$确定可保证不等式①成立.

2 设C_1,C_2是同心圆,C_2的半径是C_1的半径的2倍.四边形$A_1A_2A_3A_4$内接于C_1,将A_4A_1延长交圆C_2于B_1,A_1A_2延长交圆C_2于B_2,A_2A_3延长交圆C_2于B_3,A_3A_4延长交圆C_2于B_4.试证:四边形$B_1B_2B_3B_4$的周长大于或等于2×四边形$A_1A_2A_3A_4$的周长,并确定等号成立的条件.

证法1 如图1,记两同心圆的圆心为P,联结PA_3及PB_4,由托勒密(Ptolemy)定理,得

$$\overline{PB_3}\cdot\overline{A_3B_4}\leqslant\overline{PA_3}\cdot\overline{B_3B_4}+\overline{A_3B_3}\cdot\overline{PB_4}$$

因为
$$PB_4=2PA_3,A_3B_4=A_3A_4+A_4B_4$$

所以
$$2(\overline{A_3A_4}+\overline{A_4B_4})\leqslant\overline{B_3B_4}+2\overline{A_3B_3}\qquad①$$

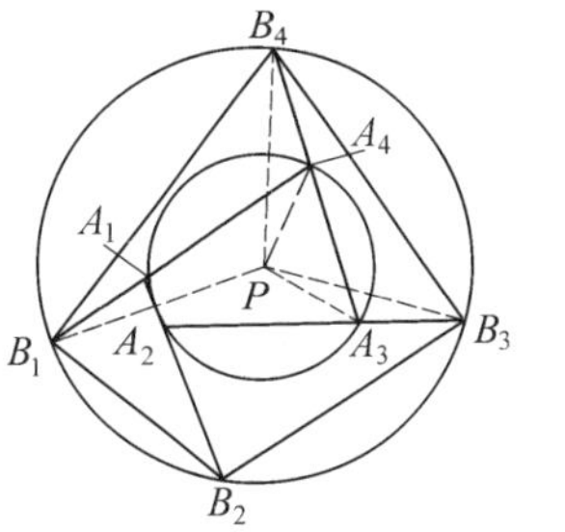

图1

类似地可得另三个不等式(把下标3,4换成4,1;1,2及2,3).这四个不等式相加,即得

$$2(\overline{A_1A_2}+\overline{A_2A_3}+\overline{A_3A_4}+\overline{A_4A_1})\leqslant\overline{B_1B_2}+\overline{B_2B_3}+\overline{B_3B_4}+\overline{B_4B_1}$$

要使不等式①及类似的另三个不等式都成为等式,由托勒密定理,式①成为等式的充分必要条件是P,A_3,B_3,B_4这四点共圆,从而$\angle PA_3A_2=\angle PB_4B_3=\angle PB_3B_4=\angle PA_3B_4$,所以$\overline{A_2A_3}=\overline{A_3A_4}$.同理,$P,A_4,B_4,B_1$四点共圆可得$\overline{A_4A_3}=\overline{A_4A_1}$,以及$\overline{A_1A_2}=\overline{A_2A_3}$.因此$A_1A_2A_3A_4$是正方形.

反之,如果$A_1A_2A_3A_4$是正方形,$\angle PA_3A_2=\angle PA_3A_4$,用同一法即知$P,A_3,B_3,B_4$共圆.从而式①成为等式.同理,另三个也成为等式.从而

$$\overline{B_1B_2}+\overline{B_2B_3}+\overline{B_3B_4}+\overline{B_4B_1}=2(\overline{A_1A_2}+\overline{A_2A_3}+\overline{A_3A_4}+\overline{A_4A_1})$$

注 本题中的四边形可改成n边形,两同心圆半径之比$\frac{\overline{PB_1}}{\overline{PA_1}}$

如为 k,结论仅相应改变为 $k(\overline{A_1A_2}+\overline{A_2A_3}+\cdots+\overline{A_nA_1})\leqslant\overline{B_1B_2}+\overline{B_2B_3}+\cdots+\overline{B_nB_1}$. 而不等式成立等号的充分必要条件是 $A_1A_2\cdots A_n$ 是正 n 边形.

证法2 以表示点的字母表示该点的复数,并使 C_1 为单位圆,有 $|A_1|=1$,$|B_2|=2$,且

$$
\begin{aligned}
|B_2-B_1|=&|B_2-B_1||A_1|=\\
&|B_2A_1-B_1A_1|=\\
&|B_1(B_2-A_1)-B_2(B_1-A_1)|\geqslant\\
&|B_1(B_2-A_1)|-|B_2(B_1-A_1)|=\\
&|B_1(A_2-A_1)+B_1(B_2-A_2)|-2|B_2-A_1|
\end{aligned}
$$

注意到有向线段 $\overrightarrow{A_1A_2}$,$\overrightarrow{A_2B_2}$ 同向,从而有

$$|B_1(A_2-A_1)+B_1(B_2-A_2)|=|B_1(A_2-A_1)|+|B_1(B_2-A_2)|$$

因此可得

$$|B_2-B_1|\geqslant 2|A_2-A_1|+2|B_2-A_2|-2|B_1-A_1|$$

同理

$$|B_3-B_2|\geqslant 2|A_3-A_2|+2|B_3-A_3|-2|B_2-A_2|$$
$$|B_4-B_3|\geqslant 2|A_4-A_3|+2|B_4-A_4|-2|B_3-A_3|$$
$$|B_1-B_4|\geqslant 2|A_1-A_4|+2|B_1-A_1|-2|B_4-A_4|$$

以上四式相加即得

$$
\begin{aligned}
&|B_2-B_1|+|B_3-B_2|+|B_4-B_3|+|B_1-B_4|\geqslant\\
&2(|A_2-A_1|+|A_3-A_2|+|A_4-A_3|+|A_1-A_4|)
\end{aligned}
$$

其中等号成立当且仅当

$$B_1(B_2-A_1)=\lambda_1B_2(B_1-A_1),\lambda_1>1$$
$$B_2(B_3-A_2)=\lambda_2B_3(B_2-A_2),\lambda_2>1$$
$$B_3(B_4-A_3)=\lambda_3B_4(B_3-A_3),\lambda_3>1$$
$$B_4(B_1-A_4)=\lambda_4B_1(B_4-A_4),\lambda_4>1$$

由其中第一式,有

$$\frac{B_1}{B_2}=\lambda_1\frac{B_1-A_1}{B_2-A_1}$$

知 $\angle B_1OB_2=\angle B_1A_1B_2$,得 O,A_1,B_1,B_2 四点共圆,有

$$\angle OA_1A_2=\angle OB_1B_2=\angle OB_2B_1=\angle OA_1A_4$$

从而两个等腰 $\triangle OA_1A_4$ 与 $\triangle OA_1A_2$ 全等,得 $A_4A_1=A_1A_2$.

同理,有 O,A_2,B_2,B_3;O,A_3,B_3,B_4;O,A_4,B_4,B_1 分别四点共圆,得

$$A_1A_2=A_2A_3=A_3A_4=A_4A_1$$

即 $A_1A_2A_3A_4$ 是正方形(图2).

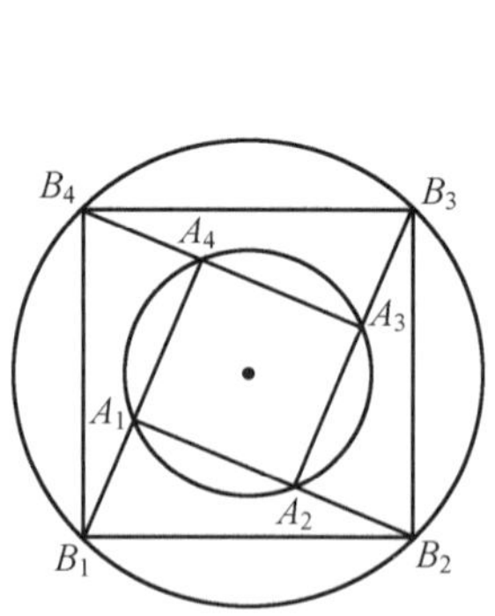

图2

3 在有限项的实数列

$$a_1, a_2, \cdots, a_n \qquad (*)$$

中,如果有一段数 $a_k, a_{k+1}, \cdots, a_{k+l-1}$ 的算术平均数大于 1 988,那么我们把这段数叫作一条"龙",并把 a_k 称为这条龙的"龙头"(如果某一项 $a_m > 1\,988$,那么单独这一项也是龙).

假定(*)中至少存在一条龙,证明:(*)中全体可以作为龙头的项的算术平均数也必定大于 1 988.

证明 在有限项的实数列 $a_1, a_2, \cdots, a_n$ 中,一个项 a_k $(2 \leqslant k \leqslant n)$ 是否可以作为龙头,是与在它之前的项 $a_1, \cdots, a_{k-1}$ 无关的. 如果 $a_k(1 \leqslant k \leqslant n)$ 可以作为龙头,把以 a_k 为龙头的项数最少的龙称为以 a_k 为龙头的最短龙. 设 a_k 是可以作为龙头的项,而 $a_k, a_{k+1}, \cdots, a_{k+i}$ 是以 a_k 为龙头的最短龙,于是当 $0 \leqslant i \leqslant l$ 时,$a_{k+i}, a_{k+i+1}, \cdots, a_{k+1}$ 必定是龙,因为由最短龙的意义,$a_k, \cdots, a_{k+i-1}$ 不是龙,由 $a_k, a_{k+1}, \cdots, a_{k+i-1}$ 的算术平均数小于或等于 1 998 及 $a_k, a_{k+1}, \cdots, a_{k+l}$ 的算术平均数大于 1 988,易见 $a_{k+i}, \cdots, a_{k+l}$ 的算术平均数必大于 1 988($i=0$ 的情况显然,所以仅只需考虑 $l>0$ 的情况). 由此,最短龙中的每一项都可以作为龙头. 记所给数列(*)中可以作为龙头的第一项为 a_{k_1},以 a_{k_1} 为龙头的最短龙为 $a_{k_1}, a_{k_1+1}, \cdots, a_{k_1+l_1}$,如果从第 k_1+l_1+1 项起的各项中,还有可以作为龙头的项,把从第 k_1+l_1+1 项起的可以作为龙头的最前项记为 a_{k_2},并设以 a_{k_2} 为龙头的最短龙为 $a_{k_2}, \cdots, a_{k_2+l_2}$,然后再看在 k_2+l_2+1 起的各项中是否再有可以作为龙头的项(即在 $a_{k_2+l_2+1}, a_{k_2+l_2+2}, \cdots, a_n$ 中是否有龙),由于总项数是有限的,故在若干次之后再不会有龙. 这样,设总共得到了 j 条最短龙 $a_{k_1}, \cdots, a_{k_1+l_1}$;$a_{k_2}, \cdots, a_{k_2+l_2}$;$\cdots$;$a_{k_j}, \cdots, a_{k_j+l_j}$;由这些龙的取法,(*)中可以作为龙头的项恰是这 j 条龙中的项. 因为 $a_{k_1}, \cdots, a_{k_1+l_1}$ 的算术平均数大于 1 988,$a_{k_2}, \cdots, a_{k_2+l_2}$ 的算术平均数大于 1 988,……,$a_{k_j}, \cdots, a_{k_j+l_j}$ 的算术平均数大于 1 988,所以所有这些项的算术平均数大于 1 988,即(*)中可以作为龙头的项的算术平均数大于 1 988.

注 本题要点是可以作为龙头的项能分成无公共项的若干条龙. 在用归纳法(对(*)中项数作归纳)证明时,亦应注意这一点.

4 (1) 设三个正实数 a,b,c 满足 $(a^2+b^2+c^2)^2>2(a^4+b^4+c^4)$. 求证:$a,b,c$ 一定是某个三角形的三条边长.

(2) 设 n 个正实数 $a_1,a_2,\cdots,a_n$ 满足不等式

$$(a_1^2+a_2^2+\cdots+a_n^2)^2>$$
$$(n-1)(a_1^4+a_2^4+\cdots+a_n^4),n\geqslant 3$$

求证:这些数中的任何三个一定是某个三角形的三条边长.

证明 (1) 由假设

$$(a^2+b^2+c^2)^2-2(a^4+b^4+c^4)>0$$

即

$$(a+b+c)(a+b-c)(a-b+c)(b+c-a)>0$$

由于 a,b,c 都是正实数,上面不等式的左面至少有三项是正的,由于四项之积为正,故这四项都是正的,从而

$$a+b>c,a+c>b,b+c>a$$

所以 a,b,c 必是某三角形的三条边长.

(2) 对 n 用归纳法. 当 $n=3$ 时即为(1) 中结论. 设当 $n=k$ 时结论成立,现设 $k+1$ 个正数 $a_1,a_2,\cdots,a_{k+1}$ 满足不等式

$$(a_1^2+a_2^2+\cdots+a_{k+1}^2)^2>k(a_1^4+a_2^4+\cdots+a_{k+1}^4)$$

令

$$A=a_1^2+a_2^2+\cdots+a_k^2$$
$$B=a_1^4+a_2^4+\cdots+a_k^4$$

则

$$(A+a_{k+1}^2)^2>k(B+a_{k+1}^4)$$

即

$$A^2+2Aa_{k+1}^2+a_{k+1}^4>k(B+a_{k+1}^4)$$

所以

$$A^2-(k-1)B+2Aa_{k+1}^2>B+(k-1)a_{k+1}^4$$

从而

$$A^2-(k-1)B+2Aa_{k+1}^2>2\sqrt{B}\cdot\sqrt{k-1}\cdot a_{k+1}^2$$
$$(A-\sqrt{k-1}\cdot\sqrt{B})(A+\sqrt{k-1}\cdot\sqrt{B}+2a_{k+1}^2)>0$$

也即有

$$A>\sqrt{k-1}\cdot\sqrt{B}$$
$$(a_1^2+a_2^2+\cdots+a_k^2)^2>(k-1)(a_1^4+a_2^4+\cdots+a_k^4)$$

由归纳假设,$a_1,a_2,\cdots,a_k$ 中任三个都必是某三角形的三边长.

由 $a_1,a_2,\cdots,a_{k+1}$ 的对称性,令 $A_j=a_1^2+\cdots+a_{k+1}^2-a_j^2,B_j=a_1^4+\cdots+a_{k+1}^4-a_j^4(1\leqslant j\leqslant k+1)$,类似地,可知 $a_1,\cdots,a_{j-1},a_{j+1},\cdots,a_{k+1}$ 中任三个都必是某三角形的三边长.

5 给出三个四面体 $A_iB_iC_iD_i(i=1,2,3)$，过点 B_i,C_i,D_i 作平面 $\alpha_i,\beta_i,\gamma_i(i=1,2,3)$ 分别与棱 A_iB_i,A_iC_i,A_iD_i 垂直 $(i=1,2,3)$. 如果九个平面 $\alpha_i,\beta_i,\gamma_i(i=1,2,3)$ 相交于一点 E，而三点 A_1,A_2,A_3 在同一直线 l 上，求三个四面体的外接球面的交集.（形状怎样？位置如何？）

解 先对一个四面体来讨论. 设 $ABCD$ 是四面体，作 $ABCD$ 的外接球，过 A 作外接球的直径 AP（P 为联结 A 与外接球心 O 的线段延长后与外接球面的交点），由于 AP 是外接球的直径，B,C,D 都在球面上，故 $\angle ABP=\angle ACP=\angle ADP=\frac{\pi}{2}$. 因此知道点 P 在过点 B 所作的与 AB 垂直的平面上，也在过 C 所作的与 AC 垂直的平面上，也在过 D 所作的与 AD 垂直的平面上（这里，点 P 也可能与 B，C,D 中的某一点重合，但下面的结论依然正确）. 从而，过 B,C,D 分别作棱 AB,AC,AD 的垂直平面，这三个平面的交点与 A 的连线即为 $ABCD$ 的外接球直径.

由上所述，三个四面体的外接球即为分别以 A_1E,A_2E,A_3E 为直径的球. 由于 A_1,A_2,A_3 在同一直线上，本题的结论与 A_1,A_2,A_3 所在的直线 l 及点 E 的位置有关.

(1) 如果 A_1,A_2,A_3 重合，那么三个外接球重合，而三个外接球面的交集是个球面.

(2) 如果 A_1,A_2,A_3 不全重合（这时 l 是唯一确定的），而 E 也在直线 l 上，那么这时三个外接球面的交集仅为一点（即点 E）. 这包括了 A_1,A_2,A_3 中有两点重合的情况.

(3) 如果 A_1,A_2,A_3 不全重合，且 E 不在 l 上，这时，过 E 作 l 的垂线，垂足记为 Q，那么三个外接球面的交集是以 EQ 为直径的一个圆，此圆在过 Q 作的与 l 垂直的平面上.

注 解答本题主要是搞清楚外接球的情况，其余已基本上成为平面上的问题，另外要避免误以为交集会是两个点的情况. 讨论中容易忽视 A_1,A_2,A_3 都重合的情况.

6 设 n 是不小于 3 的自然数，以 $f(n)$ 表示不是 n 的因数的最小自然数（例如 $f(12)=5$）. 如果 $f(n)\geqslant 3$，又可作 $f(f(n))$. 类似地，如果 $f(f(n))\geqslant 3$，又可作 $f(f(f(n)))$ 等. 如果

$$\underbrace{f(f(\cdots f}_{k\text{个}f}(n)\cdots))=2$$

就把 k 叫作 n 的"长度".

如果用 l_n 表示 n 的长度，试对任意的自然数 $n(n\geqslant 3)$ 求 l_n，并证明你的结论.

解　由假设,$f(n)$ 表示不是 n 的因数的最小自然数. 先证明对任何 $n(n \geqslant 3)$,$f(n)$ 不会是两个互素的($\geqslant 2$ 的)数的乘积. 用反证法,设 $f(n)=p \cdot q$(其中,$p,q \geqslant 2,(p,q)=1$),由 f 的定义,p,q 都是 n 的因数,即 $p \mid n,q \mid n$,由 $(p,q)=1$,故 $pq \mid n$,与 $f(n)=pq$ 矛盾. 由于 $f(n)$ 不会是两个互素的($\geqslant 2$ 的)数的乘积,因而 $f(n)$ 必为 p^k 形成的数,其中 p 是素数,k 是自然数(实际上,f 的值域是这种形式上的数的全体). 由此,对于 $n \geqslant 3$ 的自然数 n,或者 $f(n)=2$(易见这当且仅当 n 为奇数时成立),或者 $f(n)=2^k(k \geqslant 2)$,这时 $f(f(n))=3$,从而 n 的长度为 3,此外 $f(n)=p^k$(p 是奇素数,$k \geqslant 1$),这时 n 的长度为 2. 由此,n 的长度 l_n 由 n 的特性所决定

$$l_n=\begin{cases}1,\text{当 } n \text{ 是奇数}\\ 3,\text{有大于 1 的自然数 } k,\text{使得对任何小于 } 2^k \text{ 的素数 } p \\ \quad \text{及满足 } p^j<2^k \text{ 的自然数 } j,p^j \mid n,\text{而且 } 2^k \nmid n \\ 2,\text{其他情况}\end{cases}$$

注　本题主要说明使 $l_n=3$ 的是怎样的 n,也可用其他说法,另一点则是说明 $l_n \leqslant 3$(对任何 $n \geqslant 3$).

第 4 届中国数学奥林匹克

合肥,1989

1 在半径为 1 的圆周上,任意给定两个点集 A,B,它们都由有限段互不相交的弧组成,其中 B 的每段弧的长度都等于$\frac{\pi}{m}$,m 是自然数,用 A^j 表示将集合 A 沿逆时针方向在圆周上转动$\frac{j\pi}{m}(j=1,2,3,\cdots)$ 弧度所得的集合. 求证:存在自然数 k,使得

$$l(A^k\cap B)\geqslant\frac{1}{2\pi}l(A)l(B)$$

这里 $l(X)$ 表示组成点集 X 的互不相交的弧段的长度之和.

证明 对于半径为 1 的圆周上的点集 E,用 $E^{(j)}$ 表示将 E 沿顺时针方向在圆周上转动$\frac{j\pi}{m}(j=1,2,3,\cdots)$ 弧度所得的集合. 设 B 是由 i_0 段互不相交的长度都是$\frac{\pi}{m}$ 的弧组成,这 i_0 段记为 B_1,$B_2,\cdots,B_{i_0}$. 于是

$$l(A^k\cap B)=l(A\cap B^{(k)})=\sum_{i=1}^{i_0}l(A\cap B_i^{(k)}),k=1,2,\cdots$$

又由于

$$l(A)=\sum_{k=1}^{2m}l(A\cap B_i^{(k)}),i=1,2,\cdots,i_0$$

就得到

$$\sum_{k=1}^{2m}l(A^k\cap B)=\sum_{k=1}^{2m}\left[\sum_{i=1}^{i_0}i(A\cap B_i^{(k)})\right]=$$
$$\sum_{i=1}^{i_0}\sum_{k=1}^{2m}l(A\cap B_i^{(k)})=i_0l(A)$$

因为$2m$个数之和为$i_0l(A)$,所以,在$1,2,\cdots,2m$中至少有一个k_0,使得

$$l(A^{k_0}\cap B)\geqslant\frac{1}{2m}i_0l(A)$$

注意到 B 是由 i_0 段互不相交的长度都是$\frac{\pi}{m}$ 的弧所组成

$$l(B)=i_0\cdot\frac{\pi}{m}$$

即有

$$l(A^{k_0}\cap B)\geqslant\frac{1}{2\pi}\cdot\frac{\pi}{m}i_0l(A)=\frac{1}{2\pi}l(A)\cdot l(B)$$

注 在讨论的点集都是圆周上互不相交的有限弧段所组成的集时，$l(A)$ 相当于 A 的长度. 证明中用到的主要是下面的原理：

若 $A_1,A_2,\cdots,A_k$ 互不相交，则

$$l(A_1\cup A_2\cup\cdots\cup A_k)=l(A_1)+l(A_2)+\cdots+l(A_k)$$

证明中，$l(A)=\sum\limits_{k=1}^{2m}l(A\cap B_i^{(k)})$ 这个等式成立是因为 $\bigcup\limits_{k=1}^{2m}B_i^{(k)}$ 就是整个圆周，在这里，B_i 如果是长度为 $\frac{\pi}{m}$ 的“半开半闭”的弧也完全适用. 由于长度与弧段含不含端点是没有关系的，因此也不特别强调. 有的同学用了“每一个点被盖住多少次”的说法，理由是没说清楚的. 例如，有若干块（为简单起见，假定都是三角形的）板放在桌上，设为 A 及 $B_1,B_2,\cdots,B_{10}$，如果 A 的每一点都至少被 $B_1,\cdots,B_{10}$ 中的四块所盖住，要证明 $B_1,\cdots,B_{10}$ 中至少有一块面积大于或等于 $\frac{4}{10}$ 乘 A 的面积，就不是很容易的事.

2 设 $x_1,x_2,\cdots,x_n(n\geqslant 2)$ 都是正数且 $\sum\limits_{i=1}^{n}x_i=1$，求证

$$\sum_{i=1}^{n}\frac{x_i}{\sqrt{1-x_i}}\geqslant\frac{\sum\limits_{i=1}^{n}\sqrt{x_i}}{\sqrt{n-1}}$$

证明

$$\sum_{i=1}^{n}\frac{x_i}{\sqrt{1-x_i}}=\sum_{i=1}^{n}\frac{1}{\sqrt{1-x_i}}-\sum_{i=1}^{n}\frac{1-x_i}{\sqrt{1-x_i}}=$$
$$\sum_{i=1}^{n}\frac{1}{\sqrt{1-x_i}}-\sum_{i=1}^{n}\sqrt{1-x_i}$$

由柯西（Cauchy）不等式，得

$$\sum_{i=1}^{n}\sqrt{1-x_i}=\sum_{i=1}^{n}(\sqrt{1-x_i}\cdot 1)\leqslant$$
$$\sqrt{\sum_{i=1}^{n}(1-x_i)}\cdot\sqrt{\sum_{i=1}^{n}1}=\sqrt{n-1}\cdot\sqrt{n}$$
$$\sum_{i=1}^{n}\sqrt{x_i}\leqslant\sqrt{\sum_{i=1}^{n}x_i}\cdot\sqrt{n}=\sqrt{n}$$

又对于 n 个正数 $y_1,y_2,\cdots,y_n$，由算术-几何-调和平均不等式

$$\frac{1}{n}\sum_{i=1}^{n} y_i \geqslant \sqrt[n]{y_1 y_2 \cdots y_n} \geqslant \frac{n}{\sum_{i=1}^{n}\frac{1}{y_i}}$$

故

$$\sum_{i=1}^{n}\frac{1}{y_i} \geqslant \frac{n^2}{\sum_{i=1}^{n} y_i}$$

把这些不等式合起来,就得到

$$\sum_{i=1}^{n}\frac{x_i}{\sqrt{1-x_i}} = \sum_{i=1}^{n}\frac{1}{\sqrt{1-x_i}} - \sum_{i=1}^{n}\sqrt{1-x_i} \geqslant$$

$$\frac{n^2}{\sum_{i=1}^{n}\sqrt{1-x_i}} - \sum_{i=1}^{n}\sqrt{1-x_i} \geqslant$$

$$\frac{n^2}{\sqrt{n-1}\sqrt{n}} - \sqrt{n-1}\cdot\sqrt{n} =$$

$$\frac{n^2-(n-1)n}{\sqrt{n-1}\cdot\sqrt{n}} = \frac{\sqrt{n}}{\sqrt{n-1}} \geqslant$$

$$\frac{1}{\sqrt{n-1}}\sum_{i=1}^{n}\sqrt{x_i}$$

注 本题有多种证法,原式右端由柯西不等式即知是小于或等于$\frac{\sqrt{n}}{\sqrt{n-1}}$的. 至于左端,考虑函数$f(x)=\frac{x}{\sqrt{1-x}}$,直接计算$f(x)$的导数,得到$f''(x)>0(x\in(0,1))$,从而$f$在$(0,1)$上是凸函数. 因此对于$(0,1)$中的$x_1,x_2,\cdots,x_n$,有

$$f\left(\frac{x_1+x_2+\cdots+x_n}{n}\right) \leqslant \frac{1}{n}(f(x_1)+f(x_2)+\cdots+f(x_n))$$

因而题中不等式左端

$$\sum_{i=1}^{n}\frac{x_i}{\sqrt{1-x_i}} = \sum_{i=1}^{n} f(x_i) \geqslant n\cdot f\left(\frac{1}{n}\right) = n\cdot\frac{1}{n}\cdot\frac{\sqrt{n}}{\sqrt{n-1}} = \frac{\sqrt{n}}{\sqrt{n-1}}$$

也就证明了题中的不等式.

3 设S是复平面上的单位圆周(即模等于1的复数的集合),f是从S到S的映射,对于任何$z\in S$,定义

$$f^{(1)}(z)=f(z),f^{(2)}(z)=f(f(z)),\cdots,f^{(k)}(z)=\underbrace{f(f(\cdots(f}_{k个f}(z))))$$

如果$c\in S$及自然数n使得

$$f^{(1)}(c)\neq c,f^{(2)}(c)\neq c,\cdots,f^{(n-1)}(c)\neq c,f^{(n)}(c)=c$$

我们就说c是f的n-周期点.

设m是大于1的自然数,f的定义如下

$$f(z)=z^m,z\in S$$

试计算f的1 989-周期点的总数.

解 由$f(z)=z^m$,用归纳法易知$f^{(n)}(z)=z^{m^n}(n=1,2,3,\cdots)$.

对于自然数 n,记 $B_n=\{z\in S\mid f^{(n)}(z)=z\}$. 因为 B_n 是 1 的 m^n-1 次根的全体所构成的集合,所以 $|B_n|=m^n-1$($|B|$ 表示集合 B 中元素的个数).

对于自然数 k 及 $z\in B_k$,易见对于自然数 r

$$f^{(rk)}(z)=f^{((r-1)k)}(f^{(k)}(z))=f^{((r-1)k)}(z)=\cdots=f^{(k)}(z)=z$$

所以当 k,n 为自然数且 $k\mid n$ 时,$B_k\subset B_n$.

如果 k,n 为自然数,$n=rk+j(1\leqslant j\leqslant k-1)$,且 $z\in B_k$,那么

$$f^{(n)}(z)=f^{(j)}(f^{(rk)}(z))=f^{(j)}(z)$$

若 $z\in B_k\cap B_n$,则由上式得 $z\in B_j$. 用辗转相除法,即知$B_k\cap B_n\subset B_{(k,n)}$($(k,n)$ 表示 k 和 n 的最大公因数).

把上面的结论合并起来,即得

$$B_k\cap B_n=B_{(k,n)} \qquad ①$$

由定义,$\{f$的 1 989 - 周期点全体$\}=B_{1\,989}\setminus(\bigcup\limits_{k=1}^{1\,988}B_k)$. 因此,它等于

$$B_{1\,989}\setminus(\bigcup_{k=1}^{1\,988}(B_{1\,989}\cap B_k))=B_{1\,989}\setminus(\cup B_t)$$

(此处 $t\in T=\{t\mid t$ 整除 $1\,989,t<1\,989\}$).

由于$1\,989=3^2\times221=3^2\times13\times17$,1 989 的真因数必是663$(=3\times13\times17)$,153$(=3^2\times17)$,117$(=3^2\times13)$这三个数中的(至少)一个,因此

$$\{f\text{的 1 989 - 周期点全体}\}=B_{1\,989}\setminus(B_{663}\cup B_{153}\cup B_{117})$$

由容斥原理,得

$$\begin{aligned}&|B_{663}\cup B_{153}\cup B_{117}|=\\&|B_{663}|+|B_{153}|+|B_{117}|-|B_{663}\cap B_{153}|-\\&|B_{663}\cap B_{117}|-|B_{153}\cap B_{117}|+|B_{663}\cap B_{153}\cap B_{117}|=\\&|B_{663}|+|B_{153}|+|B_{117}|-|B_{51}|-|B_{39}|-|B_9|+|B_3|\end{aligned}$$

于是,f 的 1 989 - 周期点的总数为

$$m^{1\,989}-m^{663}-m^{153}-m^{117}+m^{51}+m^{39}+m^9-m^3 \qquad ②$$

注 在本题的解答中,式①是重要的,再由 1 989 的三个因数663,153,117 的性质(1 989 有三个素因数3,13,17,这三个数是 1 989 分别除以这三个素因数的商),就得到式②. 再用容斥原理即得到结果. 参赛学生中,不少人通过对单位根的讨论,得到了相当于①的结论,一部分学生还指出了 1 989 的这三个因数的性质,但极少人写出相当于②的结论,一般都直接写出“由容斥原理,即得f的 1 989 - 周期点的总数为……”,但算出的结果却有好几种不同答案. 本解答中用 B_n 的写法,使得容斥原理的用法明确而清楚.

4 设点 D,E,F 分别在 $\triangle ABC$ 的三边 BC,CA,AB 上，且 $\triangle AEF,\triangle BFD,\triangle CDE$ 的内切圆有相等的半径 r，又以 r_0 和 R 分别表示 $\triangle DEF$ 和 $\triangle ABC$ 的内切圆半径，求证

$$r+r_0=R$$

证明 把 $\triangle AEF,\triangle BFD,\triangle CDE$ 的内切圆圆心分别记为 O_1,O_2,O_3，又对于一个三角形，用 S,P 分别表示面积及周长，我们先证明

$$P_{\triangle O_1O_2O_3}=P_{\triangle DEF},S_{\triangle O_1O_2O_3}=S_{\triangle DEF}$$

三个内切圆(圆 O_1，圆 O_2，圆 O_3)与相应的三角形的切点标记如图 1 所示. 因为

$$\overline{DE}=\overline{DQ}+\overline{QE}=\overline{DL}+\overline{EK},\overline{EF}=\overline{EM}+\overline{MF}=\overline{EH}+\overline{FG}$$

及
$$\overline{FD}=\overline{FN}+\overline{ND}=\overline{FJ}+\overline{ID}$$

所以
$$P_{\triangle DEF}=\overline{KH}+\overline{GJ}+\overline{IL}$$

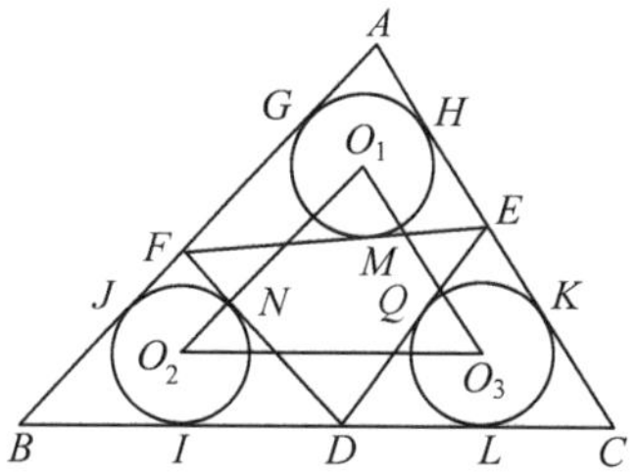

图 1

再因为 O_2I,O_3L 都与 BC 垂直，且 $\overline{O_2I}=\overline{O_3L}=r$，所以，有 $\overline{O_2O_3}=\overline{IL}$，同理 $\overline{O_3O_1}=\overline{KH},\overline{O_1O_2}=\overline{GJ}$，即得

$$P_{\triangle DEF}=P_{\triangle O_1O_2O_3}$$

再看 $\triangle DEF$ 与 $\triangle O_1O_2O_3$ 的面积. 因为

$$\begin{aligned}S_{\triangle ABC}-S_{\triangle DEF}=S_{\triangle AEF}+S_{\triangle BFD}+S_{\triangle CDE}&=\\ \frac{r}{2}(P_{\triangle AEF}+P_{\triangle BFD}+P_{\triangle CDE})&=\\ \frac{r}{2}(P_{\triangle ABC}+P_{\triangle DEF})&\end{aligned}$$

而 $S_{\triangle ABC}-S_{\triangle O_1O_2O_3}$ 是三个等腰梯形 $AO_1O_2B,BO_2O_3C,CO_3O_1A$ 的面积之和，所以

$$\begin{aligned}S_{\triangle ABC}-S_{\triangle O_1O_2O_3}=S_{梯形AO_1O_2B}+S_{梯形BO_2O_3C}+S_{梯形CO_3O_1A}&=\\ \left(r\cdot\overline{GJ}+\frac{1}{2}r\cdot\overline{AG}+\frac{1}{2}r\cdot\overline{JB}\right)&+\\ \left(r\cdot\overline{IL}+\frac{1}{2}r\cdot\overline{BI}+\frac{1}{2}r\cdot\overline{LC}\right)&+\\ \left(r\cdot\overline{KH}+\frac{1}{2}r\cdot\overline{CK}+\frac{1}{2}r\cdot\overline{HA}\right)&=\\ \frac{r}{2}(2\,\overline{GJ}+2\,\overline{IL}+2\,\overline{KH}+\overline{AG}+\overline{JB}&+\\ \overline{BI}+\overline{LC}+\overline{CK}+\overline{HA})&=\\ \frac{r}{2}(\overline{GJ}+\overline{IL}+\overline{KH}+P_{\triangle ABC})&=\end{aligned}$$

$$\frac{r}{2}(P_{\triangle O_1O_2O_3}+P_{\triangle ABC})$$

由 $P_{\triangle DEF}=P_{\triangle O_1O_2O_3}$，即得 $S_{\triangle DEF}=S_{\triangle O_1O_2O_3}$.

这样，$\triangle DEF$ 和 $\triangle O_1O_2O_3$ 的内切圆半径相等(都是 r_0).

AO_1, BO_2, CO_3 分别是 $\angle A, \angle B, \angle C$ 的平分线，其延长线的交点 O 是 $\triangle ABC$ 的内心. 因为 $O_1O_2 \mathbin{/\!/} AB, O_2O_3 \mathbin{/\!/} BC, O_3O_1 \mathbin{/\!/} CA$，所以 O 也是 $\triangle O_1O_2O_3$ 的内心. O 到 AB 的距离是 R，O 到 O_1O_2 的距离是 $\triangle O_1O_2O_3$ 的内切圆半径，等于 $\triangle DEF$ 的内切圆半径 r_0，O_1O_2 与 AB 的距离为 r，易见 $r+r_0=R$.

本题有多种证法，这里的证明只用到平面几何的方法.

5 空间中有 1 989 个点，其中任何三点都不共线，把它们分成点数各不相同的 30 组，在任何三个不同的组中各取一点为顶点作三角形. 问：要使这种三角形的总数最大，各组的点数应为多少？

解　把 1 989 个点分成 30 组，各组的点数记为 $n_1, n_2, \cdots, n_{30}$ 时，在任何三个不同的组中各取一点为顶点作三角形，则这种三角形的总数为 $\sum\limits_{1\leqslant i<j<k\leqslant 30} n_in_jn_k$.

由于总共只有有限种分法，因而使所作三角形总数最大的分法必定存在.

如果把一种分法的两组点数改动，其余各组不变，不妨设各组点数为 $n_1', n_2', \cdots, n_{30}'$，而 $n_i'=n_i(i=3,4,\cdots,30)$. 由于

$$\sum_{1\leqslant i<j<k\leqslant 30} n_in_jn_k=\left(\sum_{k=3}^{30} n_k\right)n_1n_2+\left(\sum_{3\leqslant j<k\leqslant 30} n_jn_k\right)(n_1+n_2)+\sum_{3\leqslant i<j<k\leqslant 30} n_in_jn_k$$

$$\sum_{1\leqslant i<j<k\leqslant 30} n_i'n_j'n_k'=\left(\sum_{k=3}^{30} n_k'\right)n_1'n_2'+\left(\sum_{3\leqslant j<k\leqslant 30} n_j'n_k'\right)(n_1'+n_2')+\sum_{3\leqslant i<j<k\leqslant 30} n_i'n_j'n_k'=\left(\sum_{k=3}^{30} n_k\right)n_1'n_2'+\left(\sum_{3\leqslant j<k\leqslant 30} n_jn_k\right)(n_1+n_2)+\sum_{3\leqslant i<j<k\leqslant 30} n_in_jn_k$$

由 $n_1+n_2=n_1'+n_2'$，因此，如果

$$|n_2'-n_1'|<|n_2-n_1|$$

就有
$$\sum_{1\leqslant i<j<k\leqslant 30} n_in_jn_k<\sum_{1\leqslant i<j<k\leqslant 30} n_i'n_j'n_k'$$

现设各组点数为 $n_1, n_2, \cdots, n_{30}$ 时，所作三角形总数最大，由于要求各组点数都不同，不妨设 $n_1<n_2<\cdots<n_{30}$. 由上所述，可得到 $n_1, n_2, \cdots, n_{30}$ 必有下列性质：

(1) 对于任何 $k(1\leqslant k\leqslant 29)$，$n_{k+1}-n_k\leqslant 2$.

若存在某一个 k_0 使 $n_{k_0+1}-n_{k_0}\geqslant 3$，则取 $n'_{k_0}=n_{k_0}+1$，$n'_{k_0+1}=n_{k_0+1}-1$（$n'_i=n_i$，当 $i\neq k_0,k_0+1$ 时），即在第 k_0+1 组中把一个点放入第 k_0 组，将使所作三角形总数确实增大.

（2）使得 $n_{k+1}-n_k=2$ 的 k 至多只有一个.

如果有两个 i,j（不妨设 $1\leqslant i<j<29$）使得 $n_{i+1}-n_i=2$，$n_{j+1}-n_j=2$. 这时取 $n'_{j+1}=n_{j+1}-1$，$n'_i=n_{i+1}$（其余各组点数不变），这样将使所作三角形总数确实增大.

由于 $\sum\limits_{i=1}^{30}n_i=1\ 989$，因此不可能

$$n_{k+1}-n_k=1,k=1,2,\cdots,29$$

（否则这 30 个数是等差数列，其和应为 15 的倍数，但 $15\nmid 1\ 989$）. 因而恰有一个 k_0 使 $n_{k_0+1}-n_{k_0}=2$. 这 30 个数为

$$n_1,n_1+1,\cdots,n_1+k_0-1,n_1+k_0+1,\cdots,n_1+30$$

于是

$$1\ 989+k_0=\frac{1}{2}\cdot 30(n_1+1+n_1+30)=15(2n_1+31)$$

解得

$$k_0=6,n_1=51$$

因此，所求的各组点数为 51，52，…，56，58，59，…，81.

注 本题实际上是属要论证的题，使总数最大的分法存在是需要指出的. 从逻辑上讲，由存在性、必要条件以及使必要条件满足的解的唯一性，才能保证这是使得总数最大的分法. 有的同学在论证时，用了如“当各组的点数越接近时，所作三角形总数越大”的说法. 在两组的情况下这话还可理解，而在 30 组的情况下，“各组点数越接近”其实是一个含糊的说法. 这是在论证中应该努力避免的.

6 f 是定义在 $(1,+\infty)$ 上且在 $(1,+\infty)$ 中取值的函数，满足条件：对任何 $x,y>1$ 及 $u,v>0$，都成立

$$f(x^u y^v)\leqslant f(x)^{\frac{1}{4u}}f(y)^{\frac{1}{4v}}$$

试确定所有这样的函数 f.

解 设 f 是满足题中条件的函数，特别取 $u=\frac{1}{2}$，得

$$f(x^{\frac{1}{2}}y^v)\leqslant f(x)^{\frac{1}{2}}f(y)^{\frac{1}{4v}},x,y>1,v>0$$

对于 $x,y>1$，取 v 使 $y^v=x^{\frac{1}{2}}$，即 $u=\frac{1}{2}\cdot\frac{\ln x}{\ln y}$（这样的 v 是正数），从而对于 $x,y>1$，都成立

$$f(x)\leqslant f(x)^{\frac{1}{2}}f(y)^{\frac{\ln y}{2\ln x}}$$

$$f^{\frac{1}{2}}(x) \leqslant f^{\frac{\ln y}{2\ln x}}(y)$$
$$f^{\ln x}(x) \leqslant f^{\ln y}(y)$$

由对称性,得$f^{\ln x}(x)=f^{\ln y}(y)$,因此$f^{\ln x}(x)$是一个常数$c(c>1)$,从而

$$f(x)=c^{\frac{1}{\ln x}}$$

下面验证当$c>1$时,函数$f(x)=c^{\frac{1}{\ln x}}$确实满足题中条件,对于$x,y>1,u,v>0$,由于

$$f(x^u y^v)=c^{\frac{1}{\ln x^u y^v}}=c^{\frac{1}{u\ln x+v\ln y}}$$

即要验证

$$c^{\frac{1}{u\ln x+v\ln y}} \leqslant c^{\frac{1}{4u\ln x}} \cdot c^{\frac{1}{4v\ln y}}=c^{\frac{1}{4u\ln x}+\frac{1}{4v\ln y}}$$

由$c>1$,上面的不等式等价于

$$\frac{1}{u\ln x+v\ln y} \leqslant \frac{1}{4u\ln x}+\frac{1}{4v\ln y}$$

稍作代数运算,这个不等式等价于

$$4uv\ln x\ln y \leqslant (u\ln x+v\ln y)^2$$

但最后这个不等式是确实成立的.

综上所述,满足题中条件的函数是$f(x)=c^{\frac{1}{\ln x}}$,其中c是任何大于1的实数.

注 本题是求满足一个不等式的函数的一般形式,但由于不等式对于任何$x,y>1,u,v>0$成立,这个条件是很强的. 而由这个不等式就可以决定这个函数必须是形为$c^{\frac{1}{\ln x}}$的函数. 但这只是必要条件,所以后面的验证是不可少的.

第 5 届中国数学奥林匹克

郑州，1990

1 如图 1，在凸四边形 $ABCD$ 中，AB 与 CD 不平行，圆 O_1 过 A,B 且与边 CD 相切于 P，圆 O_2 过 C,D 且与边 AB 相切于 Q，圆 O_1 与圆 O_2 相交于 E,F. 求证：EF 平分线段 PQ 的充分必要条件是 $BC\parallel AD$.

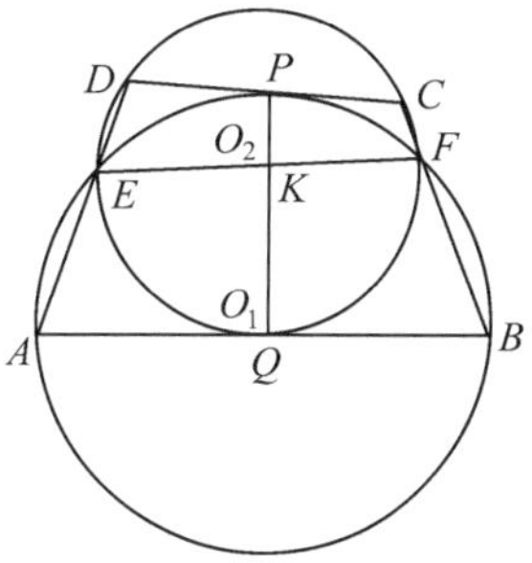

图 1

证明 延长 CD 与 BA 交于 I，又延长 PQ，设其交 O_1 于 H，交 O_2 于 G（图略）. 先证明 $AD\parallel BC$ 是 $PG=QH$ 的充要条件，这是因为

$$PG=QH\Leftrightarrow DP\cdot PC=AQ\cdot QB\Leftrightarrow$$
$$(IP-ID)(IC-IP)=(IQ-IA)(IB-IQ)\Leftrightarrow$$
$$IP\cdot IC-ID\cdot IC-IP^2+ID\cdot IP=$$
$$IQ\cdot IB-IA\cdot IB-IQ^2+IA\cdot IQ\Leftrightarrow$$
$$IP(IC+ID)=IQ(IA+IB)^2\Leftrightarrow$$
$$IP^2(IC+ID)^2=IQ^2(IA+IB)^2\Leftrightarrow$$
$$IA\cdot IB(IC+ID)^2=IC\cdot ID(IA+IB)^2\Leftrightarrow$$
$$(IA\cdot IC-IB\cdot ID)(IB\cdot IC-IA\cdot ID)=0\Leftrightarrow$$
$$IA\cdot IC=IB\cdot ID(\text{显然 } IB\cdot IC\neq IA\cdot ID)\Leftrightarrow$$
$$AD\parallel BC$$

所以 $$AD\parallel BC\Leftrightarrow PG=QH$$

因为 $$(GP+PK)KQ=EK\cdot KF=(HQ+QK)KP$$

所以 $$GP\cdot KQ=HQ\cdot KP$$

所以 $$PG=QH\Leftrightarrow KQ=KP$$

这样就得到

$$AD\parallel BC\Leftrightarrow KQ=KP$$

2 设 x 是一个自然数. 若一串自然数 $x_0=1,x_1,x_2,\cdots,x_{l-1},x_l=x$，满足 $x_{i-1}<x_i,x_{i-1}\mid x_i,i=1,2,\cdots,l$，则称 $\{x_0,x_1,x_2,\cdots,x_l\}$ 为 x 的一条因子链，l 为该因子链的长度. $L(x)$ 与 $R(x)$ 分别表示 x 的最长因子链的长度和最长因子链的条数.

对于 $x=5^k\times 31^m\times 1\,990^n$（$k,m,n$ 是自然数），试求 $L(x)$ 与 $R(x)$.

解 对于 $x = 5^k \times 31^m \times 1\ 990^n$ 的任一因子链，定义 $y_i = \frac{x_i}{x_i - 1}(i = 1,2,\cdots,l)$. 显然 y_i 是大于 1 的自然数，且

$$y_1 y_2 \cdots y_l = x = 2^n \times 5^{k+n} \times 31^m \times 1\ 990^n$$

即得 $L(x) = l_{\max} = n + (k + n) + m + n = k + m + 3n$

（当 y_i 为 x 的素因子时最大值可达到）.

注意到 $y_1, y_2, \cdots, y_l$ 当 l 取最大值 $k + m + 3n$ 时，恰好是 n 个 2，$k + n$ 个 5，m 个 31 与 n 个 199 的一个排列，反之，从每一个这样的排列可以得到一组 $\{y_1, y_2, \cdots, y_l\}$，从而得到 $\{x_0, x_1, \cdots, x_l\}$（因为 $x = y_i y_{i-1} \cdots y_1$）.

因此 $R(x)$ 等于 n 个 2，$k + n$ 个 5，m 个 31 与 n 个 199 的排列个数，即

$$R(x) = \frac{(k + m + 3n)!}{n!\ n!\ m!\ (k + n)!}$$

3 设函数 $f(x)$ 对 $x \geqslant 0$ 有定义，且满足条件：

（1）对任何 $x, y \geqslant 0$，$f(x) \cdot f(y) \leqslant y^2 f\left(\frac{x}{2}\right) + x^2 f\left(\frac{y}{2}\right)$；

（2）存在常数 $M > 0$，当 $0 \leqslant x \leqslant 1$ 时，$|f(x)| \leqslant M$.

求证：$f(x) \leqslant x^2$.

证明 先令 $x = y = 0$，代入题给不等式，得到 $f^2(0) \leqslant 0$，即 $f(0) = 0$.

当 $x \neq 0$ 时，定义 $G(x) = \frac{f(x)}{x^2}$，我们仅需证明 $G(x) \leqslant 1$ 即可.

由题意知 $G(x) \cdot G(y) \leqslant \frac{1}{4}(G(x) + G(y))$，令 $x = y$ 得

$$2G^2(x) \leqslant G\left(\frac{x}{2}\right)$$

即

$$G\left(\frac{x}{2^t}\right) \geqslant 2^{2^t - 1} G^{2^t}(x)$$

当 $t = 1$ 时成立.

设上式当 $t = k$ 时成立，则当 $t = k + 1$ 时，有

$$G\left(\frac{x}{2^{k+1}}\right) \geqslant 2G^2\left(\frac{x}{2^k}\right) \geqslant 2(2^{2^k} G^{2^k}(x))^2 = 2^{2^{k+1} - 1} G^{2^{k+1}}(x)$$

因此 $G\left(\frac{x}{2^t}\right) \geqslant 2^{2^t - 1} G^{2^t}(x)$ 对任意 $t \in \mathbf{N}$ 都成立.

若存在一个 x_0，使 $G(x_0) > 1$，则取 $t > \log_2 x_0$，就有 $0 < \frac{x_0}{2^t} < 1$，且

$$\frac{M}{\left(\frac{x_0}{2^t}\right)^2} \geqslant \left|G\left(\frac{x_0}{2^t}\right)\right| \geqslant 2^{2^t-1}G^{2^t}(x_0) > 2^{2^t-1}$$

即

$$\frac{M}{x_0^2} > 2^{2^t-2t-1}$$

不等式左边为常数,右边当 $t \to \infty$ 时无上界,显然是矛盾的,这样得到 $G(x_0) > 1$ 不可能,因此 $G(x) \leqslant 1$.

4 设 a 是给定的正整数,A 和 B 是两个实数,试确定方程组

$$x^2 + y^2 + z^2 = (13a)^2$$

$$x^2(Ax^2 + By^2) + y^2(Ay^2 + Bz^2) + z^2(Az^2 + Bx^2) = \frac{1}{4}(2A + B)(13a)^4$$

有正整数解的充分必要条件(用含 A,B 的关系式表示,并予以证明).

解 我们来证明此方程组有正整数解的充要条件是 $B = 2A$.

充分性:当 $B = 2A$ 时,容易验证,方程组有正整数解 $x = 12a$, $y = 3a$, $z = 4a$.

必要性:将第一个方程代入第二个方程,消去 a 得

$$x^2(Ax^2 + By^2) + y^2(Ay^2 + Bz^2) + z^2(Az^2 + Bx^2) = \frac{1}{4}(2A + B)(x^2 + y^2 + z^2)^2$$

展开移项分解因式得

$$(2A - B)(x^4 + y^4 + z^4 - 2x^2y^2 - 2y^2z^2 - 2z^2x^2) = 0$$

若 $2A \neq B$,则有

$$x^4 + y^4 + z^4 - 2x^2y^2 - 2y^2z^2 - 2z^2x^2 = 0$$

即

$$(x + y + z)(x + y - z)(y + z - x)(z + x - y) = 0$$

不妨设 $x + y - z = 0$,这就有

$$x^2 + y^2 + (x + y)^2 = (13a)^2 \qquad (*)$$

我们来证明等式(*)对任意正整数 x,y,a 都不成立,否则,设有一组 x_0,y_0,a_0 使得等式成立. 显然,a_0 为偶数,设 $a_0 = 2a_0'$,此时 $A \mid x_0^2 + y_0^2 + (x_0 + y_0)^2$,必有 $2 \mid x_0$, $2 \mid y_0$,设 $x_0 = 2x_0'$, $y_0 = 2y_0'$,于是

$$x_0'^2 + y_0'^2 + (x_0' + y_0')^2 = (13a_0')^2$$

这就得到 $\frac{x_0}{2},\frac{y_0}{2},\frac{a_0}{2}$ 也是一组解,重复这个过程,可知 $2^t \mid a_0$, $t \in \mathbf{N}$, 矛盾,所以 $2A = B$.

5 设 X 是一个有限集合，法则 f 使得 X 的每一个偶子集 E（偶数个元素组成的子集）都对应一个实数 $f(E)$，且满足条件：

（Ⅰ）存在一个偶子集 D，使得 $f(D)>1\ 990$；

（Ⅱ）对于 X 的任意两个不相交的偶子集 A,B，有

$$f(A\cup B)=f(A)+f(B)-1\ 990$$

求证存在 X 的子集 P 和 Q，满足：

(1) $P\cap Q=\varnothing, P\cup Q=X$；

(2) 对 P 的任何非空偶子集 S，有 $f(S)>1\ 990$；

(3) 对 Q 的任何偶子集 T，有 $f(T)\leqslant 1\ 990$.

证法 1 （构造性证明）首先证明，存在一个 X 的二元子集 A，使得 $f(A)>1\ 990$.

事实上，由题设条件（Ⅰ），存在 X 的一个偶子集 D，使得 $f(D)>1\ 990$.

设集合 D 中的元素个数为 $2k$. 因为

$$f(\varnothing)=f(\varnothing\cup\varnothing)=f(\varnothing)+f(\varnothing)-1\ 990$$

所以 $f(\varnothing)=1\ 990$.

于是由 $f(D)>1\ 990=f(\varnothing)$ 知，集合 D 非空，从而 $k>0$.

将有 $2k$ 个元素的集合 D 任意划分为 k 个二元子集 $A_1,A_2,\cdots,A_k$，且这 k 个子集不相交，由题设条件（Ⅱ）易得

$$f(D)=f(A_1)+f(A_2)+\cdots+f(A_k)-(k-1)\cdot 1\ 990>1\ 990=k\cdot 1\ 990-(k-1)\cdot 1\ 990$$

即

$$f(A_1)+f(A_2)+\cdots+f(A_k)>k\cdot 1\ 990$$

因此存在一个二元子集，不妨设其为 $A_1=\{a,b\}$，使得 $f(A_1)>1\ 990$.

现从集合 A_1 出发构造集合 P.

若存在一个元素 c，使得

$$f(\{a,c\})>1\ 990, f(\{b,c\})>1\ 990$$

则将 c 添加到 A_1 中去，构成集合 $A_2=\{a,b,c\}$.

若又存在一个元素 d，使得

$$f(\{a,d\})>1\ 990, f(\{b,d\})>1\ 990, f(\{c,d\})>1\ 990$$

则再将 d 添加到 A_2 中去，构成集合 $A_3=\{a,b,c,d\}$. 继续上述操作，由于 X 是有限集，因此经过有限次操作后，再不能有元素继续加入，此时构成的集合即为 P，X 中的其余元素，则构成集合 Q.

下面证明集合 P,Q 符合题目要求.

题目要求(1) 显然满足.

对于 P 中任一非空偶子集 S，设其所含元素的个数为 $2t$，将其划分为 t 个不相交的二元子集 $B_1, B_2, \cdots, B_t$，则

$$f(S) = f(B_1) + f(B_2) + \cdots + f(B_t) - (t-1) \cdot 1\,990 > 1\,990$$

因此满足题目要求(2).

我们用反证法证明满足题目要求(3). 事实上，若 Q 中有某两个元素 e,f，使

$$f(\{e,f\}) > 1\,990$$

则由于 e,f 都不是 P 中的元素，这时有两种可能，或者存在 P 中的元素 a,b，使得

$$f(\{a,e\}) \leqslant 1\,990 \quad ①$$

$$f(\{b,f\}) \leqslant 1\,990 \quad ②$$

或者仅存在 P 中的一个元素 m，使得

$$f(\{m,e\}) \leqslant 1\,990 \quad ③$$

$$f(\{m,f\}) \leqslant 1\,990 \quad ④$$

对式 ① 和 ②，一方面有

$$f(\{a,b,e,f\}) = f(\{a,b\}) + f(\{e,f\}) - 1\,990 > 1\,990$$

另一方面又有

$$f(\{a,b,e,f\}) = f(\{a,e\}) + f(\{b,f\}) - 1\,990 \leqslant 1\,990$$

出现矛盾.

对式 ③ 和 ④，可将 m 从 P 中取出，而在 P 中添入 e,f，这时便得到一个满足要求而元素更多的集合，这与 P 的构造矛盾.

于是，对 Q 的任一二元子集 C，都有 $f(C) \leqslant 1\,990$，从而 Q 满足题目要求(3).

从而本题得证.

证法 2　因为集合 X 为有限集，所以它的偶子集也只有有限多个，对每一个偶子集 E 对应的实数 $f(E)$ 也只有有限多个，因此必有 $f(E)$ 的最大值. 设 P 是使 $f(E)$ 取得最大值的所有偶子集中元素数目最少的一个偶子集，Q 是 P 相对于 X 的补集.

我们下面证明这样选取的 P 和 Q 符合题目要求，显然有 $P \cap Q = \varnothing, P \cup Q = X$，因而满足题目要求(1).

由题设条件(Ⅰ)及 P 的取法可知

$$f(P) \geqslant f(D) > 1\,990$$

因为 $\varnothing$ 是偶子集，且 $\varnothing = \varnothing \cup \varnothing$，则由题设条件(Ⅱ)可得

$$f(\varnothing) = f(\varnothing) + f(\varnothing) - 1\,990$$

所以有

$$f(\varnothing) = 1\,990$$

因此 P 不是空集.

对于P的任何非空偶子集S，令$\bar{S}$是S相对于P的补集，则$\bar{S}$也是一个偶子集，且

$$S \cap \bar{S} = \varnothing, S \cup \bar{S} = P$$

我们证明$f(S) > 1\,990$，如果$f(S) \leqslant 1\,990$，那么由题设条件（Ⅱ）可知

$$f(P) = f(S \cup \bar{S}) = f(S) + f(\bar{S}) - 1\,990 \leqslant f(\bar{S})$$

从而有

$$f(\bar{S}) \geqslant f(P) > 1\,990$$

由于S非空，则$\bar{S}$的元素个数少于P的元素个数，且$f(\bar{S})$的值不小于$f(P)$的值，这与P的取法矛盾，所以必有$f(S) > 1\,990$，因而满足题目要求(2).

下面证明对Q的任何偶子集T，有$f(T) \leqslant 1\,990$，任取Q的偶子集T，由于$P \cap T = \varnothing$，如果$f(T) > 1\,990$，那么由题设条件(Ⅱ)得

$$f(P \cup T) = f(P) + f(T) - 1\,990 > f(P)$$

因为$P \cup T$的元素个数不少于P的元素个数，并且

$$f(P \cup T) > f(P) > 1\,990$$

这又与P的取法矛盾，所以$f(T) \leqslant 1\,990$，因而满足题目要求(3).

证法3 首先，在$f(A \cup B) = f(A) + f(B) - 1\,990$中，令$A = B = \varnothing$，可得到$f(\varnothing) = 1\,990$.

设$D = A_1 \cup A_2 \cup A_3 \cup \cdots \cup A_k$，$A_i$有两个元素($i = 1, 2, \cdots, k$)，易知

$$F(D) = f(A_1) + f(A_2) + \cdots + f(A_k) - (k-1) \times 1\,990 > 1\,990$$

$$f(A_1) + f(A_2) + \cdots + f(A_k) > 1\,990k$$

必存在一个i，使得$f(A_i) > 1\,990$. 于是，A_i的任何非空偶子集S，都有$f(S) > 1\,990$，在所有满足题目要求(2)的子集中（显然，这样的子集存在），找出一个元素个数最多的，不妨设为P_1，P_1的补集设为Q_1.

在Q_1中，若任何Q_1的二元子集对应的f值都小于或等于1 990，那么就容易证明Q满足题目要求(3)，这样P_1，Q_1就满足题目要求(1)(2)(3)，因此，不妨设Q_1的一个二元子集$\{x, y\}$满足$f(\{x, y\}) > 1\,990$.

如果对P_1中的每一个元素a，$f(\{x, a\}) > 1\,990$，很显然，那么$P_1 \cup \{x\}$也满足题目要求(2)，并且$P_1 \cup \{x\}$比P_1的元素个数多.

因此P_1中存在一个a，$f(\{x, a\}) \leqslant 1\,990$，同理也存在一个$b$，$f(\{y, b\}) \leqslant 1\,990$.

若$a \neq b$，则

$$f(\{x,y,a,b\}) = f(\{x,y\}) + f(\{a,b\}) - 1\,990 > 1\,990$$

与 $f(\{x,y,a,b\}) = f(\{x,a\}) + f(\{y,b\}) - 1\,990 \leqslant 1\,990$

矛盾,因此 $a = b$,即 $f(\{x,a\}) \leqslant 1\,990$,$f(\{y,a\}) \leqslant 1\,990$,并且对于 P_1 中的其他任意元素 c,有 $f(\{x,c\}) > 1\,990$,$f(\{y,c\}) > 1\,990$, 此时,容易验证:

$P_1/a \cup \{x,y\}$ 亦满足题目要求(2),并且元素个数比 P_1 多.

这就得出了矛盾,因此结论成立.

6 凸 n 边形及 $n-3$ 条在形内不相交的对角线组成的图形称为一个剖分图.

求证:当且仅当 $3 \mid n$ 时,存在一个剖分图是可以一笔画的圈(即可以从一个顶点出发,经过图中各线段恰一次,最后回到出发点).

证明 我们先证明所谓的剖分图是将 n 边形分成 $n-2$ 个三角形,若不是的话,必然有一些剖分图是 $m(m > 3)$ 边形. 容易知道 $n-3$ 条不相交的对角线将 n 边形分为 $n-2$ 块,我们考虑这些剖分的内角和的总和,它大于 $(n-2)\pi$,矛盾.

下面来证明可将这些三角形染红、蓝两色,使有相邻边的三角形染不同颜色,对 n 进行归纳.

当 $n = 3$ 时,显然结论成立.

设 $n = k$ 时,结论成立.

当 $n = k+1$ 时,n 边形被平分成 $k-1$ 个三角形,必有一个三角形的两条边为 $k+1$ 边形的边,去掉这个三角形,剩下的 k 边形由归纳假设可以二染色,再将去掉的三角形染上与它相邻的那个三角形不同的颜色就可以了.

现在可以证明原题了. 当此图为一个一笔画的圈时,由欧拉(Euler)定理,每点发出的边数为偶数,于是每顶点发出三角形个数为奇数,这就得到 n 边形周界上的三角形都是同种颜色的,不妨设为红色.

n 边形的每条边都是一个红三角形的边,它的每条对角线都同时是一个蓝三角形和一个红三角形的边,于是

$$3 \times \text{红三角形个数} - 3 \times \text{蓝三角形个数} = n$$

也就是 $3 \mid n$.

当 $n = 3l$ 时,我们对 l 进行归纳.

当 $l = 1$ 时,结论显然成立. 设 $l = k$ 时,结论成立. 当 $l = k+1$ 时,如图 2 所示,可截出一个五边形,对于 $3k$ 边形,用归纳假设,对五边形,用如图 2 所示的剖分,设 $3k$ 边形的一笔画的圈为 $\cdots AB \cdots$,则现在一笔画的圈为 $\cdots A(BDACDE)B\cdots$.

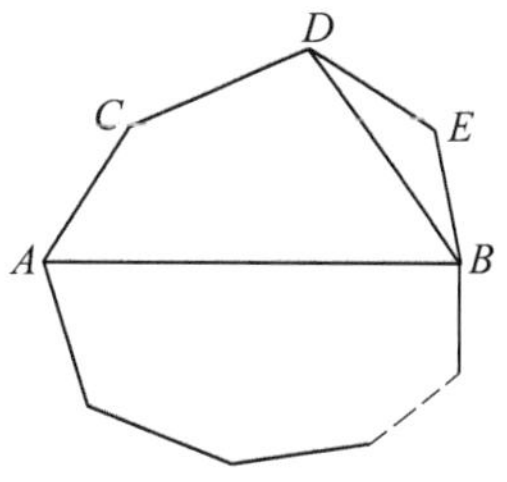

图 2

第6届中国数学奥林匹克

武汉，1991

1 平面上有一个凸四边形 $ABCD$.

(1) 如果平面上存在一点 P，使得 $\triangle ABP$，$\triangle BCP$，$\triangle CDP$ 和 $\triangle DAP$ 的面积都相等，问四边形 $ABCD$ 应满足什么条件？

(2) 满足(1) 的点 P，平面上最多有几个？证明你的结论.

解 首先，设点 P 在四边形 $ABCD$ 内部，如图1所示，则由 $S_{\triangle ABP}=S_{\triangle CBP}$ 可知，A，C 到 BP 的距离相等，由 $S_{\triangle BAP}=S_{\triangle DAP}$ 可知，B，D 到 AP 的距离相等. 同理可知：A，C 与 DP 等距，B，D 与 CP 等距. 于是，若 A，P，C 三点不共线，则因 B，D 与 AP，CP 均等距，可知必有 AP，CP 过 BD 的中点，因而 P 就是 BD 的中点，即 B，P，D 三点共线，而且 BD 平分对角线 AC. 这时

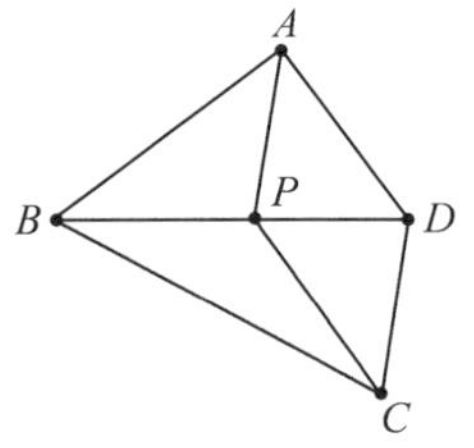

图 1

$$S_{\triangle APB}+S_{\triangle ADP}=S_{\triangle BCP}+S_{\triangle DCP}=\frac{1}{2}S_{\text{四边形}ABCD}$$

故知四边形 $ABCD$ 应满足的条件：存在一条对角线将它的面积平分，或者，存在一条对角线通过另一条对角线的中点.

易知，这两个条件是等价的，而且当此条件满足时，具有所述性质的点 P 只能有一个，即它位于平分四边形 $ABCD$ 的面积的对角线的中点上. 若两条对角线都把四边形的面积平分，则由上述证明过程可知 P 就是两对角线的交点.

其次，设点 P 在四边形 $ABCD$ 外，如图2所示，则由 $S_{\triangle APB}=S_{\triangle CPB}$ 可知 $AC\parallel PB$，由 $S_{\triangle BPA}=S_{\triangle DPA}$ 可知 $BD\parallel PA$. 记 AC 与 BD 的交点为 E，则有 $APBE$ 是平行四边形，且 $S_{\triangle PAB}=S_{\triangle EAB}$. 由于

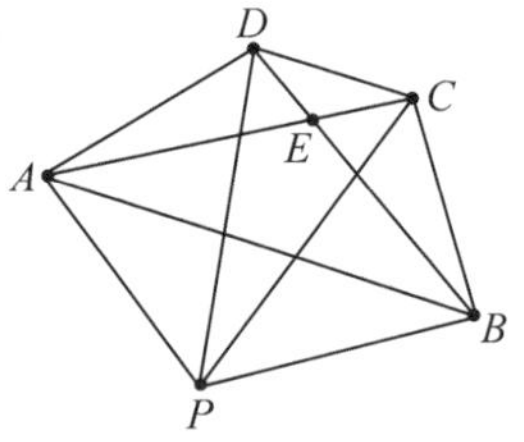

图 2

$$S_{\triangle PAB}=S_{\triangle PAD}+S_{\triangle PDC}+S_{\triangle PCB}-S_{\text{四边形}ABCD}$$

可知
$$S_{\triangle PAB}=\frac{1}{2}S_{\text{四边形}ABCD}=S_{\triangle EAB}$$

由此得出四边形 $ABCD$ 具有性质：其两对角线交点与某两相邻顶点所形成的三角形的面积恰是此四边形面积的一半，此即存在这样的点 P 时四边形 $ABCD$ 便满足条件.

此条件也是充分的，即如果凸四边形 $ABCD$ 的两对角线 AC 与

BD 交于点 E,而且 $S_{\triangle AEB}=\frac{1}{2}S_{四边形ABCD}$,则过点 A 作 $AP // BD$,过点 B 作 $BP // AC$,记 P 为 AP 与 BP 的交点,则不难验证点 P 满足条件 $S_{\triangle PAB}=S_{\triangle PBC}=S_{\triangle PCD}=S_{\triangle PDA}$.

由于在四边形内、外存在所述性质的点 P 时要求四边形 $ABCD$ 所满足的条件是独立的,因而,这样的点 P 在平面上最多只有一个.

2 设 $I=[0,1]$,$G=\{(x,y)\mid x\in I,y\in I\}$,求 G 到 I 的所有映射 f,使得对任何 $x,y,z\in I$,有

(1) $f(f(x,y),z)=f(x,f(y,z))$;

(2) $f(x,1)=x$,$f(1,y)=y$;

(3) $f(zx,zy)=z^kf(x,y)$.

这里 k 是与 x,y,z 都无关的正数.

解 首先,设 $f(x,y)$ 满足所述条件(1)(2)(3),则由(2)(3)知,$f(0,1)=f(1,0)=0$,因而也有对所有 $0<x\leqslant 1$ 有 $f(0,x)=f(x,0)=0$. 再由任取 $z\in[0,1]$,但 $z\neq 0$,导出

$$f(0,0)=f(z\cdot 0,z\cdot 0)=z^kf(0,0)$$

因而

$$f(0,0)=0,k>0,z^k\neq 1$$

其次,设 $0<x\leqslant y\leqslant 1$,则由(3) 和(2) 知

$$f(x,y)=f\left(y\cdot\frac{x}{y},y\cdot 1\right)=y^kf\left(\frac{x}{y},1\right)=y^{k-1}x$$

设 $0<y\leqslant x\leqslant 1$,则由(3) 和(2) 知

$$f(x,y)=f\left(x\cdot 1,x\cdot\frac{y}{x}\right)=x^kf\left(1,\frac{y}{x}\right)=x^{k-1}y$$

现在取 $0<x<y<z<1$,则一方面

$$f(f(x,y),z)=f(y^{k-1}x,z)=z^{k-1}y^{k-1}x$$

另一方面

$$f(x,f(y,z))=f(x,z^{k-1}y)$$

对某固定的 z,y(由于 k 是与 x,y,z 无关的常数),可取 x 充分小,即使之满足 $0<x<z^{k-1}y$,则进一步有

$$f(x,f(y,z))=(z^{k-1}y)^{k-1}x=z^{(k-1)^2}y^{k-1}x$$

于是由(1) 得出

$$z^{k-1}y^{k-1}x=z^{(k-1)^2}y^{k-1}x$$

因 x,y,z 均不等于0,故有 $z^{k-1}=z^{(k-1)^2}$,即

$$z^{k-1}(z^{(k-1)^2-(k-1)}-1)=0$$

但 $z\neq 0$,故必须

$$(k-1)^2-(k-1)=0$$

即
$$(k-1)(k-2)=0$$
于是 $k=1$ 或 2.

当 $k=1$ 时,得映射 f_1 由下式定义
$$f_1(x,y)=\begin{cases}x,0\leqslant x\leqslant y\leqslant 1\\ y,0\leqslant y\leqslant x\leqslant 1\end{cases}$$
当 $k=2$ 时,得映射 f_2 由下式定义
$$f_2(x,y)=xy,0\leqslant x,y\leqslant 1$$
因而,符合条件的映射 f 至多只有如上定义的两个. 不难验证,$f_1(x,y)$ 与 $f_2(x,y)$ 确实满足条件(1)(2)(3).

3 地面上有 10 只鸟在啄食,其中任意 5 只鸟中至少有 4 只在一个圆周上,问有鸟最多的一个圆周上最少有几只鸟?

解法 1 首先,我们证明至少有 5 只鸟在同一个圆周上. 若不然,则这 10 只鸟所可能组成的 5 只鸟组共有 $C_{10}^5=252$ 个,每个 5 只鸟组中有 4 只鸟共在一个圆周上. 但这 4 只鸟总共可属于 6 个 5 只鸟组,于是不同的圆应有 $\frac{252}{6}=42$ 个. 这 42 个不同的圆总共应有 $42\times 4=168$ 只鸟站在它们上面,但实际只有 10 只鸟. 因而,至少有一只鸟所站的位置属于 17 个圆周.

这 17 个不同的圆周除了公有这只鸟所站的位置外,另有 $3\times 17=51$ 只鸟站在上面,但实际上只留下 9 只鸟. 于是,至少还有一只鸟站在 6 个不同的圆周上. 因而得出这两只鸟共同站在 6 个不同的圆周上,但仅余下 8 只鸟,这是不可能的.

其次,我们证明:前面所得出的至少有 5 只鸟所在的这个圆周上至少站了 9 只鸟.

不妨记 A,B,C,D,E 为站在同一个圆周 C_1 上的 5 只鸟. 若结论不真,则不妨记不在 C_1 上的两只鸟为 H,K. 于是有:

因 $\{A,B,C,H,K\}$ 这 5 只鸟组中有 4 只鸟在一个圆周上,而 H,K 均不在 C_1 上,因而可设 A,B,H,K 同在一个圆 C_2 上,而 $C_2\neq C_1$ 导致 C,D,E 均不在 C_2 上.

因 $\{C,D,E,H,K\}$ 这 5 只鸟组中有 4 只鸟在一个圆周上,而 H,K 均不在 C_1 上,故可设 C,D,H,K 同在一个圆 C_3 上,而 E 不在 C_3 上.

于是,考察由 A,C,E,H,K 组成的 5 只鸟组其中任何 4 只鸟站在同一圆周上均导致矛盾,但若任何 4 只鸟不在同一圆周上又与所设矛盾.

故在 A,B,C,D,E 所站的圆周 C_1 之外,至多只能有 1 只鸟. 即有鸟最多的一个圆周上至少有 9 只鸟.

解法2 为方便起见,用一个点表示一只鸟,首先证明其中必有五点圆.

事实上,假若无五点圆,10个点共得 $C_{10}^5=252$ 个"五点组",而每个五点组中有一个四点圆,共得252个四点圆.

再考虑重复的情形.

因为四点圆之外恰有6个点,所以,每个四点圆恰属于6个五点组(以一个四点圆为基本组,每加进一个点,就得一个五点组),即恰重复6次.

因此,至少有 $\frac{252}{6}=42$ 个不同的四点圆,而每个四点圆上有4个点,得到 $4\times42=168$ 个点.

因为总共只有10个点,所以有一个点 A,至少属于17个圆.在这17个圆中,除公共点 A 之外,各还有3个点,共得 $3\times17=51$ 个点.

而10个不同点之中,除点 A 外只有9个点,于是,必有异于点 A 的一点 B,至少出现 $\left[\frac{51-1}{9}\right]+1=6$ 次($[x]$ 表示不超过实数 x 的最大整数),即点 B 至少属于6个圆.在这6个圆中,除了点 A,B 公共外,各还有两个点,共得12个点,且它们互不相同,这不可能,故有五点圆.

再设5个点 A_1,A_2,A_3,A_4,A_5 均在圆 S_1 上.只需证明,剩下的5个点,至多只有一个点不在圆 S_1 上(即圆 S_1 上至少有9个点).

若不然,设有两点 B,C 不在圆 S_1 上.

考虑五点组 B,C,A_1,A_2,A_3.据条件,知其中有四点圆 S_2.

显然,点 A_1,A_2,A_3 不能全在圆 S_2 上,否则,圆 S_1 将与圆 S_2 重合,与"两点 B,C 皆不在圆 S_1 上"矛盾.

设 $A_3\notin S_2$,而 $B,C,A_1,A_2\in S_2$.

继而推得点 A_3,A_4,A_5 皆不在圆 S_2 上(只要其中再有一个点在圆 S_2 上,圆 S_1 将与圆 S_2 重合,与"两点 B,C 皆不在圆 S_1 上"矛盾).

再考虑五点组 B,C,A_3,A_4,A_5.

设 B,C,A_3,A_4 四点共圆 S_3,则点 A_1,A_2,A_5 不在圆 S_3 上.

最后,总结以上所得结果

$$S_1=(A_1,A_2,A_3,A_4,A_5),B,C\notin S_1$$
$$S_2=(B,C,A_1,A_2),A_3,A_4,A_5\notin S_2$$
$$S_3=(B,C,A_3,A_4),A_1,A_2,A_5\notin S_3$$

考虑五点组 B,C,A_1,A_3,A_5,其中必有四点圆 S_4,而这5点中的四点组只有5种情形,即

$$(B,C,A_1,A_3),(B,C,A_1,A_5),(B,C,A_3,A_5)$$

$$(B,A_1,A_3,A_5),(C,A_1,A_3,A_5)$$

若 $S_4=(B,C,A_1,A_3)$，则 $A_3\in S_2$，矛盾.

若 $S_4=(B,C,A_1,A_5)$，则 $A_5\in S_2$，矛盾.

若 $S_4=(B,C,A_3,A_5)$，则 $A_5\in S_3$，矛盾.

若 $S_4=(B,A_1,A_3,A_5)$，则 $B\in S_1$，矛盾.

若 $S_4=(C,A_1,A_3,A_5)$，则 $C\in S_1$，矛盾.

故这个五点组 B,C,A_1,A_3,A_5 中的任何四点均不共圆，与条件矛盾.

因此，所设不真，即在

$$S_1=(A_1,A_2,A_3,A_4,A_5)$$

所剩下的五点中，至多有一点不在圆 S_1 上，这表明，圆 S_1 上至少有 9 个点.

另外，若有九点共圆，而另一点不在此圆上，这样的 10 个点显然满足题设要求.

因此，有鸟最多的一个圆周上最少有 9 只鸟.

4 求满足下述方程 $x^{2n+1}-y^{2n+1}=xyz+2^{2n+1}$ 的所有正整数解组 (x,y,z,n)，这里 $n\geqslant 2$ 且 $z\leqslant 5\cdot 2^{2n}$.

解 首先，容易看出满足方程的 x,y 必须奇偶性相同，而且因右边是正数可知 $x>y$，因而 $x-y\geqslant 2$.

设 $y=1$，则 $x\geqslant 3$，由于 $2x\geqslant 6$ 及 $z\leqslant 5\cdot 2^{2n}$，因此，如果存在正整数组 $(x,1,z,n)$ 满足所给方程，那么应有

$$\begin{aligned}1&=x^{2n+1}-2^{2n+1}-xz=\\&(x-2)(x^{2n}+x^{2n-1}\cdot 2+\cdots+x^n\cdot 2^n+\cdots+\\&x\cdot 2^{2n-1}+2^{2n})-xz\geqslant\\&(2n+1)\cdot(2x)^n-xz\geqslant\\&(2n+1)\cdot 6^{n-1}\cdot 2x-x\cdot 5\cdot 2^{2n}=\\&2^{2n}x\left[\left(\frac{3}{2}\right)^{n-1}\left(n+\frac{1}{2}\right)-5\right]\end{aligned}$$

但 $n\geqslant 2$，欲使此式成立，必须 $\left(\frac{3}{2}\right)^{n-1}\left(n+\frac{1}{2}\right)<5$，这只在 $n=2$ 时才成为可能. 将 $n=2,y=1$ 代入原方程得出

$$x^5-1=xz+2^5$$

即

$$x(x^4-z)=33$$

由于 $z\leqslant 5\cdot 2^{2n}=80$，$x,z$ 均为正整数，故只能取 $x=3$，从而 $z=70$. 得一组解 $(x,y,z,n)=(3,1,70,2)$.

设 $y=2$，则 $x\geqslant 4$，$xy\geqslant 8$. 若存在正整数组 $(x,2,z,n)$ 满足所

给方程,则应有

$$\begin{aligned}2^{2n+1} &= x^{2n+1}-2^{2n+1}-2xz \geqslant \\ &2\cdot(2n+1)\cdot(2x)^{n}-2xz \geqslant \\ &2\cdot(2n+1)\cdot 8^{n-1}\cdot 2x-2x\cdot 5\cdot 2^{2n} = \\ &2^{3n-1}(2n+1)\cdot x-5\cdot 2^{2n+1}\cdot x = \\ &2^{2n+1}\cdot x[(2n+1)\cdot 2^{n-2}-5]\end{aligned}$$

欲使此式成立,必须$(2n+1)\cdot 2^{n-2}-5\leqslant 0$,这只有 $n=2$ 时才可能(这时$(2n+1)\cdot 2^{n-2}=5$). 但 $n=2$ 时原方程成为

$$x^{5}-2^{5}=2xz+2^{5}$$

或

$$x(x^{4}-2z)=64$$

注意到 $x\geqslant 4, z\leqslant 80$,与 $2z\geqslant x^{4}-16\geqslant 240$ 矛盾,故 $y=2$ 时所给方程无解.

设 $y\geqslant 3$,则 $x\geqslant 5, xy\geqslant 15$. 若这时所给方程有正整数组解,则应有

$$\begin{aligned}0 &= x^{2n+1}-y^{2n+1}-xyz-2^{2n+1} = \\ &(x-y)(x^{2n}+x^{2n-1}y+\cdots+ \\ &x^{n}y^{n}+\cdots+xy^{2n-1}+y^{2n})-xyz-2^{2n+1} \geqslant \\ &2(2n+1)(xy)^{n}-xyz-2^{2n+1} \geqslant \\ &2(2n+1)\cdot 15^{n-1}\cdot xy-xy\cdot 5\cdot 2^{2n}-2^{2n+1} = \\ &2^{2n}xy\left(\left(n+\frac{1}{2}\right)\cdot\left(\frac{3}{2}\right)^{n-1}\cdot\left(\frac{5}{2}\right)^{n-1}-5\right)-2^{2n+1} = \\ &2^{2n+1}\left(\frac{1}{2}xy\left(\left(n+\frac{1}{2}\right)\cdot\left(\frac{3}{2}\right)^{n-1}\cdot\left(\frac{5}{2}\right)^{n-1}-5\right)-1\right)\end{aligned}$$

由于 $n\geqslant 2$,$\left(\frac{3}{2}\right)^{n-1}\cdot\left(\frac{5}{2}\right)^{n-1}>3$,$xy\geqslant 15$,此式不可能成立. 故 $y\geqslant 3$ 时所给方程无解.

故满足所给方程的正整数解组只有一个, 即$(x,y,z,n)=(3,1,70,2)$.

5 求所有自然数 n,使得

$$\min_{k\in\mathbf{N}}\left(k^{2}+\left[\frac{n}{k^{2}}\right]\right)=1\ 991$$

这里$\left[\frac{n}{k^{2}}\right]$表示不超过$\frac{n}{k^{2}}$的最大整数,**N** 是自然数集.

解 由于当 k 取遍所有自然数时,$k^{2}+\left[\frac{n}{k^{2}}\right]$的最小值是 1 991,故对所有自然数 k 有

$$k^{2}+\frac{n}{k^{2}}\geqslant 1\ 991$$

成立. 因而

$$k^4-1\ 991k^2+n\geqslant 0$$

$$\left(k^2-\frac{1\ 991}{2}\right)^2+n-\frac{1\ 991^2}{4}\geqslant 0$$

当 $k=32$ 时, $k^2-\frac{1\ 991}{2}=\frac{57}{2}$ 使 $\left(k^2-\frac{1\ 991}{2}\right)^2$ 达到最小值 $\frac{57^2}{4}$. 因而应有

$$n\geqslant\frac{1}{4}(1\ 991^2-57^2)=$$

$$\frac{1}{4}\times(1\ 991+57)(1\ 991-57)=1\ 024\times 967$$

另外, $k^2+\left[\frac{n}{k^2}\right]$ 的最小值是 1 991 也意味着存在自然数 k, 使

$$k^2+\frac{n}{k^2}<1\ 992$$

即

$$k^4-1\ 992k^2+n<0$$

或

$$(k^2-996)^2+n-996^2<0$$

当 $k=32$ 时, $(k^2-996)^2=28^2$ 达到其最小值, 故应有 $n\leqslant 996^2-28^2=1\ 024\times 968$, 故所求的自然数 n 满足

$$1\ 024\times 967\leqslant n\leqslant 1\ 024\times 967+1\ 023$$

6 MO 牌足球由若干多边形皮块用三种不同颜色的丝线缝制而成, 有以下特点:

(1) 任一多边形皮块的一条边恰与另一多边形皮块同样长的一条边用一种颜色的丝线缝合;

(2) 足球上每一结点恰好是三个多边形的顶点, 每一结点的三条缝线的颜色不同.

求证: 可以在这 MO 牌足球的每一结点上放置一个不等于 1 的复数, 使得每一多边形皮块的所有顶点上放置的复数的乘积都等于 1.

证明 不妨设三种不同的颜色分别为红、黄、蓝. 从球的外面向球看去, 在每个结点处三种颜色的丝线, 按红、黄、蓝为序时恰有两个转向, 即顺时针方向与逆时针方向.

现在, 我们先在每条线缝上放置一个复数, 方式如下: 红色线缝上放置 1, 黄色线缝上放置 $\left(\cos\frac{2\pi}{3}+\mathrm{i}\sin\frac{2\pi}{3}\right)$, 蓝色线缝上放置 $\left(\cos\frac{4\pi}{3}+\mathrm{i}\sin\frac{4\pi}{3}\right)$. 在每条线缝上都按此规则放置数后再来对每个结点放置数. 规则如下: 如果站在球外, 正视该点时, 该结点

处所联结的 3 条线缝上丝线的颜色按顺时针方向正好依次是红、黄、蓝时，那么该结点处放置复数$\left(\cos\frac{2\pi}{3}+i\sin\frac{2\pi}{3}\right)$；如果按顺时针方向正好依次是红、蓝、黄时，那么该结点处放置复数$\left(\cos\frac{4\pi}{3}+i\sin\frac{4\pi}{3}\right)$，并且依次称这两种结点为第一类结点与第二类结点.

不难验证，在每个结点处，不论是第一类还是第二类结点，从球外正视该点时，按顺时针方向选取与此结点相连的两条相结线缝时，后一条线缝上放置的数与前一条线缝上所放置的数的比值都恰好等于在该结点处所放置的数.

于是，在此 MO 牌足球的任一个多边形皮块上，若将其边界线缝上所放置的复数按逆时针方向依次记为 $z_1, z_2, \cdots, z_m$，则其各个结点，即此多边形顶点上所放置的复数恰好依次是

$$\frac{z_2}{z_1}, \frac{z_3}{z_2}, \cdots, \frac{z_m}{z_{m-1}}, \frac{z_1}{z_m}$$

显然有

$$\frac{z_2}{z_1}\cdot\frac{z_3}{z_2}\cdot\cdots\cdot\frac{z_m}{z_{m-1}}\cdot\frac{z_1}{z_m}=1$$

第7届中国数学奥林匹克

北京,1992

1 设方程

$$x^n + a_{n-1}x^{n-1} + \cdots + a_1x + a_0 = 0$$

的系数都是实数,且适合条件

$$0 < a_0 \leqslant a_1 \leqslant \cdots \leqslant a_{n-1} \leqslant 1$$

已知λ为此方程的复数根,且适合条件$|\lambda| \geqslant 1$. 试证:$\lambda^{n+1} = 1$.

证明 由条件可知$\lambda \neq 0, \lambda \neq 1$. 因为

$$0 = (\lambda - 1)(\lambda^n + a_{n-1}\lambda^{n-1} + \cdots + a_1\lambda + a_0) = \lambda^{n+1} + (a_{n-1} - 1)\lambda^n + (a_{n-2} - a_{n-1})\lambda^{n-1} + \cdots + (a_0 - a_1)\lambda - a_0$$

所以

$$\lambda^{n+1} = (1 - a_{n-1})\lambda^n + (a_{n-1} - a_{n-2})\lambda^{n-1} + \cdots + (a_1 - a_0)\lambda + a_0$$

其中等式右边的系数都是非负实数. 因此

$$|\lambda|^{n+1} = |(1 - a_{n-1})\lambda^n + (a_{n-1} - a_{n-2})\lambda^{n-1} + \cdots + (a_1 - a_0)\lambda + a_0| \leqslant (1 - a_{n-1})|\lambda|^n + (a_{n-1} - a_{n-2})|\lambda|^{n-1} + \cdots + (a_1 - a_0)|\lambda| + a_0$$

由假设$|\lambda| \geqslant 1$,所以有

$$|\lambda|^{n+1} \leqslant (1 - a_{n-1})|\lambda|^n + (a_{n-1} - a_{n-2})|\lambda|^n + \cdots + (a_1 - a_0)|\lambda|^n + a_0|\lambda|^n$$

这说明$|\lambda| \leqslant 1$. 而由假设$|\lambda| \geqslant 1$,可知$|\lambda| = 1$. 因此,上面不等式变为等式. 所以有如下辐角关系

$$\arg(1 - a_{n-1})\lambda^n = \arg(a_{n-1} - a_{n-2})\lambda^{n-1} = \cdots = \arg(a_1 - a_0)\lambda = \arg a_0 = 0$$

因此

$$(1 - a_{n-1})\lambda^n \geqslant 0$$
$$(a_{n-1} - a_{n-2})\lambda^{n-1} \geqslant 0$$
$$\vdots$$
$$(a_1 - a_0)\lambda \geqslant 0$$

从而 $\lambda^{n+1} = (1 - a_{n-1})\lambda^n + \cdots + a_0 \geqslant 0$

所以 $\lambda^{n+1}=|\lambda^{n+1}|=|\lambda|^{n+1}=1$

2 设 $x_1,x_2,\cdots,x_n$ 为非负实数. 记 $x_{n+1}=x_1,a=\min\{x_1,x_2,\cdots,x_n\}$. 试证

$$\sum_{j=1}^{n}\frac{1+x_j}{1+x_{j+1}}\leqslant n+\frac{1}{(1+a)^2}\sum_{j=1}^{n}(x_j-a)^2$$

且证等式成立当且仅当 $x_1=x_2=\cdots=x_n$.

证明 设 $y_1,y_2,\cdots,y_n$ 为 $x_1,x_2,\cdots,x_n$ 的一个排列, 且 $0\leqslant y_1\leqslant y_2\leqslant\cdots\leqslant y_n$. 于是, $1\leqslant 1+y_1\leqslant 1+y_2\leqslant\cdots\leqslant 1+y_n$. 由排序不等式, 有

$$\sum_{j=1}^{n}\frac{1+x_j}{1+x_{j+1}}\leqslant\sum_{j=1}^{n}\frac{1+y_j}{1+y_{n-j+1}}$$

只要能证得

$$\sum_{j=1}^{n}\frac{1+y_j}{1+y_{n-j+1}}\leqslant n+\frac{1}{(1+a)^2}\sum_{j=1}^{n}(y_j-a)^2$$

即可.

因为

$$\frac{1+y_j}{1+y_{n-j+1}}+\frac{1+y_{n-j+1}}{1+y_j}-2=$$
$$\frac{(y_j-y_{n-j+1})^2}{(1+y_j)(1+y_{n-j+1})}\leqslant\frac{(y_j-y_{n-j+1})^2}{(1+a)^2}$$

所以 $$\sum_{j=1}^{n}\frac{1+y_j}{1+y_{n-j+1}}\leqslant n+\frac{1}{(1+a)^2}\sum_{j=[\frac{n}{2}]}^{n}(y_j-a)^2$$

因此 $$\sum_{j=1}^{n}\frac{1+x_j}{1+x_{j+1}}\leqslant n+\frac{1}{(1+a)^2}\sum_{j=1}^{n}(x_j-a)^2$$

又等号成立当且仅当 $y_j=y_{n-j+1}$ 或 $y_j\neq y_{n-j+1}$, $(1+a)^2=(1+y_j)(1+y_{n-j+1})$. 由 $a\leqslant y_j,y_{n-j+1}$, 有

$$y_j=y_{n-j+1}=a,j=1,2,\cdots,n$$

这就证明了 $y_1=y_2=\cdots=y_n=a$, 即 $x_1=x_2=\cdots=x_n=a$.

3 在平面上画出一个 9×9 的方格表, 在这些小方格的每一格中都任意填入 $+1$ 或 -1. 下面一种改变填入数字的方式称为一次变动: 对任意一个小方格, 凡与此小方格有一条公共边的所有小方格(不包含此格本身)中的数作连乘积, 于是每取一格, 就算出一个数. 在所有小格都取遍后, 将原格中的数去掉, 再将这些算出的数填入相应的小方格中. 试问: 是否总可以经过有限次变动, 使得所有小方格中的数都变为 1?

解 容易验证,图 1 中三个数表在上述变动下都是不变的,其中没写数的格中都填 + 1.

	− 1		− 1
− 1	− 1		− 1
	− 1		
		− 1	− 1

(a)

	− 1	− 1	− 1
− 1		− 1	
− 1	− 1		
− 1			

(b)

	− 1	− 1	
− 1			− 1
− 1			− 1
	− 1	− 1	

(c)

图 1

将 9 × 9 方格表的中间一行和中间一列的所有方格都填入 + 1,然后在余下的四个 4 × 4 方格表中对称地填入上面三个数表中的一个,即得到在规定操作下不变的 9 × 9 数表,如图 2 所示.

由此可见,此题的答案是否定的.

	− 1	− 1	− 1		− 1	− 1	− 1	
− 1		− 1				− 1		− 1
− 1	− 1						− 1	− 1
− 1								− 1
− 1								− 1
− 1	− 1						− 1	− 1
− 1		− 1				− 1		− 1
	− 1	− 1	− 1		− 1	− 1	− 1	

图 2

4 凸四边形 $ABCD$ 内接于圆 O,对角线 AC 与 BD 相交于点 P. $\triangle ABP$,$\triangle CDP$ 的外接圆相交于 P 和另一点 Q,且 O,P,Q 三点两两不重合. 试证:$\angle OQP = 90°$.

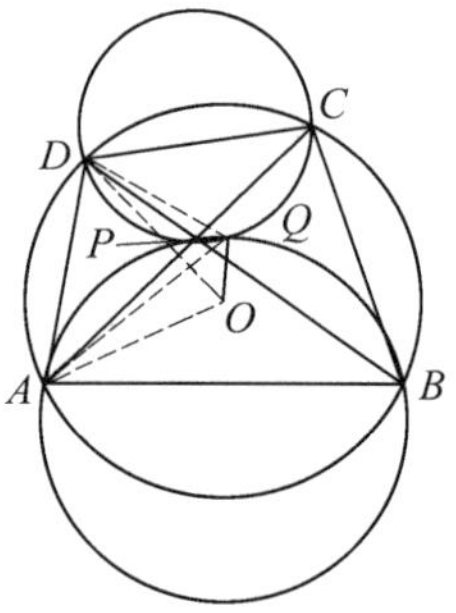

图 3

证法 1 如图 3,联结 AO,AQ,DO,DQ,易知

$$\angle DQA = \angle DQP + \angle PQA = \angle DCP + \angle ABP = 2\angle ABD$$

$$\angle AOD = 2\angle ABD$$

于是 $$\angle DQA = \angle AOD$$

从而,A,O,Q,D 四点共圆. 又因为

$$\angle AQO = \angle ADO = 90° - \frac{1}{2}\angle AOD = 90° - \angle ABD$$

$$\angle AQP = \angle ABD$$

所以 $$\angle OQP = \angle AQO + \angle AQP = 90°$$

证法 2 如图 4,O_1,O_2 分别是 $\triangle ABP$ 和 $\triangle PCD$ 的外心,联结 O_2P 并延长交 AB 于 H,联结 O_2D. 于是

$$\angle BPH = \angle O_2PD = 90° - \frac{1}{2}\angle DO_2P =$$
$$90° - \angle DCP = 90° - \angle ABD$$

从而 $\angle PHB = 90°$,即 $O_2P \perp AB$. 又 $OO_1 \perp AB$,故 $OO_1 \mathbin{/\mkern-5mu/} O_2P$.

同理 $O_2O \mathbin{/\mkern-5mu/} O_1P$.

因而,O_1OO_2P 是平行四边形,E 是 OP 的中点.

又 F 是 PQ 的中点,故 $EF \mathbin{/\mkern-5mu/} OQ$,即 $O_1O_2 \mathbin{/\mkern-5mu/} OQ$.

但 $O_2O_1 \perp PQ$,故 $OQ \perp PQ$,即 $\angle OQP = 90°$.

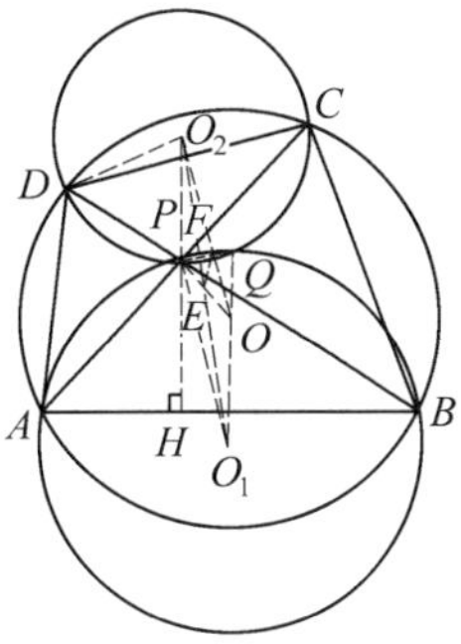

图4

5 在有八个顶点的简单图中,没有四边形的图的边数的最大值是多少?(简单图是指任一点与自己没有边相连,而且任何两个点之间如果有边相连,就只有一条边相连的图.)

解 图5是有八个顶点,十一条边的简单图,其中没有四边形.

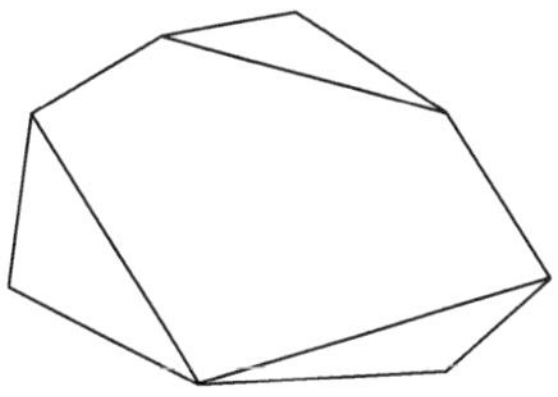

图5

下面证11就是所要求的最大值. 为此,只要证明有十二条边的图中必有四边形. 先指出几个事实:

(1) 设点 A 与点 $A_1, A_2, \cdots, A_k$ 都有边相连,又 B 是与 A 不同的顶点(B 可以是 $\{A_1, A_2, \cdots, A_k\}$ 中的点),若 B 与 $\{A_1, A_2, \cdots, A_k\}$ 中的两个点有边相连,则图中有四边形.

(2) 四个顶点的图中如果有五条边,就必定有四边形.

设 G 是有八个顶点,十二条边的简单图,下证 G 必有四边形. 用反证法,即设 G 没有四边形. 用 $d_1, d_2, \cdots, d_8$ 表示 G 的八个顶点的度数,由于

$$\sum_{i=1}^{8} d_i = 2 \times 12 = 24, \max\{d_1, d_2, \cdots, d_8\} \geqslant 3$$

以下分三种情形讨论.

情形1:$\max\{d_1, d_2, \cdots, d_8\} = 3$. 这时,$G$ 的每一个顶点的度数都是3. 任取一个顶点 A,与 A 有边相连的顶点设为 A_1, A_2, A_3,其余四个顶点为 B_1, B_2, B_3, B_4. 由(1),$\{B_1, B_2, B_3, B_4\}$ 中的点与 $\{A_1, A_2, A_3\}$ 中的点相连的边至多只有四条. 而 $\{A_1, A_2, A_3\}$ 中的点相连的边至多只有一条,所以,在 $\{B_1, B_2, B_3, B_4\}$ 这些点中相连的边至少有 $12 - 3 - 4 - 1 = 4$ 条(由(2)可知也只有四条). 我们只考虑这四个顶点及联结它们的四条边. 这时,其中必有某一顶点的度数是1(如这四个点度数都是2,就成为一个四边形). 从而有顶点度数为3,即 $\{B_1, B_2, B_3, B_4\}$ 中必有一点(不妨设为 B_1)与其他三点 B_2, B_3, B_4 都有边相连. 而 $\{B_1, B_2, B_3, B_4\}$ 中的点与 $\{A_2, A_3, A_4\}$ 中的点相连的边数为4,B_1 必与 $\{A_2, A_3, A_4\}$ 中某一点有边相连. 这样,在图 G 中,B_1 的度数将是4,与假设矛盾.

情形2：$\max\{d_1,\cdots,d_8\}=4$. 取一个度数为4的顶点A，设与A有边相连的顶点为A_1,A_2,A_3,A_4，其余三个顶点为B_1,B_2,B_3. 由(1)，$\{A_1,A_2,A_3,A_4\}$中的点相连的边至多是2条，将$\{B_1,B_2,B_3\}$中的点与$\{A_1,A_2,A_3,A_4\}$中的点相连的边至多是3条，而$\{B_1,B_2,B_3\}$中的点相连的边显然至多是3条. 由于总的边数是12条，因此上述的各种边数恰为2,3,3. 于是，$\{A_1,A_2,A_3,A_4\}$中的点相连的边有2条，不妨设为A_1A_2及A_3A_4(这两条边不会有公共顶点，否则将出现四边形). $\{B_1,B_2,B_3\}$中每一点都与$\{A_1,A_2,A_3,A_4\}$中某一点有边相连，B_1B_2,B_1B_3,B_2B_3都是G中的边. 由于$\{B_1,B_2,B_3\}$都与$\{A_1,A_2,A_3,A_4\}$中某一点相连，因此至少有两个点与$\{A_1,A_2\}$或$\{A_3,A_4\}$中某一点相连，不妨设$\{B_1,B_2,B_3\}$中有两点B_1,B_2与$\{A_1,A_2\}$中的点有边相连. 这时，如果B_1,B_2都与同一点(设为A_1)相连，那么$A_1B_1B_3B_2$是个四边形. 如果B_1,B_2与$\{A_1,A_2\}$中不同的点分别有边相连，那么因为A_1A_2,B_1B_2都是边，仍有四边形，与假设矛盾.

情形3：$\max\{d_1,d_2,\cdots,d_8\}>4$. 取一个度数最大的顶点$A$，与$A$有边相连的顶点集记为$S$，其余顶点集记为$T$，有

$$|S|=\max\{d_1,d_2,\cdots,d_8\}$$

T中的点与S中的点相连的边数至多有$|T|$条，T中的点相连的边至多有$C_{|T|}^2$条，S中的点相连的边至多有$\left[\frac{|S|}{2}\right]$条. 这样，图中的边数不超过

$$|S|+|T|+C_{|T|}^2+\left[\frac{|S|}{2}\right]=7+C_{|T|}^2+\left[\frac{|S|}{2}\right]$$

当$|S|=5,6,7$时，都不可能使边数为12.

综上所述，即知所求的最大值为11.

6 已知整数列$\{a_0,a_1,a_2,\cdots\}$满足：

(1)$a_{n+1}=3a_n-3a_{n-1}+a_{n-2}$，$n=2,3,\cdots$；

(2)$2a_1=a_0+a_2-2$；

(3)对任意自然数m，在数列$\{a_0,a_1,a_2,\cdots\}$中必有相继的m项$a_k,a_{k+1},\cdots,a_{k+m-1}$都是完全平方数.

求证：数列$\{a_0,a_1,a_2,\cdots\}$中的所有项都是完全平方数.

证明 由条件(1)知，对任何$n\geqslant 2$，有

$$a_{n+1}-a_n=2(a_n-a_{n-1})-a_{n-1}+a_{n-2}$$

记$d_n=a_n-a_{n-1}$，$n=1,2,\cdots$，则

$$d_{n+1}-d_n=d_n-d_{n-1}=\cdots=d_2-d_1$$

由条件(2)得

$$d_2 - d_1 = a_2 - 2a_1 + a_0 = 2$$

所以
$$a_n = a_0 + \sum_{k=1}^{n} d_k = a_0 + nd_1 + n(n-1)$$

即
$$a_n = n^2 + bn + c, n = 0,1,2,\cdots$$

其中
$$b = a_1 - a_0 - 1, c = a_0$$

以下对所要结果给出两种证法.

证法1 由条件(3)知,存在非负整数t,使得a_t和a_{t+2}都是完全平方数. 从而

$$a_{t+2} - a_t \not\equiv 2 \pmod 4$$

又因为

$$a_{t+2} - a_t = 4t + 4 + 2b$$

所以b是偶数,令$b = 2\lambda$,则

$$a_n = (n + \lambda)^2 + c - \lambda^2$$

可以证明$c - \lambda^2 = 0$,从而

$$a_n = (n + \lambda)^2, n = 0,1,2,\cdots$$

事实上,反设$c - \lambda^2 \neq 0$,则$c - \lambda^2$的不同因数只有有限多个,设其个数设为m. 由a_n的通项公式可知,存在n_0使得当$n \geqslant n_0$时,数列$\{a_n\}$严格单调递增. 由条件(3),存在$k \geqslant n_0$,使得

$$a_{k+i} = p_i^2, i = 0,1,2,\cdots,m$$

其中p_i是非负整数,且$p_0 < p_1 < p_2 < \cdots < p_m$. 由此可知

$$c - \lambda^2 = p_i^2 - (k + i + \lambda)^2 = (p_i - k - i - \lambda)(p_i + k + i + \lambda), i = 0,1,2,\cdots,m$$

与$c - \lambda^2$只有m个不同因数矛盾.

证法2 由于$a_n = n^2 + bn + c$,从而存在n_0,使得当$n \geqslant n_0$时,数列$\{a_n\}$严格单调递增,且

$$0 < \left(n - \frac{|b| + 1}{2}\right)^2 \leqslant a_n \leqslant \left(n + \frac{|b| + 1}{2}\right)^2$$

于是有

$$0 < \sqrt{a_{n+1}} - \sqrt{a_n} = \frac{a_{n+1} - a_n}{\sqrt{a_{n+1}} + \sqrt{a_n}} < \frac{2n + 1 + b}{2\sqrt{a_n}} \leqslant \frac{2n + 1 + b}{2n - |b| - 1}$$

由此可知,存在$n_1 \geqslant n_0$,使得当$n \geqslant n_1$时

$$0 < \sqrt{a_{n+1}} - \sqrt{a_n} < 2$$

利用条件(3),易知存在$k \geqslant n_1$,使得a_k和a_{k+1}都是完全平方数. 所以,$\sqrt{a_{k+1}} - \sqrt{a_k} = 1$.

记$\sqrt{a_k}=t$，由 a_n 的通项公式可得

$$a_{n+1}=2a_n-a_{n-1}+2, n=1,2,\cdots$$

所以

$$a_{k+2}=2(t+1)^2-t^2+2=(t+2)^2$$

$$a_{k-1}=2t^2-(t+1)^2+2=(t-1)^2$$

于是，用数学归纳法易证数列$\{a_0,a_1,a_2,\cdots\}$的所有项都是完全平方数.

第 8 届中国数学奥林匹克

济南,1993

1 设 n 是奇数,试证:存在 $2n$ 个整数 $a_1,a_2,\cdots,a_n,b_1,b_2,\cdots,b_n$,使得对任意一个整数 k,$0<k<n$,下列 $3n$ 个数

$$a_i+a_{i+1},a_i+b_i,b_i+b_{i+k}$$

(其中 $i=1,2,\cdots,n,a_{n+1}=a_1,b_{n+j}=b_j,0<j<n$)被 $3n$ 除所得的余数互不相同.

证明 下面的 $2n$ 个数是满足题设的

$$a_1=1,a_2=4,\cdots,a_n=3n-2$$

$$b_1=2,b_2=5,\cdots,b_n=3n-1$$

(1) 对于满足 $1\leqslant i\leqslant n,1\leqslant k\leqslant n-1$ 的整数 i,k,都有 $a_i+a_{i+1}\equiv 2\pmod 3,a_i+b_i\equiv 0\pmod 3,b_i+b_{i+k}\equiv 1\pmod 3$,故不存在不同的 i_1,i_2,i_3 及 k 使下面的任一式成立

$$a_{i_1}+a_{i_1+1}\equiv a_{i_2}+b_{i_2}\pmod{3n}$$

$$a_{i_1}+a_{i_1+1}\equiv a_{i_3}+b_{i_3+k}\pmod{3n}$$

$$a_{i_2}+b_{i_2}\equiv b_{i_3}+b_{i_3+k}\pmod{3n}$$

(2) 若存在不同的 i_1,i_2,使

$$b_{i_1}+b_{i_1+k}\equiv b_{i_2}+b_{i_2+k}\pmod{3n}$$

则

$$b_{i_1}+b_{i_1}+3k\equiv b_{i_2}+b_{i_2}+3k\pmod{3n}$$

$$2b_{i_1}\equiv 2b_{i_2}\pmod{3n}$$

因 n 为奇数,$(2,3n)=1$,故

$$b_{i_1}\equiv b_{i_2}\pmod{3n}$$

因 $0<b_{i_1},b_{i_2}<3n$,故 $b_{i_1}=b_{i_2},i_1=i_2$,与 $i_1\neq i_2$ 矛盾,故对任意不同的 i_1,i_2,k 有

$$b_{i_1}+b_{i_1+k}\not\equiv b_{i_2}+b_{i_2+k}\pmod{3n}$$

(3) 类似(2)可证,对不同的 i_1,i_2 有

$$a_{i_1}+a_{i_1+1}\not\equiv a_{i_2}+a_{i_2+1}\pmod{3n}$$

(4) 若存在不同的 i_1,i_2 使

$$a_{i_1}+b_{i_1}\equiv a_{i_2}+b_{i_2}\pmod{3n}$$

则
$$a_{i_1}+a_{i_1}+1\equiv a_{i_2}+a_{i_2}+1 \pmod{3n}$$
则
$$2a_{i_1}\equiv 2a_{i_2} \pmod{3n}$$
即 $i_1=i_2$，矛盾，故对不同的 i_1,i_2，有
$$a_{i_1}+b_{i_1}\not\equiv a_{i_2}+b_{i_2} \pmod{3n}$$

2 给定 $k\in\mathbf{N}$ 及实数 $a>0$，在下列条件
$$k_1+k_2+\cdots+k_r=k,k_i\in\mathbf{N},1\leqslant r\leqslant k$$
下，求 $a^{k_1}+a^{k_2}+\cdots+a^{k_r}$ 的最大值.

解 任意 $k_1,k_2\in\mathbf{N}$，因
$$a^{k_1+k_2-1}+a-a^{k_1}-a^{k_2}=a(a^{k_1-1}-1)(a^{k_2-1}-1)\geqslant 0$$
（当 $a>1$ 时，$a^{k_1-1}-1\geqslant 0$，$a^{k_2-1}-1\geqslant 0$；当 $0<a\leqslant 1$ 时，$a^{k_1-1}-1\leqslant 0$，$a^{k_2-1}-1\leqslant 0$），故
$$a^{k_1}+a^{k_2}\leqslant a+a^{k_1+k_2-1}$$
故
$$\begin{aligned}&a^{k_1}+a^{k_2}+\cdots+a^{k_r}\leqslant\\&a+a^{k_1+k_2-1}+a^{k_3}+\cdots+a^{k_r}\leqslant\\&2a+a^{k_1+k_2+k_3-2}+a^{k_4}+\cdots+a^{k_r}\leqslant\cdots\leqslant\\&(r-1)a+a^{k-r+1}\end{aligned}$$
且在 $k_1=k_2=\cdots=k_{r-1}=1,k_r=k-r+1$ 时，取得 $(r-1)a+a^{k-r+1}$. 故所求最大值为
$$(r-1)a+a^{k-r+1}$$

3 设圆 K 和 K_1 同心，它们的半径分别为 R 和 R_1，$R_1>R$. 四边形 $ABCD$ 内接于圆 K，四边形 $A_1B_1C_1D_1$ 内接于圆 K_1，点 A_1，B_1，C_1，D_1 分别在射线 CD，DA，AB，BC 上，求证
$$\frac{S_{\text{四形边}A_1B_1C_1D_1}}{S_{\text{四形边}ABCD}}\geqslant\frac{R_1^2}{R^2}$$

证明 如图1，为方便起见，令 $AB=a$，$BC=b$，$CD=c$，$DA=d$，$AB_1=l$，$BC_1=f$，$CD_1=g$，$DA_1=h$，则
$$S_{\triangle AB_1C_1}=\frac{1}{2}(a+f)l\sin\angle B_1AC_1$$
$$\begin{aligned}S_{\text{四形边}ABCD}&=S_{\triangle ABD}+S_{\triangle BDC}=\\&\frac{1}{2}ad\sin\angle DAB+\frac{1}{2}bc\sin\angle DCB=\\&\frac{1}{2}(ad+bc)\sin\angle DAB=\end{aligned}$$

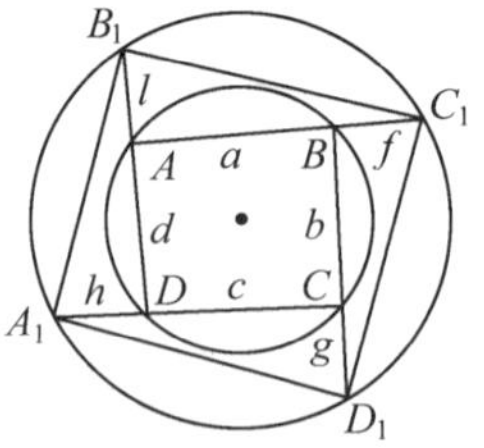

图1

$$\frac{1}{2}(ad+bc)\sin\angle B_1AC_1$$

故

$$\frac{S_{\triangle AB_1C_1}}{S_{\text{四边形}ABCD}}=\frac{(a+f)l}{ad+bc}=\frac{l(l+d)}{ad+bc}\cdot\frac{a+f}{l+d}=\frac{R_1^2-R^2}{ad+bc}\cdot\frac{a+f}{l+d}$$

同理

$$\frac{S_{\triangle BC_1D_1}}{S_{ABCD}}=\frac{R_1^2-R^2}{ab+cd}\cdot\frac{b+g}{a+f}$$

$$\frac{S_{\triangle CD_1A_1}}{S_{ABCD}}=\frac{R_1^2-R^2}{ad+bc}\cdot\frac{c+h}{b+g}$$

$$\frac{S_{\triangle DA_1B_1}}{S_{ABCD}}=\frac{R_1^2-R^2}{ab+cd}\cdot\frac{l+d}{c+h}$$

将上面四式相加,并应用算术-几何平均值不等式得

$$\frac{S_{\text{四边形}A_1B_1C_1D_1}-S_{\text{四边形}ABCD}}{S_{\text{四边形}ABCD}}\geqslant 4(R_1^2-R^2)\sqrt{\frac{1}{(ad+bc)(ab+cd)}}$$

由于四边形 $ABCD$ 内接于半径为 R 的圆,故

$$a+b+c+d\leqslant 4\sqrt{2}R$$

故

$$\sqrt{(ad+bc)(ab+cd)}\leqslant\frac{ad+bc+ab+cd}{2}=\frac{(a+c)(b+d)}{2}\leqslant\frac{1}{2}\cdot\frac{(a+b+c+d)^2}{4}\leqslant 4R^2$$

故
$$\frac{S_{A_1B_1C_1D_1}}{S_{ABCD}}\geqslant 4(R_1^2-R^2)\frac{1}{4R^2}+1=\frac{R_1^2}{R^2}$$

4 给定集合 $S=\{z_1,z_2,\cdots,z_{1\,993}\}$,其中 $z_1,z_2,\cdots,z_{1\,993}$ 是非零复数(可看作平面上的非零向量).求证:可以把 S 中的元素分成若干组,使得:

(1) S 中的每个元素属于且仅属于其中一组;

(2) 每一组中任一复数与该组所有复数之和的夹角不超过 $90°$;

(3) 将任意两组中的所有复数分别求和,所得的两个和数之间的夹角大于 $90°$.

证明 因为集合 S 的子集个数是有限的，所以必有一个子集 A，使 A 中所有向量的和的模长是各子集中最大的（若最大的不止一个，则任取其中一个）. 设 A 中所有向量的和为 $\boldsymbol{a}$，旋转坐标轴，使 $\boldsymbol{a}$ 在 y 轴的正方向上，则 A 必是 S 中所有位于上半平面的向量构成的集合（在旋转坐标轴后看）. 理由：若有向量 $\boldsymbol{p}$ 位于上半平面，但 $\boldsymbol{p}\notin A$，则 $A\cup\{\boldsymbol{p}\}$ 中所有向量之和在 y 轴上的分量即已大于 $|\boldsymbol{a}|$，模长自然更大于 $|\boldsymbol{a}|$，与 A 的取法矛盾. 类似地，若有向量 $\boldsymbol{q}$ 在下半平面，但 $\boldsymbol{q}\in A$，则 $A-\{\boldsymbol{q}\}$ 的向量和的模也将大于 $|\boldsymbol{a}|$，矛盾. 故 A 恰为 S 中位于上半平面的向量组成的集合.

这样，$S-A$ 恰是 S 中位于下半平面的向量的集合，在 $S-A$ 的所有子集中必有一个子集 B，使 B 中向量和的模长最大，设其向量和为 $\boldsymbol{b}$，作直线 l 垂直于 $\boldsymbol{b}$，则 B 恰是所有 S 中位于 s 轴与直线 l 夹成的锐角区域内的向量的集合，理由与上面类似. 设 $C=S-A-B$，则 C 恰是 l 与 x 轴夹成的锐角区域内 S 的向量的集合.

显然，A,B,C 符合题设条件.

5 10 人到书店买书，已知：

(1) 每人都买了三种书；

(2) 任何两人所买的书，都至少有一种相同.

问：购买人数最多的一种书最少有几人购买？说明理由.

解 设共卖出 m 种书，每种书分别有 $x_1,x_2,\cdots,x_m$ 人购买，设购买人最多的一种书有 x 人购买，则有

$$\sum_{i=1}^{m}x_i=30,x_i\leqslant x,i=1,2,\cdots,m$$

考察每两人之间的同种书对的总数，有

$$C_{10}^2\leqslant\sum_{i=1}^{m}C_{x_i}^2$$

故
$$45\leqslant\frac{1}{2}\sum_{i=1}^{m}x_i(x_i-1)\leqslant\frac{x-1}{2}\sum_{i=1}^{m}x_i=15(x-1)$$

故
$$x\geqslant4$$

若 $x=4$，则 $x_i=4,i=1,2,\cdots,m$，则 $4\mid\left(\sum_{i=1}^{m}x_i\right)$，即 $4\mid30$，矛盾，故 $x\geqslant5$，即购买人数最多的一种书至少有 5 人购买.

另外，存在购买人数最多的一种书恰有 5 人购买的情形，记 A_i 为不同种的书，$i=1,2,\cdots,6$，则 10 人购书的情形如下

$$\{A_1,A_2,A_3\},\{A_1,A_6,A_2\},\{A_2,A_4,A_3\},\{A_3,A_5,A_1\}$$
$$\{A_1,A_6,A_4\},\{A_1,A_5,A_4\},\{A_2,A_4,A_5\}$$

$\{A_2,A_6,A_5\}$，$\{A_3,A_5,A_6\}$，$\{A_3,A_4,A_5\}$

故购买人数最多的一种书最少有 5 人购买.

6 设函数 $f:(0,+\infty)\to(0,+\infty)$ 满足对任意的 $x>0$，$y>0$，$f(xy)\leqslant f(x)f(y)$.

试证：对任意的 $x>0$，$n\in\mathbf{N}$，有

$$f(x^n)\leqslant f(x)[f(x^2)]^{\frac{1}{2}}\cdots[f(x^n)]^{\frac{1}{n}}$$

证明 令 $F_n(x)=f(x)[f(x^2)]^{\frac{1}{2}}\cdots[f(x^n)]^{\frac{1}{n}}$，则只需证 $f(x^n)\leqslant F_n(x)$. 因

$$[F_n(x)]^n=[F_{n-1}(x)]^n f(x^n)$$
$$[F_{n-1}(x)]^{n-1}=[F_{n-2}(x)]^{n-1}f(x^{n-1})$$
$$\vdots$$
$$F_2(x)^2=F_1(x)^2 f(x)^2$$
$$F_1(x)=f(x)$$

将以上等式两边分别相乘化简得

$$[F_n(x)]^n=F_{n-1}(x)F_{n-2}(x)\cdots F_1(x)f(x)f(x^2)\cdots f(x^n)$$

利用该式，以下用数学归纳法证明 $f(x^n)\leqslant F_n(x)$ 对一切 $n\in\mathbf{N}$ 成立.

当 $n=1$ 时，$F_1(x)=f(x)$，故命题成立.

假设当 $n\leqslant k$ 时命题成立，即

$$f(x^i)\leqslant F_i(x),i=1,2,\cdots,k$$

则当 $n=k+1$ 时，有

$$\begin{aligned}[F_{k+1}(x)]^{k+1}=&F_k(x)F_{k-1}(x)\cdots F_1(x)f(x)f(x^2)\cdots f(x^{k+1})\geqslant\\&f(x^k)f(x^{k-1})\cdots f(x)f(x)f(x^2)\cdots f(x^{k+1})=\\&f(x^{k+1})[f(x^k)f(x)][f(x^{k-1})f(x^2)]\cdots\\&[f(x)f(x^k)]\geqslant\\&f(x^{k+1})f(x^{k+1})f(x^{k-1+2})\cdots f(x^{1+k})=\\&[f(x^{k+1})]^{k+1}\end{aligned}$$

故
$$F_{k+1}(x)\geqslant f(x^{k+1})$$

因此完成数学归纳证明.

第9届中国数学奥林匹克

上海,1994

1 设 $ABCD$ 是一个梯形($AB \parallel CD$),E 是线段 AB 上一点,F 是线段 CD 上一点,线段 CE 与 BF 相交于点 H,线段 ED 与 AF 相交于点 G.

求证:$S_{四边形EHFG} \leqslant \frac{1}{4}S_{梯形ABCD}$.

如果 $ABCD$ 是一个任意凸四边形,同样结论是否成立?请说明理由.

证明 如图1,联结 EF. 在梯形 $AEFD$ 中,显然有

$$\sin \angle AGD = \sin \angle DGF = \sin \angle EGF = \sin \angle AGE \quad ①$$

$$S_{\triangle AGD} = S_{\triangle AED} - S_{\triangle AEG} = S_{\triangle AEF} - S_{\triangle AEG} = S_{\triangle EGF} \quad ②$$

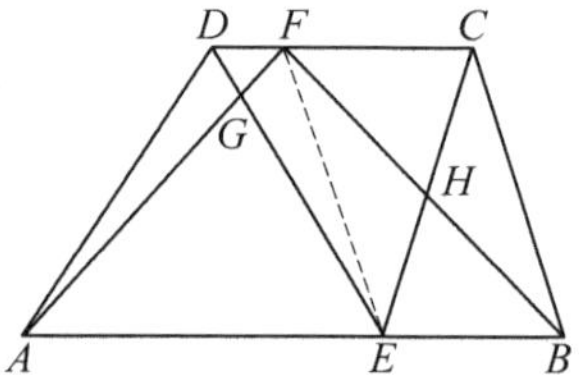

图1

由式①和②,有

$$(S_{\triangle EGF})^2 = S_{\triangle EGF} \cdot S_{\triangle AGD} = \left(\frac{1}{2}EG \cdot GF\sin \angle EGF\right)\left(\frac{1}{2}AG \cdot GD\sin \angle AGD\right) = \left(\frac{1}{2}EG \cdot AG\sin \angle AGE\right)\left(\frac{1}{2}GF \cdot GD\sin \angle DGF\right) = S_{\triangle AGE} \cdot S_{\triangle DGF} \quad ③$$

由式②和③,有

$$S_{梯形AEFD} = S_{\triangle AGE} + S_{\triangle EGF} + S_{\triangle DGF} + S_{\triangle AGD} = 2S_{\triangle EGF} + (S_{\triangle AGE} + S_{\triangle DGF}) \geqslant 2S_{\triangle EGF} + 2\sqrt{S_{\triangle AGE} \cdot S_{\triangle DGF}} = 4S_{\triangle EGF} \quad ④$$

类似地,有

$$S_{四边形BEFC} \geqslant 4S_{\triangle EHF} \quad ⑤$$

式④+⑤,再乘以$\frac{1}{4}$,有

$$\frac{1}{4}S_{梯形ABCD} \geqslant S_{四边形EHFG} \quad ⑥$$

对于后半题,如果 $ABCD$ 是一个任意凸四边形,结论不一定成立. 举一反例如下:

作一个梯形 $ABCD$,使得 $BC \parallel AD$,$AD = 1$,$BC = 100$,梯形高

$h=100$,在 AB 上取一点 E,作 $EF \parallel BC$,交线段 CD 于点 F,如图 2 所示的示意图. 已知线段 EF 与 BC 之间的距离为 1,则

$$S_{梯形ABCD}=\frac{1}{2}(AD+BC)h=5\ 050 \quad ⑦$$

$$EF=\frac{1}{100}(99BC+AD)=99.01 \quad ⑧$$

点 G 到线段 EF 的距离记为 h^*,显然

$$\frac{h^*}{99-h^*}=\frac{EF}{AD}=99.01 \quad ⑨$$

从而

$$h^*=\frac{99\times 99.01}{100.01} \quad ⑩$$

那么

$$S_{四边形EHFG}>S_{\triangle EFG}=\frac{1}{2}EF\cdot h^*=\frac{99\times(99.01)^2}{200.02}>$$

$$\frac{1}{4}\times 5\ 050=\frac{1}{4}S_{梯形ABCD} \quad ⑪$$

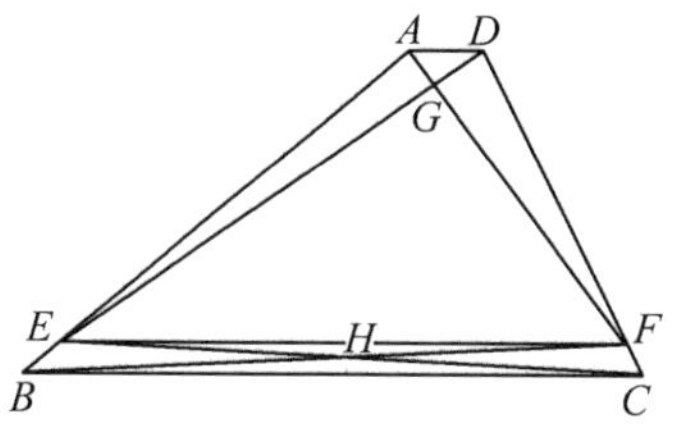

图 2

2 $n(n\geqslant 4)$ 个盘子里放着总数不少于 4 的糖块. 从任选的两个盘子中各取一块糖,放入另一个盘子中去,称为一次操作. 问能否经过有限次操作,把所有糖块集中到一个盘子里去? 证明你的结论.

解 能经过有限次操作,把所有糖块集中到一个盘子里去. 对糖块总数 $m(m\geqslant 4)$ 进行归纳.

当 $m=4$ 时,盛有糖块的盘子不多于 4 个. 去掉 $n-4$ 个空盘,在剩下的 4 个盘子里,糖块分布有以下 4 种情况:

(1) (1,1,1,1);

(2) (1,2,1,0);

(3) (2,2,0,0);

(4) (1,3,0,0).

对于第一种情况,可进行如下几次操作,使糖块集中到一个盘子里

$$(1,1,1,1)\to(3,1,0,0)\to(2,0,2,0)\to(1,0,1,2)\to(0,0,0,4)$$

从上述操作可以看到:对于第二、三、四种情况,糖块亦能集中到一个盘子里.

假设当 $m=k(k\geqslant 4)$ 时,所有糖块能够集中到一个盘子里.

当 $m=k+1(k\geqslant 4)$ 时,在盛糖块的一个盘子里固定一块糖,暂不去考虑它. 对于剩下的 $k(k\geqslant 4)$ 块糖,利用数学归纳法,可知这 k 块糖是能够集中到一个盘子里的. 如果这个盘子恰是盛有固

定糖块的盘子,则结论已经成立. 否则,恰有两个盘子盛有糖块,一个盘子里只有一块糖,另一个盘子里有 k 块糖. 再取两个空盘,进行如下的操作

$$(1,k,0,0)\to(0,k-1,2,0)\to(0,k-2,1,2)\to$$
$$(2,k-3,0,2)\to(1,k-1,0,1)\to(0,k+1,0,0)$$

所有糖块在一个盘子里了. 结论成立.

3 求适合以下条件的所有函数 $f:[1,+\infty)\to[1,+\infty)$.

(1) $f(x)\leqslant 2(x+1)$;

(2) $f(x+1)=\frac{1}{x}\{[f(x)]^2-1\}$.

解 $\forall x\geqslant 1$①,令

$$g(x)=f(x)-(x+1) \quad ①$$

利用题目条件,$\forall x\geqslant 1$,有

$$-x\leqslant g(x)\leqslant x+1 \quad ②$$

显然,$\forall x\geqslant 1$.

$$\begin{aligned}g(x+1)=f(x+1)-(x+2)=\\ \frac{1}{x}\{[f(x)]^2-1\}-(x+2)=\\ \frac{1}{x}\{[g(x)+x+1]^2-1\}-(x+2)=\\ \frac{1}{x}\{[g(x)+x+1]^2-1-x(x+2)\}=\\ \frac{1}{x}g(x)[g(x)+2(x+1)]\end{aligned} \quad ③$$

下面证明对于 $\forall x\geqslant 1$,有

$$g(x)=0 \quad ④$$

用反证法,如果存在 $x_0\geqslant 1$,使得 $g(x_0)>0$,那么,由式③有

$$\begin{aligned}g(x_0+1)=\frac{1}{x_0}g(x_0)[g(x_0)+2(x_0+1)]>\\ \frac{x_0+2}{x_0}g(x_0)\end{aligned} \quad ⑤$$

现在,用数学归纳法证明:$\forall k\in\mathbf{N}_+$($\mathbf{N}_+$ 为正整数全体组成的集合),有

$$g(x_0+k)>\frac{(x_0+k)(x_0+k+1)}{x_0(x_0+1)}g(x_0) \quad ⑥$$

当 $k=1$ 时,由式⑤可得式⑥. 设对某 $k\in\mathbf{N}_+$,式⑥成立,则

---

① $\forall$ 表示任意.

$g(x_0+k)>0$. 考虑 $k+1$ 的情况,在式 ③ 中,令 $x=x_0+k$,有

$$g(x_0+k+1)=\frac{1}{x_0+k}g(x_0+k)[g(x_0+k)+2(x_0+k+1)]>$$
$$\frac{1}{x_0+k}g(x_0+k)(x_0+k+2)>$$
$$\frac{(x_0+k+1)(x_0+k+2)}{x_0(x_0+1)}g(x_0) \quad ⑦$$

上述最后一个不等式是利用归纳假设 ⑥ 得出的. 从而式 ⑥ 对任意正整数 k 成立.

由于 $g(x_0)>0$,取充分大的正整数 k,使得

$$g(x_0)\frac{(x_0+k)}{x_0(x_0+1)}>1 \quad ⑧$$

那么,由式 ⑥ 和 ⑧,有

$$g(x_0+k)>x_0+k+1 \quad ⑨$$

这与式 ② 的右端不等式矛盾.

如果存在 $x_0\geqslant 1$,使得 $g(x_0)<0$. 类似地,由式 ③ 和 ②,有

$$g(x_0+1)=\frac{1}{x_0}g(x_0)\{[g(x_0)+x_0]+(x_0+2)\}\leqslant$$
$$\frac{x_0+2}{x_0}g(x_0) \quad ⑩$$

类似式 ⑥ 的证明,可以得到 $\forall k\in\mathbf{N}_+$,有

$$g(x_0+k)\leqslant\frac{(x_0+k)(x_0+k+1)}{x_0(x_0+1)}g(x_0) \quad ⑪$$

由于 $g(x_0)<0$,取很大的正整数 k,使得

$$g(x_0)\frac{(x_0+k)}{x_0(x_0+1)}<-1 \quad ⑫$$

从式 ⑪ 和 ⑫,有

$$g(x_0+k)<-(x_0+k+1) \quad ⑬$$

这与式 ② 的左端不等式矛盾.

于是,式 ④ 成立. 再利用式 ①,$\forall x\geqslant 1$,有

$$f(x)=x+1 \quad ⑭$$

4 已知 $f(z)=C_0z^n+C_1z^{n-1}+C_2z^{n-2}+\cdots+C_{n-1}z+C_n$ 是一个 n 次复系数多项式. 求证:一定存在一个复数 z_0,$|z_0|\leqslant 1$,并且满足 $|f(z_0)|\geqslant|C_0|+|C_n|$.

证明 令

$$\omega=\cos\frac{2\pi}{n}+\mathrm{i}\sin\frac{2\pi}{n}$$

取一个模长为1的复数 η. 如果 $n\geqslant 2$,对于正整数 $k=1,2,\cdots,n-$

1,有

$$f(\omega^k\eta)=C_0(\omega^k\eta)^n+C_1(\omega^k\eta)^{n-1}+C_2(\omega^k\eta)^{n-2}+\cdots+C_{n-1}(\omega^k\eta)+C_n \quad ①$$

上式关于 k 从 1 到 n 求和,有

$$\sum_{k=1}^{n}f(\omega^k\eta)=C_0\sum_{k=1}^{n}(\omega^k\eta)^n+C_1\sum_{k=1}^{n}(\omega^k\eta)^{n-1}+C_2\sum_{k=1}^{n}(\omega^k\eta)^{n-2}+\cdots+C_{n-1}\sum_{k=1}^{n}(\omega^k\eta)+nC_n \quad ②$$

显然,有

$$\sum_{k=1}^{n}(\omega^k\eta)^n=n\eta^n \quad ③$$

对于 $j=1,2,\cdots,n-1$,利用几何级数求和公式,有

$$\sum_{k=1}^{n}(\omega^k\eta)^j=\eta^j\sum_{k=1}^{n}\omega^{kj}=\eta^j\frac{\omega^j-\omega^{(n+1)j}}{1-\omega^j}=0 \quad ④$$

将式 ③ 和 ④ 代入式 ②,有

$$\sum_{k=1}^{n}f(\omega^k\eta)=n(C_0\eta^n+C_n) \quad ⑤$$

当 $n=1$ 时,式 ⑤ 也成立. 因此,式 ⑤ 对 $\forall n\in\mathbf{N}$ 成立. 由式 ⑤,即有

$$\frac{1}{n}\sum_{k=1}^{n}|f(\omega^k\eta)|\geqslant\frac{1}{n}\left|\sum_{k=1}^{n}f(\omega^k\eta)\right|=|C_0\eta^n+C_n| \quad ⑥$$

记 $C_0=\rho_0(\cos\theta_0+\mathrm{i}\sin\theta_0)$,这里 $0\leqslant\theta_0<2\pi$,$|C_0|=\rho_0$;又记

$$C_n=\rho_n(\cos\theta_n+\mathrm{i}\sin\theta_n)$$

这里 $0\leqslant\theta_n<2\pi$,$|C_n|=\rho_n$. 选择 θ,$0\leqslant\theta<2\pi$,使得

$$\theta_0+n\theta\equiv\theta_n(\mathrm{mod}\ 2\pi)$$

例如:当 $\theta_n\geqslant\theta_0$ 时,取

$$\theta=\frac{1}{n}(\theta_n-\theta_0)$$

当 $\theta_n<\theta_0$ 时,取

$$\theta=\frac{1}{n}(2\pi+\theta_n-\theta_0)$$

就可以了,令

$$\eta=\cos\theta+\mathrm{i}\sin\theta \quad ⑦$$

$$\begin{aligned}C_0\eta^n+C_n&=\rho_0(\cos\theta_0+\mathrm{i}\sin\theta_0)(\cos n\theta+\mathrm{i}\sin n\theta)+\rho_n(\cos\theta_n+\mathrm{i}\sin\theta_n)=\\&\rho_0[\cos(\theta_0+n\theta)+\mathrm{i}\sin(\theta_0+n\theta)]+\rho_n(\cos\theta_n+\mathrm{i}\sin\theta_n)=\\&(\rho_0+\rho_n)(\cos\theta_n+\mathrm{i}\sin\theta_n)\end{aligned} \quad ⑧$$

从而,可以得到

$$|C_0\eta^n + C_n| = \rho_0 + \rho_n = |C_0| + |C_n| \quad ⑨$$

将式 ⑨ 代入式 ⑥,有

$$\frac{1}{n}\sum_{k=1}^{n} |f(\omega^k\eta)| \geqslant |C_0| + |C_n| \quad ⑩$$

由于 n 个实数 $|f(\omega\eta)|, |f(\omega^2\eta)|, \cdots, |f(\omega^n\eta)|$ 的算术平均值大于或等于 $|C_0| + |C_n|$,则至少有一个

$$|f(\omega^j\eta)| \geqslant |C_0| + |C_n| \quad ⑪$$

这里 j 是 $1,2,\cdots,n$ 中的某一个正整数. 令 $z_0 = \omega^j\eta$, $|z_0| = 1$,即满足

$$|f(z_0)| \geqslant |C_0| + |C_n| \quad ⑫$$

5 对任何正整数 n,求证

$$\sum_{k=0}^{n} \mathrm{C}_n^k \cdot 2^k \mathrm{C}_{n-k}^{\left[\frac{n-k}{2}\right]} = \mathrm{C}_{2n+1}^n$$

其中 $\mathrm{C}_0^0 = 1$, $\left[\frac{n-k}{2}\right]$ 表示 $\frac{n-k}{2}$ 的整数部分.

证法 1 考虑多项式 $(x+1)^{2n}$,它的项 x^n 及 x^{n-1} 的系数和为

$$\mathrm{C}_{2n}^n + \mathrm{C}_{2n}^{n-1} = \mathrm{C}_{2n+1}^n \quad ①$$

另外

$$\begin{aligned}(x+1)^{2n} &= (x^2+2x+1)^n = \\ &\sum_{i+j+k=n} \frac{n!}{i!\ j!\ k!}(x^2)^i(2x)^j = \\ &\sum_{0\leqslant i+j\leqslant n} \frac{n!}{i!\ j!\ (n-i-j)!}2^j x^{2i+j}\end{aligned} \quad ②$$

这里 i,j,k 均为非负整数. 式 ② 右端 x^n 及 x^{n-1} 的系数之和是

$$\begin{aligned}&\sum_{\substack{0\leqslant i+j\leqslant n\\ 2i+j=n}} \frac{n!}{i!\ j!\ (n-i-j)!}2^j + \sum_{\substack{0\leqslant i+j\leqslant n\\ 2i+j=n-1}} \frac{n!}{i!\ j!\ (n-i-j)!}2^j = \\ &\sum_{0\leqslant i+(n-2i)\leqslant n} \frac{n!}{i!\ (n-2i)!\ i!}2^{n-2i} + \\ &\sum_{0\leqslant i+(n-1-2i)\leqslant n} \frac{n!}{i!\ (n-1-2i)!\ (i+1)!}2^{n-2i-1} = \\ &\sum_{i=0}^{\left[\frac{n}{2}\right]} \mathrm{C}_n^{2i}\mathrm{C}_{2i}^i 2^{n-2i} + \sum_{i=0}^{\left[\frac{n-1}{2}\right]} \mathrm{C}_n^{2i+1}\mathrm{C}_{2i+1}^i 2^{n-2i-1} = \\ &\sum_{\substack{k=0\\ k\text{取偶数}}}^{n} \mathrm{C}_n^k 2^{n-k}\mathrm{C}_k^{\left[\frac{k}{2}\right]} + \sum_{\substack{k=1\\ k\text{取奇数}}}^{n} \mathrm{C}_n^k 2^{n-k}\mathrm{C}_k^{\left[\frac{k}{2}\right]} = \\ &\sum_{k=0}^{n} \mathrm{C}_n^k 2^{n-k}\mathrm{C}_k^{\left[\frac{k}{2}\right]}\end{aligned} \quad ③$$

在上式右端,令 $n-k=s$,那么,有

$$\sum_{k=0}^{n} C_n^k 2^{n-k} C_k^{\left[\frac{k}{2}\right]} = \sum_{s=0}^{n} C_n^{n-s} 2^s C_{n-s}^{\left[\frac{n-s}{2}\right]} = \sum_{k=0}^{n} C_n^k 2^k C_{n-k}^{\left[\frac{n-k}{2}\right]} \quad ④$$

由于 $C_n^{n-s}=C_n^s$，把 s 改写为 k，可得上式最后一个等式. 从而得到所要证明的恒等式.

证法2 有 $2n+1$ 个人，其中一位老师，n 位男同学，n 位女同学. 老师记为 T，n 位男同学分别记为 $a_1,a_2,\cdots,a_n$，n 位女同学分别记为 $b_1,b_2,\cdots,b_n$. (a_i,b_i) 称为"一对"，$i=1,2,\cdots,n$. 现在有 n 个人去参加植树劳动.

有以下两种选人方法：

(1) $2n+1$ 个人中任选 n 人，那么有 C_{2n+1}^n 种选人方法.

(2) 固定 k，这里 $0\leqslant k\leqslant n$，在 n 对学生中任选 k 对，要求每对只去一人. 对每个 k，有 $C_n^k 2^k$ 种选法. 其余的 $n-k$ 名同学是要一对一对地去植树的. 因为一共只能去 n 人，所以只有 $\left[\frac{n-k}{2}\right]$ 对同学去植树，有 $C_{n-k}^{\left[\frac{n-k}{2}\right]}$ 种选对方案.

这时，去植树的同学总人数是 $k+2\left[\frac{n-k}{2}\right]$. 当 $n-k$ 为奇数时

$$k+2\left[\frac{n-k}{2}\right]=n-1$$

由于一共要有 n 个人去植树，故老师 T 必须去. 当 $n-k$ 为偶数时

$$k+2\left[\frac{n-k}{2}\right]=n$$

受总人数限制，老师 T 不去植树. 那么当 k 固定时，不同的选人方案数为 $C_n^k 2^k C_{n-k}^{\left[\frac{n-k}{2}\right]}$，当 k 取遍 $0,1,2,\cdots,n$ 时，所有的选人方案总数应当等于 C_{2n+1}^n. 那么，有

$$\sum_{k=0}^{n} C_n^k 2^k C_{n-k}^{\left[\frac{n-k}{2}\right]} = C_{2n+1}^n$$

注 证法1由湖北省武汉市武钢三中的朱辰畅同学（女，第36届国际数学奥林匹克获满分、金牌）给出，证法2由江苏省木渎高级中学的顾健同学给出.

6 设 M 为平面上坐标为 $(p\times 1\,994,7p\times 1\,994)$ 的点，其中 p 是素数. 求满足下述条件的直角三角形的个数：

(1) 三角形的三个顶点都是整点，而且 M 是直角顶点；

(2) 三角形的内心是坐标原点.

解 联结坐标原点 O 及点 M，取线段 OM 的中点 $I(p\times 997,$

$7p\times 997$)，把满足条件的一个直角三角形关于点 I 作一个中心对称，即把点(x,y) 变换为点$(p\times 1\,994-x,7p\times 1\,994-y)$. 于是，满足题目条件的一个整点直角三角形变为一个与之全等的整点直角三角形. 三角形的内心变到点 M，直角顶点变到坐标原点. 因此，所求整点直角三角形的个数，只需考虑直角顶点在坐标原点，内心在点 M 的情况即可.

考虑满足上述条件的整点 Rt△OAB，如图 3 所示，设

$$\angle xOA=\alpha$$
$$\angle xOM=\beta$$
$$\alpha+\frac{\pi}{4}=\beta$$

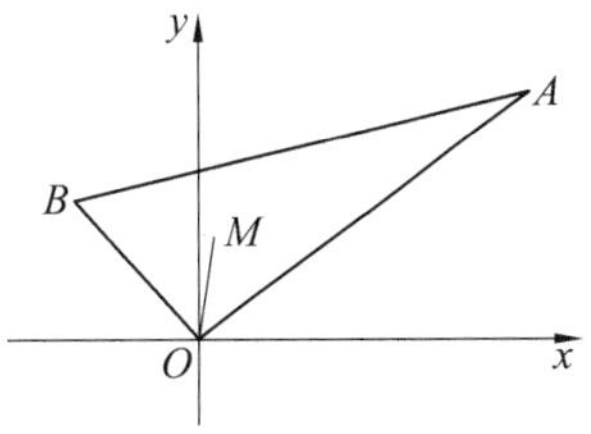

图 3

由题目条件，知

$$\tan\beta=7$$
$$\tan\alpha=\tan\left(\beta-\frac{\pi}{4}\right)=\frac{\tan\beta-1}{1+\tan\beta}=\frac{3}{4} \quad ①$$

于是，直角边 OA 上的任一点的坐标可写成$(4t,3t)$. 由于 A 是整点，若 $A(4t,3t)$，$t\in\mathbf{N}$，则 $OA=5t$. 由 $\angle yOB=\alpha$，可知点 B 的坐标为$(-3t^*,4t^*)$，$t^*\in\mathbf{N}$，$OB=5t^*$. 直角三角形内切圆半径

$$r=\frac{\sqrt{2}}{2}OM=5p\times 1\,994$$

设

$$OA=2r+p^*,OB=2r+q^* \quad ②$$

由于 OA,OB,r 皆为5的倍数，则正整数 p^*,q^* 都是5的倍数.

利用圆外一点到圆的两条切线段长相等，有

$$AB=(r+p^*)+(r+q^*)=2r+p^*+q^* \quad ③$$

由于 △OAB 是一个直角三角形，故有

$$\begin{aligned}0&=AB^2-OA^2-OB^2=\\&(2r+p^*+q^*)^2-(2r+p^*)^2-(2r+q^*)^2=\\&2p^*q^*-4r^2\end{aligned} \quad ④$$

于是，有

$$p^*q^*=2r^2 \quad ⑤$$

由于$\frac{p^*}{5},\frac{q^*}{5}$ 都是正整数，可得

$$\frac{p^*}{5}\cdot\frac{q^*}{5}=2^3\times 997^2\times p^2 \quad ⑥$$

当 $p\neq 2$ 和 $p\neq 997$ 时，有

$$\begin{cases}\dfrac{p^*}{5}=2^i\times 997^j\times p^k\\ \dfrac{q^*}{5}=2^{3-i}\times 997^{2-j}\times p^{2-k}\end{cases} \quad ⑦$$

其中,$i=0,1,2,3$;$j=0,1,2$;$k=0,1,2$. 于是$\left(\dfrac{p^*}{5},\dfrac{q^*}{5}\right)$有 $4\times 3\times 3=36$ 组不同的(有序)解.

当 $p=2$ 时,有

$$\begin{cases}\dfrac{p^*}{5}=2^i\times 997^j\\ \dfrac{q^*}{5}=2^{5-i}\times 997^{2-j}\end{cases} \quad ⑧$$

其中,$i=0,1,2,3,4,5$;$j=0,1,2$. 于是方程组 ⑧ 有 $6\times 3=18$ 组不同的(有序)解.

当 $p=997$ 时,有

$$\begin{cases}\dfrac{p^*}{5}=2^i\times 997^j\\ \dfrac{q^*}{5}=2^{3-i}\times 997^{4-j}\end{cases} \quad ⑨$$

其中,$i=0,1,2,3$,$j=0,1,2,3,4$. 于是方程组 ⑨ 有 $4\times 5=20$ 组不同的(有序)解.

综上,所求的直角三角形的个数为

$$S=\begin{cases}36,\text{当 } p\neq 2 \text{ 和 } p\neq 997 \text{ 时}\\ 18,\text{当 } p=2 \text{ 时}\\ 20,\text{当 } p=997 \text{ 时}\end{cases} \quad ⑩$$

第10届中国数学奥林匹克

合肥,1995

1 设$2n$个实数$a_1,a_2,\cdots,a_n;b_1,b_2,\cdots,b_n(n\geqslant 3)$满足条件:

(1)$a_1+a_2+\cdots+a_n=b_1+b_2+\cdots+b_n$;

(2)$0<a_1=a_2,a_i+a_{i+1}=a_{i+2}(i=1,2,\cdots,n-2)$;

(3)$0<b_1\leqslant b_2,b_i+b_{i+1}\leqslant b_{i+2}(i=1,2,\cdots,n-2)$.

求证:$a_{n-1}+a_n\leqslant b_{n-1}+b_n$.

证明 若$b_1\geqslant a_1$,由条件(2)和(3)得

$$b_2\geqslant b_1\geqslant a_1,b_3\geqslant b_1+b_2\geqslant a_1+a_2=a_3,\cdots,b_n\geqslant a_n$$

从而

$$a_{n-1}+a_n\leqslant b_{n-1}+b_n$$

设$b_1<a_1$,若$b_1+b_2\geqslant a_1+a_2$,则两式相减得$b_2\geqslant a_2$,由条件(2)和(3)得

$$b_3\geqslant b_1+b_2\geqslant a_1+a_2=a_3,\cdots,b_n\geqslant a_n$$

从而也有

$$a_{n-1}+a_n\leqslant b_{n-1}+b_n$$

设

$$b_1<a_1$$

$$b_1+b_2<a_1+a_2,\cdots,b_1+b_2+\cdots+b_{k-2}<a_1+a_2+\cdots+a_{k-2}$$

$$b_1+b_2+\cdots+b_{k-1}<a_1+a_2+\cdots+a_{k-1},3\leqslant k\leqslant n-2$$

若

$$b_1+b_2+\cdots+b_k\geqslant a_1+a_2+\cdots+a_k$$

则该式与上两式分别相减得

$$b_k>a_k,b_k+b_{k-1}>a_k+a_{k-1}$$

由条件(2)和(3)得

$$b_{k+1}\geqslant b_k+b_{k-1}>a_k+a_{k-1}=a_{k+1}$$

再由条件(2)和(3)易得

$$b_{k+2}>a_{k+2},\cdots,b_n>a_n$$

从而结论$a_{n-1}+a_n\leqslant b_{n-1}+b_n$也成立.

最后,设$b_1<a_1,b_1+b_2<a_1+a_2,\cdots,b_1+b_2+\cdots+b_{n-3}<a_1+a_2+\cdots+a_{n-3},b_1+b_2+\cdots+b_{n-2}<a_1+a_2+\cdots+a_{n-2}$,由条件(1)的式子减去最后一项即得$b_{n-1}+b_n\geqslant a_{n-1}+a_n$.

2 设 $\mathbf{N}$ 表示自然数集合，$f:\mathbf{N}\to\mathbf{N}$ 适合条件 $f(1)=1$，且对任意自然数 n 都有

$$\begin{cases}3f(n)f(2n+1)=f(2n)[1+3f(n)]\\f(2n)<6f(n)\end{cases}$$

试求方程

$$f(k)+f(l)=293, k<l$$

的所有解.

解 因 $3f(n)$ 与 $1+3f(n)$ 互素，故由已知等式

$$3f(n)f(2n+1)=f(2n)(1+3f(n))$$

得

$$3f(n)\mid f(2n)$$

又由 $f(2n)<6f(n)$，故

$$f(2n)=3f(n) \quad ①$$

$$f(2n+1)=1+3f(n) \quad ②$$

设 $n=2^{a_1}+2^{a_2}+\cdots+2^{a_m}$ 为 n 的二进制展开式（$a_m>a_{m-1}>\cdots>a_1$，$a_1,a_2,\cdots,a_m$ 为非负整数），以下证明

$$f(n)=3^{a_1}+3^{a_2}+\cdots+3^{a_m} \quad ③$$

当 $n=1$ 时，式 ③ 即为条件 $f(1)=1$.

设式 ③ 在 $n<2s$ 时成立，则当 $n=2s$ 时，设 $s=2^{a_1}+2^{a_2}+\cdots+2^{a_m}$，则

$$f(2s)=3f(s)=3(3^{a_1}+3^{a_2}+\cdots+3^{a_m})=3^{a_1+1}+3^{a_2+1}+\cdots+3^{a_m+1}$$

而

$$2s=2^{a_1+1}+2^{a_2+2}+\cdots+2^{a_m+1}$$

故 $n=2s+1$ 时式 ③ 也成立. 同时对 $n=2s+1$ 有

$$f(2s+1)=1+3f(s)=1+3^{a_1+1}+\cdots+3^{a_m+1}$$

而

$$2s+1=1+2^{a_1+1}+\cdots+2^{a_m+1}$$

故 $n=2s+1$ 时式 ③ 也成立. 证得式 ③ 对一切 n 成立. 因

$$293=3^5+3^3+2\times 3^2+3+2\times 1$$

故

$$\begin{cases}f(l)=3^5+3^3+3^2+3+1,3^5+3^3+3^2+1,3^5+3^2+3+1,\\ \qquad 3^5+3^2+1\\f(k)=3^2+1,3^2+3+1,3^3+3^2+1,3^3+3^2+3+1\end{cases}$$

即满足题设的 $(k,l)=(5,47),(7,45),(13,39),(15,37)$.

3 试求 $\sum\limits_{i=1}^{10}\sum\limits_{j=1}^{10}\sum\limits_{k=1}^{10}\mid k(x+y-10i)(3x-6y-36j)(19x+95y-95k)\mid$ 的最小值，其中 x 和 y 是任意实数.

解 注意到下述事实:

对 $a < b$,对任意实数 t,恒有

$$|t-a|+|t-b| \geqslant |(t-a)-(t-b)| = |b-a|$$

等号成立当且仅当 $a \leqslant t \leqslant b$. 于是

$$\sum_{i=1}^{10} |x+y-10i| \geqslant$$
$$|10\times 10-10\times 1|+|10\times 9-10\times 2|+|10\times 8-10\times 3|+$$
$$|10\times 7-10\times 4|+|10\times 6-10\times 5| = 250$$

等号成立当且仅当 $50 \leqslant x+y \leqslant 60$.

同样地

$$\sum_{j=1}^{10} |3x-6y-36j| = 3\sum_{j=1}^{10} |x-2y-12j| \geqslant 900$$

等号成立当且仅当 $60 \leqslant x-2y \leqslant 72$.

又当 $t \geqslant 10$ 时

$$\sum_{k=1}^{10} |k(t-k)| = \sum_{k=1}^{10} k(t-k) = 55t - c_1$$

是 t 的增函数($c_1 = \sum_{k=1}^{10} k^2$ 为常数).

当 $t \leqslant 1$ 时

$$\sum_{k=1}^{10} |k(t-k)| = c_1 - 55t$$

为 t 的减函数.

当 $m \leqslant t \leqslant m+1, m=1,2,\cdots,9$ 时

$$\sum_{k=1}^{10} |k(t-k)| =$$
$$[1+2+\cdots+m-(m+1)-\cdots-10]t + c_m$$

其中 $c_m = 10^2+9^2+\cdots+(m+1)^2-m^2-(m-1)^2-\cdots-1^2$ 为常数.

易知当 $m < 7$ 时,$1+2+\cdots+m-(m+1)-\cdots-10 < 0$;而当 $m \geqslant 7$ 时,$1+2+\cdots+m-(m-1)-\cdots-10 > 0$. 故当 $t < 7$ 时,$\sum_{k=1}^{10} |k(t-k)|$ 为 t 的减函数;当 $t \geqslant 7$ 时,$\sum_{k=1}^{10} |k(t-k)|$ 为 t 的增函数. 故

$$\sum_{k=1}^{10} |k(t-k)| \geqslant \sum_{k=1}^{10} |k(7-k)| = 112$$

这样

$$\sum_{k=1}^{10} |k(19x+95y-95k)| =$$
$$95\sum_{k=1}^{10} \left|k\left(\frac{x+5y}{5}-k\right)\right| \geqslant 95\times 112$$

等号成立当且仅当 $x+5y=35$.

考虑联立方程组

$$\begin{cases}x+5y=35\\50\leqslant x+y\leqslant 60\\60\leqslant x-2y\leqslant 72\end{cases}$$

在 $x=\frac{215}{4}$,$y=-\frac{15}{4}$ 时,$x+5y=35$,$x+y=50$,$x-2y=61\frac{1}{4}$,故 $\sum_{i=1}^{10}\sum_{j=1}^{10}\sum_{k=1}^{10}|k(x+y-10i)(3x-6y-36j)(19x+95y-95k)|$ 取得最小值

$$250\times 900\times 95\times 112=2\ 394\ 000\ 000$$

4 空间有四个球,它们的半径分别为 2,2,3,3,每个球都与其余 3 个球外切,另有一个小球与那四个球都外切,求该小球的半径.

解 四个球的球心组成四面体 $ABCD$,其中 $AB=AC=3+2=5$,$AD=3+3=6$,$BD=CD=3+2=5$,$BC=2+2=4$.

设 BC,AD 的中点分别为 E,F,则易知(图 1)

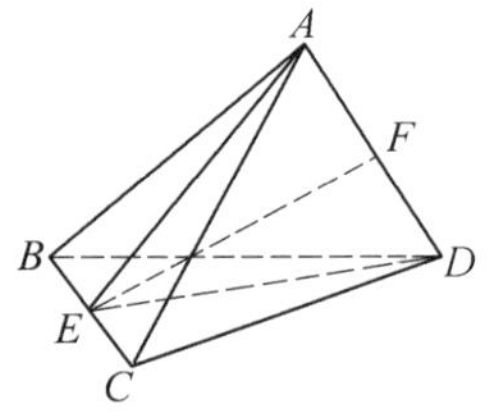

图 1

$$AE=DE=\sqrt{AC^2-CE^2}=\sqrt{5^2-2^2}$$

$$EF=\sqrt{AE^2-AF^2}=\sqrt{5^2-2^2-3^2}=\sqrt{12}$$

由对称性,小球球心 O 在 EF 上,并且

$$OE=\sqrt{OC^2-CE^2}=\sqrt{(r+2)^2-2^2}$$

$$OF=\sqrt{OA^2-AF^2}=\sqrt{(r+3)^2-3^2}$$

(其中 r 为小球半径),从而

$$\sqrt{(r+2)^2-2^2}+\sqrt{(r+3)^2-3^2}=\sqrt{12}$$

即

$$\sqrt{r(r+4)}+\sqrt{r(r+6)}=\sqrt{12} \quad ①$$

用 $r(r+6)-r(r+4)=2r$ 除以上式得

$$\sqrt{r(r+6)}-\sqrt{r(r+4)}=\frac{r}{\sqrt{3}} \quad ②$$

式 ① + ② 得

$$2\sqrt{r(r+6)}=\sqrt{12}+\frac{r}{\sqrt{3}}=\frac{6+r}{\sqrt{3}}$$

故

$$2\sqrt{r}=\frac{\sqrt{6+r}}{\sqrt{3}},4r=\frac{6+r}{3},r=\frac{6}{11}$$

求得小球的半径为 $\frac{6}{11}$.

5 设 $a_1, a_2, \cdots, a_{10}$ 是10个两两不同的自然数,它们的和为1 995,试求

$$a_1a_2+a_2a_3+\cdots+a_9a_{10}+a_{10}a_1$$

的最小值.

解 因 $\sum_{i=1}^{10} a_i = 1\ 995$ 及 $a_1, a_2, \cdots, a_{10}$ 为自然数,故所述最小值存在.

设 $S = a_1a_2 + a_2a_3 + \cdots + a_{10}a_1$ 已为最小值. 不妨设 $a_1, a_2, \cdots, a_{10}$ 中 a_1 最大. $a_2 + a_{10}$ 应不大于 $a_{k-1} + a_{k+1}$($k = 3, 4, \cdots, 9$, 约定 $a_{11} = a_1$),否则将 a_1 与 a_k 交换.

由于

$$a_1(a_2+a_{10})+a_k(a_{k-1}+a_{k+1}) >$$
$$a_k(a_2+a_{10})+a_1(a_{k-1}+a_{k+1})$$

故 $S = a_1a_2 + a_2a_3 + \cdots + a_{10}a_1$ 经调整后更小.

若 $\{a_2, a_3, \cdots, a_{10}\} \neq \{1, 2, \cdots, 9\}$, 则必有某个 $a_k > j$, $k \in \{2, 3, \cdots, 10\}$, $j \in \{1, 2, \cdots, 9\}$, 即 $a_k \notin \{1, 2, \cdots, 9\}$, $j \notin \{a_2, a_3, \cdots, a_{10}\}$.

在 $k \neq 2, 10$ 时, 将 a_k 改为 j, a_1 改为 $a_1 + a_k - j$. 由于

$$(a_1+a_k-j)(a_2+a_{10})+j(a_{k-1}+a_{k+1}) <$$
$$a_1(a_2+a_{10})+a_k(a_{k-1}+a_{k+1})$$

故 S 经调整后更小. 因此在 S 已最小时, $a_3, a_4, \cdots, a_9 \in \{1, 2, \cdots, 9\}$.

又由于 $a_2 + a_{10} < a_2 + a_4$ 及 $a_2 + a_{10} < a_8 + a_{10}$, 故 $a_2 < a_8$, $a_{10} < a_4$, 因此

$$\{a_2, a_3, \cdots, a_{10}\} = \{1, 2, \cdots, 9\}$$

从而

$$a_1 = 1\ 995 - \sum_{i=2}^{10} i = 1\ 995 - 45 = 1\ 950$$

这样, 由 S 的最小性, 必有

$$a_2 + a_{10} = 1 + 2$$

不妨设 $a_2 = 1$, $a_{10} = 2$, 则

$$S = 3 \times 1\ 950 + a_3 + a_3a_4 + a_4a_5 + \cdots + a_7a_8 + a_8a_9 + 2a_9$$

则

$$2a_3 + a_3a_4 + a_4a_5 + \cdots + a_7a_8 + a_8a_9 + 2a_9 - a_3 =$$
$$-\frac{1}{2}[(2-a_3)^2 + (a_3-a_4)^2 + \cdots + (a_9-2)^2] +$$
$$2^2 + 3^2 + \cdots + 9^2 - a_3 \geqslant$$

$-\frac{1}{2}[(2-9)^2+(9-3)^2+(8-2)^2+(8-4)^2+(7-3)^2+$
$(7-5)^2+(6-4)^2+(6-5)^2]+2^2+3^2+\cdots+9^2-9=$
$9\times(1+3)+8\times(2+4)+7\times(3+5)+6\times(4+5)$

于是,在 $a_1=1\ 950,a_2=1,a_{10}=2,a_3=9,a_4=3,a_9=8,a_5=7,a_8=4,a_6=5,a_7=6$ 时,S 取得最小值

$$3\times 1\ 950+9\times(1+3)+8\times(2+4)+7\times(3+5)+6\times(4+5)=6\ 044$$

6 设 n 是大于 1 的奇数,已给

$$x_0=(x_1^{(0)},x_2^{(0)},x_n^{(0)})=(1,0,\cdots,0,1)$$

设
$$x_i^{(k)}=\begin{cases}0,x_i^{(k-1)}=x_{i+1}^{(k-1)}\\1,x_i^{(k-1)}\neq x_{i+1}^{(k-1)}\end{cases},i=1,2,\cdots,n$$

其中 $x_{n+1}^{(k-1)}=x_1^{(k-1)}$. 记

$$x_k=(x_1^{(k)},x_2^{(k)},\cdots,x_n^{(k)}),k=1,2,\cdots$$

若正整数 m 满足 $x_m=x_0$,求证:m 是 n 的倍数.

证明 $x_i^{(k)}=x_i^{(k-1)}+x_{i+1}^{(k-1)}$,故由归纳法易得

$$x_i^{(k)}=\sum_{t=0}^{k}C_k^t x_{i+t}^{(0)}\pmod 2$$

为简洁计,以下推导中省去 mod 2,并记 $x_{i+t}^{(0)}=x_{i+t}$.

若 m 不是 n 的倍数,则 $m=qn+r,0<r<n$,记

$$a_i=\begin{cases}C_m^i+C_m^{i+n}+\cdots+C_m^{i+qn},1\leqslant i\leqslant r\\C_m^i+C_m^{i+n}+\cdots+C_m^{i+(q-1)},r<i\end{cases}$$

则
$$x_i^{(m)}=x_i+a_1x_{i+1}+a_2x_{i+2}+\cdots+a_nx_{i+n}$$

故
$$a_1x_{i+1}+a_2x_{i+2}+\cdots+a_nx_{i+n}=0$$

令 $i=1,2,\cdots,n$,即有

$$a_{n-1}+a_n=0,a_{n-2}+a_{n-1}=0,\cdots,a_1+a_n=0$$

故 $a_1,a_2,\cdots,a_n$ 的奇偶性完全相同.

另外

$$\begin{aligned}a_r&=C_m^r+C_m^{r+n}+\cdots+C_m^{r+qn}=\\&C_m^{m-r}+C_m^{m-r-n}+\cdots+C_m^{m-r-qn}=\\&C_m^{qn}+C_m^{(q-1)n}+\cdots+C_m^n+1=\\&a_n+1\end{aligned}$$

得出 a_r 与 a_n 的奇偶性不同,矛盾. 故 m 一定为 n 的倍数.

第 11 届中国数学奥林匹克

天津,1996

1 设 H 是锐角 $\triangle ABC$ 的垂心,由 A 向以 BC 为直径的圆作切线 AP,AQ,切点分别为 P,Q. 求证:P,H,Q 三点共线.

证明 设 BC 的中点为 O,联结 AO,PQ 交于点 G,于是 $AO\perp PQ$. 设 AD,BE 是 $\triangle ABC$ 的两条高,于是点 E 在圆 O 上,如图 1 所示.

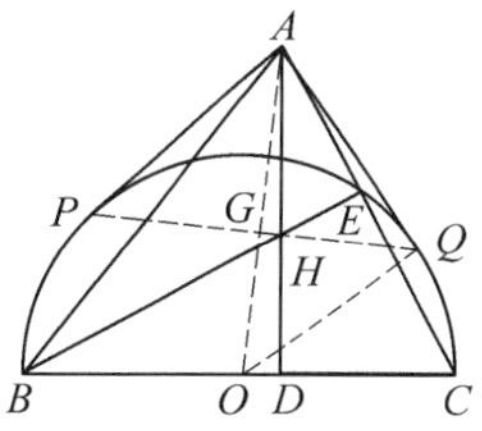

图 1

因为 $\angle HEC=90^\circ=\angle HDC$,所以 H,D,C,E 四点共圆,因此

$$AQ^2=AE\cdot AC=AH\cdot AD$$

联结 OQ,则 $OQ\perp AQ$. 由射影定理有 $AQ^2=AG\cdot AO$,因此

$$AG\cdot AO=AH\cdot AD$$

所以 G,O,D,H 四点共圆.

联结 HG. 因为 $\angle HDO=90^\circ$,所以 $\angle HGO=90^\circ$.

所以直线 HG 与 PQ 重合,即 P,H,Q 三点共线.

2 设 $S=\{1,2,\cdots,50\}$,求最小自然数 k,使 S 的任一 k 元子集中都存在两个不同的数 a 和 b,满足 $(a+b)\mid ab$.

解 设有 $a,b\in S$ 满足条件 $(a+b)\mid ab$.

记 $c=(a,b)$,于是 $a=ca_1,b=cb_1$,其中 $a_1,b_1\in\mathbf{N}$,且有 $(a_1,b_1)=1$,因而有

$$c(a_1+b_1)=(a+b)\mid ab=c^2a_1b_1$$

$$(a_1+b_1)\mid ca_1b_1$$

由 $(a_1+b_1,a_1)=1,(a_1+b_1,b_1)=1$,故有

$$(a_1+b_1)\mid c$$

因为 $a,b\in S$,所以 $a+b\leqslant 99$,即 $c(a_1+b_1)\leqslant 99$,故有 $3\leqslant a_1+b_1\leqslant 9$. 由此可知,$S$ 中满足条件 $(a+b)\mid ab$ 的不同数对共有 23 对,如下:

当 $a_1+b_1=3$ 时,$(a,b)=(6,3),(12,6),(18,9),(24,12),(30,15),(36,18),(42,21),(48,24)$;

当 $a_1+b_1=4$ 时，$(a,b)=(12,4),(24,8),(36,12),(48,16)$；

当 $a_1+b_1=5$ 时，$(a,b)=(20,5),(40,10),(15,10),(30,20),(45,30)$；

当 $a_1+b_1=6$ 时，$(a,b)=(30,6)$；

当 $a_1+b_1=7$ 时，$(a,b)=(42,7),(35,14),(28,21)$；

当 $a_1+b_1=8$ 时，$(a,b)=(40,24)$；

当 $a_1+b_1=9$ 时，$(a,b)=(45,36)$.

令 $M=\{6,12,15,18,20,21,24,35,40,42,45,48\}$，则 $|M|=12$ 且上述 23 个数对中的每一对都至少包含 M 中的 1 个元素. 因此，若令 $T=S-M$，则 $|T|=38$ 且 T 中任何两个数都不满足题中要求. 可见，所求的最小自然数 $k\geqslant 39$.

注意，下列 12 个满足题中要求的数对互不相交：

$(6,3),(12,4),(20,5),(42,7),(24,8),(18,9),(40,10),(35,14),(30,15),(48,16),(28,21),(45,36)$.

对于 S 的任一 39 元子集 R，它只比 S 少 11 个元素，而这 11 个元素至多属于上述 12 个数对中的 11 对，从而必有上述 12 对中的 1 对属于 R.

综上可知，所求的最小自然数 $k=39$.

3 设函数 $f:\mathbf{R}\to\mathbf{R}$ 适合条件

$$f(x^3+y^3)=(x+y)\{[f(x)]^2-f(x)f(y)+[f(y)]^2\} \quad ①$$

$$x,y\in\mathbf{R}$$

试证：对一切 $x\in\mathbf{R}$，都有

$$f(1\,996x)=1\,996f(x)$$

证明 在式 ① 中令 $x=y=0$，得到 $f(0)=0$.

在式 ① 中令 $y=0$，得到

$$f(x^3)=x[f(x)]^2,x\in\mathbf{R} \quad ②$$

式 ② 又可改写成

$$f(x)=x^{\frac{1}{3}}[f(x^{\frac{1}{3}})]^2,x\in\mathbf{R} \quad ②'$$

由此可知，函数 $f(x)$ 与 x 广义同号，即当 $x\geqslant 0$ 时，$f(x)\geqslant 0$；当 $x\leqslant 0$ 时，$f(x)\leqslant 0$.

令

$$S=\{a\mid a>0 且 f(ax)=af(x),x\in\mathbf{R}\}$$

显然有 $1\in S$.

让我们来证明：若 $a\in S$，则 $a^{\frac{1}{3}}\in S$. 由式 ② 和 S 的定义有

$$ax[f(x)]^2 = af(x^3) = f(ax^3) = f((a^{\frac{1}{3}}x)^3) = a^{\frac{1}{3}}x[f(a^{\frac{1}{3}}x)]^2$$

约去公因式,得到

$$[a^{\frac{1}{3}}f(x)]^2 = [f(a^{\frac{1}{3}}x)]^2$$

利用 $f(x)$ 与 x 广义同号的性质可得

$$f(a^{\frac{1}{3}}x) = a^{\frac{1}{3}}f(x), x \in \mathbf{R} \quad ③$$

这表明 $a^{\frac{1}{3}} \in S$.

下面来证明:若 $a, b \in S$,则 $a+b \in S$. 利用式① ~ ③,我们有

$$\begin{aligned} f((a+b)x) &= f((a^{\frac{1}{3}}x^{\frac{1}{3}})^3 + (b^{\frac{1}{3}}x^{\frac{1}{3}})^3) = \\ &(a^{\frac{1}{3}} + b^{\frac{1}{3}})x^{\frac{1}{3}}\{[f(a^{\frac{1}{3}}x^{\frac{1}{3}})]^2 - \\ &f(a^{\frac{1}{3}}x^{\frac{1}{3}})f(b^{\frac{1}{3}}x^{\frac{1}{3}}) + [f(b^{\frac{1}{3}}x^{\frac{1}{3}})]^2\} = \\ &(a^{\frac{1}{3}} + b^{\frac{1}{3}})(a^{\frac{2}{3}} - a^{\frac{1}{3}}b^{\frac{1}{3}} + b^{\frac{2}{3}})x^{\frac{1}{3}}[f(x^{\frac{1}{3}})]^2 = \\ &(a+b)f(x), x \in \mathbf{R} \end{aligned}$$

因为 $1 \in S$,所以 $1+1=2 \in S$,依此类推,可知任何自然数 n 都属于 S,特别地,有 $1\ 996 \in S$,所以

$$f(1\ 996x) = 1\ 996f(x)$$

4 8 位歌手参加艺术节,准备为他们安排 m 次演出,每次由其中4 位登台表演,要求8 位歌手中任意两位同时演出的次数都一样多. 请设计一种方案,使得演出的次数 m 最少.

解 设任意两位歌手都同时演出 r 次,有

$$6m = mC_4^2 = rC_8^2 = 28r$$

$$3m = 14r$$

由此可知 $3 \mid r$,因而 $r \geq 3, m \geq 14$. 下面构造一种演出方案说明 $m=14$ 是可以实现的. 将8 位歌手分别编号为1,2,…,8,并安排14 次演出如下

$\{1,2,3,4\}, \{5,6,7,8\}, \{1,2,5,6\}, \{3,4,7,8\}, \{1,2,7,8\}$
$\{3,4,5,6\}, \{1,3,5,7\}, \{2,4,6,8\}, \{1,3,6,8\}, \{2,4,5,7\}$
$\{1,4,5,8\}, \{2,3,6,7\}, \{1,4,6,7\}, \{2,3,5,8\}$

可见,满足条件的最少的演出次数是 14.

5 设 $n \in \mathbf{N}, x_0 = 0, x_i > 0, i = 1, 2, \cdots, n$,且 $\sum\limits_{i=1}^{n} x_i = 1$. 求证

$$1 \leq \sum_{i=1}^{n} \frac{x_i}{\sqrt{1 + x_0 + x_1 + \cdots + x_{i-1}} \cdot \sqrt{x_i + x_{i+1} + \cdots + x_n}} < \frac{\pi}{2}$$

证明 因为$\sum_{i=1}^{n} x_i = 1$,所以,由均值不等式,有

$$\sqrt{(1+x_0+x_1+\cdots+x_{i-1})(x_i+x_{i+1}+\cdots+x_n)} \leqslant \frac{1+x_0+x_1+\cdots+x_n}{2} = 1$$

由此即得所求证的不等式的左边成立.

由$0 \leqslant x_0+x_1+\cdots+x_i \leqslant 1, i=1,2,\cdots,n$,故可令

$$\theta_i = \arcsin(x_0+x_1+\cdots+x_i), i=1,2,\cdots,n$$

于是$\theta_i \in \left[0,\frac{\pi}{2}\right]$,且有$0=\theta_0<\theta_1<\cdots<\theta_n=\frac{\pi}{2}$,因而有

$$x_i = \sin\theta_i - \sin\theta_{i-1} = 2\cos\frac{\theta_i+\theta_{i-1}}{2}\sin\frac{\theta_i-\theta_{i-1}}{2} < 2\cos\theta_{i-1}\sin\frac{\theta_i-\theta_{i-1}}{2}$$

因为对$x \in \left[0,\frac{\pi}{2}\right]$,有$\sin x < x$,所以有

$$x_i < 2\cos\theta_{i-1}\cdot\frac{\theta_i-\theta_{i-1}}{2} = (\theta_i-\theta_{i-1})\cos\theta_{i-1}$$

故得
$$\frac{x_i}{\cos\theta_{i-1}} < \theta_i - \theta_{i-1}, i=1,2,\cdots,n$$

在上式两端对i从1到n求和,得到

$$\sum_{i=1}^{n}\frac{x_i}{\cos\theta_{i-1}} < \theta_n - \theta_0 = \frac{\pi}{2} \quad ①$$

由θ_i的定义知$\sin\theta_i = x_1+x_2+\cdots+x_i$,所以有

$$\cos\theta_{i-1} = \sqrt{1-\sin^2\theta_{i-1}} = \sqrt{1-(x_0+x_1+\cdots+x_{i-1})^2} = \sqrt{(1+x_0+x_1+\cdots+x_{i-1})(x_i+x_{i+1}+\cdots+x_n)} \quad ②$$

将式②代入式①即得所欲证.

6 在$\triangle ABC$中,$\angle C=90°$,$\angle A=30°$,$BC=1$.求$\triangle ABC$的内接三角形(三个顶点分别在三条边上的三角形)的最长边的最小值.

解 先在$\triangle ABC$的内接正三角形的范围内求边长的最小值.

如图2,在边BC上任取一点D并记$BD=x$,然后分别在边CA,AB上取点E和F,使$CE=\frac{\sqrt{3}}{2}x$,$BF=1-\frac{x}{2}$.

于是,由余弦定理有

$$DF^2=x^2+\left(1-\frac{x}{2}\right)^2-2x\left(1-\frac{x}{2}\right)\cos 60^\circ=\frac{7}{4}x^2-2x+1$$

$$DE^2=(1-x)^2+\left(\frac{\sqrt{3}}{2}x\right)^2=\frac{7}{4}x^2-2x+1$$

$$EF^2=\left(\sqrt{3}-\frac{\sqrt{3}}{2}x\right)^2+\left(1+\frac{x}{2}\right)^2-2\sqrt{3}\left(1-\frac{x}{2}\right)\left(1+\frac{x}{2}\right)\cos 30^\circ=\frac{7}{4}x^2-2x+1$$

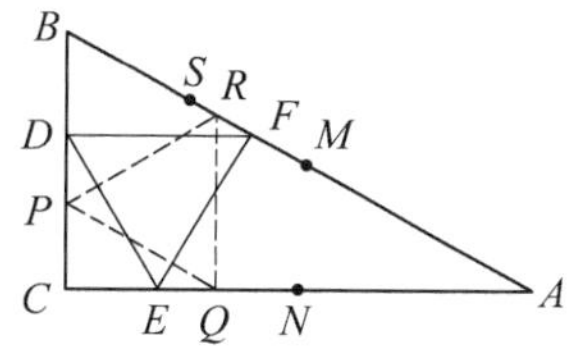

图 2

故得 $DF=DE=EF$,即 $\triangle DEF$ 为正三角形. 这表明对于 BC 上的任何一点 D,都可以作出一个内接正三角形. 记 CA,AB 的中点分别为 N,M,记 BM 的中点为 S,则当点 D 从 B 变到 C 时,点 E 从 C 变到 N,点 F 从 M 变到 S.

若记 $\triangle DEF$ 的边长为 a,则有

$$a^2=\frac{7}{4}x^2-2x+1=\frac{7}{4}\left(x^2-\frac{8}{7}x+\frac{4}{7}\right)=\frac{7}{4}\left[\left(x-\frac{4}{7}\right)^2-\frac{16}{49}+\frac{4}{7}\right]=\frac{7}{4}\left(x-\frac{4}{7}\right)^2+\frac{3}{7}$$

可见,当 $x=\frac{4}{7}$ 时,边长 a 取得最小值 $\sqrt{\frac{3}{7}}$. 图 2 中虚线所示的 $\triangle PQR$ 即为取最小值的位置.

下面证明,任何内接三角形的最大边的边长都不小于 $\sqrt{\frac{3}{7}}$.

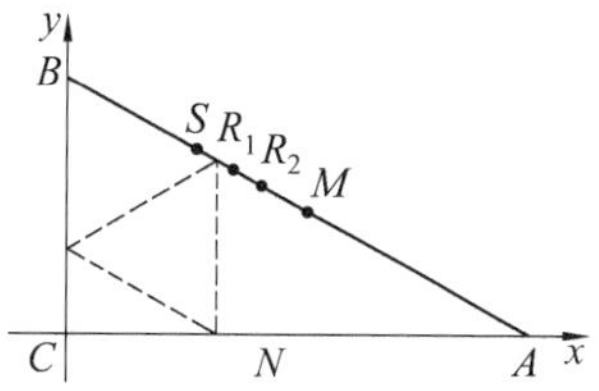

图 3

为方便计,引入以 C 为原点,CA 为 x 轴的正半轴的直角坐标系(图 3). 设 $\triangle XYZ$ 为 $\triangle ABC$ 的任一内接三角形,其中点 X,Y,Z 分别位于边 BC,CA,AB 上. 在 BM 上取点 R_1 和 R_2,使得 $MR_1=\frac{1}{3}MB$,$MR_2=\frac{3}{14}MB$,于是 $AR_1=\frac{2}{3}AB$,$BR_2=\frac{11}{14}BM$,从而有

$$y_{R_1}=\frac{2}{3}>\sqrt{\frac{3}{7}}$$

$$x_{R_2}=\frac{11}{14}\times\frac{\sqrt{3}}{2}>\frac{10}{13}\times\frac{\sqrt{3}}{2}>\sqrt{\frac{3}{7}}$$

(1) 若点 Z 位于线段 BR_1 上,则 $y_Z \geqslant y_{R_1} > \sqrt{\frac{3}{7}}$;若点 Z 位于线段 R_2A 上,则 $x_Z \geqslant x_{R_2} > \sqrt{\frac{3}{7}}$. 可见,这时 $\triangle XYZ$ 的最长边的边长大于$\sqrt{\frac{3}{7}}$.

(2) 设点 Z 位于线段 R_1R_2 的内部,则将点 Z 作为点 F,作证明开始所述的正 $\triangle DEF$. 不难验证,$x_E < x_F$,$y_D < y_F$. 因而,若点 X 位于线段 DC 上,则 $ZX \geqslant ZD = FD$;若点 Y 位于线段 CE 上,则$ZY \geqslant ZE = FE$;若点 X 位于 BD 上,且点 Y 位于 EA 上,则由勾股定理知 $XY \geqslant DE$. 所以 $\triangle XYZ$ 的最长边的边长不小于 $\triangle DEF$ 的边长,从而不小于$\sqrt{\frac{3}{7}}$.

综上可知,所求的最长边的最小值为$\sqrt{\frac{3}{7}}$.

第 12 届中国数学奥林匹克

杭州,1997

1 设实数 $x_1,x_2,\cdots,x_{1\,997}$ 满足如下两个条件:

(1) $-\frac{1}{\sqrt{3}}\leqslant x_i\leqslant\sqrt{3},i=1,2,\cdots,1\,997$;

(2) $x_1+x_2+\cdots+x_{1\,997}=-318\sqrt{3}$.

试求:$x_1^{12}+x_2^{12}+\cdots+x_{1\,997}^{12}$ 的最大值,并说明理由.

解 满足题设条件的任何一组 $x_1,x_2,\cdots,x_{1\,997}$ 之中,若有这样的 x_i 和 x_j 满足

$$\sqrt{3}>x_i\geqslant x_j>-\frac{1}{\sqrt{3}}$$

则记

$$m=\frac{1}{2}(x_i+x_j)$$

$$h=\frac{1}{2}(x_i-x_j)=x_i-m=m-x_j$$

我们观察到

$$(m+h)^{12}+(m-h)^{12}=2\sum_{0\leqslant k=2l\leqslant 12}\mathrm{C}_{12}^{k}\cdot m^{12-k}\cdot h^{k}$$

随 $h(h>0)$ 的增大而增大. 约定取

$$h=\min\left\{\sqrt{3}-m,m-\left(-\frac{1}{\sqrt{3}}\right)\right\}$$

并以 $x_i'=m+h,x_j'=m-h$ 分别代替 x_i 和 x_j,则诸变元之和不改变,而诸变元值的 12 次方之和增大.

因此,所求的 12 次方幂和的最大值只能由以下情形达到:至多只有一个变元取值于$\left(-\frac{1}{\sqrt{3}},\sqrt{3}\right)$,其余变元取值都为 $-\frac{1}{\sqrt{3}}$ 或$\sqrt{3}$.

设有 u 个变元取值 $-\frac{1}{\sqrt{3}}$,v 个变元取值$\sqrt{3}$,$w(w=0$ 或 $1)$ 个变元取值于$\left(-\frac{1}{\sqrt{3}},\sqrt{3}\right)$(若有,则将该值记为 t).

于是

$$\begin{cases}u+v+w=1\ 997\\ -\frac{1}{\sqrt{3}}u+\sqrt{3}v+tw=-318\sqrt{3}\end{cases}$$

由此得到

$$4v+(\sqrt{3}t+1)w=1\ 043$$

因为$(\sqrt{3}t+1)w=1\ 043-4v$是整数,并且

$$0\leqslant(\sqrt{3}t+1)w<4$$

所以$(\sqrt{3}t+1)w$是1 043除以4所得的余数. 据此求得

$$v=260,t=\frac{2}{\sqrt{3}},u=1\ 736$$

据以上讨论,得到$x_1^{12}+x_2^{12}+\cdots+x_{1\ 997}^{12}$的最大值为

$$\left(-\frac{1}{\sqrt{3}}\right)^{12}u+(\sqrt{3})^{12}v+t^{12}=$$

$$\frac{1\ 736+4\ 096}{729}+729\times 260=$$

$$8+189\ 540=189\ 548$$

2 设$A_1B_1C_1D_1$是任意凸四边形,P是四边形内一点,且P到各顶点的连线与四边形过该顶点的两条边的夹角均为锐角. 递推定义A_k,B_k,C_k和D_k分别为P关于直线$A_{k-1}B_{k-1}$,$B_{k-1}C_{k-1}$,$C_{k-1}D_{k-1}$和$D_{k-1}A_{k-1}$的对称点,$k=2,3,\cdots$.

考察四边形序列$A_jB_jC_jD_j$,$j=1,2,\cdots$.

试问:(1) 前12个四边形中,哪些必定与第1 997个相似,哪些未必?

(2) 假设第1 997个是圆内接四边形,那么在前12个四边形中,哪些必定是圆内接四边形,哪些未必?

对以上问题的回答,肯定的请给出证明,未必的请举例说明.

解 首先记

$$A_1'=A_1,B_1'=B_1,C_1'=C_1,D_1'=D_1$$

约定将点P到直线$A_{k-1}'B_{k-1}'$,$B_{k-1}'C_{k-1}'$,$C_{k-1}'D_{k-1}'$和$D_{k-1}'A_{k-1}'$的垂足分别记为

$$A_k',B_k',C_k',D_k',k=2,3,\cdots$$

显然有$A_k'B_k'C_k'D_k'\backsim A_kB_kC_kD_k$.

只需对以下的四边形序列讨论相应的问题

$$A'_jB'_jC'_jD'_j, j=1,2,\cdots$$

分别将 $\angle D'_jA'_jP$, $\angle A'_jB'_jP$, $\angle B'_jC'_jP$, $\angle C'_jD'_jP$ 记为 $\alpha_j,\beta_j,\gamma_j,\delta_j$;将 $\angle PA'_jB'_j$, $\angle PB'_jC'_j$, $\angle PC'_jD'_j$, $\angle PD'_jA'_j$记为 $\overline{\alpha}_j,\overline{\beta}_j,\overline{\gamma}_j,\overline{\delta}_j$.

由于 $A'_{j+1},B'_{j+1},C'_{j+1},D'_{j+1}$ 是垂足,利用由此产生的四点共圆关系可知

$$(\alpha_{j+1},\beta_{j+1},\gamma_{j+1},\delta_{j+1})=(\overline{\alpha}_j,\overline{\beta}_j,\overline{\gamma}_j,\overline{\delta}_j)$$
$$(\overline{\alpha}_{j+1},\overline{\beta}_{j+1},\overline{\gamma}_{j+1},\overline{\delta}_{j+1})=(\overline{\alpha}_j,\overline{\beta}_j,\overline{\gamma}_j,\overline{\delta}_j)$$

据此得到

$$(\alpha_{j+4},\beta_{j+4},\gamma_{j+4},\delta_{j+4})=(\alpha_j,\beta_j,\gamma_j,\delta_j)$$
$$(\overline{\alpha}_{j+4},\overline{\beta}_{j+4},\overline{\gamma}_{j+4},\overline{\delta}_{j+4})=(\overline{\alpha}_j,\overline{\beta}_j,\overline{\gamma}_j,\overline{\delta}_j)$$

因而 $$A'_{j+4}B'_{j+4}C'_{j+4}D'_{j+4}\backsim A'_jB'_jC'_jD'_j$$

(这是以 P 为中心的旋转位似).

又因为

$$(\alpha_{j+2}+\overline{\alpha}_{j+2})+(\gamma_{j+2}+\overline{\gamma}_{j+2})=\alpha_j+\overline{\gamma}_j+\gamma_j+\overline{\alpha}_j=(\alpha_j+\overline{\alpha}_j)+(\gamma_j+\overline{\gamma}_j)$$

所以四边形 $A'_{j+2}B'_{j+2}C'_{j+2}D'_{j+2}$ 与 $A'_jB'_jC'_jD'_j$ 的相应对角和相同.

根据以上讨论,我们断定:

(1) 在序列的前 12 个四边形之中,第 1 个、第 5 个和第 9 个四边形与序列的第 1 997 个四边形相似,其余的未必(反例见后);

(2) 若第 1 997 个四边形为圆内接四边形,则在序列的前 12 个四边形中,第 1 个、第 3 个、第 5 个、第 7 个、第 9 个、第 11 个,这六个四边形必定是圆内接四边形,其余未必(反例见后).

下面举例说明(1) 和(2) 中关于"未必" 的论断.

若四边形有一条且仅有一条对角线(称中分线) 能够垂直平分另一条对角线(称被分线),则称该四边形为非平凡筝形,以下简称为筝形(相等的对角为锐角的筝形被称为"胖筝形";相等的对角为钝角的筝形被称为"瘦筝形"). 以一个胖筝形作为 $A_1B_1C_1D_1$,则第 2 个、第 3 个、第 4 个四边形分别为梯形、瘦筝形、梯形,第 5 个才又成为胖筝形. 因此所产生的四边形序列以 4 为最小相似周期. 前 12 个四边形中除第 1 个、第 5 个、第 9 个外,其余的都不与第 1 997 个四边形相似.

考察刚才所举例子中的序列,将该序列中的第 2 个、第 3 个、……、第 1 998 个重新编号为第 1 个、第 2 个、……、第 1 997 个,作为我们的新的四边形序列. 因为胖筝形不能内接于圆,所以在新的四边形序列的前 12 项中,只有第 1 个、第 3 个、第 5 个、第 7 个、第 9 个、第 11 个四边形才是圆内接四边形,其余均不是.

3 求证:存在无穷多个自然数 n,使得可将 $1,2,\cdots,3n$ 列成数表

$$\begin{matrix} a_1 & a_2 & \cdots & a_n \\ b_1 & b_2 & \cdots & b_n \\ c_1 & c_2 & \cdots & c_n \end{matrix}$$

满足如下两个条件:

(1) $a_1+b_1+c_1=a_2+b_2+c_2=\cdots=a_n+b_n+c_n$,且为6的倍数;

(2) $a_1+a_2+\cdots+a_n=b_1+b_2+\cdots+b_n=c_1+c_2+\cdots+c_n$,且为6的倍数.

证明 将满足所述两个条件的自然数 n 的集合记作 S. 设 $n\in S$,由条件(1)和(2)分别推知:存在自然数 s 和 t,使得

$$\frac{3n(3n+1)}{2}=6sn$$

$$\frac{3n(3n+1)}{2}=18t$$

即

$$3n+1=4s$$

$$n(3n+1)=12t$$

所以 $$n\equiv 1(\bmod 4),n\equiv 0(\bmod 3)$$

因此 n 必具有形式

$$n=12k+9,k=0,1,2,\cdots \tag{①}$$

证法1 可使式①满足的最小自然数 n 是9. 下证 $9\in S$. 我们有

$$\begin{pmatrix} 1 & 2 & 3 \\ 2 & 3 & 1 \\ 3 & 1 & 2 \end{pmatrix}+\begin{pmatrix} 0 & 6 & 3 \\ 3 & 0 & 6 \\ 6 & 3 & 0 \end{pmatrix}=\begin{pmatrix} 1 & 8 & 6 \\ 5 & 3 & 7 \\ 9 & 4 & 2 \end{pmatrix}=A_3$$

容易看出 A_3 的3个行之和,3个列之和都是15,并且 A_3 的9个元素分别为 $1,2,\cdots,9$. 现记

$$\alpha(3)=(1,8,6),\beta(3)=(5,3,7),\gamma(3)=(9,4,2)$$

并构造 3×9 的数表 A_9 如下

$$A_9=\begin{pmatrix} \alpha(3) & \beta(3)+18 & \gamma(3)+9 \\ \beta(3)+9 & \gamma(3) & \alpha(3)+18 \\ \gamma(3)+18 & \alpha(3)+9 & \beta(3) \end{pmatrix}=$$

$$\begin{pmatrix} 1 & 8 & 6 & 23 & 21 & 25 & 18 & 13 & 11 \\ 14 & 12 & 16 & 9 & 4 & 2 & 19 & 26 & 24 \\ 27 & 22 & 20 & 10 & 17 & 15 & 5 & 3 & 7 \end{pmatrix}$$

容易看出 A_9 的 27 个元素恰为 $1,2,\cdots,27$,并且各列之和均为

$$15+9+18=42\equiv 0(\bmod 6)$$

各行之和均为

$$3(15+9+18)=126\equiv 0(\bmod 6)$$

所以 $9\in S, S\neq\varnothing$.

假设 $m\in S$,我们来证明 $9m\in S$.

由于 $m\in S$,故可将 $1,2,\cdots,3m$ 列为 $3\times m$ 的数表 A_m,使得各列之和均为 $6u$,各行之和均为 $6v$,其中 u,v 均为自然数. 现将 A_m 的第 1 行记作 $\alpha(m)$,第 2 行记作 $\beta(m)$,第 3 行记作 $\gamma(m)$,并构造 $3\times 3m$ 的数表 A_{3m} 如下

$$A_{3m}=\begin{pmatrix} \alpha(m) & \beta(m)+6m & \gamma(m)+3m \\ \beta(m)+3m & \gamma(m) & \alpha(m)+6m \\ \gamma(m)+6m & \alpha(m)+3m & \beta(m) \end{pmatrix}$$

其中 $\beta(m)+3m$ 表示将 $\beta(m)$ 中的每一个元素都加上 $3m$,其余记号含义类似. 于是不难看出,A_{3m} 中的 $9m$ 个元素恰为 $1,2,\cdots,9m$,并且各列之和均为 $6u+9m$,各行之和均为 $18v+9m^2$.

再将 A_{3m} 的第 1 行、第 2 行和第 3 行分别记作 $\alpha(3m)$,$\beta(3m)$ 和 $\gamma(3m)$,并构造 $3\times 9m$ 的数表 A_{9m} 如下

$$A_{9m}=\begin{pmatrix} \alpha(3m) & \beta(3m)+18m & \gamma(3m)+9m \\ \beta(3m)+9m & \gamma(3m) & \alpha(3m)+18m \\ \gamma(3m)+18m & \alpha(3m)+9m & \beta(3m) \end{pmatrix}$$

不难看出 A_{9m} 的 $27m$ 个元素恰为 $1,2,\cdots,27m$,并且各列之和均为 $6u+36m$ 且为 6 的倍数,各行之和均为

$$3(18v+9m^2)+3m\cdot 18m+3m\cdot 9m=54v+108m^2\equiv 0(\bmod 6)$$

这就证得:只要 $m\in S$,则必有 $9m\in S$.

综上所述,知 $S\supset\{9^k\mid k=1,2,\cdots\}$,所以 S 为无穷集合.

证法 2 我们来证明

$$A_m=\begin{pmatrix} 1 & 4 & 7 & 10 & \cdots \\ 6k+5 & 12k+8 & 6k+2 & 12k+5 & \cdots \\ 12k+9 & 6k+3 & 12k+6 & 6k & \cdots \end{pmatrix}$$

不难看出,A_m 的各列之和相等,均为 $18k+15$. A_m 的第 2 行之和为 $(4k+3)(6k+5)=\dfrac{m(3m+1)}{2}$,第 1 行之和为 $(4k+3)(6k+4)$,

第3行之和为$(4k+3)(6k+6)$.

下面来调整A_m,使3个行之和相等.

由于$k\equiv 2(\bmod 9)$,所以$l=\frac{1}{9}(2k+5)$为正整数. 容易看出A_m的第1行是公差$d_1=3$,首项$a_1=1$的等差数列,所以其第$2l$项为

$$a_{2l}=1+3(2l-1)=6l-2=\frac{4}{3}(k+1)$$

A_m的第3行中,$c_2,c_4,\cdots,c_{m-1}$构成公差$d_3=-3$,首项$c_2=6k+3$的等差数列,所以

$$c_{2l}=6k+3-3(l-1)=6k+6-\frac{1}{3}(2k+5)=\frac{1}{3}(16k+13)$$

易见
$$c_{2l}-a_{2l}=\frac{1}{3}(12k+9)=4k+3$$

因此只要在A_m中对换a_{2l}与c_{2l}的位置,便可使其3个行之和全都相等,都为

$$(4k+3)(6k+5)=\frac{m(3m+1)}{2}$$

并且各列之和保持不变,即都是$18k+15$.

现将经过上述对换后的数表记为B_m,并将B_m的第1行记为$\alpha(m)$,第2行记为$\beta(m)$,第3行记为$\gamma(m)$. 再构造$3\times 3m=3\times(12k+9)$的数表$A_{3m}$,如下

$$A_{3m}=\begin{pmatrix}\alpha(m) & \beta(m)+6m & \gamma(m)+3m\\ \beta(m)+3m & \gamma(m) & \alpha(m)+6m\\ \gamma(m)+6m & \alpha(m)+3m & \beta(m)\end{pmatrix}$$

于是,不难看出,A_{3m}的所有元素恰为$1,2,\cdots,12k+9$,其各列之和、各行之和分别相等,且

$$列和=18k+15+9m=54k+42\equiv 0(\bmod 6)$$

$$行和=\frac{3}{2}m(3m+1)+6m^2+3m^2=3(4k+3)(6k+5)+9(4k+3)^2=6(4k+3)(9k+7)$$

$$S\supset\{12k+9\mid k\equiv 2(\bmod 9)\}$$

设$k\equiv 2(\bmod 9)$,记$m=4k+3$,我们先将$1,2,\cdots,3m$列成如下的$3\times m$数表

$$A_m = \begin{pmatrix} 12k-2 & 12k+1 & 12k+4 & 12k+7 \\ 6k+11 & 5 & 6k+8 & 2 \\ 6 & 6k+9 & 3 & 6k+6 \end{pmatrix}$$

都是 6 的倍数.

这就表明,只要 $k \equiv 2 \pmod 9$,则

$$12k + 9 \in S$$

所以,$S \supset \{12k+9 \mid k \equiv 2 \pmod 9\}$ 为无限集.

4 四边形 $ABCD$ 内接于圆,其边 AB 与 DC 的延长线交于点 P,AD 与 BC 的延长线交于点 Q,由 Q 作该圆的两条切线 QE 和 QF,切点分别为 E,F.

求证:P,E,F 三点共线.

解 如图 1,联结 PQ,并在 PQ 上取一点 M,使得 B,C,M,P 四点共圆,则

$$QE^2 = QM \cdot QP = QC \cdot QB \qquad ①$$

以及 $\angle PMC = \angle PDQ$. 从而 C,D,Q,M 四点共圆. 于是

$$PM \cdot PQ = PC \cdot PD \qquad ②$$

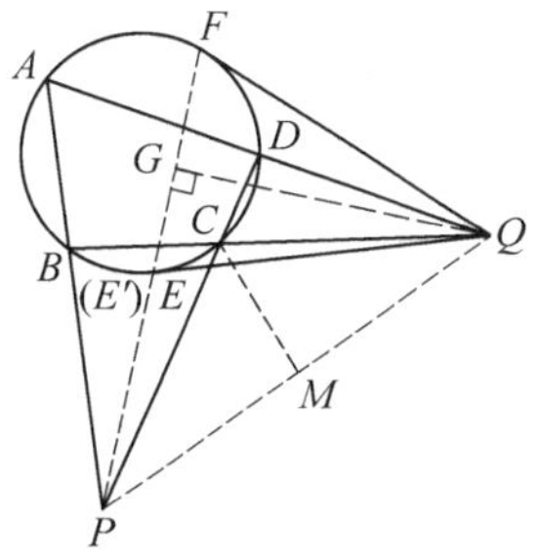

图 1

由式 ① 和 ②,有

$$PQ^2 = QC \cdot QB + PC \cdot PD$$

联结 PF,设 PF 与圆的另一交点为 E',作 QG 垂直于 PF,垂足为 G,则

$$PD \cdot PC = PE' \cdot PF$$

$$QF^2 = QC \cdot QB$$

所以
$$PE' \cdot PF + QF^2 = PQ^2$$

即
$$PE' \cdot PF = PQ^2 - QF^2$$

又

$$PQ^2 - QF^2 = PG^2 - GF^2 = (PG - GF)(PG + GF) = PF(PG - GF)$$

从而
$$PG - GF = PE' = PG - GE'$$

即
$$GF = GE'$$

故点 E' 与 E 重合.

5 设 $A=\{1,2,3,\cdots,17\}$. 对于映射 $f:A\to A$, 记 $f^{[1]}(x)=f(x)$, $f^{[k+1]}(x)=f(f^{[k]}(x))(k\in\mathbf{N})$.

设从 A 到 A 的一一映射 f 满足条件：存在自然数 M，使得：

(1) 当 $m<M$, $1\leqslant i\leqslant 16$ 时，有

$$f^{[m]}(i+1)-f^{[m]}(i)\not\equiv\pm 1\pmod{17}$$

$$f^{[m]}(1)-f^{[m]}(17)\not\equiv\pm 1\pmod{17}$$

(2) 当 $1\leqslant i\leqslant 16$ 时，有

$$f^{[M]}(i+1)-f^{[M]}(i)\equiv 1 \text{ 或 } -1\pmod{17}$$

$$f^{[M]}(1)-f^{[M]}(17)\equiv 1 \text{ 或 } -1\pmod{17}$$

试对满足上述条件的一切 f，求所对应的 M 的最大可能值，并证明你的结论.

解 所求的 $M_0=8$. 先证 $M_0\geqslant 8$.

事实上，可令映射 $f(i)\equiv 3i-2\pmod{17}$，其中 $i\in A$, $f(i)\in A$. 若

$$f(i)\equiv f(j)\pmod{17}$$

则

$$3i-2\equiv 3j-2\pmod{17}$$

有

$$i\equiv j\pmod{17}$$

所以

$$i=j$$

因此，映射 f 为从 A 到 A 的一一映射.

又由映射 f 的定义，易知

$$f^{[n]}(i)\equiv 3^n\cdot i-3^n+1\pmod{17}$$

若

$$\begin{cases}f^{[M]}(i+1)-f^{[M]}(i)\equiv 1 \text{ 或 } -1\pmod{17}\\ f^{[M]}(1)-f^{[M]}(17)\equiv 1 \text{ 或 } -1\pmod{17}\end{cases}$$

则

$$\begin{cases}[3^M(i+1)-3^M+1]-[3^M\cdot i-3^M+1]\equiv 1 \text{ 或 } -1\pmod{17}\\ 1-[3^M\times 17-3^M+1]\equiv 1 \text{ 或 } -1\pmod{17}\end{cases}$$

即

$$3^M\equiv 1 \text{ 或 } -1\pmod{17}$$

但 $3^1\equiv 3\pmod{17}$, $3^2\equiv 9\pmod{17}$, $3^3\equiv 10\pmod{17}$, $3^4\equiv 13\pmod{17}$, $3^5\equiv 5\pmod{17}$, $3^6\equiv 15\pmod{17}$, $3^7\equiv 11\pmod{17}$, $3^8\equiv -1\pmod{17}$，故 $M_0\geqslant 8$.

下面再证 $M_0\leqslant 8$.

任作一个凸 17 边形 $A_1A_2\cdots A_{17}$，记作 G.

我们规定：

当 $i+1=18$ 时，取 $i+1=1$；当 $i-1=0$ 时，取 $i-1=17$. 然后按如下规则连线段：若 $1\leqslant m<M_0$，当 $f^{[m]}(i)=a$, $f^{[m]}(i+$

$1)=b$ 时，则连线段 A_aA_b.

显然，所连线段必为 G 的对角线. 可以证明：所连的对角线没有重复. 事实上，若有两条对角线连线相同，即存在 i,j 及 $M_0>p>q>0$，使

$$f^{[p]}(i)=f^{[q]}(j)$$

$$f^{[p]}(i+1)=f^{[q]}(j+1)$$

或

$$f^{[p]}(i+1)=f^{[q]}(j-1)$$

于是，有

$$\begin{cases}f^{[p-q]}(i)=j\\ f^{[p-q]}(i+1)=j+1 \text{ 或 } f^{[p-q]}(i+1)=j-1\end{cases}$$

且 $M_0>p-q>0$，这显然与 M_0 的定义矛盾.

故所连对角线没有重复.

但 G 共有 17×7 条对角线，所以

$$17\times(M_0-1)\leqslant 17\times 7$$

故

$$M_0\leqslant 8$$

综上所述，$M_0=8$.

6 设非负数列 $a_1,a_2,\cdots$ 满足条件

$$a_{n+m}\leqslant a_n+a_m, m,n\in\mathbf{N}$$

求证：对任意 $n\geqslant m$ 均有

$$a_n\leqslant ma_1+\left(\frac{n}{m}-1\right)a_m$$

证法 1 由假设可得

$$0\leqslant a_n\leqslant a_{n-1}+a_1\leqslant\cdots\leqslant na_1 \quad ①$$

若 $n>m$，则由假设可知

$$\frac{a_n}{n}-\frac{a_m}{m}\leqslant\frac{a_{n-m}+a_m}{n}-\frac{a_m}{m}=\frac{ma_{n-m}-(n-m)a_m}{nm}=$$

$$\frac{n-m}{n}\left(\frac{a_{n-m}}{n-m}-\frac{a_m}{m}\right)$$

若 $n-m>m$，则继续此过程，经有限步，易知存在自然数 s，使得

$$1\leqslant s\leqslant m$$

且

$$\frac{a_n}{n}-\frac{a_m}{m}\leqslant\frac{s}{n}\left(\frac{a_s}{s}-\frac{a_m}{m}\right) \quad ②$$

显然式 ② 对于 $n=m$ 也成立，由式 ② 和 ① 可得

$$\frac{a_n}{n}-\frac{a_m}{m}\leqslant\frac{s}{n}\left(a_1-\frac{a_m}{m}\right)$$

再由 $a_1 \geqslant \frac{a_m}{m}$ 可得

$$\frac{a_n}{n} - \frac{a_m}{m} \leqslant \frac{m}{n}\left(a_1 - \frac{a_m}{m}\right)$$

所以

$$a_n \leqslant ma_1 + \left(\frac{n}{m} - 1\right) a_m$$

即命题成立.

证法2 由假设得

$$0 \leqslant a_n \leqslant a_{n-1} + a_1 \leqslant \cdots \leqslant na_1 \qquad ③$$

用数学归纳法证明命题对任何 $n,m \in \mathbf{N}$ 成立.

固定 $m \in \mathbf{N}$,当 $n = 1$ 时

$$原不等式 \Leftrightarrow \left(1 - \frac{1}{m}\right) a_m \leqslant (m - 1)a_1 \Leftrightarrow$$

$$(m - 1)a_m \leqslant (m - 1)ma_1$$

由 ③ 即知当 $n = 1$ 时命题成立.

假设当 $1 \leqslant n \leqslant k$ 时命题成立,分两种情况讨论:

(1) $k < m$,则由式 ① 可得

$$\frac{a_{k+1}}{k + 1} - \frac{a_m}{m} \leqslant a_1 - \frac{a_m}{m}$$

再由 $a_1 - \frac{a_m}{m} \geqslant 0$ 可知

$$\frac{a_{k+1}}{k + 1} - \frac{a_m}{m} \leqslant \frac{m}{k + 1}\left(a_1 - \frac{a_m}{m}\right)$$

从而

$$a_{k+1} \leqslant ma_1 + \left(\frac{k + 1}{m} - 1\right) a_m$$

(2) $k \geqslant m$,则

$$k + 1 - m \geqslant 1$$

由假设得

$$a_{k+1} \leqslant a_{k+1-m} + a_m$$

再由归纳假设可知

$$a_{k+1-m} \leqslant ma_1 + \left(\frac{k + 1 - m}{m} - 1\right) a_m$$

于是

$$a_{k+1} \leqslant ma_1 + \left(\frac{k + 1}{m} - 1\right) a_m$$

综合以上两种情况,可知当 $n = k + 1$ 时命题也成立.

第 13 届中国数学奥林匹克

广州,1998

1 在一个非钝角 $\triangle ABC$ 中,$AB > AC$,$\angle B = 45°$,O 和 I 分别是 $\triangle ABC$ 的外心和内心,且$\sqrt{2}\,OI = AB - AC$. 求 $\sin A$.

解 由已知条件及欧拉公式,得

$$\left(\frac{c-b}{\sqrt{2}}\right)^2 = OI^2 = R^2 - 2Rr \quad ①$$

再由熟知的几何关系,得

$$r = \frac{c+a-b}{2}\tan\frac{B}{2} = \frac{c+a-b}{2}\tan\frac{\pi}{8} = \frac{\sqrt{2}-1}{2}(c+a-b) \quad ②$$

由式 ① 和 ② 及正弦定理$\frac{a}{\sin A} = \frac{b}{\sin B} = \frac{c}{\sin C} = 2R$,得

$$1 - 2(\sin C - \sin B)^2 = 2(\sin A + \sin C - \sin B)(\sqrt{2} - 1)$$

因为

$$\angle B = \frac{\pi}{4}, \sin B = \frac{\sqrt{2}}{2}$$

$$\sin C = \sin\left(\frac{3\pi}{4} - \angle A\right) = \frac{\sqrt{2}}{2}(\sin A + \cos A)$$

所以

$$2\sin A\cos A - (2-\sqrt{2})\sin A - \sqrt{2}\cos A + \sqrt{2} - 1 = 0$$

$$(\sqrt{2}\sin A - 1)(\sqrt{2}\cos A - \sqrt{2} + 1) = 0$$

于是 $\sin A = \frac{\sqrt{2}}{2}$ 或 $\cos A = 1 - \frac{\sqrt{2}}{2}$,这时

$$\sin A = \sqrt{1-\cos^2 A} = \sqrt{1 - \left(1 - \frac{\sqrt{2}}{2}\right)^2} = \sqrt{\sqrt{2} - \frac{1}{2}}$$

总之,$\sin A = \frac{\sqrt{2}}{2}$ 或 $\sin A = \sqrt{\sqrt{2} - \frac{1}{2}}$(严格地说,还应验证这两个

值都满足条件).

2 对于给定的大于 1 的正整数 n,是否存在 $2n$ 个两两不同的正整数 $a_1,a_2,\cdots,a_n,b_1,b_2,\cdots,b_n$,同时满足以下两个条件:

(1) $a_1+a_2+\cdots+a_n=b_1+b_2+\cdots+b_n$;

(2) $n-1>\sum\limits_{i=1}^{n}\dfrac{a_i-b_i}{a_i+b_i}>n-1-\dfrac{1}{1\ 998}$.

请说明理由.

解 存在符合命题要求的 $2n$ 个数.

令 $a_i=2Mi,b_i=2i(i=1,2,3,\cdots,n-1,M$ 为大于或等于 $8\ 000n$ 的正整数). 又令

$$a_n=(M-1)^2n(n-1),b_n=M(M-1)n(n-1)$$

显然,上述 $2n$ 个数两两不同,且

$$a_1+a_2+\cdots+a_n=b_1+b_2+\cdots+b_n=n(n-1)(M^2-M+1)$$

另外,我们有

$$\sum_{i=1}^{n}\frac{a_i-b_i}{a_i+b_i}=(n-1)\cdot\frac{M-1}{M+1}-\frac{1}{2M-1}<n-1$$

$$\begin{aligned}\sum_{i=1}^{n}\frac{a_i-b_i}{a_i+b_i}&=(n-1)-\frac{2(n-1)}{M+1}-\frac{1}{2M-1}>\\&n-1-\frac{2(n-1)}{8\ 000n}-\frac{1}{2M-1}>\\&n-1-\frac{2(n-1)}{8\ 000n}-\frac{1}{8\ 000}>\\&n-1-\frac{1}{1\ 998}\end{aligned}$$

因此,上述所给的 $2n$ 个数符合命题要求.

3 设 $S=\{1,2,\cdots,98\}$,求最小自然数 n,使得 S 的任一 n 元子集中都可以选出 10 个数,无论怎样将这 10 个数均分成两组,总有一组中存在一个数与另外 4 个数都互素,而另一组中总有一个数与另外 4 个数都不互素.

解 所求的最小自然数 $n=50$.

若 $n\leqslant 49$,由于 S 中偶数共有 49 个,则由这 49 个偶数中的 n 个偶数所组成的 S 的 n 元子集中,任意 10 个数都有公因数 2,不满足要求.

下面证明 $n=50$ 时满足要求.

对于 S 的任意一个50元子集 T，记 $E(T)$ 为集合 T 中偶数元素的个数，则 $50-E(T)$ 为集合 T 中奇数元素的个数. 下证 $|T|=50$.

设 x 是 S 中的奇数（x 不一定在 T 中），记 $f(x)$ 为 S 中与 x 不互素的偶数元素的个数，显然 $f(x)\leqslant\left[\frac{49}{3}\right]=16$. 由于 S 中奇数有49个，偶数也有49个，所以 T 中必有一个奇数. 下面建立一个重要引理.

引理 若有奇数 $x\in T$，使得 $f(x)\leqslant E(T)-9$，则 S 的50元子集 T 必定符合要求.

引理的证明 T 中与 x 互素的偶数个数 $=E(T)-T$ 中与 x 不互素的偶数个数 $\geqslant E(T)-S$ 中与 x 不互素的偶数个数 $=E(T)-f(x)\geqslant 9$. 取这个奇数 $x\in T$ 及 T 中与 x 互素的9个偶数组成 T 的一个10元子集，显然，该10元子集符合题目要求，引理得证.

另外，还有一些简单但又必需的事实：S 中前几个奇素数为3，5，7，11，13，17，19，23，29，31，37，41，43，47，53，59；S 中最小素因子为3的奇数共有16个（$3,3\times5,3\times5^2,3\times7,3\times11,3\times13,3\times17,3\times19,3\times23,3\times29,3\times31,3^2,3^2\times5,3^2\times7,3^3,3^4$）；$S$ 中最小素因子为5的奇数共有7个（$5,5\times7,5\times11,5\times13,5\times17,5\times19,5^2$）；$S$ 中最小素因子为7的奇数共有4个（$7,7\times11,7\times13,7^2$）；$S$ 中最小素因子大于或等于11的奇数最多有1个；S 中包含最小元素1.

下面对 $E(T)$ 的取值情况分类讨论（利用引理）.

（1）若 $E(T)\geqslant 25$，则对任何奇数 $x\in T\subset S$，必有 $f(x)\leqslant 16=25-9\leqslant E(T)-9$，该50元子集符合题目要求.

（2）若 $24\geqslant E(T)\geqslant 16$，则 T 中奇数有 $50-E(T)\geqslant 26$ 个. 因为 $1+16+7=24<26\leqslant 50-E(T)$，所以，$T$ 中必有最小素因子大于或等于7的奇数 x. 于是，$f(x)\leqslant f(7)=\left[\frac{49}{7}\right]=7=16-9\leqslant E(T)-9$. 该 T 符合要求.

（3）若 $15\geqslant E(T)\geqslant 10$，则 T 中奇数有 $50-E(T)\geqslant 35$ 个. 因为 $1+16+7+4=28=35-7\leqslant[50-E(T)]-7$，所以，$T$ 中必有最小素因子大于或等于31的奇数 x. 于是，$f(x)\leqslant f(31)=\left[\frac{49}{31}\right]=1=10-9\leqslant E(T)-9$. 该 T 符合要求.

（4）若 $E(T)=9$，则 T 中奇数有 $50-E(T)=41$ 个. 因为 $1+16+7+4=28=41-13=[50-E(T)]-13$，所以，$T$ 中必有最小素因子大于或等于59的奇数 x. 于是，$f(x)\leqslant f(59)=\left[\frac{49}{59}\right]=0=E(T)-9$，该 T 符合要求.

(5) 若 $E(T) \leqslant 8$,则 T 中奇数有 $50-E(T) \geqslant 42$ 个. 因为 $1+16+7+4=28=42-14 \leqslant [50-E(T)]-14$,所以,$T$ 中必有最小素因子大于或等于 61 的奇数 x,该 x 本身是素数且大于或等于 61. 显然,S 的不在 T 中的奇数共有 $49-[50-E(T)] \leqslant 49-42=7$ 个. S 中的 $3(2k-1)$ 型数共有 16 个$\left(k \leqslant \left[\frac{98+3}{6}\right]=16\right)$,其中至少有 $16-7=9$ 个在 T 中,取这 9 个在 T 中的 $6k-3$ 型数以及大于或等于 61 的素数 x,共 10 个数,组成 T 的 10 元子集,前 9 个数有公因数 3,而 x 与这 9 个数互素,故 T 符合要求.

综上,$n=50$ 符合要求,最小自然数 $n=50$.

4 求所有大于 3 的自然数 n,使得 $1+C_n^1+C_n^2+C_n^3$ 整除 $2^{2\,000}$.

解 因 2 是素数,故只需考虑哪些自然数 $n>3$,能使

$$1+C_n^1+C_n^2+C_n^3=2^k, k \in \mathbf{N}$$

经计算得

$$1+C_n^1+C_n^2+C_n^3=$$
$$1+n+\frac{n(n-1)}{2}+\frac{n(n-1)(n-2)}{6}=$$
$$\frac{(n+1)(n^2-n+6)}{6}$$

即
$$(n+1)(n^2-n+6)=3\times 2^{k+1}$$

作代换 $m=n+1$ 得

$$m(m^2-3m+8)=3\times 2^{k+1} \qquad ①$$

由式 ① 知我们必须对 m 分两种情形进行讨论.

(1) 若 $m=2^s(m>4, s\geqslant 3)$,则

$$m^2-3m+8=3\times 2^t, t \in \mathbf{N}$$

如果 $s\geqslant 4$,那么 $3\times 2^t \equiv 8 \pmod{16}$,即 $2^t \equiv 8 \pmod{16}$. 由此可知 $2^t=8(t=3)$,$m^2-3m+8=24$,即 $m(m-3)=16$,这不可能. 因而只有 $s=3$,$m=8$,可求出 $n=7$.

(2) 若 $m=3\times 2^u(m>4, u\geqslant 1)$,则

$$m^2-3m+8=2^v, v \in \mathbf{N} \qquad ②$$

如果 $u\geqslant 4$,那么 $2^v \equiv 8 \pmod{16}$,由(1)知 $v=3$,$m(m-3)=0$,这也不可能. 另外,当 $m=3\times 2$ 或 $m=3\times 2^2$ 时都不能使式 ② 成立,因此,只有 $m=3\times 2^3=24$,可求出 $n=23$.

又经检验知,$1+C_7^1+C_7^2+C_7^3=64=2^6$ 和 $1+C_{23}^1+C_{23}^2+C_{23}^3=2^{11}$ 都能整除 $2^{2\,000}$,故本题的答案是 $n=7$ 及 $n=23$.

5 设 D 为锐角 $\triangle ABC$ 内部一点，且满足条件：$DA \cdot DB \cdot AB + DB \cdot DC \cdot BC + DC \cdot DA \cdot CA = AB \cdot BC \cdot CA$. 试确定点 D 的几何位置，并证明你的结论.

证明 此题我们改证比其更强的命题如下：

设 D 为锐角 $\triangle ABC$ 内部一点. 求证：

$$DA \cdot DB \cdot AB + DB \cdot DC \cdot BC + DC \cdot DA \cdot CA \geqslant AB \cdot BC \cdot CA \quad ①$$

并且等号当且仅当 D 为 $\triangle ABC$ 的垂心时才成立.

如图 1，作 $ED \mathrel{\underline{\underline{/\!/}}} BC$，$FA \mathrel{\underline{\underline{/\!/}}} ED$，则 $BCDE$ 和 $ADEF$ 均是平行四边形. 联结 BF 和 AE，显然 $BCAF$ 也是平行四边形. 于是

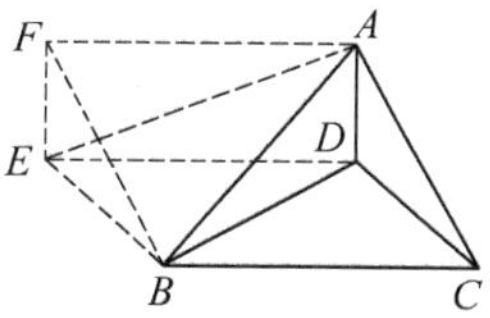

图 1

$$AF = ED = BC$$

$$EF = AD, EB = CD, BF = AC$$

在四边形 $ABEF$ 和 $AEBD$ 中，由托勒密不等式，得

$$AB \cdot EF + AF \cdot BE \geqslant AE \cdot BF$$

$$BD \cdot AE + AD \cdot BE \geqslant AB \cdot ED$$

即

$$AB \cdot AD + BC \cdot CD \geqslant AE \cdot AC \quad ②$$

$$BD \cdot AE + AD \cdot CD \geqslant AB \cdot BC \quad ③$$

于是，由式 ② 和 ③ 可得

$$\begin{aligned}&DA \cdot DB \cdot AB + DB \cdot DC \cdot BC + DC \cdot DA \cdot CA = \\&DB(AB \cdot AD + BC \cdot CD) + DC \cdot DA \cdot CA \geqslant \\&DB \cdot AE \cdot AC + DC \cdot DA \cdot AC = \\&AC(DB \cdot AE + DC \cdot AD) = \\&AC \cdot BC \cdot AB\end{aligned}$$

故式 ① 得证，且等号成立的充分必要条件是式 ② 和 ③ 的等号同时成立，即等号当且仅当 $ABEF$ 及 $AEBD$ 都是圆内接四边形时成立，亦即 $AFEBD$ 恰是圆内接五边形时等号成立. 因为 $AFED$ 为平行四边形，所以条件等价于 $AFED$ 为矩形（即 $AD \perp BC$）且 $\angle ABE = \angle ADE = 90°$，亦等价于 $AD \perp BC$ 且 $CD \perp AB$，所以式 ① 等号成立的充分必要条件是 D 为 $\triangle ABC$ 的垂心.

6 设 $n \geqslant 2, x_1, x_2, \cdots, x_n$ 均为实数，且 $\sum\limits_{i=1}^{n} x_i^2 + \sum\limits_{i=1}^{n-1} x_i x_{i+1} = 1$. 对于每一个固定的 $k(k \in \mathbf{N}, 1 \leqslant k \leqslant n)$，求 $|x_k|$ 的最大值.

解 由已知条件得

$$2\sum_{i=1}^{n}x_i^2+2\sum_{i=1}^{n-1}x_ix_{i+1}=2$$

即

$$x_1^2+(x_1+x_2)^2+(x_2+x_3)^2+\cdots+(x_{n-2}+x_{n-1})^2+(x_{n-1}+x_n)^2+x_n^2=2 \quad ①$$

由均值不等式,得

$$\sqrt{\frac{x_1^2+(x_1+x_2)^2+\cdots+(x_{k-1}+x_k)^2}{k}}\geqslant$$

$$\frac{|x_1|+|x_1+x_2|+\cdots+|x_{k-1}+x_k|}{k}\geqslant$$

$$\frac{|x_1-(x_1+x_2)+\cdots+(-1)^{k-1}(x_{k-1}+x_k)|}{k}=$$

$$\frac{|x_k|}{k}$$

即

$$x_1^2+(x_1+x_2)^2+\cdots+(x_{k-1}+x_k)^2\geqslant\frac{x_k^2}{k} \quad ②$$

同理

$$\sqrt{\frac{(x_k+x_{k+1})^2+\cdots+(x_{n-1}+x_n)^2+x_n^2}{n-k+1}}\geqslant$$

$$\frac{|x_k+x_{k+1}|+\cdots+|x_{n-1}+x_n|+|x_n|}{n-k+1}\geqslant$$

$$\frac{|x_n-(x_{n-1}+x_n)+\cdots+(-1)^{n-k}(x_k+x_{k+1})|}{n-k+1}=$$

$$\frac{|x_k|}{n-k+1}$$

即

$$(x_k+x_{k+1})^2+\cdots+(x_{n-1}+x_n)^2+x_n^2\geqslant\frac{x_k^2}{n-k+1} \quad ③$$

由式 ② + ③ 及式 ① 得

$$2\geqslant\left(\frac{1}{k}+\frac{1}{n-k+1}\right)x_k^2$$

即

$$|x_k|\leqslant\sqrt{\frac{2k(n+1-k)}{n+1}},k=1,2,\cdots,n \quad ④$$

由上可知,当且仅当

$$x_1=-(x_1+x_2)=x_2+x_3=\cdots=(-1)^{k-1}(x_{k-1}+x_k)$$

及

$$x_k+x_{k+1}=-(x_{k+1}+x_{k+2})=\cdots=(-1)^{n-k}x_n$$

时,式 ④ 中的等号成立,即当且仅当

$$x_i = x_k(-1)^{i-k}\frac{i}{k}, i = 1, 2, \cdots, k-1$$

且
$$x_j = x_k(-1)^{j-k}\frac{n+1-j}{n-k+1}, j = k+1, k+2, \cdots, n$$

时
$$|x_k| = \sqrt{\frac{2k(n+1-k)}{n+1}}$$

综上所述,可得

$$|x_k|_{\max} = \sqrt{\frac{2k(n+1-k)}{n+1}}$$

第14届中国数学奥林匹克

北京,1999

1 在锐角 $\triangle ABC$ 中,$\angle C > \angle B$,点 D 是边 BC 上一点,使得 $\angle ADB$ 是钝角,H 是 $\triangle ABD$ 的垂心,点 F 在 $\triangle ABC$ 的内部且在 $\triangle ABD$ 的外接圆周上. 求证:点 F 是 $\triangle ABC$ 垂心的充分必要条件是:$HD \parallel CF$,且 H 在 $\triangle ABC$ 的外接圆周上.

证明 首先,指出一个简单有用的事实:设在 $\triangle UVW$ 中,$\angle UVW$ 和 $\angle VWU$ 都是锐角,则点 P 是 $\triangle UVW$ 的垂心 $\Leftrightarrow UP \perp VW$,并且 $\angle VPW = 180° - \angle VUW$.

下面利用此简单事实证明题目的结论(严格讲,应严格证明).

(1) 如果 $HD \parallel CF$,并且 H 在 $\triangle ABC$ 的外接圆上,那么 $CF \perp AB$,并且

$$\angle AFB = \angle ADB = 180° - \angle AHB = 180° - \angle ACB$$

因此,点 F 是 $\triangle ABC$ 的垂心.

(2) 如果 F 是 $\triangle ABC$ 的垂心,那么,显然 $HD \parallel CF$,并且

$$\angle ACB = 180° - \angle AFB = 180° - \angle ADB = \angle AHB$$

因此,A,B,C,H 四点共圆.

2 给定实数 a,设实多项式序列 $\{f_n(x)\}$ 满足

$$\begin{cases} f_0(x) = 1 \\ f_{n+1}(x) = xf_n(x) + f_n(ax), n = 0,1,2,\cdots \end{cases}$$

(1) 求证

$$f_n(x) = x^n f_n\left(\frac{1}{x}\right), n = 0,1,2,\cdots$$

(2) 求 $f_n(x)$ 的明显表达式.

证明 (1) 约定记

$$F_k(x) = (x-1)f_k(x) + f_k(ax) - a^k x f_k\left(\frac{x}{a}\right)$$

首先指出

$$F_{k+1}(x) = xF_k(x) + F_k(ax)$$

事实上

$$F_{k+1}(x)-xF_k(x)=$$
$$(x-1)f_{k+1}(x)+f_{k+1}(ax)-a^{k+1}xf_{k+1}\left(\frac{x}{a}\right)-$$
$$x(x-1)f_k(x)-xf_k(ax)+a^kx^2f_k\left(\frac{x}{a}\right)=$$
$$(x-1)[xf_k(x)+f_k(ax)]+[axf_k(ax)+f_k(a^2x)]-$$
$$a^{k+1}x\left[\frac{x}{a}f_k\left(\frac{x}{a}\right)+f_k(x)\right]-x(x-1)f_k(x)-$$
$$xf_k(ax)+a^kx^2f_k\left(\frac{x}{a}\right)=$$
$$(ax-1)f_k(ax)+f_k(a^2x)-a^{k+1}xf_k(x)=F_k(ax)$$

因为
$$F_0(x)=0$$
所以
$$F_n(x)=0,n=0,1,2,\cdots$$

下面利用上述结论,我们归纳证明
$$f_n(x)=x^nf_n\left(\frac{1}{x}\right),n=0,1,2,\cdots$$

首先,显然有
$$f_0(x)=x^0f_0\left(\frac{1}{x}\right)$$
假定已证得
$$f_k(x)=x^kf_k\left(\frac{1}{x}\right)$$
则有
$$f_{k+1}(x)-x^{k+1}f_{k+1}\left(\frac{1}{x}\right)=$$
$$f_{k+1}(x)-x^{k+1}f_{k+1}\left(\frac{1}{x}\right)-\left[f_k(x)-x^kf_k\left(\frac{1}{x}\right)\right]=$$
$$(x-1)f_k(x)+f_k(ax)-$$
$$x^{k+1}\left[\frac{1}{x}f_k\left(\frac{1}{x}\right)+f_k\left(\frac{a}{x}\right)\right]+x^kf_k\left(\frac{1}{x}\right)=$$
$$(x-1)f_k(x)+f_k(ax)-a^kx\left[\left(\frac{x}{a}\right)^k+f_k\left(\frac{a}{x}\right)\right]=$$
$$(x-1)f_k(x)+f_k(ax)-a^kxf_k\left(\frac{x}{a}\right)=0$$

即
$$f_{k+1}(x)=x^{k+1}f_{k+1}\left(\frac{1}{x}\right)$$

由数学归纳法原理知,对于任意非负整数 n,都有
$$f_n(x)=x^nf_n\left(\frac{1}{x}\right),n=0,1,2,\cdots$$

(2) 不妨设

$$f_k(x)=\sum_{j=1}^{k} b_j^{(k)}x^j, k=0,1,2,\cdots$$

由题目的条件容易看出

$$b_k^{(k)}=b_{k-1}^{(k-1)}=\cdots=b_0^{(0)}=1$$

另据(1)中已证得的结论可知

$$b_{k-j}^{(k)}=b_j^{(k)}, k=0,1,\cdots; j=0,1,\cdots,k$$

特别地

$$b_0^{(k)}=b_k^{(k)}=1, k=0,1,2,\cdots$$

在式子$f_n(x)=xf_{n-1}(x)+f_{n-1}(ax)$中，比较两边$x^j$和$x^{n-j}$的系数，分别得到

$$b_j^{(n)}=b_{j-1}^{(n-1)}+a^jb_j^{(n-1)}$$
$$b_{n-j}^{(n)}=b_{n-j-1}^{(n-1)}+a^{n-j}b_{n-j}^{(n-1)}$$

利用等式关系

$$b_{n-j}^{(n)}=b_j^{(n)}$$
$$b_{n-j-1}^{(n-1)}=b_j^{(n-1)}$$
$$b_{n-j}^{(n-1)}=b_{j-1}^{(n-1)}$$

可以从上述式子中消去$b_{n-1-j}^{(n-1)}=b_j^{(n-1)}$，从而得到

$$b_j^{(n)}=\frac{a^n-1}{a^j-1}b_{j-1}^{(n-1)}=$$
$$\frac{a^n-1}{a^j-1}\cdot\frac{a^{n-1}-1}{a^{j-1}-1}b_{j-2}^{(n-2)}=\cdots=$$
$$\frac{a^n-1}{a^j-1}\cdot\frac{a^{n-1}-1}{a^{j-1}-1}\cdot\cdots\cdot\frac{a^{n-j+1}-1}{a-1}b_0^{(n-j)}=$$
$$\frac{a^n-1}{a^j-1}\cdot\frac{a^{n-1}-1}{a^{j-1}-1}\cdot\cdots\cdot\frac{a^{n-j+1}-1}{a-1}$$

我们得到

$$f_n(x)=1+\sum_{j=1}^{n}\left(\frac{a^n-1}{a^j-1}\cdot\frac{a^{n-1}-1}{a^{j-1}-1}\cdot\cdots\cdot\frac{a^{n-j+1}-1}{a-1}\right)x^j$$

3 MO 太空城由 99 个空间站组成，任意两个空间站之间有管形通道相连. 规定其中 99 条通道为双向通行的主干道，其余通道严格单向通行. 若某四个空间站可以通过它们之间的通道从其中任一站到达另外任一站，则称这四个站的集合为一个互通四站组.

试为 MO 太空城设计一个方案，使得互通四站组的数目最大(请具体算出该最大数，并证明你的结论).

证明 在下面的讨论中，设 n 是大于 3 的奇数，并记 $m=\frac{n-3}{2}$. 我们将讨论 n 个空间站和 n 条双行主干道的更一般情形.

对于本题而言 $n=99, m=\dfrac{n-3}{2}=48$.

（1）如果某四个空间站中，有一个空间站与其他三个空间站间的通道都从该站单向发出，那么，这四个空间站的集合必定是不互通的四站组. 约定将所有这样的不互通四站组归入 S 类，并将所有不属于 S 类的不互通四站组归入 T 类，则互通四站组的总数为

$$C_n^4-|S|-|T|$$

用 $1,2,\cdots,n$ 给 n 个空间站编号. 设从第 i 号空间站发出的单行通道数为 s_i，则 S 类不互通四站组的总数为 $|S|=\sum\limits_{i=1}^{n}C_{s_i}^3$，这里

$$C_k^3=\frac{k(k-1)(k-2)}{6}$$

（2）对于如上定义的 C_k^3 和 $C_k^2=\dfrac{k(k-1)}{2}$，熟知有关系（可直接验证）

$$C_k^3=C_{k-1}^3+C_{k-1}^2$$

如果 $s>t+1$，那么

$$C_s^3-C_{s-1}^3=C_{s-1}^2>C_t^2=C_{t+1}^3-C_t^3$$

即

$$C_s^3+C_t^3>C_{s-1}^3+C_{t+1}^3$$

根据以上探讨，通过“调整法”可以断定

$$|S|=\sum_{i=1}^{n}C_{s_i}^3\geqslant nC_m^3$$

其中

$$m=\frac{1}{n}\sum_{i=1}^{n}s_i=\frac{1}{n}(C_n^2-n)=\frac{n-3}{2}$$

据此估计互通四站组总数的上界为

$$C_n^4-|S|-|T|\leqslant C_n^4-nC_m^3$$

（3）如果能设计一个方案，使得 S 类不互通四站组的数目降到最小值 nC_m^3，并且 T 类不互通四站组的数目也降到最小（实际降到 0），那么，该方案的互通四站组的数目达到最大.

为此目的，首先将编号为 $1,2,\cdots,n$ 的空间站依顺时针次序安排在一个圆周上. 下面将给出满足要求的两种方案.

第一种方案　首先将沿圆周相邻的空间站对之间的通道定为主干道. 这样设定了 n 条主干道

$$\{1,2\},\{2,3\},\cdots,\{n-1,n\},\{n,1\}$$

对于 $i,j\in\{1,2,\cdots,n\}, i\neq j$，如果圆周上沿顺时针方向从 i 到 j 的弧经过奇数个中间站，那么，规定 i 号站与 j 号站之间的通道为 $i\to j$ 单行道. 因为 n 是奇数，从 k 到 l 的顺时针圆弧和从 l 到 k 的顺时针圆弧当中，恰有一条经过奇数个中间站，所以上述单行约定不会导致矛盾情形.

按照此方案，从每个空间站发出的单行道都为 $m=\frac{n-3}{2}$ 条.因此，S 类不互通四站组总数降至最小值

$$|S|=n\mathrm{C}_m^3$$

下面将指出，按照此方案有 $|T|=0$.

如果四站组中某两站间有主干道相连，那么，四站组中其余任一站都与这两站互通. 因此，这样的四站组为互通四站组.

考察从四站组的某三站到剩下一站的三条通道都单向通往这剩下一站的情形. 设在除去剩下一站 D 的圆周上，所述的三站按顺时针方向依次为 A,B,C. 因为 $A\to D,B\to D,C\to D$，根据方案的单行规定可以判断 A 与 B 之间和 A 与 D 之间的顺时针圆弧上各经过奇数个中间站. 我们判明通道 $A\to B,A\to C,A\to D$ 的单行方向，因此，这样的不互通四站组 $\{A,B,C,D\}$ 应归入 S 类.

根据以上的讨论，可以断定 $|T|=0$.

最后，算出互通四站组数的最大值为

$$\mathrm{C}_n^4-n\mathrm{C}_m^3=\frac{n(n-3)}{48}(n^2+6n-31)$$

对于 $n=99$，互通四站组数的最大值为

$$99\times\frac{96}{48}\times(9\ 801+594-31)=$$
$$99\times 2\times 10\ 364=2\ 052\ 072$$

第二种方案　（同样先将编号为 $1,2,\cdots,n$ 的空间站按顺时针次序安排于一个圆周上.）

若从 a 号空间站到 b 号空间站的顺时针圆弧恰经过 $\frac{n-3}{2}$ 个或者 $\frac{n-1}{2}$ 个中间站，则规定 a 与 b 之间的通道为双行主干道. 若从 i 号空间站到 j 号空间站的顺时针圆弧经过的中间站数小于 $\frac{n-3}{2}$，则规定 i 与 j 之间的通道单向从 i 通往 j.

按照此方案，从每个空间站发出的单行通道数都为 $m=\frac{n-3}{2}$ 条. 因此，S 类不互通四站组数降至最小值

$$|S|=n\mathrm{C}_m^3$$

按照此方案，同样可证 $|T|=0$. 事实上，与第一种方案类似的验证讨论，可以判定：如果某四站组中有两站间的通道是主干道，那么，这四站组是互通的. 还可以判定：如果从四站组中某三站到剩下一站 D 的通道都单向通往该站，那么，这三站在除去点 D 的圆周上顺时针方向排头的一站 A 通往其他三站 B,C,D 的通道都单向发出：$A\to B,A\to C,A\to D$. 因此，这类四站组 $\{A,B,C,D\}$ 应归入 S 类.

因此,按照此方案建造的太空城,没有 T 类不互通四站组,并且互通四站组数达到最大. 剩下的计算同第一种方案.

注 有一些不正确的设计方案虽然能使各站发出的单行通道数目相等,却不能排除如图1所示的那种不互通四站组,因而不能使互通四站组的数目达到最大.

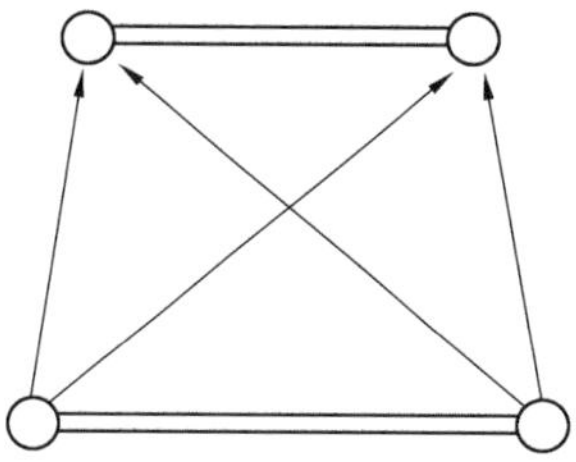

图 1

4 设 m 是给定的整数. 求证:存在整数 a,b 和 k,其中 a,b 均不能被 2 整除,$k \geqslant 0$,使得

$$2m = a^{19} + b^{99} + k \cdot 2^{1\,999}$$

证明 (1) 设 r 和 s 是正整数,其中 r 是奇数. 如果 x 和 y 是模 2^r 互不同余的奇数,那么,x^s 和 y^s 也是模 2^r 互不同余的奇数. 这是因为

$$x^s - y^s = (x-y)(x^{s-1} + x^{s-2}y + \cdots + y^{s-1})$$

并且 $x^{s-1} + x^{s-2}y + \cdots + y^{s-1}$ 是奇数.

因此,当 t 取遍模 2^r 的简化剩余系(又称缩剩余系)时,t^s 也取遍模 2^r 的简化剩余系.

(2) 根据(1)中的讨论,对于奇数 $2m-1$,必有奇数 a 使得 $2m-1 = a^{19} + q \cdot 2^{1\,999}$. 于是,对于 $b=1$,有

$$2m = a^{19} + b^{99} + q \cdot 2^{1\,999}$$

如果 $q \geqslant 0$,那么,题目的结论已得证.

如果 $q < 0$,那么,分别以 $\tilde{a} = a - h \cdot 2^{1\,999}$ 和

$$\tilde{q} = \frac{a^{19} - (a - h \cdot 2^{1\,999})^{19}}{2^{1\,999}} + q = \frac{(h \cdot 2^{1\,999} - a)^{19} + a^{19}}{2^{1\,999}} + q$$

代替 a 和 q,仍有

$$2m = \tilde{a}^{19} + 1^{99} + \tilde{q} \cdot 2^{1\,999}$$

当 h 足够大时,可使 $\tilde{q} \geqslant 0$.

于是,题目的结论得到完全的证明.

5 求最大的实数 λ,使得当实系数多项式 $f(x) = x^3 + ax^2 + bx + c$ 的所有根都是非负实数时,只要 $x \geqslant 0$,就有

$$f(x) \geqslant \lambda(x-a)^3$$

并求上式中等号何时成立?

解 设 $f(x)$ 的三个根为 α,β,γ,并设 $0 \leqslant \alpha \leqslant \beta \leqslant \gamma$,则有

$$x - a = x + \alpha + \beta + \gamma$$

$$f(x) = (x-\alpha)(x-\beta)(x-\gamma)$$

(1) 当 $0 \leqslant x \leqslant \alpha$ 时,由于

$$-f(x)=(\alpha-x)(\beta-x)(\gamma-x)$$

利用均值不等式可得

$$-f(x) \leqslant \left(\frac{\alpha+\beta+\gamma-3x}{3}\right)^3 \leqslant \left(\frac{x+\alpha+\beta+\gamma}{3}\right)^3$$

即 $$f(x) \geqslant -\frac{1}{27}(x+\alpha+\beta+\gamma)^3=-\frac{1}{27}(x-a)^3$$

显然,上式等号成立的充分必要条件是

$$\begin{cases}\alpha-x=\beta-x=\gamma-x\\ \alpha+\beta+\gamma-3x=x+\alpha+\beta+\gamma\end{cases}$$

即 $$x=0,\alpha=\beta=\gamma$$

(2) 当 $\beta \leqslant x \leqslant \gamma$ 时,由于

$$-f(x)=(x-\alpha)(x-\beta)(\gamma-x) \leqslant \left(\frac{x+\gamma-\alpha-\beta}{3}\right)^3 \leqslant \left(\frac{x+\alpha+\beta+\gamma}{3}\right)^3=\left(\frac{x-a}{3}\right)^3$$

则 $$f(x) \geqslant -\frac{1}{27}(x-a)^3$$

易知上式等号成立的充分必要条件为

$$\begin{cases}x-\alpha=x-\beta=\gamma-x\\ \alpha=\beta=0\end{cases}$$

即 $$\alpha=\beta=0,\gamma=2x$$

(3) 当 $\alpha \leqslant x \leqslant \beta$ 或者 $x>\gamma$ 时

$$f(x)>0 \geqslant -\frac{1}{27}(x-a)^3$$

综上可得,所求的 $\lambda=-\frac{1}{27}$ 且等号成立的充分必要条件是 $x=0,\alpha=\beta=\gamma$ 或者 $\alpha=\beta=0,\gamma=2x$.

6 设 $4\times4\times4$ 的大正方体由 64 个单位正方体组成. 选取其中的 16 个单位正方体涂成红色,使得大正方体中每个由 4 个单位正方体构成的 $1\times1\times4$ 的小长方体中,都恰有 1 个红正方体. 问 16 个红正方体共有多少种不同取法? 说明理由.

解 选择 $4\times4\times4$ 的大正方体的某个侧面作为基准面. 将大正方体划分成平行于基准面的四层(每层为 $4\times4\times1$ 的长方体),依次用 1,2,3,4 给各层编号. 将各个涂成红色的单位正方体投影到基准面上,并在投影方格内填写该红色单位正方体所在的层

号. 这样,我们得到一个 4×4 方格表,每格填写 $\{1,2,3,4\}$ 中的一个数,填同样数的方格既不同行也不同列,这样一个 4×4 方格表被称为一个 4 阶拉丁方. 反之,每一个 4 阶拉丁方唯一决定了符合题目要求的一种涂色法,不同的拉丁方决定不同的涂色法. 因此,题目转化为确定总共有多少不同的 4 阶拉丁方.

约定如表 1 那样用 (i,j) 表示 4×4 方格表中各单位方格的位置. 对于 $(1,2,3,4)$ 的任一排列 (a,b,c,d),我们来考察如图 2 所示的拉丁方的个数,为达到此目的,先考察如图 3 所示的拉丁方的个数.

表 1

(1,1)	(1,2)	(1,3)	(1,4)
(2,1)	(2,2)	(2,3)	(2,4)
(3,1)	(3,2)	(3,3)	(3,4)
(4,1)	(4,2)	(4,3)	(4,4)

a	b	c	d

图 2

a	b	c	d
b			
c			
d			

图 3

图 3 的 $(2,2)$ 方格可填写 $\{a,c,d\}$ 中的任一个数,以下分别考察这三种情形.

(1) 设图 3 的 $(2,2)$ 方格填写 a.

对此情形,在 $(2,3)$ 和 $(3,2)$ 方格内只能填写 d.

接着在 $(2,4)$ 和 $(4,2)$ 方格内只能填写 c,然后在 $(3,3)$ 方格内可以填写 a 或 b. 当 $(3,3)$ 方格选定一种填写之后,剩下 3 个方格的填写法唯一确定. 因此,相应本情形的拉丁方恰有 2 个.

(2) 设图 3 的 $(2,2)$ 方格填写 c.

对此情形,在 $(2,4)$ 和 $(4,2)$ 方格内只能填写 a,接着在 $(2,3)$ 和 $(3,2)$ 方格内只能填写 d,然后在 $(3,4)$ 和 $(4,3)$ 方格内可以填写 b. 在这些方格填完后,剩下方格的填写法唯一确定. 因此,相应本情形的拉丁方恰有 1 个.

(3) 设图 3 的 $(2,2)$ 方格填写 d.

与(2) 所述情形类似,对本情形可以判定只有唯一的填写法,即恰有 1 个拉丁方.

根据以上讨论,如图 3 所示的那类拉丁方恰有 4 个. 每个这样的拉丁方通过第 2,3,4 行的置换产生 3! 个不同的如图 2 所示的那类拉丁方. 因此,如图 2 所示的那类拉丁方恰有 $4 \times 3!$ 个. 最后,因为排列(a,b,c,d) 有 4! 个,所以 4 阶拉丁方总共有$(4!)^2$ 个.

因此,题目所述的 16 个红正方体的选取方法总共有$(4!)^2 = 576$ 种.

注 考虑更一般的问题,在 $n \times n \times n$ 的大正方体中选 n^2 个单位正方体涂成红色,要求任何一个由 n 个单位正方体组成的 $1 \times 1 \times n$ 的长方体中都恰有一个涂成红色的单位正方体. 问满足上述要求的 n^2 个涂成红色的单位正方体有多少种不同选取方法?

仿照上面的解答,可以将问题转化为求不同的 n 阶拉丁方的数目 L_n. 通常将第 1 行和第 1 列都是标准排列$(1,2,\cdots,n)$ 的 n 阶拉丁方的数目记为 l_n,于是

$$L_n = (n!)[(n-1)!]l_n$$

随着 n 的增大,l_n 和 L_n 急剧增大. 人们仅对较小的 n 算出了 l_n,如表 2 所示.

表 2

n	1	2	3	4	5	6	7	…	…
l_n	1	1	1	4	56	9 408	16 942 080	…	…

对于 $n \geqslant 5$ 的情形,必须分析相当多的情形,才能无重无漏地准确算出相当大的数 l_n,这很难在短时间内办到. 因此,题目选择 $n = 4$ 的情形可以说恰到好处.

第 15 届中国数学奥林匹克

合肥,2000

1 设 a,b,c 为 $\triangle ABC$ 的三条边,$a \leqslant b \leqslant c$,$R$ 和 r 分别为 $\triangle ABC$ 的外接圆半径和内切圆半径. 令 $f=a+b-2R-2r$,试用 $\angle C$ 的大小来判定 f 的符号.

解 用 A,B,C 分别表示 $\triangle ABC$ 的三个内角. 熟知

$$a=2R\sin A, b=2R\sin B$$

$$r=4R\sin\frac{A}{2}\sin\frac{B}{2}\sin\frac{C}{2}$$

于是

$$f=2R\left(\sin A+\sin B-1-4\sin\frac{A}{2}\sin\frac{B}{2}\sin\frac{C}{2}\right)=$$

$$2R\left[2\sin\frac{B+A}{2}\cos\frac{B-A}{2}-1+\right.$$

$$\left.2\left(\cos\frac{B+A}{2}-\cos\frac{B-A}{2}\right)\sin\frac{C}{2}\right]=$$

$$4R\cos\frac{B-A}{2}\left(\sin\frac{B+A}{2}-\sin\frac{C}{2}\right)-$$

$$2R+4R\cos\frac{\pi-C}{2}\sin\frac{C}{2}=$$

$$4R\cos\frac{B-A}{2}\left(\sin\frac{\pi-C}{2}-\sin\frac{C}{2}\right)-2R+4R\sin^2\frac{C}{2}=$$

$$4R\cos\frac{B-A}{2}\left(\cos\frac{C}{2}-\sin\frac{C}{2}\right)-$$

$$2R\left(\cos^2\frac{C}{2}-\sin^2\frac{C}{2}\right)=$$

$$2R\left(\cos\frac{C}{2}-\sin\frac{C}{2}\right)\left(2\cos\frac{B-A}{2}-\cos\frac{C}{2}-\sin\frac{C}{2}\right)$$

令 $A \leqslant B \leqslant C$,于是

$$0 \leqslant B-A < B \leqslant C$$

又由 $0 \leqslant B-A < B+A$,因此

$$\cos\frac{B-A}{2} > \cos\frac{C}{2}$$

$$\cos\frac{B-A}{2} > \cos\frac{B+A}{2}=\cos\frac{\pi-C}{2}=\sin\frac{C}{2}$$

所以 $$2\cos\frac{B-A}{2}>\cos\frac{C}{2}+\sin\frac{C}{2}$$

则

$$f>0\Leftrightarrow\cos\frac{C}{2}>\sin\frac{C}{2}\Leftrightarrow C<\frac{\pi}{2}$$

$$f=0\Leftrightarrow\cos\frac{C}{2}=\sin\frac{C}{2}\Leftrightarrow C=\frac{\pi}{2}$$

$$f<0\Leftrightarrow\cos\frac{C}{2}<\sin\frac{C}{2}\Leftrightarrow C>\frac{\pi}{2}$$

2 数列 $\{a_n\}$ 定义如下：$a_1=0,a_2=1,a_n=\frac{1}{2}na_{n-1}+\frac{1}{2}n(n-1)a_{n-2}+(-1)^n\left(1-\frac{n}{2}\right),n\geqslant 3$. 试求 $f_n=a_n+2C_n^1a_{n-1}+3C_n^2a_{n-2}+\cdots+(n-1)C_n^{n-2}a_2+nC_n^{n-1}a_1$ 的最简表达式.

解 令 $b_n=\frac{a_n}{n!}$，则

$$b_1=0,b_2=\frac{1}{2},b_3=\frac{1}{3}$$

$$b_n=\frac{1}{2}(b_{n-1}+b_{n-2})+(-1)^n\frac{1-\frac{n}{2}}{n!}$$

令

$$g_n=\frac{1}{n!}f_n=\frac{1}{n!}\sum_{k=1}^{n}(n-k+1)C_n^{n-k}a_k=\sum_{k=1}^{n}\frac{n-k+1}{(n-k)!}b_k$$

所以

$$\begin{aligned}&g_{n+1}-g_n=\\&\sum_{k=1}^{n+1}\frac{n-k+2}{(n+1-k)!}b_k-\sum_{k=1}^{n}\frac{n-k+1}{(n-k)!}b_k=\\&\sum_{k=2}^{n+1}\frac{n-k+2}{(n+1-k)!}b_k-\sum_{k=2}^{n+1}\frac{n-k+2}{(n-k+1)!}b_{k-1}=\\&\sum_{k=2}^{n+1}\frac{n-k+2}{(n+1-k)!}(b_k-b_{k-1})\end{aligned}$$

但是令 $d_n=(-2)^n(b_n-b_{n-1})$，则

$$d_n=d_{n-1}+\left(1-\frac{n}{2}\right)\frac{2^n}{n!}$$

所以

$$d_2=2$$

$$d_n=2+\sum_{l=3}^{n}\left(1-\frac{l}{2}\right)\frac{2^l}{l!}=\frac{2^n}{n!}$$

故 $$b_n - b_{n-1} = \frac{d_n}{(-2)^n} = \frac{2^n}{(-2)^n n!} = \frac{(-1)^n}{n!}$$

所以

$$g_{n+1} - g_n = \sum_{k=2}^{n+1} \frac{n+2-k}{(n+1-k)!} \cdot \frac{(-1)^k}{k!} =$$
$$\sum_{k=2}^{n} \frac{(-1)^k}{(n-k)!\ k!} + \sum_{k=2}^{n+1} \frac{(-1)^k}{(n+1-k)!\ k!} =$$
$$\frac{1}{n!} \sum_{k=2}^{n} (-1)^k \binom{n}{k} + \frac{1}{(n+1)!} \cdot$$
$$\sum_{k=2}^{n+1} (-1)^k \cdot \binom{n+1}{k}$$

因为

$$\sum_{k=0}^{n} (-1)^k \binom{n}{k} = 0$$
$$\sum_{k=0}^{n+1} (-1)^k \binom{n+1}{k} = 0$$

所以

$$g_{n+1} - g_n = -\frac{1}{n!}(1-n) - \frac{1}{(n+1)!}(1-(n+1)) =$$
$$\frac{1}{(n-1)!} - \frac{1}{(n+1)!}$$

由于 $g_3 = 2b_2 + b_3 = \frac{4}{3}$,故

$$f_n = n!\ g_n = n!\ \left(\sum_{k=4}^{n} \frac{1}{(k-2)!} - \sum_{k=4}^{n} \frac{1}{k!} + g_3\right) =$$
$$n!\ \left(g_3 + \frac{1}{2!} + \frac{1}{3!} - \frac{n+1}{n!}\right) =$$
$$2 \cdot n!\ - (n+1)$$

3 某乒乓球俱乐部组织交流活动,安排符合以下规则的双打赛程表,规则如下:

(1) 每名参加者至多属于两个对子;

(2) 任意两个不同对子之间至多进行一次双打;

(3) 凡表中同属一对的两人就不在任何双打中作为对手相遇.

统计各人参加的双打次数,约定将所有不同的次数组成的集合称为“赛次集”.

给定由不同的正整数组成的集合 $A = \{a_1, a_2, \cdots, a_k\}$,其中每个数都能被 6 整除. 试问:最少必须有多少人参加活动,才可以安排符合上述规则的赛程表,使得相应的赛次集恰为 A? 请证明你的结论.

解 (1) 设 $a_1 < a_2 < \cdots < a_k$,并设所安排的赛程表中某参加者的赛次为 a_k.

若该参加者仅属于一个对子,则另有 a_k 对与该对进行双打,因而至少另有 a_k 人,总人数不少于 $a_k + 2$.

若赛次为 a_k 的参加者属于两个对子,则至少另有$\frac{a_k}{2}$对与这两个对子进行双打,因而至少另有$\frac{a_k}{2}$人,总人数不少于$\frac{a_k}{2}+3(<a_k+2)$.

因此,参加者总数不少于$\frac{a_k}{2}+3$.

(2) 设$a_1 < a_2 < \cdots < a_k$. 下面将证明,若有$\frac{a_k}{2}+3$名参加者,则可安排符合规则的赛程表,使得相应的赛次集恰为 $A=\{a_1,a_2,\cdots,a_k\}$,并且每名参加者都属于两个对子. 将对 k 进行归纳完成这一结论的证明.

① 当 $k=1$ 时,将$\frac{a_1}{2}+3$人分成三人小组,每个小组中任意两人结为对子,所有不同组的对子进行双打. 于是,每人的赛次都为

$$2\times\frac{a_1}{2}=a_1$$

② 当 $k=2$ 时,将$\frac{a_2}{2}+3$人分成 S 和 T 两大组,要求

$$|S|=\frac{a_1}{2},\ |T|=\frac{a_2-a_1}{2}+3$$

将 S 和 T 各分成三人小组,每个三人小组中的任意两人结为对子.

安排 S 大组的每个三人小组中的对子与该三人组以外所有其他对子进行双打;安排 T 大组的每个三人小组中的对子只与 S 大组中的对子进行双打. 于是,S 大组中每人的赛次为

$$2\left(\frac{a_1}{2}-3+\frac{a_2-a_1}{2}+3\right)=a_2$$

T 大组中每人的赛次为

$$2\times\frac{a_1}{2}=a_1$$

③ 假定对于 $k=n-1$ 和 $k=n$ 的情形所述结论成立,考察 $k=n+1$ 的情形,即

$$A=\{a_1,\cdots,a_n,a_{n+1}\}$$
$$a_1<a_2<\cdots<a_n<a_{n+1}$$

设有$\frac{a_{n+1}}{2}+3$名参加者,将这些参加者分成 S,T 和 U 三大组,要求

$$|S|=\frac{a_1}{2},|T|=\frac{a_n-a_1}{2}+3,|U|=\frac{a_{n+1}-a_n}{2}$$

再将 S,T,U 三大组各分成三人小组,每一小组内的任意两人结成对子.

安排 S 大组中的每个三人小组的对子与各大组中所有其他的对子进行双打.

安排 T 大组中的每个三人小组的对子都与 S 大组中的对子进行双打,另外,还在 T 大组内安排赛次集为

$$A'=\{a_2-a_1,\cdots,a_n-a_1\}$$

的 T 大组内的赛程(根据归纳假设,这样的安排可实现).

安排 U 大组中的每个三人小组的对子只与 S 大组中的对子进行双打.

这样安排的赛程表符合规则.

S 大组内的参加者的赛次为

$$2\left(\frac{a_1}{2}-3+\frac{a_n-a_1}{2}+3+\frac{a_{n+1}+a_n}{2}\right)=a_{n+1}$$

T 大组内的参加者的赛次分别为以下这些数

$$2\times\frac{a_1}{2}+(a_j-a_1)=a_j,j=2,3,\cdots,n$$

U 大组内的参加者的赛次为

$$2\times\frac{a_1}{2}=a_1$$

因此,与所安排的赛程表相应的赛次集恰为

$$A=\{a_1,a_2,\cdots,a_n,a_{n+1}\}$$

至此,我们证明了如下结论:

如果 $A=\{a_1,a_2,\cdots,a_k\},a_1<a_2<\cdots<a_k$,并且有 $\frac{a_k}{2}+3$ 名参加者,那么,可安排符合规则的赛程表,使得相应的赛次表恰为 A,并且 $\frac{a_k}{2}+3$ 是满足上述要求的最少参加者人数.

4 设 $n\geqslant 2$,对 n 元有序实数组

$$A=(a_1,a_2,\cdots,a_n)$$

令
$$b_k=\max_{1\leqslant i\leqslant k}a_i,k=1,2,\cdots,n$$

称 $B=(b_1,b_2,\cdots,b_n)$ 为 A 的"创新数组",称 B 中的不同元素个数为 A 的"创新阶数".

考察 $1,2,\cdots,n$ 的所有排列(将每个排列都视为一个有序数组),对其中创新阶数为 2 的所有排列,求它们的第一项的算术平均值.

解 设 $a_1=m$,则 m 可为 $1,\cdots,n-1$ 中的任何一个.

当 $a_1=m$ 时,称 $m+1,m+2,\cdots,n$ 为"大数",$1,2,\cdots,m-1$ 为"小数". 在"大数"中,n 应列于其他各数之前. 由于共有 $n-m$ 个"大数",故知与 $a_1=m$ 相应的创新阶数为 2 的排列数目为

$$x_m=C_{n-1}^{n-m}(n-m-1)!\ (m-1)!\ =\frac{(n-1)!}{n-m}$$

因此,所求的算术平均值为

$$\frac{\sum_{m=1}^{n-1}mx_m}{\sum_{m=1}^{n-1}x_m}=\frac{(n-1)!\ \sum_{m=1}^{n-1}\frac{m}{n-m}}{(n-1)!\ \sum_{m=1}^{n-1}\frac{1}{n-m}}=\frac{\sum_{m=1}^{n-1}\frac{n-m}{m}}{\sum_{m=1}^{n-1}\frac{1}{m}}=$$

$$n-\frac{n-1}{1+\frac{1}{2}+\cdots+\frac{1}{n-1}}$$

5 若对正整数 n,存在 k,使得

$$n=n_1n_2\cdots n_k=2^{\frac{1}{2^k}(n_1-1)(n_2-1)\cdots(n_k-1)}-1$$

其中 $n_1,n_2,\cdots,n_k$ 都是大于 3 的整数,则称 n 具有性质 P. 求具有性质 P 的所有数 n.

解 由条件知,若 n 具有性质 P,则 $n=2^m-1$,其中 m 为正整数.

经验证知,对 $m=1,2,\cdots,9$,只有当 $m=3$ 时,2^m-1 具有性质 P,此时 $n=7$.

下面证明,对 $m\geqslant 10$,$n=2^m-1$ 都不具有性质 P. 用反证法.

假设存在某个 $m(m\geqslant 10)$ 和正整数 k,使得 $n=2^m-1$ 可表示为

$$n=n_1n_2\cdots n_k=2^{\frac{1}{2^k}(n_1-1)\cdots(n_k-1)}-1 \qquad ①$$

则有

$$\frac{1}{2^k}(n_1-1)\cdots(n_k-1)\geqslant 10$$

由归纳法可证:当 $l\geqslant 10$ 时,$2^l-1>l^3$. 所以

$$2^{\frac{1}{2^k}(n_1-1)\cdots(n_k-1)}-1>\left[\frac{1}{2^k}(n_1-1)\cdots(n_k-1)\right]^3$$

由于 $n=2^m-1$,故 n_i 均为奇数. 又 $n_i>3$,故 $n_i\geqslant 5(1\leqslant i\leqslant k)$. 这样

$$\left(\frac{n_i-1}{2}\right)^3\geqslant 4\cdot\frac{n_i-1}{2}>n_i,1\leqslant i\leqslant k$$

所以

$$2^{\frac{1}{2^k}(n_1-1)\cdots(n_k-1)}-1>\left[\frac{1}{2^k}(n_1-1)\cdots(n_k-1)\right]^3>n_1n_2\cdots n_k$$

与式 ① 矛盾.

因此具有性质 P 的数只有一个 $n=7$.

6 某次考试有 5 道选择题,每题都有 4 个不同答案供选择,每人每题恰选 1 个答案. 在 2 000 份答卷中发现存在一个 n,使得任何 n 份答卷中都存在 4 份,其中每两份的答案都至多 3 题相同. 求 n 的最小可能值.

解 n 的最小可能值为 25.

将每道题的 4 种答案分别记为 1,2,3,4. 每份试卷上的答案记为 (g,h,i,j,k),其中 $g,h,i,j,k\in\{1,2,3,4\}$,令

$$\{(1,h,i,j,k),(2,h,i,j,k),(3,h,i,j,k),(4,h,i,j,k)\},$$
$$h,i,j,k=1,2,3,4$$

共得 256 个四元组. 由于 $2\ 000=256\times7+208$,故由抽屉原理知有 8 份考卷上的答案属于同一个四元组. 取出这 8 份考卷后,余下的 1 992 份中仍有 8 份属于同一个四元组;再取出这 8 份考卷,余下的 1 984 份中又有 8 份属于同一个四元组;取出这 8 份考卷,连同前两次取出的考卷共 24 份. 在这 24 份考卷中,任何 4 份中总有两份的答案属于同一个四元组,当然不满足题中的要求. 所以,所求的最小值大于或等于 25.

另外,令

$$S=\{(g,h,i,j,k)\mid g+h+i+j+k\equiv 0(\bmod 4),g,h,i,j,k\in\{1,2,3,4\}\}$$

则 $|S|=256$,且 S 中任何两种答案都至多有 3 题相同. 从 S 中去掉 6 个元素,当余下的 250 种答案中的每种答案都恰有 8 人选用时,共得到 2 000 份答卷,其中的任何 25 份答案中,总有 4 份不相同,由于它们都在 S 中,当然满足题中要求. 这表明 $n=25$ 时可以满足题中要求.

综上可知,所求的 n 的最小可能值为 25.

第16届中国数学奥林匹克

香港,2001

1 给定 a,$\sqrt{2}<a<2$. 内接于单位圆 Γ 的凸四边形 $ABCD$ 适合以下条件:

(1) 圆心在这个凸四边形的内部;

(2) 最大边长是 a,最小边长是 $\sqrt{4-a^2}$. 过点 A,B,C,D 依次作圆 Γ 的4条切线 L_A,L_B,L_C,L_D. 已知 L_A 与 L_B,L_B 与 L_C,L_C 与 L_D,L_D 与 L_A 分别交于点 A',B',C',D'. 求面积之比 $\frac{S_{\text{四边形}A'B'C'D'}}{S_{\text{四边形}ABCD}}$ 的最大值与最小值.

解 记圆 Γ 的圆心为 O,并记 $\angle AOB=2\theta_1$,$\angle BOC=2\theta_2$,$\angle COD=2\theta_3$,$\angle DOA=2\theta_4$. 于是 $\theta_1,\theta_2,\theta_3,\theta_4$ 都是锐角,且 $\theta_1+\theta_2+\theta_3+\theta_4=\pi$. 不难求得

$$S_{\text{四边形}A'B'C'D'}=\tan\theta_1+\tan\theta_2+\tan\theta_3+\tan\theta_4$$

$$S_{\text{四边形}ABCD}=\frac{1}{2}(\sin 2\theta_1+\sin 2\theta_2+\sin 2\theta_3+\sin 2\theta_4)$$

所以有

$$\frac{S_{\text{四边形}A'B'C'D'}}{S_{\text{四边形}ABCD}}=\frac{2(\tan\theta_1+\tan\theta_2+\tan\theta_3+\tan\theta_4)}{\sin 2\theta_1+\sin 2\theta_2+\sin 2\theta_3+\sin 2\theta_4} \quad ①$$

由于式①右端关于 $\theta_1,\theta_2,\theta_3,\theta_4$ 对称,故不妨设 $AD=a$,$CD=\sqrt{4-a^2}$. 于是

$$\sin\theta_4=\frac{a}{2},\sin\theta_3=\frac{1}{2}\sqrt{4-a^2}$$

又因为

$$\cos(\theta_1+\theta_2)=\cos\theta_3\cos\theta_4-\sin\theta_3\sin\theta_4=\sqrt{1-\left(\frac{a}{2}\right)^2}\cdot\sqrt{1-\frac{1}{4}(4-a^2)}-\frac{a}{2}\cdot\frac{1}{2}\sqrt{4-a^2}=0$$

所以 $\theta_3+\theta_4=\frac{\pi}{2}$. 从而,$\theta_1+\theta_2=\frac{\pi}{2}$.

由三角公式,有

$$\tan\theta_3+\tan\theta_4=\frac{\sin(\theta_3+\theta_4)}{\cos\theta_3\cos\theta_4}=\frac{1}{\sin\theta_4\sin\theta_3}=\frac{4}{a\sqrt{4-a^2}} \quad ②$$

$$\tan\theta_1+\tan\theta_2=\frac{\sin(\theta_1+\theta_2)}{\cos\theta_1\cos\theta_2}=\frac{1}{\cos\theta_1\cos\theta_2}=\frac{2}{\sin 2\theta_1} \quad ③$$

$$\sin 2\theta_3+\sin 2\theta_4=2\sin 2\theta_3=4\sin\theta_3\cos\theta_3=$$
$$4\sin\theta_3\sin\theta_4=a\sqrt{4-a^2} \quad ④$$

$$\sin 2\theta_1+\sin 2\theta_2=2\sin 2\theta_1 \quad ⑤$$

简记 $\alpha=\tan\theta_3+\tan\theta_4$，$\beta=\sin 2\theta_3+\sin 2\theta_4$，$t=\sin 2\theta_1$，于是 α,β 为常数，而 t 为变数. 将式 ② ~ ⑤ 代入式 ①，得

$$\frac{S_{四边形A'B'C'D'}}{S_{四边形ABCD}}=\frac{2\alpha+\frac{4}{t}}{\beta+2t} \quad ⑥$$

容易看出，式 ⑥ 右端是 t 的严格递减函数，而 t 的最大值为 1，故得

$$\min\left(\frac{S_{四边形A'B'C'D'}}{S_{四边形ABCD}}\right)=\frac{4}{a\sqrt{4-a^2}}$$

另外，由于 $\theta_1,\theta_2,\theta_3,\theta_4$ 都是锐角，且 a 是最大边长，$\sqrt{4-a^2}$ 是最小边长，故有 $\theta_3\leqslant\theta_1,\theta_2\leqslant\theta_4$.

又因 $\theta_1+\theta_2=\frac{\pi}{2}=\theta_3+\theta_4$，故知 t 的最小值为

$$t_0=2\sin\theta_3\sin\theta_4=\frac{1}{2}a\sqrt{4-a^2}$$

于是，由式 ⑥ 右端函数的严格递减性，即得

$$\max\left(\frac{S_{四边形A'B'C'D'}}{S_{四边形ABCD}}\right)=\frac{8}{a^2(4-a^2)}$$

② 设 $X=\{1,2,\cdots,2\,001\}$. 求最小正整数 m，使其适合要求：对 X 的任何一个 m 元子集 W，都存在 $u,v\in W$（u 和 v 可以相同），使得 $u+v$ 是 2 的方幂.

解 将 X 分成以下 5 个子集进行考察

$$2\,001=1\,024+977\geqslant x\geqslant 1\,024-977=47$$
$$46=32+14\geqslant x\geqslant 32-14=18$$
$$17=16+1\geqslant x\geqslant 16-1=15$$
$$14=8+6\geqslant x\geqslant 8-6=2$$
$$x=1$$

为了构造一个使题中要求不被满足又含元素最多的例子，这个子集不能含 2 的任一方幂且每对数 $\{2^r+a,2^r-a\}$ 中只能有 1 个含在集中.

令 $Y=\{2\ 001,2\ 000,\cdots,1\ 025\}\cup\{46,45,\cdots,33\}\cup\{17\}\cup\{14,13,\cdots,9\}\cup\{1\}$，则有 $|Y|=998$，且对任何 $u,v\in Y,u+v$ 都不是 2 的方幂.

事实上，当 $u,v\in Y$ 时，不妨设 $u\geqslant v$ 且有 $2^r<u\leqslant 2^r+a<2^{r+1}$，其中当 r 分别取值 10,5,4,3 时，相应的 a 值依次为 977，14，1，6.

(1) 若 $2^r<v\leqslant u$，则

$$2^{r+1}<u+v<2^{r+2}$$

$u+v$ 不能是 2 的方幂.

(2) 若 $1\leqslant v<2^r$，则当 $2^r<u\leqslant 2^r+a,1\leqslant a<2^r$ 时，$1\leqslant v<2^r-a$. 于是

$$2^r<u+v<2^{r+1}$$

这表明 $u+v$ 也不能是 2 的方幂，所以子集 Y 中任何两数之和都不是 2 的方幂.

故知所求的最小正整数 $m\geqslant 999$.

将 X 划分成下列 999 个互不相交的子集

$$A_i=\{1\ 024-i,1\ 024+i\},i=1,2,\cdots,977$$
$$B_j=\{32-j,32+j\},j=1,2,\cdots,14$$
$$C=\{15,17\}$$
$$D_k=\{8-k,8+k\},k=1,2,\cdots,6$$
$$E=\{1,8,16,32,1\ 024\}$$

对于 S 的任何一个 999 元子集 W，若 $W\cap E\neq\varnothing$，则从其中任取一个元素的 2 倍都是 2 的方幂；若 $W\cap E=\varnothing$，则 W 中的 999 个元素分属于前面的 998 个 2 元子集. 由抽屉原理知 W 中必有不同的 u 和 v 属于其中同一子集. 显然，$u+v$ 为 2 的方幂.

综上可知，所求的最小正整数 $m=999$.

3 在正 n 边形的每个顶点上各停有 1 只喜鹊，偶受惊吓使得众喜鹊都飞去，一段时间后，它们又都回到这些点上，仍是每个顶点上 1 只，但未必都回到原来的顶点. 求所有正整数 n，使得一定存在 3 只喜鹊，以它们前后所在的顶点分别形成的三角形或同为锐角三角形，或同为直角三角形，或同为钝角三角形.

解法 1 当 $n=3,4$ 时，结论显然成立.

当 $n=5$ 时，连出 5 条对角线的正五边形中，恰有钝角三角形与锐角三角形各 5 个. 当 5 只喜鹊 A,B,C,D,E 飞落前后的状态如图 1 所示时，锐角三角形与钝角三角形互变，不满足题中要求，故

知 $n=5$ 不行.

当 $n=2m, m\geqslant 3, m\in\mathbf{N}$ 时,取正 n 边形的一对相对顶点 A 和 B 并考察从这两点飞起的两只喜鹊(仍称之为 A 和 B)的落点. 若喜鹊 A 和 B 的落点仍是一对相对顶点,则可任取另一只喜鹊 C,于是,A,B,C 三只喜鹊飞落前后所占据的顶点都构成直角三角形. 若喜鹊 A 和 B 的落点 A',B' 不是相对顶点,则可记 A' 的相对顶点为 C',并记返回后落在 C' 的喜鹊是从点 C 飞起的. 于是,A,B,C 三只喜鹊飞落前后所占据的顶点都构成直角三角形. 这就证明了所有不小于4的偶数 n 都满足要求.

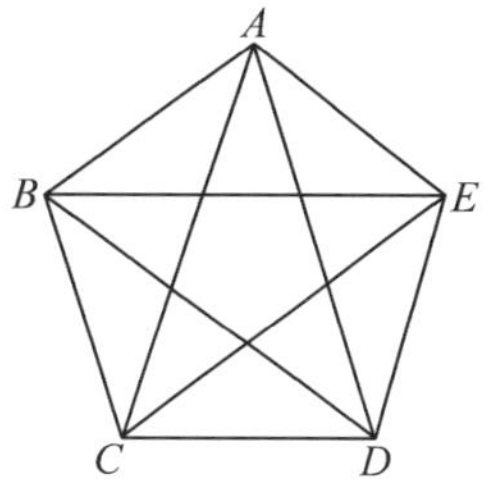

图1

设 $n=2m+1, m\geqslant 3, m\in\mathbf{N}$. 这时图1中没有直角三角形. 让我们来证明如下引理.

引理 当 $n=2m+1, m\geqslant 3$ 时,连出所有对角线的正 n 边形中,钝角三角形的个数多于所有三角形个数的一半.

引理的证明 设正 n 边形为 $A_1A_2\cdots A_n$. 这时,以对角线 A_1A_{j+1} 为最长边的钝角三角形的个数为 $j-1$. 所以钝角三角形的总数为

$$S=(2m+1)[1+2+\cdots+(m-1)]=\frac{1}{2}(2m+1)m(m-1)$$

正 n 边形中三角形的总数为

$$t=C_n^3=\frac{1}{3}(2m+1)m(2m-1)$$

因为

$$m-1>\frac{1}{3}(2m-1)\Leftrightarrow 3m-3>2m-1\Leftrightarrow$$
$$m>3-1=2$$

后者显然成立,故知引理成立.

由引理可知,当 $n=2m+1, m\geqslant 3$ 时,总存在3只喜鹊,它们飞落前后所在的3个顶点都构成钝角三角形. 这表明不小于7的所有奇数都满足题中的要求.

综上可知,满足题中要求的所有自然数是

$$n\geqslant 3, n\neq 5$$

解法2 前面证明均同解法1,只是将 $n=2m+1, m\geqslant 3$ 的情形改证如下.

由于将正 n 边形连同顶点上落的喜鹊一起旋转时,三角形的形状不变,故可假设一只喜鹊 A 飞走后返回时仍然落在原处. 过 A 所在的顶点作正 n 边形的外接圆的一条直径 AA',于是,这条直径两侧各有 m 只喜鹊. 易见,位于直径同侧的任何两只喜鹊与 A 一起所在的3个顶点都构成钝角三角形. 由于 $m\geqslant 3$,所以位于直径同侧的 m 只喜鹊中,飞走返回时总有两只 B 和 C 仍在直径的同一侧,

于是,A,B,C 这三只喜鹊飞落前后所在的 3 个顶点都构成钝角三角形. 这就证明了不小于 7 的所有奇数都满足题中的要求.

所以满足题中要求的所有自然数就是 $n \geqslant 3, n \neq 5$.

4 设 $a,b,c,a+b-c,a+c-b,b+c-a,a+b+c$ 是 7 个两两不同的素数,a,b,c 中有两数之和是 800. 设 d 是这 7 个素数中最大数与最小数之差. 求 d 的最大可能值.

解 不妨设 $a<b<c$,于是,7 个数中 $a+b-c$ 最小,而 $a+b+c$ 最大,从而有

$$d=(a+b+c)-(a+b-c)=2c$$

问题转化为求 c 的最大可能值. 因为

$$a+b-c>0$$

所以

$$c<a+b<a+c<b+c$$

因为 $a+b,a+c,b+c$ 中有 1 个数为 800,所以

$$c<800$$

由于 $799=17\times 47$ 和 798 都不是素数,而 797 为素数,故有 $c \leqslant 797, d \geqslant 1\ 594$.

另外,当 $a+b=800$ 时,注意到

$$a=5, b=795$$

$$a=7, b=793=13\times 61$$

$$a=11, b=789=3\times 263$$

都不全是素数,从而不能满足题中要求.

而 $a=13, b=787$ 都是素数,这时 $a+b-c=3, a+c-b=23$ 也都是素数. 容易验证,$b+c-a=1\ 571$ 和 $a+b+c=1\ 597$ 也都是素数.

综上可知,d 的最大可能值为 1 594.

5 将周长为 24 的圆周等分成 24 段,从 24 个分点中选取 8 个点,使得其中任何两点间所夹的弧长都不等于 3 和 8. 问满足要求的 8 点组的不同取法共有多少种? 说明理由.

解法 1 将 24 个分点依次编号 1,2,…,24,并将它们按“坏的关系”排成如下的 3 × 8 数表

1	4	7	10	13	16	19	22
9	12	15	18	21	24	3	6
17	20	23	2	5	8	11	14

易见,数表中每行中相邻两数所代表的两个分点之间所夹的弧长为3,每列相邻两数所代表的两个分点之间所夹的弧长都是8(首尾两数也算作相邻). 这样一来,题中对所取的8个点的要求化为要求所取的8个点的号码在数表中互不相邻. 所以,每列恰取1个数,每行至多取4个互不相邻的数. 从而,三行数中分别取数的个数只有4种不同情形

$$\{4,4,0\},\{4,3,1\},\{4,2,2\},\{3,3,2\}$$

(1) $\{4,4,0\}$. 在三行中任取一行不取数,有3种不同取法. 另两行中的第1行取4个互不相邻的数,有两种不同取法. 余下4列为另一行所取4个数所在的列,唯一确定. 由乘法原理知,这种情形共有6种不同取法.

(2) $\{4,3,1\}$. 在三行中取数的个数分别为4,3,1,共有3! = 6种不同安排. 在一行中取4个互不相邻的数,有2种不同取法. 在另一行和余下4列中选1个数,有4种不同选法. 最后第3行从余下3列中各选1个数,选法唯一确定. 由乘法原理知,这时共有$6\times2\times4=48$种不同选法.

(3) $\{4,2,2\}$. 从三行中选定一行取4个不相邻的数,选行有3种不同,取数有2种不同,共有6种不同取法. 余下4列互不相邻. 第2行从4列中任取2列,共有$C_4^2=6$种不同取法. 由乘法原理知,这种情形共有$6\times6=36$种不同取法.

(4) $\{3,3,2\}$. 从三行数中选定一行取2个不相邻的数,选行有3种不同,选数有$C_7^2-1=20$种不同(其中减1是去掉两个数分别在第1列与第8列的1种).

选定两数之后,余下6列被分成两部分,有3种不同分段情形:$\{1,5\}$,$\{2,4\}$和$\{3,3\}$. 3种分段的种数分别为8,8,4. 容易看出:

① 对于$\{1,5\}$分段,取3列互不相邻,有2种不同取法;

② 对于$\{2,4\}$分段,取3列互不相邻,有4种不同取法;

③ 对于$\{3,3\}$分段,取3列互不相邻,有2种不同取法.

所以这种情形的不同取法种数为

$$3\times\{8\times2+8\times4+4\times2\}=168$$

综上可知,满足题中要求的不同取法种数为

$$6+48+36+168=258$$

解法2 同在解法1中一样,将24个数写成3×8数表,于是,选取8个数时每列恰取1个数,这时,从第1列取1个数,共有3种不同取法. 第1列取定后,第2列所取的数不能与第1列所取的数同行,故只有2种不同取法. 以后每列都有2种不同取法,共有3×2^7种不同取法. 但其中第1列所取的数与第8列所取的数同行

的所有取法都不满足要求.

若记从 $3 \times n$ 数表中每列恰取一个数且任何相邻两列(包括第 n 列与第 1 列)所取的数都不同行的不同取法种数为 x_n,则上述的结论恰为

$$x_8 + x_7 = 3 \times 2^7$$

类似地,可以得到

$$x_n + x_{n-1} = 3 \times 2^{n-1}$$

由此递推,即得

$$\begin{aligned} x_8 &= 3 \times 2^7 - x_7 = \\ &3 \times 2^7 - (3 \times 2^6 - x_6) = \\ &3 \times (2^7 - 2^6) + x_6 = \cdots = \\ &3 \times (2^7 - 2^6 + 2^5 - 2^4 + 2^3 - 2^2 + 2) = \\ &3 \times 86 = 258 \end{aligned}$$

即满足题中要求的不同取法种数为 258.

6 记 $a = 2\ 001$,设 A 是适合下列条件的正整数对 (m,n) 所组成的集合:

(1) $m < 2a$;

(2) $2n \mid (2am - m^2 + n^2)$;

(3) $n^2 - m^2 + 2mn \leqslant 2a(n - m)$.

令 $f = \dfrac{2am - m^2 - mm}{n}$,求 $\min\limits_{(m,n) \in A} f$ 和 $\max\limits_{(m,n) \in A} f$.

解 (1) 先求 f 的最小值. 令

$$p = \frac{2am - m^2 + n^2}{2n} \qquad ①$$

由条件(1)和(2)可知,p 为正整数且有

$$(2a - m)m = (2p - n)n \qquad ②$$

由条件(1),有 $2a - m > 0$,故由式②可知

$$2p - n > 0$$

由条件(3),可得

$$\begin{aligned} 2am - m^2 + n^2 &= 2am - 2mn + 2mn - m^2 + n^2 \leqslant \\ &2am - 2mn + 2a(n - m) = \\ &2n(a - m) \end{aligned}$$

从而由 p 的定义①可得 $p \leqslant a - m$,于是有

$$2p - n < 2p \leqslant 2(a - m) = 2a - 2m < 2a - m$$

再由式②可知,m 与 n 同奇偶且有

$$n > m \qquad ③$$

设 $(m,n) \in A$,令

$$n' = 2p - n = \frac{2am - m^2}{n}$$

于是,n' 也是正整数且容易验证

$$(m,n) \in A \Leftrightarrow (m,n') \in A$$

事实上,在式 ① 中将 p 和 n 同时换成 p' 和 n',便有

$$p' = \frac{2am - m^2 + n'^2}{2n'} = \frac{2am - m^2}{2n'} + \frac{n'}{2} = \frac{n}{2} + \frac{1}{2} \cdot \frac{2am - m^2}{n} = \frac{2am - m^2 + n^2}{2n} = p$$

这表明 p 为正整数的充要条件是 p' 为正整数,亦即关于 (m,n') 的条件(2) 成立的充要条件是关于 (m,n) 的条件(2) 成立.

另外,对于 (m,n') 的条件(3),又有

$$n'^2 - m^2 + 2mn' - 2a(n' - m) = \left(\frac{2am - m^2}{n}\right)^2 - m^2 + 2m \cdot \frac{2am - m^2}{n} - 2a\left(\frac{2am - m^2}{n} - m\right) = \left(\frac{2am - m^2}{n}\right)^2 + (2am - m^2) + \frac{2(2am - m^2)}{n}(m - a) = \frac{2am - m^2}{n^2}[(2am - m^2) + n^2 + 2n(m - a)]$$

再由条件(1) 便知,关于 (m,n') 的条件(3) 成立的充要条件是关于 (m,n) 的条件(3) 成立,这就证明了

$$(m,n') \in A \Leftrightarrow (m,n) \in A$$

这样一来,由此及 n' 的定义即知,当 $(m,n) \in A$ 时,有

$$f(m,n) = \frac{2am - m^2 - mn}{n} = n' - m$$

$$f(m,n') = \frac{2am - m^2 - mn'}{n'} = n - m$$

由式 ③ 可知,当 $(m,n) \in A$ 时,有

$$f(m,n) = n' - m \geqslant 2 \qquad ④$$

取 $m = 2$,于是,条件(2) 化为

$$2n \mid 4a - 4 + n^2$$

即 $\frac{4\,000}{n} + \frac{n}{2}$ 为正整数. 这时条件(3) 化为

$$n^2 - 3\,998n + 8\,000 \leqslant 0$$

由此解得

$$1\,999 - \sqrt{1\,999^2 - 8\,000} \leqslant n \leqslant 1\,999 + \sqrt{1\,999^2 - 8\,000}$$

从而有

$$3 \leqslant n \leqslant 3\ 995$$

这表明$(2,n) \in A$等价于$n \in [3,3\ 995]$且为4 000的偶因子.

取$n = 2\ 000$,于是

$$n' = \frac{2am - m^2}{n} = \frac{8\ 000}{2\ 000} = 4$$

故得$f(2,2\ 000) = 2$.

综上可知,$\min\limits_{(m,n)\in A} f = 2$.

(2) 再求f的最大值.

由(1)知,当$(m,n) \in A$时,m和n同奇偶且$n > m$,故可令$n = m + 2u$,其中u为正整数,于是有

$$f(m,n) = \frac{2am - m^2 - mn}{n} = \frac{2(a-u)m - 2m^2}{m+2u} = \frac{2(a-u)(m+2u) - 2(a-u)2u}{m+2u} - \frac{2(m+2u)^2 + 8(m+2u)u - 8u^2}{m+2u} = (2a+6u) - 2\left[m + 2u + \frac{2u(a+u)}{m+2u}\right] \quad ⑤$$

由条件(3)可知

$$(m+2u)^2 - m^2 + 2m(m+2u) \leqslant 4ua$$

即
$$m^2 + 4um - 2au + 2u^2 \leqslant 0$$

由此解得

$$m \leqslant -2u + \sqrt{2u(a+u)}$$

即

$$m + 2u \leqslant \sqrt{2u(a+u)} \quad ⑥$$

由式⑥和⑤知,当u固定时,$f(m,m+2u)$关于m严格递增.

因为$f(m,m+2u)$为正偶数,所以$m+2u$必为$2u(a+u)$的因数.

当$u = 1$时

$$2(a+1) = 4\ 004 = 4 \times 7 \times 11 \times 13$$

由式⑤右端方括号中表达式的对称性知,可设

$$m + 2 \leqslant [\sqrt{4\ 004}] = 63$$

于是
$$m \in \{2,5,9,11,12,20,24,26,42,50\}$$

易得,当$m = 50, n = 52$时,$(m,n) \in A$且有

$$f(50,52) = 4\ 002 + 6 - 2\left[52 + \frac{4\ 004}{52}\right] = 3\ 750$$

因为$f(m,m+2u)$ 关于 m 严格递增,所以有

$$f(m,m+2) \leqslant 3\ 750$$

以下证明:对任意的$(m,n) \in A$,都有

$$f(m,n) \leqslant 3\ 750 \quad ⑦$$

上面已证,当 $n=m+2$ 时,式 ⑦ 成立. 由于 m 和 n 同奇偶且 $n>m$,故可设 $n \geqslant m+4$,于是

$$f(m,n)=\frac{(2a-m)m}{n}-m \leqslant \frac{(2a-m)m}{m+4}-m$$

可见,为证式 ⑦ 成立,只需证明,对任意的 $1 \leqslant m < 2a = 4\ 002$,都有

$$\frac{(2a-m)m}{m+4}-m \leqslant 3\ 750 \quad ⑧$$

整理后,得

$$m^2-124m+2\times 3\ 750 \geqslant 0 \quad ⑧'$$

由于 $\Delta=124^2-8\times 3\ 750=4\times(62^2-7\ 500)<0$

故知式 ⑧′ 成立,从而式 ⑧ 成立,式 ⑦ 成立.

综上可知,$\max\limits_{(m,n)\in A} f(m,n)=3\ 750$.

第17届中国数学奥林匹克

上海,2002

1 $\triangle ABC$ 的三边长分别为 $a,b,c,b<c$,AD 是 $\angle A$ 的内角平分线,点 D 在 BC 上.

(1) 求在线段 AB,AC 内分别存在点 E,F(不是端点)满足 $BE=CF$ 和 $\angle BDE=\angle CDF$ 的充分必要条件(用 $\angle A,\angle B,\angle C$ 表示);

(2) 在点 E 和 F 存在的情况下,用 a,b,c 表示 BE 的长.

解 (1) 如图1,若在线段 AB,AC 内存在点 E,F,满足 $BE=CF$ 和 $\angle BDE=\angle CDF$,则因点 D 到 AB 和 AC 的距离相等,所以,有

$$S_{\triangle BDE}=S_{\triangle CDF}$$

从而,有

$$BD\cdot DE=DC\cdot DF \quad ①$$

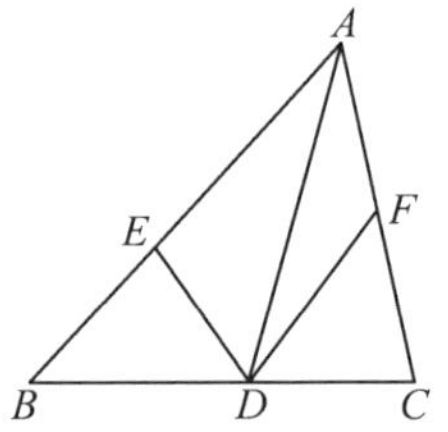

图1

由余弦定理,有

$$BD^2+DE^2-2BD\cdot DE\cos\angle BDE=BE^2=$$
$$CF^2=CD^2+DF^2-2CD\cdot DF\cos\angle CDF \quad ②$$

因 $\angle BDE=\angle CDF$,故由式①和②,可得

$$BD^2+DE^2=CD^2+DF^2 \quad ③$$
$$BD+DE=CD+DF \quad ④$$

由式①和④可知下列两种情形之一成立

$$\begin{cases}BD=CD\\DE=DF\end{cases} \quad ⑤$$

$$\begin{cases}BD=DF\\DE=CD\end{cases} \quad ⑥$$

因 $b<c$,故式⑤不可能成立. 所以,式⑥成立,从而

$$\triangle DEB\cong\triangle DCF$$

进而有

$$\angle B=\angle DFC,\angle C=\angle BED$$

所以 $$\angle B=\angle DFC>\angle DAF=\frac{1}{2}\angle A$$

即 $$2\angle B>\angle A$$

这是点 E 和 F 存在的必要条件.

反之,若 $2\angle B > \angle A$,则

$$\angle ADC = \angle B + \frac{1}{2}\angle A > \angle A$$

$$\angle ADB = \angle C + \frac{1}{2}\angle A > \angle A$$

于是,可在 $\triangle ABC$ 内部作 $\angle BDE = \angle A$, $\angle CDF = \angle A$,且使点 E 在 AB 内,点 F 在 AC 内. 这导致 A,C,D,E 和 A,B,D,F 都四点共圆,所以

$$\angle B = \angle DFC$$

从而

$$\triangle BDE \backsim \triangle FDC$$

又因为这两个三角形过点 D 的高相等,所以 $\triangle BDE \cong \triangle FDC$,故

$$BE = CF$$

综上可知,所求的充分必要条件是 $2\angle B > \angle A$.

(2) 由(1)中论述知 A,C,D,E 和 A,B,D,F 都四点共圆,所以

$$BE \cdot BA = BD \cdot BC, CF \cdot CA = CD \cdot CB$$

又因 $BE = CF$,所以

$$BE(AB + AC) = BC(BD + DC) = BC^2$$

$$BE = \frac{a^2}{b + c}$$

② 设多项式序列 $\{P_n(x)\}$ 满足

$$P_1(x) = x^2 - 1, P_2(x) = 2x(x^2 - 1)$$

且

$$P_{n+1}(x)P_{n-1}(x) = (P_n(x))^2 - (x^2 - 1)^2, n = 2,3,\cdots \quad ①$$

设 S_n 为 $P_n(x)$ 各项系数的绝对值之和,对于任意正整数 n,求非负整数 k_n,使得 $2^{-k_n}S_n$ 为奇数.

解 由式①,有

$$P_{n+1}(x)P_{n-1}(x) - P_n^2(x) = P_n(x)P_{n-2}(x) - P_{n-1}^2(x), n = 3,4,\cdots$$

$$P_{n-1}(x)[P_{n+1}(x) + P_{n-1}(x)] = P_n(x)[P_n(x) + P_{n-2}(x)]$$

由此递推可得

$$\frac{P_{n+1}(x) + P_{n-1}(x)}{P_n(x)} = \frac{P_n(x) + P_{n-2}(x)}{P_{n-1}(x)} = \cdots = \frac{P_3(x) + P_1(x)}{P_2(x)} \quad ②$$

因为

$$P_1(x) = x^2 - 1, P_2(x) = 2x(x^2 - 1)$$

$$P_3(x)=\frac{P_2^2(x)-(x^2-1)^2}{P_1(x)}=(x^2-1)(4x^2-1)$$

所以

$$\frac{P_3(x)+P_1(x)}{P_2(x)}=\frac{(x^2-1)(4x^2-1)+(x^2-1)}{2x(x^2-1)}=2x \quad ③$$

将式 ③ 代入式 ②,得到

$$P_{n+1}(x)=2xP_n(x)-P_{n-1}(x),n=2,3,\cdots \quad ④$$

补充定义 $P_0(x)=0$.

于是,式 ④ 对 $n=1$ 也成立,式 ④ 对应的特征方程为

$$\lambda^2-2x\lambda+1=0$$

其根为 $\lambda=x\pm\sqrt{x^2-1}\,(|x|>1)$,易得

$$P_n(x)=\frac{1}{2}\sqrt{x^2-1}\left[(x+\sqrt{x^2-1})^n-(x-\sqrt{x^2-1})^n\right]$$

其中 $n=0,1,2,\cdots$

由二项式定理,可得

$$P_n(x)=\sum_{m=0}^{\sigma_n}\mathrm{C}_n^{2m+1}x^{n-2m-1}(x^2-1)^{m+1}$$

其中

$$\sigma_n=\begin{cases}\left[\dfrac{n}{2}\right],n\text{ 为奇数}\\ \dfrac{n}{2}-1,n\text{ 为偶数}\end{cases}$$

则

$$P_n(x)=(x^2-1)\sum_{m=0}^{\sigma_n}\mathrm{C}_n^{2m+1}x^{n-2m-1}\sum_{l=0}^{m}(-1)^l\mathrm{C}_m^lx^{2m-2l}=$$

$$(x^2-1)\sum_{l=0}^{\sigma_n}(-1)^lx^{n-2l-1}\sum_{m=l}^{\sigma_n}\mathrm{C}_n^{2m+1}\mathrm{C}_m^l \quad ⑤$$

记 $a_l=\sum\limits_{m=l}^{\sigma_n}\mathrm{C}_n^{2m+1}\mathrm{C}_m^l$,代入式 ⑤ 得

$$P_n(x)=[a_0x^{n+1}-a_1x^{n-1}+a_2x^{n-3}-\cdots+(-1)^{\sigma_n}a_{\sigma_n}x^{n-2\sigma_n+1}]-$$
$$[a_0x^{n-1}-a_1x^{n-3}+\cdots+(-1)^{\sigma_n-1}a_{\sigma_n-1}x^{n-2\sigma_n+1}+$$
$$(-1)^{\sigma_n}a_{\sigma_n}x^{n-2\sigma_n-1}]$$

由此可得

$$S_n=a_0+(a_1+a_0)+\cdots+(a_{\sigma_n}+a_{\sigma_n-1})+a_{\sigma_n}=$$

$$2(a_0+a_1+\cdots+a_{\sigma_n})=2\sum_{l=0}^{\sigma_n}\sum_{m=l}^{\sigma_n}\mathrm{C}_n^{2m+1}\mathrm{C}_m^l=$$

$$2\sum_{m=0}^{\sigma_n}\mathrm{C}_n^{2m+1}\sum_{l=0}^{\sigma_m}\mathrm{C}_m^l=2\sum_{m=0}^{\sigma_n}\mathrm{C}_n^{2m+1}2^m$$

故

$$S_n=\frac{1}{\sqrt{2}}[(1+\sqrt{2})^n-(1-\sqrt{2})^n],n=0,1,2\cdots \quad ⑥$$

令 $t_n=(1+\sqrt{2})^n+(1-\sqrt{2})^n,n=0,1,2,\cdots$,则 S_n,t_n 都是非负整数,$S_0=0,S_1=2,t_0=t_1=2$,且

$$t_n+\sqrt{2}S_n=2(1+\sqrt{2})^n,n=0,1,2,\cdots \quad ⑦$$

当 $n\geqslant 2$ 时

$$t_n=2\sum_{0\leqslant 2m\leqslant n}C_n^{2m}2^m=2(1+\sum_{0<2m\leqslant n}C_n^{2m}2^m)$$

可见,当 $n=0,1,2,\cdots$ 时,$\frac{1}{2}t_n$ 为奇数.

设 n,m 为非负整数,由式⑦,得

$$t_{n+m}+\sqrt{2}S_{n+m}=2(1+\sqrt{2})^{n+m}=$$

$$\frac{1}{2}(t_n+\sqrt{2}S_n)(t_m+\sqrt{2}S_m)=$$

$$\frac{1}{2}t_nt_m+S_nS_m+\frac{\sqrt{2}}{2}(t_nS_m+t_mS_n)$$

从而,有

$$t_{n+m}=\frac{1}{2}t_nt_m+S_nS_m,S_{n+m}=\frac{1}{2}(t_nS_m+t_mS_n) \quad ⑧$$

令 $n=m$,得到

$$S_{2n}=\left(\frac{1}{2}t_n\right)\cdot 2S_n,n=0,1,2,\cdots$$

由于 $S_1=2$,而 $\frac{1}{2}t_n$ 为奇数,故由数学归纳法知 $2^{-(m+1)}S_{2^m}$ 为奇数,且 $m=0,1,2,\cdots$,即

$$k_{2^m}=m+1 \quad ⑨$$

再由式⑧可知,$k_n\neq k_m$,则

$$k_{n+m}=\min\{k_n,k_m\} \quad ⑩$$

对于任意正整数 n,设

$$n=2^{m_0}+2^{m_1}+\cdots+2^{m_l}$$

其中 $m_0,m_1,\cdots,m_l$ 均为整数,且 $0\leqslant m_0<m_1<\cdots<m_l$.

由式⑨和式⑩可得,$k_n=m_0+1$.

3 18 支足球队进行单循环赛,即每轮将 18 支球队分成 9 组,每组的两队进行一场比赛,下一轮重新分组进行比赛,共赛 17 轮,使得每队都与另外 17 支队各赛一场.按任意可行的程序比赛了 n 轮之后,总存在 4 支球队,它们之间总共只赛了 1 场.求 n 的最大可能值.

解 考察如下的比赛程序:

1. (1,2)(3,4)(5,6)(7,8)(9,18)(10,11)(12,13)(14,15)(16,17)
2. (1,3)(2,4)(5,7)(6,9)(8,17)(10,12)(11,13)(14,16)(15,18)
3. (1,4)(2,5)(3,6)(8,9)(7,16)(10,13)(11,14)(12,15)(17,18)
4. (1,5)(2,7)(3,8)(4,9)(6,15)(10,14)(11,16)(12,17)(13,18)
5. (1,6)(2,8)(3,9)(4,7)(5,14)(10,15)(11,17)(12,18)(13,16)
6. (1,7)(2,9)(3,5)(6,8)(4,13)(10,16)(11,18)(12,14)(15,17)
7. (1,8)(2,6)(4,5)(7,9)(3,12)(10,17)(11,15)(13,14)(16,18)
8. (1,9)(3,7)(4,6)(5,8)(2,11)(10,18)(12,16)(13,15)(14,17)
9. (2,3)(4,8)(5,9)(6,7)(1,10)(11,12)(13,17)(14,18)(15,16)
10. (1,11)(2,12)(3,13)(4,14)(5,15)(6,16)(7,17)(8,18)(9,10)
11. (1,12)(2,13)(3,14)(4,15)(5,16)(6,17)(7,18)(8,10)(9,11)
12. (1,13)(2,14)(3,15)(4,16)(5,17)(6,18)(7,10)(8,11)(9,12)

⋮

17. (1,18)(2,10)(3,11)(4,12)(5,13)(6,14)(7,15)(8,16)(9,17)

将前9队称为A组,后9队称为B组. 易见9轮之后,凡同组两队均已赛过. 所以任何4队之间至少已赛过两场,当然不满足题中要求.

如果把上述程序颠倒过来,然后按新序进行比赛,则8轮过后,同组任何两队均未赛过,每个队都是与另一组中9支队中的8支队各赛1场. 这时同组4支队之间一场未赛,而不全同组的4队之间至少已赛了两场,当然都不能满足题中要求.

以上所述表明,所求n的最大可能值不大于7.

设已进行了7轮比赛且任何4队都不满足题中要求.

选取已赛过一场的两队A_1和A_2,于是,每队都和另外6队比赛过,两个队至多与另外12支队赛过. 从而,至少有4队B_1,B_2,B_3,B_4与A_1,A_2均未赛过. 由反证假设知,B_1,B_2,B_3和B_4两两均已赛过.

B_1和B_2两队在$\{B_1,B_2,B_3,B_4\}$4队之间各赛了3场. 从而,每队都与另14支队中的4队各赛1场. 这又导致至少有6队C_1,$C_2,\cdots,C_6$与B_1,B_2均未赛过. 由反证假设知$C_1,C_2,\cdots,C_6$两两均已赛过.

C_1和C_2两队在$\{C_1,C_2,\cdots,C_6\}$中各赛了5场. 从而,每队都与另外12支队中的2队各赛1场,所以至少有8队$D_1,D_2,\cdots,D_8$与C_1,C_2均未赛过. 由反证假设又知这8支队之间两两均已赛过. 这样一来,D_1,D_2与另外10支队均未赛过. 由于只赛了7轮,另外10支队中必有两队E_1和E_2尚未赛过. 于是,$\{D_1,D_2,E_1,E_2\}$之间总共进行了1场比赛,此与反证假设矛盾.

综上可知,最多能进行7轮比赛.

4 对于平面上任意 4 个不同的点 P_1, P_2, P_3, P_4，求比值

$$\frac{\sum\limits_{1 \leqslant i < j \leqslant 4} P_iP_j}{\min\limits_{1 \leqslant i < j \leqslant 4} P_iP_j} \qquad ①$$

的最小值.

解 先证如下的引理.

引理 如图2，在 $\triangle ABC$ 中，若 $AB \geqslant m, AC \geqslant m, \angle BAC = \alpha$，则 $BC \geqslant 2m\sin\frac{\alpha}{2}$.

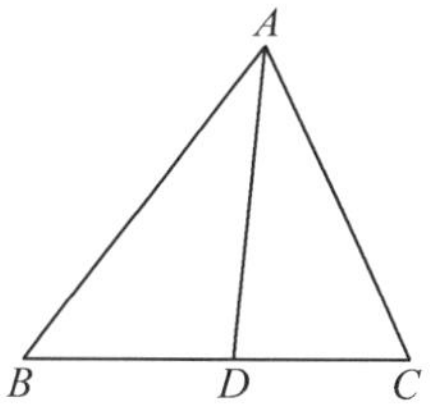

图 2

引理的证明 $\angle A$ 的平分线为 AD，由正弦定理，有

$$BC = BD + DC = AB \cdot \frac{\sin\angle BAD}{\sin\angle ADB} + AC \cdot \frac{\sin\angle CAD}{\sin\angle ADC} =$$

$$\frac{\sin\frac{\alpha}{2}}{\sin\angle ADB}(AB + AC) \geqslant 2m\sin\frac{\alpha}{2}$$

回到原题的解.

记 $m = \sum\limits_{1 \leqslant i < j \leqslant 4} P_iP_j, k = \sum\limits_{1 \leqslant i < j \leqslant 4} P_iP_j$，分类估计式 ① 的值.

(1) 若 P_1, P_2, P_3, P_4 中有3 点共线，不妨设前3 点共线，于是，有

$$P_1P_2 + P_2P_3 + P_1P_3 \geqslant 4m$$

从而

$$k \geqslant 7m$$

故

$$\frac{k}{m} \geqslant 7$$

(2) 若4 点的凸包是三角形，不妨设点 P_4 在 $\triangle P_1P_2P_3$ 内部，且 $\angle P_1P_4P_2 \geqslant 120°$. 由引理知

$$P_1P_2 \geqslant 2m\sin\frac{\angle P_1P_4P_2}{2} \geqslant 2m\sin 60° = \sqrt{3}m$$

从而

$$\frac{k}{m} \geqslant 5 + \sqrt{3} \qquad ②$$

(3) 凸包是四边形 $P_1P_2P_3P_4$. 若凸四边形 $P_1P_2P_3P_4$ 有一个内角不小于 $120°$，不妨设为 $\angle P_2P_1P_4$，由引理有 $P_2P_4 \geqslant \sqrt{3}m$. 从而式 ② 成立.

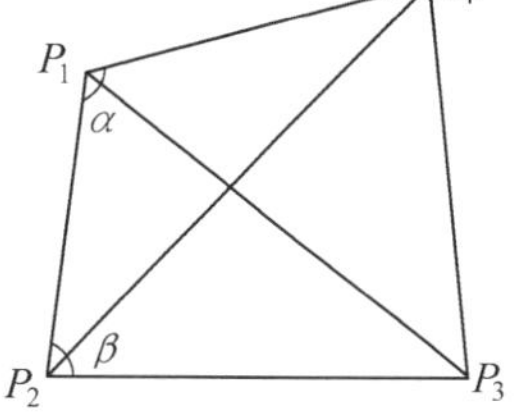

图 3

设凸四边形 $P_1P_2P_3P_4$ 的4 个内角都小于 $120°$，如图3 所示. 于是，总有两个相邻内角之和不小于 $180°$. 不妨设 $\alpha + \beta = \angle P_4P_1P_2 + \angle P_1P_2P_3 \geqslant 180°$，且 $\alpha \geqslant \beta$. 由于 $\alpha < 120°$，故 $\beta > 60°$，所以

$$\frac{\alpha+\beta}{4}\geqslant 45°, 0°\leqslant\frac{\alpha-\beta}{4}<15°$$

由引理,有

$$P_2P_4\geqslant 2m\sin\frac{\alpha}{2}, P_1P_3\geqslant 2m\sin\frac{\beta}{2}$$

则

$$\begin{aligned}P_1P_3+P_2P_4\geqslant 2m\left(\sin\frac{\alpha}{2}+\sin\frac{\beta}{2}\right)=&\\ 4m\sin\frac{\alpha+\beta}{4}\cos\frac{\alpha-\beta}{4}\geqslant&\\ 4m\sin 45°\cos 15°=&\\ 2m(\sin 60°+\sin 30°)=&\\ (\sqrt{3}+1)m&\end{aligned}$$

所以式 ② 成立.

综上可知,在所有情况下,式 ② 均成立.

另外,当 P_1,P_2,P_3,P_4 是有一个内角为 $60°$ 的菱形的 4 个顶点时,式 ② 中等号成立.

因此所求的 $\frac{k}{m}$ 的最小值为 $5+\sqrt{3}$.

5 平面上横纵坐标都为有理数的点称为有理点.

求证:平面上的全体有理点可分成 3 个两两不交的集合,满足条件:

(1) 在以每个有理点为圆心的任一圆内一定包含 3 个点分属于这 3 个集合;

(2) 在任何一条直线上都不可能有 3 个点分别属于这 3 个集合.

证明 显然,任一有理点均可唯一地写成 $\left(\frac{u}{w},\frac{v}{w}\right)$ 的形成,其中 u,v,w 都是整数,$w>0$,且 $(u,v,w)=1$.

令

$$A=\left\{\left(\frac{u}{w},\frac{v}{w}\right)\middle| 2\nmid u\right\}, B=\left\{\left(\frac{u}{w},\frac{v}{w}\right)\middle| 2\mid u, 2\nmid v\right\}$$

$$C=\left\{\left(\frac{u}{w},\frac{v}{w}\right)\middle| 2\mid u, 2\mid v\right\}$$

让我们来验证这 3 个集合满足条件(1) 和(2).

设平面上的直线方程为

$$ax+by+c=0$$

如果其上有两个不同的有理点 (x_1,y_1) 和 (x_2,y_2),则有

$$\begin{cases}ax_1+by_1+c=0\\ax_2+by_2+c=0\end{cases}$$

如果 $c=0$,则可取 a,b 为有理数. 如果 $c\neq0$,不妨设 $c=1$,于是,从上面的联立方程中可解得 a 和 b 的值,当然都是有理数. 再通分即知可以使 a,b,c 都是整数且满足 $(a,b,c)=1$.

设有理点 $\left(\dfrac{u}{w},\dfrac{v}{w}\right)$ 在直线 $ax+by+c=0$ 上,于是,有

$$L:au+bv+cw=0 \qquad ①$$

(1) 先证集合 A,B,C 满足条件(2). 分以下三种情形.

① $2\nmid c$. 若 $2\mid u,2\mid v$,则由式 ① 知 $2\mid cw$,从而 $2\mid w$,此与 $(u,v,w)=1$ 矛盾. 所以集合 C 中的点都不能在直线 L 上.

② $2\mid c,2\nmid b$. 若 $2\nmid v$,则 $2\nmid au$. 从而 $2\nmid u$. 因此,集合 B 中的点都不能在直线 L 上.

③ $2\mid c,2\mid b$. 由式 ① 得 $2\mid au$. 又因 $(a,b,c)=1$,故 $2\nmid a$. 所以 $2\mid u$. 这表明集合 A 中的点都不在直线 L 上.

综上可知,A,B,C 这 3 个集合满足条件(2).

(2) 再证集合 A,B,C 满足条件(1).

设 D 是以有理点 $\left(\dfrac{u_0}{w_0},\dfrac{v_0}{w_0}\right)$ 为圆心,以 r 为半径的圆. 取正整数 k,使得

$$2^k>\max\left\{w_0,\frac{1}{r}(|u_0|+|v_0|+1)\right\}$$

于是易验证,下列 3 个有理点

$$\left(\frac{u_02^k+1}{w_02^k},\frac{v_02^k}{w_02^k}\right)\in A,\left(\frac{u_02^k}{w_02^k},\frac{v_02^k+1}{w_02^k}\right)\in B$$

$$\left(\frac{u_02^k}{w_0(2^k+1)},\frac{v_02^k}{w_0(2^k+1)}\right)\in C$$

都在圆 D 的内部. 注意,在上述 3 个点中,u_0,v_0,w_0 不一定互素. 但由于 $2^k>w_0$,故约分之后不改变分子的奇偶性. 这表明条件(1) 成立.

6 给定 $c\in\left(\dfrac{1}{2},1\right)$. 求最小常数 M,使对任意整数 $n\geqslant2$ 及实数 $0<a_1\leqslant a_2\leqslant\cdots\leqslant a_n$,只要满足

$$\frac{1}{n}\sum_{k=1}^{n}ka_k=c\cdot\sum_{k=1}^{n}a_k \qquad ①$$

总有

$$\sum_{k=1}^{n}a_k\leqslant M\cdot\sum_{k=1}^{m}a_k$$

其中 $m=[cn]$ 表示不超过 cn 的最大整数.

解 令 $r=cn, S_0=0, S_k=\sum_{i=1}^{k} a_i, k=1,2,\cdots,n$,于是由式①,有

$$0=\sum_{k=1}^{n}(k-r)a_k=\sum_{k=1}^{n}(k-r)S_k-\sum_{k=1}^{n}(k-r)S_{k-1}=$$
$$\sum_{k=1}^{n}(k-r)S_k-\sum_{k=1}^{n-1}(k+1-r)S_k=$$
$$(n-r)S_n-\sum_{k=1}^{n-1}(k-r)S_k=(n+1-r)S_n-\sum_{k=1}^{n}S_k$$

即

$$\sum_{k=1}^{n}S_k=(n+1-r)S_n \tag{②}$$

对于 $1\leqslant j\leqslant k\leqslant n$,有

$$jS_k-kS_j=j\sum_{l=j+1}^{k}a_l-(k-j)\sum_{l=1}^{j}a_l\geqslant$$
$$j(k-j)a_j-j(k-j)a_j=0$$

故

$$S_j\leqslant\frac{j}{k}\cdot S_k$$

由此可得

$$\sum_{j=1}^{k-1}S_j\leqslant\frac{S_k}{k}\sum_{j=1}^{k-1}j=\frac{k-1}{2}\cdot S_k \tag{③}$$

下面我们来证明

$$\sum_{k=m}^{n}S_k\leqslant\frac{n+1-m}{2}(S_m+S_n) \tag{④}$$

对于 $k=0,1,\cdots,n-m$,有

$$(n-m-k)(S_{m+k}-S_m)\leqslant k(n-m-k)a_{m+k}\leqslant$$
$$k(S_n-S_{m+k})$$

由此可得

$$S_{m+k}\leqslant\frac{1}{n-m}[(n-m-k)S_m+kS_n]$$

对 k 求和得到

$$\sum_{k=m}^{n}S_k=\sum_{k=0}^{n-m}S_{m+k}\leqslant\frac{1}{n-m}\left[S_m\sum_{k=0}^{n-m}(n-m-k)+S_n\sum_{k=0}^{n-m}k\right]=$$
$$\frac{n+1-m}{2}(S_m+S_n)$$

式④得证.

在式③中令 $k=m$,得到

$$\sum_{j=1}^{m-1}S_j\leqslant\frac{m-1}{2}\cdot S_m \tag{⑤}$$

将式②④和⑤结合起来,得到

$$(n+1-r)S_n \leqslant \frac{n}{2} \cdot S_m + \frac{n+1-m}{2} \cdot S_n$$

$$S_n \leqslant \frac{n}{n+1+m-2r} \cdot S_m \leqslant \frac{n}{n-r} \cdot S_m = \frac{1}{1-c} \cdot S_m$$

可见
$$M \leqslant \frac{1}{1-c}$$

显然,只需再证 $M \geqslant \frac{1}{1-c}$.

对于 $n \geqslant \frac{1}{2c-1}$,令

$$a_1 = a_2 = \cdots = a_m = 1$$

$$a_{m+1} = a_{m+2} = \cdots = a_n = \frac{2cnm - m(m+1)}{(n-m)(n+m+1) - 2cn(n-m)}$$

于是,$a_{m+1} \geqslant 1$ 且满足

$$\sum_{k=1}^{n} ka_k = \sum_{k=1}^{m} k + a_{m+1} \sum_{k=m+1}^{n} k = cn \cdot \frac{mn}{n+m+1-2cn} = cn \sum_{k=1}^{n} a_k$$

即满足条件 ①.

注意到 $cn-1 < m \leqslant cn$,有

$$M \geqslant \frac{\sum_{k=1}^{n} a_k}{\sum_{k=1}^{m} a_k} = \frac{n}{n+m+1-2cn} \geqslant \frac{n}{n-cn+1} = \frac{1}{1-c+\frac{1}{n}} = \frac{1}{1-c} \cdot \frac{1}{1+\frac{1}{n(1-c)}} \geqslant \frac{1}{1-c}\left[1 - \frac{1}{n(1-c)}\right] = \frac{1}{1-c} - \frac{1}{n(1-c)^2}, \forall n \gg 1$$

由此可得 $M \geqslant \frac{1}{1-c}$.

第 18 届中国数学奥林匹克

长沙,2003

1 设点 I,H 分别为锐角 $\triangle ABC$ 的内心和垂心,点 B_1,C_1 分别为边 AC,AB 的中点. 已知射线 B_1I 交边 AB 于点 $B_2(B_2\neq B)$,射线 C_1I 交 AC 的延长线于点 C_2,B_2C_2 与 BC 相交于 K,A_1 为 $\triangle BHC$ 的外心. 试证:A,I,A_1 三点共线的充分必要条件是 $\triangle BKB_2$ 和 $\triangle CKC_2$ 的面积相等.

证明 首先,证明 A,I,A_1 三点共线 $\Leftrightarrow\angle BAC=60°$.

如图 1,设 O 为 $\triangle ABC$ 的外心,联结 BO,CO,则

$$\angle BHC=180°-\angle BAC$$

$$\angle BA_1C=2(180°-\angle BHC)=2\angle BAC$$

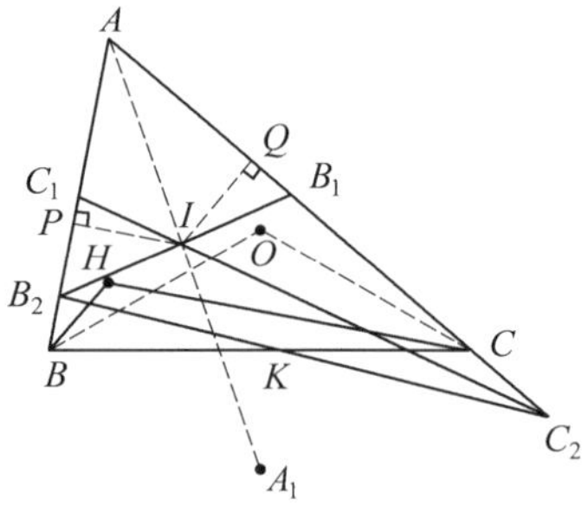

图 1

因此

$\angle BAC=60°\Leftrightarrow\angle BAC+\angle BA_1C=180°\Leftrightarrow$

A_1 在 $\triangle ABC$ 的外接圆圆 O 上 $\Leftrightarrow$

AI 与 AA_1 重合(因为 A_1 在 BC 的中垂线上)$\Leftrightarrow$

A,I,A_1 三点共线

其次,再证

$$S_{\triangle BKB_2}=S_{\triangle CKC_2}\Leftrightarrow\angle BAC=60°$$

作 $IP\perp AB$ 于点 P,$IQ\perp AC$ 于点 Q,则

$$S_{\triangle AB_1B_2}=\frac{1}{2}IP\cdot AB_2+\frac{1}{2}IQ\cdot AB_1$$

又注意到

$$S_{\triangle AB_1B_2}=\frac{1}{2}AB_1\cdot AB_2\cdot\sin A$$

所以 $$IP\cdot AB_2+IQ\cdot AB_1=AB_1\cdot AB_2\cdot\sin A$$

设 $IP=r$(r 为 $\triangle ABC$ 的内切圆半径),则 $IQ=r$. 又令 $BC=a$,$CA=b$,$AB=c$,则 $r=\frac{2S_{\triangle ABC}}{a+b+c}$.

又由 $AB_1=\frac{b}{2}$,$2AB_1\cdot\sin A=h_c=\frac{2S_{\triangle ABC}}{c}$,有

$$AB_2\left(\frac{2S_{\triangle ABC}}{c}-2\cdot\frac{2S_{\triangle ABC}}{a+b+c}\right)=b\cdot\frac{2S_{\triangle ABC}}{a+b+c}$$

则 $$AB_2=\frac{bc}{a+b-c}$$

同理 $$AC_2=\frac{bc}{a+c-b}$$

因此

$$S_{\triangle BKB_2}=S_{\triangle CKC_2}\Leftrightarrow S_{\triangle ABC}=S_{\triangle AB_2C_2}\Leftrightarrow$$

$$bc=\frac{bc}{a+b-c}\cdot\frac{bc}{a+c-b}\Leftrightarrow$$

$$a^2=b^2+c^2-bc\Leftrightarrow$$

$$\angle BAC=60^\circ\text{(由余弦定理)}$$

所以命题成立.

2 求出同时满足如下条件的集合 S 的元素个数的最大值:

(1) S 中的每个元素都是不超过 100 的正整数;

(2) 对于 S 中任意两个不同的元素 a,b,都存在 S 中的元素 c,使得 a 与 c 的最大公因数等于 1,并且 b 与 c 的最大公因数也等于 1;

(3) 对于 S 中任意两个不同的元素 a,b,都存在 S 中异于 a,b 的元素 d,使得 a 与 d 的最大公因数大于 1,并且 b 与 d 的最大公因数也大于 1.

解 最大个数为 72.

将不超过 100 的每个正整数 n 表示成

$$n=2^{\alpha_1}\cdot 3^{\alpha_2}\cdot 5^{\alpha_3}\cdot 7^{\alpha_4}\cdot 11^{\alpha_5}\cdot q$$

其中 q 是不能被 2,3,5,7,11 整除的正整数,$\alpha_1,\alpha_2,\alpha_3,\alpha_4,\alpha_5$ 为非负整数.

我们选取满足条件"$\alpha_1,\alpha_2,\alpha_3,\alpha_4,\alpha_5$ 中恰有 1 个或 2 个非零"的那些正整数组成集合 S,即 S 中包括 50 个偶数 $2,4,\cdots,98,100$,但除去 $2\times3\times5$,$2^2\times3\times5$,$2\times3^2\times5$,$2\times3\times7$,$2^2\times3\times7$,$2\times5\times7$,$2\times3\times11$ 这 7 个数;3 的奇数倍 $3\times1,3\times3,\cdots,3\times33$ 共 17 个数;最小素因子为 5 的数 5×1,5×5,5×7,5×11,5×13,5×17,5×19 共 7 个数;最小素因子为 7 的数 7×1,7×7,7×11,7×13 共 4 个数;以及素数 11. 从而,S 中总共有 $(50-7)+17+7+4+1=72$ 个数.

下面证明如此构造的 S 满足题述条件.

条件(1) 显然满足.

对于条件(2),注意到在 $[a,b]$ 的素因子中至多出现 2,3,5,7,11 中的 4 个数,记某个未出现的数为 p,显然 $p\in S$,并且

$$(p,a)\leqslant(p,[a,b])=1$$

$$(p,b)\leqslant(p,[a,b])=1$$

于是,取 $c=p$ 即可.

对于条件(3),当 $(a,b)=1$ 时,取 a 的最小素因子 p 和 b 的最小素因子 q,易见 $p\neq q$,并且 $p,q\in\{2,3,5,7,11\}$. 于是,$pq\in S$,并且

$$(pq,a)\geqslant p>1,(pq,b)\geqslant q>1$$

a,b 互素保证了 pq 异于 a,b. 从而,取 $d=pq$ 即可.

当 $(a,b)=e>1$ 时,取 p 为 e 的最小素因子,q 为满足 $q\nmid[a,b]$ 的最小素数,易见 $p\neq q$,并且 $p,q\in\{2,3,5,7,11\}$. 于是,$pq\in S$,并且

$$(pq,a)\geqslant(p,a)=p>1$$

$$(pq,b)\geqslant(p,b)=p>1$$

$q\nmid[a,b]$ 保证了 pq 异于 a,b. 从而,取 $d=pq$ 即可.

下面证明任意满足题述条件的集合 S 的元素数目不会超过 72.

显然,$1\notin S$. 对于任意两个大于 10 的素数 p,q,因为与 p,q 均不互素的数最小是 pq,已大于 100,故据条件(3)知,10 与 100 之间的 21 个素数 11,13,…,89,97 中最多有一个出现在 S 中. 记除 1 和这 21 个素数外的其余 78 个不超过 100 的自然数构成集合 T,我们断言 T 中至少有 7 个数不在 S 中,从而 S 中最多有 $78-7+1=72$ 个元素.

(1) 当有某个大于 10 的素数 p 属于 S 时,S 中所有各数最小素因子只可能是 2,3,5,7 和 p. 运用条件(2)可得出以下结论:

① 若 $7p\in S$,因 $2\times3\times5,2^2\times3\times5,2\times3^2\times5$ 与 $7p$ 包括了所有的最小素因子,故由条件(2)知,$2\times3\times5,2^2\times3\times5,2\times3^2\times5\notin S$;若 $7p\notin S$,注意 $2\times7p>100$,而 $p\in S$,故由条件(3)知 $7\times1,7\times7,7\times11,7\times13\notin S$.

② 若 $5p\in S$,则 $2\times3\times7,2^2\times3\times7\notin S$;若 $5p\notin S$,则 $5\times1,5\times5\notin S$.

③ $2\times5\times7$ 与 $3p$ 不同属于 S.

④ $2\times3p$ 与 5×7 不同属于 S.

⑤ 若 $5p,7p\notin S$,则 $5\times7\notin S$.

当 $p=11$ 或 13 时,由①②③④可分别得出至少有 3,2,1,1 个 T 中的数不属于 S,合计 7 个;当 $p=17$ 或 19 时,由①②③可分别得出至少有 4,2,1 个 T 中的数不属于 S,合计 7 个;当 $p>20$ 时,由①②③分别有至少 4,2,1 个 T 中的数不属于 S,合计 7 个;当 $p>20$ 时,由①②③分别有至少 4,2,1 个 T 中的数不属于 S,合计也是 7 个.

(2) 如果没有大于 10 的素数属于 S,则 S 中的最小素因子只可能是 2,3,5,7. 于是,下面 7 对数中的每对都不能同时在 S 中出现

$$(3,2\times5\times7),(5,2\times3\times7),(7,2\times3\times5),(2\times3,5\times7)$$
$$(2\times5,3\times7),(2\times7,3\times5),(2^2\times7,3^2\times5)$$
从而,T 中至少有7个数不在 S 中.

综上所述,本题的答案为72.

3 给定正整数 n,求最小的正数 λ,使得对于任何 $\theta_i\in\left(0,\frac{\pi}{2}\right)$ $(i=1,2,\cdots,n)$,只要 $\tan\theta_1\cdot\tan\theta_2\cdot\cdots\cdot\tan\theta_n=2^{\frac{n}{2}}$,就有 $\cos\theta_1+\cos\theta_2+\cdots+\cos\theta_n$ 不大于 λ.

解 当 $n=1$ 时
$$\cos\theta_1=(1+\tan^2\theta_1)^{-\frac{1}{2}}=\frac{\sqrt{3}}{3}$$
有 $\lambda=\frac{\sqrt{3}}{3}$.

当 $n=2$ 时,可以证明
$$\cos\theta_1+\cos\theta_2\leqslant\frac{2\sqrt{3}}{3}\qquad ①$$
且当 $\theta_1=\theta_2=\arctan\sqrt{2}$ 时等号成立. 事实上
$$式①\Leftrightarrow\cos^2\theta_1+\cos^2\theta_2+2\cos\theta_1\cos\theta_2\leqslant\frac{4}{3}$$
即
$$\frac{1}{1+\tan^2\theta_1}+\frac{1}{1+\tan^2\theta_2}+2\sqrt{\frac{1}{(1+\tan^2\theta_1)(1+\tan^2\theta_2)}}\leqslant\frac{4}{3}\qquad ②$$
由 $\tan\theta_1\tan\theta_2=2$ 可得
$$式②\Leftrightarrow\frac{2+\tan^2\theta_1+\tan^2\theta_2}{5+\tan^2\theta_1+\tan^2\theta_2}+2\sqrt{\frac{1}{5+\tan^2\theta_1+\tan^2\theta_2}}\leqslant\frac{4}{3}\qquad ③$$
记 $x=\tan^2\theta_1+\tan^2\theta_2$,则
$$式③\Leftrightarrow2\sqrt{\frac{1}{5+x}}\leqslant\frac{14+x}{3(5+x)}$$
即
$$36(5+x)\leqslant196+28x+x^2\qquad ④$$
显然
$$式④\Leftrightarrow x^2-8x+16=(x-4)^2\geqslant0$$
于是,$\lambda=\frac{2\sqrt{3}}{3}$.

当 $n\geqslant3$ 时,不妨设 $\theta_1\geqslant\theta_2\geqslant\cdots\geqslant\theta_n$,则
$$\tan\theta_1\tan\theta_2\tan\theta_3\geqslant2\sqrt{2}$$
由于
$$\cos\theta_i=\sqrt{1-\sin^2\theta_i}<1-\frac{1}{2}\sin^2\theta_i$$

则

$$\cos\theta_2+\cos\theta_3<2-\frac{1}{2}(\sin^2\theta_2+\sin^2\theta_3)<2-\sin\theta_2\sin\theta_3$$

由

$$\tan^2\theta_1\geqslant\frac{8}{\tan^2\theta_2\tan^2\theta_3}$$

有

$$\frac{1}{\cos^2\theta_1}\geqslant\frac{8+\tan^2\theta_2\tan^2\theta_3}{\tan^2\theta_2\tan^2\theta_3}$$

即

$$\cos\theta_1\leqslant\frac{\tan\theta_2\tan\theta_3}{\sqrt{8+\tan^2\theta_2\tan^2\theta_3}}=\frac{\sin\theta_2\sin\theta_3}{\sqrt{8\cos^2\theta_2\cos^2\theta_3+\sin^2\theta_2\sin^2\theta_3}}$$

于是

$$\cos\theta_2+\cos\theta_3+\cos\theta_1<2-\sin\theta_2\sin\theta_3\left(1-\frac{1}{\sqrt{8\cos^2\theta_2\cos^2\theta_3+\sin^2\theta_2\sin^2\theta_3}}\right) \quad ⑤$$

注意到

$$8\cos^2\theta_2\cos^2\theta_3+\sin^2\theta_2\sin^2\theta_3\geqslant 1\Leftrightarrow$$

$$8+\tan^2\theta_2\tan^2\theta_3\geqslant\frac{1}{\cos^2\theta_2\cos^2\theta_3}=$$

$$(1+\tan^2\theta_2)(1+\tan^2\theta_3)\Leftrightarrow$$

$$\tan^2\theta_2+\tan^2\theta_3\leqslant 7 \quad ⑥$$

由此可得当式⑥成立时,有

$$\cos\theta_1+\cos\theta_2+\cos\theta_3<2 \quad ⑦$$

若式⑥不成立,则

$$\tan^2\theta_2+\tan^2\theta_3>7$$

因此

$$\tan^2\theta_1\geqslant\tan^2\theta_2>\frac{7}{2}$$

所以

$$\cos\theta_1\leqslant\cos\theta_2<\sqrt{\frac{1}{1+\frac{7}{2}}}=\frac{\sqrt{2}}{3}$$

于是

$$\cos\theta_1+\cos\theta_2+\cos\theta_3<\frac{2\sqrt{2}}{3}+1<2$$

即式⑦亦成立.

由此可得

$$\cos\theta_1+\cos\theta_2+\cos\theta_3+\cdots+\cos\theta_n<n-1$$

另外,取 $\theta_2=\theta_3=\cdots=\theta_n=\alpha>0,\alpha\to 0$,则

$$\theta_1=\arctan\frac{2^{\frac{n}{2}}}{(\tan\alpha)^{n-1}}$$

显然 $\theta_1\to\frac{\pi}{2}$,从而

$$\cos\theta_1+\cos\theta_2+\cos\theta_3+\cdots+\cos\theta_n\to n-1$$

综上可得 $\lambda=n-1$.

4 求所有满足 $a\geqslant 2,m\geqslant 2$ 的三元正整数组(a,m,n),使得 a^n+203 是 a^m+1 的倍数.

解 对于 n,m 分三种情况讨论.

(1) 当 $n<m$ 时,由 $a^n+203\geqslant a^m+1$,有

$$202\geqslant a^m-a^n\geqslant a^n(a-1)\geqslant a(a-1)$$

所以

$$2\leqslant a\leqslant 14$$

当 $a=2$ 时,n 可取 $1,2,\cdots,7$.

当 $a=3$ 时,n 可取 $1,2,3,4$.

当 $a=4$ 时,n 可取 $1,2,3$.

当 $5\leqslant a\leqslant 6$ 时,n 可取 $1,2$.

当 $7\leqslant a\leqslant 14$ 时,$n=1$.

由 $a^m+1\mid a^n+203$ 可知,解为$(2,2,1)$,$(2,3,2)$和$(5,2,1)$.

(2) 当 $n=m$ 时,$a^m+1\mid 202$. 由于 202 仅有 1,2,101,202 共 4 个因数. 而 $a\geqslant 2,m\geqslant 2,a^m+1\geqslant 5$,故 $a^m=100$ 或 201. 又 $m\geqslant 2$,所以解为$(10,2,2)$.

(3) 当 $n>m$ 时,由 $a^m+1\mid 203(a^m+1)$,有

$$a^m+1\mid a^n+203-(203a^m+203)$$

即

$$a^m+1\mid a^m(a^{n-m}-203)$$

又

$$(a^m+1,a^m)=1$$

所以

$$a^m+1\mid a^{n-m}-203$$

① 若 $a^{n-m}<203$,则令 $n-m=s\geqslant 1$,有 $a^m+1\mid 203-a^s$. 所以

$$203-a^s\geqslant a^m+1$$

$$202\geqslant a^s+a^m\geqslant a^m+a=$$
$$a(a^{m-1}+1)\geqslant a(a+1),2\leqslant a\leqslant 13$$

类似于(1) 的讨论,可知(a,m,s) 的解为

$$(2,2,3),(2,6,3),(2,4,4),(2,3,5),(2,2,7)$$
$$(3,2,1),(4,2,2),(5,2,3),(8,2,1)$$

于是,(a,m,n) 为

$$(2,2,5),(2,6,9),(2,4,8),(2,3,8),(2,2,9)$$
$$(3,2,3),(4,2,4),(5,2,5),(8,2,3)$$

② $a^{n-m}=203$ 时,则 $a=203,n-m=1$,即解为

$$(203,m,m+1),m\geqslant 2$$

③$a^{n-m}>203$ 时，令 $n-m=s\geqslant 1$，则

$$a^m+1\mid a^s-203$$

又 $a^s-203\geqslant a^m+1$，则 $s>m$，由

$$a^m+1\mid a^s+203a^m=(a^{s-m}+203)a^m=(a^{n-2m}+203)a^m$$

$$(a^m+1,a^m)=1$$

所以

$$a^m+1\mid a^{n-2m}+203$$

又 $s>m\Leftrightarrow n-m>m\Leftrightarrow n>2m\Leftrightarrow n-2m>0$. 此时的解只能由前面的解派生出来，即由 $(a,m,n)\to(a,m,n+2m)\to\cdots\to(a,m,n+2km)$，且每一个派生出的解都满足 $a^m+1\mid a^n+203$.

综上所述，所有解 (a,m,n) 为

$$(2,2,4k+1),(2,3,6k+2),(2,4,8k+8),$$
$$(2,6,12k+9),(3,2,4k+3),(4,2,4k+4),$$
$$(5,2,4k+1),(8,2,4k+3),(10,2,4k+2),$$
$$(203,m,(2k+1)m+1)$$

其中，k 为任意非负整数，且 $m\geqslant 2$ 为整数.

5 某公司需要录用一名秘书，共有 10 人报名，公司经理决定按照求职报名的顺序逐个面试，前 3 个人面试后一定不录用. 自第 4 个人开始将他与前面面试过的人相比较，如果他的能力超过了前面所有已面试过的人，就录用他，否则就不录用，继续面试下一个. 如果前 9 个人都不录用，那么就录用最后一个面试的人.

假定这 10 个人的能力各不相同，可以按能力由强到弱排为第 1，第 2，…，第 10. 显然该公司到底录用哪一个人，与这 10 个人报名的顺序有关. 大家知道，这样的排列共有 10！种. 我们以 A_k 表示能力第 k 的人能够被录用的不同报名顺序的数目，以 $\dfrac{A_k}{10!}$ 表示他被录用的可能性.

证明：在该公司经理的方针之下，有：

(1) $A_1>A_2>\cdots>A_8=A_9=A_{10}$；

(2) 该公司有超过 70% 的可能性录取到能力最强的 3 个人之一，而只有不超过 10% 的可能性录用到能力最弱的 3 个人之一.

证明 将前 3 个面试者中能力最强的排名名次记为 a. 显然 $a\leqslant 8$. 将此时能力排名第 k 的人被选上的排列集合记作 $A_k(a)$，相应的排列数目记作 $|A_k(a)|$.

(1) 易知，当 $a=1$ 时，必然放过前面 9 个人，录用最后一个面试的人，此时除能力第 1 的人之外，其余各人机会均等，不难算得

$$|A_k(1)| = 3\times 8! \triangleq r_1, k=2,3,\cdots,10$$

其中,"$\triangleq$"表示"记为".

当 $2\leqslant a\leqslant 8$ 时,对于 $a\leqslant k\leqslant 10$,能力排名第 k 的人无录用机会. 对于 $1\leqslant k<a$,此时机会均等. 事实上,此时能力排名第 a 的人排在前三个,有 3 种选择位置的办法. 而能力排名第 1 至第 $a-1$ 的人都排在后 7 个位置上,并且谁位于他们之首就是谁被录用,有排法 $C_7^{a-1}(a-2)!$ 种;其余 $10-a$ 个人可以在剩下的位置上任意排列,有 $(10-a)!$ 种排法. 故有

$$|A_k(a)| = \begin{cases} 3C_7^{a-1}(a-2)!\ (10-a)! \triangleq r_a, k=1,\cdots,a-1 \\ 0, k=a,\cdots,10 \end{cases}$$

上述结果表明

$$A_8 = A_9 = A_{10} = r_1 = 3\times 8! > 0 \quad ①$$

$$A_k = r_1 + \sum_{a=k+1}^{8} r_a, k=2,3,\cdots,7 \quad ②$$

$$A_1 = \sum_{a=2}^{8} r_a \quad ③$$

由式 ① 和 ② 知

$$A_2 > A_3 > \cdots > A_8 = A_9 = A_{10} > 0$$

而由式 ② 和 ③ 知

$$A_1 - A_2 = r_2 - r_1 = 3\times 7\times 8! - 3\times 8! > 0$$

综合上述,问题(1) 获证.

(2) 由式 ① 知

$$\frac{A_8+A_9+A_{10}}{10!} = \frac{3\times r_1}{10!} = \frac{3\times 3\times 8!}{10!} = 10\%$$

因此,录用到能力最弱的三人之一的可能性等于 10%.

由式 ② 和 ③ 可知

$$A_1 = \sum_{a=2}^{8} r_a = \sum_{a=2}^{8} 3C_7^{a-1}(a-2)!\ (10-a)! =$$

$$3\times 7! \sum_{a=2}^{8} \frac{(9-a)(10-a)}{a-1} =$$

$$3\times 7! \sum_{s=1}^{7} \frac{(8-s)(9-s)}{s} =$$

$$3\times 7! \times \left(56+21+10+5+\frac{12}{5}+1+\frac{2}{7}\right) =$$

$$3\times 7! \times 95\frac{24}{35} > 3\times 7! \times 95\frac{2}{3} =$$

$$287\times 7!$$

$$A_2 = r_1 + \sum_{a=3}^{8} r_a =$$

$$3\times 8!\quad +3\times 7!\quad \times\left(21+10+5+\frac{12}{5}+1+\frac{2}{7}\right)=$$

$$3\times 7!\quad \times 47\frac{24}{35}>3\times 7!\quad \times 47\frac{2}{3}=143\times 7!$$

$$A_3=r_1+\sum_{a=4}^{8}r_a=$$

$$3\times 8!\quad +3\times 7!\quad \times\left(10+5+\frac{12}{5}+1+\frac{2}{7}\right)=$$

$$3\times 7!\quad \times 26\frac{24}{35}>3\times 7!\quad \times 26\frac{2}{3}=80\times 7!$$

所以

$$\frac{A_1+A_2+A_3}{10!}>\frac{287+143+80}{720}=\frac{510}{720}=\frac{17}{24}>70\%$$

即录用到能力最强的三人之一的可能性大于70%.

6 设 a,b,c,d 为正实数,满足 $ab+cd=1$,点 $P_i(x_i,y_i)$ $(i=1,2,3,4)$ 是以原点为圆心的单位圆周上的四个点.求证

$$(ay_1+by_2+cy_3+dy_4)^2+(ax_4+bx_3+cx_2+dx_1)^2\leqslant 2\left(\frac{a^2+b^2}{ab}+\frac{c^2+d^2}{cd}\right)$$

证法1 令 $u=ay_1+by_2,v=cy_3+dy_4,u_1=ax_4+bx_3,v_1=cx_2+dx_1$,则

$$u^2\leqslant(ay_1+by_2)^2+(ax_1-bx_2)^2=a^2+b^2+2ab(y_1y_2-x_1x_2)$$

即

$$x_1x_2-y_1y_2\leqslant\frac{a^2+b^2-u^2}{2ab}\qquad ①$$

$$v_1^2\leqslant(cx_2+dx_1)^2+(cy_2-dy_1)^2=c^2+d^2+2cd(x_1x_2-y_1y_2)$$

即

$$y_1y_2-x_1x_2\leqslant\frac{c^2+d^2-v_1^2}{2cd}\qquad ②$$

式①+②得

$$0\leqslant\frac{a^2+b^2-u^2}{2ab}+\frac{c^2+d^2-v_1^2}{2cd}$$

即
$$\frac{u^2}{ab}+\frac{v_1^2}{cd}\leqslant\frac{a^2+b^2}{ab}+\frac{c^2+d^2}{cd}$$

同理
$$\frac{v^2}{cd}+\frac{u_1^2}{ab}\leqslant\frac{c^2+d^2}{cd}+\frac{a^2+b^2}{ab}$$

由柯西不等式,有

$$(u+v)^2+(u_1+v_1)^2\leqslant$$

$$(ab+cd)\left(\frac{u^2}{ab}+\frac{v^2}{cd}\right)+(ab+cd)\left(\frac{u_1^2}{ab}+\frac{v_1^2}{cd}\right)=$$

$$\frac{u^2}{ab}+\frac{v^2}{cd}+\frac{u_1^2}{ab}+\frac{v_1^2}{cd}\leqslant 2\left(\frac{a^2+b^2}{ab}+\frac{c^2+d^2}{cd}\right)$$

证法2 由柯西不等式可知

$$(ay_1+by_2+cy_3+dy_4)^2\leqslant$$

$$(ab+cd)\left[\frac{(ay_1+by_2)^2}{ab}+\frac{(cy_3+dy_4)^2}{cd}\right]=$$

$$\frac{a}{b}y_1^2+\frac{b}{a}y_2^2+\frac{c}{d}y_3^2+\frac{d}{c}y_4^2+2(y_1y_2+y_3y_4)$$

同理

$$(ax_4+bx_3+cx_2+dx_1)^2\leqslant$$

$$\frac{a}{b}x_4^2+\frac{b}{a}x_3^2+\frac{c}{d}x_2^2+\frac{d}{c}x_1^2+2(x_1x_2+x_3x_4)$$

因此,原不等式中

$$\begin{aligned}左式-右式\leqslant&\frac{a}{b}y_1^2+\frac{b}{a}y_2^2+\frac{c}{d}y_3^2+\frac{d}{c}y_4^2+2y_1y_2+2y_3y_4+\\&\frac{a}{b}x_4^2+\frac{b}{a}x_3^2+\frac{c}{d}x_2^2+\frac{d}{c}x_1^2+2x_1x_2+2x_3x_4-\\&2\left(\frac{a}{b}+\frac{b}{a}+\frac{c}{d}+\frac{d}{c}\right)=\\&-\frac{a}{b}x_1^2-\frac{b}{a}x_2^2-\frac{c}{d}x_3^2-\frac{d}{c}x_4^2-\frac{a}{b}y_4^2-\frac{b}{a}y_3^2-\\&\frac{c}{d}y_2^2-\frac{d}{c}y_1^2+2(x_1x_2+x_3x_4+y_1y_2+y_3y_4)\leqslant\\&-2x_1x_2-2x_3x_4-2y_3y_4-2y_1y_2+2(x_1x_2+\\&x_3x_4+y_1y_2+y_3y_4)=0\end{aligned}$$

命题获证.

第19届中国数学奥林匹克

澳门,2004

1 凸四边形$EFGH$的顶点E,F,G,H分别在凸四边形$ABCD$的边AB,BC,CD,DA上,满足

$$\frac{AE}{EB}\cdot\frac{BF}{FC}\cdot\frac{CG}{GD}\cdot\frac{DH}{HA}=1$$

而点A,B,C,D分别在凸四边形$E_1F_1G_1H_1$的边$H_1E_1,E_1F_1,F_1G_1,G_1H_1$上,满足$E_1F_1 /\!/ EF,F_1G_1 /\!/ FG,G_1H_1 /\!/ GH,H_1E_1 /\!/ HE$. 已知$\frac{E_1A}{AH_1}=\lambda$,求$\frac{F_1C}{CG_1}$的值.

解 (1) 若$EF /\!/ AC$,如图1所示,则

$$\frac{BE}{EA}=\frac{BF}{FC}$$

代入已知条件,可以得到$\frac{DH}{HA}=\frac{DG}{GC}$,所以$HG /\!/ AC$,从而$E_1F_1 /\!/ AC /\!/ H_1G_1$,故

$$\frac{F_1C}{CG_1}=\frac{E_1A}{AH_1}=\lambda$$

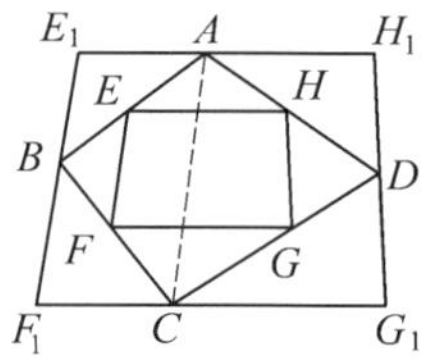

图1

(2) 若EF与AC不平行,如图2所示,设FE的延长线与CA的延长线相交于点T,则由梅涅劳斯(Menelaus)定理得

$$\frac{CF}{FB}\cdot\frac{BE}{EA}\cdot\frac{AT}{TC}=1$$

结合题设有

$$\frac{CG}{GD}\cdot\frac{DH}{HA}\cdot\frac{AT}{TC}=1$$

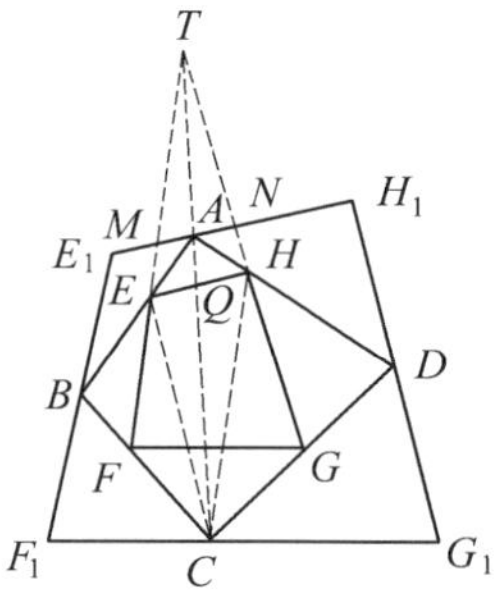

图2

由梅涅劳斯定理的逆定理知T,H,G三点共线,设TF,TG与E_1H_1分别交于点M,N.

由$E_1B /\!/ EF$,得$E_1A=\frac{BA}{EA}\cdot AM$,同理$H_1A=\frac{AD}{AH}\cdot AN$,所以

$$\frac{E_1A}{H_1A}=\frac{AM}{AN}\cdot\frac{AB}{AE}\cdot\frac{AH}{AD} \quad ①$$

又

$$\frac{EQ}{QH}=\frac{\triangle AEC}{\triangle AHC}=\frac{\triangle ABC\cdot AE\cdot AD}{\triangle ADC\cdot AB\cdot AH} \quad ②$$

由式 ①② 得

$$\frac{E_1A}{AH_1}=\frac{EQ}{QH}\cdot\frac{AB}{AE}\cdot\frac{AH}{AD}=\frac{\triangle ABC}{\triangle ADC}$$

同理可得

$$\frac{F_1C}{CG_1}=\frac{\triangle ABC}{\triangle ADC}$$

所以

$$\frac{F_1C}{CG_1}=\frac{E_1A}{AH_1}=\lambda$$

2 已知正整数 c,设数列 $x_1,x_2,\cdots$ 满足 $x_1=c$ 且

$$x_n=x_{n-1}+\left[\frac{2x_{n-1}-(n+2)}{n}\right]+1,n=2,3,\cdots$$

其中$[x]$表示不大于 x 的最大整数,求数列$\{x_n\}$的通项公式.

解 显然,当 $n\geqslant 2$ 时

$$x_n=x_{n-1}+\left[\frac{2(x_{n-1}-1)}{n}\right]$$

令 $a_n=x_n-1$,则

$$a_1=c-1$$

$$a_n=a_{n-1}+\left[\frac{2a_{n-1}}{n}\right]=\left[\frac{n+2}{n}a_{n-1}\right],n=2,3,\cdots \quad ①$$

设 $u_n=A\dfrac{(n+1)(n+2)}{2}$,$n=1,2,\cdots$,其中 A 为非负整数. 因为当 $n\geqslant 2$ 时,有

$$\left[\frac{n+2}{n}u_{n-1}\right]=\left[A\frac{(n+2)}{2n}n(n+1)\right]=A\frac{(n+1)(n+2)}{2}=u_n$$

所以数列$\{u_n\}$满足式 ①.

设 $y_n=n$,$n=1,2,\cdots$,则当 $n\geqslant 2$ 时

$$\left[\frac{n+2}{n}y_{n-1}\right]=\left[\frac{(n+2)(n-1)}{n}\right]=\left[n+1-\frac{2}{n}\right]=n=y_n$$

从而$\{y_n\}$也满足式 ①.

设 $z_n=\left[\dfrac{(n+2)^2}{4}\right]$,$n=1,2,\cdots$. 当 $n=2m$ 且 $m\geqslant 1$ 时

$$\left[\frac{n+2}{n}z_{n-1}\right]=\left[\frac{m+1}{m}\left[\frac{(2m+1)^2}{4}\right]\right]=\left[\frac{m+1}{m}m(m+1)\right]=$$

$$(m+1)^2=z_n$$

当 $n=2m+1(m\geqslant 1)$ 时

$$\left[\frac{n+2}{n}z_{n-1}\right]=\left[\frac{2m+3}{2m+1}\left[\frac{(2m+2)^2}{4}\right]\right]=$$

$$\left[\frac{2m+3}{2m+1}(m+1)^2\right]=$$

$$\left[(m+1)(m+2)+\frac{m+1}{2m+1}\right]=$$

$$(m+1)(m+2)=\left[\frac{(2m+3)^2}{4}\right]=z_n$$

从而 $\{z_n\}$ 也满足式①.

对任意非负整数 A,令

$$v_n=u_n+y_n=A\cdot\frac{(n+1)(n+2)}{2}+n$$

$$w_n=u_n+z_n=A\cdot\frac{(n+1)(n+2)}{2}+\left[\frac{(n+2)^2}{4}\right],n=1,2,\cdots$$

显然 $\{v_n\}$ 和 $\{w_n\}$ 都满足式①.

由于 $u_1=3A,y_1=1,z_1=\left[\frac{9}{4}\right]=2$,所以当 $3\mid a_1$ 时

$$a_n=\frac{a_1}{6}(n+1)(n+2)$$

当 $a_1\equiv 1(\bmod 3)$ 时

$$a_n=\frac{a_1-1}{6}(n+1)(n+2)+n$$

当 $a_1\equiv 2(\bmod 3)$ 时

$$a_n=\frac{a_1-2}{6}(n+1)(n+2)+\left[\frac{(n+2)^2}{4}\right]$$

综上可得

$$x_n=\frac{c-1}{6}(n+1)(n+2)+1,c\equiv 1(\bmod 3)$$

$$x_n=\frac{c-2}{6}(n+1)(n+2)+n+1,c\equiv 2(\bmod 3)$$

$$x_n=\frac{c-3}{6}(n+1)(n+2)+\left[\frac{(n+2)^2}{4}\right]+1,c\equiv 0(\bmod 3)$$

3 设 M 是平面上 n 个点组成的集合,满足:

(1) M 中存在 7 个点是一个凸七边形的 7 个顶点;

(2) 对 M 中任意 5 个点,若这 5 个点是一个凸五边形的 5 个顶点,则此凸五边形内部至少含有 M 中的一个点.

求 n 的最小值.

解 先证 $n \geqslant 11$.

设顶点在 M 中的一个凸七边形为 $A_1A_2A_3A_4A_5A_6A_7$，联结 A_1A_5，由条件(1)知，在凸五边形 $A_1A_2A_3A_4A_5$ 中至少有 M 中的一个点，记为 P_1，联结 P_1A_1，P_1A_5，则在凸五边形 $A_1P_1A_5A_6A_7$ 内至少有 M 中的一个点，记为 P_2，且 P_2 异于 P_1. 联结直线 P_1P_2，则 A_1，A_2，…，A_7 中至少有 5 个顶点不在直线 P_1P_2 上，由抽屉原理知，在直线 P_1P_2 的某一侧必有 3 个顶点，这 3 个顶点与点 P_1，P_2 构成的凸五边形内，至少含有 M 中的一个点 P_3.

再作直线 P_1P_3，P_2P_3，令直线 P_1P_2 对应区域 π_3：它是以直线 P_1P_2 为边界且在 $\triangle P_1P_2P_3$ 异侧的一个半平面(不含直线 P_1P_2)，类似地定义区域 π_1，π_2. 这样，3 个区域 π_1，π_2，π_3 覆盖了平面上除 $\triangle P_1P_2P_3$ 外的所有点，由抽屉原理，7 个顶点 A_1，A_2，…，A_7 中必有 $\left[\frac{7}{3}\right]+1=3$ 个顶点在同一区域(不妨设为 π_3)中，这 3 点与 P_1，P_2 构成一个顶点在 M 中的凸五边形，故其内部至少含 M 中的一个点 P_4，所以 $n \geqslant 11$.

下面我们构造一个例子说明 $n=11$ 是可以的. 如图 3 所示，凸七边形 $A_1A_2A_3A_4A_5A_6A_7$ 为一整点七边形，其内部有 4 个点，则条件(1)显然满足. 这个点集 M 也满足条件(2). 证明如下，用反证法，假设存在一个整点凸五边形，其内部不含整点，则因整点多边形的面积均可表示为 $\frac{n}{2}(n \in \mathbf{N}_+)$ 的形式，由最小数原理，必有一个面积最小的内部不含整点的整点凸五边形 $ABCDE$. 考虑顶点坐标的奇偶性，只有 4 种情况：(奇，偶)，(偶，奇)，(奇，奇)，(偶，偶). 从而五边形 $ABCDE$ 的顶点中必有两个顶点的坐标的奇偶性完全相同，于是它们连线的中点 P 仍为整点. 又 P 不在凸五边形 $ABCDE$ 的内部，从而 P 在凸五边形的某条边上，不妨设 P 在边 AB 上，则 P 为 AB 的中点，联结 PE，则 $PBCDE$ 是面积更小的内部不含整点的整点凸五边形，矛盾.

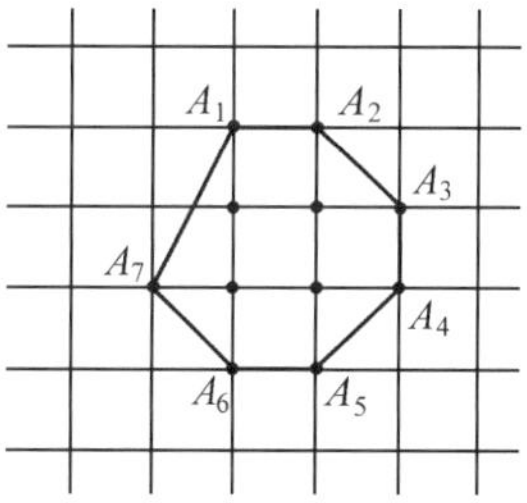

图 3

综上所述，n 的最小值为 11.

4 给定实数 a 和正整数 n，求证：

(1) 存在唯一的实数数列 $x_0, x_1, \cdots, x_n, x_{n+1}$，满足

$$\begin{cases} x_0 = x_{n+1} = 0 \\ \frac{1}{2}(x_{i+1} + x_{i-1}) = x_i + x_i^3 - a^3, i = 1, 2, \cdots, n \end{cases}$$

(2)(1) 中的数列 $x_0, x_1, \cdots, x_n, x_{n+1}$ 满足

$$|x_i| \leqslant |a|, i = 0, 1, \cdots, n+1$$

证明 (1) 存在性：由 $x_{i+1} = 2x_i + 2x_i^3 - 2a^3 - x_{i-1}$，$i=1$，

$2,\cdots,n$,及 $x_0=0$ 知每一 x_i 是 x_1 的 3^{i-1} 次实系数多项式,从而 x_{n+1} 为 x_1 的 3^n 次实系数多项式. 由于 3^n 为奇数,故存在实数 x_1,使得 $x_{n+1}=0$. 由此 x_1 及 $x_0=0$ 可计算出 x_i,如此得到的数列 $x_0,x_1,\cdots,x_{n+1}$ 满足所给条件.

唯一性:设 $w_0,w_1,\cdots,w_{n+1}$ 及 $v_0,v_1,v_2,\cdots,v_{n+1}$ 为满足条件的两个数列,则

$$\frac{1}{2}(w_{i+1}+w_{i-1})=w_i+w_i^3-a^3$$

$$\frac{1}{2}(v_{i+1}+v_{i-1})=v_i+v_i^3-a^3$$

因此

$$\frac{1}{2}(w_{i+1}-v_{i+1}+w_{i-1}-v_{i-1})=(w_i-v_i)(1+w_i^2+w_iv_i+v_i^2)$$

设 $|w_{i_0}-v_{i_0}|$ 最大,则

$$\begin{aligned}|w_{i_0}-v_{i_0}|&\leqslant|w_{i_0}-v_{i_0}|(1+w_{i_0}^2+w_{i_0}v_{i_0}+v_{i_0}^2)\leqslant\\&\frac{1}{2}|w_{i_0+1}-v_{i_0+1}|+\frac{1}{2}|w_{i_0-1}-v_{i_0-1}|\leqslant\\&|w_{i_0}-v_{i_0}|\end{aligned}$$

从而 $$|w_{i_0}-v_{i_0}|=0$$

或 $$1+w_{i_0}^2+w_{i_0}v_{i_0}+v_{i_0}^2=1$$

即 $$|w_{i_0}-v_{i_0}|=0$$

或 $$w_{i_0}^2+v_{i_0}^2+(w_{i_0}+v_{i_0})^2=0$$

所以 $|w_{i_0}-v_{i_0}|=0$ 总成立,从而由 $|w_{i_0}-v_{i_0}|$ 的最大性知所有 $|w_i-v_i|=0$,即 $w_i=v_i,i=1,2,\cdots,n$. 唯一性得证.

(2) 设 $|x_{i_0}|$ 最大,则

$$\begin{aligned}|x_{i_0}|+|x_{i_0}|^3=|x_{i_0}|(1+x_{i_0}^2)=\left|\frac{1}{2}(x_{i_0+1}+x_{i_0-1})+a^3\right|\leqslant\\ \frac{1}{2}|x_{i_0+1}|+\frac{1}{2}|x_{i_0-1}|+|a|^3\leqslant\\ |x_{i_0}|+|a|^3\end{aligned}$$

因此 $|x_{i_0}|\leqslant|a|$,所以 $|x_i|\leqslant|a|,i=0,1,\cdots,n+1$.

5 给定正整数 $n\geqslant 2$,设正整 $a_i(i=1,2,\cdots,n)$ 满足 $a_1<a_2<\cdots<a_n$ 以及 $\sum\limits_{i=1}^{n}\frac{1}{a_i}\leqslant 1$. 求证:对任意实数 x,有

$$\left(\sum_{i=1}^{n}\frac{1}{a_i^2+x^2}\right)^2\leqslant\frac{1}{2}\cdot\frac{1}{a_1(a_1-1)+x^2}$$

证明 当 $x^2\geqslant a_1(a_1-1)$ 时,由 $\sum\limits_{i=1}^{n}\frac{1}{a_i}\leqslant 1$,可得

$$\left(\sum_{i=1}^{n}\frac{1}{a_i^2+x^2}\right)^2\leqslant\left(\sum_{i=1}^{n}\frac{1}{2a_i\mid x\mid}\right)^2=\frac{1}{4x^2}\left(\sum_{i=1}^{n}\frac{1}{a_i}\right)^2\leqslant$$

$$\frac{1}{4x^2}\leqslant\frac{1}{2}\cdot\frac{1}{a_1(a_1-1)+x^2}$$

当 $x^2<a_1(a_1-1)$ 时,由柯西不等式得

$$\left(\sum_{i=1}^{n}\frac{1}{a_i^2+x^2}\right)^2\leqslant\left(\sum_{i=1}^{n}\frac{1}{a_i}\right)\left(\sum_{i=1}^{n}\frac{a_i}{(a_i^2+x^2)^2}\right)\leqslant$$

$$\sum_{i=1}^{n}\frac{a^i}{(a_i^2+x^2)^2}$$

对于正整数 $a_1<a_2<\cdots<a_n$,有 $a_{i+1}\geqslant a_i+1,i=1,2,\cdots,n-1$,且

$$\frac{2a_i}{(a_i^2+x^2)^2}\leqslant\frac{2a_i}{\left(a_i^2+x^2+\frac{1}{4}\right)^2-a_i^2}=$$

$$\frac{2a_i}{\left[\left(a_i-\frac{1}{2}\right)^2+x^2\right]\left[\left(a_i+\frac{1}{2}\right)^2+x^2\right]}=$$

$$\frac{1}{\left(a_i-\frac{1}{2}\right)^2+x^2}-\frac{1}{\left(a_i+\frac{1}{2}\right)^2+x^2}\leqslant$$

$$\frac{1}{\left(a_i-\frac{1}{2}\right)^2+x^2}-\frac{1}{\left(a_{i+1}-\frac{1}{2}\right)^2+x^2}$$

$$i=1,2,\cdots,n-1$$

所以

$$\sum_{i=1}^{n}\frac{a_i}{(a_i^2+x^2)^2}\leqslant$$

$$\frac{1}{2}\sum_{i=1}^{n}\left[\frac{1}{\left(a_i-\frac{1}{2}\right)^2+x^2}-\frac{1}{\left(a_{i+1}-\frac{1}{2}\right)^2+x^2}\right]\leqslant$$

$$\frac{1}{2}\cdot\frac{1}{\left(a_1-\frac{1}{2}\right)^2+x^2}\leqslant\frac{1}{2}\cdot\frac{1}{a_1(a_1-1)+x^2}$$

6 证明:除了有限个正整数外,其他正整数 n 均可表示为 2 004 个正整数之和,即

$$n=a_1+a_2+\cdots+a_{2\,004}$$

且满足:$1\leqslant a_1<a_2<\cdots<a_{2\,004},a_i\mid a_{i+1},i=1,2,\cdots,2\,003$.

证明 将证明如下更一般的结论:

对任意的正整数 $r\geqslant 2$,总存在 $N(r)$,当 $n\geqslant N(r)$ 时,存在正

整数 $a_1,a_2,\cdots,a_r$,使得

$$n = a_1 + a_2 + \cdots + a_r$$

$$1 \leqslant a_1 < a_2 < \cdots < a_r$$

$$a_i \mid a_{i+1}, i = 1,2,\cdots,r-1$$

当 $r = 2$ 时,有 $n = 1 + n - 1$,取 $N(2) = 3$ 即可.

假设当 $r = k$ 时,结论成立,当 $r = k + 1$ 时,取 $N(k + 1) = 4N(k)^3$.

设 $n = 2^\alpha(2l + 1)$,若

$$n \geqslant N(k + 1) = 4N(k)^3$$

则

$$2^\alpha \geqslant 2N(k)^2$$

或

$$2l + 1 > 2N(k)$$

若 $2^\alpha \geqslant 2N(k)^2$,则存在正偶数 $2t \leqslant \alpha$,使 $2^{2t} \geqslant N(k)^2$.

此时 $2^t + 1 \geqslant N(k)$,由归纳假设存在正整数 $b_1,b_2,\cdots,b_k$,使得

$$2^t + 1 = b_1 + b_2 + \cdots + b_k$$

其中

$$1 \leqslant b_1 < \cdots < b_k, b_i \mid b_{i+1}, i = 1,2,\cdots,k$$

这样

$$2^\alpha = 2^{\alpha-2t} \cdot 2^{2t} = 2^{\alpha-2t}[1 + (2^t - 1)(2^t + 1)] = 2^{\alpha-2t} + 2^{\alpha-2t}(2^t - 1)b_1 + 2^{\alpha-2t}(2^t - 1)b_2 + \cdots + 2^{\alpha-2t}(2^t - 1)b_k$$

$$n = 2^{\alpha-2t}(2l + 1) + 2^{\alpha-2t}(2^t - 1)b_1(2l + 1) + \cdots + 2^{\alpha-2t}(2^t - 1)b_k(2l + 1)$$

若 $2l + 1 > 2N(k)$,则 $l \geqslant N(k)$,由归纳假设存在正整数 c_1, $c_2,\cdots,c_k$,使得

$$l = c_1 + c_2 + \cdots + c_k$$

其中

$$1 \leqslant c_1 < c_2 < \cdots < c_k, c_i \mid c_{i+1}, i = 1,2,\cdots,k-1$$

因此

$$n = 2^\alpha + 2^{\alpha+1}c_1 + 2^{\alpha+1}c_2 + \cdots + 2^{\alpha+1}c_k$$

满足要求.

由数学归纳法知上述一般结论对所有 $r \geqslant 2$ 成立.

第 20 届中国数学奥林匹克

郑州,2005

1 设 $\theta_i \in \left(-\frac{\pi}{2},\frac{\pi}{2}\right)$,$i=1,2,3,4$. 证明:存在 $x \in \mathbf{R}$,使得如下两个不等式

$$\cos^2\theta_1\cos^2\theta_2-(\sin\theta_1\sin\theta_2-x)^2 \geqslant 0 \quad ①$$

$$\cos^2\theta_3\cos^2\theta_4-(\sin\theta_3\sin\theta_4-x)^2 \geqslant 0 \quad ②$$

同时成立的充要条件是

$$\sum_{i=1}^{4}\sin^2\theta_i \leqslant 2\left(1+\prod_{i=1}^{4}\sin\theta_i+\prod_{i=1}^{4}\cos\theta_i\right) \quad ③$$

证明 显然,式 ① 和 ② 分别等价于

$$\sin\theta_1\sin\theta_2-\cos\theta_1\cos\theta_2 \leqslant x \leqslant \sin\theta_1\sin\theta_2+\cos\theta_1\cos\theta_2 \quad ④$$

$$\sin\theta_3\sin\theta_4-\cos\theta_3\cos\theta_4 \leqslant x \leqslant \sin\theta_3\sin\theta_4+\cos\theta_3\cos\theta_4 \quad ⑤$$

不难知道,存在 $x \in \mathbf{R}$,使得式 ④ 和 ⑤ 同时成立的充分必要条件是

$$\sin\theta_1\sin\theta_2+\cos\theta_1\cos\theta_2-\sin\theta_3\sin\theta_4+\cos\theta_3\cos\theta_4 \geqslant 0 \quad ⑥$$

$$\sin\theta_3\sin\theta_4+\cos\theta_3\cos\theta_4-\sin\theta_1\sin\theta_2+\cos\theta_1\cos\theta_2 \geqslant 0 \quad ⑦$$

另外,利用 $\sin^2\alpha=1-\cos^2\alpha$,可将式 ③ 化为

$$\cos^2\theta_1\cos^2\theta_2+2\cos\theta_1\cos\theta_2\cos\theta_3\cos\theta_4+\cos^2\theta_3\cos^2\theta_4-\sin^2\theta_1\sin^2\theta_2+2\sin\theta_1\sin\theta_2\sin\theta_3\sin\theta_4-\sin^2\theta_3\sin^2\theta_4 \geqslant 0$$

即

$$(\cos\theta_1\cos\theta_2+\cos\theta_3\cos\theta_4)^2-(\sin\theta_1\sin\theta_2-\sin\theta_3\sin\theta_4)^2 \geqslant 0$$

亦即

$$(\sin\theta_1\sin\theta_2+\cos\theta_1\cos\theta_2-\sin\theta_3\sin\theta_4+\cos\theta_3\cos\theta_4)\cdot(\sin\theta_3\sin\theta_4+\cos\theta_3\cos\theta_4-\sin\theta_1\sin\theta_2+\cos\theta_1\cos\theta_2) \geqslant 0 \quad ⑧$$

当存在 $x \in \mathbf{R}$,使得式 ④ 和 ⑤ 同时成立时,由式 ⑥ 和 ⑦ 立即可以推出式 ⑧,从而有式 ③ 成立.

反之,当式 ③,亦即式 ⑧ 成立时,如果式 ⑥ 和 ⑦ 不成立,那么就有

$$\sin\theta_1\sin\theta_2+\cos\theta_1\cos\theta_2-\sin\theta_3\sin\theta_4+\cos\theta_3\cos\theta_4<0$$

$$\sin\theta_3\sin\theta_4+\cos\theta_3\cos\theta_4-\sin\theta_1\sin\theta_2+\cos\theta_1\cos\theta_2<0$$

两式相加,得

$$2(\cos\theta_1\cos\theta_2+\cos\theta_3\cos\theta_4)<0$$

此与 $\theta_i\in\left(-\frac{\pi}{2},\frac{\pi}{2}\right)$,$i=1,2,3,4$ 的事实相矛盾,所以必有式 ⑥ 和 ⑦ 同时成立,因此存在 $x\in\mathbf{R}$ 使得式 ④ 和 ⑤ 同时成立.

❷ 一圆与 $\triangle ABC$ 的三边 BC,CA,AB 的交点依次为 D_1,D_2;E_1,E_2;F_1,F_2. 线段 D_1E_1 与 D_2F_2 交于点 L,线段 E_1F_1 与 E_2D_2 交于点 M,线段 F_1D_1 与 F_2E_2 交于点 N. 证明:AL,BM,CN 三线共点.

证明 如图1,自点 L 作 AB 和 AC 的垂线,垂足分别为 L' 和 L''. 记 $\angle LAB=\alpha_1$,$\angle LAC=\alpha_2$,$\angle LF_2A=\alpha_3$,$\angle LE_1A=\alpha_4$. 则有

$$\frac{\sin\alpha_1}{\sin\alpha_2}=\frac{LL'}{LL''}=\frac{LF_2\sin\alpha_3}{LE_1\sin\alpha_4} \quad ①$$

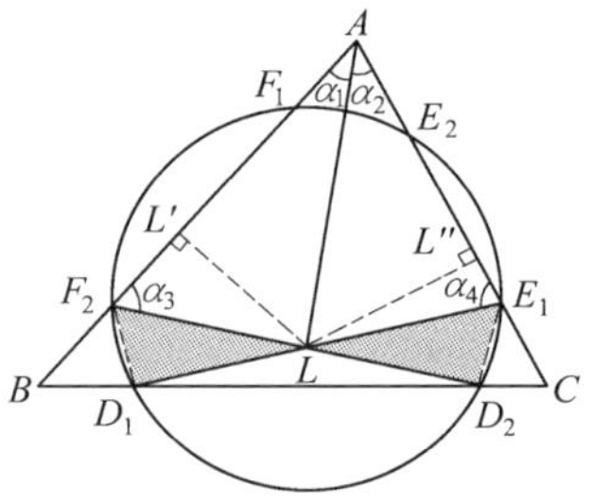

图 1

联结 D_1F_2,D_2E_1(图 1). 由 $\triangle LD_1F_2\backsim\triangle LD_2E_1$ 得

$$\frac{LF_2}{LE_1}=\frac{D_1F_2}{D_2E_1} \quad ②$$

联结 D_2F_1,D_1E_2(图 2). 由正弦定理得

$$\frac{\sin\alpha_3}{\sin\alpha_4}=\frac{D_2F_1}{D_1E_2} \quad ③$$

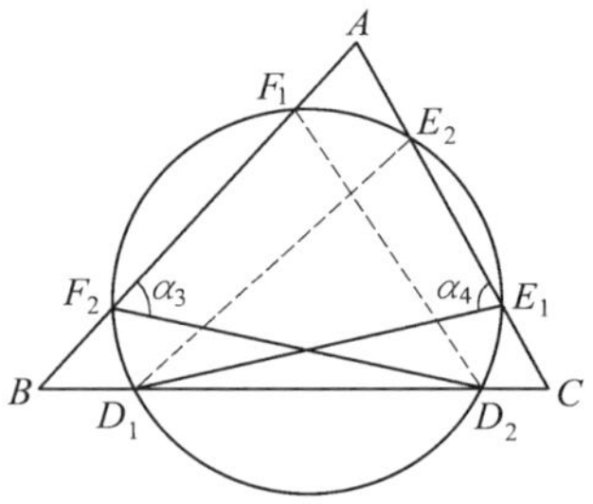

图 2

将式 ② 和 ③ 代入式 ①,得到

$$\frac{\sin\alpha_1}{\sin\alpha_2}=\frac{D_1F_2}{D_2E_1}\cdot\frac{D_2F_1}{D_1E_2} \quad ④$$

同理,记 $\angle MBC=\beta_1$,$\angle MBA=\beta_2$,$\angle NCA=\gamma_1$,$\angle NCB=\gamma_2$,可得

$$\frac{\sin\beta_1}{\sin\beta_2}=\frac{E_1D_2}{E_2F_1}\cdot\frac{E_2D_1}{E_1F_2} \quad ⑤$$

$$\frac{\sin\gamma_1}{\sin\gamma_2}=\frac{F_1E_2}{F_2D_1}\cdot\frac{F_2E_1}{F_1D_2} \quad ⑥$$

将式 ④⑤⑥ 相乘,得

$$\frac{\sin\alpha_1}{\sin\alpha_2}\cdot\frac{\sin\beta_1}{\sin\beta_2}\cdot\frac{\sin\gamma_1}{\sin\gamma_2}=1$$

由塞瓦(Ceva)定理的逆定理,即知 AL,BM,CN 三线共点.

3 如图3所示，圆形的水池被分割为$2n(n\geqslant 5)$个“格子”. 我们把有公共隔墙(公共边或公共弧)的“格子”称为相邻的，从而每个“格子”都有三个邻格.

水池中一共跳入了$4n+1$只青蛙，青蛙难于安静共处，只要某个“格子”中有不少于3只青蛙，那么迟早一定会有其中3只分别同时跳往三个不同邻格. 证明：只要经过一段时间之后，青蛙便会在水池中大致分布均匀.

所谓大致分布均匀，就是任取其中一个“格子”，或者它里面有青蛙，或者它的三个邻格里都有青蛙.

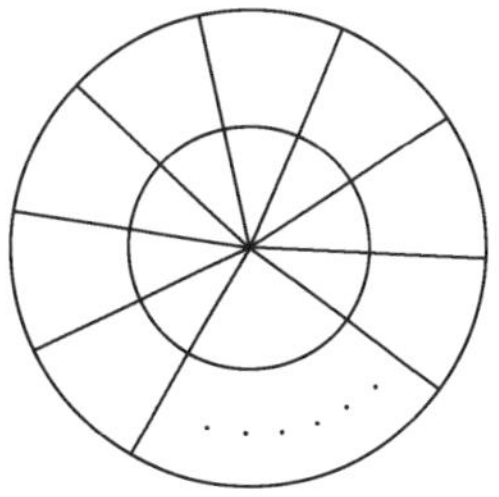

图 3

证明 我们把一个格子中出现一次3只青蛙同时分别跳向三个邻格的事件称为该格子发生一次“爆发”. 而把一个格子或者是它里面有青蛙，或者是它的三个相邻的格子里面都有青蛙，称为该格子处于“平衡状态”.

容易看出，一个格子只要一旦有青蛙跳入，那么它就一直处于“平衡状态”. 事实上，只要不“爆发”，那么该格子中的青蛙不会动，它当然处于“平衡状态”；而如果发生“爆发”，那么它的三个邻格中就都有青蛙，并且只要三个邻格都不“爆发”，那么它就一直处于“平衡状态”；而不论哪个邻格发生“爆发”，都会有青蛙跳到它里面，它里面就一定有青蛙，所以它也一直处于“平衡状态”.

这样一来，为证明题中断言，我们就只要证明：任何一个格子都迟早会有青蛙跳入.

任取一个格子，把它称为格 A，把它所在的扇形称为1号扇形，把该扇形中的另一个格子称为格 B，如图4所示. 我们要证明格 A 迟早会有青蛙跳入.

按顺时针方向依次将其余扇形接着编为2至 n 号. 首先证明1号扇形迟早会有青蛙跳入. 假设1号扇形中永无青蛙到来，那么就不会有青蛙越过1号扇形与 n 号扇形之间的隔墙. 我们来考察青蛙所在的扇形编号的平方和. 由于没有青蛙进入1号扇形(尤其没有青蛙越过1号扇形与 n 号扇形之间的隔墙)，所以只能是有3只青蛙由某个 $k(3\leqslant k\leqslant n-1)$ 号扇形分别跳入 $k-1$，k 和 $k+1$ 号扇形各一只，因此平方和的变化量为

$$(k-1)^2+k^2+(k+1)^2-3k^2=2$$

即增加2. 一方面，由于青蛙的跳动不会停止(因为总有一个格子里有不少于3只青蛙)，所以平方和的增加趋势不会停止；但是另一方面，青蛙所在扇形编号的平方和不可能永无止境地增加下去(不会大于$(4n+1)n^2$)，由此产生矛盾，所以迟早会有青蛙越过1号扇形与 n 号扇形之间的隔墙，进入1号扇形.

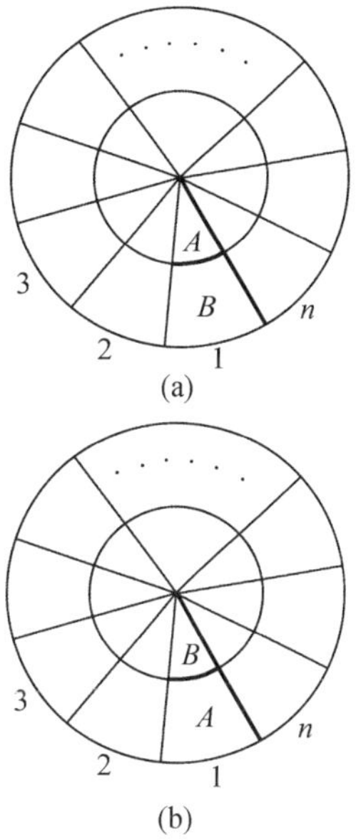

图 4

我们再来证明1号扇形迟早会有3只青蛙跳入. 如果1号扇形中至多有两只青蛙跳入,那么它们都不会跳走,并且自始至终上述平方和至多有两次变小(只能在两只青蛙越过 1 号扇形与 n 号扇形之间的隔墙时变小),以后便一直持续不断地上升,从而又重蹈刚才的矛盾. 所以 1 号扇形迟早会有 3 只青蛙跳入.

如果这 3 只青蛙中有位于格 A 的,那么格 A 中已经有青蛙跳入;如果这 3 只青蛙全都位于格 B,那么格 B 会发生"爆发",从而有青蛙跳入格 A.

4 已知数列$\{a_n\}$满足条件 $a_1=\frac{21}{16}$,及

$$2a_n-3a_{n-1}=\frac{3}{2^{n+1}},n\geqslant 2 \quad ①$$

设 m 为正整数,$m\geqslant 2$. 证明:当 $n\leqslant m$ 时,有

$$\left(a_n+\frac{3}{2^{n+3}}\right)^{\frac{1}{m}}\left[m-\left(\frac{2}{3}\right)^{\frac{n(m-1)}{m}}\right]<\frac{m^2-1}{m-n+1} \quad ②$$

证明 由式①得

$$2^na_n=3\cdot 2^{n-1}a_{n-1}+\frac{3}{4}$$

记 $b_n=2^na_n,n=1,2,\cdots$,则

$$b_n=3b_{n-1}+\frac{3}{4},b_n+\frac{3}{8}=3\left(b_{n-1}+\frac{3}{8}\right)$$

因为 $b_1=2a_1=\frac{21}{8}$,所以

$$b_n+\frac{3}{8}=3^{n-1}\left(b_1+\frac{3}{8}\right)=3^n$$

故得

$$a_n=\left(\frac{3}{2}\right)^n-\frac{3}{2^{n+3}}$$

因此,为证明式②,只需证明

$$\left(\frac{3}{2}\right)^{\frac{n}{m}}\left[m-\left(\frac{2}{3}\right)^{\frac{n(m-1)}{m}}\right]<\frac{m^2-1}{m-n+1}$$

即只需证

$$\left(1-\frac{n}{m+1}\right)\left(\frac{3}{2}\right)^{\frac{n}{m}}\left[m-\left(\frac{2}{3}\right)^{\frac{n(m-1)}{m}}\right]<m-1 \quad ③$$

首先估计$1-\frac{n}{m+1}$的上界,由伯努利(Bernoulli)不等式,有

$$1-\frac{n}{m+1}<\left(1-\frac{1}{m+1}\right)^n$$

故

$$\left(1-\frac{n}{m+1}\right)^{m}<\left(1-\frac{1}{m+1}\right)^{nm}=\left(\frac{m}{m+1}\right)^{nm}=\left[\frac{1}{\left(1+\frac{1}{m}\right)^{m}}\right]^{n}$$

(注:也可以根据平均不等式导出

$$\left(1-\frac{n}{m+1}\right)^{m}=\left(1-\frac{n}{m+1}\right)^{m}\cdot\underbrace{1\cdot 1\cdot\cdots\cdot 1}_{mn-m\text{个}1}<$$

$$\left[\frac{m\left(1-\frac{n}{m+1}\right)+mn-m}{mn}\right]^{mn}=$$

$$\left(\frac{m}{m+1}\right)^{nm}$$

由于 $m\geqslant 2$,根据二项式定理,可得

$$\left(1+\frac{1}{m}\right)^{m}\geqslant 1+C_m^1\cdot\frac{1}{m}+C_m^2\cdot\frac{1}{m^2}=\frac{5}{2}-\frac{1}{2m}\geqslant\frac{9}{4}$$

所以
$$\left(1-\frac{n}{m+1}\right)^{m}<\left(\frac{4}{9}\right)^{n}$$

即
$$1-\frac{n}{m+1}<\left(\frac{2}{3}\right)^{\frac{2n}{m}}$$

因此,欲证式 ③,只需证

$$\left(\frac{2}{3}\right)^{\frac{2n}{m}}\left(\frac{3}{2}\right)^{\frac{n}{m}}\left[m-\left(\frac{2}{3}\right)^{\frac{n(m-1)}{m}}\right]<m-1$$

即

$$\left(\frac{2}{3}\right)^{\frac{n}{m}}\left[m-\left(\frac{2}{3}\right)^{\frac{n(m-1)}{m}}\right]<m-1 \qquad ④$$

记 $\left(\frac{2}{3}\right)^{\frac{n}{m}}=t$,则 $0<t<1$,式 ④ 化为

$$t(m-t^{m-1})<m-1$$

即
$$(t-1)[m-(t^{m-1}+t^{m-2}+\cdots+1)]<0$$

此不等式显然成立,从而原不等式成立.

5 在面积为 1 的矩形 $ABCD$ 中(包括边界)有 5 个点,其中任意三点不共线. 求以这 5 个点为顶点的所有三角形中,面积不大于 $\frac{1}{4}$ 的三角形的个数的最小值.

解 本题解答需要用到如下的常用结论,我们将其作为一个引理:矩形内的任意一个三角形的面积不大于矩形面积的 $\frac{1}{2}$.

在矩形 $ABCD$ 中,如果某三点构成的三角形的面积不大于 $\frac{1}{4}$,

就称它们为一个好的三点组,简称为“好组”.

记 AB,CD,BC,AD 的中点分别为 E,F,H,G,线段 EF 与 GH 的交点记为 O. 线段 EF 和 GH 将矩形 $ABCD$ 分为四个小矩形. 从而一定存在一个小矩形,不妨设为 $AEOG$,其中(包括边界,下同)至少有所给 5 个点中的 2 个点,设点 M 和 N 在小矩形 $AEOG$ 中,如图 5 所示.

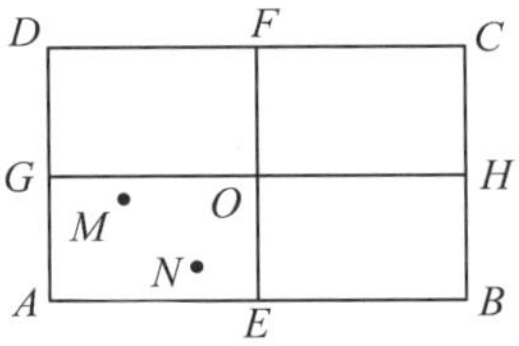

图 5

(1) 如果矩形 $OHCF$ 中有不多于 1 个已知点,考察不在矩形 $OHCF$ 中的任意一个不同于 M 和 N 的已知点 X. 易知,三点组 (M,N,X) 或者在矩形 $ABHG$ 中,或者在矩形 $AEFD$ 中. 由引理可知 (M,N,X) 是好组. 由于这样的点 X 至少有两个,所以至少有两个好组.

(2) 如果矩形 $OHCF$ 中至少有 2 个已知点,不妨设已知点 P 和 Q 都在矩形 $OHCF$ 中,考察剩下的最后一个已知点 R. 若 R 在矩形 $OFDG$ 中,则三点组 (M,N,R) 在矩形 $AEFD$ 中,而三点组 (P,Q,R) 在矩形 $GHCD$ 中,从而它们都是好组,于是至少有两个好组. 同理,若点 R 在矩形 $EBHO$ 中,则至少有两个好组. 如果点 R 在矩形 $OHCF$ 或矩形 $AEOG$ 中,设点 R 在矩形 $OHCF$ 中,我们来考察 5 个点 M,N,P,Q,R 的凸包,该凸包一定在凸六边形 $AEHCFG$ 中,如图 6 所示,而

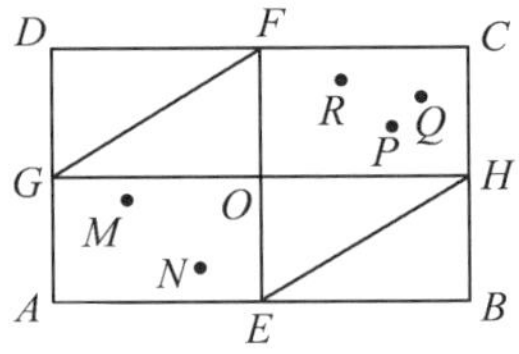

图 6

$$S_{AEHCFG}=1-\frac{1}{8}-\frac{1}{8}=\frac{3}{4}$$

下面再分三种情况讨论:

① 如果 M,N,P,Q,R 的凸包是凸五边形,不妨设其为 $MNPQR$,如图 7 所示,此时

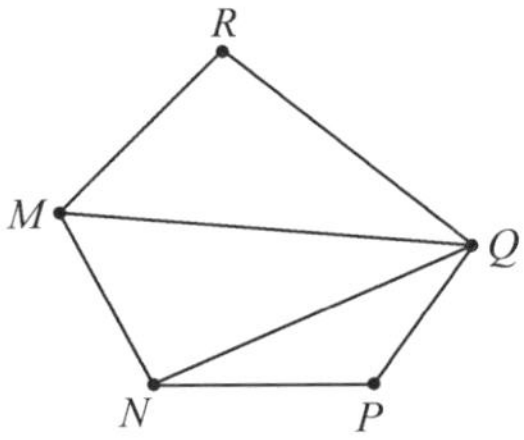

图 7

$$S_{\triangle MQR}+S_{\triangle MNQ}+S_{\triangle NPQ}\leqslant\frac{3}{4}$$

从而 (M,Q,R),(M,N,Q),(N,P,Q) 中至少有一个为好组. 又由于 (P,Q,R) 在矩形 $OHCF$ 中,当然是好组,所以至少有两个好组.

② 如果 M,N,P,Q,R 的凸包是凸四边形,不妨设其为 $A_1A_2A_3A_4$,而另一个已知点为 A_5,如图 8 所示,其中 $A_i\in\{M,N,P,Q,R\}$ $(i=1,2,3,4,5)$. 联结 $A_5A_i(i=1,2,3,4)$,则

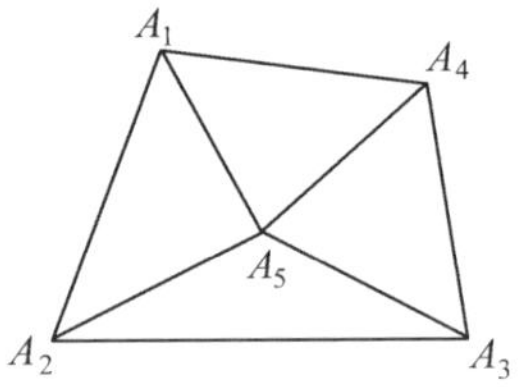

图 8

$$S_{\triangle A_1A_2A_5}+S_{\triangle A_2A_3A_5}+S_{\triangle A_3A_4A_5}+S_{\triangle A_4A_1A_5}=S_{A_1A_2A_3A_4}\leqslant\frac{3}{4}$$

从而 (A_1,A_2,A_5),(A_2,A_3,A_5),(A_3,A_4,A_5),(A_1,A_4,A_5) 中至少有两个好组.

③ 若 M,N,P,Q,R 的凸包是一个三角形,不妨设其为 $\triangle A_1A_2A_3$,另外两个已知点为 A_4,A_5,如图 9 所示,其中 $A_i\in\{M,N,P,Q,R\}$ $(i=1,2,3,4,5)$. 联结 $A_4A_i(i=1,2,3)$,则

$$S_{\triangle A_1A_2A_4}+S_{\triangle A_2A_3A_4}+S_{\triangle A_3A_1A_4}=S_{\triangle A_1A_2A_3}\leqslant\frac{3}{4}$$

从而(A_1,A_2,A_4),(A_2,A_3,A_4),(A_1,A_3,A_4) 中至少有一个好组. 同理,A_5 也与 A_1,A_2,A_3 中的某两个点构成好组,所以此时也至少有两个好组.

综上所述,不论何种情况,在 5 个已知点中都至少有两个好组.

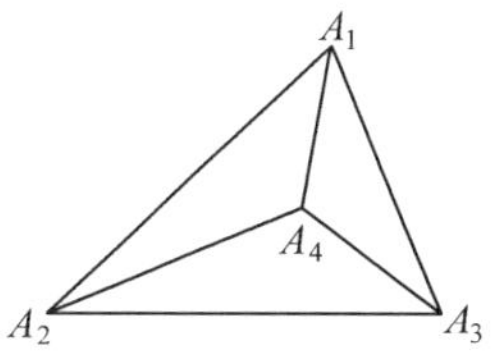

图 9

下面我们给出例子说明好组的数目可以只有两个. 在矩形 $ABCD$ 的边 AD 上取一点 M,在边 AB 上取一点 N,使得 $AN:NB=AM:MD=2:3$,如图 10 所示,则在 M,N,B,C,D 这 5 个点中恰好有两个好组. 事实上,(B,C,D) 显然不是好组. 而如果三点组中恰含 M,N 两点之一,不妨设含点 M,设 AD 的中点为 E,那么 $S_{\triangle MBD}>S_{\triangle EBD}=\frac{1}{4}$,所以$(M,B,D)$ 不是好组,并且

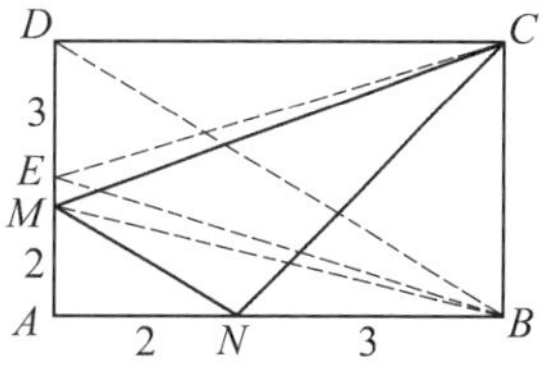

图 10

$$S_{\triangle MBC}=\frac{1}{2},S_{\triangle MCD}>S_{\triangle ECD}=\frac{1}{4}$$

从而(M,B,C),(M,C,D) 都不是好组. 如果三点组中同时含有 M,N 两点,那么

$$S_{\triangle MNC}=1-S_{\triangle NBC}-S_{\triangle MCD}-S_{\triangle AMN}=$$
$$1-\frac{3}{5}S_{\triangle ABC}-\frac{3}{5}S_{\triangle ACD}-\frac{4}{25}S_{\triangle ABD}=$$
$$1-\frac{3}{10}-\frac{3}{10}-\frac{2}{25}=\frac{8}{25}>\frac{1}{4}$$

所以(M,N,C) 不是好组,而 $S_{\triangle MNB}=S_{\triangle MND}=\frac{1}{5}<\frac{1}{4}$,从而其中恰好有两个好组$(M,N,B)$ 和(M,N,D).

因此,面积不大于$\frac{1}{4}$ 的三角形的个数的最小值是 2.

6 求方程

$$2^x\cdot 3^y-5^z\cdot 7^w=1$$

的所有非负整数解(x,y,z,w).

解 由 $5^z\cdot 7^w+1$ 为偶数,知 $x\geqslant 1$.

(1) 若 $y=0$,此时

$$2^x-5^z\cdot 7^w=1$$

若 $z\neq 0$,则 $2^x\equiv 1\pmod 5$,由此得 $4\mid x$. 因此 $3\mid 2^x-1$,这与$2^x-5^z\cdot 7^w=1$ 矛盾.

若 $z=0$,则

$$2^x-7^w=1$$

当 $x=1,2,3$ 时,直接计算可得$(x,w)=(1,0),(3,1)$.

当 $x\geqslant 4$ 时,有 $7^w\equiv -1\pmod{16}$,直接计算知这不可能.

所以,当 $y=0$ 时,全部的非负整数解为

$$(x,y,z,w)=(1,0,0,0),(3,0,0,1)$$

(2) 若 $y>0, x=1$，则

$$2\cdot 3^y-5^z\cdot 7^w=1$$

因此 $-5^z\cdot 7^w\equiv 1(\bmod 3)$，即 $(-1)^z\equiv -1(\bmod 3)$，从而 z 为奇数，故

$$2\cdot 3^y\equiv 1(\bmod 5)$$

由此知

$$y\equiv 1(\bmod 4)$$

当 $w\neq 0$ 时，有 $2\cdot 3^y\equiv 1(\bmod 7)$，因此得 $y\equiv 4(\bmod 6)$，此与 $y\equiv 1(\bmod 4)$ 矛盾，所以 $w=0$，于是

$$2\cdot 3^y-5^z=1$$

当 $y=1$ 时，$z=1$. 当 $y\geqslant 2$ 时，有 $5^z\equiv -1(\bmod 9)$，由此知 $z\equiv 3(\bmod 6)$，因此 $5^3+1\mid 5^z+1$，故 $7\mid 5^z+1$，这与 $5^z+1=2\cdot 3^y$ 矛盾. 故此种情形的解为

$$(x,y,z,w)=(1,1,1,0)$$

(3) 若 $y>0, x\geqslant 2$，此时

$$5^z\cdot 7^w\equiv -1(\bmod 4), 5^z\cdot 7^w\equiv -1(\bmod 3)$$

即
$$(-1)^w\equiv -1(\bmod 4), (-1)^z\equiv -1(\bmod 3)$$

因此 z 和 w 都是奇数，从而

$$2^x\cdot 3^y=5^z\cdot 7^w+1\equiv 35+1\equiv 4(\bmod 8)$$

所以 $x=2$，原方程变为

$$4\cdot 3^y-5^z\cdot 7^w=1(\text{其中 } z \text{ 和 } w \text{ 均为奇数}) \quad ①$$

由此知

$$4\cdot 3^y\equiv 1(\bmod 5), 4\cdot 3^y\equiv 1(\bmod 7)$$

从上面两式得 $y\equiv 2(\bmod 12)$.

设 $y=12m+2, m\geqslant 0$，于是

$$5^z\cdot 7^w=4\cdot 3^y-1=(2\cdot 3^{6m+1}-1)(2\cdot 3^{6m+1}+1)$$

因为 $2\cdot 3^{6m+1}+1\equiv 6\cdot 2^{3m}+1\equiv 6+1\equiv 0(\bmod 7)$

又因为 $(2\cdot 3^{6m+1}-1, 2\cdot 3^{6m+1}+1)=1$

所以，$5\mid 2\cdot 3^{6m+1}-1$，于是

$$2\cdot 3^{6m+1}-1=5^z \quad ②$$
$$2\cdot 3^{6m+1}+1=7^w$$

若 $m\geqslant 1$，则由式 ② 得 $5^z\equiv -1(\bmod 9)$，由(2) 知，不可能.

若 $m=0$，则 $y=2, z=1, w=1$.

故此种情形的解为

$$(x,y,z,w)=(2,2,1,1)$$

综上所述，所求的非负整数解为

$$(x,y,z,w)=(1,0,0,0),(3,0,0,1),(1,1,1,0),(2,2,1,1)$$

第 21 届中国数学奥林匹克

福州,2006

1 实数 $a_1,a_2,\cdots,a_n$ 满足 $a_1+a_2+\cdots+a_n=0$,求证

$$\max_{1\leqslant k\leqslant n}(a_k^2)\leqslant\frac{n}{3}\sum_{i=1}^{n-1}(a_i-a_{i+1})^2$$

证明 只需对任意 $1\leqslant k\leqslant n$,证明不等式成立即可.

记 $d_k=a_k-a_{k+1}$,$k=1,2,\cdots,n-1$,则

$$a_k=a_k$$

$$a_{k+1}=a_k-d_k,a_{k+2}=a_k-d_k-d_{k+1},\cdots,$$

$$a_n=a_k-d_k-d_{k+1}-\cdots-d_{n-1}$$

$$a_{k-1}=a_k+d_{k-1},a_{k-2}=a_k+d_{k-1}+d_{k-2},\cdots,$$

$$a_1=a_k+d_{k-1}+d_{k-2}+\cdots+d_1$$

把上面这 n 个等式相加,并利用 $a_1+a_2+\cdots+a_n=0$ 可得

$$na_k-(n-k)d_k-(n-k-1)d_{k+1}-\cdots-d_{n-1}+(k-1)d_{k-1}+(k-2)d_{k-2}+\cdots+d_1=0$$

由柯西不等式可得

$$\begin{aligned}(na_k)^2=&[(n-k)d_k+(n-k-1)d_{k+1}+\cdots+d_{n-1}-\\&(k-1)d_{k-1}-(k-2)d_{k-2}-\cdots-d_1]^2\leqslant\\&\left(\sum_{i=1}^{k-1}i^2+\sum_{i=1}^{n-k}i^2\right)\left(\sum_{i=1}^{n-1}d_i^2\right)\leqslant\left(\sum_{i=1}^{n-1}i^2\right)\left(\sum_{i=1}^{n-1}d_i^2\right)=\\&\frac{n(n-1)(2n-1)}{6}\left(\sum_{i=1}^{n-1}d_i^2\right)\leqslant\frac{n^3}{3}\left(\sum_{i=1}^{n-1}d_i^2\right)\end{aligned}$$

所以

$$a_k^2\leqslant\frac{n}{3}\sum_{i=1}^{n-1}(a_i-a_{i+1})^2$$

2 正整数 $a_1,a_2,\cdots,a_{2\,006}$(可以有相同的)使得 $\frac{a_1}{a_2},\frac{a_2}{a_3},\cdots,\frac{a_{2\,005}}{a_{2\,006}}$ 两两不相等. 问:$a_1,a_2,\cdots,a_{2\,006}$ 中最少有多少个不同的数?

解 $a_1,a_2,\cdots,a_{2\,006}$ 中最少有 46 个互不相同的数.

由于45个互不相同的正整数两两比值至多有 $45\times44+1=1\ 981$ 个，故 $a_1,a_2,\cdots,a_{2\,006}$ 中互不相同的数大于45.

下面构造一个例子，说明46是可以取到的.

设 $p_1,p_2,\cdots,p_{46}$ 为46个互不相同的素数，构造 $a_1,a_2,\cdots,a_{2\,006}$ 如下

$$p_1,p_1,p_2,p_1,p_3,p_2,p_3,p_1,p_4,p_3,p_4,p_2,p_4,p_1,\cdots,$$
$$p_1,p_k,p_{k-1},p_k,p_{k-2},p_k,\cdots,p_k,p_2,p_k,p_1,\cdots,$$
$$p_1,p_{45},p_{44},p_{45},p_{43},p_{45},\cdots,p_{45},p_2,p_{45},p_1,$$
$$p_{46},p_{45},p_{46},p_{44},p_{46},\cdots,p_{46},p_{22},p_{46}$$

这2 006个正整数满足要求.

所以 $a_1,a_2,\cdots,a_{2\,006}$ 中最少有46个互不相同的数.

3 正整数 m,n,k 满足 $mn=k^2+k+3$，证明不定方程
$$x^2+11y^2=4m$$
和
$$x^2+11y^2=4n$$
中至少有一个有奇数解 (x,y).

证法1 首先我们证明如下一个引理.

引理 不定方程
$$x^2+11y^2=4m \qquad ①$$
或有奇数解 (x_0,y_0)，或有满足
$$x_0\equiv(2k+1)y_0 \pmod m \qquad ②$$
的偶数解 (x_0,y_0).

引理的证明 考虑如下表示
$$x+(2k+1)y,x,y \text{ 为整数，且 } 0\leqslant x\leqslant 2\sqrt{m},0\leqslant y\leqslant \frac{\sqrt{m}}{2}$$
则共有 $([2\sqrt{m}]+1)\left(\left[\frac{\sqrt{m}}{2}\right]+1\right)>m$ 个表示，因此存在整数 x_1，$x_2\in[0,2\sqrt{m}]$，$y_1,y_2\in\left[0,\frac{\sqrt{m}}{2}\right]$，满足 $(x_1,y_1)\neq(x_2,y_2)$，且
$$x_1+(2k+1)y_1\equiv x_2+(2k+1)y_2 \pmod m$$
这表明
$$x\equiv(2k+1)y \pmod m \qquad ③$$
这里 $x=x_1-x_2,y=y_2-y_1$. 由此可得
$$x^2\equiv(2k+1)^2y^2\equiv-11y^2 \pmod m$$
故 $x^2+11y^2=km$，因为 $|x|\leqslant 2\sqrt{m}$，$|y|\leqslant\frac{\sqrt{m}}{2}$，所以
$$x^2+11y^2<4m+\frac{11}{4}m<7m$$

于是 $1 \leqslant k \leqslant 6$. 因为 m 为奇数, $x^2 + 11y^2 = 2m$, $x^2 + 11y^2 = 6m$ 显然没有整数解.

(1) 若 $x^2 + 11y^2 = m$, 则 $x_0 = 2x$, $y_0 = 2y$ 是方程 ① 满足式 ② 的解.

(2) 若 $x^2 + 11y^2 = 4m$, 则 $x_0 = x$, $y_0 = y$ 是方程 ① 满足式 ② 的解.

(3) 若 $x^2 + 11y^2 = 3m$, 则 $(x \pm 11y)^2 + 11(x \mp y)^2 = 3^2 \cdot 4m$.

首先假设 $3 \nmid m$, 若 $x \not\equiv 0 \pmod 3$, $y \not\equiv 0 \pmod 3$, 且 $x \not\equiv y \pmod 3$, 则

$$x_0 = \frac{x - 11y}{3}, y_0 = \frac{x + y}{3} \tag{④}$$

是方程 ① 满足式 ② 的解. 若 $x \equiv y \not\equiv 0 \pmod 3$, 则

$$x_0 = \frac{x + 11y}{3}, y_0 = \frac{y - x}{3} \tag{⑤}$$

是方程 ① 满足式 ② 的解.

现在假设 $3 \mid m$, 则式 ④ 和 ⑤ 仍然给出方程 ① 的整数解. 若方程 ① 有偶数解 $x_0 = 2x_1$, $y_0 = 2y_1$, 则

$$x_1^2 + 11y_1^2 = m \Leftrightarrow 36m = (5x_1 \pm 11y_1)^2 + 11(5y_1 \mp x_1)^2$$

因为 x_1, y_1 的奇偶性不同, 所以 $5x_1 \pm 11y_1$, $5y_1 \mp x_1$ 都为奇数.

若 $x \equiv y \pmod 3$, 则 $x_0 = \dfrac{5x_1 - 11y_1}{3}$, $y_0 = \dfrac{5y_1 + x_1}{3}$ 是方程 ① 的一个奇数解.

若 $x_1 \not\equiv y_1 \pmod 3$, 则 $x_0 = \dfrac{5x_1 + 11y_1}{3}$, $y_0 = \dfrac{5y_1 - x_1}{3}$ 是方程 ① 的一个奇数解.

(4) $x^2 + 11y^2 = 5m$, 则

$$5^2 \cdot 4m = (3x \mp 11y)^2 + 11(3y \pm x)^2$$

当 $5 \nmid m$ 时, 若 $x \equiv \pm 1 \pmod 5$, $y \equiv \mp 2 \pmod 5$, 或 $x \equiv \pm 2 \pmod 5$, $y \equiv \pm 1 \pmod 5$, 则

$$x_0 = \frac{3x - 11y}{5}, y_0 = \frac{3y + x}{5} \tag{⑥}$$

是方程 ① 满足式 ② 的解.

若 $x \equiv \pm 1 \pmod 5$, $y \equiv \pm 2 \pmod 5$, 或 $x \equiv \pm 2 \pmod 5$, $y \equiv \mp 1 \pmod 5$, 则

$$x_0 = \frac{3x + 11y}{5}, y_0 = \frac{3y - x}{5} \tag{⑦}$$

是方程 ① 满足式 ② 的解.

当 $5 \mid m$, 则式 ⑥ 和 ⑦ 仍然给出方程 ① 的整数解. 若方程 ① 有偶数解 $x_0 = 2x_1$, $y_0 = 2y_1$, 则

$$x_1^2+11y_1^2=m, x_1\not\equiv y_1 \pmod 2$$

可得
$$100m=(x_1\mp 33y_1)^2+11(y_1\pm 3x_1)^2$$

若 $x_1\equiv y_1\equiv 0\pmod 5$，或者 $x_1\equiv \pm 1\pmod 5$，$y_1\equiv \pm 2\pmod 5$，或者 $x_1\equiv \pm 2\pmod 5$，$y_1\equiv \mp 1\pmod 5$，则 $x_0=\dfrac{x_1-33y_1}{5}$，$y_0=\dfrac{y_1+3x_1}{5}$ 是方程 ① 的一个奇数解.

若 $x_1\equiv \pm 1\pmod 5$，$y_1\equiv \mp 2\pmod 5$，或 $x_1\equiv \pm 2\pmod 5$，$y_1\equiv \pm 1\pmod 5$，则

$$x_0=\frac{x_1+33y_1}{5}, y_0=\frac{y_1-33x_1}{5}$$

是方程 ① 的一个奇数解.

引理证毕.

由引理，若方程 ① 没有奇数解，则它有一个满足式 ② 的偶数解 (x_0,y_0). 令 $l=2k+1$，考虑二次方程

$$mx^2+ly_0x+ny_0^2-1=0 \tag{8}$$

则
$$x=\frac{-ly_0\pm\sqrt{l^2y_0^2-4mny_0^2+4m}}{2m}=\frac{-ly_0\pm x_0}{2m}$$

这表明方程 ⑧ 至少有一个整数根 x_1，即

$$mx_1^2+ly_0x_1+ny_0^2-1=0 \tag{9}$$

上式表明 x_1 必为奇数. 将式 ⑨ 乘以 $4n$ 后配方得

$$(2ny_0+lx_1)^2-11x_1^2=4n$$

这表明方程 $x^2+11y^2=4n$ 有奇数解 $x=2ny_0+lx_1$，$y=x_1$.

证法 2 首先证明如下引理.

引理 令 m,n,t 是三个正整数，满足 $t^2+11=4mn$，则存在整数 u,v,x,y，使得下面三式之一成立：

(1) 当 u,v 为奇数时，有

$$\begin{cases}4m=u^2+11v^2\\ n=x^2+11y^2\\ t=ux+11vy\\ |uy-vx|=1\end{cases}$$

(2) 当 x,y 为奇数时，有

$$\begin{cases}m=u^2+11v^2\\ 4n=x^2+11y^2\\ t=ux+11vy\\ |uy-vx|=1\end{cases}$$

(3) 当 u,v 为奇数，且 x,y 为奇数时，有

$$\begin{cases}4m = u^2 + 11v^2 \\ 4n = x^2 + 11y^2 \\ t = \dfrac{ux + 11vy}{2} \\ |uy - vx| = 2\end{cases}$$

引理的证明 我们对 t 用数学归纳法.

当 $t = 1$ 时,$(m,n) = (1,3),(3,1)$. 前者可取 $u = 1, v = 0, x = y = 1$,属于(2). 后者可取 $u = v = 1, x = 1, y = 0$,属于(1). 现在假设结论对小于 t 的自然数成立. 不妨设 $m \leqslant n$. 若 $m = n \Rightarrow 4m^2 - t^2 = 11 \Rightarrow m = n = 3, t = 5$. 此时可取 $u = v = 1, x = -1, y = 1$,(3) 成立. 若 $m = 1$,则可取 $u = 1, v = 0, x = t, y = 1$,(2) 成立. 下面设 $1 < m < n$, 可知

$$n \geqslant m + 2 \Rightarrow t^2 + 11 \geqslant 4m(m + 2) > (2m)^2 + 11 \Rightarrow t > 2m$$

$$4mn = t^2 + 11 \Rightarrow 4m(m + n - t) = (t - 2m)^2 + 11$$

$$m + n \geqslant \sqrt{4mn} > t, 0 < t - 2m < t$$

由归纳假设,(1)(2)(3) 之一对$(m, m + n - t, t - 2m)$ 成立.

如果对$(m, m + n - t, t - 2m)$,(1) 成立,那么存在整数 u, v, x, y 使得

$$\begin{cases}4m = u^2 + 11v^2 \\ m + n - t = x^2 + 11y^2 \\ t - 2m = ux + 11vy \\ |uy - vx| = 1\end{cases}, u, v \text{ 为奇数}$$

从上式中解出 m, n, t 得

$$\begin{cases}4m = u^2 + 11v^2 \\ 4n = (2x + u)^2 + 11(2y + v)^2 \\ t = \dfrac{u(2x + u) + 11v(2y + v)}{2} \\ |u(2y + v) - v(2x + u)| = 2|uy - vx| = 2\end{cases}, u, v \text{ 为奇数}$$

即对(m, n, t),(3) 成立.

如果对$(m, m + n - t, t - 2m)$,(2) 成立,那么存在整数 u, v, x, y,使得

$$\begin{cases}m = u^2 + 11v^2 \\ 4(m + n - t) = x^2 + 11y^2 \\ t - 2m = ux + 11vy \\ |uy - vx| = 1\end{cases}, x, y \text{ 为奇数}$$

从上式中解出 m, n, t 得

$$\begin{cases}m=u^2+11v^2\\4n=(x+2u)^2+11(y+2v)^2\\t=u(x+2u)+11v(y+2v)\\|u(y+2v)-v(x+2u)|=|uy-vx|=1\end{cases},u,v\text{ 为奇数}$$

即对 (m,n,t),(2) 成立.

如果对 $(m,m+n-t,t-2m)$,(3) 成立,那么存在整数 u,v,x,y,使得

$$\begin{cases}4m=u^2+11v^2\\4(m+n-t)=x^2+11y^2\\t-2m=\dfrac{ux+11vy}{2}\\|uy-vx|=2\end{cases},u,v\text{ 为奇数},x,y\text{ 为奇数}$$

从上式中解出 m,n,t 得

$$\begin{cases}4m=u^2+11v^2\\n=\left(\dfrac{x+u}{2}\right)^2+11\left(\dfrac{y+v}{2}\right)^2\\t=u\left(\dfrac{x+u}{2}\right)+11v\left(\dfrac{y+v}{2}\right)\\\left|u\left(\dfrac{y+v}{2}\right)-v\left(\dfrac{x+u}{2}\right)\right|=\dfrac{|uy-vx|}{2}=1\end{cases},u,v\text{ 为奇数}$$

即对 (m,n,t),(1) 成立,引理证毕.

对 $t=2k+1$ 应用上述引理立得此题结论.

4 在 $\text{Rt}\triangle ABC$ 中,$\angle ACB=90°$,$\triangle ABC$ 的内切圆 O 分别与边 BC,CA,AB 相切于点 D,E,F,联结 AD,与内切圆 O 相交于点 P. 联结 BP,CP,若 $\angle BPC=90°$,求证:$AE+AP=PD$.

证明 设 $AE=AF=x$,$BD=BF=y$,$CD=CE=z$,$AP=m$,$PD=n$. 因为 $\angle ACP+\angle PCB=90°=\angle PBC+\angle PCB$,所以 $\angle ACP=\angle PBC$.

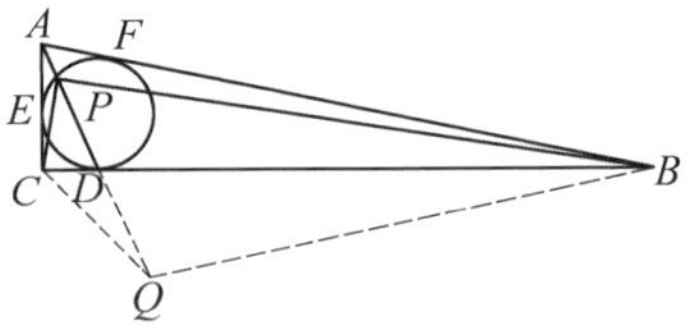

图 1

如图 1,延长 AD 至点 Q,使得 $\angle AQC=\angle ACP=\angle PBC$,联结 BQ,CQ,则 P,B,Q,C 四点共圆,令 $DQ=l$,则由相交弦定理和切割线定理可得

$$yz=nl \qquad ①$$

$$x^2=m(m+n) \qquad ②$$

因为 $\triangle ACP\backsim\triangle AQC$,所以 $\dfrac{AC}{AQ}=\dfrac{AP}{AC}$,故

$$(x+z)^2=m(m+n+l) \quad ③$$

在 Rt△ACD 和 Rt△ACB 中,由勾股定理得

$$(x+z)^2+z^2=(m+n)^2 \quad ④$$

$$(y+z)^2+(z+x)^2=(x+y)^2 \quad ⑤$$

式③－②,得

$$z^2+2zx=ml \quad ⑥$$

式①÷⑥,得

$$\frac{yz}{z^2+2zx}=\frac{n}{m}$$

所以

$$1+\frac{yz}{z^2+2zx}=\frac{m+n}{m} \quad ⑦$$

式②×⑦,结合式④,得

$$x^2+\frac{x^2yz}{z^2+2zx}=(m+n)^2=(x+z)^2+z^2$$

整理得

$$\frac{x^2y}{z+2x}=2z(x+z) \quad ⑧$$

又式⑤可写为

$$x+z=\frac{2xy}{y+z} \quad ⑨$$

由式⑧⑨得

$$\frac{x}{z+2x}=\frac{4z}{y+z} \quad ⑩$$

又式⑤还可写为

$$y+z=\frac{2xz}{x-z} \quad ⑪$$

把上式代入式⑩,消去 $y+z$,得

$$3x^2-2xz-2z^2=0$$

解得

$$x=\frac{\sqrt{7}+1}{3}z$$

代入式④,得

$$m+n=\frac{2(\sqrt{7}+1)}{3}z$$

结合式②,得

$$m=\frac{x^2}{m+n}=\frac{\sqrt{7}+1}{6}z$$

从而

$$n=\frac{\sqrt{7}+1}{2}z$$

所以，$x+m=n$，即 $AE+AP=PD$.

5 实数列 $\{a_n\}$ 满足

$$a_1=\frac{1}{2}$$

$$a_{k+1}=-a_k+\frac{1}{2-a_k},k=1,2,\cdots$$

证明：不等式

$$\left(\frac{n}{2(a_1+a_2+\cdots+a_n)}-1\right)^n\leqslant\left(\frac{a_1+a_2+\cdots+a_n}{n}\right)^n\cdot\left(\frac{1}{a_1}-1\right)\left(\frac{1}{a_2}-1\right)\cdots\left(\frac{1}{a_n}-1\right)$$

证明 首先，用数学归纳法证明 $0<a_n\leqslant\frac{1}{2}$，$n=1,2,\cdots$.

当 $n=1$ 时，命题显然成立.

假设命题对 $n(n\geqslant1)$ 成立，即有 $0<a_n\leqslant\frac{1}{2}$.

设 $f(x)=-x+\frac{1}{2-x}$，$x\in\left[0,\frac{1}{2}\right]$，则 $f(x)$ 是减函数，于是

$$a_{n+1}=f(a_n)\leqslant f(0)=\frac{1}{2}$$

$$a_{n+1}=f(a_n)\geqslant f\left(\frac{1}{2}\right)=\frac{1}{6}>0$$

即命题对 $n+1$ 也成立.

原命题等价于

$$\left(\frac{n}{a_1+a_2+\cdots+a_n}\right)^n\left(\frac{n}{2(a_1+a_2+\cdots+a_n)}-1\right)^n\leqslant\left(\frac{1}{a_1}-1\right)\left(\frac{1}{a_2}-1\right)\cdots\left(\frac{1}{a_n}-1\right)$$

设 $f(x)=\ln\left(\frac{1}{x}-1\right)$，$x\in\left(0,\frac{1}{2}\right)$，则 $f(x)$ 是凹函数，即对 $0<x_1,x_2<\frac{1}{2}$，有

$$f\left(\frac{x_1+x_2}{2}\right)\leqslant\frac{f(x_1)+f(x_2)}{2}$$

事实上

$$f\left(\frac{x_1+x_2}{2}\right)\leqslant\frac{f(x_1)+f(x_2)}{2}$$

等价于

$$\left(\frac{2}{x_1+x_2}-1\right)^2 \leqslant \left(\frac{1}{x_1}-1\right)\left(\frac{1}{x_2}-1\right) \Leftrightarrow$$
$$(x_1-x_2)^2 \geqslant 0$$

所以,由延森(Jensen)不等式可得

$$f\left(\frac{x_1+x_2+\cdots+x_n}{n}\right) \leqslant \frac{f(x_1)+f(x_2)+\cdots+f(x_n)}{n}$$

即 $$\left(\frac{n}{a_1+a_2+\cdots+a_n}-1\right)^n \leqslant \left(\frac{1}{a_1}-1\right)\left(\frac{1}{a_2}-1\right)\cdots\left(\frac{1}{a_n}-1\right)$$

另外,由题设及柯西不等式,可得

$$\sum_{i=1}^{n}(1-a_i)=\sum_{i=1}^{n}\frac{1}{a_i+a_{i+1}}-n \geqslant \frac{n^2}{\sum\limits_{i=1}^{n}(a_i+a_{i+1})}-n=$$
$$\frac{n^2}{a_{n+1}-a_1+2\sum\limits_{i=1}^{n}a_i}-n \geqslant$$
$$\frac{n^2}{2\sum\limits_{i=1}^{n}a_i}-n=n\left(\frac{n}{2\sum\limits_{i=1}^{n}a_i}-1\right)$$

所以 $$\frac{\sum\limits_{i=1}^{n}(1-a_i)}{\sum\limits_{i=1}^{n}a_i} \geqslant \frac{n}{\sum\limits_{i=1}^{n}a_i}\left(\frac{n}{2\sum\limits_{i=1}^{n}a_i}-1\right)$$

故

$$\left(\frac{n}{a_1+a_2+\cdots+a_n}\right)^n\left(\frac{n}{2(a_1+a_2+\cdots+a_n)}-1\right)^n \leqslant$$
$$\left(\frac{(1-a_1)+(1-a_2)+\cdots+(1-a_n)}{a_1+a_2+\cdots+a_n}\right)^n \leqslant$$
$$\left(\frac{1}{a_1}-1\right)\left(\frac{1}{a_2}-1\right)\cdots\left(\frac{1}{a_n}-1\right)$$

从而原命题得证.

6 设 X 是一个56元集合.求最小的正整数 n,使得对 X 的任意15个子集,只要它们中任何7个的并的元素个数都不少于 n,则这15个子集中一定存在3个,它们的交非空.

解 n 的最小值为41.

首先证明 $n=41$ 合乎条件.用反证法.假定存在 X 的15个子集,它们中任何7个的并不少于41个元素,而任何3个的交都为空集.因每个元素至多属于2个子集,不妨设每个元素恰好属于2个子集(否则在一些子集中添加一些元素,上述条件仍然成立),由抽屉原理,必有一个子集,设为 A,至少含有 $\left[\frac{2\times 56}{15}\right]+1=8$ 个元素,又设其他14个子集为 $A_1,A_2,\cdots,A_{14}$. 考察不含 A 的任何7个子集,都对应 X 中的41个元素,所有不含 A 的7元子集组一共至少对应 $41\mathrm{C}_{14}^7$ 个元素. 另外,对于元素 a,若 $a\notin A$,则 $A_1,A_2,\cdots,A_{14}$ 中有2个含有 a,于是 a 被计算了 $\mathrm{C}_{14}^7-\mathrm{C}_{12}^7$ 次;若 $a\in A$,则 $A_1,A_2,\cdots,A_{14}$ 中有一个含有 a,于是 a 被计算了 $\mathrm{C}_{14}^7-\mathrm{C}_{13}^7$ 次,于是

$$\begin{aligned}41\mathrm{C}_{14}^7 &\leqslant (56-|A|)(\mathrm{C}_{14}^7-\mathrm{C}_{12}^7)+|A|(\mathrm{C}_{14}^7-\mathrm{C}_{13}^7)=\\ &56(\mathrm{C}_{14}^7-\mathrm{C}_{12}^7)-|A|(\mathrm{C}_{13}^7-\mathrm{C}_{12}^7)\leqslant\\ &56(\mathrm{C}_{14}^7-\mathrm{C}_{12}^7)-8(\mathrm{C}_{13}^7-\mathrm{C}_{12}^7)\end{aligned}$$

由此可得 $196\leqslant 195$,矛盾.

其次证明 $n\geqslant 41$.

用反证法. 假定 $n\leqslant 40$,设 $X=\{1,2,\cdots,56\}$,令

$$A_i=\{i,i+7,i+14,i+21,i+28,i+35,i+42,i+49\}$$
$$i=1,2,\cdots,7$$
$$B_j=\{j,j+8,j+16,j+24,j+32,j+40,j+48\}$$
$$j=1,2,\cdots,8$$

显然

$$|A_i|=8,i=1,2,\cdots,7$$
$$|A_i\cap A_j|=0,1\leqslant i<j\leqslant 7$$
$$|B_j|=7,j=1,2,\cdots,8$$
$$|B_i\cap B_j|=0,1\leqslant i<j\leqslant 8$$
$$|A_i\cap B_j|=1,1\leqslant i\leqslant 7,1\leqslant j\leqslant 8$$

于是,对其中任何3个子集,必有2个同时为 A_i,或者同时为 B_j,其交为空集.

对其中任何7个子集

$$A_{i_1},A_{i_2},\cdots,A_{i_s},B_{j_1},B_{j_2},\cdots,B_{j_t},s+t=7$$

有

$$\begin{aligned}&|A_{i_1}\cup A_{i_2}\cup\cdots\cup A_{i_s}\cup B_{j_1}\cup B_{j_2}\cup\cdots\cup B_{j_t}|=\\ &|A_{i_1}|+|A_{i_2}|+\cdots+|A_{i_s}|+|B_{j_1}|+|B_{j_2}|+\cdots+|B_{j_t}|-st=\\ &8s+7t-st=8s+7(7-s)-s(7-s)=\\ &(s-3)^2+40\geqslant 40\end{aligned}$$

任何3个子集的交为空集,所以 $n\geqslant 41$.

综上所述,n 的最小值为41.

第22届中国数学奥林匹克

温州,2007

1 设a,b,c是给定复数,记$|a+b|=m$,$|a-b|=n$. 已知$mn\neq 0$,求证

$$\max\{|ac+b|,|a+bc|\}\geqslant\frac{mn}{\sqrt{m^2+n^2}}$$

证法1 因为

$$\max\{|ac+b|,|a+bc|\}\geqslant$$
$$\frac{|b|\cdot|ac+b|+|a|\cdot|a+bc|}{|b|+|a|}\geqslant$$
$$\frac{|b(ac+b)-a(a+bc)|}{|a|+|b|}=\frac{|b^2-a^2|}{|a|+|b|}\geqslant$$
$$\frac{|b+a|\cdot|b-a|}{\sqrt{2(|a|^2+|b|^2)}}$$

又
$$m^2+n^2=|a-b|^2+|a+b|^2=2(|a|^2+|b|^2)$$

所以
$$\max\{|ac+b|,|a+bc|\}\geqslant\frac{mn}{\sqrt{m^2+n^2}}$$

证法2 注意到

$$ac+b=\frac{1+c}{2}(a+b)-\frac{1-c}{2}(a-b)$$
$$a+bc=\frac{1+c}{2}(a+b)+\frac{1-c}{2}(a-b)$$

令
$$\alpha=\frac{1+c}{2}(a+b),\beta=\frac{1-c}{2}(a-b)$$

则
$$|ac+b|^2+|a+bc|^2=|\alpha-\beta|^2+|\alpha+\beta|^2=2(|\alpha|^2+|\beta|^2)$$

所以

$$(\max\{|ac+b|,|a+bc|\})^2\geqslant|\alpha|^2+|\beta|^2=\left|\frac{1+c}{2}\right|^2m^2+\left|\frac{1-c}{2}\right|^2n^2$$

因此只需要证明

$$\left|\frac{1+c}{2}\right|^2 m^2+\left|\frac{1-c}{2}\right|^2 n^2\geqslant\frac{m^2n^2}{m^2+n^2}$$

等价变形为

$$\left|\frac{1+c}{2}\right|^2 m^4+\left|\frac{1-c}{2}\right|^2 n^4+\left(\left|\frac{1+c}{2}\right|^2+\left|\frac{1-c}{2}\right|^2\right)m^2n^2\geqslant m^2n^2 \quad ①$$

事实上

$$\left|\frac{1+c}{2}\right|^2 m^4+\left|\frac{1-c}{2}\right|^2 n^4+\left(\left|\frac{1+c}{2}\right|^2+\left|\frac{1-c}{2}\right|^2\right)m^2n^2\geqslant$$

$$2\left|\frac{1+c}{2}\right|\left|\frac{1-c}{2}\right|m^2n^2+\left(\left|\frac{1+2c+c^2}{4}\right|+\left|\frac{1-2c+c^2}{4}\right|\right)m^2n^2=$$

$$\left(\left|\frac{1-c^2}{2}\right|+\left|\frac{1+2c+c^2}{4}\right|+\left|\frac{1-2c+c^2}{4}\right|\right)m^2n^2\geqslant$$

$$\left|\frac{1-c^2}{2}+\frac{1+2c+c^2}{4}+\frac{1-2c+c^2}{4}\right|m^2n^2=m^2n^2$$

故式 ① 得证.

证法 3 由已知得

$$m^2=|a+b|^2=(a+b)(\overline{a+b})=(a+b)(\bar{a}+\bar{b})=$$
$$|a|^2+|b|^2+a\bar{b}+\bar{a}b$$
$$n^2=|a-b|^2=(a-b)(\overline{a-b})=(a-b)(\bar{a}-\bar{b})=$$
$$|a|^2+|b|^2-a\bar{b}-\bar{a}b$$

从而 $|a|^2+|b|^2=\dfrac{m^2+n^2}{2},a\bar{b}+\bar{a}b=\dfrac{m^2-n^2}{2}$

令 $c=x+y\mathrm{i},x,y\in\mathbf{R}$

则

$$|ac+b|^2+|a+bc|^2=$$
$$(ac+b)(\overline{ac+b})+(a+bc)(\overline{a+bc})=$$
$$|a|^2|c|^2+|b|^2+a\bar{b}c+\bar{a}b\bar{c}+|a|^2+$$
$$|b|^2|c|^2+\bar{a}bc+a\bar{b}\bar{c}=$$
$$(|c|^2+1)(|a|^2+|b|^2)+(c+\bar{c})(a\bar{b}+\bar{a}b)=$$
$$(x^2+y^2+1)\frac{m^2+n^2}{2}+2x\frac{m^2-n^2}{2}\geqslant$$
$$\frac{m^2+n^2}{2}x^2+(m^2-n^2)x+\frac{m^2+n^2}{2}=$$
$$\frac{m^2+n^2}{2}\left(x+\frac{m^2-n^2}{m^2+n^2}\right)^2-\frac{m^2+n^2}{2}\left(\frac{m^2-n^2}{m^2+n^2}\right)^2+\frac{m^2+n^2}{2}\geqslant$$
$$\frac{m^2+n^2}{2}-\frac{1}{2}\cdot\frac{(m^2-n^2)^2}{m^2+n^2}=\frac{2m^2n^2}{m^2+n^2}$$

所以 $$(\max\{|ac+b|,|a+bc|\})^2 \geqslant \frac{m^2n^2}{m^2+n^2}$$

即 $$\max\{|ac+b|,|a+bc|\} \geqslant \frac{mn}{\sqrt{m^2+n^2}}$$

2 试证明:(1) 若 $2n-1$ 为素数,则对于任意 n 个互不相同的正整数 $a_1,a_2,\cdots,a_n$,都存在 $i,j\in\{1,2,\cdots,n\}$,使得

$$\frac{a_i+a_j}{(a_i,a_j)} \geqslant 2n-1$$

(2) 若 $2n-1$ 为合数,则存在 n 个互不相同的正整数 $a_1,a_2,\cdots,a_n$,使得对任意 $i,j\in\{1,2,\cdots,n\}$,都有

$$\frac{a_i+a_j}{(a_i,a_j)} < 2n-1$$

其中,(x,y) 表示正整数 x,y 的最大公因数.

证明 (1) 记 $2n-1$ 为素数 p,不妨设 $(a_1,a_2,\cdots,a_n)=1$. 若存在 $i(1\leqslant i\leqslant n)$,使得 $p\mid a_i$. 必然存在 $j\neq i$ 使得 $p\nmid a_j$. 由于 $p\nmid(a_i,a_j)$,则有

$$\frac{a_i+a_j}{(a_i,a_j)} \geqslant \frac{a_i}{(a_i,a_j)} \geqslant p=2n-1$$

以下只需要考虑 $(a_i,p)=1,i=1,2,\cdots,n$,则对任意 $i\neq j$ 都有 $p\nmid(a_i,a_j)$. 将 $1,2,\cdots,p-1$ 分成 $n-1$ 类: $\{1,p-1\}$,$\{2,p-2\},\cdots,\{n-1,n\}$. 由抽屉原理可知存在 $i\neq j$,使得 $a_i\equiv a_j \pmod p$ 或者 $a_i+a_j\equiv 0\pmod p$.

当 $a_i\equiv a_j\pmod p$ 时

$$\frac{a_i+a_j}{(a_i,a_j)} > \frac{a_i-a_j}{(a_i,a_j)} \geqslant p=2n-1$$

当 $a_i+a_j\equiv 0\pmod p$ 时

$$\frac{a_i+a_j}{(a_i,a_j)} \geqslant p=2n-1$$

故(1)得证.

(2) 以下我们来构造命题存在性的例子. 由于 $2n-1$ 为合数,则存在两个大于 1 的正整数 p,q 使得 $2n-1=pq$. 可以构造如下 n 个数

$$a_1=1,a_2=2,\cdots,a_p=p,a_{p+1}=p+1$$
$$a_{p+2}=p+3,\cdots,a_n=pq-p$$

其中前面为 p 个连续的整数,从 $p+1$ 至 $pq-p$ 为 $n-p$ 个连续的偶数.

当 $1\leqslant i\leqslant j\leqslant p$ 时,显然有

$$\frac{a_i+a_j}{(a_i,a_j)} \leqslant a_i + a_j \leqslant 2p < 2n-1$$

当 $p+1 \leqslant i \leqslant j \leqslant n$ 时,因为 $2 \mid (a_i,a_j)$,所以有

$$\frac{a_i+a_j}{(a_i,a_j)} \leqslant \frac{a_i+a_j}{2} \leqslant pq-p < 2n-1$$

当 $1 \leqslant i \leqslant p, p+1 \leqslant j \leqslant n$ 时,分两种情况:

① 当 $i \neq p$ 或 $j \neq n$ 时,显然有

$$\frac{a_i+a_j}{(a_i,a_j)} \leqslant pq-1 < 2n-1$$

② 当 $i=p$ 且 $j=n$ 时,由于 $(p,pq-p)=p$,则有

$$\frac{a_p+a_n}{(a_p,a_n)} \leqslant \frac{pq}{p} \leqslant q < 2n-1$$

经过如上验证,可以看出所构造的 n 个数满足条件.

3 已知 $a_1,a_2,\cdots,a_{11}$ 为给定的 11 个互不相同的正整数,且总和小于 2 007. 在黑板上依次写着 $1,2,\cdots,2\ 007$ 这 2 007 个数. 将连续的 22 次操作定义为一个操作组:第 i 次操作可以从黑板上现有的数中任选一个数,当 $1 \leqslant i \leqslant 11$ 时,加上 a_i,当 $12 \leqslant i \leqslant 22$ 时,减去 a_{i-11}. 如果最终结果为 $1,2,\cdots,2\ 007$ 的偶排列[①],则称这个操作组为优的;如果最终结果为 $1,2,\cdots,2\ 007$ 的奇排列,则称这个操作组为次优的. 问:优的操作组与次优的操作组哪种多,多多少?

解 优的操作组更多,多了 $\prod\limits_{i=1}^{11} a_i$ 个.

我们引入一般的记号:如果黑板上写着 $1,2,\cdots,n$ 这 n 个数,一个操作组被定义为 l 次连续操作:第 i 次操作可以从黑板上现有的数中任选出一个,加上 b_i,这里 $b_i \in \mathbf{Z}(1 \leqslant i \leqslant l)$. 若最终结果为 $1,2,\cdots,n$ 的偶(奇)排列,则称这个操作组为优(次优)的,优的操作组的数目与次优的操作组的数目之差记为 $f(b_1,b_2,\cdots,b_l;n)$. 以下先来讨论 f 的性质.

首先,对任意 $1 \leqslant i,j \leqslant l$,交换 b_i 与 b_j 的取值不会影响 f. 事实上,只需要将操作组的第 i 次与第 j 次操作对调;换言之,第 i 次操作时进行原来的第 j 次操作,把原来计划进行的第 j 次操作选定的数加上 b_j,而第 j 次操作时进行原来的第 i 次操作. 对调后操作组的结果不变,因而优(次优)操作组的数目不变,故 f 不变.

---

① $1,2,\cdots,n$ 的一个排列 $x_1,x_2,\cdots,x_n$ 称为偶排列,如果 $\prod\limits_{i>j}(x_i-x_j)$ 为正数,否则称为奇排列.

其次,我们只需要计算这样的优的(次优的)操作组的数目:每一步操作后,黑板上没有任何两个数相同,这样的操作组称为具有性质 P 的操作组. 可以证明,具有性质 P 的优的操作组数目与次优的操作组数目之差也等于 $f(b_1,b_2,\cdots,b_l;n)$.

事实上,只要证明,在不具有性质 P 的操作组中,优的操作组与次优的操作组一样多. 如果一个操作组最先第 i 步操作导致黑板上出现两个相等的数,例如第 p 个数和第 q 个数相等($1 \leqslant p < q \leqslant n$),那么对该操作组的后 $l-i$ 步操作进行如下的改动:对第 p 个数的操作改成对第 q 个数进行,对第 q 个数的操作改成对第 p 个数进行,那么这个新的操作组最终显示的结果将是在原操作组的结果上对第 p,q 个数进行了对换,不难发现,对换一个排列中任何两个数都会导致排列的奇偶性改变. 所以,优的操作组通过上述改动可以和次优的操作组构成一一对应,因而不具备性质 P 的操作组中,优的与次优的一样多.

现在我们对 m 用数学归纳法证明如下的结果:

$a_1,a_2,\cdots,a_m$ 为 m 个互不相同的正整数且总和小于 n,则

$$f(a_1,a_2,\cdots,a_m,-a_1,-a_2,\cdots,-a_m;n)=\prod_{j=1}^{m}a_j \qquad ①$$

当 $m=1$ 时,考虑具有性质 P 的优的和次优的操作组,必然是从后 a_1 个数中选上某个数加上 a_1,然后再将这个数加上 $-a_1$(否则得不到 $1,2,\cdots,n$ 的排列),所以优的操作组有 a_1 个,次优的操作组有 0 个,故 ① 成立.

假设 $m-1$ 时命题成立. 考虑 m 时的命题. 不妨设 $a_1<a_2<\cdots<a_n$. 根据前面的讨论

$$f(a_1,a_2,\cdots,a_m,-a_1,-a_2,\cdots,-a_m;n)=$$
$$f(a_1,-a_2,-a_3,\cdots,-a_m,a_2,a_3,\cdots,a_m,-a_1;n)$$

这时对于具有性质 P 的优的和次优的操作组来说,第 1 步操作可以从末 a_1 个数中选取某数加上 a_1,而第 2 步操作只能对前 a_2 个数进行,第 3 步操作只能对前 a_2+a_3 个数进行,……,第 m 步操作只能对前 $a_2+a_3+\cdots+a_m<n-a_1$ 个数进行,而第 $m+1\sim 2m-1$ 步操作也只能对前 $n-a_1$ 个数进行,否则前 $n-a_1$ 个数最终的和小于 $1+2+\cdots+(n-a_1)$,操作组结束后黑板上的 n 个数不为 $1,2,\cdots,n$ 的排列,第 $2m$ 步操作只能对第 1 步操作时选定的数进行.

因此,第 $2\sim 2m-2$ 步操作必然是对前 $n-a_1$ 个数进行,它的结果也要得到 $1,2,\cdots,n-a_1$ 的偶(奇)排列,才能使总共 $2m$ 步操作的结果得到 $1,2,\cdots,n$ 的偶(奇)排列. 所以,中间 $2m-2$ 步操作构成的对 $n-a_1$ 个数进行的每个具有性质 P 的优(次优)的操作组都可以对应 a_1 个原来的具有性质 P 的优(次优)的操作组,于是

$$f(a_1, -a_2, -a_3, \cdots, -a_m, a_2, a_3, \cdots, a_m, -a_1; n) =$$
$$a_1 \cdot f(-a_2, -a_3, \cdots, -a_m, a_2, a_3, \cdots, a_m; n - a_1)$$

根据归纳假设

$$f(-a_2, -a_3, \cdots, -a_m, a_2, a_3, \cdots, a_m; n - a_1) =$$
$$f(a_2, a_3, \cdots, a_m, -a_2, -a_3, \cdots, -a_m; n - a_1) = \prod_{j=2}^{m} a_j$$

故式 ① 在 m 时亦成立.

所以由数学归纳法,式 ① 得证.

在式 ① 中取 $n = 2\ 007, m = 11$,即得到本题的答案 $\prod_{j=1}^{11} a_j$.

4 设 O 和 I 分别为 $\triangle ABC$ 的外心和内心,$\triangle ABC$ 的内切圆与边 BC, CA, AB 分别相切于点 D, E, F,直线 FD 与 CA 相交于点 P,直线 DE 与 AB 相交于点 Q,点 M, N 分别为线段 PE, QF 的中点,求证:$OI \perp MN$.

证明 考虑 $\triangle ABC$ 与截线 PFD,由梅涅劳斯定理,有

$$\frac{CP}{PA} \cdot \frac{AF}{FB} \cdot \frac{BD}{DC} = 1$$

所以
$$\frac{PA}{PC} = \frac{AF}{FB} \cdot \frac{BD}{DC} = \frac{AF}{DC} = \frac{p-a}{p-c}$$

于是
$$\frac{PA}{CA} = \frac{p-a}{a-c}$$

因此
$$PA = \frac{b(p-a)}{a-c}$$

这样

$$PE = PA + AE = \frac{b(p-a)}{a-c} + p - a = \frac{2(p-c)(p-a)}{a-c}$$
$$ME = \frac{1}{2}PE = \frac{(p-c)(p-a)}{a-c}$$
$$MA = ME - AE = \frac{(p-c)(p-a)}{a-c} - (p-a) = \frac{(p-a)^2}{a-c}$$
$$MC = ME + EC = \frac{(p-c)(p-a)}{a-c} + (p-c) = \frac{(p-c)^2}{a-c}$$

于是
$$MA \cdot MC = ME^2$$

因为 ME 是点 M 到 $\triangle ABC$ 的内切圆的切线长,所以 ME^2 是点 M 到内切圆的幂,而 $MA \cdot MC$ 是点 M 到 $\triangle ABC$ 的外接圆的幂,等式 $MA \cdot MC = ME^2$ 表明点 M 到 $\triangle ABC$ 的外接圆与内切圆的幂相等,因而点 M 在 $\triangle ABC$ 的外接圆与内切圆的根轴上. 同理,点 N 也在 $\triangle ABC$ 的外接圆与内切圆的根轴上. 故 $OI \perp MN$.

5 设有界数列$\{a_n\}_{n\geqslant 1}$满足

$$a_n < \sum_{k=n}^{2n+2\,006} \frac{a_k}{k+1} + \frac{1}{2n+2\,007}, n=1,2,3,\cdots$$

证明

$$a_n < \frac{1}{n}, n=1,2,3,\cdots$$

证明 设$b_n = a_n - \frac{1}{n}$,则

$$b_n < \sum_{k=n}^{2n+2\,006} \frac{b_k}{k+1}, n \geqslant 1 \quad ①$$

下面证明$b_n < 0$.因为a_n有界,所以存在常数M,使得$b_n < M$.当$n > 100\,000$时,我们有

$$b_n < \sum_{k=n}^{2n+2\,006} \frac{b_k}{k+1} < M\sum_{k=n}^{2n+2\,006} \frac{1}{k+1} =$$

$$M\sum_{k=n}^{\left[\frac{3n}{2}\right]} \frac{1}{k+1} + M\sum_{k=\left[\frac{3n}{2}\right]+1}^{2n+2\,006} \frac{1}{k+1} <$$

$$M\cdot\frac{1}{2} + M\cdot\frac{\frac{n}{2}+2\,006}{\frac{3n}{2}+1} < \frac{6}{7}M$$

由此可以得到,对任意的正整数m有

$$b_n < \left(\frac{6}{7}\right)^m M$$

于是有

$$b_n \leqslant 0, n \geqslant 100\,000$$

将其代入式①,得

$$b_n < 0, n \geqslant 100\,000$$

再次利用式①,可以得:如果当$n \geqslant N+1$时$b_n < 0$,则$b_N < 0$,这就推出

$$b_n < 0, n=1,2,3,\cdots$$

即

$$a_n < \frac{1}{n}, n=1,2,3,\cdots$$

6 试求不小于9的最小正整数n,满足对任给的n个整数(可以相同)$a_1,a_2,\cdots,a_n$,总存在9个数$a_{i_1},a_{i_2},\cdots,a_{i_9}$($1\leqslant i_1 < i_2 < \cdots < i_9 \leqslant n$)及$b_i \in \{4,7\}$($i=1,2,\cdots,9$),使得$b_1a_{i_1}+b_2a_{i_2}+\cdots+b_9a_{i_9}$为9的倍数.

解 取$a_1=a_2=1,a_3=a_4=3,a_5=a_6=\cdots=a_{12}=0$,则其中

任 9 个数均不满足要求,因此 $n \geqslant 13$. 下面证明 $n = 13$ 满足要求. 为此,只要证明如果 m 个整数(可能相同)$a_1, a_2, \cdots, a_m$ 中,不存在 3 个数 $a_{i_1}, a_{i_2}, a_{i_3}$ 及 $b_1, b_2, b_3 \in \{4, 7\}$,使得 $b_1a_{i_1} + b_2a_{i_2} + b_3a_{i_3}$ 为 9 的倍数,则 $m \leqslant 6$ 或者 $7 \leqslant m \leqslant 8$ 且 $a_1, a_2, \cdots, a_m$ 中有 6 个 $a_{i_1}, a_{i_2}, \cdots, a_{i_6}$ 及 $b_1, b_2, \cdots, b_6 \in \{4, 7\}$ 使得

$$9 \mid b_1a_{i_1} + b_2a_{i_2} + \cdots + b_6a_{i_6}$$

设

$$A_1 = \{i \mid 1 \leqslant i \leqslant m, 9 \mid a_i\}$$

$$A_2 = \{i \mid 1 \leqslant i \leqslant m, a_i \equiv 3 \pmod 9\}$$

$$A_3 = \{i \mid 1 \leqslant i \leqslant m, a_i \equiv 6 \pmod 9\}$$

$$A_4 = \{i \mid 1 \leqslant i \leqslant m, a_i \equiv 1 \pmod 3\}$$

$$A_5 = \{i \mid 1 \leqslant i \leqslant m, a_i \equiv 2 \pmod 3\}$$

则 $|A_1| + |A_2| + |A_3| + |A_4| + |A_5| = m$,且:

(1) 若 $i \in A_2, j \in A_3$,且 $9 \mid 4a_i + 4a_j$.

(2) 若 $i \in A_4, j \in A_5$,则 9 能整除 $4a_i + 4a_j, 4a_i + 7a_j, 7a_i + 4a_j$ 之一. 这是因为 $4a_i + 4a_j, 4a_i + 7a_j, 7a_i + 4a_j$ 均是 3 的倍数且模 9 两两不同余.

(3) 若 $i, j, k \in A_2$ 或者 $i, j, k \in A_3$,则 $9 \mid 4a_i + 4a_j + 4a_k$.

(4) 若 $i, j, k \in A_4$ 或者 $i, j, k \in A_5$,则 9 能整除 $4a_i + 4a_j + 4a_k$, $4a_i + 4a_j + 7a_k, 4a_i + 7a_j + 7a_k$ 之一. 这是因为这三个数均是 3 的倍数且模 9 两两不同余.

由假设,有 $|A_i| \leqslant 2 (1 \leqslant i \leqslant 5)$.

若 $|A_1| \geqslant 1$,则

$$|A_2| + |A_3| \leqslant 2, |A_4| + |A_5| \leqslant 2$$

这样
$$m = |A_1| + |A_2| + |A_3| + |A_4| + |A_5| \leqslant 6$$

设 $|A_1| = 0, m \geqslant 7$,此时

$$7 \leqslant m = |A_1| + |A_2| + |A_3| + |A_4| + |A_5| \leqslant 8$$

因此
$$\min\{|A_2|, |A_3|\} + \min\{|A_4|, |A_5|\} \geqslant 3$$

由(1)和(2)知存在 $i_1, i_2, \cdots, i_6 \in A_2 \cup A_3 \cup A_4 \cup A_5, i_1 < i_2 < \cdots < i_6$ 及 $b_1, b_2, \cdots, b_6 \in \{4, 7\}$ 使 $9 \mid b_1a_{i_1} + b_2a_{i_2} + \cdots + b_6a_{i_6}$.

综上,所求的最小的 $n = 13$.

第 23 届中国数学奥林匹克

哈尔滨,2008

1 设锐角 $\triangle ABC$ 的三边长互不相等,O 为其外心,点 A' 在线段 AO 的延长线上,使得 $\angle BA'A = \angle CA'A$. 过点 A' 分别作 $A'A_1 \perp AC$,$A'A_2 \perp AB$,垂足分别为 A_1,A_2,作 $AH_A \perp BC$,垂足为 H_A. 记 $\triangle H_AA_1A_2$ 的外接圆半径为 R_A,类似地可得 R_B,R_C. 求证

$$\frac{1}{R_A} + \frac{1}{R_B} + \frac{1}{R_C} = \frac{2}{R}$$

其中,R 为 $\triangle ABC$ 的外接圆半径.

证明 首先,易知 A',B,O,C 四点共圆.

事实上,如图 1 所示,作 $\triangle BOC$ 的外接圆,设其与 AO 交于点 P(不同于点 A'),则

$$\angle BPA = \angle BCO = \angle CBO = \angle CPA$$

故 $\triangle PA'C \cong \triangle PA'B$,得 $A'B = A'C$,从而,$AB = AC$. 矛盾.

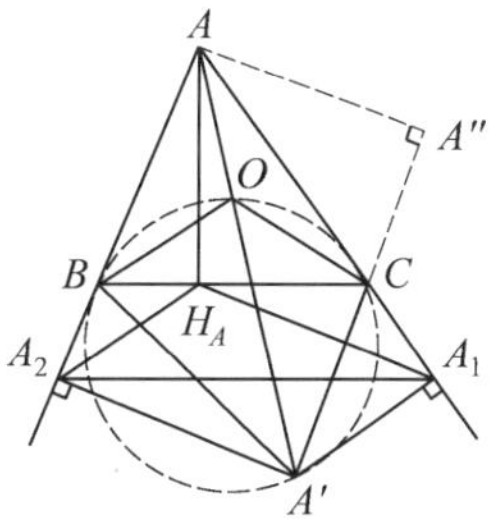

图 1

其次

$$\frac{AA_2}{AA'} = \cos\ \angle A_2AA' = \sin\ C = \frac{H_AA}{AC}$$

$$\angle A_2AH_A = \frac{\pi}{2} - \angle B = \angle A'AC$$

所以 $$\triangle A_2AH_A \backsim \triangle A'AC$$

同理 $$\triangle A_1H_AA \backsim \triangle A'BA$$

故

$$\angle A_2H_AA = \angle ACA'$$

$$\angle A_1H_AA = \angle ABA'$$

则

$$\angle A_1H_AA_2 = 2\pi - \angle A_2H_AA - \angle A_1H_AA = 2\pi - \angle ACA' - \angle ABA' = \angle A + 2\left(\frac{\pi}{2} - \angle A\right) = \pi - \angle A$$

所以 $$\frac{R}{R_A} = \frac{R}{\dfrac{A_1A_2}{2\sin\ \angle A_1H_AA_2}} = \frac{2R\sin\ A}{A_1A_2} = \frac{2R\sin\ A}{AA'\sin\ A} = \frac{2R}{AA'}$$

而

$$AA' = \frac{AA''}{\sin \angle AA'C} = \frac{AH_A}{\sin(90° - \angle A)} = \frac{AH_A}{\cos A} = \frac{2S_{\triangle ABC}}{a\cos A}$$

其中,$AA'' \perp A'C$ 于点 A'',故

$$\frac{1}{R_A} = \frac{a\cos A}{S_{\triangle ABC}} = \frac{\cos A}{R\sin B\sin C} = \frac{1}{R}(1 - \cot B\cot C)$$

同理

$$\frac{1}{R_B} = \frac{1}{R}(1 - \cot C\cot A)$$

$$\frac{1}{R_C} = \frac{1}{R}(1 - \cos A\cot B)$$

注意到

$$\cot A\cot B + \cot B\cot C + \cot C\cot A = 1$$

所以

$$\frac{1}{R_A} + \frac{1}{R_B} + \frac{1}{R_C} = \frac{2}{R}$$

2 给定整数 $n(n \geqslant 3)$. 证明:集合 $X = \{1,2,\cdots,n^2 - n\}$ 能写成两个不相交的非空子集的并集,使得每一个子集均不包含 n 个元素 $a_1,a_2,\cdots,a_n,a_1 < a_2 < \cdots < a_n$,满足

$$a_k \leqslant \frac{a_{k-1} + a_{k+1}}{2}, k = 2,3,\cdots,n - 1$$

解 定义

$$S_k = \{k^2 - k + 1,\cdots,k^2\}$$
$$T_k = \{k^2 + 1,\cdots,k^2 + k\}$$
$$k = 1,2,\cdots,n - 1$$

令

$$S = \bigcup_{k=1}^{n-1} S_k, T = \bigcup_{k=1}^{n-1} T_k$$

下面证明:S,T 就是满足题目要求的两个子集.

首先,$S \cap T = \varnothing$,且 $S \cup T = X$.

其次,若 S 中存在 n 个元素 $a_1,a_2,\cdots,a_n,a_1 < a_2 < \cdots < a_n$,满足

$$a_k \leqslant \frac{a_{k-1} + a_{k+1}}{2}, k = 2,3,\cdots,n - 1$$

则

$$a_k - a_{k-1} \leqslant a_{k+1} - a_k, k = 2,3,\cdots,n - 1 \quad ①$$

不妨设 $a_1 \in S_i$.

由于 $|S_{n-1}| < n$,故 $i < n-1$. 于是,$a_1, a_2, \cdots, a_n$ 这 n 个数中至少有 $n - |S_i| = n - i$ 个在 $S_{i+1} \cup \cdots \cup S_{n-1}$ 中.

根据抽屉原理,必有某个 $S_j(i < j < n)$ 中含有其中至少两个数,设最小的一个为 a_k,则 $a_k, a_{k+1} \in S_j$. 而 $a_{k-1} \in S_1 \cup \cdots \cup S_{j-1}$,于是

$$a_{k+1} - a_k \leqslant |S_j| - 1 = j - 1$$

$$a_k - a_{k-1} \geqslant |T_{j-1}| + 1 = j$$

则

$$a_{k+1} - a_k < a_k - a_{k-1}$$

与式 ① 矛盾.

故 S 中不存在 n 个元素满足题中假设.

同理,T 中也不存在这样的 n 个元素.

这表明 S, T 即为满足题中要求的两个子集.

3 给定正整数 n,及实数 $x_1 \leqslant x_2 \leqslant \cdots \leqslant x_n, y_1 \geqslant y_2 \geqslant \cdots \geqslant y_n$,满足

$$\sum_{i=1}^{n} i x_i \geqslant \sum_{i=1}^{n} i y_i$$

证明:对任意实数 α,有

$$\sum_{i=1}^{n} x_i [i\alpha] \geqslant \sum_{i=1}^{n} y_i [i\alpha]$$

其中,$[\beta]$ 表示不超过实数 β 的最大整数.

证明 先证明一个引理.

引理 对任意实数 α 和正整数 n,有

$$\sum_{i=1}^{n-1} [i\alpha] \leqslant \frac{n-1}{2}[n\alpha]$$

引理的证明 只需将 $[i\alpha] + [(n-i)\alpha] \leqslant [n\alpha]$ 对 $i = 1, 2, \cdots, n-1$ 求和即得.

回到原题.

下面采用数学归纳法对 n 进行归纳.

当 $n = 1$ 时,显然原命题成立.

假设 $n = k$ 时,原命题成立,考虑 $n = k + 1$.

令 $a_i = x_i + \frac{2}{k} x_{k+1}, b_i = y_i + \frac{2}{k} y_{k+1} (i = 1, 2, \cdots, k)$. 显然,$a_1 \leqslant a_2 \leqslant \cdots \leqslant a_k, b_1 \geqslant b_2 \geqslant \cdots \geqslant b_k$,并且通过计算知

$$\sum_{i=1}^{k} i a_i = \sum_{i=1}^{k} i b_i$$

由归纳假设知

$$\sum_{i=1}^{k} a_i[i\alpha] \geqslant \sum_{i=1}^{k} b_i[i\alpha]$$

又 $x_{k+1} \geqslant y_{k+1}$,否则,若 $x_{k+1} < y_{k+1}$,则 $x_1 \leqslant x_2 \leqslant \cdots \leqslant x_{k+1} < y_{k+1} \leqslant \cdots \leqslant y_2 \leqslant y_1$,由已知有 $\sum_{i=1}^{k+1} ix_i = \sum_{i=1}^{k+1} iy_i$,矛盾. 从而

$$\sum_{i=1}^{k+1} x_i[i\alpha] - \sum_{i=1}^{k} a_i[i\alpha] = x_{k+1}\left\{[(k+1)\alpha] - \frac{2}{k}\sum_{i=1}^{k}[i\alpha]\right\} \geqslant y_{k+1}\left\{[(k+1)\alpha] - \frac{2}{k}\sum_{i=1}^{k}[i\alpha]\right\} = \sum_{i=1}^{k+1} y_i[i\alpha] - \sum_{i=1}^{k} b_i[i\alpha]$$

由此,得

$$\sum_{i=1}^{k+1} x_i[i\alpha] \geqslant \sum_{i=1}^{k+1} y_i[i\alpha]$$

由数学归纳法知原命题对任意正整数 n 均成立.

4 设 A 是正整数集的无限子集,$n(n > 1)$ 是给定的整数. 已知对任意一个不整除 n 的素数 p,集合 A 中均有无穷多个元素不被 p 整除. 证明:对任意整数 $m(m > 1)$,$(m,n)=1$,集合 A 中均存在有限个互不相同的元素, 其和 S 满足 $S \equiv 1 \pmod m$, 且 $S \equiv 0 \pmod n$.

证明 设 $p^\alpha \parallel m$,$\alpha \geqslant 1$,则集合 A 中有一个无穷子集 A_1,其中的元素都不被 p 整除.

由抽屉原理知,集合 A_1 有一个无穷子集 A_2,其中的元素恒关于 mn 模 a,a 是一个不被 p 整除的数.

因为 $(m,n)=1$,所以,$\left(p^\alpha, \frac{mn}{p^\alpha}\right) = 1$.

由中国剩余定理,同余方程组

$$\begin{cases} x \equiv a^{-1} \pmod{p^\alpha} \\ x \equiv 0\left(\bmod \dfrac{mn}{p^\alpha}\right) \end{cases} \quad ①$$

有无穷多个整数解. 任取其中一个正整数解 x,并记 B_p 是 A_2 中前 x 项的集合,则 B_p 中的元素之和 $S_p \equiv ax \pmod{mn}$.

再由方程组 ① 可知

$$S_p \equiv ax \equiv 1 \pmod{p^\alpha},\ S_p \equiv 0\left(\bmod \frac{mn}{p^\alpha}\right)$$

设 $m = p_1^{\alpha_1}p_2^{\alpha_2}\cdots p_k^{\alpha_k}$,并设对每个 $p_i(1 \leqslant i \leqslant k-1)$ 已选出了 A 的有限子集 B_{p_i},其中,$B_{p_i} \subset A \backslash B_{p_1} \cup \cdots \cup B_{p_{i-1}}$,使 B_{p_i} 中的元素和

S_{p_i} 满足

$$S_{p_i} \equiv 1(\bmod p_i^{\alpha_i}), S_{p_i} \equiv 0\left(\bmod \frac{mn}{p_i^{\alpha_i}}\right) \qquad ②$$

考虑集合 $B=\bigcup_{i=1}^{k} B_{p_i}$,则 B 的元素和 $S=\sum_{i=1}^{k} S_{p_i}$.

根据式②,有 $S \equiv 1(\bmod p_i^{\alpha_i})(1 \leqslant i \leqslant k)$,且 $S \equiv 0(\bmod n)$.

所以,B 即满足题目要求.

5 求具有如下性质的最小正整数 n:将正 n 边形的每一个顶点任意染上红、黄、蓝三种颜色之一,那么,这 n 个顶点中一定存在四个同色点,它们是一个等腰梯形的顶点(两条边平行,另两条边不平行且相等的凸四边形称为等腰梯形).

解 所求 n 的最小值为 17.

首先证明:$n=17$ 时,结论成立.

用反证法.

假设存在一种将正 17 边形的顶点三染色的方法,使得不存在 4 个同色顶点是某个等腰梯形的顶点.

由于 $\left[\frac{17-1}{3}\right]+1=6$,故必存在某 6 个顶点染同一种颜色,不妨设为黄色. 将这 6 个点两两连线,可以得到 $C_6^2=15$ 条线段. 由于这些线段的长度只有 $\left[\frac{17}{2}\right]=8$ 种可能,于是,必出现如下的两种情形之一.

(1) 有某三条线段长度相同.

注意到 $3 \nmid 17$,不可能出现这三条线段两两有公共顶点的情况. 所以,存在两条线段,顶点互不相同. 这两条线段的 4 个顶点即满足题目要求,矛盾.

(2) 有 7 对长度相等的线段.

由假设,每对长度相等的线段必有公共的黄色顶点,否则,能找到满足题目要求的 4 个黄色顶点. 再根据抽屉原理,必有两对线段的公共顶点是同一个黄色点. 这四条线段的另 4 个顶点必然是某个等腰梯形的顶点,矛盾.

所以,$n=17$ 时,结论成立.

再对 $n \leqslant 16$ 构造出不满足题目要求的染色方法. 用 A_1, $A_2, \cdots, A_n$ 表示正 n 边形的顶点(按顺时针方向),M_1, M_2, M_3 分别表示三种颜色的顶点集.

当 $n=16$ 时,令

$$M_1=\{A_5, A_8, A_{13}, A_{14}, A_{16}\}$$

$$M_2=\{A_3,A_6,A_7,A_{11},A_{15}\}$$
$$M_3=\{A_1,A_2,A_4,A_9,A_{10},A_{12}\}$$

对于 M_1，A_{14} 到另 4 个顶点的距离互不相同，而另 4 个点刚好是一个矩形的顶点，类似于 M_1，可验证 M_2 中不存在 4 个顶点是某个等腰梯形的顶点. 对于 M_3，其中 6 个顶点刚好是 3 条直径的顶点，所以，任意 4 个顶点要么是某个矩形的 4 个顶点，要么是某个不等边四边形的 4 个顶点.

当 $n=15$ 时，令

$$M_1=\{A_1,A_2,A_3,A_5,A_8\}$$
$$M_2=\{A_6,A_9,A_{13},A_{14},A_{15}\}$$
$$M_3=\{A_4,A_7,A_{10},A_{11},A_{12}\}$$

每个 M_i 中均无 4 点是等腰梯形的顶点.

当 $n=14$ 时，令

$$M_1=\{A_1,A_3,A_8,A_{10},A_{14}\}$$
$$M_2=\{A_4,A_5,A_7,A_{11},A_{12}\}$$
$$M_3=\{A_2,A_6,A_9,A_{13}\}$$

每个 M_i 中均无 4 点是等腰梯形的顶点.

当 $n=13$ 时，令

$$M_1=\{A_5,A_6,A_7,A_{10}\}$$
$$M_2=\{A_1,A_8,A_{11},A_{12}\}$$
$$M_3=\{A_2,A_3,A_4,A_9,A_{13}\}$$

每个 M_i 中均无 4 点是等腰梯形的顶点.

在上述情形中去掉顶点 A_{13}，染色方式不变，即得到 $n=12$ 的染色方法；然后，再去掉顶点 A_{12}，即得到 $n=11$ 的染色方法；继续去掉顶点 A_{11}，得到 $n=10$ 的染色方法.

当 $n\leqslant 9$ 时，可以使每种颜色的顶点个数小于 4，从而，无 4 个同色顶点是某个等腰梯形的顶点.

上面构造的例子表明 $n\leqslant 16$ 不具备题目要求的性质.

综上所述，所求的 n 的最小值为 17.

6 试确定所有同时满足

$$q^{n+2}\equiv 3^{n+2}\pmod{p^n},\ p^{n+2}\equiv 3^{n+2}\pmod{q^n}$$

的三元数组 (p,q,n)，其中，p,q 为奇素数，n 为大于 1 的整数.

解 易见 $(3,3,n)$ $(n=2,3,\cdots)$ 均为满足要求的数组.

假设 (p,q,n) 为其他满足要求的一数组，则 $p\neq q$，$p\neq 3$，$q\neq 3$. 不妨设 $q>p\geqslant 5$. 若 $n=2$，则 $q^2\mid(p^4-3^4)$，即

$$q^2\mid(p^2-3^2)(p^2+3^2)$$

由于 q 不同时整除 p^2-3^2 和 p^2+3^2，故

$$q^2 \mid (p^2-3^2) \text{ 或 } q^2 \mid (p^2+3^2)$$

但 $$0 < p^2-3^2 < q^2, \frac{1}{2}(p^2+3^2) < p^2 < q^2$$

矛盾.

因此，$n \geqslant 3$.

由 $p^n \mid (q^{n+2}-3^{n+2}), q^n \mid (p^{n+2}-3^{n+2})$，知

$$p^n \mid (p^{n+2}+q^{n+2}-3^{n+2}), q^n \mid (p^{n+2}+q^{n+2}-3^{n+2})$$

又 $p<q$（p,q 为素数），故

$$p^nq^n \mid (p^{n+2}+q^{n+2}-3^{n+2}) \quad ①$$

因此 $$p^nq^n \leqslant p^{n+2}+q^{n+2}-3^{n+2} < 2q^{n+2}$$

从而 $$p^n < 2q^2$$

由 $q^n \mid (p^{n+2}-3^{n+2})$ 及 $p>3$，知

$$q^n \leqslant p^{n+2}-3^{n+2} < p^{n+2}$$

从而 $$q < p^{1+\frac{2}{n}}$$

结合 $p^n < 2q^2$，有

$$p^n < 2p^{2+\frac{4}{n}} < p^{3+\frac{4}{n}}$$

因此，$n < 3+\frac{4}{n}$，故 $n=3$. 这样

$$p^3 \mid (q^5-3^5), q^3 \mid (p^5-3^5)$$

且由 $5^5-3^5=2\times 11\times 131$，易知 $p>5$.

由 $p^3 \mid (q^5-3^5)$，知 $p \mid (q^5-3^5)$.

由费马小定理，知 $p \mid (q^{p-1}-3^{p-1})$，因此

$$p \mid (q^{(5,p-1)}-3^{(5,p-1)})$$

若 $(5,p-1)=1$，则 $p \mid (q-3)$. 由

$$\frac{q^5-3^5}{q-3} = q^4+q^3\cdot 3+q^2\cdot 3^2+q\cdot 3^3+3^4 \equiv 5\times 3^4 \pmod p$$

以及 $p>5$，知

$$p \nmid \frac{q^5-3^5}{q-3}$$

因此 $$p^3 \mid (q-3)$$

由 $q^3 \mid (p^5-3^5)$ 知

$$q^3 \leqslant p^5-3^5 < p^5 = (p^3)^{\frac{5}{3}} < q^{\frac{5}{3}}$$

矛盾.

所以，$(5,p-1) \neq 1$，即 $5 \mid (p-1)$.

类似可得 $5 \mid (q-1)$.

由 $q \nmid (p-3)$（因 $q>p\geqslant 7$）及 $q^3 \mid (p^5-3^5)$，知

$$q^3 \left| \frac{p^5 - 3^5}{p - 3} \right.$$

故 $$q^3 \leqslant \frac{p^5 - 3^5}{p - 3} = p^4 + p^3 \cdot 3 + p^2 \cdot 3^2 + p \cdot 3^3 + 3^4$$

由 $5 \mid (p - 1)$ 及 $5 \mid (q - 1)$，知 $p \geqslant 11, q \geqslant 31$，因此

$$q^3 \leqslant p^4\left[1 + \frac{3}{p} + \left(\frac{3}{p}\right)^2 + \left(\frac{3}{p}\right)^3 + \left(\frac{3}{p}\right)^4\right] <$$

$$p^4 \cdot \frac{1}{1 - \frac{3}{p}} \leqslant \frac{11}{8}p^4$$

从而 $$p > \left(\frac{8}{11}\right)^{\frac{1}{4}} q^{\frac{3}{4}}$$

故 $$\frac{p^5 + q^5 - 3^5}{p^3q^3} < \frac{p^2}{q^3} + \frac{q^2}{p^3} < \frac{1}{q} + \left(\frac{11}{8}\right)^{\frac{3}{4}} \cdot \frac{1}{31^{\frac{1}{4}}} < 1$$

这与式①，即 $p^3q^3 \mid (p^5 + q^5 - 3^5)$ 矛盾.

综上，$(3,3,n)(n = 2,3,\cdots)$ 就是所有满足要求的三元数组.

第 24 届中国数学奥林匹克

琼海,2009

1 给定锐角 $\triangle PBC, PB \neq PC$. 设 A, D 分别是边 PB, PC 上的点,联结 AC, BD,相交于点 O. 过点 O 分别作 $OE \perp AB, OF \perp CD$,垂足分别为 E, F,线段 BC, AD 的中点分别为 M, N.

(1) 若 A, B, C, D 四点共圆,求证:$EM \cdot FN = EN \cdot FM$;

(2) 若 $EM \cdot FN = EN \cdot FM$,问:是否一定有 A, B, C, D 四点共圆? 证明你的结论.

证明 (1) 如图 1,设 Q, R 分别是 OB, OC 的中点,联结 EQ, MQ, FR, MR,则

$$EQ = \frac{1}{2}OB = RM, MQ = \frac{1}{2}OC = RF$$

又 $OQMR$ 是平行四边形,所以

$$\angle OQM = \angle ORM$$

由题设 A, B, C, D 四点共圆,所以

$$\angle ABD = \angle ACD$$

于是

$$\angle EQO = 2\angle ABD = 2\angle ACD = \angle FRO$$

所以

$$\angle EQM = \angle EQO + \angle OQM = \angle FRO + \angle ORM = \angle FRM$$

故

$$\triangle EQM \cong \triangle MRF$$

所以

$$EM = FM$$

同理可得

$$EN = FN$$

所以

$$EM \cdot FN = EN \cdot FM$$

(2) 答案是否定的.

当 $AD /\!/ BC$ 时,由于 $\angle B \neq \angle C$,所以 A, B, C, D 四点不共圆,但此时仍然有 $EM \cdot FN = EN \cdot FM$,证明如下:

如图 2,设 S, Q 分别是 OA, OB 的中点,联结 ES, EQ, MQ, NS,则

$$NS = \frac{1}{2}OD, EQ = \frac{1}{2}OB$$

所以

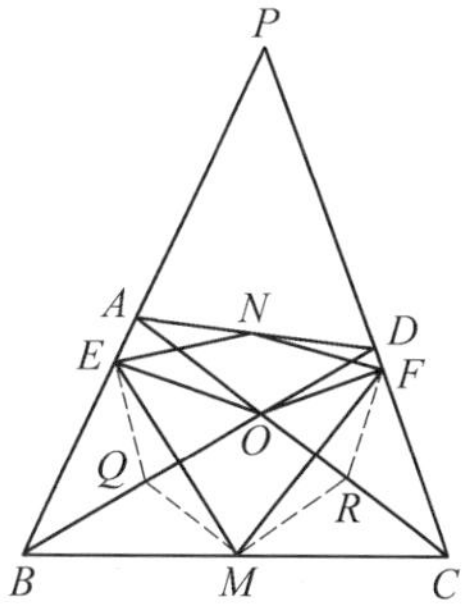

图 1

$$\frac{NS}{EQ}=\frac{OD}{OB} \qquad ①$$

又 $ES=\frac{1}{2}OA, MQ=\frac{1}{2}OC$，所以

$$\frac{ES}{MQ}=\frac{OA}{OC} \qquad ②$$

而 $AD\ /\!/\ BC$，所以

$$\frac{OA}{OC}=\frac{OD}{OB} \qquad ③$$

由式①②③得

$$\frac{NS}{EQ}=\frac{ES}{MQ}$$

因为

$$\angle NSE=\angle NSA+\angle ASE=\angle AOD+2\angle AOE$$

$$\angle EQM=\angle MQO+\angle OQE=(\angle AOE+\angle EOB)+(180^\circ-2\angle EOB)=\angle AOE+(180^\circ-\angle EOB)=\angle AOD+2\angle AOE$$

即 $$\angle NSE=\angle EQM$$

所以 $$\triangle NSE\backsim\triangle EQM$$

故 $$\frac{EN}{EM}=\frac{SE}{QM}=\frac{OA}{OC}\text{(由式②)}$$

同理可得

$$\frac{FN}{FM}=\frac{OA}{OC}$$

所以 $$\frac{EN}{EM}=\frac{FN}{FM}$$

从而 $$EM\cdot FN=EN\cdot FM$$

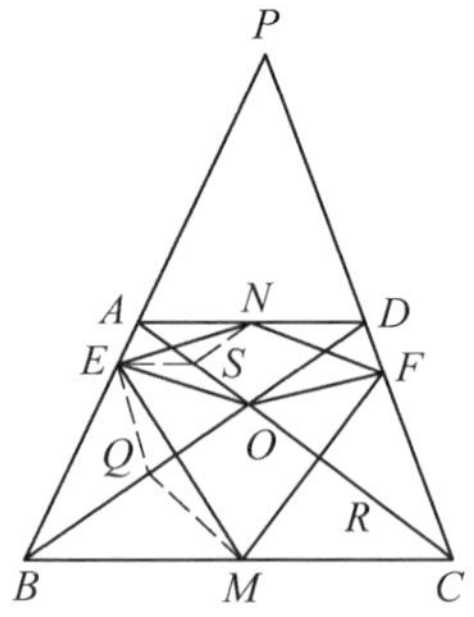

图 2

2 求所有的素数对 (p,q)，使得 $pq\mid 5^p+5^q$.

解 若 $2\mid pq$，不妨设 $p=2$，则 $2q\mid 5^2+5^q$，故 $q\mid 5^q+25$.

由费马小定理，$q\mid 5^q-5$，得 $q\mid 30$，即 $q=2,3,5$. 易验证素数对 $(2,2)$ 不符合要求，$(2,3)$，$(2,5)$ 符合要求.

若 pq 为奇数且 $5\mid pq$，不妨设 $p=5$，则 $5q\mid 5^5+5^q$，故 $q\mid 5^{q-1}+625$.

当 $q=5$ 时，素数对 $(5,5)$ 符合要求. 当 $q\neq 5$ 时，由费马小定理有 $q\mid 5^{q-1}-1$，故 $q\mid 626$. 由于 q 为奇素数，而 626 的奇数因子只有 313，所以 $q=313$，经检验素数对 $(5,313)$ 符合要求.

若 p,q 都不等于 2 和 5，则有 $pq\mid 5^{p-1}+5^{q-1}$，故

$$5^{p-1}+5^{q-1}\equiv 0\pmod p \qquad ①$$

由费马小定理,得

$$5^{p-1} \equiv 1(\bmod p) \quad ②$$

故由式 ①② 得

$$5^{q-1} \equiv -1(\bmod p) \quad ③$$

设 $p-1=2^k(2r-1), q-1=2^l(2s-1)$,其中 k,l,r,s 为正整数.

若 $k \leqslant l$,则由式 ②③ 易知

$$1=1^{2^{l-k}(2s-1)} \equiv (5^{p-1})^{2^{l-k}(2s-1)}=5^{2^l(2r-1)(2s-1)}=(5^{q-1})^{2r-1} \equiv (-1)^{2r-1} \equiv -1(\bmod p)$$

这与 $p \neq 2$ 矛盾! 所以 $k>l$.

同理有 $k<l$,矛盾! 即此时不存在符合要求的(p,q).

综上所述,所有满足题目要求的素数对(p,q) 为

$(2,3),(3,2),(2,5),(5,2),(5,5),(5,313),(313,5)$

3 设 m,n 是给定的整数,$4<m<n$,$A_1A_2\cdots A_{2n+1}$ 是一个正 $2n+1$ 边形,$P=\{A_1,A_2,\cdots,A_{2n+1}\}$. 求顶点属于 P 且恰有两个内角是锐角的凸 m 边形的个数.

解 下面先证一个引理.

引理 顶点在 P 中的凸 m 边形至多有两个锐角,且有两个锐角时,这两个锐角必相邻.

引理的证明 设这个凸 m 边形为 $P_1P_2\cdots P_m$,只考虑至少有一个锐角的情况,此时不妨设 $\angle P_mP_1P_2<\frac{\pi}{2}$,则

$$\angle P_2P_jP_m=\pi-\angle P_2P_1P_m>\frac{\pi}{2}, 3 \leqslant j \leqslant m-1$$

有

$$\angle P_{j-1}P_jP_{j+1}>\frac{\pi}{2}, 3 \leqslant j \leqslant m-1$$

而 $\angle P_1P_2P_3+\angle P_{m-1}P_mP_1>\pi$,故其中至多一个为锐角,这就证明了引理.

由引理知,若凸 m 边形中恰有两个内角是锐角,则它们对应的顶点相邻.

在凸 m 边形中,设顶点 A_i 与 A_j 为两个相邻顶点,且在这两个顶点处的内角均为锐角. 设 A_i 与 A_j 的劣弧上包含了 P 的 r 条边 $(1 \leqslant r \leqslant n)$,这样的$(i,j)$ 在 r 固定时恰有 $2n+1$ 对.

(1) 若凸 m 边形的其余 $m-2$ 个顶点全在劣弧 A_iA_j 上,而 A_iA_j 劣弧上有 $r-1$ 个 P 中的点,此时这 $m-2$ 个顶点的取法数为 C_{r-1}^{m-2}.

(2) 若凸 m 边形的其余 $m-2$ 个顶点全在优弧 A_iA_j 上,取 A_i,A_j 的对径点 B_i,B_j,因为凸 m 边形在顶点 A_i,A_j 处的内角为锐

角,所以,其余的 $m-2$ 个顶点全在劣弧 B_iB_j 上,而劣弧 B_iB_j 上恰有 r 个 P 中的点,此时这 $m-2$ 个顶点的取法数为 C_r^{m-2}.

因此,满足题设的凸 m 边形的个数为

$$(2n+1)\sum_{r=1}^{n}(C_{r-1}^{m-2}+C_r^{m-2})=$$
$$(2n+1)(\sum_{r=1}^{n}C_{r-1}^{m-2}+\sum_{r=1}^{n}C_r^{m-2})=$$
$$(2n+1)[\sum_{r=1}^{n}(C_r^{m-1}-C_{r-1}^{m-1})+\sum_{r=1}^{n}(C_{r+1}^{m-1}-C_r^{m-1})]=$$
$$(2n+1)(C_{n+1}^{m-1}+C_n^{m-1})$$

4 给定整数 $n\geqslant 3$,实数 $a_1,a_2,\cdots,a_n$ 满足 $\min\limits_{1\leqslant i<j\leqslant n}|a_i-a_j|=1$. 求 $\sum\limits_{k=1}^{n}|a_k|^3$ 的最小值.

解 不妨设 $a_1<a_2<\cdots<a_n$,则对 $1\leqslant k\leqslant n$,有

$$|a_k|+|a_{n-k+1}|\geqslant|a_{n-k+1}-a_k|\geqslant|n+1-2k|$$

所以

$$\sum_{k=1}^{n}|a_k|^3=\frac{1}{2}\sum_{k=1}^{n}(|a_k|^3+|a_{n+1-k}|^3)=$$
$$\frac{1}{2}\sum_{k=1}^{n}(|a_k|+|a_{n+1-k}|)\left[\frac{3}{4}(|a_k|-|a_{n+1-k}|)^2+\frac{1}{4}(|a_k|+|a_{n+1-k}|)^2\right]\geqslant$$
$$\frac{1}{8}\sum_{k=1}^{n}(|a_k|+|a_{n+1-k}|)^3\geqslant$$
$$\frac{1}{8}\sum_{k=1}^{n}|n+1-2k|^3$$

当 n 为奇数时

$$\sum_{k=1}^{n}|n+1-2k|^3=2\cdot 2^3\cdot\sum_{i=1}^{\frac{n-1}{2}}i^3=\frac{1}{4}(n^2-1)^2$$

当 n 为偶数时

$$\sum_{k=1}^{n}|n+1-2k|^3=2\sum_{i=1}^{\frac{n}{2}}(2i-1)^3=2[\sum_{j=1}^{n}j^3-\sum_{i=1}^{\frac{n}{2}}(2i)^3]=$$
$$\frac{1}{4}n^2(n^2-2)$$

所以,当 n 为奇数时,$\sum\limits_{k=1}^{n}|a_k|^3\geqslant\frac{1}{32}(n^2-1)^2$,当 n 为偶数时,$\sum\limits_{k=1}^{n}|a_k|^3\geqslant\frac{1}{32}n^2(n^2-2)$,等号均在 $a_i=i-\frac{n+1}{2}$,$i=1,2,\cdots,$

n 时成立.

因此, $\sum_{k=1}^{n}|a_k|^3$ 的最小值为 $\frac{1}{32}(n^2-1)^2$ (n 为奇数), 或者 $\frac{1}{32}n^2(n^2-2)$ (n 为偶数).

5 凸 n 边形 P 中的每条边和每条对角线都被染为 n 种颜色中的一种颜色. 问: 对怎样的 n, 存在一种染色方式, 使得对于这 n 种颜色中的任何 3 种不同颜色, 都能找到一个三角形, 其顶点为多边形 P 的顶点, 且它的 3 条边分别被染为这 3 种颜色?

解 当 $n \geqslant 3$ 且 n 为奇数时, 存在符合要求的染法; 当 $n \geqslant 4$ 且 n 为偶数时, 不存在所述的染法.

每 3 个顶点形成一个三角形, 三角形的个数为 C_n^3 个, 而颜色的三三搭配也刚好有 C_n^3 种, 所以本题相当于要求不同的三角形对应于不同的颜色组合, 即形成一一对应.

我们将多边形的边与对角线都称为线段. 对于每一种颜色, 其余的颜色形成 C_{n-1}^2 种搭配, 所以每种颜色的线段(边或对角线)都应出现在 C_{n-1}^2 个三角形中, 而每一条线段都是 $n-2$ 个三角形的边, 这表明在符合要求的染法中, 每种颜色的线段条数相等, 所以每种颜色的线段都应当有 $\frac{C_n^2}{n}=\frac{n-1}{2}$ 条.

当 n 为偶数时, $\frac{n-1}{2}$ 不是整数, 所以不可能存在符合条件的染法. 下面设 $n=2m+1$ 为奇数, 我们来给出一种染法, 并证明它满足题中条件. 自某个顶点开始, 按顺时针方向将凸 $2m+1$ 边形的各个顶点依次记为 $A_1, A_2, \cdots, A_{2m+1}$. 对于 $i \notin \{1, 2, \cdots, 2m+1\}$, 按模 $2m+1$ 理解顶点 A_i, 再将 $2m+1$ 种颜色分别记为颜色 1, 2, $\cdots$, $2m+1$.

将边 A_iA_{i+1} 染为颜色 i, 其中 $i=1, 2, \cdots, 2m+1$. 再对每个 $i=1, 2, \cdots, 2m+1$, 都将线段(对角线) $A_{i-k}A_{i+1+k}$ 染为颜色 i, 其中 $k=1, 2, \cdots, m-1$. 于是每种颜色的线段都刚好有 m 条. 注意, 在我们的染色方法之下, 线段 $A_{i_1}A_{j_1}$ 与 $A_{i_2}A_{j_2}$ 同色, 当且仅当

$$i_1+j_1 \equiv i_2+j_2 \pmod{2m+1} \quad ①$$

因此, 对任何 $i \neq j \pmod{2m+1}$, 任何 $k \neq 0 \pmod{2m+1}$, 线段 A_iA_j 都不与 $A_{i+k}A_{j+k}$ 同色. 换言之, 若

$$i_1-j_1 \equiv i_2-j_2 \pmod{2m+1} \quad ②$$

则线段 $A_{i_1}A_{j_1}$ 都不与 $A_{i_2}A_{j_2}$ 同色.

任取两个三角形 $\triangle A_{i_1}A_{j_1}A_{k_1}$ 和 $\triangle A_{i_2}A_{j_2}A_{k_2}$, 如果它们之间至多只有一条边同色, 那么它们不含对应相同的颜色组合. 如果它们

之间有两条边分别同色,我们来证明第3条边必不同颜色.为确定起见,不妨设 $A_{i_1}A_{j_1}$ 与 $A_{i_2}A_{j_2}$ 同色.

(1) 如果 $A_{j_1}A_{k_1}$ 与 $A_{j_2}A_{k_2}$ 也同色,则由式①知

$$i_1+j_1\equiv i_2+j_2 \pmod{2m+1}$$
$$j_1+k_1\equiv j_2+k_2 \pmod{2m+1}$$

将以上两式相减,得 $i_1-k_1\equiv i_2-k_2 \pmod{2m+1}$,故由式②知 $A_{k_1}A_{i_1}$ 不与 $A_{k_2}A_{i_2}$ 同色.

(2) 如果 $A_{i_1}A_{k_1}$ 与 $A_{i_2}A_{k_2}$ 也同色,则由式①知

$$i_1+j_1\equiv i_2+j_2 \pmod{2m+1}$$
$$i_1+k_1\equiv i_2+k_2 \pmod{2m+1}$$

将以上两式相减,得 $j_1-k_1\equiv j_2-k_2 \pmod{2m+1}$,由式②知 $A_{j_1}A_{k_1}$ 与 $A_{j_2}A_{k_2}$ 不同色.总之,$\triangle A_{i_1}A_{j_1}A_{k_1}$ 与 $\triangle A_{i_2}A_{j_2}A_{k_2}$ 对应不同的颜色组合.

6 给定整数 $n,n\geqslant 3$,证明:存在 n 个互不相同的正整数组成的集合 S,使得对 S 的任意两个不同的非空子集 A,B,数

$$\frac{\sum\limits_{x\in A}x}{|A|} \text{ 与 } \frac{\sum\limits_{x\in B}x}{|B|}$$

是互素的合数(这里 $\sum\limits_{x\in X}x$ 与 $|X|$ 分别表示有限数集 X 的所有元素之和及元素个数).

证法1 我们用 $f(X)$ 表示有限数集 X 中元素的算术平均值.

第一步,我们证明,正整数的 n 元集合 $S_1=\{(m+1)!\mid m=1,2,\cdots,n\}$ 具有下述性质:对 S_1 的任意两个不同的非空子集 A,B,有 $f(A)\neq f(B)$.

对任意 $A\subseteq S_1,A\neq\varnothing$,设正整数 k 满足

$$k!<f(A)\leqslant(k+1)! \qquad ①$$

并设 l 是使 $lf(A)\geqslant(k+1)!$ 的最小正整数.我们首先证明必有 $|A|=l$.

事实上,设 $(k'+1)!$ 是 A 中最大的数,则由 $A\subseteq S_1$,易知 A 中至多有 k' 个元素,即 $|A|\leqslant k'$,故 $f(A)\geqslant\frac{(k'+1)!}{k'}>k'!$.又由 $f(A)$ 的定义知 $f(A)\leqslant(k'+1)!$,故由式①知 $k=k'$.特别地,有 $|A|\leqslant k$.

此外,显然 $|A|f(A)\geqslant(k'+1)!=(k+1)!$,故由 l 的定义可知 $l\leqslant|A|$,于是我们有 $l\leqslant|A|\leqslant k$.

若 $l=k$,则 $|A|=l$;否则有 $l\leqslant k-1$,则

$$(l+1)f(A)=\left(1+\frac{1}{l}\right)lf(A)\geqslant\left(1+\frac{1}{k-1}\right)(k+1)!>$$
$$(k+1)!+k!+\cdots+2!$$

由于$(k+1)!$是A中最大元,故上式表明$|A|<l+1$.结合$|A|\geqslant l$即知$|A|=l$.

现在,若有S_1的两个不同的非空子集A,B,使得$f(A)=f(B)$,则由上述证明知$|A|=|B|=l$,故$|A|f(A)=|B|f(B)$,但这个等式两边分别是A,B的元素和,利用$(m+1)!>m!+\cdots+2!$易知必须$A=B$,矛盾.

第二步,设K是一个固定的正整数,$K>n!\max\limits_{A_1\subseteq S_1}f(A_1)$,我们证明,对任何正整数$x$,正整数的$n$元集合$S_2=\{K!\,n!\,x\alpha+1\mid\alpha\in S_1\}$具有下述性质:对$S_2$的任意两个不同的非空子集$A,B$,数$f(A)$与$f(B)$是两个互素的整数.

事实上,由S_2的定义易知,有S_1的两个子集A_1,B_1,满足$|A_1|=|A|$,$|B_1|=|B|$,且

$$f(A)=K!\,n!\,xf(A_1)+1,f(B)=K!\,n!\,xf(B_1)+1 \qquad ②$$

显然$n!\,f(A_1)$及$n!\,f(B_1)$都是整数,故由上式知$f(A)$与$f(B)$都是正整数.

现在设正整数d是$f(A)$与$f(B)$的一个公因数,则

$$n!\,f(A)f(B_1)-n!\,f(B)f(A_1)$$

是d的倍数,故由式②可知$d\mid n!\,f(A_1)-n!\,f(B_1)$,但由$K$的选取及$S_1$的构造可知,$|n!\,f(A_1)-n!\,f(B_1)|$是小于$K$的非零整数,故它是$K!$的因数,从而$d\mid K!$.再结合$d\mid f(A)$及式②可知$d=1$,故$f(A)$与$f(B)$互素.

第三步,我们证明,可选择正整数x,使得S_2中的数都是合数.由于素数有无穷多个,故可选择n个互不相同且均大于K的素数$p_1,p_2,\cdots,p_n$.将S_1中的元素记为$\alpha_1,\alpha_2,\cdots,\alpha_n$,则$(p_i,K!\,n!\,\alpha_i)=1(1\leqslant i\leqslant n)$,且$(p_i^2,p_j^2)=1$(对$1\leqslant i<j\leqslant n$),故由中国剩余定理可知,同余方程组

$$K!\,n!\,x\alpha_i\equiv-1\pmod{p_i^2},i=1,2,\cdots,n$$

有正整数解.

任取这样一个解x,则相应的集合S_2中每一项显然都是合数.结合第二步的结果,这一n元集合满足问题的全部要求.

证法2 对集合A,其元素的算术平均值记为$f(A)=\dfrac{\sum\limits_{x\in A}x}{|A|}$.下面构造满足题设条件的集合

$$S=\{a_1,a_2,\cdots,a_n\}$$

对任意正整数$k(1\leqslant k\leqslant n-1)$,注意到$S$的任意一个$k$元子集$A=\{a_{i_1},a_{i_2},\cdots,a_{i_k}\}(1\leqslant i_1<i_2<\cdots<i_k\leqslant n)$,有

$$f(A)=\frac{1}{k}\sum_{j=1}^{k}a_{i_j}\in\mathbf{N}_+$$

即

$$k\Big|\sum_{j=1}^{k}a_{i_j}$$

从而，对任意的 $i,j(1\leqslant i<j\leqslant n)$，有

$$k\mid(a_i-a_j),1\leqslant k\leqslant n-1$$

又若 $n\mid(a_i-a_j)(\forall 1\leqslant i<j\leqslant n)$，则

$$f(S)\in\mathbf{N}_+$$

故取 $d=[1,2,\cdots,n]$ 为 $1,2,\cdots,n$ 的最小公倍数，使得对任意的 $1\leqslant i<j\leqslant n$，有

$$d\mid(a_i-a_j)$$

设 $a_i=kdb_i+r(i=1,2,\cdots,n)$，其中

$$k\in\mathbf{N}_+,r\in\mathbf{N},0\leqslant r\leqslant d-1$$

设 $(kd,r)=t$. 若 $r=0$，则记 $t=kd$.

若 $t>1$，则 $t\mid f(\{a_i\})(i=1,2,\cdots,n)$，与题设矛盾，故 $(kd,r)=1$.

定义集合 $S'=\{b_1,b_2,\cdots,b_n\}$，不妨设 $b_1<b_2<\cdots<b_n$.

对 S 的任一子集 A，定义 S' 的子集

$$A'=\{b_i\mid a_i\in A\}$$

则

$$f(A)=kdf(A')+r$$

且
$$f(A')\leqslant b_n$$

由题设，对 S 的任意两个不同的非空子集 A,B，有

$$\begin{aligned}1=&(f(A),f(B))=\\&(kdf(A')+r,kdf(B')+r)=\\&(kd(f(A')-f(B')),kdf(A')+r)\end{aligned}$$

易知，对正整数 $l,m,n(n\leqslant m)$，有

$$(n,m!\ l+1)=1$$

故不妨取 $kd=b_n!\ x,r=1$，其中，$x\in\mathbf{N}_+$，则

$$1=(f(A')-f(B'),kdf(A')+r) \quad ①$$

为使式 ① 成立，只需构造集合

$$S'=\{b_1,b_2,\cdots,b_n\}$$

使其任意两个不同的非空子集 A',B' 满足

$$f(A')\neq f(B') \quad ②$$

下面用数学归纳法构造满足条件 ② 的集合

$$S'_n=\{b_1,b_2,\cdots,b_n\},b_1<b_2<\cdots<b_n$$

假设 $S'_k=\{b_1,b_2,\cdots,b_k\}$ 满足条件②. 易知对 S'_k 的任一子集 B_k，有 $f(B_k)\leqslant b_k$.

下面构造 b_{k+1}，使 S'_{k+1} 满足条件 ②.

只需对 S'_k 的任意两个不同的子集 B_k,C_k 及 $B=\{b_{k+1}\}\cup B_k$，$C=\{b_{k+1}\}\cup C_k$，满足

$$f(B)>b_k \quad ③$$

$$f(B)\neq f(C) \quad ④$$

即可. 注意到

$$f(B)=\frac{b_{k+1}+\sum\limits_{x\in B_k}x}{|B|}\geqslant\frac{b_{k+1}+|B|-1}{|B|}=$$

$$\frac{b_{k+1}-1}{|B|}+1\geqslant\frac{b_{k+1}-1}{k+1}+1=\frac{b_{k+1}+k}{k+1}$$

取 $b_{k+1}\geqslant(k+1)b_k$ 时,有 $f(B)>b_k$.

若式④不成立,即 $f(B)=f(C)$,不妨设 $|B|\geqslant|C|$,则

$$\frac{b_{k+1}+\sum\limits_{x\in B_k}x}{|B|}=\frac{b_{k+1}+\sum\limits_{x\in C_k}x}{|C|} \quad ⑤$$

若 $|B|=|C|$,则 $\sum\limits_{x\in B_k}x=\sum\limits_{x\in C_k}x$,且 $|B_k|=|C_k|$,有 $f(B_k)=f(C_k)$,与假设矛盾.

若 $|B|>|C|$,则

$$\frac{b_{k+1}+\sum\limits_{x\in B_k}x}{|B|}=\frac{\sum\limits_{x\in B_k}x-\sum\limits_{x\in C_k}x}{|B|-|C|}<\sum_{x\in B_k}x$$

又
$$\frac{b_{k+1}+\sum\limits_{x\in B_k}x}{|B|}\geqslant\frac{b_{k+1}+\sum\limits_{x\in B_k}x}{k+1}$$

所以

$$b_{k+1}<k\sum_{x\in B_k}x\leqslant k(b_k+b_{k-1}+\cdots+b_1)$$

故取 $b_{k+1}\geqslant k(b_k+b_{k-1}+\cdots+b_1)$ 时,式⑤不成立,即式④成立.

从而,得到满足条件②的集合

$$S'=\{b_1,b_2,\cdots,b_n\}(b_i\in\mathbf{N}_+)$$

$$b_{k+1}\geqslant\max\{(k+1)b_k,k(b_k+b_{k-1}+\cdots+b_1)\}$$

则 $S=\{a_i=b_n!\ xb_i+1\mid i=1,2,\cdots,n\}$ 中任意两个不同的非空子集 A,B 满足 $(f(A),f(B))=1$,且 $f(A)=b_n!\ xf(A')+1$,其中,$A'=\{b_i\mid a_i\in A\}\leqslant S'$.

下面确定正整数 x,使对所有 S 的非空子集 A,$f(A)$ 为合数.

设

$$\{b_n!\ xf(A')\mid A'\subseteq S',A'\neq\varnothing\}=\{c_1,c_2,\cdots,c_{2^n-1}\}$$

$$c_1<c_2<\cdots<c_{2^n-1}$$

由 $b_n!\ f(A')$ 的素因子不大于 b_n,故取 2^n-1 个不同的素数 $p_i(i=1,2,\cdots,2^n-1)$,使 $p_i>b_n$.

由中国剩余定理知,存在正整数 x,使得

$$c_ix\equiv-1\pmod{p_i^2},i=1,2,\cdots,2^n-1$$

因而,对 S 的任意一个非空子集 A,其所对应的 $b_n!\ f(A')=c_i$,有 $p_i^2\mid f(A)$,即 $f(A)$ 为合数.

第 25 届中国数学奥林匹克

重庆,2010

❶ 如图 1,两圆 Γ_1,Γ_2 相交于 A,B 两点,过点 B 的一条直线分别交圆 Γ_1,Γ_2 于点 C,D,过点 B 的另一条直线分别交圆 Γ_1,Γ_2 于点 E,F,直线 CF 分别交圆 Γ_1,Γ_2 于点 P,Q. 设点 M,N 分别是弧 PB,弧 QB 的中点. 求证:若 $CD = EF$,则 C,F,M,N 四点共圆.

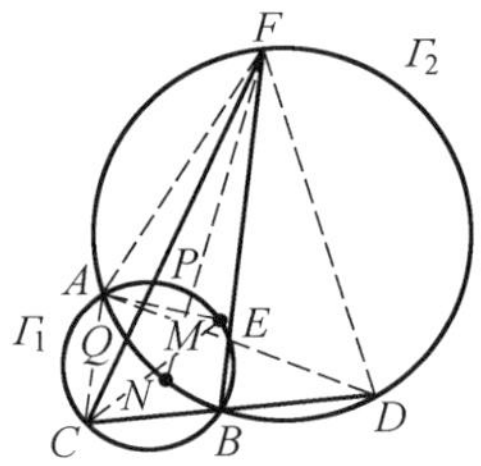

图 1

证明 联结 AC,AD,AE,AF,DF,则由 $\angle ADB = \angle AFB$,$\angle ACB = \angle AEF$ 及题设 $CD = EF$ 知 $\triangle ACD \cong \triangle AEF$,所以 $AD = AF$,$\angle ADC = \angle AFE$,故 $\angle ADF = \angle AFD$. 从而

$$\angle ABC = \angle AFD = \angle ADF = \angle ABF$$

即 AB 是 $\angle CBF$ 的平分线.

联结 CM,FN,因为 M 是弧 PB 的中点,所以 CM 是 $\angle DCF$ 的平分线.

同样 FN 是 $\angle CFB$ 的平分线,于是 BA,CM,FN 三线共点. 设它们的交点为 I,在圆 Γ_1 和圆 Γ_2 中,由圆幂定理得

$$CI \cdot IM = AI \cdot IB$$

$$AI \cdot IB = NI \cdot IF$$

故

$$NI \cdot IF = CI \cdot IM$$

从而 C,F,M,N 四点共圆.

❷ 设整数 $k \geqslant 3$,数列 $\{a_n\}$ 满足 $a_k = 2k$,且对所有的 n,$n > k$,有

$$a_n = \begin{cases} a_{n-1} + 1, 若\ a_{n-1}\ 与\ n\ 互素 \\ 2n, 若\ a_{n-1}\ 与\ n\ 不互素 \end{cases}$$

证明:数列 $\{a_n - a_{n-1}\}$ 中有无穷多项是素数.

证明 假设 $a_l = 2l$,$l \geqslant k$. 再设 p 为 $l - 1$ 的最小素因子,则

$$(l-1,i)=\begin{cases}1,1\leqslant i<p\\p,i=p\end{cases}$$

即

$$(2l+i-2,l+i-1)=\begin{cases}1,1\leqslant i<p\\p,i=p\end{cases}$$

由题设知

$$a_{l+i-1}=\begin{cases}2l+i-1,1\leqslant i<p\\2l+2p-2,i=p\end{cases}$$

因此

$$a_{l+p-1}-a_{l+p-2}=(2l+2p-2)-(2l+p-2)=p$$

为素数

$$a_{l+p-1}=2(l+p-1)$$

由以上讨论知有无穷多个 $l,l\geqslant k$,使 $a_l=2l$ 且 $a_{l+p-1}-a_{l+p-2}=p$ 为 $l-1$ 的最小素因子.

3 设复数 a,b,c 满足:对任意模不超过 1 的复数 z,都有 $|az^2+bz+c|\leqslant 1$. 求 $|bc|$ 的最大值.

解 令

$$f(z)=az^2+bz+c$$
$$g(z)=z^{-2}f(z)=a+bz^{-1}+cz^{-2}$$
$$h(z)=\mathrm{e}^{\mathrm{i}\alpha}g(\mathrm{e}^{\mathrm{i}\beta}z)=c'z^{-2}+b'z^{-1}+a'$$

取适当的实数 α,β,使得 $c',b'\geqslant 0$,对 $r\leqslant 1$,有

$$\frac{1}{r^2}\geqslant|h(r\mathrm{e}^{\mathrm{i}\theta})|\geqslant|\mathrm{Im}\, h(r\mathrm{e}^{\mathrm{i}\theta})|=$$
$$|-r^{-2}c'\sin 2\theta-r^{-1}b'\sin\theta+\mathrm{Im}\, a'|$$

不妨设 $\mathrm{Im}\, a'\leqslant 0$,否则可作变换 $\theta\to-\theta$,这样对任意的 $0<\theta<\frac{\pi}{2}$,有

$$\frac{1}{r^2}\geqslant r^{-2}c'\sin 2\theta+r^{-1}b'\sin\theta\geqslant 2r^{-\frac{3}{2}}\sqrt{b'c'\sin 2\theta\sin\theta}$$

因此,对任意 $r\leqslant 1,0<\theta<\frac{\pi}{2}$,有

$$|bc|=b'c'\leqslant\frac{1}{4r\sin 2\theta\sin\theta}$$

所以

$$|bc|\leqslant\min_{r\leqslant 1,\theta\in\left(0,\frac{\pi}{2}\right)}\frac{1}{4r\sin 2\theta\sin\theta}=$$

$$\min_{\theta\in\left(0,\frac{\pi}{2}\right)} \frac{1}{4\sin 2\theta\sin\theta} = \frac{1}{4\max\limits_{\theta\in\left(0,\frac{\pi}{2}\right)} \sin 2\theta\sin\theta} = \frac{3\sqrt{3}}{16}$$

由以上证明可发现 $|bc| = \frac{3\sqrt{3}}{16}$ 的例子

$$f(z) = \frac{\sqrt{2}}{8}z^2 - \frac{\sqrt{6}}{4}z - \frac{3\sqrt{2}}{8}$$

对于 $z = re^{i\theta}, r \leqslant 1$，有

$$|f(e^{i\theta})|^2 = \frac{1}{32}[(r^2\cos 2\theta - 2\sqrt{3}r\cos\theta - 3)^2 + (r^2\sin 2\theta - 2\sqrt{3}r\sin\theta)^2] = \frac{1}{32}[2r^4 + 12r^2 + 18 - (2\sqrt{3}r\cos\theta + r^2 - 3)^2] \leqslant \frac{1}{32}(2r^4 + 12r^2 + 18) \leqslant 1$$

4 设 m, n 是给定的大于 1 的整数，$a_1 < a_2 < \cdots < a_m$ 都是整数. 证明：存在整数集的一个子集 T，其元素个数

$$|T| \leqslant 1 + \frac{a_m - a_1}{2n + 1}$$

且对每个 $i \in \{1, 2, \cdots, m\}$，均有 $t \in T$ 及 $s \in [-n, n]$，使得 $a_i = t + s$.

证明 令 $a_1 = a, a_m = b$，作带余除法

$$b - a = (2n + 1)q + r$$

其中 $q, r \in \mathbf{Z}$ 且 $0 \leqslant r \leqslant 2n$.

取

$$T = \{a + n + (2n + 1)k \mid k = 0, 1, \cdots, q\}$$

则

$$|T| = q + 1 \leqslant 1 + \frac{b - a}{2n + 1}$$

且集合

$$B = \{t + s \mid t \in T, s = -n, -n + 1, \cdots, n\} = \{a, a + 1, \cdots, a + (2n + 1)q + 2n\}$$

注意到

$$a + (2n + 1)q + 2n \geqslant a + (2n + 1)q + r = b$$

故每个 a_i 均在 B 中，从而结论成立.

5 我们对放置于点 $A_1,A_2,\cdots,A_n(n\geqslant 3)$ 及点 O 处的卡片进行操作. 所谓一次操作是指：

(1) 若某个点 A_i 处的卡片数目不少于 3，则可从中取出 3 张，在点 A_{i-1},A_{i+1} 及 O 处各放一张（这里 $A_0=A_n,A_{n+1}=A_1$）；

或者：

(2) 若点 O 处的卡片数目不少于 n，则可从中取出 n 张，在点 $A_1,A_2,\cdots,A_n$ 处各放一张.

证明：只要放置于这 $n+1$ 个点处的卡片总数不少于 n^2+3n+1，则总能通过若干次操作，使每个点处的卡片数目均不小于 $n+1$.

证明 只需考虑卡片总数等于 n^2+3n+1 的情况.

我们采取如下策略：如果有某个点 A_i 处的卡片数不少于 3，则对点 A_i 处的卡片进行操作(1). 这样的一次操作使得点 O 处的卡片数增加 1，于是经过有限次操作(1) 后，将不能再进行操作(1). 这时每个点 A_i 处的卡片数不超过 2，点 O 处的卡片数不少于 n^2+n+1. 然后对点 O 处的卡片进行 $n+1$ 次操作(2)，这样每个点 A_i 处的卡片数不少于 $n+1$.

下面我们在保持每个点 A_i 处的卡片数不少于 $n+1$ 的情况下，使点 O 处的卡片数增加到至少 $n+1$.

设想 $A_1,A_2,\cdots,A_n$ 顺次排列在以 O 为圆心的圆周上. 连续相邻的若干个点的集合

$$G=\{A_i,A_{i+1},\cdots,A_{i+l-1}\},1\leqslant i\leqslant n,1\leqslant l\leqslant n$$

称为一个团，这里若有下标 $j>n$，则 $A_j=A_{j-n}$.

一个团 G 称为"好团"，如果对 G 中每点处的卡片都做一次操作(1) 后，G 中每点处的卡片数仍然不少于 $n+1$.

设 $a_1,a_2,\cdots,a_n$ 分别为点 $A_1,A_2,\cdots,A_n$ 处的卡片数，$a_i\geqslant n+1,i=1,2,\cdots,n$. 好团需满足如下的充要条件：一个点的团 $G=\{A_i\}$ 是好团当且仅当 $a_i\geqslant n+4$；两个点的团 $G=\{A_i,A_{i+1}\}$ 是好团当且仅当 $a_i,a_{i+1}\geqslant n+3$；$l(3\leqslant l\leqslant n-1)$ 个点的团 $G=\{A_i,A_{i+1},\cdots,A_{i+l-1}\}$ 是好团当且仅当 $a_i,a_{i+l-1}\geqslant n+3$ 且 $a_j\geqslant n+2$，$i+1\leqslant j\leqslant i+l-2$；最后全部 n 个点的团 $G=\{A_1,A_2,\cdots,A_n\}$ 是好团当且仅当 $a_j\geqslant n+2,1\leqslant j\leqslant n$.

下面证明当点 O 处的卡片数少于 $n+1$ 时，或等价地

$$a_1+a_2+\cdots+a_n\geqslant n^2+2n+1$$

时，必存在好团.

假设不存在好团且

$$a_1 + a_2 + \cdots + a_n \geqslant n^2 + 2n + 1$$

于是每个

$$a_i \in \{n+1, n+2, n+3\}$$

否则会有某个点 A_i 处的卡片数 $a_i \geqslant n+4$，$G=\{A_i\}$ 是一个好团. 设 $a_1, a_2, \cdots, a_n$ 中有 x 个 $n+1$，y 个 $n+2$，z 个 $n+3$. 下面说明一定有 $x \geqslant z$.

由于 $G=\{A_1, A_2, \cdots, A_n\}$ 不是一个好团，故存在 $a_i = n+1$，即 $x \geqslant 1$.

假设 $z \geqslant 2$，则有 $n+3$ 张卡片的 z 个点将圆周分成 z 段圆弧. 由于不存在好团，故这 z 个点没有两点相邻，且每段圆弧上都至少存在一个点只有 $n+1$ 张卡片. 因此 $x \geqslant z$. 这样点 $A_1, A_2, \cdots, A_n$ 处的卡片总数为

$$x(n+1) + y(n+2) + z(n+3) \leqslant (x+y+z)(n+2) = n(n+2) < n^2 + 2n + 1$$

矛盾. 这样我们证明了当点 O 处的卡片数少于 $n+1$ 时，总存在好团. 于是每次对一个好团中的每个点做操作(1)，直至点 O 处的卡片数不少于 $n+1$，而点 $A_1, A_2, \cdots, A_n$ 处的卡片数也不少于 $n+1$. 结论证毕.

6 设 $a_1, a_2, a_3, b_1, b_2, b_3$ 为互不相同的正整数，满足 $(n+1)a_1^n + na_2^n + (n-1)a_3^n \mid (n+1)b_1^n + nb_2^n + (n-1)b_3^n$ 对任何正整数 n 成立. 求证：存在正整数 k，使得 $b_i = ka_i$，$i = 1, 2, 3$.

证明 设 r 为任意正整数. 由于素数有无穷多个，故存在素数 p，使得

$$p > (a_1^r + a_2^r + a_3^r)(b_1^r + b_2^r + b_3^r) \qquad ①$$

由于 p 为素数及式 ①，故

$$(p, a_1^r + a_2^r + a_3^r) = 1$$

又 p 与 $p-1$ 互素，由中国剩余定理知，存在正整数 n，使

$$n \equiv r \pmod{p-1} \qquad ②$$

$$n(a_1^r + a_2^r + a_3^r) + a_1^r - a_3^r \equiv 0 \pmod p \qquad ③$$

由式 ②③ 及费马小定理知

$$(n+1)a_1^n + na_2^n + (n-1)a_3^n \equiv n(a_1^r + a_2^r + a_3^r) + a_1^r - a_3^r \equiv 0 \pmod p \qquad ④$$

由题设，得

$$(n+1)b_1^n + nb_2^n + (n-1)b_3^n \equiv 0 \pmod p$$

再由式②及费马小定理得

$$n(b_1^r+b_2^r+b_3^r)+b_1^r-b_3^r\equiv 0 \pmod p \quad ⑤$$

由式④⑤消去 n，得

$$(a_1^r+a_2^r+a_3^r)(b_1^r-b_3^r)\equiv(b_1^r+b_2^r+b_3^r)(a_1^r-a_3^r) \pmod p \quad ⑥$$

由式①⑥得

$$(a_1^r+a_2^r+a_3^r)(b_1^r-b_3^r)=(b_1^r+b_2^r+b_3^r)(a_1^r-a_3^r)$$

即

$$(a_2b_1)^r+2(a_3b_1)^r+(a_3b_2)^r=(a_1b_2)^r+2(a_1b_3)^r+(a_2b_3)^r \quad ⑦$$

下面先证一个引理.

引理 设 $x_1,x_2,\cdots,x_s,y_1,y_2,\cdots,y_s$ 为实数，$0<x_1\leqslant x_2\leqslant\cdots\leqslant x_s$，$0<y_1\leqslant y_2\leqslant\cdots\leqslant y_s$，满足对任意正整数 r，总有

$$x_1^r+x_2^r+\cdots+x_s^r=y_1^r+y_2^r+\cdots+y_s^r$$

则 $x_i=y_i(i=1,2,\cdots,s)$.

引理的证明 对 s 用归纳法.

当 $s=1$ 时，取 $r=1$，有 $x_1=y_1$. 假设当 $s=t$ 时引理成立.

当 $s=t+1$ 时，若 $x_{t+1}\neq y_{t+1}$，不妨设 $x_{t+1}<y_{t+1}$，则

$$\left(\frac{x_1}{y_{t+1}}\right)^r+\left(\frac{x_2}{y_{t+1}}\right)^r+\cdots+\left(\frac{x_{t+1}}{y_{t+1}}\right)^r=$$
$$\left(\frac{y_1}{y_{t+1}}\right)^r+\left(\frac{y_2}{y_{t+1}}\right)^r+\cdots+\left(\frac{y_t}{y_{t+1}}\right)^r+1\geqslant 1$$

由于

$$0<\frac{x_i}{y_{t+1}}<1,1\leqslant i\leqslant t+1$$

令 $r\to+\infty$，有 $0\geqslant 1$，矛盾. 因此 $x_{t+1}=y_{t+1}$. 从而

$$x_1^r+x_2^r+\cdots+x_t^r=y_1^r+y_2^r+\cdots+y_t^r,r=1,2,\cdots$$

由归纳假设知 $x_i=y_i,i=1,2,\cdots,t$.

由数学归纳法原理知引理对一切正整数 s 成立.

现在回到原题. 由于 a_1,a_2,a_3,b_1,b_2,b_3 互不相同，故

$$a_2b_1\neq a_3b_1,a_3b_1\neq a_3b_2,a_1b_2\neq a_1b_3$$
$$a_1b_3\neq a_2b_3,a_2b_1\neq a_2b_3$$

由式⑦及引理知

$$a_2b_1=a_3b_2=a_1b_3,a_3b_1=a_1b_2=a_2b_3 \quad ⑧$$

或

$$a_2b_1=a_1b_2,a_3b_1=a_1b_3,a_3b_2=a_2b_3 \quad ⑨$$

若式⑧成立，则

$$\frac{a_2b_1}{a_3b_1}=\frac{a_3b_2}{a_1b_2}=\frac{a_1b_3}{a_2b_3}$$

即

$$\frac{a_2}{a_3}=\frac{a_3}{a_1}=\frac{a_1}{a_2}$$

这与 a_1,a_2,a_3 互不相同矛盾，所以式 ⑨ 成立. 于是

$$\frac{b_1}{a_1}=\frac{b_2}{a_2}=\frac{b_3}{a_3}$$

设 $\frac{b_1}{a_1}=\frac{k}{l}$，$(k,l)=1$，$l\geqslant 1$，则 $b_i=\frac{k}{l}a_i$，$i=1,2,3$. 由

$$2b_1+b_2=\frac{k}{l}(2a_1+a_2)$$

及题设(取 $n=1$)$2a_1+a_2\mid 2b_1+b_2$ 知 $\frac{k}{l}$ 为整数，即 $l=1$. 所以 $b_i=ka_i$，$i=1,2,3$.

第 26 届中国数学奥林匹克

长春,2011

1 设 $a_1,a_2,\cdots,a_n(n\geqslant 3)$ 是实数,证明

$$\sum_{i=1}^{n}a_i^2-\sum_{i=1}^{n}a_ia_{i+1}\leqslant\left[\frac{n}{2}\right](M-m)^2$$

其中 $a_{n+1}=a_1,M=\max\limits_{1\leqslant i\leqslant n}a_i,m=\min\limits_{1\leqslant i\leqslant n}a_i,[x]$ 表示不超过 x 的最大整数.

证明 若 $n=2k$(k 为正整数),则

$$2\left(\sum_{i=1}^{n}a_i^2-\sum_{i=1}^{n}a_ia_{i+1}\right)=\sum_{i=1}^{n}(a_i-a_{i+1})^2\leqslant n(M-m)^2$$

从而

$$\sum_{i=1}^{n}a_i^2-\sum_{i=1}^{n}a_ia_{i+1}\leqslant\frac{n}{2}(M-m)^2=\left[\frac{n}{2}\right](M-m)^2$$

若 $n=2k+1$(k 为正整数),则对于循环排列的 $2k+1$ 个数,必有连续三项递增或递减(因为 $\prod\limits_{i=1}^{2k+1}(a_i-a_{i-1})(a_{i+1}-a_i)=\prod\limits_{i=1}^{2k+1}(a_i-a_{i-1})^2\geqslant 0$,其中 $a_0=a_{2k+1}$,所以不可能对于每一个 i,都有 a_i-a_{i-1} 与 $a_{i+1}-a_i$ 异号),不妨设为 a_1,a_2,a_3,则有

$$(a_1-a_2)^2+(a_2-a_3)^2\leqslant(a_1-a_3)^2$$

从而

$$2\left(\sum_{i=1}^{n}a_i^2-\sum_{i=1}^{n}a_ia_{i+1}\right)=\sum_{i=1}^{n}(a_i-a_{i+1})^2\leqslant(a_1-a_3)^2+\sum_{i=3}^{n}(a_i-a_{i+1})^2$$

这就将问题化为 $2k$ 个数的情形. 我们有

$$2\left(\sum_{i=1}^{n}a_i^2-\sum_{i=1}^{n}a_ia_{i+1}\right)\leqslant(a_1-a_3)^2+\sum_{i=3}^{n}(a_i-a_{i+1})^2\leqslant 2k(M-m)^2$$

即

$$\sum_{i=1}^{n}a_i^2-\sum_{i=1}^{n}a_ia_{i+1}\leqslant k(M-m)^2=\left[\frac{n}{2}\right](M-m)^2$$

证毕.

2 如图1,设 D 是锐角 $\triangle ABC$ 外接圆 Γ 上 $\overset{\frown}{BC}$ 的中点,点 X 在 $\overset{\frown}{BD}$ 上,E 是 $\overset{\frown}{AX}$ 的中点,S 是 $\overset{\frown}{AC}$ 上的一点,直线 SD 与直线 BC 相交于点 R,SE 与 AX 相交于点 T. 证明:若 $RT /\!/ DE$,则 $\triangle ABC$ 的内心在直线 RT 上.

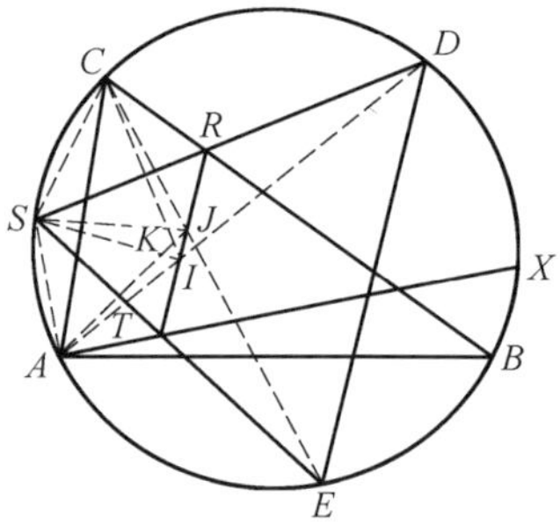

图1

证明 联结 AD,设 AD 与 RT 相交于点 I. 因为 D 是 $\overset{\frown}{BC}$ 的中点,故 AI 为 $\angle BAC$ 的角平分线. 联结 AS,SI,则由 $RT /\!/ DE$ 知

$$\angle STI=\angle SED=\angle SAI$$

故 A,T,I,S 四点共圆,记此圆为 ω_1.

联结 CE,设 CE 与 RT 相交于点 J,联结 SC,则

$$\angle SRJ=\angle SDE=\angle SCE$$

于是 S,J,R,C 四点共圆,记此圆为 ω_2.

设圆 ω_1,ω_2 除点 S 外另一个交点为 K,下证 K 为 AJ 与 CI 的交点.

设圆 ω_1 与 AJ(除点 A 外)的交点为 K_1,由于 E 是 $\overset{\frown}{AX}$ 的中点,所以

$$\angle SK_1A=\angle STA=\frac{1}{2}(\overset{\frown}{SA}+\overset{\frown}{XE})=\frac{1}{2}(\overset{\frown}{SA}+\overset{\frown}{AE})=$$

$$\angle SDE=\angle SRT=\angle SRJ$$

故 S,K_1,J,R 四点共圆,即点 K_1 在圆 ω_2 上. 同理,设圆 ω_2 与 CI(除点 C 外)的另一个交点为 K_2,则点 K_2 在圆 ω_1 上. 所以,点 K_1 与 K_2 重合,且为 AJ 与 CI 的交点,即 K 为 AJ 与 CI 的交点.

由于 $\angle CAD=\angle CAI$,且

$$\angle TJE=\angle CJR=\angle CED=\angle CAD$$

所以 A,I,J,C 四点共圆,因而 $\angle ACI=\angle AJI$.

又由 C,K,J,R 四点共圆知

$$\angle BCI=\angle ICR=\angle AJI$$

所以 $\angle ACI=\angle BCI$,故 I 为 $\triangle ABC$ 的内心.

3 设 A 是一个有限实数集,$A_1,A_2,\cdots,A_n$ 是 A 的非空子集,满足下列条件:

(1)A 中所有元素之和为0;

(2)对任意 $x_i\in A_i,i=1,2,\cdots,n$,都有 $x_1+x_2+\cdots+x_n>0$.

证明:存在 $1\leqslant i_1<i_2<\cdots<i_k\leqslant n$,使得

$$|A_{i_1}\cup A_{i_2}\cup\cdots\cup A_{i_k}|<\frac{k}{n}|A|$$

这里 $|X|$ 表示有限集合 X 的元素个数.

证明 设 $A=\{a_1,a_2,\cdots,a_m\}$,$a_1>a_2>\cdots>a_m$,则由条件(1)知 $a_1+a_2+\cdots+a_m=0$. 考虑每个 A_i 中的最小数,并设 A_1,A_2,$\cdots$,A_n 中恰有 k_i 个集合的最小数为 a_i,$i=1,2,\cdots,m$,则有

$$k_1+k_2+\cdots+k_m=n$$

且由条件(2)知

$$k_1a_1+k_2a_2+\cdots+k_ma_m>0$$

对于 $s=1,2,\cdots,m-1$,共有 $k_1+k_2+\cdots+k_s$ 个集合,其最小数大于或等于 a_s,故这些集合的并集包含在 $\{a_1,a_2,\cdots,a_s\}$ 中,元素个数不超过 s.

下面证明存在 $s\in\{1,2,\cdots,m-1\}$,使得 $k=k_1+k_2+\cdots+k_s>\frac{sn}{m}$.

用反证法,设对于 $s=1,2,\cdots,m-1$,都有

$$k_1+k_2+\cdots+k_s\leqslant\frac{sn}{m}$$

由阿贝尔(Abel)变换可知(注意 $a_s-a_{s+1}>0$,$1\leqslant s\leqslant m-1$)

$$\begin{aligned}0<\sum_{j=1}^{m}k_ja_j=\\&\sum_{s=1}^{m-1}(a_s-a_{s+1})(k_1+k_2+\cdots+k_s)+a_m(k_1+k_2+\cdots+k_m)\leqslant\\&\sum_{s=1}^{m-1}(a_s-a_{s+1})\frac{sn}{m}+a_mn=\frac{n}{m}\sum_{j=1}^{m}a_j=0\end{aligned}$$

矛盾. 对于这一 s,取 $A_1,A_2,\cdots,A_n$ 中最小数大于或等于 a_s 的那些集合,记为 $A_{i_1},A_{i_2},\cdots,A_{i_k}$,则由上述的结果可知,这些子集共有 $k=k_1+k_2+\cdots+k_s>\frac{sn}{m}$ 个,且它们的并集的元素个数不超过 s,即

$$|A_{i_1}\cup A_{i_2}\cup\cdots\cup A_{i_k}|\leqslant s<\frac{km}{n}=\frac{k}{n}|A|$$

4 设 n 是给定的正整数,集合 $S=\{1,2,\cdots,n\}$. 对非空的有限实数集合 A 和 B,求 $|A\Delta S|+|B\Delta S|+|C\Delta S|$ 的最小值,其中 $C=A+B=\{a+b\mid a\in A,b\in B\}$,$X\Delta Y=\{x\mid x$ 恰好属于 X 和 Y 中的一个$\}$,$|X|$ 表示有限集合 X 的元素个数.

解 所求的最小值是 $n+1$.

首先,取 $A=B=S$,可知 $|A\Delta S|+|B\Delta S|+|C\Delta S|$ 的确可以取到 $n+1$.

下面证明,$l=|A\Delta S|+|B\Delta S|+|C\Delta S|\geqslant n+1$.

记 $X\backslash Y=\{x\mid x\in X,x\notin Y\}$. 显然有

$l=|A\backslash S|+|B\backslash S|+|C\backslash S|+|S\backslash A|+|S\backslash B|+|S\backslash C|$

我们只要证明：

(1) $|A\backslash S|+|B\backslash S|+|S\backslash C|\geqslant 1$;

(2) $|C\backslash S|+|S\backslash A|+|S\backslash B|\geqslant n$.

先证(1). 实际上，若 $|A\backslash S|=|B\backslash S|=0$，则 $A,B\subseteq S$. 于是 1 不可能是 C 中的元素，即 $|S\backslash C|\geqslant 1$，所以(1) 成立.

再证(2). 若 $A\cap S=\varnothing$，则 $|S\backslash A|\geqslant n$，结论已经成立. 若 $A\cap S\neq\varnothing$，设 $A\cap S$ 的元素中最大的一个是 $n-k$，$0\leqslant k\leqslant n-1$，则

$$|S\backslash A|\geqslant k \qquad ①$$

另外，对 $i=k+1,k+2,\cdots,n$，要么 $i\notin B$（这时 $i\in S\backslash B$），要么 $i\in B$（这时 $n-k+i\in C$，即 $n-k+i\in C\backslash S$），所以

$$|C\backslash S|+|S\backslash B|\geqslant n-k \qquad ②$$

由式 ①② 即得(2).

综上可知，(1) 和(2) 成立，故 $l\geqslant n+1$. 因此，所求的最小值是 $n+1$.

5 给定整数 $n\geqslant 4$，对任意满足

$$a_1+a_2+\cdots+a_n=b_1+b_2+\cdots+b_n>0$$

的非负实数 $a_1,a_2,\cdots,a_n,b_1,b_2,\cdots,b_n$，求 $\dfrac{\sum\limits_{i=1}^{n}a_i(a_i+b_i)}{\sum\limits_{i=1}^{n}b_i(a_i+b_i)}$ 的最大值.

解 所求的最大值为 $n-1$.

由齐次性，不妨假设 $\sum\limits_{i=1}^{n}a_i=\sum\limits_{i=1}^{n}b_i=1$.

首先，当 $a_1=1,a_2=a_3=\cdots=a_n=0,b_1=0,b_2=b_3=\cdots=b_n=\dfrac{1}{n-1}$ 时

$$\sum_{i=1}^{n}a_i(a_i+b_i)=1$$

$$\sum_{i=1}^{n}b_i(a_i+b_i)=\frac{1}{n-1}$$

故

$$\frac{\sum\limits_{i=1}^{n}a_i(a_i+b_i)}{\sum\limits_{i=1}^{n}b_i(a_i+b_i)}=n-1$$

下证对任意满足 $\sum\limits_{i=1}^{n} a_i = \sum\limits_{i=1}^{n} b_i = 1$ 的非负实数 $a_1, a_2, \cdots, a_n$, $b_1, b_2, \cdots, b_n$,都有

$$\frac{\sum\limits_{i=1}^{n} a_i(a_i + b_i)}{\sum\limits_{i=1}^{n} b_i(a_i + b_i)} \leqslant n - 1$$

由于分母是正数,故上式等价于

$$\sum_{i=1}^{n} a_i(a_i + b_i) \leqslant (n - 1) \sum_{i=1}^{n} b_i(a_i + b_i)$$

即

$$(n - 1) \sum_{i=1}^{n} b_i^2 + (n - 2) \sum_{i=1}^{n} a_i b_i \geqslant \sum_{i=1}^{n} a_i^2$$

由对称性,不妨设 b_1 是 $b_1, b_2, \cdots, b_n$ 中最小的一个,则有

$$\begin{aligned}
&(n - 1) \sum_{i=1}^{n} b_i^2 + (n - 2) \sum_{i=1}^{n} a_i b_i \geqslant \\
&(n - 1) b_1^2 + (n - 1) \sum_{i=2}^{n} b_i^2 + (n - 2) \sum_{i=1}^{n} a_i b_1 \geqslant \\
&(n - 1) b_1^2 + \Big(\sum_{i=2}^{n} b_i\Big)^2 + (n - 2) b_1 = \\
&(n - 1) b_1^2 + (1 - b_1)^2 + (n - 2) b_1 = n b_1^2 + (n - 4) b_1 + 1 \geqslant \\
&1 = \sum_{i=1}^{n} a_i \geqslant \sum_{i=1}^{n} a_i^2
\end{aligned}$$

证毕.

> **6** 求证:对于任意给定的正整数 m, n,总存在无穷多组互素的正整数 a, b,使得
>
> $$a + b \mid a m^a + b n^b$$

证明 如果 $mn = 1$,则结论成立. 下设 $mn \geqslant 2$,由于

$$n^a(a m^a + b n^b) = (a + b) n^{a+b} + a[(mn)^a - n^{a+b}]$$

故只要证明存在无穷多组互素的正整数 a, b,使得

$$a + b \mid (mn)^a - n^{a+b}, (a + b, n) = 1$$

令 $p = a + b$,我们只要证明存在无穷多个素数 p 及正整数 $a(1 \leqslant a \leqslant p - 1)$,使得

$$p \mid (mn)^a - n^p$$

由费马小定理知:当 $a_1 \equiv a_2 (\bmod p - 1)$, $a_1 \geqslant 1$, $a_2 \geqslant 1$ 时,有 $(mn)^{a_1} \equiv (mn)^{a_2} (\bmod p)$. 因此只要证明存在无穷多个素数 p 及正整数 a,使得

$$p \mid (mn)^a - n \tag{①}$$

假设这样的素数只有有限个,记为 $p_1, p_2, \cdots, p_r$(由于 $mn \geqslant 2$,

这样的素数必存在). 设

$$(mn)^2 - n = p_1^{\alpha_1}p_2^{\alpha_2}\cdots p_r^{\alpha_r}, \alpha_i(1 \leqslant i \leqslant r) \text{ 为非负整数} \quad ②$$

取 $a = p_1^{\alpha_1}p_2^{\alpha_2}\cdots p_r^{\alpha_r}(p_1 - 1)\cdots(p_r - 1) + 2$,设

$$(mn)^a - n = p_1^{\beta_1}p_2^{\beta_2}\cdots p_r^{\beta_r}, \beta_i(1 \leqslant i \leqslant r) \text{ 为非负整数} \quad ③$$

若 $p_i \mid n$,则由式③及 $a \geqslant 2$ 可知 $p_i^{\beta_i} \mid n$,故 $p_i^{\beta_i} \mid (mn)^2 - n$,从而由式②知 $\beta_i \leqslant \alpha_i$.

若 $p_i \nmid n$,则 $p_i \nmid m$,故 $(p_i^{\alpha_i+1}, mn) = 1$. 由欧拉定理知(注意 $\varphi(p_i^{\alpha_i+1}) = p_i^{\alpha_i}(p_i - 1)$ 为 $a - 2$ 的因数)

$$(mn)^a - n \equiv (mn)^2 - n \pmod{p_i^{\alpha_i+1}}$$

由于 $p_i^{\alpha_i+1} \nmid (mn)^2 - n$,故由上式知 $p_i^{\alpha_i+1} \nmid (mn)^a - n$. 因而 $\beta_i \leqslant \alpha_i$. 这样

$$(mn)^a - n = p_1^{\beta_1}p_2^{\beta_2}\cdots p_r^{\beta_r} \leqslant p_1^{\alpha_1}p_2^{\alpha_2}\cdots p_r^{\alpha_r} = (mn)^2 - n$$

与 $a > 2$ 矛盾. 所以存在无穷多个素数 p 及正整数 a,使得 $p \mid (mn)^a - n$. 证毕.

第 27 届中国数学奥林匹克

西安,2012

1 如图 1,在圆内接 $\triangle ABC$ 中,$\angle A$ 为最大角,不含点 A 的 $\overset{\frown}{BC}$ 上两点 D,E 分别为$\overset{\frown}{ABC}$ 与$\overset{\frown}{ACB}$ 的中点. 记过点 A,B 且与 AC 相切的圆为圆 O_1,过点 A,E 且与 AD 相切的圆为圆 O_2,圆 O_1 与圆 O_2 交于点 A 和 P. 证明:AP 平分 $\angle BAC$.

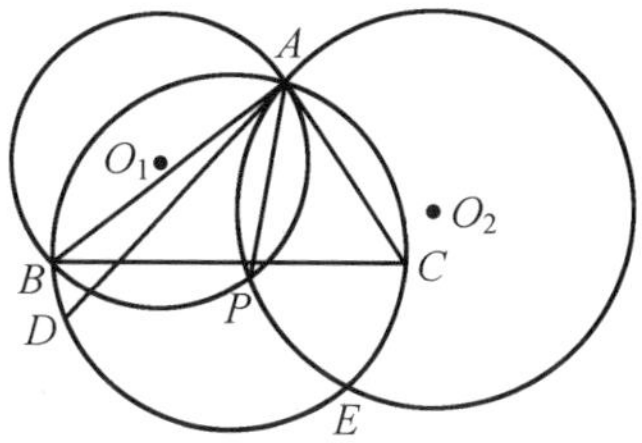

图 1

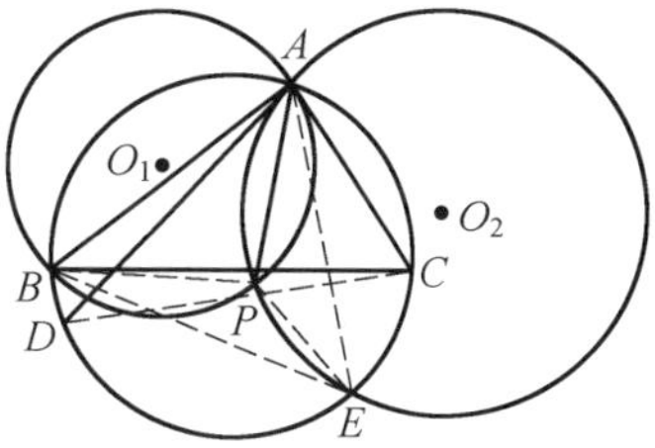

图 2

证明 如图 2,联结 EP,AE,BE,BP,CD. 为方便起见,分别记 $\angle BAC,\angle ABC,\angle ACB$ 为 $\angle A,\angle B,\angle C$,$\angle A+\angle B+\angle C=180°$. 记 X 与 Y 分别为 CA 的延长线与 DA 的延长线上的任意一点. 由已知条件易得:$AD=DC,AE=EB$. 结合点 A,B,C,D,E 共圆可得

$$\angle BAE=90°-\frac{1}{2}\angle AEB=90°-\frac{1}{2}\angle C$$

$$\angle CAD=90°-\frac{1}{2}\angle ADC=90°-\frac{1}{2}\angle B$$

由直线 AC 切圆 O_1 于点 A,直线 AD 切圆 O_2 于点 A 可得

$$\angle APB=\angle BAX=180°-\angle A,\angle ABP=\angle CAP$$

以及

$$\begin{aligned}\angle APE=\angle EAY=180°-\angle DAE=\\ &180°-(\angle BAE+\angle CAD-\angle A)=\\ &180°-\left(90°-\frac{1}{2}\angle C\right)-\left(90°-\frac{1}{2}\angle B\right)+\angle A=\\ &90°+\frac{1}{2}\angle A\end{aligned}$$

于是

$$\angle BPE=360°-\angle APB-\angle APE=90°+\frac{1}{2}\angle A=\angle APE$$

在 $\triangle APE$ 与 $\triangle BPE$ 中,分别运用正弦定理,结合 $AE=BE$,可得

$$\frac{\sin\angle PAE}{\sin\angle APE}=\frac{PE}{AE}=\frac{PE}{BE}=\frac{\sin\angle PBE}{\sin\angle BPE}$$

从而 $\sin\angle PAE=\sin\angle PBE$. 又由 $\angle APE,\angle BPE$ 均为钝角知

$\angle PAE$, $\angle PBE$ 均为锐角, 故 $\angle PAE=\angle PBE$. 所以 $\angle BAP=\angle BAE-\angle PAE=\angle ABE-\angle PBE=\angle ABP=\angle CAP$. 证毕.

2 给定素数 p. 设 $\boldsymbol{A}=(a_{ij})$ 是一个 $p\times p$ 的矩阵, 满足 $\{a_{ij}\mid 1\leqslant i,j\leqslant p\}=\{1,2,\cdots,p^2\}$. 允许对一个矩阵进行如下操作: 选取一行或一列, 将该行或该列的每个数同时加上 1 或同时减去 1. 若可以通过有限多次上述操作将 $\boldsymbol{A}$ 中元素全变为 0, 则称 $\boldsymbol{A}$ 是一个"好矩阵". 求"好矩阵" $\boldsymbol{A}$ 的个数.

解 由加法的交换律和结合律, 可以将针对同一行或同一列的操作合并进行, 并且无须考虑各操作之间的顺序. 假设所有操作的最终结果是对第 i 行每个数减去 x_i, 对第 j 列每个数减去 y_j, 这里 $x_i,y_j(1\leqslant i,j\leqslant p)$ 可以是任意整数, 由题设知 $a_{ij}=x_i+y_j$ 对所有 $1\leqslant i,j\leqslant p$ 成立. 易知在一个"好矩阵"中交换其中两行, 或交换其中两列, 或将整个矩阵关于主对角线作对称后仍是"好矩阵".

由于矩阵中各数互不相同, 于是 $x_1,x_2,\cdots,x_p$ 互不相同, $y_1,y_2,\cdots,y_p$ 也互不相同, 不妨设 $x_1<x_2<\cdots<x_p$, 这是因为交换 x_i 与 x_j 的值相当于交换第 i 行和第 j 行, 同样可不妨设 $y_1<y_2<\cdots<y_p$, 于是我们假设矩阵的每一行从左到右是递增的, 每一列从上到下也是递增的.

由上面的讨论知 $a_{11}=1$, a_{12} 或 a_{21} 等于 2, 不妨设 $a_{12}=2$, 否则将整个矩阵关于主对角线作对称. 下面用反证法证明 $1,2,\cdots,p$ 全在第一行中. 假设 $1,2,\cdots,k$ 在第一行中, $k+1$ 不在第一行中, 因为 $2\leqslant k<p$, 于是 $a_{21}=k+1$. 将连续的 k 个整数称为一个"块", 我们证明矩阵的第一行恰由若干个"块"构成, 即前 k 个数为一个"块", 之后的 k 个数又是一个"块", 等等.

如若不然, 设前 n 组 k 个数均为"块", 但之后 k 个数不成为"块"(或之后不足 k 个数), 由此知对 $j=1,2,\cdots,n$, $y_{(j-1)k+1}$, $y_{(j-1)k+2},\cdots,y_{jk}$ 构成"块", 从而矩阵的前 nk 列共可分成 pn 个$1\times k$ 的子矩阵 $a_{i,(j-1)k+1},a_{i,(j-1)k+2},\cdots,a_{i,jk}$, $i=1,2,\cdots,p$, $j=1,2,\cdots,n$, 每个子矩阵中的 k 个数构成"块". 现假设 $a_{1,nk+1}=a$, 设 b 是最小的正整数使得 $a+b$ 不在第一行中, 则 $b\leqslant k-1$. 由于

$$a_{2,nk+1}-a_{1,nk+1}=x_2-x_1=a_{21}-a_{11}=k$$

故 $a_{2,nk+1}=a+k$. 当 $i\geqslant 2$, $j\geqslant nk+1$ 时, $a_{ij}\geqslant a_{i,nk+1}\geqslant a_{2,nk+1}=a+k>a+b$. 于是 $a+b$ 必定在前 nk 列中. 这样 $a+b$ 含在某个前面所说的 $1\times k$ 的"块"中, 但 a, $a+k$ 都不在该"块"中, 矛盾.

于是第一行恰由若干个“块”构成，特别地，我们有 $k \mid p$. 但是 $1 < k < p$，而 p 是素数，这导致矛盾. 于是矩阵的第一行恰为 $1, 2, \cdots, p$. 用归纳法可证明第 k 行必定为 $(k-1)p+1, (k-1)p+2, \cdots, kp$. 因此“好矩阵”$\boldsymbol{A}$ 在交换行、交换列，以及关于主对角线作对称下总可转化成唯一形式，故“好矩阵”的个数等于 $2(p!)^2$.

3 证明：对于任意实数 $M > 2$，总存在满足下列条件的严格递增的正整数列 $a_1, a_2, \cdots$：

(1) 对每个正整数 i，有 $a_i > M^i$；

(2) 当且仅当整数 $n \neq 0$ 时，存在正整数 m 以及 $b_1, b_2, \cdots, b_m \in \{1, -1\}$，使得 $n = b_1a_1 + b_2a_2 + \cdots + b_ma_m$.

证明 递推地构造正整数序列 $\{a_n\}$ 如下：取整数 $a_1 > M^2$，以及 $a_2 = a_1 + 1$. 对 $k \geqslant 2$，取整数

$$a_{2k-1} > M^{2k} + \sum_{i=1}^{2k-2} a_i$$

$$a_{2k} = k + \sum_{i=1}^{2k-1} a_i$$

下面证明这一序列满足条件. 由定义知 $a_m > a_{m-1} + a_{m-2} + \cdots + a_1$ 对 $m > 1$ 均成立，且对任意正整数 k，有 $a_{2k} > a_{2k-1} > M^{2k}$. 这样这一序列是严格递增的正整数序列且满足条件(1). 对任意正整数 n，有

$$n = -\left(\sum_{i=1}^{2n-1} a_i\right) + a_{2n}$$

以及

$$-n = \left(\sum_{i=1}^{2n-1} a_i\right) - a_{2n}$$

最后只需说明0不能表示成 $b_1a_1 + b_2a_2 + \cdots + b_ma_m$ 的形式，这里 $b_1, b_2, \cdots, b_m \in \{-1, 1\}$. 当 $m = 1$ 时，$|b_1a_1| > 0$. 当 $m > 1$ 时

$$|b_1a_1 + b_2a_2 + \cdots + b_ma_m| \geqslant a_m - (a_{m-1} + \cdots + a_1) > 0$$

这样便验证了所构造的序列满足所有条件. 证毕.

4 设 $f(x) = (x+a)(x+b)$（a, b 是给定的正实数），$n \geqslant 2$ 为给定的整数. 对满足 $x_1 + x_2 + \cdots + x_n = 1$ 的非负实数 $x_1, x_2, \cdots, x_n$，求 $F = \sum\limits_{1 \leqslant i < j \leqslant n} \min\{f(x_i), f(x_j)\}$ 的最大值.

解法1 因为

$$\begin{aligned}\min\{f(x_i),f(x_j)\} &= \min\{(x_i+a)(x_i+b),(x_j+a)(x_j+b)\} \leqslant \\ &\sqrt{(x_i+a)(x_i+b)(x_j+a)(x_j+b)} \leqslant \\ &\frac{1}{2}[(x_i+a)(x_j+b)+(x_i+b)(x_j+a)] = \\ &x_ix_j+\frac{1}{2}(x_i+x_j)(a+b)+ab\end{aligned}$$

故

$$\begin{aligned}F &\leqslant \sum_{1\leqslant i<j\leqslant n} x_ix_j+\frac{a+b}{2}\sum_{1\leqslant i<j\leqslant n}(x_i+x_j)+\mathrm{C}_n^2\cdot ab = \\ &\frac{1}{2}\Big[\Big(\sum_{i=1}^n x_i\Big)^2-\sum_{i=1}^n x_i^2\Big]+\frac{a+b}{2}(n-1)\sum_{i=1}^n x_i+\mathrm{C}_n^2\cdot ab = \\ &\frac{1}{2}\Big(1-\sum_{i=1}^n x_i^2\Big)+\frac{n-1}{2}(a+b)+\mathrm{C}_n^2\cdot ab \leqslant \\ &\frac{1}{2}\Big[1-\frac{1}{n}\Big(\sum_{i=1}^n x_i\Big)^2\Big]+\frac{n-1}{2}(a+b)+\mathrm{C}_n^2\cdot ab = \\ &\frac{1}{2}\Big(1-\frac{1}{n}\Big)+\frac{n-1}{2}(a+b)+\frac{n(n-1)}{2}ab = \\ &\frac{n-1}{2}\Big(\frac{1}{n}+a+b+nab\Big)\end{aligned}$$

当 $x_1=x_2=\cdots=x_n=\frac{1}{n}$ 时等号成立. 故 F 的最大值为

$$\frac{n-1}{2}\Big(\frac{1}{n}+a+b+nab\Big)$$

解法2 我们说明最大值在 $x_1=x_2=\cdots=x_n=\frac{1}{n}$ 时取到,最大值为 $\frac{n-1}{2}\Big(\frac{1}{n}+a+b+nab\Big)$. 我们对 n 用数学归纳法证明下述更一般的命题:设 s 是任意固定的非负实数,对满足 $x_1+x_2+\cdots+x_n=s$ 的非负实数 $x_1,x_2,\cdots,x_n$, $F=\sum_{1\leqslant i<j\leqslant n}\min\{f(x_i),f(x_j)\}$ 的最大值在 $x_1=x_2=\cdots=x_n=\frac{s}{n}$ 时取到.

由 F 的对称性,不妨假设 $x_1\leqslant x_2\leqslant\cdots\leqslant x_n$,注意到 $f(x)$ 在非负实数上是单调递增的,有

$$F=(n-1)f(x_1)+(n-2)f(x_2)+\cdots+f(x_{n-1})$$

当 $n=2$ 时, $F=f(x_1)\leqslant f\Big(\frac{s}{2}\Big)$,等号在 $x_1=x_2$ 时成立. 假设结论在 n 时成立,考虑 $n+1$ 的情况. 对 $x_2+x_3+\cdots+x_{n+1}=s-x_1$ 用归纳假设,有

$$F\leqslant nf(x_1)+\frac{1}{2}n(n-1)f\Big(\frac{s-x_1}{n}\Big)=g(x_1)$$

其中 $g(x)$ 为关于 x 的二次函数,其二次项系数为正数. 由于 $0 \leqslant x_1 \leqslant \frac{s}{n+1}$,故

$$g(x_1) \leqslant \max\left\{g(0), g\left(\frac{s}{n+1}\right)\right\} = g\left(\frac{s}{n+1}\right)$$

所以当 $x_1 = \frac{s}{n+1}$ 时,$g(x_1)$ 取最大值,因此,F 取最大值时,$x_2 = x_3 = \cdots = x_{n+1} = \frac{s-x_1}{n} = \frac{s}{n+1} = x_1$,由数学归纳法知命题得证.

5 设 n 为无平方因子的正偶数,k 为整数,p 为素数,满足 $p < 2\sqrt{n}$,$p \nmid n$,$p \mid n+k^2$. 证明:n 可以表示为 $n = ab + bc + ca$,其中 a,b,c 为互不相同的正整数.

证明 由于 n 是偶数,故 $p \neq 2$. 又 $p \nmid n$,故 $p \nmid k$,不妨假设 $0 < k < p$. 取 $a = k, b = p - k$,则

$$c = \frac{n - k(p-k)}{p} = \frac{n+k^2}{p} - k$$

由条件知 c 是整数,a,b 是不同的正整数. 下面只需证明 $c > 0$,并且 $c \neq a,b$. 由均值不等式有

$$\frac{n}{k} + k \geqslant 2\sqrt{n} > p$$

故 $n + k^2 > pk$,由此知 $c > 0$. 若 $c = a$,则

$$\frac{n+k^2}{p} - k = k$$

即有

$$n = k(2p - k)$$

由于 n 是偶数,故 k 为偶数,这样 n 被 4 整除,这与 n 无平方因子矛盾. 若 $c = b$,则 $n = p^2 - k^2$,由于 n 是偶数,故 k 为奇数,这同样使得 n 被 4 整除,矛盾.

综上所述,我们选取的 a,b,c 满足条件,命题获证.

6 求满足下面条件的最小正整数 k:对集合 $S = \{1, 2, \cdots, 2\,012\}$ 的任意一个 k 元子集 A,都存在 S 中的三个互不相同的元素 a,b,c,使得 $a+b, b+c, c+a$ 均在集合 A 中.

解 设 $a < b < c$. 令 $x = a+b, y = a+c, z = b+c$,则 $x < y < z, x+y > z$,且 $x+y+z$ 为偶数. 反之,若存在 $x,y,z \in A$ 满足 $x < y < z, x+y > z$,且 $x+y+z$ 为偶数,则取 $a = \frac{x+y-z}{2}, b = \frac{x+z-y}{2}, c = \frac{y+z-x}{2}$,我们有 $a,b,c \in \mathbf{Z}, 1 \leqslant a < b < c \leqslant 2\,012$,

且 $x=a+b, y=a+c, z=b+c$.

于是,题设条件等价于对任意的 k 元子集 A,均有 $x,y,z\in A$,满足

$$x<y<z, x+y>z, \text{且 } x+y+z \text{ 为偶数} \quad (*)$$

若 $A=\{1,2,3,5,7,\cdots,2\ 011\}$,则 $|A|=1\ 007$,且集合 A 中不含有满足($*$)的三个元素. 因此 $k\geqslant 1\ 008$.

下面证明:任意一个 1 008 元子集均含有三个元素满足($*$).

我们证明一个更一般的结论:对任意整数 $n\geqslant 4$,集合 $\{1,2,\cdots,2n\}$ 的任意一个 $n+2$ 元子集均含有三个元素满足($*$). 下面对 n 进行归纳.

当 $n=4$ 时,设 A 是 $\{1,2,\cdots,8\}$ 的一个 6 元子集,则 $A\cap\{3,4,5,6,7,8\}$ 至少有 4 个元素. 若 $A\cap\{3,4,5,6,7,8\}$ 中含有 3 个偶数,则 $4,6,8\in A$ 且满足($*$);若 $A\cap\{3,4,5,6,7,8\}$ 中恰含有 2 个偶数,则它还应含有至少 2 个奇数,取这 2 个奇数,则 4,6,8 中至少有 2 个偶数与这 2 个奇数可以形成一个满足($*$)的三元数组,由于 A 至少含 4,6,8 中 2 个数,故 A 存在 3 个数满足($*$);若 $A\cap\{3,4,5,6,7,8\}$ 中恰含有 1 个偶数,则它含有全部 3 个奇数,此偶数与 5,7 即构成满足($*$)的三元数组. 因此当 $n=4$ 时结论成立.

假设结论对 $n(n\geqslant 4)$ 成立,考虑 $n+1$ 的情况. 设 A 是 $\{1,2,\cdots,2n+2\}$ 的一个 $n+3$ 元子集,若

$$|A\cap\{1,2,\cdots,2n\}|\geqslant n+2$$

则由归纳假设可知结论成立,于是只需考虑

$$|A\cap\{1,2,\cdots,2n\}|=n+1$$

且 $2n+1, 2n+2\in A$ 的情况. 此时若 $\{1,2,\cdots,2n\}$ 中有一个大于 1 的奇数 x 在 A 中,则 $x, 2n+1, 2n+2$ 即构成满足($*$)的三元数组;若 $\{1,2,\cdots,2n\}$ 中所有大于 1 的奇数均不在 A 中,则

$$A\subseteq\{1,2,4,6,\cdots,2n,2n+1,2n+2\}$$

而后者恰有 $n+3$ 个元素,故 $A=\{1,2,4,6,\cdots,2n,2n+1,2n+2\}$,此时 $4,6,8\in A$ 满足($*$).

综上所述,所求最小的 k 为 1 008.

第 28 届中国数学奥林匹克

沈阳,2013

1 如图 1,两个半径不相等的圆 K_1 与圆 K_2 交于 A,B 两点,C,D 两点分别在圆 K_1,K_2 上,且线段 CD 以 A 为中点;延长 DB 交圆 K_1 于点 E,延长 CB 交圆 K_2 于点 F. 设线段 CD,EF 的中垂线分别为 l_1,l_2. 证明:

(1) l_1 与 l_2 相交;

(2) 若 l_1 与 l_2 的交点为 P,则三条线段 CA,AP,PE 能构成一个直角三角形.

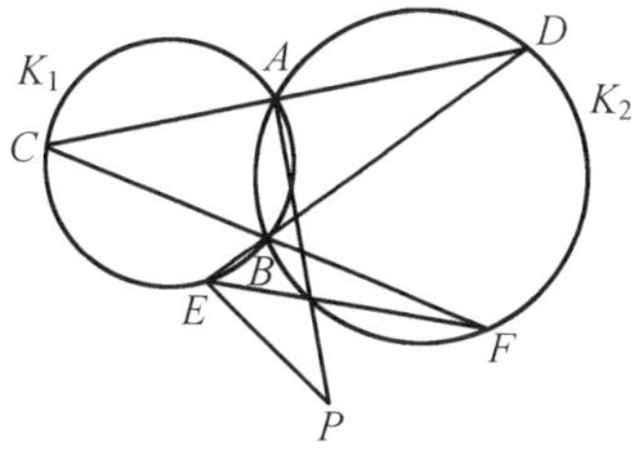

图 1

证明 (1) 因为 C,A,B,E 四点共圆,D,A,B,F 四点共圆,且 $CA=AD$,所以由圆幂定理得

$$CB\cdot CF=CA\cdot CD=DA\cdot DC=DB\cdot DE \quad ①$$

假设 l_1 与 l_2 不相交,则必有 $CD\,/\!/\,EF$,于是$\frac{CF}{CB}=\frac{DE}{DB}$,代入式①,得 $CB^2=DB^2$,故 $CB=DB$,于是必有 $BA\perp CD$,因此 CB 与 DB 分别是圆 K_1 与圆 K_2 的直径,这意味着圆 K_1 与圆 K_2 半径相等,与条件矛盾. 因此 l_1 与 l_2 必相交.

(2) 设 l_1 与 l_2 的交点为 P. 如图 2,联结 AE,AF,PF,则

$$\angle CAE=\angle CBE=\angle DBF=\angle DAF$$

又 $AP\perp CD$,故 AP 平分 $\angle EAF$. 又点 P 在 EF 的中垂线上,故点 P 在 $\triangle AEF$ 的外接圆上,因此

$$\angle EPF=180^\circ-\angle EAF=\angle CAE+\angle DAF=2\angle CAE=2\angle CBE$$

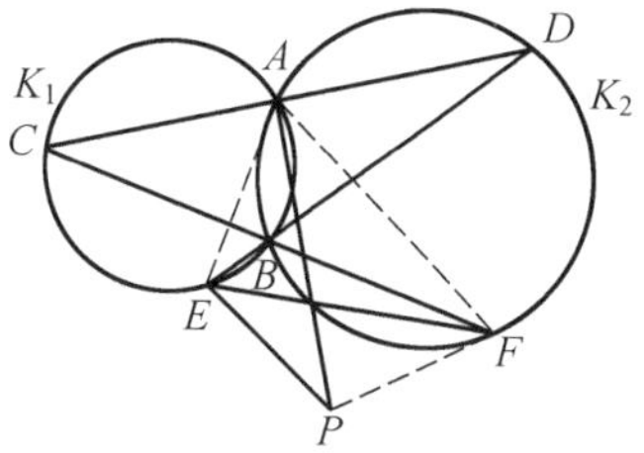

图 2

从而点 B 在以 P 为圆心,PE 为半径的圆 Γ 上. 记 Γ 的半径为 R,根据圆幂定理,得

$$2CA^2=CA\cdot CD=CB\cdot CF=CP^2-R^2$$

因此

$$AP^2=CP^2-CA^2=(2CA^2+R^2)-CA^2=CA^2+PE^2$$

从而线段 CA,AP,PE 可以构成一个直角三角形.

2 确定所有由整数构成的非空集合 S，满足：若 $m,n\in S$（m,n 可以相同），则 $3m-2n\in S$.

解 若 S 中只有一个数，则 S 满足条件.

下面假设 S 中至少有两个不同的数. 因为 S 中的元素为整数，所以 S 中相邻数之差有最小正值，记这个值为 d，则存在整数 a，使得 $a+d,a+2d\in S$. 这样

$$a+4d=3(a+2d)-2(a+d)\in S$$
$$a-d=3(a+d)-2(a+2d)\in S$$
$$a+5d=3(a+d)-2(a-d)\in S$$
$$a-2d=3(a+2d)-2(a+4d)\in S$$

我们已经证明了：由 $a+d,a+2d\in S$ 可得到 $a-2d,a-d,a+4d,a+5d\in S$，从上面的构造可知，若 $a+kd,a+(k+1)d\in S$，则有 $a+(k-3)d,a+(k-2)d,a+(k+3)d,a+(k+4)d\in S$. 由此用数学归纳法易得 $\{a+kd\mid k\in\mathbf{Z},3\nmid k\}\subseteq S$. 记 $S_0=\{a-kd\mid k\in\mathbf{Z},3\nmid k\}$，可以验证 S_0 满足条件.

若 $S\neq S_0$，则对任何 $b\in S\backslash S_0$，存在整数 l，使得 $a+ld\leqslant b<a+(l+1)d$. 由于 l 和 $l+1$ 中至少有一个不是3的倍数，故 $a+ld,a+(l+1)d$ 中至少有一个属于 S_0，由 d 的最小性可知，b 到 S_0 中数的距离至少是 d，故只能 $a+(l+1)d\in S_0$，且 $b=a+ld$，这说明 $S\subseteq\{a+kd\mid k\in\mathbf{Z}\}$.

下面证明 $S=\{a+kd\mid k\in\mathbf{Z}\}$.

任取 $b\in S\backslash S_0$，则由 $S\subseteq\{a+kd\mid k\in\mathbf{Z}\}$ 可知，必有 $b=a+ld,3\mid l$. 这样 $a+ld,a+(l+1)d,a+(l+2)d\in S,a+(l-2)d,a+(l-1)d\in S$. 因此

$$a+(l+3)d=3(a+(l+1)d)-2(a+ld)\in S$$
$$a+(l-3)d=3(a+(l-1)d)-2(a+ld)\in S$$

由数学归纳法可知 $a+(l+3i)d\in S,i\in\mathbf{Z}$. 这表明 $\{a+kd\mid k\in\mathbf{Z}\}\subseteq S$，所以 $S=\{a+kd\mid k\in\mathbf{Z}\}$，不难验证这样的集合也满足条件.

综上，所求的 S 恰有三类：

(1) $S=\{a\}$；

(2) $S=\{a+kd\mid k\in\mathbf{Z},3\nmid k\}$；

(3) $S=\{a+kd\mid k\in\mathbf{Z}\}$，其中 $a,d\in\mathbf{Z},d>0$.

3 求一切正实数 t,具有下述性质:存在一个由实数组成的无限集合 X,使得对任意 $x,y,z\in X$(这里 x,y,z 可以相同),以及任意实数 a 与正实数 d,均有

$$\max\{|x-(a-d)|,|y-a|,|z-(a+d)|\}>td$$

解 满足要求的 t 为 $0<t<\frac{1}{2}$.

首先,对 $0<t<\frac{1}{2}$,取 $\lambda=\frac{2}{1-2t}$,则 $\lambda>1$. 令 $x_i=\lambda^i$,$X=\{x_1,x_2,\cdots\}$,$i=1,2,\cdots$.

假设存在 $a\in\mathbf{R}$,$d\in\mathbf{R}_+$ 及 x_i,x_j,x_k,使

$$\max\{|x_i-(a-d)|,|x_j-a|,|x_k-(a+d)|\}\leqslant td$$

即

$$\begin{cases}(-1-t)d\leqslant x_i-a\leqslant(-1+t)d & ①\\ -td\leqslant x_j-a\leqslant td & ②\\ (1-t)d\leqslant x_k-a\leqslant(1+t)d & ③\end{cases}$$

由式 ② - ①,式 ③ - ② 得

$$\begin{cases}(1-2t)d\leqslant x_j-x_i\leqslant(1+2t)d & ④\\ (1-2t)d\leqslant x_k-x_j\leqslant(1+2t)d & ⑤\end{cases}$$

因为 $t<\frac{1}{2}$,所以 $1-2t>0$,因此由式 ④ 和 ⑤ 得 $x_j-x_i>0$,$x_k-x_j>0$,结合 $\lambda>1$ 知 $i<j<k$;进一步,有

$$\frac{x_k-x_j}{x_j-x_i}\leqslant\frac{1+2t}{1-2t}$$

但利用我们的构造知

$$\frac{x_k-x_j}{x_j-x_i}\geqslant\frac{x_k-x_{k-1}}{x_{k-1}-x_i}>\frac{x_k-x_{k-1}}{x_{k-1}}=\lambda-1=\frac{1+2t}{1-2t}$$

矛盾!故上述构造的无限集合 X 满足要求.

另外,若 $t\geqslant\frac{1}{2}$,我们证明,对任意无限集合 X 中任意三个元素 $x,y,z(x<y<z)$,均存在 $a\in\mathbf{R}$,$d\in\mathbf{R}_+$,使得

$$\max\{|x-(a-d)|,|y-a|,|z-(a+d)|\}\leqslant td$$

事实上,令 $a=\frac{x+z}{2}$,$d=z-x$,则

$$\max\{|x-(a-d)|,|y-a|,|z-(a+d)|\}=$$

$$\max\left\{\frac{z-x}{2},\left|y-\frac{x+z}{2}\right|,\frac{z-x}{2}\right\}=$$

$$\frac{z-x}{2}=\frac{1}{2}d\leqslant td$$

所以,对任意不小于$\frac{1}{2}$的 t 均不满足要求.

综上所述,所求的一切满足要求的 t 为 $0<t<\frac{1}{2}$.

4 给定整数 $n\geqslant 2$. 设 n 个非空有限集 $A_1,A_2,\cdots,A_n$ 满足:对任意 $i,j\in\{1,2,\cdots,n\}$,有 $|A_i\Delta A_j|=|i-j|$. 求 $|A_1|+|A_2|+\cdots+|A_n|$ 的最小值.(这里,$|X|$ 表示有限集合 X 的元素个数;对于集合 X,Y,规定 $X\Delta Y=\{a\mid a\in X,a\notin Y\}\cup\{a\mid a\in Y,a\notin X\}$.)

解 对整数 $n\geqslant 2$,将 $|A_1|+|A_2|+\cdots+|A_n|$ 简记为 S_n.

我们证明对任意正整数 k,有 $S_{2k}\geqslant k^2+2,S_{2k+1}\geqslant k(k+1)+2$.

先指出两个明显的结论:

(1) 对有限集 X,Y,有 $|X|+|Y|\geqslant|X\Delta Y|$.

(2) 若非空有限集 X,Y 满足 $|X\Delta Y|=1$,则 $|X|+|Y|\geqslant 3$. (事实上,假设不然,则必有 $|X|=|Y|=1$,于是 $|X\Delta Y|=0$ 或 2,矛盾.)

当 $n=2k$ 时,根据条件与结论(1)可知

$$|A_i|+|A_{2k+1-i}|\geqslant|A_i\Delta A_{2k+1-i}|=2k+1-2i,i=1,2,\cdots,k-1$$

又根据 $|A_k\Delta A_{k+1}|=1$ 及结论(2),得 $|A_k|+|A_{k+1}|\geqslant 3$. 因此

$$S_{2k}=|A_k|+|A_{k+1}|+\sum_{i=1}^{k-1}(|A_i|+|A_{2k+1-i}|)\geqslant 3+\sum_{i=1}^{k-1}(2k+1-2i)=k^2+2$$

类似地,当 $n=2k+1$ 时,有

$$|A_i|+|A_{2k+2-i}|\geqslant|A_i\Delta A_{2k+2-i}|=2k+2-2i,i=1,2,\cdots,k-1$$

且 $|A_k|+|A_{k+1}|\geqslant 3$, $|A_{k+2}|\geqslant 1$,所以

$$S_{2k+1}=|A_k|+|A_{k+1}|+|A_{k+2}|+\sum_{i=1}^{k-1}(|A_i|+|A_{2k+2-i}|)\geqslant 4+\sum_{i=1}^{k-1}(2k+2-2i)=k(k+1)+2$$

另外,取集合 $A_1,A_2,\cdots,A_{2k},A_{2k+1}$ 如下

$$A_i=\{i,i+1,\cdots,k\},i=1,2,\cdots,k$$

$$A_{k+1}=\{k,k+1\}$$

$$A_{k+j}=\{k+1,k+2,\cdots,k+j-1\},j=2,3,\cdots,k+1$$

对这组集合,易验证 $|A_i\Delta A_j|=|i-j|$ 对一切 $i,j\in\{1,2,\cdots,2k+1\}$ 成立.

此时,经计算得

$$S_{2k+1}=\frac{k(k+1)}{2}+2+\frac{k(k+1)}{2}=k(k+1)+2$$

当取前 $2k$ 个集合时,又可得 $S_{2k}=S_{2k+1}-k=k^2+2$.

综上可知,S_{2k} 的最小值为 k^2+2,S_{2k+1} 的最小值为 $k(k+1)+2$,即对整数 $n\geqslant 2$,S_n 的最小值为 $\left[\frac{n^2}{4}\right]+2$.

5 对正整数 n 及整数 $i(0\leqslant i\leqslant n)$,设 $\mathrm{C}_n^i\equiv c(n,i)\pmod 2$,其中 $c(n,i)\in\{0,1\}$,并记

$$f(n,q)=\sum_{i=0}^{n}c(n,i)q^i$$

设 m,n,q 为正整数,且 $q+1$ 不是2的方幂. 证明:若 $f(m,q)\mid f(n,q)$,则对任意正整数 r,有 $f(m,r)\mid f(n,r)$.

证明 对任意正整数 u,设 u 的二进制表示为 $u=2^{d_1}+2^{d_2}+\cdots+2^{d_k}$,$0\leqslant d_1<d_2<\cdots<d_k$,定义 $T(u)=\{2^{d_1},2^{d_2},\cdots,2^{d_k}\}$,并约定 $T(0)$ 为空集.

由卢卡斯(Lucas)定理知,C_n^i 为奇数当且仅当 $T(i)\subseteq T(n)$,故

$$f(n,q)=\sum_{A\subseteq T(n)}q^{\sigma(A)}=\prod_{a\in T(n)}(1+q^a)$$

其中 $\sigma(A)$ 表示 A 的元素之和.

设 m,n,q 如题中所设,我们证明,若

$$\prod_{a\in T(m)}(1+q^a)\Big|\prod_{b\in T(n)}(1+q^b)$$

则 $T(m)\subseteq T(n)$. 从而对任意正整数 r,有 $f(m,r)\mid f(n,r)$.

为此,我们先证明如下两个结论.

(1) 用 $s(k)$ 表示正整数 k 的最大奇因数,则对任意非负整数 $0\leqslant i<j$,都有 $s(q^{2^i}+1)$ 与 $s(q^{2^j}+1)$ 互素.

事实上,有因式分解

$$q^{2^j}-1=(q^{2^{j-1}}+1)\cdots(q^{2^i}+1)(q^{2^i}-1)$$

于是有

$$(q^{2^j}+1,q^{2^i}+1)=(q^{2^i}+1,2)\mid 2$$

由此知 $s(q^{2^i}+1)$ 与 $s(q^{2^j}+1)$ 互素.

(2) 利用题目条件 $q+1$ 不是2的方幂,我们证明对任意整数

$i \geqslant 0$,都有 $q^{2^i}+1$ 也不是 2 的方幂,亦即 $s(q^{2^i}+1)>1$.

实际上,$i=0$ 的情形就是题目条件,由此还知必有 $q>1$. 而当 $i>0$ 时,注意到 $q^{2^i}+1\equiv 1$ 或 $2 \pmod 4$,又 $q^{2^i}+1>2$,故 $s(q^{2^i}+1)>1$.

现由 $\prod\limits_{a\in T(m)}(1+q^a) \Big| \prod\limits_{b\in T(n)}(1+q^b)$ 知,对任意 $a\in T(m)$,都有

$$s(q^a+1) \Big| \prod_{b\in T(n)} s(q^b+1)$$

利用上述证明的两个结论知必有 $a\in T(n)$,从而 $T(m)\subseteq T(n)$,故命题得证.

6 给定正整数 m,n,求具有下述性质的最小整数 $N(N\geqslant m)$:若一个 N 元整数集含有模 m 的完全剩余系,则它有一个非空子集,其元素和被 n 整除.

解 所求 $N=\max\left\{m,m+n-\frac{1}{2}m[(m,n)+1]\right\}$.

先证明 $N\geqslant \max\left\{m,m+n-\frac{1}{2}m[(m,n)+1]\right\}$.

设 $d=(m,n)$,$m=dm_1$,$n=dn_1$. 若 $n>\frac{1}{2}m(d+1)$,考虑一个模 m 的完全剩余系 $x_1,x_2,\cdots,x_m$,它模 n 的余数恰为 m_1 个 $1,2,\cdots,d$. 这样的一组完全剩余系是存在的,例如下面 m 个数

$$i+dn_1j,i=1,2,\cdots,d;j=1,2,\cdots,m_1$$

再添上 $k=n-\frac{1}{2}m(d+1)-1$ 个模 n 余 1 的数 $y_1,y_2,\cdots,y_k$,则集合

$$A=\{x_1,x_2,\cdots,x_m,y_1,y_2,\cdots,y_k\}$$

含有模 m 的完全剩余系,但是不存在非空子集,其元素和被 n 整除. 事实上,A 中没有一个元素被 n 整除,A 的每个元素除以 n 的最小非负余数之和为

$$m_1(1+2+\cdots+d)+k=n-1$$

故 A 中不存在非空子集,其元素和被 n 整除. 于是

$$N\geqslant m+n-\frac{1}{2}m(d+1)$$

即

$$N\geqslant \max\left\{m,m+n-\frac{1}{2}m[(m,n)+1]\right\}$$

下面证明 $N=\max\left\{m,m+n-\frac{1}{2}m[(m,n)+1]\right\}$ 满足要求. 我们将反复利用下面的结论:k 个整数中必存在若干个数之和被 k

整除. 设这 k 个整数为 $a_1,a_2,\cdots,a_k$,令 $S_i=a_1+a_2+\cdots+a_i$,若有一个 S_i 被 k 整除,则结论成立. 否则存在 $1\leqslant i<j\leqslant k$,使得 $S_i\equiv S_j(\bmod k)$,于是 $S_j-S_i=a_{i+1}+a_{i+2}+\cdots+a_j$ 被 k 整除. 由上述结论易知 k 个均被正整数 a 整除的整数中,必可取出若干个数之和被 ka 整除.

对原问题分两种情形讨论.

情形 1 $n\leqslant\frac{1}{2}m(d+1)$,此时 $N=m$. 我们称一个有限整数集为 k－集,如果它的所有元素之和被 k 整除. 设 $x_1,x_2,\cdots,x_m$ 是模 m 的完全剩余系,可将这些数分成 m_1 组,每组构成模 d 的完全剩余系. 设 $y_1,y_2,\cdots,y_d$ 是一个模 d 的完全剩余系,$y_i\equiv i(\bmod d)$. 若 d 是奇数,则可将一个模 d 的完全剩余系分成 $\frac{d+1}{2}$ 个 d－集,例如 $\{y_1,y_{d-1}\},\cdots,\{y_{\frac{d-1}{2}},y_{\frac{d+1}{2}}\},\{y_d\}$. 这样共有 $\frac{1}{2}m_1(d+1)$ 个 d－集. 由于 $n_1\leqslant\frac{1}{2}m_1(d+1)$,故从这些 d－集中可选出一些集合,其总和被 $n_1d(=n)$ 整除. 若 d 是偶数,类似地,可将 $y_1,y_2,\cdots,y_d$ 分成 $\frac{d}{2}$ 个 d－集,此时多余 $y_{\frac{d}{2}}$. 注意到两个模 d 余 $\frac{d}{2}$ 的数又可组成一个 d－集,这样一个模 m 的完全剩余系中可取出 $\frac{1}{2}m_1d+\left[\frac{m_1}{2}\right]$ 个 d－集,又由于

$$n_1\leqslant\frac{1}{2}m_1(d+1)=\frac{1}{2}m_1d+\frac{m_1}{2}$$

故 $n_1\leqslant\frac{1}{2}m_1d+\left[\frac{m_1}{2}\right]$,于是,可以从这些 d－集中选出一些,其总和被 $n_1d(=n)$ 整除.

情形 2 $n>\frac{1}{2}m(d+1)$,此时 $N=m+n-\frac{1}{2}m(d+1)$.

设 A 是一个 N 元集包含模 m 的完全剩余系 $x_1,x_2,\cdots,x_m$,另外还有 $n-\frac{1}{2}m(d+1)$ 个数. 若 d 是奇数,则由情形 1 中的论证知,可将一个模 m 的完全剩余系分成 $\frac{1}{2}m_1(d+1)$ 个 d－集. 另外 $n-\frac{1}{2}m(d+1)$ 个数又可分成 $n_1-\frac{1}{2}m_1(d+1)$ 组数,每组 d 个数,每一组中又可取出一个 d－集,即从另外的数中可找到 $n_1-\frac{1}{2}m_1(d+1)$ 个 d－集. 这样共得到 n_1 个 d－集. 若 d 是偶数,则由

情形 1 中的论证知，可将一个模 m 的完全剩余系分成 $\frac{1}{2}m_1d+\left[\frac{m_1}{2}\right]$ 个 d - 集.

若 m_1 是奇数，则 $x_1,x_2,\cdots,x_m$ 中还剩余一个模 d 余 $\frac{d}{2}$ 的数 x_i. 另外 $n-\frac{1}{2}m(d+1)$ 个数可分成 $2n_1-m_1(d+1)$ 组，每组 $\frac{d}{2}$ 个数，从这每一组中可选出一个 $\frac{d}{2}$ - 集. 从两个 $\frac{d}{2}$ - 集中可找到一个 d - 集.

若 m_1 是偶数，则可得到至少 $n_1-\frac{1}{2}m_1(d+1)$ 个 d - 集. 这样共得到 n_1 个 d - 集. 若 m_1 是奇数，剩余的 $\{x_i\}$ 也是一个 $\frac{d}{2}$ - 集，共有 $2n_1-m_1(d+1)+1$ 个 $\frac{d}{2}$ - 集，从中可取出至少 $n_1-\frac{1}{2}m_1(d+1)+\frac{1}{2}$ 个 d - 集. 这样共得到 n_1 个 d - 集.

最后，从这 n_1 个 d - 集中可选出一部分数，其总和被 $n_1d(=n)$ 整除. 结论获证.

第 29 届中国数学奥林匹克

南京,2013

1 如图1,在锐角 $\triangle ABC$ 中,$AB > AC$,$\angle BAC$ 的平分线与边 BC 交于点 D,点 E,F 分别在边 AB,AC 上,使得 B,C,F,E 四点共圆. 证明:$\triangle DEF$ 的外接圆圆心与 $\triangle ABC$ 的内切圆圆心重合的充分必要条件是 $BE + CF = BC$.

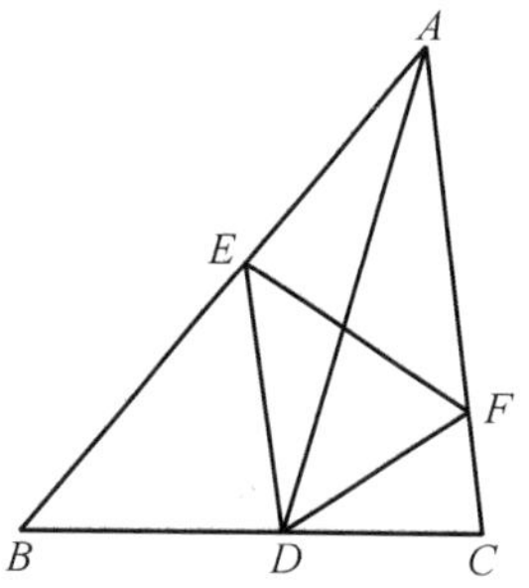

图 1

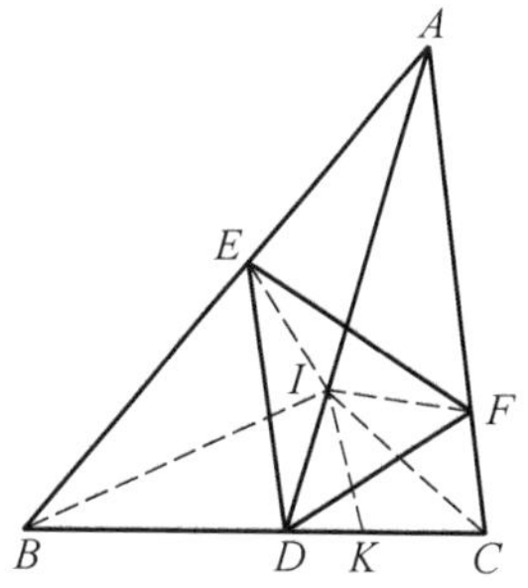

图 2

证明 如图2,在 $\angle BAC$ 的平分线 AD 上取 $\triangle ABC$ 的内心 I,联结 BI,CI,EI,FI.

充分性 若 $BC = BE + CF$,则可在边 BC 内取一点 K,使 $BK = BE$,从而 $CK = CF$. 联结 KI.

因为 BI 平分 $\angle ABC$,CI 平分 $\angle ACB$,所以 $\triangle BIK$ 与 $\triangle BIE$ 关于 BI 对称,$\triangle CIK$ 与 $\triangle CIF$ 关于 CI 对称,故

$$\angle BEI = \angle BKI = \pi - \angle CKI = \pi - \angle CFI = \angle AFI$$

从而 A,E,I,F 四点共圆. 结合 B,E,F,C 四点共圆,知

$$\angle AIE = \angle AFE = \angle ABC$$

故 B,E,I,D 四点共圆.

因点 I 是 $\angle EAF$ 的平分线与 $\triangle AEF$ 的外接圆的交点,故 $IE = IF$;因点 I 是 $\angle EBD$ 的平分线与 $\triangle BED$ 的外接圆的交点,故 $IE = ID$. 于是 $ID = IE = IF$,即 $\triangle ABC$ 的内心 I 也是 $\triangle DEF$ 的外心. 充分性证毕.

必要性 若 $\triangle ABC$ 的内心 I 是 $\triangle DEF$ 的外心,由于 $AE \neq AF$(事实上,由 B,E,F,C 四点共圆,得 $AE \cdot AB = AF \cdot AC$,而 $AB > AC$,故 $AE < AF$),故 I 是 $\angle EAF$ 的平分线与 EF 的中垂线的交点,即 I 在 $\triangle AEF$ 的外接圆上.

因 BI 平分 $\angle ABC$,可在射线 BC 上取点 E 关于 BI 的对称点 K,则

$$\angle BKI = \angle BEI = \angle AFI > \angle ACI = \angle BCI$$

故 K 在边 BC 内,进而有 $\angle IKC = \angle IFC$. 又因为 $\angle ICK = \angle ICF$,所

以 $\triangle IKC \cong \triangle IFC$.

因此 $BC = BK + CK = BE + CF$. 必要性证毕.

2 对大于 1 的整数 n,定义集合

$$D(n) = \{a - b \mid n = ab, a, b \text{ 为正整数}, a > b\}$$

证明:对任意大于 1 的整数 k,总存在 k 个互不相同且大于 1 的整数 $n_1, n_2, \cdots, n_k$,使得

$$D(n_1) \cap D(n_2) \cap \cdots \cap D(n_k)$$

的元素个数不小于 2.

证明 设 $a_1, a_2, \cdots, a_{k+1}$ 为 $k+1$ 个不同的正奇数,且其中任意一个数小于其他 k 个数的乘积(例如 $a_1 = 3, a_2 = 5, \cdots, a_{k+1} = 2k+3$),记 $N = a_1 a_2 \cdots a_{k+1}$.

对 $i = 1, 2, \cdots, k+1$,取

$$x_i = \frac{1}{2}\left(\frac{N}{a_i} + a_i\right), y_i = \frac{1}{2}\left(\frac{N}{a_i} - a_i\right)$$

则 $x_i^2 - y_i^2 = N$. 又因 $a_i a_j < N$ 及 $\frac{N}{a_i} > a_i$,故易知 $(x_i, y_i)(1 \leqslant i \leqslant k+1)$ 是 $x^2 - y^2 = N$ 的 $k+1$ 组不同的正整数解.

不妨设 $x_{k+1} = \min\{x_1, x_2, \cdots, x_{k+1}\}$.

对每个 $i \in \{1, 2, \cdots, k\}$,由

$$x_i^2 - y_i^2 = x_{k+1}^2 - y_{k+1}^2$$

得

$$(x_i + x_{k+1})(x_i - x_{k+1}) = x_i^2 - x_{k+1}^2 = y_i^2 - y_{k+1}^2 = (y_i + y_{k+1})(y_i - y_{k+1})$$

令

$$n_i = (x_i + x_{k+1})(x_i - x_{k+1}) = (y_i + y_{k+1})(y_i - y_{k+1})$$

则

$$2x_{k+1} = (x_i + x_{k+1}) - (x_i - x_{k+1}) \in D(n_i)$$

$$2y_{k+1} = (y_i + y_{k+1}) - (y_i - y_{k+1}) \in D(n_i)$$

因 $x_{k+1} > y_{k+1}$,故 $2x_{k+1}, 2y_{k+1}$ 是

$$D(n_1) \cap D(n_2) \cap \cdots \cap D(n_k)$$

中的两个不同的元素.

3 证明:存在唯一的函数$f:\mathbf{N}^*\to\mathbf{N}^*$满足

$$f(1)=f(2)=1$$
$$f(n)=f(f(n-1))+f(n-f(n-1)),n=3,4,\cdots$$

并对每个整数$m\geqslant 2$,求$f(2^m)$的值.

证明 由$f(1)=1$知$\frac{1}{2}\leqslant f(1)\leqslant 1$.

我们用数学归纳法证明:对任意整数$n>1$,$f(n)$可由$f(1)$,$f(2)$,$\cdots$,$f(n-1)$的值唯一确定,且

$$\frac{n}{2}\leqslant f(n)\leqslant n \quad ①$$

当$n=2$时,$f(2)=1$,结论成立.

假设对任意整数k,$1\leqslant k<n(n\geqslant 3)$,$f(k)$的值唯一,且

$$\frac{k}{2}\leqslant f(k)\leqslant k$$

则

$$1\leqslant\frac{n-1}{2}\leqslant f(n-1)\leqslant n-1$$

进而

$$1\leqslant n-f(n-1)\leqslant n-1$$

故由归纳假设知$f(f(n-1))$与$f(n-f(n-1))$的值唯一确定,从而$f(n)$可由

$$f(n)=f(f(n-1))+f(n-f(n-1)) \quad ②$$

唯一确定.又

$$\frac{1}{2}f(n-1)\leqslant f(f(n-1))\leqslant f(n-1)$$
$$\frac{1}{2}(n-f(n-1))\leqslant f(n-f(n-1))\leqslant n-f(n-1)$$

故由式②知

$$\frac{n}{2}\leqslant f(n)\leqslant f(n-1)+(n-f(n-1))=n$$

因此结论对n也成立.由数学归纳法原理知,存在唯一的函数$f:\mathbf{N}^*\to\mathbf{N}^*$满足条件,且$\frac{n}{2}\leqslant f(n)\leqslant n$.

下面证明,对任意正整数n,有

$$f(n+1)-f(n)\in\{0,1\} \quad ③$$

当$n=1$时,式③成立.假设式③在$n\leqslant k$时成立.由式②知

$$f(k+2)-f(k+1)=$$

$$(f(f(k+1))+f(k+2-f(k+1)))-$$
$$(f(f(k))+f(k+1-f(k)))=$$
$$(f(f(k+1))-f(f(k)))+$$
$$(f(k+2-f(k+1))-$$
$$f(k+1-f(k)))\qquad ④$$

由归纳假设知

$$f(k+1)-f(k)\in\{0,1\}$$

若 $f(k+1)=f(k)+1$,由于

$$1\leqslant f(k)\leqslant k$$

故由式④及归纳假设知

$$f(k+2)-f(k+1)=$$
$$f(f(k)+1)-f(f(k))\in\{0,1\}$$

若 $f(k+1)=f(k)$,注意到

$$1\leqslant k+1-f(k)\leqslant k$$

故由式④及归纳假设知

$$f(k+2)-f(k+1)=$$
$$f(k+2-f(k))-f(k+1-f(k))\in\{0,1\}$$

因此式③在 $n=k+1$ 时也成立. 由数学归纳法原理,式③对一切正整数 n 成立.

最后证明,对任意正整数 m,有

$$f(2^m)=2^{m-1}$$

当 $m=1$ 时,结论成立.

设 $m=k$ 时结论成立,即 $f(2^k)=2^{k-1}$,考虑 $m=k+1$ 的情形.

假如 $f(2^{k+1})\neq 2^k$,由式①知 $f(2^{k+1})\geqslant 2^k$,而 $f(2^{k+1})$ 为整数,故 $f(2^{k+1})\geqslant 2^k+1$,又因 $f(1)=1$,故由式③知存在一个最小的正整数 $n\leqslant 2^{k+1}$,使 $f(n)=2^k+1$,进而由 n 的最小性得

$$f(n-1)=2^k$$

再注意到 $n-2^k\leqslant 2^k$,故

$$2^k+1=f(n)=f(f(n-1))+f(n-f(n-1))=$$
$$f(2^k)+f(n-2^k)\leqslant 2f(2^k)=2^k$$

矛盾(最后两步应用了式③及归纳假设). 因此

$$f(2^{k+1})=2^k$$

即 $m=k+1$ 时结论亦成立. 由数学归纳法原理得,对任意正整数 m,有

$$f(2^m)=2^{m-1}$$

4 对整数 $n>1$，设 $n=p_1^{\alpha_1}p_2^{\alpha_2}\cdots p_t^{\alpha_t}$ 是 n 的标准分解式，定义
$$\omega(n)=t,\Omega(n)=\alpha_1+\alpha_2+\cdots+\alpha_t$$
是否对任意给定的正整数 k 及正实数 α,β，总存在整数 $n>1$，使得
$$\frac{\omega(n+k)}{\omega(n)}>\alpha,\frac{\Omega(n+k)}{\Omega(n)}<\beta$$
证明你的结论.

解 结论是肯定的.

补充定义 $\omega(1)=\Omega(1)=0$，则对任意正整数 a,b，有
$$\omega(ab)\leqslant\omega(a)+\omega(b) \quad ①$$
$$\Omega(ab)=\Omega(a)+\Omega(b) \quad ②$$

对任意给定的正整数 k 及正实数 α,β，取正整数 $m>(\omega(k)+1)\alpha$，又因素数有无穷多个，故可取充分大的素数 p，使
$$\frac{\Omega(k)+1}{p^m}+\log_p 2<\beta$$
并可取 m 个大于 p 且两两不同的素数 $q_1,q_2,\cdots,q_m$. 我们证明 $n=2^{q_1q_2\cdots q_m}k$ 满足题意.

先证明 $\dfrac{\omega(n+k)}{\omega(n)}>\alpha$.

记 $n_1=2^{q_1q_2\cdots q_m}+1=\dfrac{n+k}{k}$. 由 $q_1,q_2,\cdots,q_m$ 均为大于 3 的奇素数知，当 $1\leqslant i\leqslant m$ 时，$2^{q_i}+1\mid n_1$，此时记
$$d_i=\frac{2^{q_i}+1}{3}$$
则 d_i 是大于 1 的整数. 利用
$$(2^r-1,2^s-1)=2^{(r,s)}-1,r,s\in\mathbf{N}^* \quad ③$$
并注意 $(q_i,q_j)=1(i\neq j)$，可得
$$\begin{aligned}(d_i,d_j)=\frac{1}{3}(2^{q_i}+1,2^{q_j}+1)\leqslant\\ \frac{1}{3}(2^{2q_i}-1,2^{2q_j}-1)=\\ \frac{2^{(2q_i,2q_j)}-1}{3}=\frac{2^2-1}{3}=1\end{aligned}$$
于是 $d_1,d_2,\cdots,d_m$ 是 n_1 的 m 个两两互素且大于 1 的因数，故 $\omega(n_1)\geqslant m$，由式 ① 及 m 的取法知

$$\frac{\omega(n+k)}{\omega(n)} \geqslant \frac{\omega(n_1)}{\omega(n)} \geqslant \frac{\omega(n_1)}{\omega(k)+1} \geqslant \frac{m}{\omega(k)+1} > \alpha$$

再证明$\dfrac{\Omega(n+k)}{\Omega(n)} < \beta$.

因 $q_1 q_2 \cdots q_m$ 是不被 3 整除的奇数,故

$$n_1 = 2^{q_1 q_2 \cdots q_m} + 1 \equiv \pm 3 \pmod 9$$

即 $3 \parallel n_1$.

假设$\dfrac{n_1}{3}$存在一个素因子 $q \leqslant p$,则

$$2^{2 q_1 q_2 \cdots q_m} - 1 = (2^{q_1 q_2 \cdots q_m} - 1) \cdot n_1 \equiv 0 \pmod q$$

又由费马小定理得 $2^{q-1} \equiv 1 \pmod q$,故根据式 ③,结合上式可知

$$q \mid 2^{(2 q_1 q_2 \cdots q_m, q-1)} - 1$$

其中因

$$q - 1 < p < q_i, i = 1, 2, \cdots, m$$

故

$$(q-1, 2 q_1 q_2 \cdots q_m) = (q-1, 2) \leqslant 2$$

这样必有 $q \mid 2^2 - 1$,得 $q = 3$,但$\dfrac{n_1}{3}$不是3的倍数,矛盾!因此$\dfrac{n_1}{3}$的所有素因子均大于 p,故

$$\frac{n_1}{3} > p^{\Omega\left(\frac{n_1}{3}\right)}$$

于是根据式 ② 知

$$\begin{aligned}\Omega(n+k) = \Omega(k) + \Omega(3) + \Omega\left(\frac{n_1}{3}\right) < \\ \Omega(k) + 1 + \log_p\left(\frac{n_1}{3}\right) < \\ \Omega(k) + 1 + \log_p(n_1 - 1) = \\ \Omega(k) + 1 + q_1 q_2 \cdots q_m \log_p 2\end{aligned}$$

由素数 p 及 $q_1, q_2, \cdots, q_m$ 的取法知

$$\frac{\Omega(n+k)}{\Omega(n)} < \frac{\Omega(k) + 1 + q_1 q_2 \cdots q_m \log_p 2}{q_1 q_2 \cdots q_m} < \frac{\Omega(k)+1}{p^m} + \log_p 2 < \beta$$

5 设集合 $X=\{1,2,\cdots,100\}$，函数 $f:X\to X$ 同时满足

(1) 对任意 $x\in X$，都有 $f(x)\neq x$；

(2) 对 X 的任意一个 40 元子集 A，都有 $A\cap f(A)\neq\varnothing$.

求最小的正整数 k，使得对任意满足上述条件的函数 f，都存在 X 的 k 元子集 B，使得 $B\cup f(B)=X$.

注 对 X 的子集 T，定义 $f(T)=\{f(t)\mid t\in T\}$.

解 首先考虑如下定义的 $f:X\to X$

$$f(3i-2)=3i-1,f(3i-1)=3i$$

$$f(3i)=3i-2,i=1,2,\cdots,30$$

$$f(j)=100,91\leqslant j\leqslant 99$$

$$f(100)=99$$

f 显然满足条件(1). 对任一 X 的 40 元子集 A，要么存在整数 i，$1\leqslant i\leqslant 30$，使得

$$|A\cap\{3i-2,3i-1,3i\}|\geqslant 2$$

此时

$$A\cap f(A)\neq\varnothing$$

要么

$$91,92,\cdots,100\in A$$

此时也有 $A\cap f(A)\neq\varnothing$，即 f 也满足条件(2).

若 X 的子集 B 满足

$$f(B)\cup B=X$$

那么

$$|B\cap\{3i-2,3i-1,3i\}|\geqslant 2,1\leqslant i\leqslant 30$$

且 $91,92,\cdots,98\in B$，$99,100$ 中至少有一个属于 B，于是 $|B|\geqslant 69$.

下面证明：对任意满足题目条件的函数 f，总存在一个不超过 69 元的子集 B，使得 $f(B)\cup B=X$.

考虑所有满足

$$U\cap f(U)=\varnothing$$

的子集 $U\subseteq X$（由(1)知 $\{x\}\cap f(\{x\})\neq\varnothing$，故这样的子集 U 存在），在这些子集中，取一个 U 使得 $|U|$ 最大，如有多个 U 满足要求，再于其中选取使 $|f(U)|$ 最大的子集 U. 设

$$V=f(U),W=X\backslash(U\cup V)$$

注意 U,V,W 两两不相交，且并集为 X. 由条件(2)知 $|U|\leqslant 39$，从

而 $|V| \leqslant 39$，$|W| \geqslant 22$.

我们证明下述结论：

(i) 对任意 $w \in W$，必有 $f(w) \in U$，否则，设 $U' = U \cup \{w\}$，由于

$$f(U) = V, f(w) \notin U$$

且 $f(w) \neq w$，故 $U' \cap f(U') = \varnothing$，与 $|U|$ 的最大性矛盾.

(ii) 若

$$w_1, w_2 \in W, w_1 \neq w_2$$

则

$$f(w_1) \neq f(w_2)$$

否则，设

$$u = f(w_1) = f(w_2)$$

由结论(i) 知 $u \in U$，设

$$U' = (U \backslash \{u\}) \cup \{w_1, w_2\}$$

由于

$$f(U') \subseteq V \cup \{u\}, U' \cap (V \cup \{u\}) = \varnothing$$

故

$$U' \cap f(U') = \varnothing$$

与 $|U|$ 的最大性矛盾.

记 $W = \{w_1, w_2, \cdots, w_m\}$. 设

$$u_i = f(w_i), 1 \leqslant i \leqslant m$$

由(i) 和(ii) 知 $u_1, u_2, \cdots, u_m$ 是 U 中两两不同的元素.

(iii) 对 $1 \leqslant i < j \leqslant m$，有

$$f(u_i) \neq f(u_j)$$

否则，设

$$v = f(u_i) = f(u_j) \in V$$

考虑 $U' = (U \backslash \{u_i\}) \cup \{w_i\}$，则

$$f(U') = V \cup \{u_i\}, U' \cap f(U') = \varnothing$$

但 $|f(U')| > |f(U)|$，与 $|f(U)|$ 的最大性矛盾.

因此 $f(u_1), f(u_2), \cdots, f(u_m)$ 是 V 中两两不同的元素，特别地，$|V| \geqslant |W|$. 由于 $|U| \leqslant 39$，故 $|V| + |W| \geqslant 61$，于是 $|V| \geqslant 31$.

令 $B = U \cup W$，则 $|B| \leqslant 69$，且

$$f(B) \cup B \supseteq V \cup B = X$$

综上可知，所求最小的正整数 k 为 69.

6 对于非空数集 S,T,定义

$$S+T=\{s+t \mid s\in S,t\in T\}$$

$$2S=\{2s \mid s\in S\}$$

设 n 为正整数,A,B 均为 $\{1,2,\cdots,n\}$ 的非空子集,证明:存在 $A+B$ 的子集 D,使得

$$D+D\subseteq 2(A+B),\text{且} |D|\geqslant \frac{|A|\cdot|B|}{2n}$$

这里 $|X|$ 表示有限集 X 的元素个数.

证明 令

$$S_y=\{(a,b)\mid a-b=y,a\in A,b\in B\}$$

由于

$$\sum_{y=1-n}^{n-1}|S_y|=|A|\cdot|B|$$

故存在 y_0,$1-n\leqslant y_0\leqslant n-1$,使

$$|S_{y_0}|\geqslant \frac{|A|\cdot|B|}{2n-1}>\frac{|A|\cdot|B|}{2n}$$

取 $D=\{2b+y_0\mid (a,b)\in S_{y_0}\}$,则

$$|D|=|S_{y_0}|>\frac{|A|\cdot|B|}{2n}$$

由 S_{y_0} 的定义知,对 D 中的每个元素 d,存在 $(a,b)\in S_{y_0}$ 使得

$$d=2b+y_0=a+b\in A+B$$

故 $D\subseteq A+B$.

对 $d_1,d_2\in D$,设

$$d_1=2b_1+y_0=2a_1-y_0$$

$$d_2=2b_2+y_0,b_1,b_2\in B,a_1\in A$$

则

$$d_1+d_2=2a_1-y_0+2b_2+y_0=2(a_1+b_2)\subseteq 2(A+B)$$

综上可知,集合 D 满足要求.

第30届中国数学奥林匹克

重庆,2014

1 给定实数 $r \in (0,1)$. 证明:若 n 个复数 $z_1, z_2, \cdots, z_n$ 满足 $|z_k - 1| \leqslant r(k = 1,2,\cdots,n)$,则

$$|z_1 + z_2 + \cdots + z_n| \cdot \left|\frac{1}{z_1} + \frac{1}{z_2} + \cdots + \frac{1}{z_n}\right| \geqslant n^2(1 - r^2)$$

证明 设 $z_k = x_k + y_k\mathrm{i}(x_k, y_k \in \mathbf{R}), k = 1,2,\cdots,n$.

先证明

$$\frac{x_k^2}{x_k^2 + y_k^2} \geqslant 1 - r^2, k = 1,2,\cdots,n \quad ①$$

记 $\frac{x_k^2}{x_k^2 + y_k^2} = u$. 由 $|x_k - 1| \leqslant r < 1$ 知 $x_k > 0$,故 $u > 0$ 且 $y_k^2 = \left(\frac{1}{u} - 1\right)x_k^2$,因此

$$r^2 \geqslant |z_k - 1|^2 = (x_k - 1)^2 + \left(\frac{1}{u} - 1\right)x_k^2 =$$

$$\frac{1}{u}(x_k - u)^2 + 1 - u \geqslant$$

$$1 - u$$

即 $u \geqslant 1 - r^2$,从而式 ① 成立.

易知

$$|z_1 + z_2 + \cdots + z_n| \geqslant |\mathrm{Re}(z_1 + z_2 + \cdots + z_n)| = \sum_{k=1}^{n} x_k \quad ②$$

又 $\frac{1}{z_k} = \frac{x_k - y_k\mathrm{i}}{x_k^2 + y_k^2}(k = 1,2,\cdots,n)$,所以

$$\left|\frac{1}{z_1} + \frac{1}{z_2} + \cdots + \frac{1}{z_n}\right| \geqslant \left|\mathrm{Re}\left(\frac{1}{z_1} + \frac{1}{z_2} + \cdots + \frac{1}{z_n}\right)\right| =$$

$$\sum_{k=1}^{n} \frac{x_k}{x_k^2 + y_k^2} \quad ③$$

注意到 $x_k > 0(k = 1,2,\cdots,n)$,根据式 ② 和 ③ 及柯西不等式,可得

$$|z_1+z_2+\cdots+z_n|\cdot\left|\frac{1}{z_1}+\frac{1}{z_2}+\cdots+\frac{1}{z_n}\right|\geqslant$$

$$\left(\sum_{k=1}^{n}x_k\right)\left(\sum_{k=1}^{n}\frac{x_k}{x_k^2+y_k^2}\right)\geqslant$$

$$\left(\sum_{k=1}^{n}\sqrt{\frac{x_k^2}{x_k^2+y_k^2}}\right)^2\geqslant(n\sqrt{1-r^2})^2=$$

$$n^2(1-r^2)$$

2 如图 1,设 A,B,D,E,F,C 依次是一个圆上的六个点,满足 $AB=AC$. 直线 AD 与 BE 交于点 P,直线 AF 与 CE 交于点 R,直线 BF 与 CD 交于点 Q,直线 AD 与 BF 交于点 S,直线 AF 与 CD 交于点 T. 点 K 在线段 ST 上,使得 $\angle SKQ=\angle ACE$. 求证:$\frac{SK}{KT}=\frac{PQ}{QR}$.

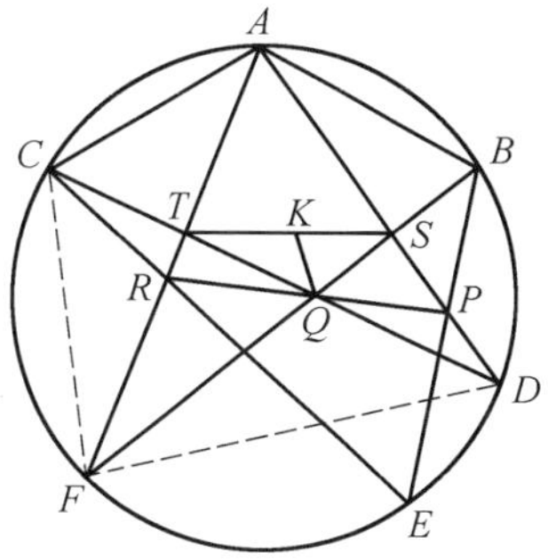

图 1

证明 联结 DF. 由 $AB=AC$ 知,$\angle ADC=\angle AFB$. 所以,S,D,F,T 四点共圆,于是

$$\angle QSK=\angle TDF=\angle RAC$$

结合已知条件 $\angle SKQ=\angle ACE$ 知,$\triangle QSK\backsim\triangle RAC$.

同理可得 $\triangle QTK\backsim\triangle PAB$,故

$$\frac{SK}{KQ}=\frac{AC}{CR},\frac{KQ}{KT}=\frac{BP}{BA}$$

于是

$$\frac{SK}{KT}=\frac{SK}{KQ}\cdot\frac{KQ}{KT}=\frac{AC}{CR}\cdot\frac{BP}{BA}=\frac{BP}{CR}\quad ①$$

下面证明

$$\frac{BP}{CR}=\frac{PQ}{QR}\quad ②$$

联结 CF. 由正弦定理知

$$\frac{RC}{RQ}=\frac{RC}{RF}\cdot\frac{RF}{RQ}=\frac{\sin\angle RFC}{\sin\angle RCF}\cdot\frac{\sin\angle RQF}{\sin\angle RFQ}\quad ③$$

对圆内接广义六边形 $ADCEBF$ 运用帕斯卡(Pascal)定理知,P,Q,R 三点共线,故 $\angle RQF=\angle PQB$. 又 $\angle RCF=\angle PBQ$,且由 $AB=AC$ 知 $\angle RFC=\angle RFQ$. 从而,根据式 ③ 及正弦定理可得

$$\frac{RC}{RQ}=\frac{\sin\angle RQF}{\sin\angle RCF}=\frac{\sin\angle PQB}{\sin\angle PBQ}=\frac{PB}{PQ}$$

故式 ② 成立.

由式 ① 和 ② 知,命题成立.

3 给定整数 $n \geqslant 5$. 求最小的整数 m,使得存在两个由整数构成的集合 A,B,同时满足下列条件:

(1) $|A|=n$, $|B|=m$,且 $A \subseteq B$;

(2) 对 B 中任意两个不同元素 x,y 有:$x+y \in B$ 当且仅当 $x,y \in A$.

解 所求的 m 的最小整数值为 $3n-3$.

首先,取一个整数 $N \geqslant 2n$,考虑

$$A=\{N+1,N+2,\cdots,N+n\}$$

$$B=A \cup \{2N+3,2N+4,\cdots,2N+2n-1\}$$

条件(1) 显然满足.

对任意 $x,y \in A$,$x \neq y$,有 $2N+3 \leqslant x+y \leqslant 2N+2n-1$,故 $x+y \in B$. 另外,对任意 $x,y \in B$,$x \neq y$,若 x,y 不都属于 A,则 $x+y \geqslant 3N > 2N+2n-1$,故 $x+y \notin B$. 因此条件(2) 也满足. 这表明 $m=3n-3$ 时存在满足要求的集合 A,B.

另外,若 A,B 是任意满足题设条件的整数集合,我们证明 $|B| \geqslant 3n-3$.

不妨设 A 中的正数个数不少于负数个数(否则就将 A,B 中的元素同时改变符号,不影响条件,而此时 A 中的正数个数将不少于负数个数). 记 A 中元素为 $a_1,a_2,\cdots,a_n(a_1<a_2<\cdots<a_n)$,由于 $n \geqslant 5$,A 中至少有两个正数,故 $a_{n-1}>0$,于是 $a_{n-1}+a_n>a_n$,我们有 $a_{n-1}+a_n \in B\backslash A$,故 $|B| \geqslant n+1$. 从而 $0 \notin A$,否则取 $x \in B\backslash A$,有 $0+x=x \in B$,但 $0 \in A$,$x \notin A$,与条件(2) 矛盾. 由于 $n \geqslant 5$,且 $0 \notin A$,从而 A 中至少有 3 个正数,即 $a_{n-2}>0$. 那么 $a_{n-2}+a_n>a_n$,故 $a_{n-2}+a_n \notin A$.

我们证明下面两个结论.

(1) 对任意整数 i,$1 \leqslant i<n$,都有 $a_i+a_n \in B\backslash A$.

反证法,假设存在 i 使得 $a_i+a_n \in A$,设 $a_i+a_n=a_j$,那么 $a_i<a_j<a_n$. 若 $j=n-1$,考虑

$$a_i+(a_{n-2}+a_n)=(a_i+a_n)+a_{n-2}=a_{n-1}+a_{n-2} \in B$$

但 $a_i \in A$,而 $a_{n-2}+a_n \in B\backslash A$,矛盾. 若 $j<n-1$,考虑

$$a_i+(a_{n-1}+a_n)=(a_i+a_n)+a_{n-1}=a_j+a_{n-1} \in B$$

但 $a_i \in A$,而 $a_{n-1}+a_n \in B\backslash A$,矛盾. 结论(1) 获证.

(2) 对任意整数 i,$2 \leqslant i<n$,$a_1+a_i \in B\backslash A$.

反证法,假设存在这样的 i,使得 $a_1+a_i \in A$. 设 $a_1+a_i=a_j$. 若 $j \neq n$,考虑

$$a_1+(a_i+a_n)=(a_1+a_i)+a_n=a_j+a_n \in B$$

但 $a_1 \in A$,而由结论(1) 知,$a_i + a_n \in B\backslash A$,矛盾. 故只能有 $a_1 + a_i = a_n$. 由于 $n \geqslant 5$,可取整数 k,满足 $1 < k < n$,且 $k \neq i$,那么 $a_k + a_i > a_1 + a_i = a_n$,故 $a_k + a_i \in B\backslash A$. 但是

$$a_1 + (a_k + a_i) = a_k + (a_1 + a_i) = a_k + a_n \in B$$

又 $a_1 \in A$,而 $a_k + a_i \in B\backslash A$,矛盾. 结论(2) 获证.

由结论(1) 和结论(2) 知,下述 $2n - 3$ 个不同的数

$$a_1 + a_2 < a_1 + a_3 < \cdots < a_1 + a_n <$$
$$a_2 + a_n < \cdots < a_{n-1} + a_n$$

都属于 $B\backslash A$,故 $|B| \geqslant 3n - 3$.

综上所述,所求的最小整数 $m = 3n - 3$.

4 求具有下述性质的所有整数 k:存在无穷多个正整数 n,使得 $n + k$ 不整除 C_{2n}^n.

解 所求的 k 为不等于 1 的所有整数.

首先,$k = 1$ 不符合要求,事实上

$$\frac{1}{n+1} C_{2n}^n = \frac{(2n)!}{n!\ (n+1)!}[(n+1) - n] = C_{2n}^n - C_{2n}^{n-1}$$

是两个组合数之差,故是一个整数. 因此对所有正整数 n,有

$$n + 1 \mid C_{2n}^n$$

当 $k > 1$ 时,k 有素因子 p,取 $n = p^m - k$,其中整数 m 足够大,使 $n > 0$,这样的 n 当然有无穷多个. 我们证明,对这些 n 有$n + k \nmid C_{2n}^n$,即 $p^m \nmid C_{2n}^n$.

事实上,设素数 p 在 $C_{2n}^n = \dfrac{(2n)!}{(n!)^2}$ 中出现的幂次为 α,则

$$\alpha = \sum_{l=1}^{\infty}\left[\frac{2n}{p^l}\right] - 2\sum_{l=1}^{\infty}\left[\frac{n}{p^l}\right] =$$

$$\sum_{l=1}^{m}\left(\left[\frac{2n}{p^l}\right] - 2\left[\frac{n}{p^l}\right]\right)\text{(因为}2n < 2p^m \leqslant p^{m+1}\text{,故 }l \geqslant m+1\text{ 时有}\left[\frac{2n}{p^l}\right] = 0\text{)} =$$

$$\sum_{l=1}^{m}\left[\left(2p^{m-l} + \left[\frac{-2k}{p^l}\right]\right) - 2\left(p^{m-l} + \left[\frac{-k}{p^l}\right]\right)\right] =$$

$$\left[\frac{-2k}{p}\right] - 2\left[\frac{-k}{p}\right] + \sum_{l=2}^{m}\left(\left[\frac{-2k}{p^l}\right] - 2\left[\frac{-k}{p^l}\right]\right) \leqslant$$

$$\left[\frac{-2k}{p}\right] - 2\left[\frac{-k}{p}\right] + \sum_{l=2}^{m}1\text{(利用}[2x] - 2[x] \leqslant 1\text{)} =$$

$$m - 1 < m\text{(因 }p \mid k\text{,故}\left[\frac{-2k}{p}\right] - 2\left[\frac{-k}{p}\right] = 0\text{)}$$

因此 $p^m \nmid C_{2n}^n$.

当$k\leqslant 0$时,因素数有无穷多个,故可取奇素数$p>2|k|$.令$n=p+|k|$,这样的n有无穷多个.我们证明,对这些n有$n+k\nmid \mathrm{C}_{2n}^{n}$,注意$k\leqslant 0$,此即$p\nmid \mathrm{C}_{2n}^{n}$.

事实上

$$\mathrm{C}_{2n}^{n}=\frac{2n\cdot(2n-1)\cdot\cdots\cdot(n+1)}{n\cdot(n-1)\cdot\cdots\cdot 1} \quad ①$$

因$k\leqslant 0$,而$p>2|k|$,故易知$0<n+k<n+1\leqslant 2(n+k)\leqslant 2n$,以及$3(n+k)>2n$,从而奇素数$p$在式①右边的分母中出现的幂次为1次(仅在$n+k$中出现1次),在分子中出现的幂次也恰为1次(仅在$2(n+k)$中出现1次),由此可见$p\nmid \mathrm{C}_{2n}^{n}$.

综上可知,所求的k为不等于1的所有整数.

5 某次会议共有30人参加,其中每个人在其余人中至多有5个熟人;任意5个人中,至少有两人不是熟人.求最大的正整数k,使得在满足上述条件的30个人中总存在k个人,两两不是熟人.

解 所求k的值为6.

我们用30个点表示30个人,若两个人是熟人,则在他们对应的点之间连一条边,这样得到了一个以这30个点为顶点集的满足下面条件的简单图G:

(i) G中每一个顶点的度不超过5;

(ii) G的顶点集中的任何5点中都有两点没有连边.

用V表示G的顶点集.若$A\subseteq V$且A中任何两点没有连边,则称A为G的一个"独立集",并称元素个数最多的独立集为G的一个"最大独立集".

(1) 首先证明满足条件的G中最大独立集的元素个数不小于6.

事实上,设X是G的一个最大独立集,由$|X|$的最大性知,$V\backslash X$中的任一点都有一个邻点在X中,否则,若$a\in V\backslash X$在X中没有邻点,则可将a加入到X中形成一个更大的独立集,矛盾!这样在$V\backslash X$和X之间至少有$|V\backslash X|=30-|X|$条边.又注意到X中每个点的度不超过5,故有

$$30-|X|\leqslant 5|X| \quad ①$$

因此$|X|\geqslant 5$.

若$|X|=5$,则由式①取得等号知,上述的$30-|X|=25$条边分布在X的5个顶点上,即X中每点的邻点集均是$V\backslash X$中5个构成的点集.因为$|V\backslash X|=25$,故X中任两点的邻点集不相交.记$X=\{a,b,c,d,e\}$,现考虑a的邻点集,记为$Y_a=\{y_1,y_2,y_3,y_4,y_5\}$.

由上述条件(ii) 知 Y_a 中有两点不连边,设为 y_1,y_2. 由于 X 中任意两点的邻点集不相交,故特别地,y_1,y_2 不能是 b,c,d,e 中任一点的邻点,从而 $\{y_1,y_2,b,c,d,e\}$ 是 G 的独立集且元素个数大于 5,矛盾! 这就证明了 $|X|\geqslant 6$.

(2) 下面证明存在一个满足条件的图 G,其最大独立集的元素个数不超过 6.

将 V 分拆成 3 个点集 V_1,V_2,V_3,使得 $|V_i|=10,i=1,2,3$.

令 $V_1=\{A_1,A_2,A_3,A_4,A_5,B_1,B_2,B_3,B_4,B_5\}$,将 V_1 中的点按以下方式连边(图 2).

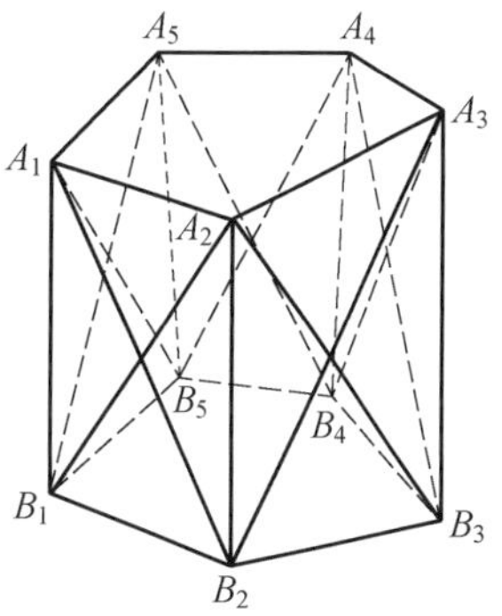

图 2

(i) A_iA_{i+1} 连边,$i=1,2,3,4,5$;

(ii) B_iB_{i+1} 连边,$i=1,2,3,4,5$;

(iii) $A_iB_i,A_iB_{i+1},A_iB_{i-1}$ 连边,$i=1,2,3,4,5$,其中 $A_6=A_1,B_6=B_1,B_0=B_5$.

点集 V_2,V_3 连边的方式与 V_1 的完全一样,且对任意 $1\leqslant i<j\leqslant 3$,$V_i$ 与 V_j 之间不连边,则 G 的任意顶点的度均等于 5,且 G 中任何 5 点中总存在两点不连边.

现任取 G 的一个最大独立集 X,下证 $|V_1\cap X|\leqslant 2$.

事实上,由于 $A_i,A_{i+1}(i=1,2,3,4,5)$ 相邻,所以 $A_1,A_2,\cdots,A_5$ 中至多有两个属于 X. 同理,$B_1,B_2,\cdots,B_5$ 中属于 X 的也至多有两个. 若 $A_1,A_2,\cdots,A_5$ 中恰有两个属于 X,不妨设为 $\{A_1,A_3\}$. 注意到 A_1 的邻点集与 A_3 的邻点集的并集恰好等于 $\{B_1,B_2,B_3,B_4,B_5\}$,故 $B_1,B_2,\cdots,B_5$ 均不属于 X. 同理,若 $B_1,B_2,\cdots,B_5$ 中恰有两个属于 X,则 $A_1,A_2,\cdots,A_5$ 均不属于 X. 这就证明了 $|V_1\cap X|\leqslant 2$.

同理可得 $|V_2\cap X|\leqslant 2$,$|V_3\cap X|\leqslant 2$,故

$$|X|=|V\cap X|=|V_1\cap X|+|V_2\cap X|+|V_3\cap X|\leqslant 6$$

因此 G 符合要求.

综合(1) 和(2) 的结果,可知所求的 k 值为 6.

6 设非负整数的无穷数列 $a_1,a_2,\cdots$ 满足:对任意正整数 m,n,均有

$$\sum_{i=1}^{2m} a_{in}\leqslant m$$

证明:存在正整数 k,d,满足 $\sum_{i=1}^{2k} a_{id}=k-2\,014$.

证明 由于 $a_1,a_2,\cdots$ 是非负整数列,在条件中取 $m=1$ 可得,对任意正整数 n 有 $0\leqslant a_n+a_{2n}\leqslant 1$,因此 $a_n\in\{0,1\}$,且有无穷多个 n 使得 $a_n=0$.

下面证明,有无穷多个正整数 n,使得 $a_n + a_{2n} = 0$.

反证法,假设只有有限多个这样的 n,则存在正整数 N,使得 $n \geqslant N$ 时,总有 $a_n + a_{2n} = 1$. 由于对无穷多个 n 有 $a_n = 0$,故可取定一个正整数 $p(p > N)$,使得 $a_p = 0$. 而由 N 的取法及 $p > N$ 知

$$a_{rp} + a_{2rp} = 1 \quad ①$$

对所有整数 $r \geqslant 1$ 成立.

对任意正整数 m,一方面,由条件得

$$\sum_{i=1}^{2m} a_{ip} + \sum_{i=1}^{2m} a_{2ip} \leqslant m + m = 2m \quad ②$$

另一方面,由式 ① 知

$$\sum_{i=1}^{2m} a_{ip} + \sum_{i=1}^{2m} a_{2ip} = \sum_{i=1}^{2m} (a_{ip} + a_{2ip}) = \sum_{i=1}^{2m} 1 = 2m \quad ③$$

故由式 ② 和 ③ 知,必须对任意正整数 m 有

$$\sum_{i=1}^{2m} a_{ip} = m \quad ④$$

在式 ① 中分别取 $r = 1,2,4$,注意 $a_p = 0$,依次得 $a_{2p} = 1 - a_p = 1$,$a_{4p} = 1 - a_{2p} = 0$ 及 $a_{8p} = 1 - a_{4p} = 1$,进而由式 ④(取$m = 2$)可知 $a_{3p} = 1$. 于是由式 ①(取 $r = 3,6$)得 $a_{6p} = 1 - a_{3p} = 0$,$a_{12p} = 1 - a_{6p} = 1$. 再由式 ④(取 $m = 3$)可知 $a_{5p} = 1$,从而$a_{10p} = 1 - a_{5p} = 0$. 最后由式 ④(分别取 $m = 4,5$)可得到$a_{7p} = 0$,$a_{9p} = 1$. 于是

$$a_{3p} + a_{6p} + a_{9p} + a_{12p} = 1 + 0 + 1 + 1 = 3 > 2$$

这与已知条件(取 $n = 3p, m = 2$)矛盾. 因此我们证明了有无穷多个 n,使得 $a_n + a_{2n} = 0$.

现在可取正整数 t,使得至少有 4 028 个正整数 $n \leqslant t$,满足 $a_n + a_{2n} = 0$,则

$$\sum_{i=1}^{t} (a_i + a_{2i}) \leqslant t - 4\ 028$$

于是 $\sum_{i=1}^{t} a_i \leqslant \frac{t}{2} - 2\ 014$ 或者 $\sum_{i=1}^{t} a_{2i} \leqslant \frac{t}{2} - 2\ 014$. 总之,存在正整数 t, d(d 为 1 或 2),使得

$$\sum_{i=1}^{t} a_{id} \leqslant \frac{t}{2} - 2\ 014$$

令 $b_s = \sum_{i=1}^{s} a_{id} - \frac{s}{2}$,$s = 1,2,\cdots,t$,则 $b_1 = a_d - \frac{1}{2} \geqslant -\frac{1}{2}$,$b_t \leqslant -2\ 014$. 设 l 是最小正整数,满足 $b_l \leqslant -2\ 014$,则

$$b_{l-1} \geqslant -2\ 014 + \frac{1}{2}$$

由于$b_l - b_{l-1} = a_{ld} - \frac{1}{2} \geqslant -\frac{1}{2}$,因此$b_l \geqslant b_{l-1} - \frac{1}{2} \geqslant -2\ 014$,故必有 $b_l = -2\ 014$,即

$$\sum_{i=1}^{l} a_{id} = \frac{l}{2} - 2\ 014$$

因 $\sum_{i=1}^{l} a_{id}$ 为整数,故上式中 l 为偶数,记 $l = 2k$,则

$$\sum_{i=1}^{2k} a_{id} = k - 2\ 014$$

第31届中国数学奥林匹克

鹰潭,2015

1 设正整数 $a_1,a_2,\cdots,a_{31},b_1,b_2,\cdots,b_{31}$ 满足:

(1) $a_1<a_2<\cdots<a_{31}\leqslant 2\ 015$, $b_1<b_2<\cdots<b_{31}\leqslant 2\ 015$;

(2) $a_1+a_2+\cdots+a_{31}=b_1+b_2+\cdots+b_{31}$.

求 $S=|a_1-b_1|+|a_2-b_2|+\cdots+|a_{31}-b_{31}|$ 的最大值.

解法1 定义集合 $A=\{m\mid a_m>b_m,1\leqslant m\leqslant 31\}$, $B=\{n\mid a_n<b_n,1\leqslant n\leqslant 31\}$. 令

$$S_1=\sum_{m\in A}(a_m-b_m),S_2=\sum_{n\in B}(b_n-a_n)$$

则 $S=S_1+S_2$.

又由(2)知, $S_1-S_2=\sum_{m\in A\cup B}(a_m-b_m)=0$, 从而

$$S_1=S_2=\frac{S}{2}$$

当 $A=\varnothing$ 时, $S=2S_1=0$.

以下设 $A\neq\varnothing$, 则 $B\neq\varnothing$, 此时 $|A|$, $|B|$ 为正整数, 且 $|A|+|B|\leqslant 31$.

记 $u=a_k-b_k=\max\limits_{m\in A}(a_m-b_m)$, $v=b_l-a_l=\max\limits_{n\in B}(b_n-a_n)$.

我们证明 $u+v\leqslant 1\ 984$.

不失一般性, 设 $1\leqslant k<l\leqslant 31$, 则

$$u+v=a_k-b_k+b_l-a_l=b_{31}-(b_{31}-b_l)-b_k-(a_l-a_k)$$

注意到(1), 有 $b_{31}\leqslant 2\ 015$, $b_{31}-b_l\geqslant 31-l$, $b_k\geqslant k$, $a_l-a_k\geqslant l-k$, 故

$$u+v\leqslant 2\ 015-(31-l)-k-(l-k)=1\ 984$$

又显然有 $S_1\leqslant u|A|$, $S_2\leqslant v|B|$, 从而

$$1\ 984\geqslant u+v\geqslant\frac{S_1}{|A|}+\frac{S_2}{|B|}\geqslant\frac{S_1}{|A|}+\frac{S_2}{31-|A|}=$$

$$\frac{S}{2}\cdot\frac{31}{|A|(31-|A|)}\geqslant\frac{31S}{2\times 15\times 16}$$

即
$$S \leqslant \frac{2 \times 15 \times 16}{31} \times 1\,984 = 30\,720$$

另外，若取
$$(a_1, a_2, \cdots, a_{16}, a_{17}, a_{18}, \cdots, a_{31}) = (1, 2, \cdots, 16, 2\,001, 2\,002, \cdots, 2\,015)$$
$$(b_1, b_2, \cdots, b_{31}) = (961, 962, \cdots, 991)$$
则条件(1)和(2)均满足，此时 $S = 2S_2 = 2 \times 16 \times 960 = 30\,720$.

综上所述，S 的最大值为 30 720.

解法 2 设 $|a_i - b_i| = a_i - b_i$ 的项有 u 个，记为 $c_1 \leqslant c_2 \leqslant \cdots \leqslant c_u$，其余的项有 $v = 31 - u$ 个，记为 $d_1 \leqslant d_2 \leqslant \cdots \leqslant d_v$.

此解法属于单墫.

又设 $c_u = a_k - b_k, d_v = b_h - a_h$，首先证明
$$c_u + d_v \leqslant 1\,984 \qquad ①$$

不妨设 $k > h$，将 $a_{31}, a_k, b_k, a_h, b_h$ 表示在数轴上，它们是区间 $[1, 2\,015]$ 中从右到左的 5 个点. 显然
$$\begin{aligned}2\,015 = &(2\,015 - a_{31}) + (a_{31} - a_k) + (a_k - b_k) + (b_k - b_h) + \\ &(b_h - a_h) + a_h \geqslant \\ &0 + (31 - k) + (a_k - b_k) + (k - h) + (b_h - a_h) + h = \\ &31 + (a_k - b_k) + (b_h - a_h)\end{aligned}$$
从而
$$(a_k - b_k) + (b_h - a_h) \leqslant 2\,015 - 31 = 1\,984$$

不妨设 $u \leqslant 15$. 由条件(2)，得
$$c_1 + c_2 + \cdots + c_u = d_1 + d_2 + \cdots + d_v \qquad ②$$
由式①，在上式两边加上 $d_1 + d_2 + \cdots + d_u$，得
$$\begin{aligned}1\,984 \times 15 \geqslant &c_1 + c_2 + \cdots + c_u + d_1 + d_2 + \cdots + d_u = \\ &d_1 + d_2 + \cdots + d_v + d_1 + d_2 + \cdots + d_u \geqslant 31d_1\end{aligned}$$
从而
$$d_1 \leqslant \frac{1\,984 \times 15}{31} = 960$$
又由式②，得
$$\begin{aligned}c_u \geqslant &\frac{1}{u}(c_1 + c_2 + \cdots + c_u) \geqslant \frac{1}{u}(d_1 + d_2 + \cdots + d_v) \geqslant \\ &\frac{1}{u}(d_{v-u+1} + d_{v-u+2} + \cdots + d_v) \geqslant d_{v-u+1}\end{aligned}$$
所以
$$\begin{aligned}S = &c_1 + c_2 + \cdots + c_u + d_1 + d_2 + \cdots + d_v = \\ &(c_u + d_v) + (c_{u-1} + d_{v-1}) + \cdots + (c_1 + d_{v-u+1}) + \\ &(d_{v-u} + d_{v-u-1}) + \cdots + (d_3 + d_2) + d_1 \leqslant \\ &u(c_u + d_v) + \frac{v - u - 1}{2}(c_u + d_v) + d_1 =\end{aligned}$$

$$\frac{u+v-1}{2}(c_u+d_v)+d_1=15(c_u+d_v)+d_1\leqslant$$

$$1984\times 15+\frac{1984\times 15}{31}=30\ 720$$

另外,若取

$$(a_1,a_2,\cdots,a_{16},a_{17},a_{18},\cdots,a_{31})=(1,2,\cdots,16,2\ 001,2\ 002,\cdots,2\ 015)$$

$$(b_1,b_2,\cdots,b_{31})=(961,962,\cdots,991)$$

则条件(1)和(2)均满足,此时

$$S=960+15\times(1024+960)=30\ 720$$

综上所述,S 的最大值为 30 720.

2 凸四边形 $ABCD$ 中,K,L,M,N 分别是边 AB,BC,CD,DA 上的点,满足

$$\frac{AK}{KB}=\frac{DA}{BC},\frac{BL}{LC}=\frac{AB}{CD},\frac{CM}{MD}=\frac{BC}{DA},\frac{DN}{NA}=\frac{CD}{AB}$$

延长 AB,DC 交于点 E,延长 AD,BC 交于点 F. 设 $\triangle AEF$ 的内切圆在边 AE,AF 上的切点分别为 S,T;$\triangle CEF$ 的内切圆在边 CE,CF 上的切点分别为 U,V.

证明:若 K,L,M,N 四点共圆,则 S,T,U,V 四点共圆.

证法 1 如图 1,设 $AB=a,BC=b,CD=c,DA=d$,由已知得

$$AK=\frac{ad}{b+d},BK=\frac{ab}{b+d}$$

$$BL=\frac{ab}{a+c},CL=\frac{bc}{a+c}$$

$$CM=\frac{bc}{b+d},DM=\frac{cd}{b+d}$$

$$DN=\frac{cd}{a+c},AN=\frac{ad}{a+c}$$

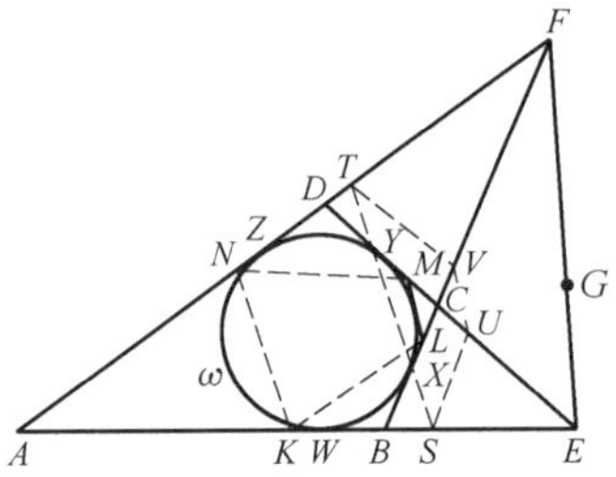

图 1

若 $a+c>b+d$,则 $AK>AN$,故 $\angle AKN<\angle KNA$,同理有 $\angle BKL<\angle KLB,\angle CML<\angle MLC,\angle DMN<\angle MND$,由此推出

$$2\pi-\angle AKN-\angle BKL-\angle CML-\angle DMN>$$
$$2\pi-\angle KNA-\angle KLB-\angle MLC-\angle MND$$

即 $\angle NML+\angle NKL>\angle MNK+\angle MLK$,这与 K,L,M,N 四点共圆矛盾!

故 $a+c>b+d$ 不成立.

同理,$a+c<b+d$ 也不成立.

因而 $a+c=b+d$,故四边形 $ABCD$ 有内切圆 ω.

设 ω 与边 AB,BC,CD,DA 分别切于点 W,X,Y,Z,则

$$AE-AF=WE-ZF=EY-FX=EC-CF$$

设 $\triangle AEF$ 的内切圆和 $\triangle CEF$ 的内切圆在边 EF 上的切点分别为 G,H,则

$$2(FG-FH)=(EF+AF-AE)-(EF+CF-CE)=(AF-AE)-(CF-CE)=0$$

因此 $\triangle AEF$ 的内切圆和 $\triangle CEF$ 的内切圆与边 EF 切于同一点,仍记为 G.

由 $ES=EG=EU$ 及 $FT=FG=FV$,知

$$\angle EUS=\frac{\pi-\angle UES}{2}=\frac{\angle A+\angle ADC}{2}$$

$$\angle FTV=\frac{\pi-\angle TFV}{2}=\frac{\angle A+\angle ABC}{2}$$

而 $\angle ATS=\frac{\pi-\angle A}{2}$,$\angle CUV=\frac{\pi-\angle BCD}{2}$,故

$$\angle VTS+\angle VUS=(\pi-\angle FTV-\angle ATS)+(\angle CUV+\pi-\angle EUS)=\left(\pi-\frac{\angle A+\angle ABC}{2}-\frac{\pi-\angle A}{2}\right)+\left(\frac{\pi-\angle BCD}{2}+\pi-\frac{\angle A+\angle ADC}{2}\right)=\pi$$

所以 S,T,U,V 四点共圆. 证毕.

证法 2 首先证明,若 K,L,M,N 四点共圆,则四边形 $ABCD$ 有内切圆.

此证法属于曹珏赟.

设 $AB=a,BC=b,CD=c,DA=d$,由已知得

$$AK=\frac{ad}{b+d},BK=\frac{ab}{b+d},BL=\frac{ab}{a+c},CL=\frac{bk}{a+c}$$

$$CM=\frac{bc}{b+d},DM=\frac{cd}{b+d},DN=\frac{cd}{a+c},AN=\frac{ad}{a+c}$$

如图 2,设直线 KL 与 AC 交于点 P,MN 与 AC 交于点 P'.

对 $\triangle ABC$ 与截线 KLP 应用梅涅劳斯定理,得

$$\frac{AK}{KB}\cdot\frac{BL}{LC}\cdot\frac{CP}{PA}=1\Rightarrow\frac{CP}{PA}=\frac{CL}{BL}\cdot\frac{BK}{AK}=\frac{c}{a}\cdot\frac{b}{d} \quad ①$$

对 $\triangle ADC$ 与截线 NMP' 应用梅涅劳斯定理,得

$$\frac{AN}{ND}\cdot\frac{DM}{MC}\cdot\frac{CP'}{P'A}=1\Rightarrow\frac{CP'}{P'A}=\frac{CM}{DM}\cdot\frac{DN}{AN}=\frac{b}{d}\cdot\frac{c}{a} \quad ②$$

由式 ①②,知

$$\frac{CP}{PA}=\frac{CP'}{P'A}$$

从而,点 P 与 P' 重合,即 KL,MN,AC 三线共点.

过点 C 作 AB 的平行线,交 KL 于点 Q,则

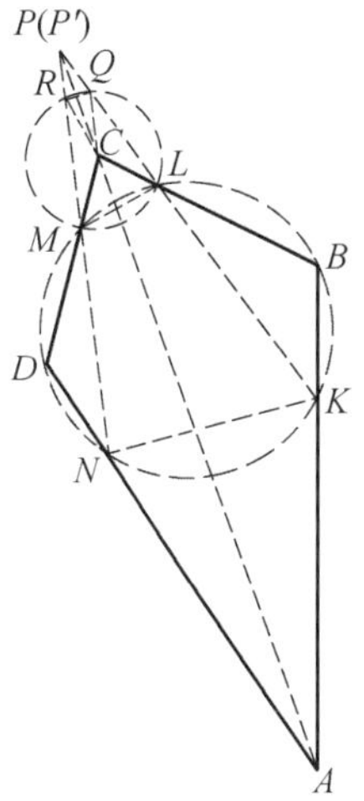

图 2

$$\frac{BK}{CQ}=\frac{BL}{CL}=\frac{a}{c}=\frac{BK}{CM}\Rightarrow CQ=CM$$

过点 C 作 AD 的平行线,交 MN 于点 R,则

$$\frac{DN}{CR}=\frac{DM}{CM}=\frac{d}{b}=\frac{DN}{CL}\Rightarrow CR=CL$$

由$\frac{PQ}{QK}=\frac{PC}{CA}=\frac{PR}{RN}$,知 $RQ /\!/ KN$. 结合 K,L,M,N 四点共圆,知 $\angle PQR=\angle PKN=\angle PML$,故 M,L,Q,R 四点共圆. 由于 $\triangle CQM$ 和 $\triangle CRL$ 都是等腰三角形,故 C 是 QM 的垂直平分线与 RL 的垂直平分线的交点. 因此,C 是四边形 $MLQR$ 的外接圆圆心. 由 $CL= CM$,知

$$\frac{bc}{a+c}=\frac{bc}{b+d}\Rightarrow a+c=b+d$$

即四边形 $ABCD$ 的对边之和相等,因此四边形 $ABCD$ 有内切圆.

如图3,设四边形 $ABCD$ 的内切圆与边 AB,BC,CD,DA 的切点分别为 W,X,Y,Z 则

$$\begin{aligned}AE-AF&=(AW+WE)-(AZ+ZF)=\\&WE-ZF=EY-FX=\\&(CE+CY)-(CF+CX)=\\&CE-CF\end{aligned}$$

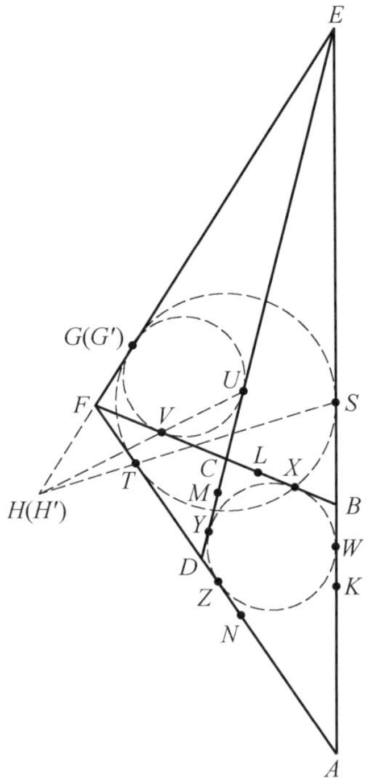

图 3

设 $\triangle AEF$ 的内切圆与 EF 相切于点 G,$\triangle CEF$ 的内切圆与 EF 相切于点 G',则

$$FG=\frac{EF+AF-AE}{2}=\frac{EF+CF-CE}{2}=FG'$$

故点 G 与 G' 重合,仍记为点 G. 设直线 EF 与 ST 交于点 H,与 UV 交于点 H'. 熟知$(E,F;G,H)$ 和$(E,F;G,H')$ 均为调和点列,故点 H 与 H' 重合,仍记为 H,即 EF,ST,UV 共点于 H. 由圆幂定理,知

$$HS\cdot HT=HG^2=HU\cdot HV$$

故 S,T,U,V 四点共圆.

3 设 p 是奇素数,$a_1,a_2,\cdots,a_p$ 是整数. 证明以下两个命题等价:

(1) 存在一个次数不超过$\frac{p-1}{2}$的整系数多项式 $f(x)$,使得对每个不超过 p 的正整数 i,都有 $f(i)\equiv a_i \pmod p$.

(2) 对每个不超过$\frac{p-1}{2}$的正整数 d,都有

$$\sum_{i=1}^{p}(a_{i+d}-a_i)^2\equiv 0 \pmod p$$

这里下标按模 p 理解,即 $a_{p+n}=a_n$.

证法1 我们需要如下几个结论:

(1) 定义多项式 f 的差分为 $\Delta f=\Delta f(x)=f(x+1)-f(x)$,各阶差分为

$$\Delta^0 f=f,\Delta^1 f=\Delta f,\Delta^n f=\Delta(\Delta^{n-1}f),n=2,3,\cdots$$

若 $\deg(f)\geqslant 1$,则 $\deg(\Delta f)=\deg(f)-1$;若 $\deg(f)=0$,则 Δf 是零多项式. 为方便起见,约定零多项式的次数为 0,则总有 $\deg(\Delta f)\leqslant\deg(f)$. 另外,$\Delta f$ 的首项系数等于 f 的首项系数乘以 $\deg(f)$.

(2) 对正整数 n,有

$$f(x+n)=\sum_{i=0}^{n}\binom{n}{i}\Delta^i f(x)$$

对 n 用数学归纳法即可证明上式.

(3) 设 f 为整系数多项式,对每个整数 d,定义

$$T_d=\sum_{x=1}^{p}(f(x+d)-f(x))^2$$

则 $T_0=0$,且 $T_{p-d}\equiv T_d\equiv T_{p+d}(\bmod p)$. 又对每个正整数 i,定义

$$S_i=\sum_{x=1}^{p}\Delta^i f(x)\cdot f(x)$$

则在模 p 的意义下可用 $S_1,S_2,\cdots$ 来表示 T_d.

事实上

$$\begin{aligned}T_d&=\sum_{x=1}^{p}f^2(x+d)+\sum_{x=1}^{p}f^2(x)-2\sum_{x=1}^{p}f(x+d)f(x)\equiv\\&2\sum_{x=1}^{p}f^2(x)-2\sum_{x=1}^{p}f(x+d)f(x)=\\&-2\sum_{x=1}^{p}(f(x+d)-f(x))\cdot f(x)=\\&-2\sum_{x=1}^{p}\left(\sum_{i=0}^{d}\binom{d}{i}\Delta^i f(x)-f(x)\right)\cdot f(x)=\\&-2\sum_{x=1}^{p}\sum_{i=1}^{d}\binom{d}{i}\Delta^i f(x)\cdot f(x)=\\&-2\sum_{i=1}^{d}\binom{d}{i}\sum_{x=1}^{p}\Delta^i f(x)\cdot f(x)=\\&-2\sum_{i=1}^{d}\binom{d}{i}S_i(\bmod p)\end{aligned}$$

(4) 我们要反复用到如下同余式

$$\sum_{x=1}^{p}x^k\equiv\begin{cases}0(\bmod p),k=0,1,\cdots,p-2\\-1(\bmod p),k=p-1\end{cases}$$

事实上,当 $k=0$ 时,$\sum\limits_{x=1}^{p}x^0=p$;当 $k=p-1$ 时,由费马小定理

可得

$$\sum_{x=1}^{p} x^{p-1} \equiv \sum_{x=1}^{p-1} x^{p-1} \equiv \sum_{x=1}^{p-1} 1 \equiv -1 \pmod p$$

当 $1 \leqslant k \leqslant p-2$ 时，至多有 k 个 $x \in \{1,2,\cdots,p\}$ 满足 $x^k-1 \equiv 0 \pmod p$，故存在 $a \in \{1,2,\cdots,p-1\}$ 使得 $a^k-1 \not\equiv 0 \pmod p$. 注意到 $a \cdot 1, a \cdot 2, \cdots, a \cdot p$ 模 p 的余数遍历 $1,2,\cdots,p$，则有

$$\sum_{x=1}^{p} x^k \equiv \sum_{x=1}^{p} (ax)^k \equiv a^k \sum_{x=1}^{p} x^k \pmod p$$

故此时有 $\sum\limits_{x=1}^{p} x^k \equiv 0 \pmod p$.

（5）利用（4）的结论可知，对整系数多项式

$$g(x) = B_{p-1}x^{p-1} + \cdots + B_1 x + B_0$$

有

$$\sum_{x=1}^{p} g(x) \equiv -B_{p-1} \pmod p$$

特别地，若 $\deg(g) \leqslant p-2$，则 $\sum\limits_{x=1}^{p} g(x) \equiv 0 \pmod p$.

回到原问题.

先设（1）成立，$f(x)$ 满足（1）中的条件，我们来证明（2）成立.

当 $\deg(f)=0$ 时，$T_d=0$. 当 $1 \leqslant \deg(f) \leqslant \frac{p-1}{2}$ 时，对正整数 i，有

$$\deg(\Delta^i f \cdot f) \leqslant 2\deg(f) - 1 \leqslant p-2$$

由（5）的结论可得

$$S_i = \sum_{x=1}^{p} \Delta^i f(x) \cdot f(x) \equiv 0 \pmod p$$

再根据（3）的结论知 $T_d \equiv 0 \pmod p$. 因此（2）成立.

以下设（2）成立，我们来证明（1）成立.

对每个 $i \in \{1,2,\cdots,p\}$，取整数 λ_i 使得

$$\lambda_i \cdot \prod_{1 \leqslant j \leqslant p, j \neq i} (i-j) \equiv 1 \pmod p$$

令

$$f(x) \equiv \sum_{i=1}^{p} \Big(a_i \lambda_i \prod_{1 \leqslant j \leqslant p, j \neq i} (x-j)\Big) \pmod p$$

其中 f 的首项系数不是 p 的倍数，除非 f 是零多项式. 显然 f 是次数不超过 $p-1$ 的整系数多项式，且 $f(i) \equiv a_i \pmod p$ $(i=1,2,\cdots,p)$.

设 f 不是零多项式，记 $f(x) = \sum\limits_{i=0}^{m} B_i x^i$，其中 $B_m \not\equiv 0 \pmod p$. 以

下证明 $m \leqslant \frac{p-1}{2}$.

用反证法,假设 $m > \frac{p-1}{2}$. 当 $d = 1,2,\cdots,\frac{p-1}{2}$ 时,有

$$T_d = \sum_{x=1}^{p}(f(x+d)-f(x))^2 \equiv \sum_{i=1}^{p}(a_{i+d}-a_i)^2 \equiv 0 \pmod p$$

由 $T_{p-d} \equiv T_d \equiv T_{p+d} \pmod p$ 知, 对任意正整数 d, 有 $T_d \equiv 0 \pmod p$, 代入到(3) 的结论中,可得

$$\sum_{i=1}^{d}\binom{d}{i}S_i \equiv 0 \pmod p$$

取 $d = 1$ 可知 $S_1 \equiv 0 \pmod p$,由此及 $S_d \equiv -\sum_{i=1}^{d-1}\binom{d}{i}S_i \equiv 0 \pmod p$ 可知,对每个正整数 i 都有 $S_i \equiv 0 \pmod p$.

另外,令 $k=2m-(p-1)$,则 $0<k\leqslant m$,由(1) 的结论知,$\Delta^k f$ 的次数为 $m-k$,首项系数为 $m(m-1)\cdots(m-k+1)B_m$,则 $\Delta^k f\cdot f$ 的次数为 $(m-k)+m=p-1$,首项系数为 $m(m-1)\cdots(m-k+1)B_m^2$. 利用(5) 的结论可得

$$S_k = \sum_{x=1}^{p}\Delta^k f(x)\cdot f(x) \equiv -m(m-1)\cdots(m-k+1)B_m^2 \not\equiv 0 \pmod p$$

这与前述所有 $S_i \equiv 0 \pmod p$ 矛盾! 因此 $\deg(f)=m\leqslant \frac{p-1}{2}$,从而(1) 成立.

至此我们证明了(1) 和(2) 的等价性.

证法2 假设(1) 成立. 这时若 $f(x+d)$ 与 $f(x)$ 相减,则首项抵消,所以 $f(x+d)-f(x)$ 是次数不超过 $\frac{p-1}{2}$ 的多项式. 令 $\varphi(x)=(f(x+d)-f(x))^2$,则 $\varphi(x)$ 是次数不超过 $2\left(\frac{p-1}{2}-1\right)=p-3$ 的多项式,可表示为

此证法属于单墫.

$$b_n x^n + b_{n-1}x^{n-1} + \cdots + b_1 x + b_0, n \leqslant p-3$$

其中 $b_n, b_{n-1}, \cdots, b_0$ 都是整数,并且

$$\varphi(i) = (f(i+d)-f(i))^2 = (a_{i+d}-a_i)^2$$

所以

$$\sum_{i=1}^{p}(a_{i+d}-a_i) = \sum_{i=1}^{p}\varphi(i) = \sum_{i=1}^{p}\sum_{k=0}^{n}b_k i^k = \sum_{k=0}^{n}b_k\sum_{i=1}^{p}i^k$$

熟知模 p 的完全剩余可写成 $\{0,1,g,g^2,\cdots,g^{p-2}\}$，$g$ 为模 p 的原根，所以当 $k<p-1$ 时

$$\sum_{i=1}^{p} i^k \equiv \sum_{j=0}^{p-2} (g^j)^k = \frac{(g^k)^{p-1}-1}{g-1} \equiv 0 \pmod p$$

即(1) 成立.

反之，设(2) 成立.

由拉格朗日(Lagrange) 插值法，我们知道 $p-1$ 次多项式

$$\sum_{i=1}^{p} a_i \prod_{\substack{1\leqslant j\leqslant p\\ j\neq i}} \frac{x-j}{i-j}$$

在 $x=i$ 时，值为 $a_i(i=1,2,\cdots,p)$. 取整数 λ_i 为方程

$$\lambda_i \prod_{\substack{1\leqslant j\leqslant p\\ j\neq i}} (i-j) \equiv 1 \pmod p$$

的解，则整系数多项式

$$f(x)=\sum_{i=1}^{p} a_i\lambda_i \prod_{\substack{1\leqslant j\leqslant p\\ j\neq i}} (x-j)$$

满足

$$f(i) \equiv a_i \pmod p$$

记 $f(x)=\sum\limits_{k=0}^{n} b_k x_k$，其中 $n\leqslant p-1$，$b_0,b_1,\cdots,b_n$ 为整数，并且可设 $b_n \not\equiv 0 \pmod p$. 只需证明 $n\leqslant \frac{p-1}{2}$.

首先，我们有

$$\begin{aligned}
\sum_{i=1}^{p} (a_{i+d}-a_i)^2 = {} & \sum_{i=1}^{p} (f(i+d)-f(i))^2 = \\
& \sum_{i=1}^{p} (f^2(i+d)+f^2(i)-2f(i+d)f(i)) \equiv \\
& 2\sum_{i=1}^{p} (f^2(i)-f(i+d)f(i)) = \\
& -2\sum_{i=1}^{p} (f(i+d)-f(i))f(i) = \\
& -2\sum_{i=1}^{p}\sum_{k=1}^{d} (f(i+k)-f(i+k-1))f(i) = \\
& -2\sum_{k=1}^{d} \Big(\sum_{i=1}^{p} \varphi_1(i+k-1)f(i)\Big) \pmod p
\end{aligned}$$

其中，$\varphi_1(x)=f(x+1)-f(x)$.

在已知条件(2) 中取 $d=1,2,\cdots,p$(不难知道 d 的范围可扩展为 $1,2,\cdots,p$)，得

$$\sum_{i=1}^{p} \varphi_1(i)f(i) \equiv 0 \pmod p$$

$$\sum_{i=1}^{p}\varphi_1(i)f(i)+\sum_{i=1}^{p}\varphi_1(i+1)f(i)\equiv 0(\bmod p)$$

$$\vdots$$

$$\sum_{i=1}^{p}\varphi_1(i)f(i)+\sum_{i=1}^{p}\varphi_1(i+1)f(i)+\cdots+\sum_{i=1}^{p}\varphi_1(i+p-1)f(i)\equiv 0(\bmod p)$$

从而

$$\sum_{i=1}^{p}\varphi_1(i)f(i)\equiv 0(\bmod p)$$

$$\sum_{i=1}^{p}\varphi_1(i+1)f(i)\equiv 0(\bmod p)$$

$$\vdots$$

$$\sum_{i=1}^{p}\varphi_1(i+p-1)f(i)\equiv 0(\bmod p)$$

令 $\varphi_2(x)=\varphi_1(x+1)-\varphi_1(x)$，由上面的每个等式减去前一个，得

$$\sum_{i=1}^{p}\varphi_2(i)f(i)\equiv 0(\bmod p)$$

$$\sum_{i=1}^{p}\varphi_2(i+1)f(i)\equiv 0(\bmod p)$$

$$\vdots$$

$$\sum_{i=1}^{p}\varphi_2(i+p-2)f(i)\equiv 0(\bmod p)$$

一般地，令 $\varphi_h(x)=\varphi_{h-1}(x+1)-\varphi_{h-1}(x)$（称为 $f(x)$ 的 h 阶差分多项式），$h\leqslant p-1$. 同样可得

$$\sum_{i=1}^{p}\varphi_h(i)f(i)\equiv 0(\bmod p)$$

$$\sum_{i=1}^{p}\varphi_h(i+1)f(i)\equiv 0(\bmod p)$$

$$\vdots$$

$$\sum_{i=1}^{p}\varphi_h(x+p-h)f(i)\equiv 0(\bmod p)$$

显然 $\varphi_1(x)=\sum_{k=1}^{n}b_k((x+1)^k-x^k)=nb_nx^{n-1}+\cdots$，其中省略号表示次数低于 $n-1$ 的项. 同样，$\varphi_2(x),\cdots,\varphi_h(x)$ 的次数分别为 $n-2,\cdots,n-h$，并且首项系数分别为 $n(n-1)b_n,\cdots,n(n-1)\cdots(n-h+1)b_n$.

另外，如果 $n>\frac{p-1}{2}$，那么 $2n-(p-1)>0$. 令 $m=2n-(p-1)$，则 $\varphi_m(x)$ 的次数为 $n-m=p-1-n\geqslant 0$，$\varphi_m(x+p-m)f(x)=c_{p-1}x^{p-1}+\cdots+c_1x+c_0$ 的次数为 $p-1$，首项系数为

$$c_{p-1}=n(n-1)\cdots(n-m+1)b_n^2\not\equiv 0\pmod p$$

$$\sum_{i=1}^{p}\varphi_m(i+p-m)f(i)=\sum_{i=1}^{p}(c_{p-1}i^{p-1}+c_{p-2}i^{p-2}+\cdots+c_0)\equiv c_{p-1}\sum_{i=1}^{p}i^{p-1}\equiv c_{p-1}(p-1)\not\equiv 0\pmod p$$

而这与前面的结论矛盾.

因此,$n\leqslant\frac{p-1}{2}$,即(1)成立.

4 设整数 $n\geqslant 3$,不超过 n 的素数共有 k 个. 设 A 是集合 $\{2,3,\cdots,n\}$ 的子集,A 的元素个数小于 k,且 A 中任意一个数不是另一个数的倍数. 证明:存在 $\{2,3,\cdots,n\}$ 的 k 元子集 B,使得 B 中任意一个数也不是另一个数的倍数,且 B 包含 A.

证法 1 我们证明若 $|A|<k$,则可在 $\{2,3,\cdots,n\}\backslash A$ 中找到一个数,它不整除 A 中任意一个数,也不被 A 中任意一个数整除. 如果这个论断正确,那么我们将这个数添入 A,并重复这一过程,直至将 A 扩充成一个 k 元集合 B,则 B 满足要求.

对大于 1 的整数 m,设 m 的标准分解为 $m=p_1^{\alpha_1}\cdots p_l^{\alpha_l}$,定义

$$f(m)=\max\{p_1^{\alpha_1},\cdots,p_l^{\alpha_l}\}$$

由于 $|A|<k$,数 $N=\prod\limits_{a\in A}f(a)$ 的不同素因子个数小于 k,又由于不超过 n 的素数共有 k 个,因此存在素数 $p\leqslant n$,使得 $p\nmid N$. 设 $p^{\alpha}\leqslant n<p^{\alpha+1}$,于是 $p^{\alpha}\notin A$(否则将有 $f(p^{\alpha})=p^{\alpha}$,则 $p\mid N$,与 $p\nmid N$ 的假设矛盾).

对任意 $a\in A$,假如 $a\mid p^{\alpha}$,则 $f(a)=a$ 是 p 的方幂,于是 $p\mid N$,矛盾. 因此 $a\nmid p^{\alpha}$.

另外,假如 $p^{\alpha}\mid a$,由于 $p\nmid f(a)$,故 $f(a)=q^{\beta}$,q 是不同于 p 的素数,且 $q^{\beta}>p^{\alpha}\geqslant p$. 于是 $a\geqslant p^{\alpha}q^{\beta}>p^{\alpha}p=p^{\alpha+1}>n$,矛盾. 因此 $p^{\alpha}\nmid a$.

这样 p^{α} 不整除 A 中任意一个数,也不被 A 中任意一个数整除. 我们证明了一开始的论断,故结论获证.

证法 2 将不超过 n 的所有 k 个素数从小到大记为 $p_1,p_2,\cdots,p_k$.

对 $i=1,2,\cdots,k$,取正整数 α_i 满足 $p_i^{\alpha_i}\leqslant n<p_i^{1+\alpha_i}$,对这个 α_i,取正整数 λ_i 满足 $\lambda_i p_i^{\alpha_i}\leqslant n<(\lambda_i+1)p_i^{\alpha_i}$. 这里 α_i 与 λ_i 均是唯一

确定的，且 $\lambda_i < p_i$. 令

$$D_i = \{p_i^s \mid s \leqslant \alpha_i, s \in \mathbf{N}^*\}$$
$$M_i = \{t \cdot p_i^{\alpha_i} \mid t \leqslant \lambda_i, t \in \mathbf{N}^*\}$$

则 D_i 是 $p_i^{\alpha_i}$ 在 $\{2,3,\cdots,n\}$ 中的因数全体，M_i 是 $p_i^{\alpha_i}$ 在 $\{2,3,\cdots,n\}$ 中的倍数全体.

考虑 k 个集合

$$A_i = D_i \cup M_i, i = 1,2,\cdots,k$$

注意到 A_i 中的每个数均以 p_i 为最大素因子，从而 $A_1, A_2, \cdots, A_k$ 是 $\{2,3,\cdots,n\}$ 的两两不交的 k 个子集.

当 $|A| < k$ 时，必存在某个 $i \in \{1,2,\cdots,k\}$，使得 $A \cap A_i = \varnothing$，即 $p_i^{\alpha_i}$ 不整除 A 中的每个数，也不被 A 中的任意一个数整除. 将 $p_i^{\alpha_i}$ 添入集合 A.

重复这一过程，直至将 A 扩充成一个 k 元集合 B，则 B 满足要求.

证法 3 设不超过 n 的素数为 $p_1 < p_2 < \cdots < p_k$.

此证法属于单增.

$p_1, p_2, \cdots, p_k$ 均有倍数在 A 中. 否则，设 p_i 没有倍数在 A 中，改用 $A \cup \{p_i\}$ 代替 A 进行讨论.

设 $p_i(1 \leqslant i \leqslant k)$ 在 A 的数中出现的最高次数为 $p_i^{\alpha_i}$，这个数是 $p_i^{\alpha_i} b_i (p_i \nmid b_i)$.

如果 $b_i > p_i$，那么 $p_i^{\alpha_i+1} < p_i^{\alpha_i} b_i \leqslant n$. 用 $A \cup \{p_i^{\alpha_i+1}\}$ 代替 A.

经过这样的添加后，对每个 $p_i(1 \leqslant i \leqslant k)$，幂指数最高的数 $p_i^{\alpha_i} b_i$ 都满足 $b_i < p_i$. 这样的 k 个数 $p_i^{\alpha_i} b_i (1 \leqslant i \leqslant k)$ 互不相同.

5 在平面中，对任意给定的凸四边形 $ABCD$，证明：存在正方形 $A'B'C'D'$（其顶点可以按顺时针或逆时针标记），使得 $A' \neq A, B' \neq B, C' \neq C, D' \neq D$，且直线 AA', BB', CC', DD' 经过同一个点.

证明 如图 4 所示，当 $ABCD$ 是矩形时，在 $\angle BAD$ 的平分线上取一点 A'，使得 A' 在射线 AB, AD 上的投影分别为 B', D'，且满足 $B' \neq B, D' \neq D$，再令 $C' = A$. 此时 $A'B'C'D'$ 为正方形，且 AA', BB', CC', DD' 经过点 A.

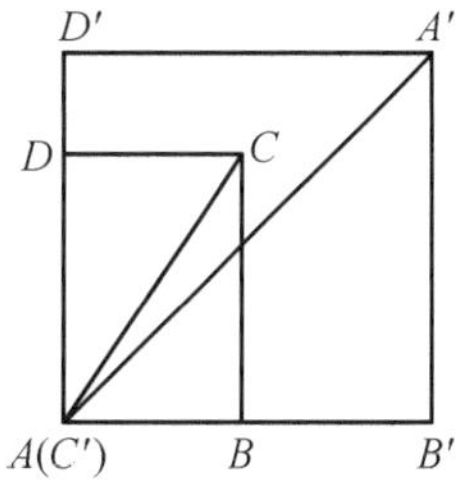

图 4

如图 5 所示，当 $ABCD$ 不是矩形时，四个内角中必有锐角，不妨设 $\angle BAD$ 为锐角，C 在 $\angle BAD$ 内.

在 AC 的延长线上取一点 C'，使得 C' 在 AB, AD 上的投影 H, J 分别在 AB, AD 的延长线上. 设 HC' 与 AJ 的延长线交于点 K，JC' 与

AH 的延长线交于点 L.

分别延长 AL,AK 至点 B',D',使得 $LB'=KC',KD'=LC'$. 又注意到 $\angle B'LC'=90°+\angle LAK=\angle C'KD'$,从而 $\triangle B'LC'\cong\triangle C'KD'$. 因此 $B'C'=C'D'$,且 $\angle B'C'D'=180°-\angle KC'D'-\angle B'C'H=180°-\angle LB'C'-(90°-\angle LB'C')=90°$. 于是,存在以 B',C',D' 为三个顶点的正方形 $A'B'C'D'$,其中点 A' 在 $\angle B'C'D'$ 内,故 $A'\neq A$. 此时直线 AA',BB',CC',DD' 经过点 A.

证毕.

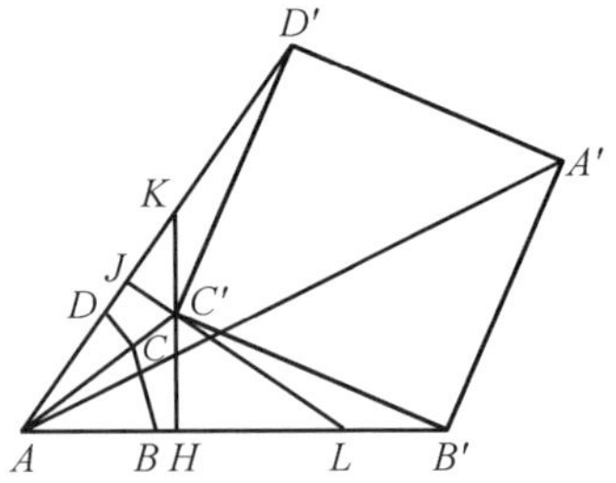

图 5

6 一项赛事共有 100 位选手参加. 对于任意两位选手 x,y,他们之间恰比赛一次且分出胜负,以 $x\to y$ 表示 x 战胜 y. 如果对任意两位选手 x,y,均能找到某个选手序列 $u_1,u_2,\cdots,u_k(k\geqslant 2)$,使得 $x=u_1\to u_2\to\cdots\to u_k=y$,那么称该赛事结果是"友好"的.

(1) 证明:对任意一个友好的赛事结果,存在正整数 m 满足如下条件:

对任意两位选手 x,y,均能找到某个长度为 m 的选手序列 $z_1,z_2,\cdots,z_m$(这里 $z_1,z_2,\cdots,z_m$ 可以有重复),使得 $x=z_1\to z_2\to\cdots\to z_m=y$.

(2) 对任意一个友好的赛事结果 T,将符合(1) 中条件的最小正整数 m 记为 $m(T)$. 求 $m(T)$ 的最小值.

证法 1 考虑选手总数为 n 的情况(在本题中 $n=100$). 我们对所有整数 $n\geqslant 4$ 证明(1) 的结论,并对所有整数 $n\geqslant 11$,证明(2) 中 $m(T)$ 的最小值等于 3.

(1) 将赛事结果 T 看作一个以选手为顶点、战胜关系为有向边的竞赛图,选手总数 n 就是 T 的顶点数,T 是友好的等价于 T 是强连通的.

我们指出如下引理:

引理 1 当 $n\geqslant 3$ 时,T 有一个长度为 n 的圈.

引理 2 当 $n\geqslant 4$ 时,T 有一个长度为 $n-1$ 的圈.

引理 3 当 $n\geqslant 3$ 时,对任意整数 $m\geqslant n^2-3n+3$,存在非负整数 λ,μ 使得

$$m=\lambda n+\mu(n-1)$$

引理 3 是数论中熟知的结果,引理 1 与引理 2 的证明见最后部分.

由引理1 和引理2 知,T 有一个长度为 n 的圈 C_1 和一个长度为 $n-1$ 的圈 C_2. 对任意两位选手 x,y,由于 T 是强连通的,故能找到

$s \leqslant n$ 位选手 $w_1, w_2, \cdots, w_s$，使得 $x = w_1 \to \cdots \to w_s = y$.

当整数 $m \geqslant n^2 - 2n + 3$ 时，$m - s \geqslant n^2 - 3n + 3$. 由引理3知，存在非负整数 λ, μ，使得 $\lambda n + \mu(n-1) = m - s$. C_2 至少包含 x, y 之一.

若 C_2 包含 x，则可用 λ 个 C_1 和 μ 个 C_2 拼接成一条边数为 $m - s$ 的有向回路 $x = z_1 \to \cdots \to z_{m-s} \to x$，于是 $x = z_1 \to \cdots \to z_{m-s} \to x = w_1 \to \cdots \to w_s = y$，从而 $z_1, \cdots, z_{m-s}, w_1, \cdots, w_s$ 为满足要求的长度为 m 的选手序列.

若 C_2 包含 y，则可用 λ 个 C_1 和 μ 个 C_2 拼接成一条边数为 $m - s$ 的有向回路 $y \to z_1 \to \cdots \to z_{m-s} = y$，于是 $x = w_1 \to \cdots \to w_s = y \to z_1 \to \cdots \to z_{m-s} = y$，从而 $w_1, \cdots, w_s, z_1, \cdots, z_{m-s}$ 为满足要求的长度为 m 的选手序列.

因此(1)得证.

(2) 对任意一个强连通的 $n(n \geqslant 11)$ 阶竞赛图 T，设 $x \to y$ 是 T 的一条边，则从 y 到 x 的有向路至少有3个顶点，故 $m(T) \geqslant 3$.

下面构造一个强连通竞赛图 T_n，使得 $m(T_n) = 3$.

设 $A = \{i \in \mathbf{N}^* \mid i \leqslant k, i \neq 3\} \cup \{n-3\}$，其中 $k = \left[\dfrac{n-1}{2}\right]$. 当 $n \geqslant 11$ 时，$k \geqslant 5$. 容易验证 $\{a + b \mid a, b \in A\} = \{2, 3, \cdots, 2k\} \cup \{n-2, n-1, n+1, n+2, \cdots, n+k-3\}$. 因此，$A$ 满足如下两个性质：

(i) 对每个 $i = 1, 2, \cdots, k$，i 与 $n - i$ 恰有一个在 A 中；

(ii) 对任意整数 $k \not\equiv 0 \pmod n$，均存在 $a, b \in A$ 使得 $a + b \equiv k \pmod n$.

设 T_n 的顶点为 $v_1, v_2, \cdots, v_n$. 任取 $1 \leqslant i < j \leqslant n$，若 $j - i \in A$，则规定 $v_i \to v_j$；若 $n + i - j \in A$，则规定 $v_j \to v_i$；若 $j - i, n + i - j \notin A$，则只可能 n 为偶数，且 $j = i + \dfrac{n}{2}$，此时规定 $v_i \to v_j$. 由(i)知这样的构造可以实现.

对任意 $v_i, v_j (1 \leqslant i < j \leqslant n)$，由(ii)知存在 $a, b \in A$，使得 $a + b \equiv j - i \pmod n$，故有 $v_i \to v_{i+a} \to v_j$，这里下标按模 n 理解. 因此 T_n 是友好的，且 $m(T_n) = 3$.

综上所述，$m(T)$ 的最小值为3.

下面我们给出引理1与引理2的证明.

引理1的证明：首先 T 中必有圈（事实上，任取 x, y，不妨设 $x \to y$，由 T 的强连通性可知，存在从 y 到 x 的一条最短路径 $y \to \cdots \to x$，则 $x \to y \to \cdots \to x$ 为一个圈）. 设 $v_1 \to v_2 \to \cdots \to v_p \to v_1$ 是 T 中一个最长的圈.

假如 $p \leqslant n - 1$，任取 $u \notin \{v_1, v_2, \cdots, v_p\}$.

若对所有 $i=1,2,\cdots,p$ 都有 $u\to v_i$，考虑从 $\{v_1,v_2,\cdots,v_p\}$ 到 u 的最短有向路，不妨设为 $v_p\to z_1\to\cdots\to z_k\to u$，则 $k\geqslant 1$ 且所有 $z_1,z_2,\cdots,z_k$ 均不属于 $\{v_1,v_2,\cdots,v_p\}$，于是存在长度为 $p+k+1>p$ 的圈 $v_1\to\cdots\to v_p\to z_1\to\cdots\to z_k\to u\to v_1$，矛盾.

若对所有 $i=1,2,\cdots,p$ 都有 $v_i\to u$，考虑从 u 到 $\{v_1,v_2,\cdots,v_p\}$ 的最短有向路，不妨设为 $u\to z_1\to\cdots\to z_k\to v_1$，则 $k\geqslant 1$ 且所有 $z_1,z_2,\cdots,z_k$ 均不属于 $\{v_1,v_2,\cdots,v_p\}$，于是存在长度为 $p+k+1>p$ 的圈 $v_1\to\cdots\to v_p\to u\to z_1\to\cdots\to z_k\to v_1$，矛盾.

其余情况下，存在 $i,j\in\{1,2,\cdots,p\}$，使得 $v_i\to u\to v_j$，不妨设 $u\to v_p$，k 是满足 $v_i\to u$ 的最大正整数 i，则必有 $k<p$，且 $v_k\to u\to v_{k+1}$. 于是存在长度为 $p+1$ 的圈 $v_1\to\cdots\to v_k\to u\to v_{k+1}\to\cdots\to v_p\to v_1$，矛盾.

从而 $p=n$，即 T 中有长度为 n 的圈，引理 1 证毕.

引理 2 的证明：由引理 1 知，T 中有长度为 n 的圈 $x_1\to x_2\to\cdots\to x_n\to x_1$.

无论 $x_1\to x_3$ 还是 $x_3\to x_1$，T 中必存在长度不超过 $n-1$ 的圈，该圈的所有顶点生成 T 的一个强连通的真子图.

设 H 是 T 中顶点个数最大的一个强连通真子图，H 的顶点为 $v_1,v_2,\cdots,v_p$.

我们证明 $p=n-1$.

用反证法，假设 $p<n-1$. 任取 $u\notin\{v_1,v_2,\cdots,v_p\}$，设

$$U_1=\{v\in T\mid v-v_1\}$$
$$U_2=\{v\in T\mid v_1-v\}$$

若 $u\in U_1$，则 $u\to v_i(1\leqslant i\leqslant p)$（否则 $u,v_1,v_2,\cdots,v_p$ 生成 $p+1$ 阶强连通的真子图，与 p 的最大性矛盾）. 同理，若 $u\in U_2$，则 $v_i\to u(1\leqslant i\leqslant p)$.

由于 T 是强连通的，故 U_1,U_2 均为非空集，且存在 $u_1\in U_1$，$u_2\in U_2$ 使得 $u_2\to u_1$，则 $u_1,u_2,v_1,v_2,\cdots,v_{p-1}$ 生成 $p+1$ 阶强连通的真子图，与 p 的最大性矛盾.

因此 $p=n-1$. 故对 H 应用引理 1 知，引理 2 的结论成立.

证法 2 (1) 这是一个图论问题.

此证法属于单墫.

在一个图中，如果每两点 u,v 之间都恰有一条有向的线段联结（从 u 指向 v 或从 v 指向 u），那么这个图就称为竞赛图或完全有向图.

如果竞赛图中每两点 x,y 之间，都有一条链 $x=u_1\to u_2\to\cdots\to u_k=y$，那么就说这个图是强连通的.

问题就是证明：对 100 个点的强连通图，存在正整数 m 满足对

任意两个点 x, y，均能找到一条由 m 个点组成的链 $x = z_1 \to z_2 \to \cdots \to z_m = y$.

100 太大，先取简单的情况来考虑.

3 个点的强连通图只有一种，如图 6 所示.

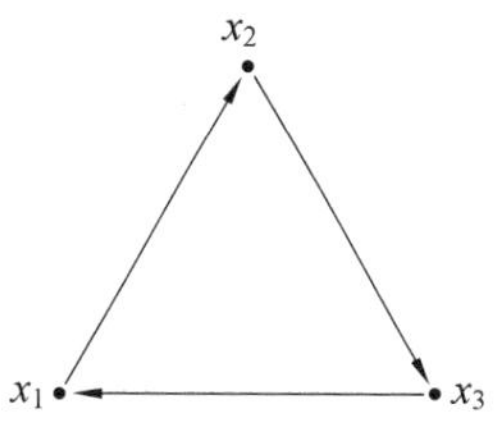

图 6

图 6 中有一个长为 3(3 个点) 的圈，x_1 到 x_2 的链长可为 2, 5, …, 即 $2 + 3k$(k 为非负整数)，x_1 到 x_3 的链长为 $3 + 3h$(h 为非负整数). 因为 $2 + 3k \neq 3 + 3h$，所以这时并无相应的 m 存在.

4 个点的强连通图如图 7 所示(也只有这一种).

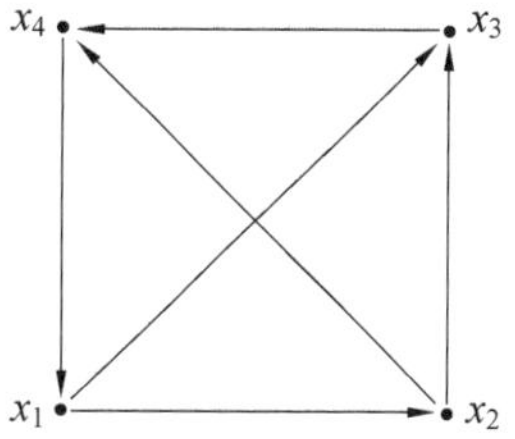

图 7

图 7 中有一个长为 4 的圈，每点又各在一个长为 3 的圈上，因此，x_1 到 x_2 之间有一条长为 $2 + 4 \times 2 = 10$ 的链，x_1 到 x_3 之间有一条长为$2 + 4 \times 2 = 10$ 的链，x_1 到 x_4 之间有一条长为 $3 + 3 + 4 = 10$ 的链，x_3 到 x_2 之间有一条长为 $4 + 2 \times 3 = 10$ 的链，其他的点对之间也均有长为 10 的链. 因此，$m = 10$.

于是，我们可以猜想点数大于 3 的强连通图或者点数为 4 的倍数的强连通图有相应的 m 存在. 不过，我们不必给自己增加任务(在考试时需要尽快完成所面对的试题)，还是先限定为具体的 100 个点.

由简单的情况启发：首先，证明图中有一条长为 100 的圈.

设有 $x_1 \to x_2$，由强连通性又有 $x_2 \to x_3 \to \cdots \to x_k \to x_1$，所以有一条长为 k 的圈. 如果 $k < 100$，那么有点 x_{k+1} 不在上述圈上.

不妨设有 $x_1 \to x_{k+1}$. 若有 $x_i \to x_{k+1}$，$x_{k+1} \to x_{i+1}$($1 \leqslant i < k$)，则圈可扩大为

$$x_1 \to x_2 \to \cdots \to x_i \to x_{k+1} \to x_{i+1} \to \cdots \to x_k (\to x_1)$$

若一切 $x_i \to x_{k+1}$($1 \leqslant i \leqslant k$)，则由于强连通性，由 x_{k+1} 必引出一条到圈上的链，设该链上第一个在圈上的点是 x_{j+1}($0 \leqslant j \leqslant k - 1$)，则圈可扩大为

$$x_1 \to x_2 \to \cdots \to x_j \to x_{k+1} \to \cdots \to x_{j+1} \to x_{j+2} \to \cdots \to x_k (\to x_1)$$

(当 $x_{j+1} = x_1$ 时，圈扩大为 $x_{k+1} \to \cdots \to x_1 \to x_2 \to \cdots \to x_k (\to x_{k+1})$).

总之，圈长可不断增加，直至 100 个点全在圈上. 于是，可设图中有圈

$$x_1 \to x_2 \to \cdots \to x_{100} (\to x_1)$$

其次，过每一个点有一长为 3 或 99 的圈.

如果 $x_3 \to x_1$，那么 $x_1 \to x_2 \to x_3 \to x_1$ 就是长为 3 的圈. 如果 $x_1 \to x_3$，那么 $x_1 \to x_3 \to x_4 \to \cdots \to x_{100} \to x_1$ 就是长为 99 的圈.

现在证明所说的 m 存在. 事实上，取 $m > 100 \times 99 - 99$，则 m 即为所求，理由如下.

对图中任意两点 u, v，由强连通性，有一条链

$$u = x_1 \to x_2 \to \cdots \to x_s = v$$

其中 $s \leqslant 100, m - s > 100 \times 99 - 99 - 100 > 100 \times 3 - 3 - 100$.

因为 3,99 均与 100 互素,根据数论中熟知的定理,存在非负整数 $\mu_1, \nu_1, \mu_2, \nu_2$,满足

$$m - s = \mu_1 \cdot 100 + \nu_1 \cdot 99, m - s = \mu_2 \cdot 100 + \nu_2 \cdot 3$$

即

$$m = s + \mu_1 \cdot 100 + \nu_1 \cdot 99 = s + \mu_2 \cdot 100 + \nu_2 \cdot 3$$

上式表明,从点 u 出发有一条长为 m 的链到 v.

(2) 设 $x \to y$,则从 y 没有直接到 x 的有向线段,即从 y 到 x 的链长不小于 3.

我们构造一个 100 个点的强连通图使得相应的 $m = 3$.

下面先作一个圈

$$x_1 \to x_2 \to \cdots \to x_{100} \to x_1$$

对于任两点 $x_i, x_j (1 \leqslant i < j \leqslant n)$,如果 $j - i > 50$,那么作 $x_j \to x_i$;如果 $j - i \leqslant 50$,并且 $j - i \neq 3$,那么作 $x_i \to x_j$;如果 $j - i = 3$,那么作 $x_j \to x_i$.

在这个图中,对任意两点 $x_i, x_j (1 \leqslant j < j \leqslant 100)$,如果 $j = i + 1$,那么有链 $x_i \to x_{i+4} \to x_{i+1} = x_j$;如果 $j = i + 4$,那么有链 $x_i \to x_{i+2} \to x_j$;如果 $j \leqslant i + 51$,并且 $j \neq i + 1, i + 4$,那么有链 $x_i \to x_{j-1} \to x_j$;如果 $j > i + 51$,并且 $j \neq i + 53$,那么有链 $x_i \to x_{i+50} \to x_j$;如果 $j = i + 53$,那么有链 $x_i \to x_{i+49} \to x_{i+53} = x_j$. 因此,$m = 3$.

上面的 100 个点显然可改为 $n \geqslant 11$ 个点.

第 32 届中国数学奥林匹克

长沙,2016

本届解答由严文兰数学工作室提供.

1 数列 $\{u_n\}$, $\{v_n\}$ 满足:$u_0 = u_1 = 1$, $u_n = 2u_{n-1} - 3u_{n-2}$, $v_0 = a$, $v_1 = b$, $v_2 = c$, $v_n = v_{n-1} - 3v_{n-2} + 27v_{v-3}$. 已知存在正整数 N, 使得当 $n \geqslant N$ 时, $u_n \mid v_m$, 求证: $3a = 2b + c$.

证明 记 $y_0 = 0$, $y_1 = 1$, $y_n = 2y_{n-1} - 3y_{n-2}$, $u_n, y_n \in \mathbf{Z}$, 由特征根法计算得 $u_n = \dfrac{\varepsilon^n + \bar{\varepsilon}^n}{2}$, $y_n = \dfrac{\varepsilon^n - \bar{\varepsilon}^n}{\varepsilon - \bar{\varepsilon}}$, $v_n = p'3^n + q'\varepsilon^{2n} + r'\bar{\varepsilon}^{2n} = p3^n + qu_n^2 + ru_ny_n$, 其中 $\varepsilon, \bar{\varepsilon} = 1 \pm \sqrt{2}\mathrm{i}$, $p = \dfrac{-3a + 2b + c}{12}$, $q = \dfrac{15a - 2b - c}{12}$, $r = \dfrac{-3a + 4b - c}{6}$. 因为当 $n \geqslant N$ 时, $u_n \mid v_m$, 所以 $v_n \in \mathbf{Z}$, 又 $v_{n-3} = \dfrac{v_n - v_{n-1} + 3v_{n-2}}{27}$, 所以对所有非负整数 n, 都有 $v_n \in \mathbf{Q}$, 因此 $a, b, c \in \mathbf{Q}$, $p, q, r \in \mathbf{Q}$. 设 p, q, r 的分母的最小公倍数为 m, 记 $A = mp$, $B = mq$, $C = mr$, 则 $A, B, C \in \mathbf{Z}$, 由已知 $u_n \mid mv_n = 3^nA + u_n^2B + u_ny_nC$, 因为 $u_n, y_n \in \mathbf{Z}$, 所以 $u_n \mid 3^nA$. 由递推式知 $u_n \equiv \pm 1 \pmod 3$, 所以 $(u_n, 3) = 1$, $u_n \mid A$, 由于 u_n 可以无限大, 这只能是 $A = 0$, 从而 $p = 0$, $3a = 2b + c$, 得证.

2 锐角 $\triangle ABC$ 中, 外心为 O, 内心为 I, 过点 B, C 作外接圆的切线交于点 L, 内切圆切 BC 于点 D, AO 交 BC 于点 X, AY 垂直 BC 于点 Y, PQ 为过点 I 的圆 O 的直径, 求证: P, Q, X, Y 四点共圆等价于 A, D, L 三点共线.

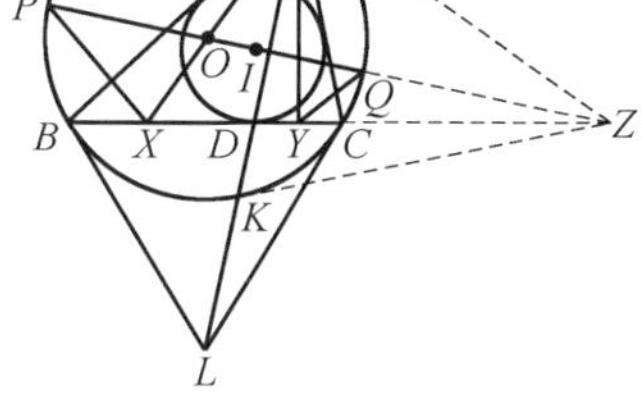

图 1

证明 如图 1, 设 AL 交圆 O 于点 K, 延长 PQ 与 BC 交于点 Z, 过点 A 作圆 O 的切线 AZ' 与 BC 交于点 Z'. 因为 Z' 在 L 关于圆 O 的极线上, 所以 L 也在 Z' 关于圆 O 的极线上, 极线为 AL. 因为 $\angle AYX = 90^\circ$, 所以 AZ' 为圆 O 与圆 AXY 的公切线. P, Q, X, Y 四点共圆 $\Leftrightarrow ZX \cdot ZY = ZP \cdot ZQ \Leftrightarrow ZX \cdot ZY = ZB \cdot ZC \Leftrightarrow Z$ 在圆 O 与圆 AXY 的根轴, 即 AZ' 上 $\Leftrightarrow$ 点 Z 与 Z' 重合.

若 P,Q,X,Y 四点共圆,则点 Z 与 Z' 重合. 因为 AL 为 Z' 关于圆 O 的极线,所以 $AL \perp OZ'$,$AL \perp IZ$,由调和点列的性质知,LB,LC,LA,LZ 为调和线束,所以 AB,AC,AL,AZ 也为调和线束. 又因为 $AL \perp IZ$,所以 AL 为 Z 关于圆 I 的极线,所以切点 D 在极线 AL 上,所以 A,D,L 三点共线.

若 A,D,L 三点共线,则 A,C,D,Z' 是调和点列,AD 是点 Z' 关于圆 I 的极线,所以 $OZ' \perp AL$,$IZ' \perp AL$,O,I,Z' 三点共线,点 Z 与 Z' 重合,从而 P,Q,X,Y 四点共圆,得证.

3 将矩形 R 分为 2 016 个小矩形,每个小矩形的顶点称为结点,每个小矩形的边和 R 平行. 若一条线段的两端为结点,且线段上没有其他结点,则称之为基本线段. 求遍历所有划分方式时基本线段数量的最小值和最大值.

解 基本线段数量的最小值和最大值分别为 4 122 与 6 049.

设结点数、基本线段数、将平面划分成的区域个数分别为 v,e,f,则 $f = 2\ 017$,由欧拉公式有

$$v - e + f = 2 \qquad ①$$

设 L,T,十字形的结点个数分别为 4,a,b,则

$$v = 4 + a + b \qquad ②$$

$$2e = 2 \times 4 + 3a + 4b \qquad ③$$

由式 ①②③ 得

$$a = 4\ 030 - 2b$$

$$v = 4\ 034 - b$$

$$e = 6\ 049 - b$$

所以

$$e \leqslant 6\ 049$$

$$e_{\max} = 6\ 049$$

当划分网格为 $1 \times 2\ 016$ 形时取得最大值,现求最小值. 注意到从十字形结点出发,往上下左右任一方向走,一定会碰到 T 字形结点. 现对所有十字形结点作横线与竖线,设共作了 x 条竖线,y 条横线,由上可知 $a \geqslant 2x + 2y$,这些线相交得到 xy 个交点,覆盖了所有十字形结点,所以

$$xy \geqslant b$$

$$a^2 \geqslant (2x + 2y)^2 \geqslant 16xy \geqslant 16b$$

$$a \geqslant 4\sqrt{b}$$

$$a = 4\ 030 - 2b \geqslant 4\sqrt{b}$$

得 $b \leqslant 1\ 927$,所以 $e = 6\ 049 - b \geqslant 4\ 122$,$e_{\min} = 4\ 122$,当划分网格为 42×48 形时取得最小值.

4 设 $n \geqslant 2$,对于 $1,2,\cdots,n$ 的任意两个排列 $\alpha=(a_1,a_2,\cdots,a_n)$ 和 $\beta=(b_1,b_2,\cdots,b_n)$,若存在正整数 $k \leqslant n$,使得 $b_i=\begin{cases}a_{k+1-i}, 1 \leqslant i \leqslant k\\ a_i, k < i \leqslant n\end{cases}$,则称 α 和 β 互为翻转. 证明:可以把 $1,2,\cdots,n$ 的所有排列适当记为 $p_1,p_2,\cdots,p_m$,使得对每个 $i=1,2,\cdots,m$,p_i,p_{i+1} 互为翻转,这里 $m=n!$,且规定 $p_{m+1}=p_1$.

证明 将命题加强为存在 $p_1=(1,2,\cdots,n)$,$p_2=(n,n-1,\cdots,1)$ 的翻转序列:

(1) 当 $n=2$ 时,$p_1=(1,2)$,$p_2=(2,1)$,满足条件;

(2) 假设对 n 成立,那么对 $n+1$,记 $n'=n+1$,$m'=n'!$,又记 $f(a,k)=(a_1+k,a_2+k,\cdots,a_n+k)$,规定 $n'+i=i$,对 n 的满足条件的序列 $p_1,p_2,\cdots,p_m$ 中每个排列的末尾都添加 n',得到的排列仍然记为 $p_1,p_2,\cdots,p_m$. 考虑序列 $f(p_1,0),\cdots,f(p_m,0),\cdots,f(p_1,-n),\cdots,f(p_m,-n)$,在每段 $f(p_1,-i),\cdots,f(p_m,-i)$ 内,由归纳假设相邻排列互为翻转,而 $f(p_m,-i)$ 的翻转为 $(n'-i,1-i,2-i,\cdots,n'-1-i)=f(p_1,-i-1)$,所以整个序列都是邻项互为翻转,且 $f(p_1,0)=(1,2,\cdots,n')$,$f(p_m,-n)=(n',n'-1,\cdots,1)$,得证.

5 用 D_n 表示正整数 n 的所有正因数构成的集合,求所有正整数 n,使得 D_n 可以写成两个不相交的子集 A 和 G 的并,且满足:A 和 G 均含有至少三个元素,A 中元素可以排列成一个等差数列,G 中元素可以排列成一个等比数列.

解 设 $A=\{a_1<a_2<\cdots<a_m\}$,$G=\{b_1<b_2<\cdots<b_k\}$.

(1) $n \in G$,如果 $n \in A$,设 $a_{m-1}=\frac{n}{x}$,$a_{m-2}=\frac{n}{y}$,x,y 为 n 的非平凡因子,则 $n+\frac{n}{y}=2\cdot\frac{n}{x}$,$\frac{2}{x}=1+\frac{1}{y}>1$,$x<2$,所以 $x=1$,与 x 为 n 的非平凡因子矛盾,所以 $n \in G$.

(2) $n \neq p^i$,其中 p 为素数,i 为正整数,否则,对 A 中的前三项,有 $p^{i_1}+p^{i_3}=2p^{i_2}(i_1<i_2<i_3)$,$p^{i_2} \mid p^{i_1}$,矛盾.

(3) 由(2) 知 n 至少有两个不同素因子,不妨设 $p<q$ 是 n 的最小的两个素因子. 若 $\frac{n}{p} \in G$,又 $n \in G$,则数列 G 的公比为 p,所

以 $1,p,\frac{n}{q}\in A$；若 $\frac{n}{p}\in A$，注意到 $1,p,q$ 至少两个在 A 中，所以

$$m=\frac{a_m-a_1}{d}+1\geqslant \min\left\{\frac{\frac{n}{q}-1}{p-1}+1,\frac{\frac{n}{p}-1}{q-1}+1\right\}>\frac{n}{pq}+1$$

所以 $m\geqslant \frac{n}{pq}+2$. 设 $n=p_1^{\alpha_1}p_2^{\alpha_2}\cdots p_j^{\alpha_j}$ 为 n 的素因数分解式，$p_1=p$，$p_2=q$，则

$$\begin{aligned}m=(\alpha_1+1)(\alpha_2+1)\cdots(\alpha_j+1)-k\geqslant\\ \frac{n}{pq}+2=\\ p^{\alpha_1-1}q^{\alpha_2-1}p_3^{\alpha_3}\cdots p_j^{\alpha_j}+2\geqslant\\ 2^{\alpha_1-1}3^{\alpha_2-1}5^{\alpha_3}\cdots 5^{\alpha_j}+2\end{aligned}$$

由于 $$k\geqslant 3,5^{\alpha}>(\alpha+1)^2$$

所以 $$(\alpha_1+1)(\alpha_2+1)\geqslant 2^{\alpha_1-1}3^{\alpha_2-1}+5$$

此不等式不成立，矛盾，所以不存在满足条件的 n.

6 给定整数 $n\geqslant 2$ 以及正数 $a<b$，设实数 $x_1,x_2,\cdots,x_n\in[a,b]$，求 $\dfrac{\frac{x_1^2}{x_2}+\frac{x_2^2}{x_3}+\cdots+\frac{x_{n-1}^2}{x_n}+\frac{x_n^2}{x_1}}{x_1+x_2+\cdots+x_{n-1}+x_n}$ 的最大值.

引理 当 $x_1,x_2,\cdots,x_n\in\{a,b\}$ 时，有

$$\frac{\frac{x_1^2}{x_2}+\frac{x_2^2}{x_3}+\cdots+\frac{x_{n-1}^2}{x_n}+\frac{x_n^2}{x_1}}{x_1+x_2+\cdots+x_{n-1}+x_n}\leqslant k_n=\begin{cases}\dfrac{a^2-ab+b^2}{ab}, & n\text{ 为偶数}\\ \dfrac{(n-1)(a^3+b^3)+2a^2b}{ab[(n+1)a+(n-1)b]}, & n\text{ 为奇数}\end{cases}$$

解 记所求式子为 $f(x_1,x_2,\cdots,x_n)$，分子为 $g(x_1,x_2,\cdots,x_n)$.

(1) 当 $n=1,2$ 时，显然成立.

(2) 假设当 $n<m$ 时，命题成立，那么当 $n=m$，m 为偶数时，若 $x_1,x_2,\cdots,x_m$ 交错取 a,b，则不等式成立，否则，必有两个邻项取同一个数，不妨设为 $x_{m-1}=x_m=x$，则

$$g(x_1,x_2,\cdots,x_m)=g(x_1,x_2,\cdots,x_{m-1})+x$$

因为 $m-1$ 为奇数，所以又必有两个邻项取同一个数，记为 y，所以

$$\begin{aligned}g(x_1,x_2,\cdots,x_m)=g(x_1,x_2,\cdots,x_{m-2})+x+y<\\ k_m(x_1,x_2,\cdots,x_{m-2}+x+y)\end{aligned}$$

所以 $f(x_1,x_2,\cdots,x_m)<k_m$，命题也成立.

当 m 为奇数时，同理可证，只需注意到 $u>0,k>1$ 时，$\frac{uk+x}{u+x}\leqslant\frac{uk+a}{u+a}$，其中 $x\in\{a,b\}$. 原题证明：最大值为 k_n，即证

$$h=h(x_1,x_2,\cdots,x_m)=\frac{x_1^2}{x_2}+\frac{x_2^2}{x_3}+\cdots+\frac{x_n^2}{x_1}-k_n(x_1+\cdots+x_n)\leqslant 0$$

现固定 $x_2,\cdots,x_m$，而把 x_1 看成自变量，注意到 $h=h(x_1)$ 是下凸函数，所以在两端取得最大值，故只需考虑 $x_1\in\{a,b\}$ 的情况，同理只需考虑 $x_2,x_3,\cdots,x_m\in\{a,b\}$ 的情况，由引理知不等式成立，得证.

第33届中国数学奥林匹克

杭州,2017

1 对正整数 n,定义 A_n 是具有如下性质的所有素数 p 构成的集合:存在正整数 a,b,使得$\frac{a+b}{p}$和$\frac{a^n+b^n}{p^2}$都是与 p 互素的整数. 当 A_n 为有限集(包括空集)时,用 $f(n)$ 表示 A_n 的元素个数.

(1) 证明:A_n 为有限集的充分必要条件是 $n\neq 2$;

(2) 证明:若 k,m 为正奇数,d 是 k,m 的最大公因数,则

$$f(d)\leqslant f(k)+f(m)-f(km)\leqslant 2f(d)$$

证明 (1) 当 $n=1$ 时,显然不存在素数 p 满足条件,故 $A_1=\varnothing$.

当 $n=2$ 时,对任意素数 p,取 $a=p,b=p^2$,可使

$$\frac{a+b}{p}=1+p$$

与

$$\frac{a^n+b^n}{p^2}=1+p^2$$

都是与 p 互素的整数,故 A_2 包含全体素数,且 A_2 是无限集.

当 $n\geqslant 3$ 时,对任意素数 p,设正整数 a,b 满足

$$v_p(a+b)=1,v_p(a^n+b^n)=2$$

(这里 $v_p(l)$ 表示正整数 l 所含素因子 p 的次数). 设

$$a+b=sp,(s,p)=1$$

易知 a,b 都不是 p 的倍数.(否则,不妨假设 $p\mid a$,则 $p\mid b$,于是 $v_p(a^n+b^n)\geqslant n>2$,矛盾.)

若 n 为偶数,则

$$0\equiv a^n+b^n=a^n+(sp-a)^n\equiv 2a^n\pmod p$$

而 $(a^n,p)=1$,故必有 $p\mid 2$. 此时 A_n 为有限集(事实上 $p=2$ 亦不满足条件,即 $A_n=\varnothing$).

若 n 为奇数,则

$$0\equiv a^n+(sp-a)^n\equiv nspa^{n-1}\pmod{p^2}$$

而 $(sa^{n-1},p)=1$,故必有 $p\mid n$. 此时 A_n 为有限集.

综上可知,当且仅当正整数 $n \neq 2$ 时,A_n 为有限集.

(2) 下面证明当 n 为正奇数时,素数 $p \in A_n$ 当且仅当 $v_p(n)=1$.

当 $n=1$ 时,显然成立.

当 $n>1$ 时,设 $p \in A_n$,由之前所证知,$v_p(n) \geqslant 1$,故

$$\begin{aligned} a^n+b^n=a^n+(sp-a)^n &\equiv \\ nspa^{n-1}-\frac{n(n-1)}{2}s^2p^2a^{n-2} &\equiv \\ nspa^{n-1} \pmod{p^3} \end{aligned}$$

因此当 $v_p(n) \geqslant 2$ 时,$v_p(a^n+b^n) \geqslant 3$,矛盾;而当 $v_p(n)=1$ 时,取 $a=1, b=p-1$,则 $v_p(a+b)=1, v_p(a^n+b^n)=v_p(np)=2$,满足条件.

对任意素数 p 与正奇数 n,定义

$$x_p(n)=\begin{cases}1, v_p(n)=1 \\ 0, v_p(n) \neq 1\end{cases}$$

于是

$$f(n)=\sum_p x_p(n)$$

其中约定 $\sum\limits_p$ 是对一切素数 p 求和.

注意当 k, m 为正奇数时,km 与 $d=(k,m)$ 也是正奇数,因此相当于证明

$$\sum_p x_p(d) \leqslant \sum_p x_p(k)+\sum_p x_p(m)-\sum_p x_p(km) \leqslant 2\sum_p x_p(d) \quad ①$$

仅需证明,对任意素数 p,有

$$x_p(d) \leqslant x_p(k)+x_p(m)-x_p(km) \leqslant 2x_p(d) \quad ②$$

若 $v_p(d)=0$,则 $\min\{v_p(k), v_p(m)\}=0$,不妨设 $v_p(k)=0$,则 $v_p(km)=v_p(m)$,从而 $x_p(k)=x_p(d)=0, x_p(km)=x_p(m)$,此时式②成立.

若 $v_p(d)=1$,则 $\min\{v_p(k), v_p(m)\}=1$,于是 $v_p(km) \geqslant 2$,故

$$x_p(km)=0$$

又不妨设 $v_p(k)=1$,那么

$$x_p(k)+x_p(m)-x_p(km)=1+x_p(m) \in \{1,2\}$$

而 $x_p(d)=1$,于是式②成立.

若 $v_p(d) \geqslant 2$,则 $v_p(k), v_p(m), v_p(km) \geqslant 2$,从而 $x_p(d)$, $x_p(k), x_p(m), x_p(km)$ 均为0,式②亦成立.

综上,对任意奇素数 p,式②均成立.由此可知式①成立,即结论得证.

注 证明当 n 为正奇数时，素数 $p\in A_n$ 当且仅当 $v_p(n)=1$，也可直接应用升幂定理.

升幂定理 设 p 为奇素数，a,b 是与 p 互素的整数，且 $p\mid a-b$，则对任意正整数 k，有

$$v_p(a^k-b^k)=v_p(a-b)+v_p(k)$$

2 设 n,k 是正整数，又

$$T=\{(x,y,z)\mid x,y,z\in\mathbf{Z},1\leqslant x,y,z\leqslant n\}$$

是空间直角坐标系中 n^3 个整点构成的集合. 已知 T 中 $(3n^2-3n+1)+k$ 个点被染成红色，满足如下条件：如果 T 中两点 P，Q 都被染成红色且 PQ 平行于坐标轴，那么线段 PQ 上的所有整点也都被染成红色.

证明：存在至少 k 个互不相同的立方体，它们的边长为 1 且每个顶点都被染成红色.

证明 为方便起见，引入如下术语：如果一个单位立方体的顶点都是红色的，那么称之为红色立方体；如果一个单位正方形的顶点都是红色的，且该正方形平行于 xOy 平面，那么称之为红色正方形；如果一个单位线段的顶点都是红色的，且该线段平行于 x 轴，那么称之为红色线段. 设所有红点构成的集合为 R，平面 $z=c$ 上的所有红点构成的集合为 R_c，直线 $y=b,z=c$ 上的所有红点构成的集合为 R_{bc}.

我们先证明如下引理.

引理 对正整数 $1\leqslant c\leqslant n$，R_c 中的红色正方形的数目不小于 $|R_c|-(2n-1)$.

引理的证明 设 R_c 中有 $S(c)$ 个红色正方形，I 个红色线段. 我们从两方面估算 I. 一方面，对每个 $1\leqslant b\leqslant n$，如果 R_{bc} 非空的话，设其中 x 坐标最小的红点为 P，x 坐标最大的红点为 Q，由题意可知，R_{bc} 恰为线段 PQ 上所有整点构成的集合. 这样，R_{bc} 上红色线段的数目为 $|R_{bc}|-1$. 由此可得

$$\begin{aligned}I=\sum_{R_{bc}\neq\varnothing}(|R_{bc}|-1)\geqslant\\ \Big(\sum_{R_{bc}\neq\varnothing}|R_{bc}|\Big)-n=\\ |R_c|-n\end{aligned}\qquad ①$$

另一方面，每个红色线段向 x 轴的投影是 x 轴的单位线段，我们将所有红色线段按照它们的投影分类. 对于 x 轴上的单位线段 u，设以 u 为投影的红色线段的数目为 I_u. 如果 $I_u\geqslant 1$，设以 u 为投影的红色线段的 y 坐标的最小值为 y_0，最大值为 y_1，则 $I_u\leqslant y_1-y_0+1$. 由题意，对每个整数 $y\in[y_0,y_1]$，$u\times\{y\}\times\{c\}$ 也都是红

色线段. 这样,对整数 $y \in [y_0, y_1 - 1]$, $u \times \{y, y+1\} \times \{c\}$ 都是红色正方形,共 $y_1 - y_0$ 个,至少 $I_u - 1$ 个. 由此可得

$$S(c) \geqslant \sum_{I_u \geqslant 1}(I_u - 1) \geqslant \left(\sum_{I_u \geqslant 1} I_u\right) - (n-1) = I - (n-1) \quad ②$$

结合 ① 和 ② 两式,可得

$$S(c) \geqslant I - (n-1) \geqslant |R_c| - n - (n-1) = |R_c| - (2n-1)$$

这就完成了引理的证明.

回到原题的证明. 设共有 C 个红色立方体, S 个红色正方形. 一方面,由引理可知

$$S = \sum_{c=1}^{n} S(c) \geqslant \sum_{c=1}^{n}[|R_c| - (2n-1)] \quad ③$$

另一方面,每个红色正方形向 xOy 平面的投影是 xOy 平面的单位正方形,我们将所有红色正方形按照它们的投影分类. 对于 xOy 平面上的单位正方形 v,设以 v 为投影的红色单位正方形的数目为 S_v. 如果 $S_v \geqslant 1$,设以 v 为投影的红色正方形的 z 坐标的最小值为 z_0,最大值为 z_1,则 $S_v \leqslant z_1 - z_0 + 1$. 由题意,对每个整数 $z \in [z_0, z_1]$, $v \times \{z\}$ 也都是红色正方形. 这样,对每个整数 $z \in [z_0, z_1 - 1]$, $v \times \{z, z+1\}$ 都是红色立方体,共 $z_1 - z_0$ 个,至少 $S_v - 1$ 个. 由此可得

$$C \geqslant \sum_{S_v \geqslant 1}(S_v - 1) \geqslant \left(\sum_{S_v \geqslant 1} S_v\right) - (n-1)^2 = S - (n-1)^2 \quad ④$$

结合 ③ 和 ④ 两式,即得

$$C \geqslant S - (n-1)^2 \geqslant \sum_{c=1}^{n}[|R_c| - (2n-1)] - (n-1)^2 = \left(\sum_{c=1}^{n}|R_c|\right) - (3n^2 - 3n + 1) = k$$

3 设正整数 q 不是完全立方数. 证明:存在正实数 c,使得

$$\{nq^{\frac{1}{3}}\} + \{nq^{\frac{2}{3}}\} \geqslant cn^{-\frac{1}{2}}$$

对任意正整数 n 都成立,其中 $\{x\}$ 表示实数 x 的小数部分.

证明 我们证明 $c = (13q^{\frac{4}{3}})^{-1}$ 满足要求. 用反证法,假设存在正整数 n 满足

$$\{nq^{\frac{1}{3}}\} + \{nq^{\frac{2}{3}}\} < cn^{-\frac{1}{2}}$$

记

$$l = [nq^{\frac{2}{3}}], m = [nq^{\frac{1}{3}}]$$

首先,我们断言,存在整数 r,s,t 满足

$$r^2+s^2\neq 0$$
$$|r|\leqslant\sqrt{n}$$
$$|s|\leqslant\sqrt{n}$$
$$rl+sm+tn=0$$

事实上,考虑整数对的集合

$$S=\{(u,v)\in\mathbf{Z}^2\mid 0\leqslant u,v\leqslant\sqrt{n}\}$$

注意到 $|S|=([\sqrt{n}]+1)^2>n$. 因此 S 中存在不同的数对 (u_1,v_1) 和 (u_2,v_2) 满足

$$u_1l+v_1m\equiv u_2l+v_2m\pmod n$$

取

$$r=u_1-u_2,s=v_1-v_2,t=-\frac{rl+sm}{n}$$

即满足要求. 现在考虑函数

$$F(x)=r^3x^6+s^3x^3+t^3-3rstx^3$$

则 $F(q^{\frac{1}{3}})$ 为整数. 设

$$f(x)=rx^2+sx+t,\omega=e^{\frac{2\pi i}{3}}$$

容易验证

$$F(x)=f(x)f(\omega x)f(\omega^2x)$$

由于 q 不是完全立方数,所以 $q^{\frac{1}{3}},\omega q^{\frac{1}{3}},\omega^2q^{\frac{1}{3}}$ 均不是 $f(x)=0$ 的根,从而 $F(q^{\frac{1}{3}})\neq 0$. 因此 $|F(q^{\frac{1}{3}})|\geqslant 1$. 另外

$$\begin{aligned}|f(q^{\frac{1}{3}})|=&|rq^{\frac{2}{3}}+sq^{\frac{1}{3}}+t|=\\&\frac{1}{n}|r(nq^{\frac{2}{3}}-l)+s(nq^{\frac{1}{3}}-m)|\leqslant\\&\frac{1}{n}(|r|\{nq^{\frac{2}{3}}\}+|s|\{nq^{\frac{1}{3}}\})<\frac{c}{n}=\\&\frac{1}{13q^{\frac{4}{3}}n}\end{aligned}$$

$$\begin{aligned}f(\omega q^{\frac{1}{3}})f(\omega^2q^{\frac{1}{3}})=&|f(\omega q^{\frac{1}{3}})|^2\leqslant\\&(|f(\omega q^{\frac{1}{3}})-f(q^{\frac{1}{3}})|+|f(q^{\frac{1}{3}})|)^2\leqslant\\&[|r(\omega^2-1)q^{\frac{2}{3}}|+|s(\omega-1)q^{\frac{1}{3}}|+(13q^{\frac{4}{3}}n)^{-1}]^2\leqslant\\&\left(\sqrt{n}\cdot\sqrt{3}\cdot q^{\frac{2}{3}}+\sqrt{n}\cdot\sqrt{3}\cdot q^{\frac{2}{3}}+\frac{\sqrt{n}\cdot q^{\frac{2}{3}}}{13}\right)^2<\\&13q^{\frac{4}{3}}n\end{aligned}$$

由此推出 $|F(q^{\frac{1}{3}})|<1$,矛盾.

4 如图 1,圆内接四边形 $ABCD$ 的对角线交于点 P,$\triangle APD$ 的外接圆与线段 AB 交于 A,E 两点,$\triangle BPC$ 的外接圆与线段 AB 交于 B,F 两点,I 和 J 分别为 $\triangle ADE$ 和 $\triangle BCF$ 的内心,线段 IJ 与 AC 交于点 K.

证明:A,I,K,E 四点共圆.

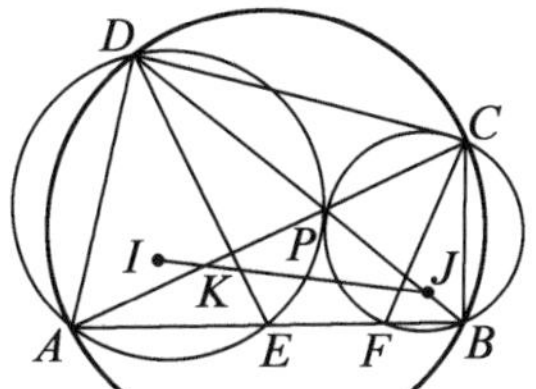

图 1

证法 1 如图 2,延长 EI,交 $\triangle APD$ 的外接圆于点 X;延长 FJ,交 $\triangle BPC$ 的外接圆于点 Y,联结 PX,PY,XA,YB. 注意到 I,J 分别为 $\triangle ADE$ 和 $\triangle BCF$ 的内心,根据内心性质可知,$XI = XA$,$YJ = YB$.

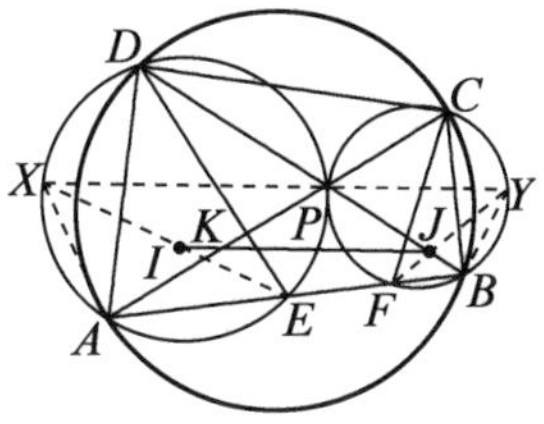

图 2

易知 PX,PY 分别是 $\angle APD$,$\angle BPC$ 的平分线,故 X,P,Y 三点共线.

由 $\angle APX = \angle CPY = \angle BPY$,$\angle AXP = \angle ADP = \angle BCP = \angle BYP$ 知,$\triangle APX$ 与 $\triangle BPY$ 相似,所以$\frac{XA}{YB} = \frac{AP}{BP}$. 因此

$$\frac{XI\sin\angle IXP}{YJ\sin\angle JYP} = \frac{XA}{YB} \cdot \frac{\sin\angle EAP}{\sin\angle FBP} = \frac{AP}{BP} \cdot \frac{\sin\angle BAP}{\sin\angle ABP} = 1$$

这表明 I,J 到直线 XY 的距离相等,即 IJ 与 XY 平行(注意到 E,F 位于 XY 的同侧,可知 I,J 位于 XY 的同侧). 于是 $\angle AKI = \angle APX = \angle AEI$,进而 A,I,K,E 四点共圆.

证法 2 如图 3,联结 PE,PF,因 $\angle PEF = \angle ADP = \angle PCB = \angle PFE$,故 $PE = PF$. 以 P 为圆心,PE 为半径画圆交 PA,PB 分别于点 K',T. 联结 EK',AI,EI,则

此证法属于金磊.

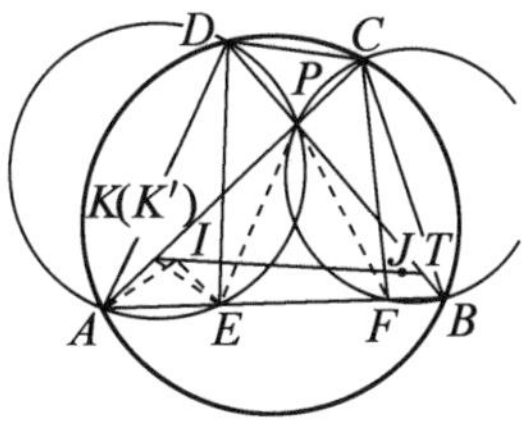

图 3

$$\angle AK'E = 90^\circ + \frac{1}{2}\angle APE = 90^\circ + \frac{1}{2}\angle ADE = \angle AIE$$

从而,A,I,K',E 四点共圆. 于是,$\angle PK'I = \angle IEA = \frac{1}{2}\angle DEA = \frac{1}{2}\angle DPK' = \angle PK'T$,所以,点 I 在直线 $K'T$ 上,同理,点 J 在直线 $K'T$ 上. 故点 K' 为直线 IJ 与 AC 的交点,即 K' 与 K 重合,所以,A,I,K,E 四点共圆.

证法 3 如图 4,延长 EI 交圆 ADE 于点 M,延长 FJ 交圆 BCF 于点 N,联结 PM,PN,MA,NB,作 $IG \perp PM$ 于点 G,$JH \perp PN$ 于点 H,则$\overset{\frown}{AM} = \overset{\frown}{DM}$,$PM$ 平分 $\angle APD$,$\overset{\frown}{BN} = \overset{\frown}{CN}$,$PN$ 平分 $\angle BPC$,所以,M,P,N 三点共线.

此证法属于姚佳斌.

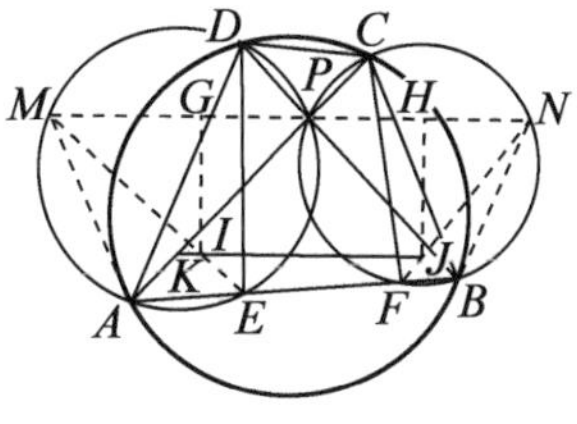

图 4

下面证明 $IJ \parallel MN$,这只要证 $IG = JH$,即要证

$$MI\sin\angle IMG = NJ\sin\angle JNH$$

$$\Leftrightarrow MA\sin\angle PAE = NB\sin\angle PBF$$

$$\Leftrightarrow \frac{MA}{NB} = \frac{\sin\angle PBF}{\sin\angle PAE} = \frac{PA}{PB}$$

由 $\triangle PAM \backsim \triangle PBN$ 知上式成立，所以 $IJ /\!/ MN$. 从而 $\angle EIJ = \angle EMP = \angle EAK$，故 A, I, K, E 四点共圆.

5 给定奇数 $n \geqslant 3$，用黑白两种颜色对 $n \times n$ 方格表的每个方格染色. 具有相同颜色并且有公共顶点的两个方格关系称为相邻. 对任意两个方格 a, b，若存在一系列方格 $c_1, c_2, \cdots, c_k$ 使得 $c_1 = a, c_k = b, c_i$ 与 c_{i+1} 相邻，$i = 1, 2, \cdots, k-1$，则称 a 与 b 连通. 求最大正整数 M，使得存在一种染色方案，其中有 M 个两两不连通的方格.

解 考虑推广的问题，对 $m \times n$ 方格表作黑白染色，其中 m, n 都是不小于 3 的奇数. 在给定的染色方案下，所有方格可被划分成若干连通分支，使得同一个连通分支中的方格彼此连通，不同连通分支中的方格不连通. 连通分支的数目记为 K. 下面用数学归纳法证明：

(1) $K \leqslant \frac{1}{4}(m+1)(n+1)+1$；

(2) 当 $K = \frac{1}{4}(m+1)(n+1)+1$ 时，方格表四角处的每个方格都不与其他方格连通.

当 $m = n = 3$ 时，最外一圈 8 个方格至多属于 4 个与中心方格异色的连通分支，故 $K \leqslant 5$. 等号成立当且仅当四角处的方格与其他 5 个方格异色.

下面设 $m \geqslant 5$. 设方格表的第 2 行从左到右形成黑白交错的 k 段 $A_1, A_2, \cdots, A_k$，各段的方格数目依次为 $x_1, x_2, \cdots, x_k$. 设 P 是含有第 1 行方格但不含第 2 行方格的连通分支数目. 我们来估计 P. 若 $k \geqslant 2$，A_1 上面的 x_1 个方格中，最后一个方格与 A_1 最后一个方格以及 A_2 的第一个方格中有一个同色，从而与第 2 行的某个方格连通；在前 $x_1 - 1$ 个方格中至多有 $\left\lceil \frac{x_1 - 1}{2} \right\rceil$ 个方格与 A_1 异色，且互相不连通. 同理在 A_k 上面的方格中也至多有 $\left\lceil \frac{x_k - 1}{2} \right\rceil$ 个方格与第 2 行方格不连通，且彼此也不连通. 对 $1 < i < k$，A_i 上面的方格除第一个和最后一个方格，中间 $x_i - 2$ 个方格中，至多有 $\left\lceil \frac{x_i - 2}{2} \right\rceil$ 个方格与 A_i 异色，且互相不连通，因此

$$P \leqslant \left\lceil \frac{x_1 - 1}{2} \right\rceil + \left\lceil \frac{x_k - 1}{2} \right\rceil + \sum_{i=2}^{k-1} \left\lceil \frac{x_i - 2}{2} \right\rceil \leqslant \frac{n - k + 2}{2}$$

若 $k = 1$，亦有 $P \leqslant \left\lceil \frac{n}{2} \right\rceil = \frac{n - k + 2}{2}$.

设 Q 是含有第2行方格但不含第3行方格的连通分支数目. 由于 A_i 和 A_{i+1} 中总有一段与第3行中的方格连通（考虑 A_i 最后一个方格和 A_{i+1} 的第一个方格，它们异色，其中一个必与第3行的方格连通），故

$$Q \leqslant \left\lceil \frac{k}{2} \right\rceil \leqslant \frac{k + 1}{2}$$

设 R 是含有第3至 m 行方格的连通分支数目. 由归纳假设（1），有

$$R \leqslant \frac{1}{4}(m - 1)(n + 1) + 1$$

我们说明若 $Q = \frac{k + 1}{2}$（当 k 是奇数时），或者 $Q = \frac{k}{2}$（当 k 是偶数时），有

$$R \leqslant \frac{1}{4}(m - 1)(n + 1)$$

事实上，若 k 是奇数，且 $Q = \frac{k + 1}{2}$. 如果 $k = 1$，$Q = 1$，那么第2行的所有方格同色，第3行的所有方格也同色. 由归纳假设（2），此时

$$R \leqslant \frac{1}{4}(m - 1)(n + 1)$$

如果 $k \geqslant 3$ 是奇数，设 A_i 下面的方格为 B_i，由于 $A_1, A_3, A_5, \cdots, A_k$ 都不与第3行的方格连通，故 $B_1, B_3, B_5, \cdots, B_k$ 与 $A_1, A_3, A_5, \cdots, A_k$ 异色，从而与 $A_2, A_4, \cdots, A_{k-1}$ 同色，于是 $B_1, A_2, B_3, A_4, B_5, \cdots, A_{k-1}, B_k$ 都连通，由归纳假设（2），$R \leqslant \frac{1}{4}(m - 1)(n + 1)$.

若 k 是偶数，且 $Q = \frac{k}{2}$. 如果 $R = \frac{1}{4}(m - 1)(n + 1) + 1$，那么由归纳假设（2），第3行第1个方格和第2个方格异色，这样 A_1 与第3行的方格连通. 同样地，A_k 也与第3行的方格连通，这样在 $A_2, A_3, \cdots, A_{k-1}$ 中，至多只有 $\frac{k - 2}{2}$ 段与第3行中方格不连通，故 $Q \leqslant \frac{k - 2}{2}$，与 $Q = \frac{k}{2}$ 的假设矛盾. 因此当 $Q = \frac{k + 1}{2}$ 或 $Q = \frac{k}{2}$ 时，有 $R \leqslant \frac{1}{4}(m - 1)(n + 1)$. 于是

$$K=P+Q+R\leqslant\frac{n-k+2}{2}+\frac{k+1}{2}+\frac{1}{4}(m-1)(n+1)=$$
$$\frac{1}{4}(m+1)(n+1)+1$$

当等号成立时,必须有 k 是奇数,且一定有 $P=\frac{n-k+2}{2}$. 考虑 P 的估计中等号成立的条件可知,第 1 行第 1 个方格和最后 1 个方格分别被 3 个异色方格包围. 由方格表的对称性,四角处的每个方格都不与其他方格连通.

容易验证,若把第 i 行第 j 列的方格染成黑色(当 ij 是偶数时)、白色(当 ij 是奇数时),则在此染色方案下,有

$$K=\frac{1}{4}(m+1)(n+1)+1$$

综上,所求 $M=\frac{1}{4}(n+1)^2+1$.

6 设 n,k 是正整数,$n>k$. 给定实数 $a_1,a_2,\cdots,a_n\in(k-1,k)$. 设正实数 $x_1,x_2,\cdots,x_n$ 满足对 $\{1,2,\cdots,n\}$ 的任意 k 元子集 I,都有 $\sum\limits_{i\in I}x_i\leqslant\sum\limits_{i\in I}a_i$,求 $x_1x_2\cdots x_n$ 的最大值.

解 最大值为 $a_1a_2\cdots a_n$.

若 $x_i=a_i,1\leqslant i\leqslant n$,则 $x_1,x_2,\cdots,x_n$ 满足条件,且

$$x_1x_2\cdots x_n=a_1a_2\cdots a_n$$

下面证明,总有 $x_1x_2\cdots x_n\leqslant a_1a_2\cdots a_n$.

当 $k=1$ 时结论显然,由条件即得 $x_i\leqslant a_i,1\leqslant i\leqslant n$. 以下假设 $k\geqslant 2$.

不失一般性,设 $a_1-x_1\leqslant a_2-x_2\leqslant\cdots\leqslant a_n-x_n$. 若 $a_1-x_1\geqslant 0$,则 $a_i\geqslant x_i,1\leqslant i\leqslant n$,结论显然成立. 以下假设 $a_1-x_1<0$.

取 $I=\{1,2,\cdots,k\}$,由条件知

$$\sum_{i=1}^{k}(a_i-x_i)\geqslant 0 \qquad ①$$

故必有 $a_k-x_k\geqslant 0$. 因此,存在 $s,1\leqslant s<k$,使得

$$a_1-x_1\leqslant\cdots\leqslant a_s-x_s<0\leqslant$$
$$a_{s+1}-x_{s+1}\leqslant\cdots\leqslant a_k-x_k\leqslant\cdots\leqslant a_n-x_n$$

记 $d_i=|a_i-x_i|,1\leqslant i\leqslant n$,则

$$d_1\geqslant\cdots\geqslant d_s>0$$
$$0\leqslant d_{s+1}\leqslant\cdots\leqslant d_k\leqslant\cdots\leqslant d_n$$

并且由式 ① 知

$$-d_1-\cdots-d_s+d_{s+1}+\cdots+d_k\geqslant 0$$

即

$$d_{s+1}+\cdots+d_k \geqslant d_1+\cdots+d_s$$

记

$$M=d_1+\cdots+d_s$$
$$N=d_{s+1}+\cdots+d_n$$

则有

$$\frac{N}{n-s}=\frac{d_{s+1}+\cdots+d_n}{n-s} \geqslant \frac{d_{s+1}+\cdots+d_k}{k-s} \geqslant \frac{M}{k-s}$$

利用均值不等式(并注意到$j>s, d_j<a_j<k$),有

$$\begin{aligned}
\prod_{i=1}^{n}\frac{x_i}{a_i}=\prod_{i=1}^{s}\left(1+\frac{d_i}{a_i}\right)\prod_{j=s+1}^{n}\left(1-\frac{d_j}{a_j}\right) \leqslant \\
\prod_{i=1}^{s}\left(1+\frac{d_i}{k-1}\right)\prod_{j=s+1}^{n}\left(1-\frac{d_j}{k}\right) \leqslant \\
\left[\frac{1}{n}\left(\prod_{i=1}^{s}\left(1+\frac{d_i}{k-1}\right)+\prod_{i=s+1}^{n}\left(1-\frac{d_i}{k}\right)\right)\right]^n = \\
\left[1+\frac{M}{n(k-1)}-\frac{N}{nk}\right]^n \leqslant \\
\left[1+\frac{M}{n(k-1)}-\frac{(n-s)M}{nk(k-s)}\right]^n \leqslant \\
\left[1+\frac{M}{n(k-1)}-\frac{(k+1-s)M}{nk(k-s)}\right]^n = \\
\left[1+\frac{M}{nk}\left(\frac{k}{k-1}-\frac{k-s+1}{k-s}\right)\right]^n \leqslant 1
\end{aligned}$$

结论获证.

第 34 届中国数学奥林匹克

成都,2018

1 对全体满足 $a,b,c,d,e\geqslant -1$ 且 $a+b+c+d+e=5$ 的实数,求

$$S=(a+b)(b+c)(c+d)(d+e)(e+a)$$

的最大值和最小值.

解法 1 先求 S 的最小值.

此解法属于龚固.

(1) 若 $a+b,b+c,c+d,d+e,e+a$ 中恰有 1 个负数,不妨设 $a+b<0$,则 $a+b\geqslant -2$,有

$$(b+c)(c+d)(d+e)(e+a)\leqslant\left(\frac{10-a-b}{4}\right)^4\leqslant 81$$

从而 $S\geqslant -162$.

(2) 若 $a+b,b+c,c+d,d+e,e+a$ 中恰有 3 个负数,则 3 个负数均不小于 -2,另外 2 个非负数之和不大于 16,故 2 个非负数之积不大于 64,从而 $S\geqslant -512$.

又显然 $a+b,b+c,c+d,d+e,e+a$ 不能全为负数,故 $S\geqslant -512$,当 $a=b=c=d=-1,e=9$ 时,S 取到最小值 -512.

下面再求最大值.

(1) 若 $a+b,b+c,c+d,d+e,e+a$ 均为正数,则

$$S\leqslant\left(\frac{2a+2b+2c+2d+2e}{5}\right)^5=32$$

(2) 若 $a+b,b+c,c+d,d+e,e+a$ 中恰有 3 个正数,将 $a+b,b+c,c+d,d+e,e+a$ 排成一个圆周,则必有 2 个正数不相邻.

不妨设 $a+b,c+d>0$,则 $a+b+c+d=5-e\leqslant 6$,从而

$$(a+b)(c+d)\leqslant 9$$

又显然 $a+b,b+c,c+d,d+e,e+a\in[-2,8]$,故

$$S\leqslant(-2)^2\times 9\times 8=288$$

(3) 若 $a+b,b+c,c+d,d+e,e+a$ 中恰有 1 个正数,不妨设 $a+b>0$,由 $(b+c)+(d+e)\leqslant 0$,知 $a\geqslant 5$,由 $e\geqslant -1$,知 $e+a\geqslant 4$,矛盾.

综上,$S\leqslant 288$,当 $a=b=c=-1,d=e=4$ 时,S 取到最大值 288.

解法 2 令

此解法属于罗炜

$$a_1 = a + b$$
$$a_2 = c + d$$
$$a_3 = e + a$$
$$a_4 = b + c$$
$$a_5 = d + e$$

则有

$$\sum_{i=1}^{5} a_i = 2(a + b + c + d + e) = 10$$

所以

$$a = 5 - a_4 - a_5$$

类似可表示出实数 b, c, d, e.

因为

$$a, b, c, d, e \geqslant -1 \Leftrightarrow a_i + a_{i+1} \leqslant 6 (a_6 = a_1)$$

所以问题可转化为：

已知 $\sum a_i = 10, a_i + a_{i+1} \leqslant 6 (a_6 = a_1)$，求 $\prod a_i$ 的最大值和最小值.

对 $\{a_i\}$ 中哪些为正、哪些为负的情况进行讨论，轮换对称的情况只讨论一种.

如图 1，将 a_i 放在正五边形顶点上，对于所讨论的情况，非负标为红、负标为蓝，若有正五边形的一个反射变换 T，使得所有 a_i 与 $a_T(i)$ 颜色相同，则取极值时 $a_i = a_T(i)$，这是因为，将变量 a_i 与 $a_T(i)$ 都换成相应的平均后，乘积绝对值变大，其他限制条件仍然满足，这个可以简化讨论过程.

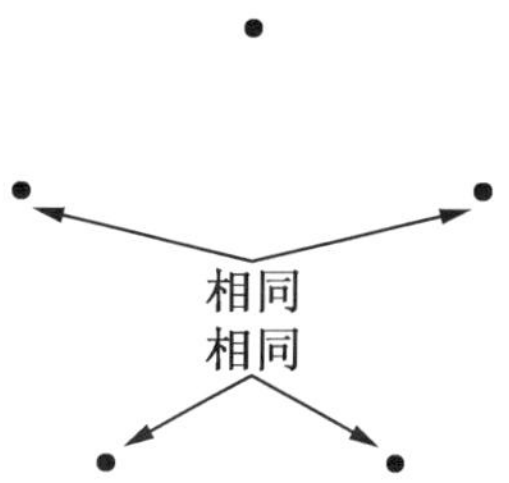

乘积极大
图 1

(1) 如图 2，全红，乘积为正

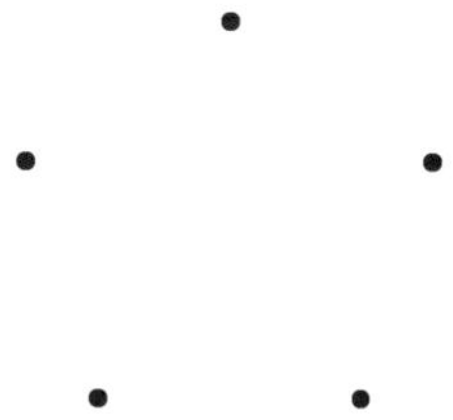
图 2

$$\prod a_i \leqslant 2^5 = 32$$

(2) 如图 3，一蓝四红

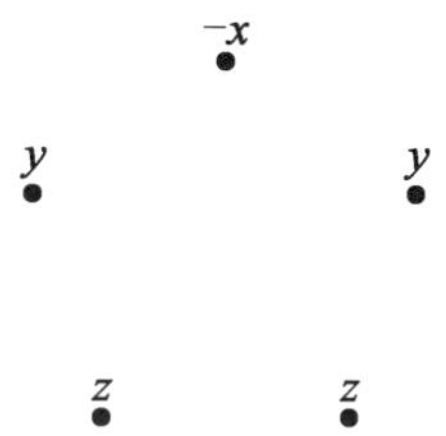

图 3

$$\begin{cases} -x + 2y + 2z = 10 \\ -x + y \leqslant 6 \\ y + z \leqslant 6 \end{cases} \Rightarrow$$

$$xy^2z^2 \leqslant x\left(\frac{y+z}{2}\right)^4 \leqslant 2 \cdot \left(\frac{6}{2}\right)^4 = 162$$

所以 $\prod a_i \geqslant -162$，当 $\{a, b, c, d, e\} = \{-1, -1, 4, -1, 4\}$ 时取到.

(3) 如图 4，二蓝三红

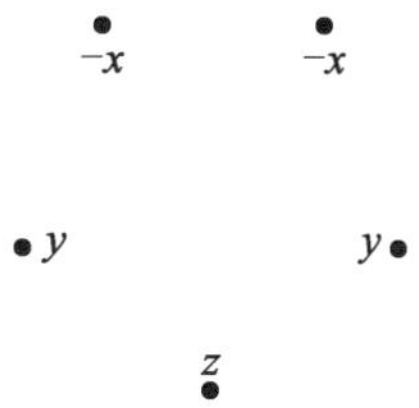

图 4

$$\begin{cases} y + z \leqslant 6 \\ 2y + z = 10 + 2x \leqslant 12 - z \end{cases} \Rightarrow 2x + z \leqslant 2$$

由平均不等式，有

$$x^2y^2z \leqslant \left(\frac{2}{3}\right)^3 \cdot y^2 \leqslant \left(\frac{2}{3}\right)^2 \cdot 6^2 < 32$$

（4）如图5，二蓝三红

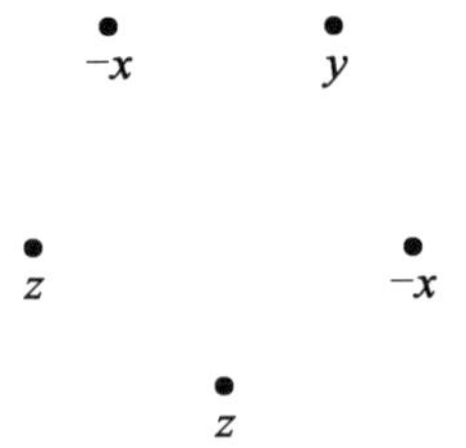

图5

$$\begin{cases} z \leqslant 3 \\ y \leqslant 6 + x \\ y + 2z = 10 + 2x \end{cases} \Rightarrow \begin{cases} x \leqslant 2 \\ y \leqslant 8 \\ z \leqslant 3 \end{cases}$$

则有 $x^2z^2y \leqslant 4 \cdot 9 \cdot 8 = 288$，当 $\{a,b,c,d,e\} = \{-1,-1,-1,4,4\}$ 时，S 取到最大值288.

（5）如图6，三蓝二红

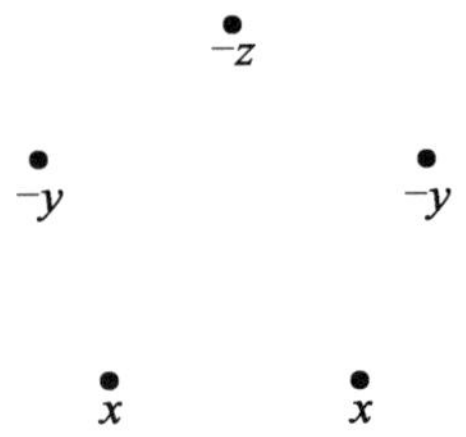

图6

$$\begin{cases} x \leqslant 3 \\ y \leqslant 2 \Rightarrow x^2y^2z \leqslant 8 \cdot 9 = 72 \\ z \leqslant 2 \end{cases}$$

（6）如图7，三蓝二红

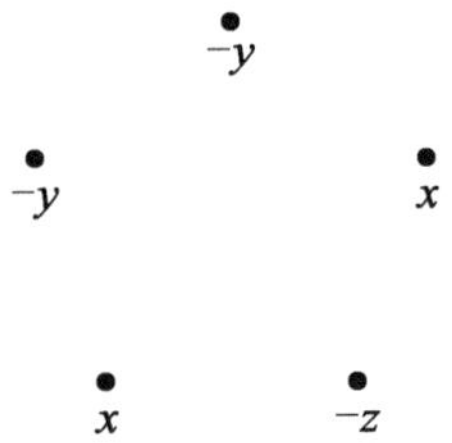

图7

$$\begin{cases} y,z \leqslant 2 \\ x \leqslant 8 \end{cases} \Rightarrow x^2y^2z \leqslant 2^9 = 512$$

则当 $\{a,b,c,d,e\} = \{-1,-1,-1,-1,9\}$ 时，S 取到最小值 -512.

（7）如图8，四蓝一红

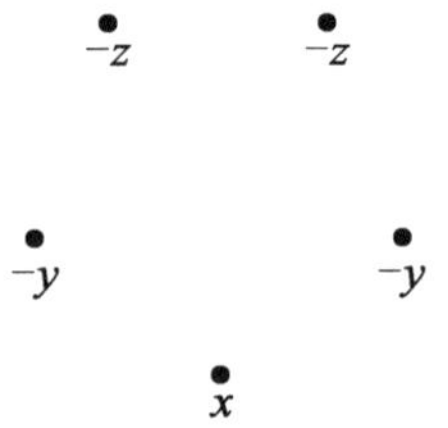

图8

$$\begin{cases} x \leqslant 6 + y \leqslant 8 \\ y,z \leqslant 2 \end{cases} \Rightarrow xy^2z^2 \leqslant 8 \cdot 2^4 < 288$$

综上，最大值为288，a,b,c,d,e 依次为 $-1,-1,-1,4,4$ 时达到；最小值为 -512，a,b,c,d,e 依次为 $-1,-1,-1,-1,9$ 时达到.

2 若正整数 a,b,c 是一个直角三角形的三边长，则称三元集合 $\{a,b,c\}$ 为勾股三元组. 求证：对任意勾股三元组 P,Q，存在正整数 $m \geqslant 2$，勾股三元组 $P_1,P_2,\cdots,P_m$ 使得 $P = P_1$，$Q = P_m$，且 $\forall 1 \leqslant i \leqslant m-1, P_i \cap P_{i+1} \neq \varnothing$.

证明 对于两个正整数 a,b，若存在勾股三元组序列 $P_1,P_2,\cdots,P_m$，满足 $P_i \cap P_{i+1} \neq \varnothing$，并且 $a \in P_1, b \in P_m$，则称 a,b 等价，记为 $a \sim b$，显然有：

（1）$a \sim b \Rightarrow ka \sim kb$，只需将序列中的直角三角形边长都变成 k 倍.

（2）$a \sim b, b \sim c \Rightarrow a \sim c$，只需将序列连接即可.

（3）$\{2k+1, 2k(k+1), k^2+(k+1)^2\}$ 为勾股三元组，因此 $2k+1 \sim 2k(k+1)$，取 $2k+1$ 为奇素数，则 $2k+1$ 等价于更小素数的乘积，归纳并利用（1）可得，所有数都等价于某个2的幂次.

（4）考察 $\{3,4,5\}$，$\{5,12,13\}$，$\{12,16,20\}$，$\{15,20,25\}$，$\{7,24,25\}$，$\{10,24,26\}$，$\{6,8,10\}$ 知 $2^k \sim 2^{k+1}, k \geqslant 2$.

（5）显然1，2不包含在任何勾股三元组中.

(6) 除了 1,2,任何两个数都等价于 2 的某两个幂次 $2^a,2^b,a,b\geqslant 2$,这两个幂次根据(4) 等价于 $2^{\max\{a,b\}}$,因此超过 2 的数都等价,对任何两个勾股三元组 P,Q,在 P,Q 中分别任取一个数记为 a,b,然后在 P,Q 中插入使得 $a\sim b$ 等价的勾股三元组序列即得到题目要求的序列.

3 如图 9,在 $\triangle ABC$ 中,$AB<AC$,O 为外心,点 D 在 $\angle BAC$ 的平分线上,点 E 在 BC 上,满足 $OE/\!/AD$,$DE\perp BC$. 在射线 EB 上取点 K 满足 $EK=EA$,$\triangle AKD$ 的外接圆与 BC 交于一点 P(不与 D 重合),$\triangle ADK$ 的外接圆与 $\triangle ABC$ 的外接圆交于 A 及另一点 Q. 求证:PQ 与 $\triangle ABC$ 的外接圆相切.

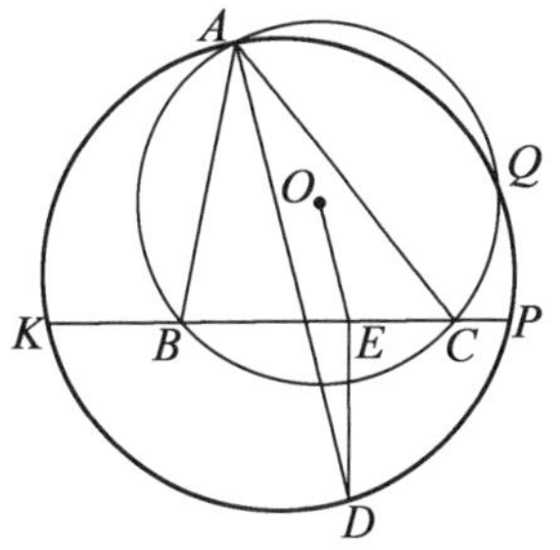

图 9

证法 1 如图 10,设 O_2 为 $\triangle AKD$ 的外心,F 为 AD 与圆 O 的交点,则相切等价于 $\angle PQA+\angle ABQ=180°$.

此证法属于武江铮.

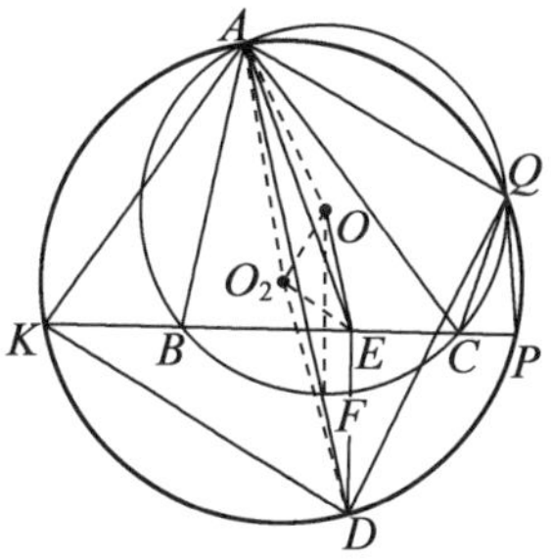

图 10

注意到 $\angle PQA+\angle AKP=180°$,所以命题等价于 $\angle AKP=\angle ABQ$.

联结 OO_2,OE,O_2E.

注意到 $OF\perp BC$,所以 $OF/\!/ED$,因此四边形 $OFED$ 为平行四边形.

其次有 $AO=OF=DE$,所以四边形 $AOED$ 为等腰梯形.

注意到 $O_2A=O_2D$,所以 O_2 在 OE 的中垂线上,因此 $\triangle O_2OE$ 为等腰三角形.

注意到

$$\angle ABQ=\frac{1}{2}\angle AOQ=\angle AO_2O+\angle O_2AO$$

又
$$EO_2\perp AK,ED\perp KC$$
所以
$$\angle AKC=180°-\angle O_2ED=180°-\angle O_2OA=\angle ABQ$$

证法 2 思路分析:先尝试最自然的思路 —— 消点法.

此证法属于金磊.

已知条件略有些复杂,先根据题意用尺规作出准确的图形,理解各个几何元素的生成过程.

(1) 如图 11,先作圆 O,任取三点 A,B,C 使得 $AB<AC$;

(2) 过 O 作 BC 的垂线交不含 A 的 $\overset{\frown}{BC}$ 于 S,则 AS 为 $\angle BAC$ 的角平分线;

(3) 过 E 作 BC 的垂线交 AS 的延长线于 D;

(4) 在射线 EB 上取点 K 满足 $EK=EA$;

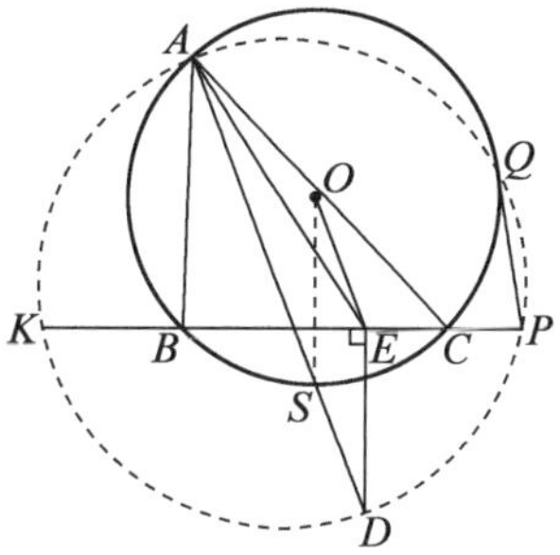

图 11

(5) 作 $\triangle ADK$ 的外接圆交 BC 于点 P，交圆 O 于点 Q，联结 PQ，如图 12 所示.

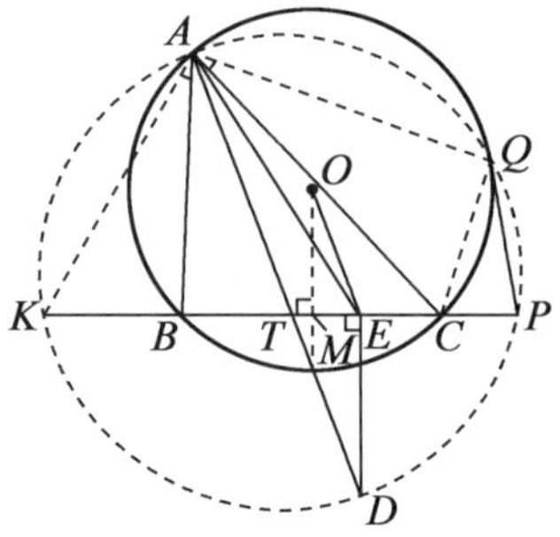

图 12

下面由结果入手尽可能通过消点简化图形.

欲证 PQ 为圆 O 切线，即证 $\angle CQP = \angle CAQ$.

由 A,B,C,Q 共圆且 A,K,P,Q 共圆得

$$\begin{aligned}\angle CQP &= \angle AQP - \angle AQC = \\ &(180^\circ - \angle AKP) - (180^\circ - \angle ABP) = \\ &\angle ABP - \angle AKP = \angle BAK\end{aligned}$$

从而需证 $\angle BAK = \angle CAQ$，这样就消去了点 P，这是一个有进展的标志，思路应该有希望.

消去 P，从而得到图 13.

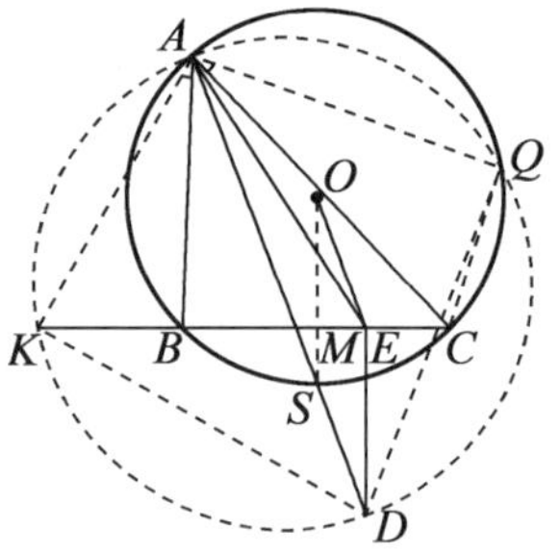

图 13

欲证 $\angle BAK = \angle CAQ$，而显然 $\angle ABK = \angle AQC$，从而 $\triangle ABK \backsim \triangle AQC$，图 13 中显然最后生成的是点 Q，它最难描述，它是两圆交点，但是 A,K,D,Q 共圆很难用，而 $\triangle ABK \backsim \triangle AQC$ 很好用.

考虑到点 Q 的唯一性可以考虑用同一法，即在圆 O 上取 Q' 使得 $\angle ABK = \angle AQ'C$，下面只需证明 A,K,D,Q' 共圆即可，如图 14 所示.

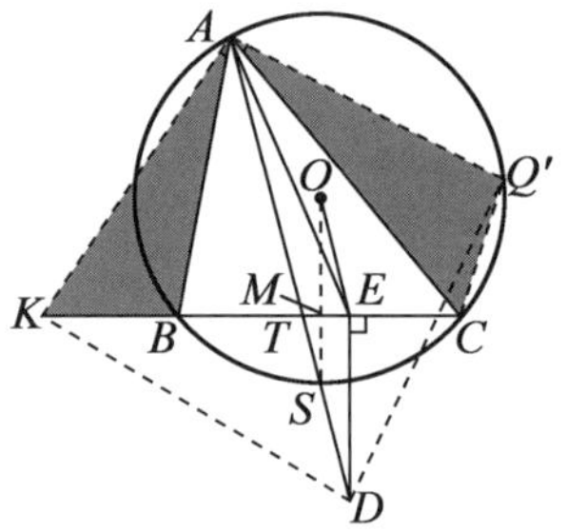

图 14

由 $\triangle ABK \backsim \triangle AQ'C$ 知 $AQ' \cdot AK = AB \cdot AC$.

由 $\angle ABK = \angle AQ'C$ 及 AD 为 $\angle BAC$ 的角平分线，可知

$$\angle DAK = \angle DAQ' = \theta$$

欲证 A,K,D,Q' 共圆，想到了托勒密定理的逆定理 —— 三弦定理，即需证

$$AK \cdot \sin\theta + AQ' \cdot \sin\theta = AD \cdot \sin 2\theta$$

把 AQ' 代入，由二倍角公式即需证

$$AK + AB \cdot \frac{AC}{AK} = 2AD \cdot \cos\theta$$

即证

$$AB \cdot AC = 2AD \cdot AK\cos\theta - AK^2$$

这样就消去了“讨论”的点 Q'，得到图 15.

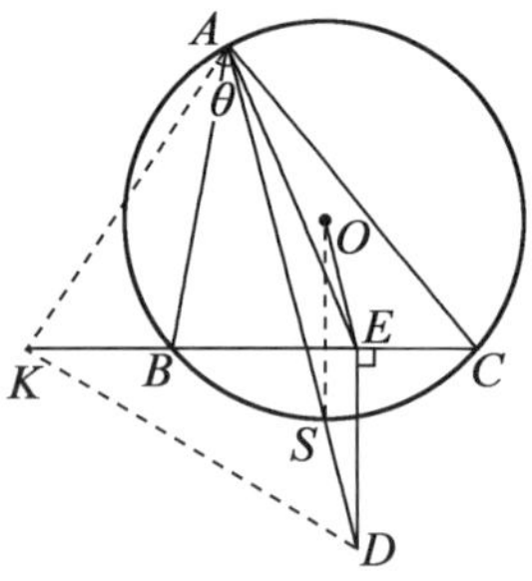

图 15

此时图穷匕见，图形已经不能化解，就必须面对点 D，研究点 D 的性质了.

由已知 $OE /\!/ AD, OS /\!/ DE$，则 $OSDE$ 为平行四边形，从而 $DE = OS = R$ 为圆 O 半径，这个性质很简单，但是很漂亮，应该很重要.（图 16）

下面继续分析目标，即证

$$AB \cdot AC = 2AD \cdot AK\cos\theta - AK^2$$

后面的式子很像余弦定理，由余弦定理，从而需证

$$AB \cdot AC = DA^2 - DK^2$$

我们希望用到条件 $EK = EA$ 及 $DE = R$，则在 $\triangle KDE$ 中由勾股定理，需证

$$AB \cdot AC = DA^2 - EK^2 - ED^2$$

即证

$$AB \cdot AC = DA^2 - EA^2 - ED^2$$

后面在 $\triangle ADE$ 中，又是一个余弦定理，从而需证

$$AB \cdot AC = 2AE \cdot DE\sin\angle AEB = 2R \cdot AE\sin\angle AEB$$

看到 $AE\sin\angle AEB$，自然的思路是作出高线 AZ，从而需证

$$AB \cdot AC = 2R \cdot AZ$$

这样就消去了点 D,E,K，得到如图 17 的基本图形.

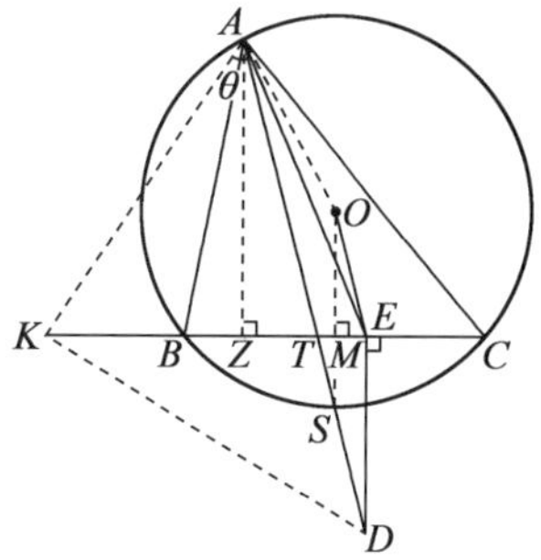

图 16

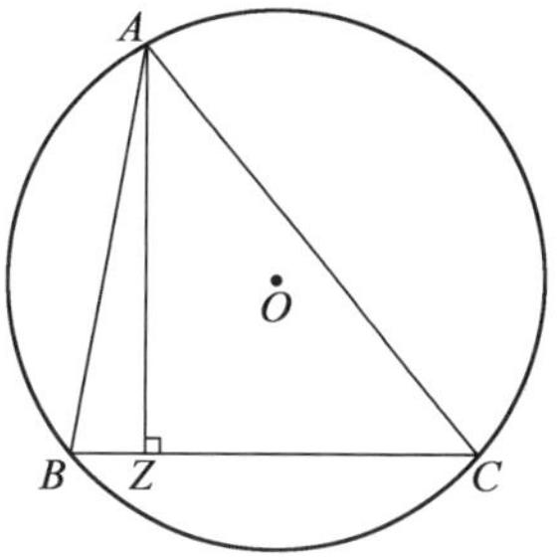

图 17

上述结果是一个非常简单而常见的经典结果，既可以利用正弦定理，也可以用相似.

例如由正弦定理

$$AB \cdot AC = 2R\sin B \cdot AB = 2R \cdot AZ$$

从而完成了证明.

下面把详细过程书写如下：

如图18，在圆 O 上作 Q' 使 $\angle BAK = \angle CAQ'$，设 $\angle SAK = \theta$，AD 交圆 O 于 S，作 $AZ \perp BC$ 于 Z. 由已知 $OE \parallel AD$，$OS \parallel DE$，则 $OSDE$ 为平行四边形，从而 $DE = OS = R$ 为圆 O 半径，则

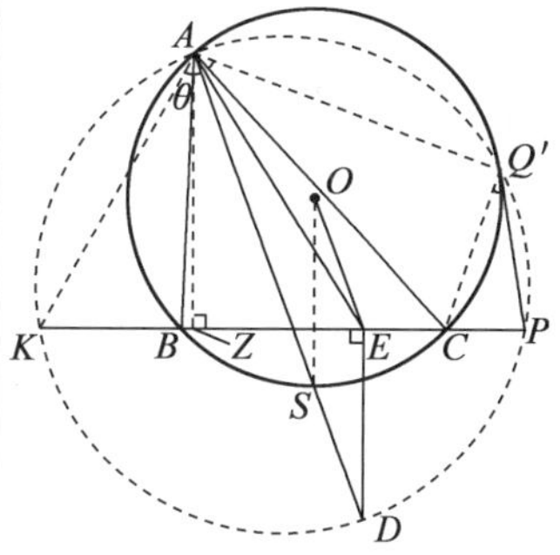

图 18

$$\begin{aligned} AB \cdot AC &= 2R\sin B \cdot AB = 2R \cdot AZ = \\ & 2AE \cdot DE\sin\angle AEB = \\ & 2R \cdot AE\sin\angle AEB = \\ & DA^2 - EA^2 - ED^2 = \\ & DA^2 - EK^2 - ED^2 = \\ & DA^2 - DK^2 = \\ & 2AD \cdot AK\cos\theta - AK^2 \end{aligned}$$

由 $\triangle ABK \backsim \triangle AQ'C$ 知

$$AQ' \cdot AK = AB \cdot AC$$

由 $\angle ABK = \angle AQ'C$ 及 AD 为 $\angle BAC$ 的角平分线知

$$\angle DAK = \angle DAQ' = \theta$$

则

$$AK \cdot \sin\theta + AQ' \cdot \sin\theta = AD \cdot \sin 2\theta$$

由托勒密定理的逆定理——三弦定理知 A,K,D,Q' 共圆，故 Q,Q' 重合，因此

$$\angle CQP = \angle AQP - \angle AQC =$$

$$(180° - \angle AKP) - (180° - \angle ABP) =$$
$$\angle ABP - \angle AKP =$$
$$\angle BAK = \angle CAQ$$

从而 PQ 为圆 O 的切线.

注 此题是一个很好的题目,看着图像比较复杂,如果认真分析,想到了鸡爪定理的基本性质——南极点 S 的性质,一步一步往下分析,难度还不是很大的.

4 给定一个长轴与短轴不等长的椭圆.

(1) 证明:这个椭圆的面积最小的外切菱形是唯一的;

(2) 写出用尺规作图作出这个菱形的过程.

此证法属于姚博文.

证明 (1) 设椭圆的方程是 $ax^2 + cy^2 = 1$,这里 $c > a > 0$,四个顶点依次为 A,B,C,D,四个切点依次分别为 E,F,G,H,这样由于 $EFGH$ 是平行四边形,所以 E 处的切线平行于 G 处的切线,而两条切线分别为 $ax_Ex + cy_Ey = 1$ 和 $ax_Gx + cy_Gy = 1$,这样 $x_E : y_E = x_G : y_G$(或纵坐标同时为0),这样 EG 过原点,也即 E 和 G 关于原点对称;同理 F 和 H 关于原点对称.

我们解出点 B 坐标:B 在 E 和 F 的切线交点上,这样

$$ax_Ex_B + cy_Ey_B = 1 = ax_Fx_B + cy_Fy_B$$

所以

$$a(x_E - x_F)x_B = -c(y_E - y_F)y_B$$

同理,我们有

$$a(x_F - x_G)x_C = -c(y_F - y_G)y_C$$

结合对称性,有

$$a(x_F + x_E)x_C = -c(y_F + y_E)y_C$$

两式相乘,得

$$a^2(x_E - x_F)(x_F + x_E)x_Bx_C = c^2(y_E - y_F)(y_F + y_E)y_Cy_B$$

而由于菱形对角线互相垂直,所以 $x_Bx_C = -y_By_C$,假设 $x_Bx_C = -y_By_C \neq 0$,那么

$$a^2(x_E^2 - x_F^2) + c^2(y_E^2 - y_F^2) = 0$$

而

$$a(x_E^2 - x_F^2) + c(y_E^2 - y_F^2) = 1 - 1 = 0$$

如果 $x_E^2 - x_F^2 \neq 0, y_E^2 - y_F^2 \neq 0$,两式移项相除得 $\frac{a^2}{a} = \frac{c^2}{c}$,这样 $a = c$,椭圆是圆,矛盾!

如果 $x_E^2 - x_F^2 = y_E^2 - y_F^2 = 0$,这样 $|x_E| = |x_F|, |y_E| = |y_F|$,这说明 E 和 F 关于某条坐标轴对称(由于 $F \neq G$),这样 E 和 F 处的切线关于坐标轴对称,所以 B 在坐标轴上,这和 $x_Bx_C = -y_By_C \neq 0$ 矛盾,所以 $x_Bx_C = y_By_C = 0$,此时 B 和 C 都在坐标轴上,同理,A 和

D 都在坐标轴上.

不妨设 A 在 x 轴正半轴,B 在 y 轴正半轴,此时菱形的面积等于 $2x_Ay_B$,而由于 A 和 B 都在 E 处的切线上,所以 $ax_Ax_E=cy_By_E=1$,解得

$$2x_Ay_B=\frac{2}{acx_Ey_E}\geqslant\frac{4}{\sqrt{ac}(ax_E^2+cy_E^2)}=\frac{4}{\sqrt{ac}}$$

等号成立的条件是 $ax_E^2=cy_E^2$,此时 $x_A=\sqrt{\frac{2}{a}}$,$y_B=\sqrt{\frac{2}{c}}$,即 A 和 B 恰好为以原点为位似中心,$\sqrt{2}$ 倍位似变换后的椭圆和坐标轴的交点,所以存在唯一,即证.

(2) 先说明使用尺规作图施行$\sqrt{2}$ 倍位似变换的过程:以位似中心 O 和目标点 A 为一边作正方形 $OABC$,在 OA 上截取 $OA'=OB$.

① 作 2 组平行弦 P_1P_2,P_3P_4 和 P_5P_6,P_7P_8,中点分别为 M_1,M_3,M_5,M_7;

② 联结 M_1M_3 交 M_5M_7 于 O;

③ 过点 O 任作一圆交椭圆于四点 Q_1,Q_2,Q_3,Q_4;

④ 过点 O 作线段 Q_1Q_2 的平行线和垂线分别交椭圆于 A_1,C_1;B_1,D_1;

⑤ 以点 O 为中心,$\sqrt{2}$ 为位似比,对 A_1,C_1,B_1,D_1 施行位似变换得到 A,C,B,D.

因此四边形 $ABCD$ 即为所求.

下面我们证明这个是满足条件的,显然这个四边形是菱形.

引理 一个椭圆的两条平行弦 P_1P_2,P_3P_4 的中点 M_1,M_3 连线过椭圆圆心.

引理的证明 设椭圆的方程为 $Ax^2+Cy^2=1$,直线的方程是 $y_1=kx+b_1$,$y_2=kx+b_2$(斜率不存在或为 0 时平凡).

设 $P_i(x_i,y_i)$,则

$$Ax_1^2+Cy_1^2=1$$
$$Ax_2^2+Cy_2^2=1$$

两式相减得

$$A(x_1+x_2)(x_1-x_2)=C(y_1+y_2)(y_2-y_1)$$

由于 $y_2-y_1=k(x_1-x_2)\neq 0$,代入得 $A(x_1+x_2)+C(y_1+y_2)k=0$,解得$\frac{y_{M_1}}{x_{M_1}}=-\frac{A}{Ck}$.

同理$\frac{y_{M_3}}{x_{M_3}}=-\frac{A}{Ck}$,命题即证.

回到原题,这样点 O 为椭圆圆心,由于椭圆和圆都是关于两条坐标轴对称的轴对称图形,交于四个点,所以四个点两两关于坐标

轴对称，所以相邻的两个点的连线平行于某条坐标轴.

这样我们作出的 AC 和 BD 就是坐标轴了，而根据第(1)问结论，最小的菱形存在且唯一，且顶点是在坐标轴上，距离原点$\sqrt{2}$倍的对应半轴的长度，于是命题即证.

5 给定一个 $n\times n$ 的方格表，每个格子中填入一个整数，每次操作选择一个方格，将其同行、同列的$2n-1$个数都加1. 求最小的 $N(n)$，使得无论开始时方格表内的数填的是多少，均可以通过有限次操作使得方格表内至少有 $N(n)$ 个偶数.

此解法属于罗炜.

解 当 n 是偶数时，$N(n)=n^2$；当 n 是奇数时，$N(n)=n^2-n+1$.

首先构造一些操作组合：

设选取(i,j)位置的方格所进行的操作为 $C(i,j)$，其中 $1\leqslant i,j\leqslant n$.

$C(i,j)$，$C(i,j')$，$C(i',j)$，$C(i',j')$ 合并得到改变四个位置(i,j)，(i',j)，(i,j')，(i',j')的操作，记为 $D(i,i',j,j')$.

$C(i,j)$，$C(i,j')$ 得到改变 j,j' 两列，但不改变(i,j)，(i,j')奇偶性的操作，记为 $E(i,j,j')$.

当n是偶数时，$E(i,j,j')$在两列上各改变了$n-1$(奇数)个格子的奇偶性，复合$\frac{n-2}{2}$个 $D(i',i'',j,j')$ 操作，可以得到只改变某两个(同行)格子(k,j)，(k,j')上奇偶性的操作，记为 $F(k,j,j')$.

当 n 是偶数时，同理可得到改变两个同列格子奇偶性的操作记为 $G(k,k',j)$.

当 n 是偶数时，一个 $C(i,j)$，配合$\frac{n}{2}$个 F 类操作，以及$\frac{n}{2}$个 G 类操作，可以得到只改变一个格子奇偶性的操作，因此这时任何初始情况可以得到全是偶数的方格表.

当n是奇数时，通过$D(1,i,1,j)$类型的操作，可使所有的奇数位于第一行或第一列，然后选择进行或者不进行 $C(1,1)$ 操作，可以使奇数总数不超过 $n-1$.

当 n 是奇数时，每个 $C(i,j)$ 操作任何两行的并集中偶数个格子，因此两行并集中的奇数个数奇偶性不变；同理两列并集中奇数个数奇偶性不变.

取初始状态为：第1列为奇数，其他所有数为偶数. 初始第1列奇数个数与其他列不同，所有行奇数个数相同. 设结束第1列有 a 个奇数.

若 a 是偶数，则第2列到第 n 列每列有奇数个奇数，因此总数至少 $n-1$ 个奇数.

若 a 是奇数,则第 2 列到第 n 列每列有偶数个奇数,所有数总和为奇数;因为每行奇数个数奇偶性相同,方格表中奇数总数奇偶性与每行奇数个数奇偶性相同,因此每行有奇数个奇数,总数至少 n 个奇数.

综上所述,当 $n=2k$ 是偶数时,可以操作使所有数为偶数,$N(2k)=4k^2$;当 $n=2k+1$ 是奇数时,可以操作使奇数个数不超过 $n-1$,而且存在初始状态使奇数个数不能更小,$N(2k+1)=4k^2+2k+1$.

6 将点 $P_1,P_2,\cdots,P_{2\,018}$ 放置在给定的正五边形的内部或边界上. 求所有的放置方式,使得

$$S=\sum_{1\leqslant i<j\leqslant 2\,018}|P_iP_j|^2$$

取到最大值.

解 下面先证明几个引理.

此解法属于罗炜.

引理 1 $x^2-5y^2=-4$ 的正整数解,都由斐波那契(Fibonacci)数列 $F_1=F_2=1,F_{n+1}=F_n+F_{n-1}$ 中某相邻两项表示为 $x=2F_n+F_{n+1},y=F_{n+1}$,其中 n 为奇数.

引理 1 的证明 $x^2-5y^2=-4$,则

$$(9x-20y)^2-5(9y-4x)^2=x^2-5y^2=-4$$

记

$$x_1=9x-20y,y_1=9y-4x$$

$x_1>0\Leftrightarrow 9x>20y\Leftrightarrow 81x^2>400y^2\Leftrightarrow 405y^2-324>400y^2\Leftrightarrow y>8$.

$y_1>0\Leftrightarrow 9y>4x\Leftrightarrow 81y^2>16x^2\Leftrightarrow 81y^2>80y^2-64$,总成立.

$x_1<x\Leftrightarrow 8x<20y\Leftrightarrow 4x^2<25y^2\Leftrightarrow 20y^2-16<25y^2$,总成立.

$y_1<y\Leftrightarrow 8y-4x<0\Leftrightarrow 4y^2<x^2\Leftrightarrow y>2$.

因此方程满足 $y>8$ 的正整数解,总是能得到更小的正整数解. 对于 $y\leqslant 8$,验证有解 $(1,1),(4,2),(11,5)$,这些都满足 $x=2F_n+F_{n+1},y=F_{n+1},n=1,3,5$. 上述递推过程可以描述为

$$(x+\sqrt{5}y)(9-4\sqrt{5})=(9x-20y)+\sqrt{5}(9y-4x)$$

其逆操作为

$$x=9(9x-20y)+20(9y-4x)$$
$$y=9(9y-4x)+4(9x-20y)$$

上述操作下

$$\begin{aligned}9(2F_n+F_{n+1})+20F_{n+1}&=18F_n+29F_{n+1}=11F_{n+1}+18F_{n+2}=\\&7F_{n+2}+11F_{n+3}=4F_{n+3}+7F_{n+4}=\\&3F_{n+4}+4F_{n+5}=F_{n+5}+3F_{n+6}=\end{aligned}$$

$$2F_{n+6}+F_{n+7}$$

因此从(1,1),(4,2),(11,5)开始递推恰好得到题中用斐波那契数列描述的解.

引理2 $x^2-5y^2=-4, y\leqslant 1\ 009$ 的正整数解为

$$(1,1),(4,2),(11,5),(29,13),(76,34)$$
$$(199,89),(521,233),(1\ 364,610)$$

引理3 若 n 个点集中在正五边形的5个顶点上,则当它们的重心到正五边形中心距离最小时,存在5个顶点的一个轮换顺序,5个顶点上的顶点个数依次是 a,a,b,c,b,其中 a,b,c 是正整数,$2a+2b+c=n$.

引理3的证明 5个顶点按点数奇偶性涂色.5个点任意涂两色,总有保持颜色的反射对称性,将此反射下对应的两顶点上点数求平均(对称点奇偶性相同保证平均为整数),得到 n 个点的一种放置.新的放置的重心是旧放置重心及其反射放置重心的中点,因此距离正五边形中心不会更远.

引理4 设向量 $\boldsymbol{X}_1,\boldsymbol{X}_2,\cdots,\boldsymbol{X}_n$ 的算术平均(重心)为 $\boldsymbol{X}^*=\frac{1}{n}\sum_{i=1}^{n}\boldsymbol{X}_i$,则对任何向量 $\boldsymbol{Y}$,有

$$\sum_{i=1}^{n}|\boldsymbol{Y}-\boldsymbol{X}_i|^2=\sum_{i=1}^{n}|\boldsymbol{X}_i-\boldsymbol{X}^*|^2+n|\boldsymbol{Y}-\mathrm{X}^*|^2$$

引理4的证明 设向量 $\boldsymbol{A},\boldsymbol{B}$ 的内积为 $(\boldsymbol{A},\boldsymbol{B})$,根据内积的对称性,双线性性质,以及 $|\boldsymbol{A}|^2=(A,A)$,有

$$\begin{aligned}\sum_{i=1}^{n}|\boldsymbol{Y}-\boldsymbol{X}_i|^2=&\sum_{i=1}^{n}(\boldsymbol{Y}-\boldsymbol{X}_i,\boldsymbol{Y}-\boldsymbol{X}_i)=\\&\sum_{i=1}^{n}(\boldsymbol{Y},\boldsymbol{Y})-2(\boldsymbol{Y},\boldsymbol{X}_i)+(\boldsymbol{X}_i,\boldsymbol{X}_i)=\\&n(\boldsymbol{Y},\boldsymbol{Y})-2n(\boldsymbol{Y},\boldsymbol{X}^*)+\sum_{i=1}^{n}(\boldsymbol{X}_i,\boldsymbol{X}_i)=\\&n|\boldsymbol{Y}-\boldsymbol{X}^*|^2+\sum_{i=1}^{n}(-(\boldsymbol{X}^*,\boldsymbol{X}^*)+(\boldsymbol{X}_i,\boldsymbol{X}_i))=\\&n|\boldsymbol{Y}-\boldsymbol{X}^*|^2+\sum_{i=1}^{n}((\boldsymbol{X}^*,\boldsymbol{X}^*)-\\&2(\boldsymbol{X}^*,\boldsymbol{X}_i)+(\boldsymbol{X}_i,\boldsymbol{X}_i))=\\&n|\boldsymbol{Y}-\boldsymbol{X}^*|^2+\sum_{i=1}^{n}|\boldsymbol{X}_i-\boldsymbol{X}^*|^2\end{aligned}$$

根据引理4,对任何 P_i,有

$$S=2\ 017|P_i-P_i^*|^2+\sum_{j\neq i}|P_j-P_i^*|^2+\sum_{j<j',j\neq i,j'\neq i}|P_j-P_{j'}|^2$$

其中 $P_i^*=\frac{1}{2\ 017}\sum\limits_{j\neq i}P_j$ 为除去 P_i 的其余点的重心. 因此当 S 达到最大值时,P_i 在到 P_i^* 最远的一个点上,必然是正五边形的一个顶点. 因此每个 $P_i,i=1,\cdots,2\ 018$ 都在正五边形的某个顶点上,不妨设正五边形内接于单位圆.

利用引理4类似的计算,记 $n=2\ 018$,当 P_i 都是正五边形顶点时

$$2S=\sum_{i,j=1}^{n}|P_i-P_j|^2=$$
$$2n\sum_{i=1}^{n}|P_i|^2-2\sum_{i,j=1}^{n}(P_i,P_j)=$$
$$2n^2-2n^2(P^*,P^*)$$

其中 $P^*=\frac{1}{n}\sum\limits_{i=1}^{n}P_i$ 为重心,因此 S 达到极大值当且仅当 $|P_i^*|$ 达到极小值.

根据引理3,当 S 达到最大值时,5个顶点上点数具有一个反射对称性,可设顶点数依次是 a,a,b,c,b,其中 $2a+2b+c=n$. 不妨设复平面上的1是正五边形的一个顶点,上面有 c 个 P_i 中的点,则

$$nP^*=2a\cos\frac{4\pi}{5}+2b\cos\frac{2\pi}{5}+c=$$
$$-\frac{\sqrt{5}+1}{2}a+\frac{\sqrt{5}-1}{2}b+c=$$
$$\frac{1}{2}[4\ 036-2a-2b-\sqrt{5}(a-b)]$$

记 $x=4\ 036-5a-5b,y=a-b$,则上述距离的2倍为

$$x-\sqrt{5}y=\frac{x^2-5y^2}{x+\sqrt{5}y}$$

其中

$$x^2-5y^2\equiv 1(\bmod 5)$$
$$x^2-5y^2\equiv 0(\bmod 4)$$

因此 $x^2-5y^2=-4$ 或者 $|x^2-5y^2|\geqslant 16$.

若 $x>0$,则 $a+b\leqslant 807$,于是 $|y|\leqslant a+b\leqslant 807$.

若 $x\leqslant 0$,则 $x\geqslant 4\ 036-5\times 1\ 009=-1\ 009$,于是若 $|x-\sqrt{5}y|<1$(很容易达到),则 $|y|<500$.

当 $x^2-5y^2=-4$ 时,根据引理2,枚举这样的解,试验 $y=233$,$x=521$,解得 $a=468,b=235$.

当 $y=610,x=1\ 364$ 时,a,b 无解,因此这时 $|x-\sqrt{5}y|$ 最小值在 $a=468,b=235$ 时取到,其值为

$$\frac{4}{521+233\sqrt{5}}\leqslant\frac{2}{521}$$

当 $|x^2-5y^2|\geqslant 16$ 时

$$|x-\sqrt{5}y|=\left|\frac{x^2-5y^2}{x+\sqrt{5}y}\right|\geqslant\frac{16}{1+2\sqrt{5}|y|}\geqslant$$

$$\frac{16}{5\times 807+1}>\frac{2}{521}$$

综上所述,题目中的最小值在正五边形5个顶点上点数(在某个轮换顺序下)依次为(468,235,612,235,468)时达到.

注 转化成重心模长最小,这里用向量写(不用复数),可以适合高维空间,这一步是第一个关键之处.

利用对称性可以将变量减少到两个.

用无穷递降法讨论 Pell 方程的所有解是通用的方法.

解答的第二个关键之处在于发现如果 x^2-5y^2 不是 -4,则绝对值至少是16,这简化了对其他情况的排除.

第 35 届中国数学奥林匹克

武汉,2019

1 设实数 $a_1,a_2,\cdots,a_{40}$ 满足 $a_1+a_2+\cdots+a_{40}=0$,且对 $1\leqslant i\leqslant 40$,均有 $|a_i-a_{i+1}|\leqslant 1$,这里 $a_{41}=a_1$. 记 $a=a_{10}$, $b=a_{20}$, $c=a_{30}$, $d=a_{40}$.

(1) 求 $a+b+c+d$ 的最大值;

(2) 求 $ab+cd$ 的最大值.

解法 1 (1) 由于 $a_{i+1}\leqslant a_i+1$, $a_{i+1}\geqslant a_i-1$,为了方便,令 $a_{i+40}=a_i$,有

此解法属于严彬玮.

$$\begin{aligned}a_1+\cdots+a_{40}=&(a_5+a_6+\cdots+a_{14})+\\&(a_{15}+a_{16}+\cdots+a_{24})+\\&(a_{25}+a_{26}+\cdots+a_{34})+\\&(a_{35}+a_{36}+\cdots+a_4)\geqslant\\&(10a-5-4-3-2-1)+\\&(10b-25)+10c-25+10d-25=\\&10(a+b+c+d)-100\end{aligned}$$

因此

$$a+b+c+d\leqslant 10$$

当

$$\begin{aligned}&a_1=1.5,a_2=0.5,a_3=-0.5,a_4=-1.5,a_5=-2.5\\&a_6=-1.5,a_7=-0.5,a_8=0.5,a_9=1.5\\&a_{10}=2.5,a_{i+10}=a_i\end{aligned}$$

时取等.

(2) 由于

$$\begin{aligned}a_1+\cdots+a_{40}\geqslant&\ a-15+a-14+\cdots+\\&a+a-1+\cdots+a-4+\\&b-5+b-4+\cdots+b+b-1+\cdots+b-14=\\&(a+b)\times 20-250\end{aligned}$$

因此 $a+b\leqslant\frac{25}{2}$.

取所有 $a_1\sim a_{40}$ 为相反数可知

$$a+b\geqslant-\frac{25}{2}$$

同理

$$|c+d| \leqslant \frac{25}{2}$$

若 a,b 不同号,则有

$$ab+cd \leqslant \frac{(c+d)^2}{4} \leqslant \frac{625}{16} < \frac{425}{8}$$

c,d 不同号的情况同理.

若 a,b,c,d 均非负,则有

$$ab+cd \leqslant \frac{(a+b)^2+(c+d)^2}{4} \leqslant \frac{(a+b+c+d)^2}{4} \leqslant 25 < \frac{425}{8};$$

若 $a,b \geqslant 0, c,d \leqslant 0$,设

$$|a+b|=m, |c+d|=n$$

其中 $m,n \leqslant \frac{25}{2}$. 由

$$(a-d)+(b-c) \leqslant 10+10=20$$

知 $m+n \leqslant 20$. 记 $m+n=k$,不妨设 $m \geqslant \frac{k}{2}, m \leqslant k$

$$ab+cd \leqslant \frac{m^2+n^2}{4} = \frac{m^2+(k-m)^2}{4}$$

以 m 主元二次函数在 $m \geqslant \frac{k}{2}$ 时单调增.

当 $k \leqslant \frac{25}{2}$ 时

$$ab+cd \leqslant \frac{k^2}{4} = \frac{625}{16} < \frac{425}{8}$$

当 $k > \frac{25}{2}$ 时

$$ab+cd \leqslant \frac{\left(\frac{25}{2}\right)^2+\left(k-\frac{25}{2}\right)^2}{4} \leqslant \frac{\left(\frac{25}{2}\right)^2+\left(\frac{15}{2}\right)^2}{4} = \frac{425}{8}$$

当

$$a=b=\frac{25}{4}, c=d=\frac{-15}{4}, ab+cd=\frac{425}{8}$$

$$a_1=a-9, a_2=a-8, \cdots, a_9=a-1$$

$$a_{11}=a-1, a_{12}=a-2, \cdots, a_{15}=a-5$$

$$a_{16}=b-4, a_{17}=b-3, \cdots, a_{19}=b-1$$

$$a_{21}=b-1, a_{22}=b-2, \cdots, a_{35}=b-15$$

$$a_{36}=a-14, a_{37}=a-13, \cdots, a_{40}=a-10$$

时取等.

解法2 首先可以看出,满足题目条件的序列(a_i)构成凸集.

此解法属于罗炜.

也就是说，若序列 $a_i, b_i, 1 \leqslant i \leqslant 40$ 分别满足条件，$0 \leqslant \lambda \leqslant 1$，则序列 $c_i = \lambda a_i + (1-\lambda) b_i, 1 \leqslant i \leqslant 40$ 也满足条件. 我们利用这个性质证明，极值可以在满足一些对称性的序列(a_i)上取到. 毋庸置疑，满足题目条件的数列集合是闭集，因此两问中的目标函数（都是连续的）确实能取到最大值.

(1) 设序列(a_i)使 $a+b+c+d$ 取到最大，令 $c_i = \dfrac{a_i + a_{i+10} + a_{i+20} + a_{i+30}}{4}$，下标按模 40 理解. 根据上一段，$c_i$ 满足题目条件，而且(1)中目标函数在序列(a_i)和(c_i)上取值相同，因此可以只对具有周期 10 的序列考虑这个最大值. 此时 $a=b=c=d$.

根据周期 10 性质，$a_1 + a_2 + \cdots + a_{10} = 0$，而 $a_i \geqslant \max\{a-i, a-(10-i)\}, i=1,\cdots,10$，因此有

$$10a - 25 \leqslant \sum_{i=1}^{10} a_i = 0$$

$$a \leqslant 2.5$$

$$a+b+c+d = 4a \leqslant 10$$

等号在 $a_{10k+i} = \max\{2.5-i, 2.5-(10-i)\}, i=1,\cdots,10, k=0,\cdots,3$ 时成立.

(2) 设序列(a_i)使 $F((a_i)) = ab+cd$ 取到极大，令 $c_i = \dfrac{(a_i + a_{30-i})}{2}$，则 c_i 满足题目条件，有

$$F((c_i)) = \frac{(a+b)^2}{4} + \frac{(c+d)^2}{4} \geqslant ab + cd = F((a_i))$$

因此我们可以假设极大值取到时，数列具有反射对称性 $a_i = a_{30-i}$.

此时将变量看成$(a_i), i=15,\cdots,35$，可行解区域为一些不等式 $-1 \leqslant x_i - x_{i+1} \leqslant 1$ 和一个等式 $\dfrac{a_{15}+a_{35}}{2} + \sum\limits_{i=16}^{34} a_i = 0$，这是一个高维凸多面体，其维数为 20. 目标函数 $a_{20}^2 + a_{30}^2$ 是凸函数，因此在可行区域的顶点上取到最大值. 这些顶点满足不等式中的 20 个，显然是对每个 $i=15,\cdots,34$，满足一个. 因此我们只需对满足 $a_{i+i} - a_i = \pm 1, i=15,\cdots,34$ 的对称数列计算最大值.

这时 $a-c = a_{20} - a_{30}$ 是偶数，绝对值不超过 10，通过把数列全体变号，以及改变指标计算方向，可以不妨设 $a+c \geqslant 0, a \geqslant c$，设 $a-c=2k, 0 \leqslant k \leqslant 5$. 类似(1)中分段估计 $\sum a_i$ 的值，可得

$$a_{10} + a_{11} + \cdots + a_{19} \geqslant 10a - 25$$

$$a_{20} + a_{21} + \cdots + a_{29} \geqslant 10a - 25 - 9k + k^2$$

$$a_{30} + a_{31} + \cdots + a_{39} \geqslant 10a - 25 - 20k$$

$$a_{40} + a_1 + \cdots + a_9 \geqslant 10a - 25 - 11k + k^2$$

因此 $a \leqslant 2.5 + k - \frac{k^2}{20}$. 由于 $a \geqslant k$,所以

$$ab + cd = a^2 + (a - 2k)^2 \leqslant 2 \cdot \left(2.5 - \frac{k^2}{20}\right)^2 + 2k^2 =$$

$$12.5 + 1.5k^2 + \frac{k^4}{200}$$

当 $k = 5$ 时取到最大值 53.125,此时 $a_{10} = a_{20} = 6.25$,$a_{30} = a_{40} = -3.75$,其他 a_i 取满足 $|a_i - a_{i+1}| = 1$ 的最小可能值:$a_{10k+i} = \max\{a_{10k} - i, a_{10k+10} - (10 - i)\}$,$k = 0,1,2,3$,$0 \leqslant i \leqslant 9$.

注 我们用对称性和凸性的方法对题目实施了"维数打击",最终只需考虑一些低维的情形.

解法 3 (1) 令 $T_k = a_{5+k} + a_{15+k} + a_{25+k} + a_{35+k}$($1 \leqslant k \leqslant 10$,$a_{40+j} = a_j$,$1 \leqslant j \leqslant 5$),则

此解法属于龚固.

$$0 = \sum_{k=1}^{10} T_k \geqslant \sum_{k=1}^{10} (T_5 - 4|k - 5|) = 10T_5 - 100$$

故 $T_5 \leqslant 10$. 当

$$a_{10k+1} = a_{10k+9} = \frac{3}{2}$$

$$a_{10k+2} = a_{10k+8} = \frac{1}{2}$$

$$a_{10k+3} = a_{10k+7} = -\frac{1}{2}$$

$$a_{10k+4} = a_{10k+6} = -\frac{3}{2}$$

$$a_{10k+5} = -\frac{5}{2}$$

$$a_{10k+10} = \frac{5}{2}$$

$$k = 0,1,2,3$$

时取等.

(2) 不妨设 $|a_{10} + a_{20}| \geqslant |a_{30} + a_{40}|$,且 $a_{10} + a_{20} \geqslant 0$(若 $a_{10} + a_{20} < 0$,可用 $-a_k$ 代替 a_k,不影响题目). 设 $a_{10} + a_{20} = x$,则

$$0 = \sum_{k=0}^{9} (a_{10-k} + a_{20+k}) + \sum_{k=1}^{4} (a_{10+k} + a_{20-k}) +$$

$$\sum_{k=1}^{5} (a_{29+k} + a_{41-k}) + (a_{15} + a_{35}) \geqslant$$

$$\sum_{k=0}^{9} (x - 2k) + \sum_{k=1}^{4} (x - 2k) +$$

$$\sum_{k=1}^{5} (x - 18 - 2k) + (x - 20) =$$

$$20x - 250$$

从而 $x \leqslant \frac{25}{2}$. 假设 $a_{10}a_{20} + a_{30}a_{40} > \frac{425}{8}$,则由(1)可知

$$|a_{10} + a_{20} + a_{30} + a_{40}| \leqslant 10$$

从而

$$(a_{10} + a_{20})^2 + (a_{30} + a_{40})^2 \geqslant 4a_{10}a_{20} + 4a_{30}a_{40} > \frac{425}{2} > (a_{10} + a_{20} + a_{30} + a_{40})^2$$

故

$$a_{30} + a_{40} < 0$$

令 $a_{30} + a_{40} = -y$,则

$$\frac{25}{2} \geqslant x \geqslant y \geqslant 0$$

$$x + y = (a_{10} - a_{40}) + (a_{20} - a_{30}) \leqslant 20$$

$$x + y \geqslant \sqrt{x^2 + y^2} > \sqrt{\frac{425}{2}} > 5$$

又由 $x^2 + y^2 > \frac{425}{2}$ 知

$$(x + y - 5)(x + y - 20) > 2\left(x - \frac{25}{2}\right)\left(y - \frac{25}{2}\right) \geqslant 0$$

矛盾,故

$$a_{10}a_{20} + a_{30}a_{40} \leqslant \frac{425}{8}$$

当

$$a_k = k - \frac{15}{4}, 1 \leqslant k \leqslant 10$$

$$a_{10+k} = a_{20-k} = \frac{25}{4} - k, 1 \leqslant k \leqslant 5$$

$$a_{20+k} = \frac{25}{4} - k, 0 \leqslant k \leqslant 10$$

$$a_{30+k} = a_{40-k} = -\frac{15}{4} - k, 0 \leqslant k \leqslant 5$$

时取等.

❷ 如1图所示,在 $\triangle ABC$ 中,$AB > AC$,$\angle BAC$ 的平分线与 BC 交于点 D. 点 P 是线段 DA 延长线上一点,PQ 与 $\triangle ABD$ 的外接圆相切于点 Q(Q,B 在直线 AD 同侧),PR 与 $\triangle ACD$ 的外接圆相切于点 R(R,C 在直线 AD 同侧). 线段 BR,CQ 交于点 K. 过点 K 作 BC 的平行线,分别与 QD,AD,RD 相交于点 E,L,F. 证明:$EL = FK$.

证明 作$\triangle ABC$外接圆$\odot O$,设AD交$\odot O$于M,设$\odot ADB$为$\odot O_1$,半径为r_1,$\odot ADC$为$\odot O_2$,半径为r_2. 延长MB,PQ交于X,PR,MC交于Y(若$PQ /\!/ MB$,则X不存在,令$\angle PXM=0°$,$\angle XQB=90°=\angle XBQ$;若$PR /\!/ MC$,则$Y$不存在,令$\angle PYM=0°$,$\angle YRC=90°=\angle YCR$).

此证法属于严彬玮.

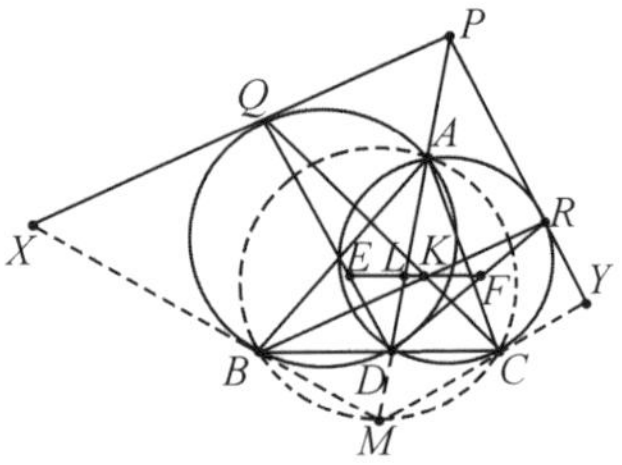

图 1

(1) 我们先证明$BCRQ$共圆. 由
$\angle BQR+\angle BCR=360°-\angle PQR-\angle XQB-\angle BCM-\angle YCR=$
$360°-\left(360°-\dfrac{\angle QPR}{2}-\dfrac{\angle BMC}{2}-\dfrac{\angle PYM}{2}-\dfrac{\angle PXM}{2}\right)=180°$

故点B,C,R,Q共圆,有$\dfrac{RK}{KQ}=\dfrac{RC}{QB}$.

(2) 我们再证$\dfrac{EL}{LF}=\dfrac{FK}{KE}$. 由正弦定理,有

$$EL=\frac{DL\sin\angle EDL}{\sin\angle LED},LF=\frac{DL\sin\angle FDL}{\sin\angle LFD}$$

而由$EF /\!/ BC$,有

$$\sin\angle LED=\sin\angle QDB=\frac{QB}{2r_1},\sin\angle LFD=\frac{RC}{2r_2}$$

而

$$\frac{\sin\angle QDA}{\sin\angle RDA}=\frac{PQ\sin\angle PQD}{PD}\times\frac{PD}{PR\sin\angle PRD}=\frac{\sin\angle QBD}{\sin\angle RCD}$$

故

$$\frac{EL}{LF}=\frac{\sin\angle LFD}{\sin\angle LED}\cdot\frac{\sin\angle EDL}{\sin\angle FDL}=\frac{RC}{QB}\cdot\frac{r_1}{r_2}\cdot\frac{\sin\angle QBD}{\sin\angle RCD}$$

而

$$\frac{FK}{KE}=\frac{\sin\angle BRD\cdot RK}{\sin\angle CQD\cdot KQ}\cdot\frac{\sin\angle QDB}{\sin\angle RDC}=\frac{RC}{QB}\cdot\frac{BD}{RB}\cdot\frac{QC}{CD}$$

由$\angle BAD=\angle CAD$,有

$$\frac{BD}{DC}=\frac{AB}{AC}=\frac{r_1}{r_2}$$

而由于$BCRQ$共圆,因此

$$\frac{QC}{RB}=\frac{\sin\angle QBD}{\sin\angle RCD}$$

故

$$\frac{FK}{KE}=\frac{RC}{QB}\cdot\frac{r_1}{r_2}\cdot\frac{\sin\angle QBD}{\sin\angle RCD}$$

可得

$$\frac{EL}{LF}=\frac{FK}{KE}$$

故

$$\frac{LF}{EL}=\frac{KE}{FK},\frac{LF+EL}{EL}=\frac{KE+FK}{FK}$$

因此 $EL=FK$. 证毕.

3 设 S 是一个35元集合,F 是由一些 S 到自身的映射构成的集合. 对于正整数 k,称 F 具有性质 $P(k)$,如果对于任意 x, $y\in S$,都存在 F 中的 k 个映射 $f_1,f_2,\cdots,f_k$(可以相同),使得

$$f_k(\cdots(f_2(f_1(x)))\cdots)=f_k(\cdots(f_2(f_1(y)))\cdots)$$

求最小正整数 m,使得所有具有性质 $P(2\,019)$ 的 F 都具有性质 $P(m)$.

解法1 m 的最小值为595,理由如下:

此解法属于严彬玮.

(1) 先证明 $m\leqslant 595$.

若 $m>595$,设 m 的最小值为 t,则必存在 $x,y,x\neq y$,使得对所有 $f_1\cdots f_k\in F$,满足

$$f_k(f_{k-1}(\cdots(f_1(x)))\cdots)=f_k(f_{k-1}(\cdots(f_1(y)))\cdots)$$

的 k 均有 $k\geqslant t$(由于 F 满足 $P(2\,019)$,所以存在 $f_1,\cdots,f_k$).

对于第一个 f_i,定义 g_i:对所有

$$f_i(a)=b,g_i(a)=b,f_i(c)=d,g_i(c)=d$$

$b\neq d$ 时,$g_i(a,c)=(b,d)$,$b=d$ 时,$g_i(a,c)=b$(此时的数组为不计顺序的二元集,为了方便写成数组的形式). 因此必定存在 $x,y,x\neq y,(x,y)$ 在 F 中映射至少 k 次方可变为一个数字而非数组. 由于 $k\geqslant 596$,$C_{35}^2=595$,而 (x,y) 映射0次到 $k-1$ 次之后均为数组,否则与 k 最小值矛值. 记 $g_0(x,y)=(x,y)$,必存在 $i,j,i\neq j$,满足

$$g_i(\cdots(g_1(x,y))\cdots)=g_j(\cdots(g_i(\cdots(g_1(x,y))\cdots)))$$

此时去除 $g_i\sim g_{j-1}$ 之后,$g_k(\cdots(g_j(g_{i-1}(\cdots(x,y)\cdots))))$ 为一个数,而少于 k 次映射,矛盾. 因此 $m\leqslant 595$.

(2) 再证明 $m\geqslant 595$. 不妨令 $S=\{1,2,\cdots,35\}$,取 $F=(f_A,f_B)$,其中

$$f_A(x)\equiv x+1\pmod{35}$$

$$f_B(x)\equiv\begin{cases}x,x\not\equiv 1\pmod{35}\\2,x\equiv 1\pmod{35}\end{cases}\text{(即}f_A(35)=1\text{)}$$

此时先证明 F 满足 $P(2\,019)$:对任意 x,y,如(1)时定义 g_A,g_B,在 f_A 中操作至多34次可使 (x,y) 中有一个变为1,设为 $(1,n)$,$n=1$ 时已满足,$n\neq 1$ 时,则 $g_B(1,n)=(2,n)$.

令 $g_C=g_B\circ g_A^{(34)}$,则

$$g_C^{(n-2)}(g_B(1,n))=g_C^{(n-2)}(2,n)=$$
$$g_C^{(n-3)}(2,n-1)=\cdots=g_C(2,3)=2$$

共计操作了至多 $34+35\times(n-2)+1\leqslant 35^2<2\ 019$ 次. 因此 F 满足 $P(2\ 019)$.

下证 F 不满足 $P(594)$. 取 $(2,19)$, 则对任意 $x\neq y$, 令

$$h(x,y)\equiv\pm(x-y)\pmod{35}$$

$h(x,y)$ 取 $|x-y|$, $35-|x-y|$ 中较小的一个, 则 $h(2,19)=17$. 考虑只有 $g_B(1,2)=2$ 是唯一一个数组 → 数的方法, 而 $h(1,2)=1$.

不考虑自身映射时, $x\neq y$, $x\neq 1$, $y\neq 1$ 只能映射到 $(x+1,y+1)$ (模 35 意义下, 下面均在模 35 意义下).

不妨设从 $(2,19)$ 到 2 至少需 P 次映射, 则每一次映射后所得到数组互不相同, 以 $(1,2)$ 倒推:

(Ⅰ) $x\neq y$, $x\neq 2$, $y\neq 2$ 时 (x,y) 只能由 $(x-1,y-1)$ 映射到 (x,y).

(Ⅱ) $y\neq 1$, $x=2$ 时可以从 $(1,y)\to(x,y)(B)$ 或从 $(1,y-1)\to(2,y)(A)$. $y=1$, $x=2$ 时只可以从 $(35,1)\to(1,2)(A)$.

因此有 $(1,2)\leftarrow(35,1)\leftarrow\cdots\leftarrow(3,4)\leftarrow(2,3)$. 此时所有 $x\neq y$, $h(x,y)=1$ 的数组均出现过了 $(2,3)$ 为 (Ⅱ) 情况, 但 $(1,2)\to(2,3)(A)$ 或 $(1,3)\to(2,3)(B)$, 而 $(1,2)$ 出现过了, 由每次映射后所得数组互不相同有 $(2,3)\leftarrow(1,3)\leftarrow(35,2)$, B 映射 $(1,35)\to(2,35)$, 而 $h(1,35)=1$ 已出现. 故 $(35,2)\leftarrow(34,1)\leftarrow\cdots\leftarrow(2,4)$, 到此时所有 $x\neq y$, $h(x,y)=2$ 的数组已出现, 对于所有的 $i=2,3,\cdots,16$, 若 $h(x,y)=i$ 的 (x,y) 均已出现过, 且倒推到了 $(2,(36-i))$ 这个数, 那么 $(2,(36-i))$ 若由 $(1,36-i)$ 推出, 则 $h(1,36-i)=i$ 已出现, 矛盾. 因此 $(2,(36-i))$ 由 $(1,35-i)$ 推出.

若已倒推到 $(2,2+i)$, 则若 $(1,1+i)\to(2,2+i)$, $h(1,1+i)=i$ 已出现, 矛盾. 因此 $(2,2+i)$ 由 $(1,2+i)$ 推出, 故 $2\leftarrow(1,2)\leftarrow(35,1)\leftarrow\cdots\leftarrow(2,3)\leftarrow(1,3)\leftarrow(35,2)\leftarrow(34,1)\leftarrow\cdots\leftarrow(2,4)\leftarrow(1,4)\leftarrow\cdots\leftarrow(34,2)\leftarrow(33,1)\leftarrow\cdots\leftarrow(1,5)\leftarrow\cdots\leftarrow(2,18)\leftarrow(1,18)\leftarrow\cdots\leftarrow(2,20)\leftarrow(1,19)\leftarrow\cdots\leftarrow(19,2)$, 共用了 $17\times 35=595$ 次映射. 因此 F 不满足 $P(594)$.

解法 2 所求 m 的最小值是 $m=C_{35}^2$.

此解法属于吴宇培.

考虑 $X=\{(x,y)\mid x,y\in S,x\neq y\}$, 定义 $f((x,y))=(f(x),f(y))$. 由题意知, 存在 $(a,a)\in X$, 使得对任意的 $(x,y)\in X$, 都可以经过若干个映射的作用, 将 (x,y) 变为 (a,a). 设 $L(x,y)$ 是 (x,y) 变为 (a,a) 的最短路径, 由于这些 (x,y) 都可以经过作用若干个映射, 使得

$$(x,y)\to(f_1(x),f_1(y))\to\cdots(f_{k-1}(\cdots(f_1(x))),f_{k-1}(\cdots(f_1(y))))\to(a,a)$$

注意到

$$L(x,y)\leqslant L(f_1(x),f_1(y))+1$$

从而

$$L(x,y)\leqslant L(f_{k-1}(\cdots(f_1(x))),f_{k-1}(\cdots(f_1(y))))+(k-1)=k\leqslant |X|=\mathrm{C}_{35}^2$$

所以 $m\geqslant \mathrm{C}_{35}^2$ 时总是可以办到的(因为 $\mathrm{C}_{35}^2\geqslant \max\limits_{(x,y)\in X}L(x,y)$).

下面构造例子说明 C_{35}^2 是可以取到的最好的常数.

设 $S=\{1,2,\cdots,35\}$,考虑置换 $f=(12\cdots35)$,即

$$f(1)=2,f(2)=3,\cdots,f(34)=35,f(35)=1$$

以及

$$g(x)=\begin{cases}2, x=1\\ x, 1<x\leqslant 35\end{cases}$$

下面我们说明对于任意 $(x,y)\in X$,至多用 f 和 g 复合 C_{35}^2 次后可以变为形如 (a,a) 的点. 我们把 $1,2,\cdots,35$ 放在圆周上,即在模 35 的意义下理解. 注意到,若 $x\geqslant 3$,$0<y-x\leqslant 17$,我们可以通过作用最多 34 次 f 和 1 次 g:把 x 先变为 1,再作用一个 g 把 x 变为 2,再接着作用 f,直到 (x,y) 变为 $(x,y-1)$,此时坐标分量的差值减小 1,$0<y-x\leqslant 17$,所以至多重复 17 次上述操作可以变到两个分量相同,所以至多复合 $(34+1)\cdot 17=\mathrm{C}_{35}^2$ 次即可. 对于 $y-x>17$ 的情况完全类似,这是因为在模 35 的意义下两数之差可以限定在 17 以内(形象地说就是圆上的距离).

所以 C_{35}^2 是所求的最小值.

注 本题很容易把答案证出来,但例子构造很困难,这一例子是从 $|S|=5$ 的情况考虑圆周上的距离想到构造那两个函数的.

4 求最大实数 c 使得下述结论对于所有整数 $n\geqslant 3$ 成立:设 $A_1,A_2,\cdots,A_n$ 是圆周上的 n 条弧(每条弧都包含自身的端点),如果存在至少 $\frac{1}{2}\mathrm{C}_n^3$ 个三元组 (i,j,k),满足 $1\leqslant i<j\leqslant n$,且 $A_i\cap A_j\cap A_k\neq\varnothing$,则存在 $I\in\{1,2,\cdots,n\}$,满足 $|I|>cn$,且 $\bigcap\limits_{i\in I}A_i\neq\varnothing$.

此解法属于严彬玮.

解法 1 $c=\frac{\sqrt{6}}{6}$,理由如下:

(1) 先证 $c=\frac{\sqrt{6}}{6}$ 时命题成立.

对于所有位置上的端点,若存在两个端点重合,则可以移动其中一个非常短的距离,使得其所在弧稍微变长一点点而不影响任何交关系(即交是否为空集不会改变).

设端点为 $a_1,a_2,\cdots,a_{2n}$. 设在每一个端点处有 x_i 个弧包含了 a_i. 在每个端点处记录所有三元组,其中一段弧以该端点为端点,另外两段弧包含该端点,它们的交集非空,则求和得到 $T=\sum\limits_{i=1}^{2n}C_{x_{i-1}}^2$ 个.

另外,每个三元组,只要它们的交集非空,它们就交为一小段弧(已知端点不重).这一小段弧的 2 个端点均记录了这个三元组各一次.此时每个三元组被计至少 2 次.故 $T\geqslant 2\times\frac{1}{2}C_n^3$,即

$$\sum_{i=1}^{2n}C_{x_{i-1}}^2\geqslant\frac{n(n-1)(n-2)}{3\times 2}$$

不妨设 $x_1=\max\{x_1,\cdots,x_{2n}\}$,有

$$2n\times C_{x_{1-1}}^2\geqslant\frac{n(n-1)(n-2)}{3\times 2}$$

故

$$(x_1-1)(x_1-2)\geqslant\frac{(n-1)(n-2)}{6}>\frac{(n-\sqrt{6})(n-2\sqrt{6})}{6}=\left(\frac{\sqrt{6}}{6}n-1\right)\left(\frac{\sqrt{6}}{6}n-2\right)$$

因此 $x_1>\frac{\sqrt{6}}{6}n$. 故 $c=\frac{\sqrt{6}}{6}$ 时取包含 x_1 的所有弧即可.

下面证明 $c\leqslant\frac{\sqrt{6}}{6}$.

取充分大的 n,将圆周分为 n 段圆弧,A_i 为第 i 段圆弧到第 $i+\left[\frac{\sqrt{6}}{6}n+50\right]$ 段圆弧之并(第 i 段圆弧 = 第 $n+i$ 段圆弧),则只要 $i<j<k,i-k\leqslant\left[\frac{\sqrt{6}}{6}n+50\right]$ 知 $A_i\cap A_j\cap A_k\neq\varnothing$,这样的$(i,j,k)$共有至少:

当 $k-i=2$ 时,n 组;

当 $k-i=3$ 时,$2n$ 组;

⋮

当 $k-i=\left[\frac{\sqrt{6}}{6}n+50\right]$ 时,$\left[\frac{\sqrt{6}}{6}n+49\right]n$ 组.

至少有

$$n\times\frac{\left[\frac{\sqrt{6}}{6}n+49\right]\left[\frac{\sqrt{6}}{6}n+50\right]}{2}>\frac{n^3}{2\times 6}>\frac{1}{2}\times C_n^3$$

组,而对于每一个圆周上的点,包含其的圆弧数至多有

$$\left[\frac{\sqrt{6}}{6}n+50\right]+1<\frac{\sqrt{6}}{6}n+100$$

个,即 $m\leqslant\frac{\sqrt{6}}{6}n+100$. 故 $\frac{m}{n}\leqslant\frac{\sqrt{6}}{6}+\frac{100}{n}$, $n\to\infty$ 时,有若 $c>\frac{\sqrt{6}}{6}$, $c=\frac{\sqrt{6}}{6}+\varepsilon$, $\frac{\sqrt{6}}{6}+\varepsilon<\frac{m}{n}\leqslant\frac{\sqrt{6}}{6}+\frac{100}{n}$,矛盾.

因此 c 的最大值为 $\frac{\sqrt{6}}{6}$.

解法 2 (根据姚博文口述整理) 最大的 $c=\frac{\sqrt{6}}{6}$.

此解法属于罗炜和姚博文.

为了讨论方便,如果最多有 m 个圆弧的交集非空,我们称这些圆弧的 M 值为 m;又记满足 $A_i\cap A_j\cap A_k$ 非空的三元组 (i,j,k), $1\leqslant i\leqslant j<k\leqslant n$ 的个数称为圆弧组的 F 值. 我们应用调整的方法,从开始的一些圆弧组,得到更标准化的一些圆弧组,调整过程中,M 值不增加,F 值不减少. 所有的圆弧,按逆时针方向看,第一个端点称为起点,第二个端点称为终点. 另外,圆弧组的 M 值为圆上每个点被圆弧组覆盖的重数最大值. 我们会用移动圆弧起点终点的方式调整,经常用这样的方法,如果移动起点时没有经过其他终点,那么不改变圆弧组的任意子集交集是否为空的性质,因此不改变 F 值;移动终点不经过起点的情况亦然.

如果有圆弧的起点和别的圆弧的终点重合,例如 x 是 $A_1,\cdots,A_k$ 的起点,$A_{k+1},\cdots,A_{k+l}$ 的终点. 将 $A_1,\cdots,A_k$ 的起点延长到 $A-\epsilon$, $A_{k+1},\cdots,A_{k+l}$ 的终点延长到 $A+\epsilon$,使得 $[A-\epsilon,A+\epsilon]$ 内没有不同于 A 的其他圆弧的端点. 对所有这类点做这样的操作后,圆弧组的 M 值不变,F 值不变. 任何原始相交的圆弧如今相交于一段圆弧,没有点既是起点又是终点.

如果有圆上的点是多个圆弧的起点(终点),在这个点附近将这些圆弧的起点(终点)修正成不同的值,则任意个圆弧的交集是否为空的关系保持不变. 因此圆弧组的 F 值不变,易见 M 值也不变. 这样操作一遍后,任何点至多是一个圆弧的起点或终点.

将所有圆弧的终点改成开的(不包括这个端点),圆弧组的 M 值和 F 值均不变.

如果有圆上的点被覆盖重数小于 M 值,取覆盖重数最小的一个点,这个点逆时针碰到的第一个端点是某个圆弧的起点 A,顺时针碰到的第一个端点是某圆弧的终点 B,将 B 对应的圆弧终点延长至 A,则 BA 这段圆弧的覆盖重数增加 1,但没有改变 M 值. 圆弧组的任何子集交集是否为空依旧不变,因此 F 值不改变. 这样操作到不能继续位置,圆上每个点恰好被覆盖同样多次,此时每个圆弧

的起点同时是某个(可能是它本身)圆弧的终点(开端点).

此时圆上有 n 个起点,同时也是 n 个终点,起点终点的对应关系决定了圆弧的跨度,进一步决定了相交情况,还知道每个点被覆盖 m 次,m 是圆弧组的 M 值.

如果有两段圆弧 AB,CD,使得在逆时针方向上 $A<C<D<B$. 我们声明,将 AB,CD 替换为圆弧 AD,CB 使圆弧组的 M 值不变,F 值不减小. M 值不变是显然的,因为 AB,CD 与 AD,CB 在圆上覆盖的部分(计算重数)是一样的. 因为 $AB\cap CD=AD\cap CB$,所以如果一个三元圆弧组包含 AB,CD,则替换前后交集是否非空的性质不变. 对于任何两个 AB,CD 之外的圆弧 A_i,A_j,用 x,y,z 分别表示 $A_i\cap A_j$ 与 AC,CD,DB 交是否空集,空则取1,非空则取0,则两个三元组 (A_i,A_j,AB),(A_i,A_j,CD) 中非空集个数可表示为 $1-xyz+1-y$,而三元组 (A_i,A_j,AD),(A_i,A_j,CB) 中交集非空的发生次数表示为 $1-xy+1-yz$. 显然有

$$1-xyz+1-y\leqslant 1-xy+1-yz\Leftrightarrow y(x-1)(z-1)\geqslant 0$$

成立. 对所有三元组分类考虑,可以发现替换前后 F 值不减小. 如此这样操作到不能操作为止后,所有圆弧的起点排序与终点排序一致,根据每个点被覆盖的重数为 m,可以将圆弧组的交集非空性问题等价化为 n 元集 $\{1,2,\cdots,n\}$ 的 n 个子集 $A_i=\{i+1,i+2,\cdots,i+m(\bmod n)\}$,$1\leqslant i\leqslant n$ 的同样问题.

对于最后的这个问题,计算有非空交集的三元组 (i,j,k) 满足 $i<j<k<i+m(\bmod n)$(这里假定了 $m<\frac{n}{2}$ 可防止歧义),其个数为 $n\binom{m-1}{2}$. 因此需要 $n\binom{m-1}{2}\geqslant\frac{1}{2}\binom{n}{3}$,计算得

$$\frac{m}{n}\cdot\frac{m}{n}>\frac{m-1}{n-1}\cdot\frac{m-2}{n-2}\geqslant\frac{1}{6}$$

因此 $\frac{m}{n}>\frac{\sqrt{6}}{6}$,证明了存在性.

最终的这 n 个集合,显然当 $n\to\infty$ 时,否定了 c 存在更大值的可能性.

5 数列 $\{a_n\}_{n\geqslant 1}$ 定义如下:a_1 是大于1的整数,对 $n\geqslant 1$,$a_{n+1}=a_n+P(a_n)$,其中 $P(a_n)$ 表示 a_n 的最大素因子. 证明:数列 $\{a_n\}_{n\geqslant 1}$ 中有完全平方数.

证法1 若否,令 $b_n=\frac{a_n}{p(a_n)}$.

此证法属于严彬玮.

(1) 必存在 n 使得 $p(a_n)\mid b_n$. 若否,则取

$$p(a_n)\times b_n,p(a_{n+1})\times b_{n+1},\cdots,p(a_l)\times b_l$$

l 为比 n 大的第一个使得 $p(a_l)$ 与 $p(a_n)$ 不同的数.

若 $b_l\geqslant b_n$,设 $b_l=p(a_n)\times t$,有

$$b_n<p(a_n)\times t<p(a_l)\times t$$

因此 $n\sim l-1$ 中有一个 n' 满足 $p(a_n)\mid b_{n'}$,而 $p(a_{n'})=p(a_n)$,矛盾.

(2) 令 $c_n=\dfrac{b_n}{p(a_n)}$,取所有$\{c_n\}$整值中最小值,不妨设为 c_i,设 $p(a_i)=p,a_i=p^2c_i$,考虑比 i 大的第一个 j 满足 $p(a_j)\neq p$,设为 q,即

$$p^2c_i\to\cdots\to pq\left(\frac{b_j}{p}\right)$$

① 若$\dfrac{b_j}{p}>c_i$,则 pqc_i 一项在 a_ia_j 之间且最大素因子不小于 q,矛盾.

② 若$\dfrac{b_j}{p}<c_i,p\left(\dfrac{b_j}{p}\right)\sim pc_i$ 中无大于 q 的素因子,有

$$p^2c_i\to\cdots\to pq\left(\frac{b_j}{p}\right)=q\times b_j\to\cdots\to qpc_i\to\cdots\to q^2\left(\frac{b_j}{p}\right)$$

$\dfrac{b_j}{p}<c_i$,与 c_i 最小性矛盾. 因此 $p\left(\dfrac{b_j}{p}\right)\sim pc_i$ 中存在比 q 大的素因子. 设第一个出现的含大于 q 的素因子项为 p_1t_1q.

③$pq\left(\dfrac{b_j}{p}\right)\to\cdots\to qp_1t_1,t_1<c_1$,由①知 $t_1\leqslant\dfrac{b_j}{p}$. 若 $qt_1\sim q\dfrac{b_j}{p}$ 中无比 p_1 大的素因子,同②矛盾. 设 $qt_1\sim q\dfrac{b_j}{p}$ 中第一个出现的含大于 p_1 的素因子的项为 p_2t_2, 且有 $t_1<\dfrac{b_j}{p}$. 因此有 $qp_1t_1=p_1(qt)\to\cdots\to p_1p_2t_2$,由③知 $t_2<t_1$,同样找到 $p_1t_2\sim p_1t_1$ 中第一个出现的含大于 p_2 的素因子数 p_3t_3. 这样一直找下去可找到 $t_1,t_2,t_3,\cdots$,由正整数构成的递减数列,矛盾. 故$\dfrac{b_j}{p}=c_i$ 且

$$p^2c_i\to\cdots\to pqc_i=q(pc_i)\to\cdots\to qqc_i$$

对 q^2c_i 同样操作,不妨记

$$q^2c_i\to\cdots\to qq_1c_i\to\cdots\to q_1^2c_i$$
$$q_1^2c_i\to\cdots\to q_1q_2c_i\to\cdots\to q_2^2c_i$$

找一个素因子 u 使得$(u,c_i)=1$,且 $u>qc_i$. 设 $u\in(q_kc_i,q_{k+1}c_i)$,但是

$$q_k^2c_i\to\cdots\to q_kq_{k+1}c_i$$

中有一项为 q_ku. 而 $u>q_k$,因此 $u=q_{k+1}$. 则

$$q_k q_{k+1} = q_k q_{k+1} c_i, c_i = 1$$

与$\{a_n\}$中无平方数矛盾.

综上,命题证毕.

证法2 由于$P(a_n) \mid a_n + P(a_n) = a_{n+1}$,故$P(a_{n+1}) \geqslant P(a_n)$.

断言1:$\{P(a_n)\}$无上界.

若$\{P(a_n)\}$有上界,则最终常值,故存在正整数N以及素数p,使得当$n \geqslant N$时,均有$P(a_n) = p$. 设$a_N = pt$,由数列的定义即得对$i \geqslant 0$,有$a_{N+i} = p(t+i)$. 可取正整数i,使得$t + i = q$是大于p的素数,则$P(a_{N+i}) = P(pq) = q > p$,矛盾. 因此$\{P(a_n)\}$无上界.

记$I = \{i \geqslant 2 \mid P(a_i) > P(a_{i-1})\}$. 由(1)知,$I$是无限集,将$I$中元素从小至大记为

$$i_2 < i_3 < i_4 < \cdots$$

并记$i_1 = 1$. 对每个$j \geqslant 1$,设$P(a_{ij}) = p_j$,则$p_1 < p_2 < p_3 < \cdots$. 对$j \geqslant 2$,由于

$$P(a_{i_{j-1}}) = p_{j-1}, a_{i_j} = a_{i_j - 1} + p_{j-1}$$

故$p_{j-1} \mid a_{i_j}$. 又$p_j \mid a_{i_j}$,故

$$a_{i_j} = p_{j-1} p_j m_j, j \geqslant 2$$

其中m_j是正整数.

断言2:$\{m_j\}_{j \geqslant 2}$是单调递减的.

设$j \geqslant 2$,由于对$i_j \leqslant k < i_{j+1}$,都有$P(a_k) = p_j$,因此

$$a_k = a_{i_j} + (k - i_j) p_j = p_j (p_{j-1} m_j + k - i_j), i_j \leqslant k \leqslant i_{j+1}$$

由于$p_{j-1} m_j, p_{j-1} m_j + 1, \cdots, p_{j-1} m_j + (i_{j+1} - i_j - 1)$都不被$p_{j+1}$整除,故$i_{j+1} - i_j < p_{j+1}$. 于是

$$m_{j+1} = \frac{a_{i_{j+1}}}{p_j p_{j+1}} = \frac{a_{i_j} + (i_{j+1} - i_j) p_j}{p_j p_{j+1}} <$$

$$\frac{p_{j-1} p_j m_j + p_{j+1} p_j}{p_j p_{j+1}} < m_j + 1$$

即$m_{j+1} \leqslant m_j$.

由于$\{m_j\}_{j \geqslant 2}$是单调递减的正整数序列,因此最终常值,即存在正整数$j_0 \geqslant 2$和m,当$j \geqslant j_0$时均有$m_j = m$.

断言3:$m = 1$.

若$m \geqslant 2$,取充分大的素数q,使得$q > m p_{j_0}$,则存在$j \geqslant j_0$,使得$m p_j < q < m p_{j+1}$. 由于对$i_j \leqslant k \leqslant i_{j+1}$,有

$$a_k = a_{i_j} + (k - i_j) p_j = p_j (p_{j-1} m + k - i_j)$$

而$a_{i_{j+1}} = p_j p_{j+1} m$,数$p_{j-1} m, p_{j-1} m + 1, \cdots, p_{j+1} m - 1$的素因子均不超过$p_j$,但是

$$q \in \{p_{j-1} m, p_{j-1} m + 1, \cdots, p_{j+1} m - 1\}$$

$q > m p_j > p_j$,矛盾. 因此$m = 1$.

对 $j \geqslant j_0$，有 $a_{i_j} = p_{j-1}p_j$，由数列的定义即得

$$a_{i_j+p_j-p_{j-1}} = p_{j-1}p_j + (p_j - p_{j-1})p_j = p_j^2$$

是完全平方数，结论获证.

证法 3 设 $p_n = P(a_n)$，$a_n = p_n b_n$. 若存在正整数 n，使得 $b_n \leqslant p_n$，则由数列定义可知

$$a_{n+p_n-b_n} = a_n + p_n(p_n - b_n) = p_n b_n + p_n(p_n - b_n) = p_n^2$$

结论成立. 下面假设对任意 n，均有 $b_n > p_n$.

我们说明 $b_{n+1} \leqslant b_n + 1$. 事实上

$$a_{n+1} = p_n b_n + p_n, p_n \mid a_{n+1}$$

故 $p_{n+1} \geqslant p_n$，从而

$$b_{n+1} = \frac{p_n(b_n + 1)}{p_{n+1}} \leqslant b_n + 1$$

由于 $\{a_n\}$ 无上界，$b_n \geqslant \sqrt{a_n}$，$\{b_n\}$ 也无上界. 设 p 是大于 b_1 的素数，于是存在 m，使得 $b_m > p > b_1$，又 $b_{n+1} \leqslant b_n + 1$，由离散介值原理，存在正整数 k，使得 $b_k = p$，这样 $a_k = p_k b_k = p_k p$，但是 $p = b_k > p_k$，这与 p_k 的定义矛盾. 因此总存在 n，使得 $b_n \leqslant p_n$，从而结论成立.

6 是否存在正实数 $a_0, a_1, \cdots, a_{19}$ 同时满足以下两个条件? 请证明你的结论.

(1) 多项式 $P(x) = x^{20} + a_{19}x^{19} + \cdots + a_1 x + a_0$ 无实根.

(2) 对任意整数 $0 \leqslant i < j \leqslant 19$，交换 $P(x)$ 的 x^i 和 x^j 的系数所得的多项式均有实根.

证法 1 存在，理由如下：取 $b_{18} > b_{16} > \cdots > b_2 > b_0 > b_1 > \cdots > b_{17} > b_{19}$. 令

$$h(x) = \frac{b_{19}}{x} + \frac{b_{18}}{x^2} + \cdots + \frac{b_1}{x^{19}} + \frac{b_0}{x^{20}}$$

当 $x \leqslant -1$ 时，求导可知 x 极小时 $h'(x) < 0$，$x \to -\infty$ 时 $h(x) < 0$. 因此 $x \leqslant -1$ 时 $h(x)$ 有最小值，设在 $x = x_0$ 处取到，有 $h(x_0) < 0$. 令

$$h_{i,j}(x) = h(x) + \frac{b_i}{x^{20} - j} + \frac{b_j}{x^{20} - i} - \frac{b_i}{x^{20} - i} - \frac{b_j}{x^{20} - j} = h(x) - \frac{(b_i - b_j)(x^i - x^j)}{(x^{20} - i)(x^{20} - j)}$$

对于 $x \leqslant -1$ 的情况，当 i 为偶数，j 为奇数时 $b_i > b_j$，$x^i > x^j$.
当 i，j 均为奇数且 $i > j$ 时，$b_i < b_j$，$x^i < x^j$.

此证法属于严彬玮.

当 i,j 均为偶数且 $i>j$ 时，$b_i>b_j$，$x^i>x^j$.

因此任取 $x\leqslant -1$，对任意 $i,j\in\{0,1,2,\cdots,19\}$，$i\neq j$，有 $h_{i,j}(x)<h(x)$.

令 $c=\max\{h_{i,j}(x_0)\}$，则 $c<h(x_0)$. 取 $a_{20}=h(x_0)-\varepsilon$ 满足 $h(x_0)-\varepsilon>c$，$a_{20}<0$，$\varepsilon>0$. 令

$$a_t=-\frac{b_t}{a_{20}},t\in\{0,1,\cdots,19\}$$

则 $a_t>0$. 此时

$$P(x)=-\frac{x^{20}}{a_{20}}\left(\frac{a_{19}}{x}+\frac{a_{18}}{x^2}+\cdots+\frac{a_0}{x^{20}}-a_{20}\right)$$

下面证 $P(x)$ 满足条件.

当 $x\leqslant -1$ 时

$$P(x)\geqslant\frac{x^{20}}{-a_{20}}(h(x_0)-h(x_0)+\varepsilon)>0$$

当 $x\in(-1,0)$ 时

$$\begin{aligned}P(x)&\geqslant(a_{18}x^{18}+a_{19}x^{19})+\cdots+(a_0+a_1x)>\\&(a_{18}x^{18}+a_{19}x^{19})+\cdots+(a_0+a_0x)>0\end{aligned}$$

当 $x>0$ 时，$P(x)>0$.

因此 $P(x)$ 无限. 而交换 a_i,a_j 之后，代入 $x=x_0$，有

$$x^{20}+x^{20}\times\left(\frac{-1}{a_{20}}\right)\times h_{i,j}(x_0)\leqslant x^{20}\times\frac{(-1)}{a_{20}}\times(-a_{20}+c)<0$$

而 $x>0$ 时多项式无上界，所以交换后多项式必须有根，证毕！

证法 2 存在.

此证法属于罗炜.

我们先对问题进行一些转化，方程无论怎样调换系数，显然只可能有负的实根. 因此问题等价于 $1+\sum\limits_{i=0}^{19}a_ix^{20-i}=0$ 有实根，而调换系数没有实根. 进一步等价于关于 a_i，$0\leqslant i\leqslant 19$ 的函数（下面的 a_i 指代 20 个系数）

$$F(a_i,x)=\sum_{i=0}^{19}a_ix^{20-i}$$

在 $(-\infty,0)$ 上的最小值不超过 -1，而调换系数后最小值超过 -1. 因此我们的目标是，找到一组系数 $a_1,\cdots,a_{19}$，使得对应 F 的最小值比其他调换系数后算出的最小值都小，并且为负. 这样将 a_i 适当乘以倍数，可以使 (a_i) 各种排列下算出的最小值只有一个小于 -1，其他大于 -1，以这个排列定义所需的系数即可完成题目.

问题的关键是使得 (a_i) 的不同排列算出的 F 的最小值的最小值没有重复. 我们从一组 (a_i) 开始，看它的各个排列（不仅仅是原始的简单调换两个）所定义的 F 的最小值的最小值，如果它对不

同的排列没有重复,则已经完成. 否则,我们在原有(a_i)的基础上适当小扰动. 只要扰动足够小,可保持扰动后能算出最小最小值的那些排列包含于扰动前算出最小最小值的那些排列. 而且,可以选择合适的扰动方向,使得扰动前算出最小最小值的某两个排列,在扰动后算出不同的最小值. 这样不断继续下去,可以逐渐缩小算出最小最小值的排列个数到 1,从而完成证明.

由于技术上的原因,我们还假定过程中的系数a_i满足,对x的导函数$F'(a_i,x)=\sum a_i(20-i)x^{19-i}$对于$a_i$的不同排列没有相同的实根. 两个多项式有相同的根是关于系数的多项式条件,可以通过扰动避免. 这个性质在小扰动下保持. 我们还要求系数a_i满足$F'(a_i,x)=0$没有重根,这相当于$F'(a_i,x)$,$f''(a_i,x)$互素,同上也是可以避免的情况,并且在小扰动下保持. 另外,整体最小值小于零的性质容易一开始就得到,也在小扰动下保持.

现在,从一组(a_i)开始,设$F'(a_i,x)$的负实根为$x_1,\cdots,x_k$,$k\leqslant 19$,则$\min F(a_i,x)$在某个x_j取到. 设b_i是a_i的一个排列,y_j是$F'(b_i,y)$的一个负实根,在y_j也取到$F(b_i,y)$的最小值. 假设有$F(a_i,x_j)=F(b_i,y_j)$,我们证明有一个a_i的扰动$a'_i=a_i+\delta a_i$,对应有b'_i,x'_j,y'_j,满足$F(a'_i,x'_j)\neq F(b'_i,y'_j)$,而且扰动足够小,不会有原来没有取到整体最小值的排列c_i或者极小值点x_k新取到整体最小值.

根据方程$F'(a_i,x_j)=0$得到

$$0=\sum(\delta a_i)(20-i)x_j^{19-i}+\sum a_i(20-i)(19-i)x_j^{18-i}\delta x_j$$

根据$f''(a_i,x_j)\neq 0$,上式可以将δx_j表示成δa_i的线性组合,因此是同阶无穷小.

计算函数F的扰动为(略去高阶无穷小,所有δa_i取同阶无穷小)

$$\delta F(a_i,x_j)=\sum_i(\delta a_i)x_j^{20-i}+F'(a_i,x_j)\delta x_j$$

根据上一段δx_j为δa_i同阶无穷小,及$F'(a_i,x_j)=0$,$\delta F(a_i,x_j)=\sum_i(\delta a_i)x_j^{20-i}$. 同理$\delta F(b_i,y_i)=\sum_i(\delta b_i)y_j^{20-i}$. 可以选取到扰动$\delta a_i$,使得$\delta F(a_i,y_j)\neq\delta F(b_i,y_j)$的一个充分条件是,将$b_i$的系数$y_j^{20-i}$按$a_i$的顺序重排,得到的向量和$x_j^{20-i}$,$i=0,\cdots,19$不同. 这时显然的,由$x_j\neq y_j$得到(两组向量的坐标乘积不同).

因此我们能找到小扰动,使得得到整体最小值的排列个数减少或者不同排列在两个点分别都取到最小值的这种相互关系对数减少(两个排列可能分别在多个点都取到整体最小值,这样的情况需要扰动多次才完全分开),最终没有这样的关系,取到整体最小值的排列只有一个,如前可以得到符合条件的一组系数排列.

第 36 届中国数学奥林匹克

长沙,2020

1 $\{z_n\}_{n\geqslant 1}$ 是复数数列,奇数项为实数,偶数项为纯虚数,且对任意正整数 k,$|z_kz_{k+1}|=2^k$,记 $f_n=|z_1+z_2+\cdots+z_n|$.

(1) 求 $f_{2\,020}$ 的最小可能值;

(2) 求 $f_{2\,020}\cdot f_{2\,021}$ 的最小可能值.

解 设 $a_n=z_{2n-1}, b_n=\frac{z_{2n}}{\mathrm{i}}(n=1,2,\cdots)$,则 $a_n,b_n\in\mathbf{R}$. $\forall k\in\mathbf{N}_+$,$|a_kb_k|=2^{2k-1}$,$|b_ka_{k+1}|=2^{2k}$.

此解法属于陈煜.

于是,对任意正整数 k,有

$$\left|\frac{a_{k+1}}{a_k}\right|=\left|\frac{b_ka_{k+1}}{a_kb_k}\right|=\frac{2^{2k}}{2^{2k-1}}=2$$

$$\left|\frac{b_{k+1}}{b_k}\right|=\left|\frac{a_{k+1}b_{k+1}}{b_ka_{k+1}}\right|=\frac{2^{2k+1}}{2^{2k}}=2$$

因此,$\forall n\in\mathbf{N}_+$,$|a_n|=2^{n-1}|a_1|$,$|b_n|=2^{n-1}|b_1|$.

可设 $a_n=2^{n-1}\varepsilon_na_1, b_n=2^{n-1}\lambda_nb_1, \varepsilon_n,\lambda_n\in\{-1,1\}$.

(1) 可知

$$f_{2\,020}=\sqrt{\left(\sum_{j=1}^{1\,010}a_j\right)^2+\left(\sum_{j=1}^{1\,010}b_j\right)^2}=\sqrt{\left(\sum_{j=1}^{1\,010}2^{j-1}\varepsilon_ja_1\right)^2+\left(\sum_{j=1}^{1\,010}2^{j-1}\lambda_jb_1\right)^2}=\sqrt{\left(\sum_{j=1}^{1\,010}2^{j-1}\varepsilon_j\right)^2a_1^2+\left(\sum_{j=1}^{1\,010}2^{j-1}\lambda_j\right)^2b_1^2}\quad ①$$

因为 $\sum_{j=1}^{1\,010}2^{j-1}\varepsilon_j$,$\sum_{j=1}^{1\,010}2^{j-1}\lambda_j$ 都是奇数,所以结合式 ① 可得

$$f_{2\,020}\geqslant\sqrt{a_1^2+b_1^2}\geqslant\sqrt{2|a_1b_1|}=2$$

当 $z_{2k-1}=2^{k-1}\sqrt{2}, z_{2k}=2^{k-1}\sqrt{2}\mathrm{i}(k=1,2,\cdots,1\,009), z_{2\,019}=-2^{1\,009}\sqrt{2}, z_{2\,020}=-2^{1\,009}\sqrt{2}\mathrm{i}$ 时,$f_{2\,020}=2$,故 $f_{2\,020}$ 的最小值是 2.

(2) 令 $S_1=\sum_{j=1}^{1\,010}2^{j-1}\varepsilon_j, S_2=\sum_{j=1}^{1\,010}2^{j-1}\lambda_j, t=\varepsilon_{1\,011}\in\{-1,1\}$.

因为 S_1,S_2 都是奇数,所以 $|S_1|\geqslant 1$,$|S_2|\geqslant 1$.

由于

$$f_{2\,020}=\sqrt{(S_1a_1)^2+(S_2b_1)^2}$$
$$f_{2\,021}=\sqrt{[(S_1+2^{1\,010}t)a_1]^2+(S_2b_1)^2}$$

可得

$$\begin{aligned}f_{2\,020}\cdot f_{2\,021}=&\sqrt{(S_1a_1)^2+(S_2b_1)^2}\cdot\\&\sqrt{(S_2b_1)^2+[(S_1+2^{1\,010}t)a_1]^2}\geqslant\\&|S_1S_2a_1b_1|+|(S_1+2^{1\,010}t)S_2a_1b_1|=(\text{柯西不等式})\\&2(|S_1S_2|+|(S_1+2^{1\,010}t)S_2|)\geqslant\\&2|(S_1+2^{1\,010}t)S_2-S_1S_2|=\\&2^{1\,011}|tS_2|\geqslant\\&2^{1\,011}\end{aligned}\quad ②$$

当 $z_{2k-1}=\frac{2^{k-1}\sqrt{2}}{\sqrt[4]{2^{1\,010}-1}}, z_{2k}=2^{k-1}\sqrt{2}\cdot\sqrt[4]{2^{1\,010}-1}\,\mathrm{i}(k=1,2,\cdots,1\,009), z_{2\,019}=\frac{2^{1\,009}\sqrt{2}}{\sqrt[4]{2^{1\,010}-1}}, z_{2\,020}=-2^{1\,009}\sqrt{2}\cdot\sqrt[4]{2^{1\,010}-1}\,\mathrm{i}, z_{2\,021}=-\frac{2^{1\,010}\sqrt{2}}{\sqrt[4]{2^{1\,010}-1}}$ 时,$f_{2\,010}\cdot f_{2\,021}=2^{1\,011}$, 式 ② 可以取到等号, 故 $f_{2\,010}\cdot f_{2\,011}$ 的最小值是 $2^{1\,011}$.

2 给定正整数 $m>1$,求正整数 n 的最小值,使得对任意整数 $a_1,a_2,\cdots,a_n,b_1,b_2,\cdots,b_n$,存在整数 $x_1,x_2,\cdots,x_n$,满足以下两个条件:

(1) 存在 $i\in\{1,2,\cdots,n\}$,使得 x_i 与 m 互素;

(2) $\sum\limits_{i=1}^{n}a_ix_i\equiv\sum\limits_{i=1}^{n}b_ix_i\equiv 0\pmod m$.

解法 1 设 m 的标准分解式为 $p_1^{\alpha_1}p_2^{\alpha_2}\cdots p_k^{\alpha_k}$.

此解法属于陈煜.

当 $n=2k$ 时,取

$$a_i=\frac{\prod\limits_{j=1}^{k}p_j}{p_i}, i=1,2,\cdots,k$$
$$a_{k+1}=a_{k+2}=\cdots=a_{2k}=0$$
$$b_1=b_2=\cdots=b_k=0$$
$$b_{k+i}=\frac{\prod\limits_{j=1}^{k}p_j}{p_i}, i=1,2,\cdots,k$$

若

$$\sum_{i=1}^{2k}a_ix_i\equiv 0\pmod m$$

则

$$\prod_{j=1}^{k} p_j \Big| \sum_{i=1}^{2k} a_i x_i$$

于是

$$p_1 \mid x_1, p_2 \mid x_2, \cdots, p_k \mid x_k$$

若

$$\sum_{i=1}^{2k} b_i x_i \equiv 0 (\bmod m)$$

则

$$\prod_{j=1}^{k} p_j \Big| \sum_{i=1}^{2k} b_i x_i$$

于是

$$p_1 \mid x_{k+1}, p_2 \mid x_{k+2}, \cdots, p_k \mid x_{2k}$$

因此,$x_1, x_2, \cdots, x_{2k}$ 都与 m 不互素,不符合条件(1),故 $n \geqslant 2k+1$.

下面证明:当 $n = 2k+1$ 时,存在整数 $x_1, x_2, \cdots, x_n$ 满足条件(1)(2).

不妨设 $\gcd(a_1, a_2, \cdots, a_{2k+1}) = 1$, $\gcd(b_1, b_2, \cdots, b_{2k+1}) = 1$,且对任意整数 λ,有

$$\gcd(a_1 - \lambda b_1, a_2 - \lambda b_2, \cdots, a_{2k+1} - \lambda b_{2k+1}) = 1 \quad ①$$

$$\sum_{i=1}^{2k+1} a_i x_i \equiv \sum_{i=1}^{2k+1} b_i x_i \equiv 0 (\bmod m) \Leftrightarrow$$

$$\forall j \in \{1, 2, \cdots, k\}, \sum_{i=1}^{2k+1} a_i x_i \equiv \sum_{i=1}^{2k+1} b_i x_i \equiv 0 (\bmod p_j^{\alpha_i}) \quad ②$$

设 $a_1, a_2, \cdots, a_{2k+1}$ 中与 p_j 互素的数为 $a_{s_1}, a_{s_2}, \cdots, a_{s_u}$ $(1 \leqslant s_1 < s_2 < \cdots < s_u \leqslant 2k+1)$,$b_1, b_2, \cdots, b_{2k+1}$ 中与 p_j 互素的数为 $bt_1, bt_2, \cdots, bt_v$ $(1 \leqslant t_1 < t_2 < \cdots < t_v \leqslant 2k+1)$.

若存在 s_l, t_r $(1 \leqslant l \leqslant u, 1 \leqslant r \leqslant v)$ 使得 $t_r \notin \{s_1, s_2, \cdots, s_u\}$, $s_l \notin \{t_1, t_2, \cdots, t_v\}$,则 $p_j \mid a_{t_r}, p_j \mid b_{s_l}$.

现在,取 $x_i \equiv 1 (\bmod p_j^{\alpha_i})$ $(i = 1, 2, \cdots, 2k+1, i \neq t_r, s_l)$,则式②可化为

$$\begin{cases} a_{s_l} x_{s_l} + a_{t_r} x_{t_r} \equiv c (\bmod p_j^{\alpha_j}) \\ b_{s_l} x_{s_l} + b_{t_r} x_{t_r} \equiv d (\bmod p_j^{\alpha_j}) \end{cases} \quad ③$$

其中 c, d 是确定的常数. 由 $a_{s_l} b_{t_r} - a_{t_r} b_{s_l}$ 与 p_j 互素可知式③有解,此时 $x_1, x_2, \cdots, x_{2k+1}$ 中至多有两个数能被 p_j 整除.

若上述情形不存在,则 $u = v, s_1 = t_1, s_2 = t_2, \cdots, s_u = t_v$.

这时,如果 $\frac{a_{s_1}}{b_{s_1}}, \frac{a_{s_2}}{b_{s_2}}, \cdots, \frac{a_{s_u}}{b_{s_u}}$ 中有两个模 p_j 不同余,不妨设 $\frac{a_{s_1}}{b_{s_1}} \neq \frac{a_{s_2}}{b_{s_2}} (\bmod p_j)$,则 $\gcd(a_{s_1} b_{s_2} - a_{s_2} b_{s_1}, p_j) = 1$. 现在,取 $x_i \equiv$

$1(\bmod p_j^{\alpha_j})(i=1,2,\cdots,2k+1,i\neq s_1,s_2)$，则式 ② 可化为

$$\begin{cases}a_{s_1}x_{s_1}+a_{s_2}x_{s_2}\equiv c'(\bmod p_j^{\alpha_j})\\ b_{s_1}x_{s_1}+b_{s_2}x_{s_2}\equiv d'(\bmod p_j^{\alpha_j})\end{cases} \quad ④$$

其中 c',d' 是确定的常数. 由 $a_{s_1}b_{s_2}-a_{s_2}b_{s_1}$ 与 p_j 互素可知式 ④ 有解，这样 $x_1,x_2,\cdots,x_{2k+1}$ 中至多有两个数能被 p_j 整除.

如果$\frac{a_{s_1}}{b_{s_1}},\frac{a_{s_2}}{b_{s_2}},\cdots,\frac{a_{s_u}}{b_{s_u}}$模 p_j 两两同余，可设$\frac{a_{s_1}}{b_{s_1}}\equiv\frac{a_{s_2}}{b_{s_2}}\equiv\cdots\equiv\frac{a_{s_u}}{b_{s_u}}\equiv\lambda(\bmod p_j)$，则 $p_j\mid a_{s_l}-\lambda b_{s_l}(l=1,2,\cdots,u)$. 于是 $p_j\mid a_i-\lambda b_i(i=1,2,\cdots,2k+1)$，这与式 ① 矛盾!

因此对$j\in\{1,2,\cdots,k\}$，可找到整数$x_1,x_2,\cdots,x_{2k+1}$，其中至多有两个数能被 p_j 整除，且其他数模 $p_j^{\alpha_j}$ 与 1 同余，满足

$$\sum_{i=1}^{2k+1}a_ix_i\equiv\sum_{i=1}^{2k+1}b_ix_i\equiv 0(\bmod p_j^{\alpha_j}) \quad ⑤$$

从而，由中国剩余定理可知：存在整数 $x_1,x_2,\cdots,x_{2k+1}$ 使得 $\sum_{i=1}^{2k+1}a_ix_i\equiv\sum_{i=1}^{2k+1}b_ix_i\equiv 0(\bmod m)$. 再结合式 ⑤ 可知，$x_1,x_2,\cdots,x_{2k+1}$ 中至少有$(2k+1)-2k=1$ 个数不能被 $p_1,p_2,\cdots,p_k$ 整除，该数当然与 m 互素.

综上所述，n 的最小值是 $2k+1$，其中 k 是 m 的所有素因子的个数.

解法 2 设 $m=\prod_{j=1}^{s}p_j^{\alpha_j}$ 是 m 的素因子分解式，我们声明，最小的 $n=2s+1$. 我们证明下面的引理.

此解法属于罗炜.

引理 任给两个线性齐次整系数模 p^α 的同余方程

$$\begin{cases}a_1x_1+a_2x_2+\cdots+a_kx_k\equiv 0\\ b_1x_1+b_2x_2+\cdots+b_kx_k\equiv 0\end{cases} \quad ⑥$$

存在两个指标 $i_1,i_2\in\{1,2,\cdots,k\}$ 及整系数 $c_j,c'_j,1\leqslant j\leqslant k,j\neq i_1,j\neq i_2$，使得满足

$$-x_{i_1}=\sum_{j\neq i_1,i_2}c_jx_j$$

$$-x_{i_2}=\sum_{j\neq i_1,i_2}c'_jx_j$$

的任何整数组$\{x_1,x_2,\cdots,x_k\}$ 都是式 ⑥ 的解.

引理的证明 取 a_i 或 b_i，$1\leqslant i\leqslant k$，其所含 p 幂次最小，对应指标取为 i_1. 不妨设 a_{i_1} 中 p 幂次最小，则存在整数 λ，使得 $\lambda\cdot a_{i_1}\equiv b_{i_1}(\bmod p^\alpha)$，将第二个方程减去第一个方程的 λ 倍，得到的新方程组与原来的两个方程等价. 设第二个方程的系数为 b'_i，$1\leqslant i\leqslant k$，则 $b'_{i_1}\equiv 0(\bmod p^\alpha)$，当作同余方程系数来看，可以认为 $b'_{i_1}=0$. 再

取 $1 \leqslant j \leqslant k, j \neq i_1$，使得 b'_j 的 p 幂次最小，对应的指标记为 i_2.

现在，因为 b'_{i_2} 的 p 幂次最小，存在 $c'_j, j \neq i_1, j \neq i_2$，使得 $b'_j \equiv c'_j b'_{i_2} \pmod{p^{\alpha}}$，于是满足

$$-x_{i_2} \equiv \sum_{j \neq i_1, i_2} c'_j x_j$$

的数组 $(x_1, x_2, \cdots, x_n)$ 自动满足新方程组的第二个方程（x_1 尚无任何要求）. 将 x_{i_2} 的这个表示代入第一个方程，依旧满足 $x_j, j \neq i_1, i_2$ 的系数的 p 幂次不小于 a_{i_1} 的 p 幂次. 由此类似得到 x_{i_1} 的同余解.

引理证毕.

现在回到原问题. 从模 $m = \prod_{j=1}^{s} p_j^{\alpha_j}$ 的初始两个方程、n 个变量出发. 根据引理，我们可以得到消掉其中两个变量 x_{i_1}, x_{i_2} 的一种整系数线性代换方式，使得方程自动模 $p_1^{\alpha_1}$ 成立. 代换后得到 $n-2$ 个变量的方程组，这个方程组是原方程组添加额外条件得到的，因此其模 $\frac{m}{p_1^{\alpha_1}}$ 的解还是原方程组的解. 我们对新的 $n-2$ 个变量的方程组继续应用引理，这次进行特殊代换，使得方程组模 $p_2^{\alpha_2}$ 自动成立，得到 $n-4$ 个变量的方程组. 如此继续，最后剩余 1 个变量，这个变量取任何整数，都能不断代入得到原方程组模每个 $p_i^{\alpha_i}$ 的解，因此得到原方程组模 m 的解. 最后这个变量取为 1，则与 m 互素，得到的解满足题目要求.

当 $m \leqslant 2s$ 时，使用中国剩余定理，使系数满足模每个 p_i，只有 a_{2i-1} 和 b_{2i} 为 1，其他系数为 0，则方程组模 m 的任何解满足 p_i 整除 x_{2i-1} 和 x_{2i}. 因此每个变量和 m 不互素，不存在题目要求的解.

3 已知正整数 n，恰有 36 个不同的素数整除 n，对 $k = 1, 2, \cdots, 5$，记 $\left[\frac{(k-1)n}{5}, \frac{kn}{5}\right]$ 中与 n 互素的整数个数为 c_k，已知 $c_1, c_2, \cdots, c_5$ 不完全相同，求证：$\sum_{1 \leqslant i < j \leqslant 5} (c_i - c_j)^2 \geqslant 2^{36}$.

证明 由题意可设 $n = p_1^{\alpha_1} p_2^{\alpha_2} \cdots p_{36}^{\alpha_{36}}$，其中 $p_1, p_2, \cdots, p_{36}$ 是 36 个不同的素数，$\alpha_i \in \mathbf{N}_+ (i = 1, 2, \cdots, 36)$.

此证法属于陈煜.

注意到对任意 $x \geqslant 0$，正整数 m，有 $\left[\frac{[x]}{m}\right] = \left[\frac{x}{m}\right]$.

根据容斥原理可得

$$c_1 = \left[\frac{n}{5}\right] - \sum_{i=1}^{36} \left[\frac{\left[\frac{n}{5}\right]}{p_i}\right] + \sum_{1 \leqslant i < j \leqslant 36} \left[\frac{\left[\frac{n}{5}\right]}{p_i p_j}\right] - \cdots + (-1)^{36} \left[\frac{\left[\frac{n}{5}\right]}{p_1 p_2 \cdots p_{36}}\right] =$$

$$\left[\frac{n}{5}\right] - \sum_{i=1}^{36} \left[\frac{n}{5p_i}\right] + \sum_{1 \leqslant i < j \leqslant 36} \left[\frac{n}{5p_i p_j}\right] - \cdots + (-1)^{36} \left[\frac{n}{5p_1 p_2 \cdots p_{36}}\right] \quad ①$$

对任意 $k\in\{2,3,4,5\}$,有

$$c_1+c_2+\cdots+c_k=\left[\frac{kn}{5}\right]-\sum_{i=1}^{36}\left[\frac{\left[\frac{kn}{5}\right]}{p_i}\right]+\sum_{1\leqslant i<j\leqslant 36}\left[\frac{\left[\frac{kn}{5}\right]}{p_ip_j}\right]-\cdots+(-1)^{36}\left[\frac{\left[\frac{kn}{5}\right]}{p_1p_2\cdots p_{36}}\right]=\left[\frac{kn}{5}\right]-\sum_{i=1}^{36}\left[\frac{kn}{5p_i}\right]+\sum_{1\leqslant i<j\leqslant 36}\left[\frac{kn}{5p_ip_j}\right]-\cdots+(-1)^{36}\left[\frac{kn}{5p_1p_2\cdots p_{36}}\right] \quad ②$$

现在,记

$$T_k(x)=\left[\frac{kx}{5}\right]-\left[\frac{(k-1)x}{5}\right]$$

由式 ①② 可得:对任意 $k\in\{1,2,\cdots,5\}$,有

$$c_k=T_k(n)-\sum_{i=1}^{36}T_k\left(\frac{n}{p_i}\right)+\sum_{1\leqslant i<j\leqslant 36}T_k\left(\frac{n}{p_ip_j}\right)-\cdots+(-1)^{36}T_k\left(\frac{n}{p_1p_2\cdots p_{36}}\right) \quad ③$$

注意到,对任意 $u,v\in\mathbf{N}$,有

$$T_k(5u+v)=\left[\frac{k(5u+v)}{5}\right]-\left[\frac{(k-1)(5u+v)}{5}\right]=u+T_k(v)$$

定义 $f(m)$ 是正整数 m 除以 5 的余数,则对任意 $m\in\mathbf{N}_+$,有

$$T_k(m)=\left[\frac{m}{5}\right]+T_k(f(m))$$

再结合 ③ 可得:对任意 $k\in\{1,2,\cdots,5\}$,有

$$c_k=c_1+T_k(f(n))-\sum_{i=1}^{36}T_k\left(f\left(\frac{n}{p_i}\right)\right)+\sum_{1\leqslant i<j\leqslant 36}T_k\left(f\left(\frac{n}{p_ip_j}\right)\right)-\cdots+T_k\left(f\left(\frac{n}{p_1p_2\cdots p_{36}}\right)\right)$$

即

$$c_k-c_1=T_k(f(n))-\sum_{i=1}^{36}T_k\left(f\left(\frac{n}{p_i}\right)\right)+\sum_{1\leqslant i<j\leqslant 36}T_k\left(f\left(\frac{n}{p_ip_j}\right)\right)-\cdots+T_k\left(f\left(\frac{n}{p_1p_2\cdots p_{36}}\right)\right) \quad ④$$

因为对任意 $m\in\mathbf{N}_+$,有 $f(m)\in\{0,1,2,3,4\}$,所以 c_k-c_1 可表示为

$$m_0T_k(0)+m_1T_k(1)+m_2T_k(2)+m_3T_k(3)+m_kT_k(4)=m_1T_k(1)+m_2T_k(2)+m_3T_k(3)+m_4T_k(4) \quad ⑤$$

这里 m_0,m_1,m_2,m_3,m_4 是确定的整数,我们知道 $T_k(0)=0$.

利用

$$T_k(x)=\left[\frac{kx}{5}\right]-\left[\frac{(k-1)x}{5}\right]$$

可以算出

$$(T_1(1),T_1(2),T_1(3),T_1(4))=(0,0,0,0)$$
$$(T_2(1),T_2(2),T_2(3),T_2(4))=(0,0,1,1)$$
$$(T_3(1),T_3(2),T_3(3),T_3(4))=(0,1,0,1)$$
$$(T_4(1),T_4(2),T_4(3),T_4(4))=(0,0,1,1)$$
$$(T_5(1),T_5(2),T_5(3),T_5(4))=(1,1,1,1)$$

因此

$$c_2-c_1=m_3+m_4$$
$$c_3-c_1=m_2+m_4$$
$$c_4-c_1=m_3+m_4$$
$$c_5-c_1=m_1+m_2+m_3+m_4$$

于是

$$\begin{cases}c_3-c_2=m_2-m_3\\ c_4-c_2=0\\ c_5-c_2=m_1+m_2\\ c_4-c_3=m_3-m_2\\ c_5-c_3=m_1+m_3\\ c_5-c_4=m_1+m_2\end{cases} \quad ⑥$$

另外,由式④可知当 $5^2\mid n$ 时,$c_k-c_1=0,k=1,2,\cdots,5$,即 $c_1=c_2=\cdots=c_5$,这与 $c_1,c_2,\cdots,c_5$ 不完全相同矛盾! 故 $5^2\nmid n$.

下面对 n 分两种情况讨论:

(1)当 $5\nmid n$ 时,因为 $2^1\equiv 2(\bmod 5),2^2\equiv 4(\bmod 5),2^3\equiv 3(\bmod 5),2^4\equiv 1(\bmod 5)$,所以存在正整数 t_0,使得 $2^{t_0}\equiv n(\bmod 5)$,又由 $p_i\neq 5(i=1,2,\cdots,36)$ 可知:存在正整数 t_i,使得 $2^{t_i}p_i\equiv 1(\bmod 5)$,即 $\frac{1}{p_i}\equiv 2^{t_i}(\bmod 5)$.

再结合式④⑤可得:对任意 $k\in\{1,2,\cdots,5\}$,有

$$c_k-c_1=$$
$$T_k(f(2^{t_0}))-\sum_{i=1}^{36}T_k(f(2^{t_0+t_i}))+\sum_{1\leqslant i<j\leqslant 36}T_k(f(2^{t_0+t_i+t_j}))-\cdots+$$
$$(-1)^{36}T_k(f(2^{t_0+t_1+\cdots+t_{36}}))=$$
$$m_1T_k(1)+m_2T_k(2)+m_3T_k(3)+m_4T_k(4) \quad ⑦$$

现在,令

$$h(x)=x^{t_0}(1-x^{t_1})(1-x^{t_2})\cdots(1-x^{t_{36}})$$

由式⑦可知:将 $h(x)$ 展开后,所有次数模 4 余 0 的项的系数之和

为 m_1,所有次数模 4 余 1 的项的系数之和为 m_2,所有次数模 4 余 2 的项的系数之和为 m_4,所有次数模 4 余 3 的项的系数之和为 m_3(这是由 $2^n \pmod 5$ 的余数数列是周期为 4 的周期数列,且 $2^0 \equiv 1 \pmod 5$,$2^1 \equiv 2 \pmod 5$,$2^2 \equiv 4 \pmod 5$,$2^3 \equiv 3 \pmod 5$ 所确定的).

再令 $x^4 = 1$,可得

$$x^{t_0}(1-x^{t_1})(1-x^{t_2})\cdots(1-x^{t_{36}}) = m_1 + m_2x + m_4x^2 + m_3x^3 \quad ⑧$$

在式 ⑧ 中取 $x = 1$ 可得

$$m_1 + m_2 + m_3 + m_4 = 0$$

于是,由式 ⑥ 可知

$$\sum_{1 \leqslant i < j \leqslant 5}(c_i - c_j)^2 = 2(m_2 - m_3)^2 + 4(m_1 + m_2)^2 + 2(m_1 + m_3)^2 \quad ⑨$$

设 $t_1, t_2, \cdots, t_{36}$ 中有 λ_i 个数除以 4 余 $i(i = 0,1,2,3)$,则

$$\lambda_0 + \lambda_1 + \lambda_2 + \lambda_3 = 36$$

由式 ⑧ 可得:若 $x^4 = 1$,则

$$x^{t_0}(1-x^0)^{\lambda_0}(1-x)^{\lambda_1}(1-x^2)^{\lambda_2}(1-x^3)^{\lambda_3} = m_1 + m_2x + m_4x^2 + m_3x^3$$

如果 $\lambda_0 \neq 0$,那么有 $m_1 + m_2x + m_4x^2 + m_3x^3 = 0$ 对 $x = \pm 1, \pm i$ 都成立,而当 m_1, m_2, m_4, m_3 不全为零时,关于 x 的方程 $m_1 + m_2x + m_4x^2 + m_3x^3 = 0$ 至多有三个根,故 $m_1 = m_2 = m_4 = m_3 = 0$,进而 $c_1 = c_2 = c_3 = c_4 = c_5$,这与 c_1, c_2, c_3, c_4, c_5 不完全相同矛盾!故 $\lambda_0 = 0$. 即 $\forall x \in \{-1, 1, i, -i\}$,有

$$x^{t_0}(1-x)^{\lambda_1}(1-x^2)^{\lambda_2}(1-x^3)^{\lambda_3} = m_1 + m_2x + m_4x^2 + m_3x^3$$

其中

$$\lambda_1 + \lambda_2 + \lambda_3 = 36 \quad ⑩$$

在式 ⑩ 中取 $x = -1$,可得

$$m_1 + m_4 - m_2 - m_3 = \begin{cases} 0, \lambda_2 \neq 0 \\ (-1)^{t_0} \cdot 2^{36}, \lambda_2 = 0 \end{cases}$$

于是

$$m_1 + m_4 \equiv m_2 + m_3 \pmod{2^{36}}$$

又由

$$m_1 + m_2 + m_3 + m_4 = 0$$

可得

$$2^{35} \mid m_1 + m_4, 2^{35} \mid m_2 + m_3 \quad ⑪$$

在式 ⑩ 中取 $x = i$,可得

$$(m_1-m_4)+(m_2-m_3)i=$$
$$2^{\lambda_2}i^{t_0}(1-i)^{\lambda_1}(1+i)^{\lambda_3}=$$
$$(1-i)^{\lambda_1+\lambda_2+\lambda_3}\left(\frac{2}{1-i}\right)^{\lambda_2}\left(\frac{1+i}{1-i}\right)^{\lambda_3}i^{t_0}=$$
$$-2^{18}(1+i)^{\lambda_2}i^{\lambda_3+t_0}$$

由此式可知

$$2^{18}\mid(m_1-m_4),2^{18}\mid(m_2-m_3) \quad ⑫$$

结合式 ⑪⑫ 可得:m_1,m_2,m_3,m_4 均能被 2^{17} 整除.

若 $m_2\neq m_3$,由式 ⑫ 可得 $|m_2-m_3|\geqslant 2^{18}$,再结合式 ⑨ 可得

$$\sum_{1\leqslant i<j\leqslant 5}(c_i-c_j)^2=$$
$$2(m_2-m_3)^2+4(m_1+m_2)^2+2(m_1+m_3)^2\geqslant$$
$$2(m_2-m_3)^2\geqslant$$
$$2^{37}>2^{36}$$

若 $m_2=m_3$,由式 ⑨ 及 $c_1,c_2,\cdots,c_5$ 不完全相同,可知 $m_1+m_2\neq 0$,而 $2^{17}\mid m_1+m_2$,所以 $|m_1+m_2|\geqslant 2^{17}$.

再结合式 ⑨ 可得

$$\sum_{1\leqslant i<j\leqslant 5}(c_i-c_j)^2=$$
$$2(m_2-m_3)^2+4(m_1+m_2)^2+2(m_1+m_3)^2=$$
$$6(m_1+m_2)^2\geqslant 6\times(2^{17})^2>2^{36}$$

(2)当 $5\mid n$ 时,由于 $5^2\nmid n$,所以 $5\parallel n$,不妨设 $p_{36}=5$,则 $\alpha_{36}=1$. 记 $n'=\frac{n}{5}$,则 $5\nmid n'$.

由式 ④ 可得

$$c_k-c_1=$$
$$T_k(f(5n'))-\sum_{i=1}^{36}T_k\left(f\left(\frac{5n'}{p_i}\right)\right)+$$
$$\sum_{1\leqslant i<j\leqslant 36}T_k\left(f\left(\frac{5n'}{p_ip_j}\right)\right)-\cdots+T_k\left(f\left(\frac{5n'}{p_1p_2\cdots p_{36}}\right)\right)=$$
$$-T_k(f(n'))+\sum_{i=1}^{35}T_k\left(f\left(\frac{n'}{p_i}\right)\right)-\cdots+$$
$$T_k\left(f\left(\frac{n'}{p_1p_2\cdots p_{35}}\right)\right)$$

而这里 $5\nmid n'$,接下来可采用类似(1)的处理方法,同理可证

$$\sum_{1\leqslant i<j\leqslant 5}(c_i-c_j)^2\geqslant 2^{36}$$

综合(1)(2)可得 $\sum\limits_{1\leqslant i<j\leqslant 5}(c_i-c_j)^2\geqslant 2^{36}$.

4 锐角 $\triangle ABC(AB > AC)$，M 为其外接圆上劣弧$\overset{\frown}{BC}$的中点，K 为 A 的对径点，过 O 作 $OD // AM$ 交 AB 于 D，交 CA 的延长线于 E，直线 BM 交直线 CK 于 P，直线 CM 交直线 BK 于 Q，求证：$\angle OPB + \angle OEB = \angle OQC + \angle ODC$.

证明 如图 1 所示，联结 OB，OC.

此证法属于陈煜.

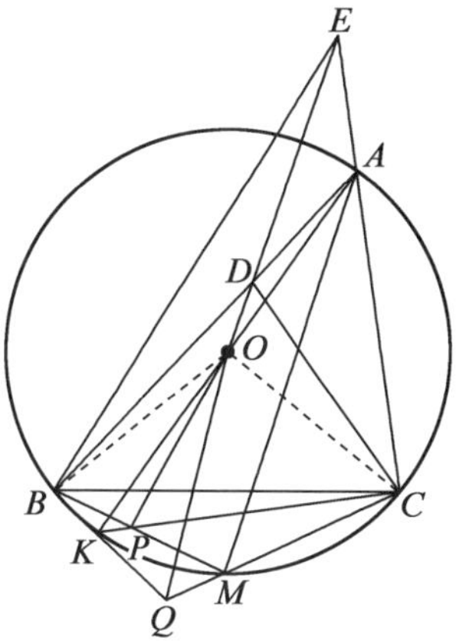

图 1

因为

$$\angle ODB = \angle MAB = \angle MBC$$
$$\angle OBD = \angle OAB = \angle KAB = \angle KCB$$

所以

$$\triangle OBD \backsim \triangle PCB \Rightarrow \frac{BD}{CB} = \frac{OB}{PC} = \frac{OC}{PC}$$

又由

$$\angle CBD = \angle OBC + \angle OBD = \angle OCB + \angle PCB = \angle PCO$$

可得

$$\triangle BCD \backsim \triangle CPO \Rightarrow \angle OPC = \angle DCB$$

同理可由

$$\triangle OCE \backsim \triangle QBC \Rightarrow \triangle BCE \backsim \triangle QBO \Rightarrow \angle OQB = \angle EBC$$

于是

$$\begin{aligned}\angle OPB + \angle OEB &= \angle BPC - \angle OPC + \angle OEB = \\ &\angle DOB - \angle DCB + \angle OEB = \\ &\angle ODC + \angle OBC + \angle OEB = \\ &\angle ODC + \angle OCB + \angle OEB = \\ &\angle ODC + \angle COE - \angle CBE = \\ &\angle ODC + \angle BQC - \angle BQO = \\ &\angle ODC + \angle OQC\end{aligned}$$

5 P 是一个凸多面体，满足以下两个性质：

(1) P 的每一个顶点恰属于 3 个不同的面；

(2) 对任意 $k \geqslant 3$，P 中 k 边形面都恰有偶数个.

有一只蚂蚁从某条棱的中点出发，沿棱爬行，走一条闭合路径 L，经过 L 上每一点恰好一次，最终回到出发点. L 将 P 的表面分为两部分，使得对任意 $k \geqslant 3$，两部分中 k 边形面的个数相等，求证：蚂蚁在爬行中向左转与向右转的次数相等.

证明 设 L 将 P 的表面分成的两部分为 M，N.

此证法属于陈煜.

如图 2，先观察闭合路径 L，可以看出蚂蚁在一个路口左转所经过的顶点恰属于某个部分（不妨设为 M）中的两个多边形面.

若下一个路口左转,则此时所经过的顶点恰属于 M 中的两个多边形面;若下一个路口右转,则此时所经过的顶点恰属于 M 中的一个多边形面.

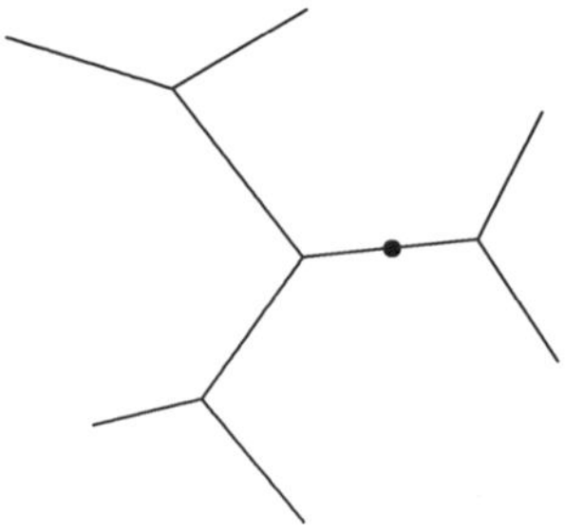

图 2

对于蚂蚁在一个路口右转,下一步的情况与前述类似.

由此可知,蚂蚁在爬行中向左转和向右转的次数与 L 上的顶点有关.

记闭合路径 L 上所有顶点构成集合 S.

设 S 中有 x 个点恰属于 M 中的一个多边形面,y 个点恰属于 M 中的两个多边形面,则由条件(1)可知:S 中有 x 个点恰属于 N 中的两个多边形面,y 个点恰属于 N 中的一个多边形面.

于是,蚂蚁在爬行中向左转和向右转的次数为 x,y.

下面证明 $x=y$.

对任意 $k\geqslant 3$,M,N 中 k 边形面的个数相等,因此,M,N 中所有面的顶点数之和相等. 现在,设 M 侧中不属于 S 的顶点有 u 个. N 侧中不属于 S 的顶点有 v 个,由条件(1)可知 M 侧中所有面的顶点数之和为 $3u+x+2y$,N 侧中所有面的顶点数之和为 $3v+2x+y$,从而有

$$3u+x+2y=3v+2x+y \quad ①$$

由题意可知,M,N 的面数相等,设面数为 f.

设 M 侧的棱数为 e,因为一条棱有两个顶点,所以 $2e$ 等于 M 侧中所有面的顶点数之和再加上 L 上所有顶点数,即

$$2e=(3u+x+2y)+x+y$$

故

$$e=\frac{1}{2}(3u+2x+3y)$$

同理可得:N 侧的棱数为

$$\frac{1}{2}(3v+3x+2y)$$

对于 M 侧,其面数为 f,顶点数为 $u+x+y$,棱数为 $\frac{1}{2}(3u+2x+3y)$,根据欧拉(Euler)定理可得

$$(u+x+y)-\frac{1}{2}(3u+2x+3y)+(f+1)=2 \quad ②$$

同样对于 N 侧,根据欧拉定理可得

$$(v+x+y)-\frac{1}{2}(3v+3x+2y)+(f+1)=2 \quad ③$$

由式①②③可得 $u=v$,代入式①可得 $x=y$,即蚂蚁在爬行中向左转与向右转的次数相等.

6 设 $\mathbf{N}_+$ 是正整数集,求所有的函数 $f:\mathbf{N}_+\to\mathbf{N}_+$,使得对任意正整数 x,y,均有

$$f(f(x)+y)\mid x+f(y) \qquad (*)$$

解 若存在 $a,b\in\mathbf{N}_+,a>b$,使得 $f(a)=f(b)$,选取这样的 a,b,让 $a-b$ 最小.

此解法属于陈煜.

在式(*)中取 $x=a$,可得:$\forall y\in\mathbf{N}_+$

$$f(f(a)+y)\mid a+f(y) \qquad ①$$

在式(*)中取 $x=b$,可得:$\forall y\in\mathbf{N}_+$

$$f(f(b)+y)\mid b+f(y) \qquad ②$$

由式①②可得:$\forall y\in\mathbf{N}_+$

$$f(f(a)+y)\mid a-b \qquad ③$$

这表明 f 有界. 由 $a-b$ 的最小性可知 $f(f(a)+1),f(f(a)+2),\cdots,f(f(a)+a-b)$ 两两不同,结合式③可知 $a-b$ 至少有 $a-b$ 个不同的因子,即 $1,2,\cdots,a-b$ 都整除 $a-b$,故 $a-b\in\{1,2\}$.

当 $a-b=1$ 时,由式③可得:$\forall y\in\mathbf{N}_+,f(f(a)+y)=1$,即对任意正整数 $x\geqslant f(a)+1$,有 $f(x)=1$.

在式(*)中分别取 $x=f(a)+1,f(a)+2$,可得:对任意 $y\in\mathbf{N}_+$

$$f(1+y)\mid f(a)+1+f(y) \qquad ④$$

$$f(1+y)\mid f(a)+2+f(y) \qquad ⑤$$

由式④⑤可得 $f(1+y)\mid 1\Rightarrow f(1+y)=1$,即对任意正整数 $x\geqslant 2$,有 $f(x)=1$.

因为 $\forall x,y\in\mathbf{N}_+,f(x)+y\geqslant 1+1=2$,所以 $f(f(x)+y)=1$,故此时 $f(x)=\begin{cases}c,x=1\\1,x\geqslant 2\end{cases}$,易检验该函数符合题意!

若 $a-b=2$ 时,由式③可知对任意 $y\in\mathbf{N}_+$,有 $f(f(a)+y)\in\{1,2\}$,再结合 $a-b$ 的最小性可知:存在 $n\in\mathbf{N}_+$,使得 $f(n)=f(n+2)=\cdots=f(n+2k)=\cdots=1,f(n+1)=f(n+3)=\cdots=f(n+2k+1)=\cdots=2$,在式(*)中分别取 $x=n,n+2$,可得:对任意 $y\in\mathbf{N}_+$

$$f(1+y)\mid n+f(y) \qquad ⑥$$

$$f(1+y)\mid n+2+f(y) \qquad ⑦$$

由式⑥⑦可得

$$f(1+y)\mid 2\Rightarrow f(1+y)\in\{1,2\}$$

即对任意正整数 $x\geqslant 2$,有 $f(x)\in\{1,2\}$.

故 $f(2)=f(4)=\cdots=f(2k)=\cdots=1,f(3)=f(5)=\cdots=f(2k+1)=\cdots=2$,或 $f(2)=f(4)=\cdots=f(2k)=\cdots=2,f(3)=$

$f(5)=\cdots=f(2k+1)=\cdots=1$.

若$f(2)=f(4)=\cdots=f(2k)=\cdots=1$，$f(3)=f(5)=\cdots=f(2k+1)=\cdots=2$，则在式（$*$）中取$x=y=3$可得$f(f(3)+3)\mid 3+f(3)\Rightarrow 2\mid 5$不成立！故$f(2)=f(4)=\cdots=f(2k)=\cdots=2$，$f(3)=f(5)=\cdots=f(2k+1)=\cdots=1$.

在式（$*$）中取$x=3,y=1$可得$2\mid 3+f(1)\Rightarrow f(1)$为奇数.

易检验

$$f(x)=\begin{cases}c(\text{奇数}),x=1\\2,x\text{ 为偶数}\\1,x\text{ 为奇数且 }x\geqslant 3\end{cases}$$

符合题意！

若上述情况不存在，则对任意$a,b\in\mathbf{N}_+,a>b$，有$f(a)\neq f(b)$，此时，f为单射.

设$m=f(1)$，在式（$*$）中取$x=1$可得：$\forall y\in N_+$

$$f(m+y)\mid 1+f(y)\Rightarrow f(m+y)\leqslant 1+f(y)$$

若存在$y_0\in\mathbf{N}_+$，使得$f(m+y_0)\neq 1+f(y_0)$，另外由f是单射可知$f(m+y_0)\neq f(y_0)$，从而$f(m+y_0)<f(y_0)$.

假设$f(km+y_0)<f(y_0)(k\geqslant 1)$.

在式（$*$）中取$x=1,y=km+y_0$可得

$$f((k+1)m+y_0)\mid 1+f(km+y_0)\Rightarrow$$
$$f((k+1)m+y_0)\leqslant 1+f(km+y_0)\leqslant f(y_0)$$

而由f是单射可知

$$f((k+1)m+y_0)\neq f(y_0)$$

所以

$$f((k+1)m+y_0)<f(y_0)$$

故由数学归纳法可知：对任意$n\in\mathbf{N}_+$，有$f(nm+y_0)<f(y_0)$，这与n的任意性和f是单射不符！

从而，对任意$x\in\mathbf{N}_+$，有

$$f(m+x)=1+f(x)$$

由此易得，对任意$x,n\in\mathbf{N}_+$，有

$$f(nm+x)=n+f(x)$$

于是

$$f(f(2)m+1)=f(2)+f(1)=f(f(1)m+2)\Rightarrow$$
$$f(2)m+1=f(1)m+2\Rightarrow(f(2)-f(1))m=1\Rightarrow$$
$$m=1,f(2)-f(1)=1\Rightarrow f(1)=1,f(2)=2$$

因此，对任意$x,n\in\mathbf{N}_+$，有

$$f(n+x)=n+f(x)$$

在上式中取$x=1$可得$\forall n\in\mathbf{N}_+,f(n+1)=n+1$. 即$\forall x\in\mathbf{N}_+,f(x)=x$，易检验该函数符合题意！

综上所述,所求为:

(1) $f(x)=\begin{cases}c, x=1\\1, x\geqslant 2\end{cases}$, c 为给定正整数;

(2) $f(x)=\begin{cases}c, x=1\\2, 2\mid x\\1, 2\nmid x, x\geqslant 3\end{cases}$, c 为任意正奇数;

(3) $f(x)=x$.

第 37 届中国数学奥林匹克

福州,2021

1 给定正实数 a,b 和平面上的两个点 A,B,满足 $AB=a$,平面上取两个点 C,D 满足 $ABCD$ 是一个非退化的凸四边形,并且 $BC=CD=b$,$AD=a$. 易知四边形 $ABCD$ 有内切圆,求内切圆圆心的轨迹.

解 注意到 $\triangle ABC\cong\triangle ADC$,从而 AC 为 $\angle BAD$,$\angle BCD$ 的角平分线,因此 I 在线段 AC 上且满足

$$\frac{AI}{IC}=\frac{AB}{BC}=\frac{a}{b}$$

于是

$$\overrightarrow{AI}=\frac{a}{a+b}\overrightarrow{AC}$$

且此时 I 到四条边距离相等,下面求点 C 的轨迹.

事实上四边形 $ABCD$ 为凸四边形等价于 $\angle CAB$,$\angle ACB$ 为锐角.

我们以 A 为原点,AB 为 x 轴的正方向建立平面直角坐标系,则 B 的坐标为 $(a,0)$.

当 $a>b$ 时,点 C 的轨迹方程为

$$(x-a)^2+y^2=b^2,x\in\left(\frac{a^2-b^2}{a},a+b\right)$$

故点 I 的轨迹方程为

$$\left(x-\frac{a^2}{a+b}\right)^2+y^2=\left(\frac{ab}{a+b}\right)^2,x\in(a-b,a)$$

当 $a\leqslant b$ 时,点 C 的轨迹方程为

$$(x-a)^2+y^2=b^2,x\in(0,a+b)$$

故点 I 的轨迹方程为

$$\left(x-\frac{a^2}{a+b}\right)^2+y^2=\left(\frac{ab}{a+b}\right)^2,x\in(0,a)$$

在线段 AB 上取点 O 满足 $OA=\frac{a^2}{a+b}$,记 $r=\frac{ab}{a+b}$.

当 $a>b$ 时,在线段 AB 上取点 E 满足 $AE=a-b$,点 I 的轨迹是在以 O 为圆心,r 为半径的圆上,且在直线 AB 上的投影在线段

EB 内部的所有点. 当 $a \leqslant b$ 时,点 I 的轨迹是在以 O 为圆心,r 为半径的圆上且在直线 AB 上的投影在线段 AB 内部的所有点.

2 求最大的实数 λ,使得对任意 $p,q,r,s \in \mathbf{R}_+$,都存在一个复数 $z=a+b\mathrm{i}$ 满足 $|b| \geqslant \lambda |a|$,并且 z 是如下方程的根

$$(px^3+2qx^2+2rx+s)(qx^3+2px^2+2sx+r)=0$$

解 令 $p=q=r=s$,此时 $z=-1, -\frac{1}{2}\pm\frac{\sqrt{3}}{2}\mathrm{i}, \lambda=\sqrt{3}$.

下面证 $\lambda=\sqrt{3}$ 满足要求.

若 $ps \geqslant qr$,我们证明 $pz^3+2qz^2+2rz+s=0$ 有一个满足条件的复根.

若 $pz^3+2qz^2+2rz+s=0$ 的根均为实根,设为 $-u, -v, -w$,则 $u,v,w>0$.

由韦达(Vieta)定理知

$$u+v+w=\frac{2q}{p}, uv+vw+wu=\frac{2r}{p}, uvw=\frac{s}{p}$$

而由均值不等式

$$\frac{4qr}{p^2} \geqslant (u+v+w)(uv+vw+wu) \geqslant 9uvw=\frac{9s}{p}$$

从而 $qr>ps$,矛盾!

设 $-c, -a\pm\lambda a\mathrm{i}$ 是方程 $pz^3+2qz^2+2rz+s=0$ 的三个根.

记 $u=\lambda^2+1$,假设结论不成立,有 $u<4$.

由韦达定理知

$$c+2a=\frac{2q}{p}, c\cdot 2a+ua^2=\frac{2r}{p}, c\cdot ua^2=\frac{s}{p}$$

于是 $c \geqslant 0, a \geqslant 0$,进而

$$\frac{q}{p} \geqslant \sqrt{2ac}, \frac{r}{p} \geqslant \sqrt{2cua^3}$$

因而

$$\frac{qr}{p^2} \geqslant 2ca^2\sqrt{u} > cua^2=\frac{s}{p}$$

即 $qr>ps$,矛盾!

若 $qr>ps$,同理可证 $qz^3+2pz^2+2sz+r=0$ 有一个满足条件的复根.

综上所述,$\lambda=\sqrt{3}$ 为所求.

3 求所有 $a \in \mathbf{Z}$,使得存在一个六元集合 X 满足对 $k=1,2,\cdots,36$,方程

$$ax+y-k\equiv 0 \pmod{37}$$

均存在解 (x,y) 满足 $x,y\in X$.

解 当 $a\equiv 0 \pmod{37}$ 时,$\{ax+y\}$ 在 mod 37 意义下只有 6 个值,不满足要求,下面设 $(a,37)=1$.

注意到若存在 $x\in X$ 满足 $x\equiv 0 \pmod{37}$,则 $ax+x\equiv 0 \pmod{37}$ 不满足要求,故任意 $x\in X$ 均不为 37 的倍数,设 $X=\{x_1,x_2,\cdots,x_6\}$.

又对任意 $(m,37)=1$,$X'=\left\{\frac{x_1}{m},\cdots,\frac{x_6}{m}\right\}$ 也满足要求,故可以不妨设 $1\in X$.

令

$$f(t)=t^{x_1}+t^{x_2}+\cdots+t^{x_6}$$

则 a,X 满足要求等价于

$$1+f(t)f(t^a)\equiv 1+t+t^2+\cdots+t^{36} \pmod{t^{37}-1}$$

用 t^a 替换 t,可知

$$1+f(t^a)f(t^{a^2})\equiv 1+t^a+t^{2a}+\cdots+t^{36a}\equiv 1+t+t^2+\cdots+t^{36} \pmod{t^{37}-1}$$

从而

$$t^{37}-1\mid f(t^a)(f(t)-f(t^{a^2}))$$

而

$$1+t+t^2+\cdots+t^{36}\nmid f(t^a)$$

于是

$$1+t+t^2+\cdots+t^{36}\mid f(t)-f(t^{a^2})$$

从而

$$t^{37}-1\mid f(t)-f(t^{a^2})$$

那么 $\{x_1,x_2,\cdots,x_6\}$ 和 $\{a^2x_1,a^2x_2,\cdots,a^2x_6\}$ 在 mod 37 的意义下是相同的集合,而最开始假设 $1\in X$,那么 $1,a^2,a^4,a^6,a^8,a^{10},a^{12}$ 在 mod 37 的意义下均是 X 中的元素,但 X 只有六个元素,其中必有两项相同,因此必定形如 $X=\{x_1,x_2,\cdots,x_6\}$,$a^2\equiv 1 \pmod{37}$,$X=\{1,a^2,x,a^2x,y,a^2y\}$,$a^4\equiv 1 \pmod{37}$,$X=\{1,a^2,a^4,x,a^2x,a^4x\}$,$a^6\equiv 1 \pmod{37}$,$X=\{1,a^2,a^4,a^6,a^8,a^{10}\}$,$a^{12}\equiv 1 \pmod{37}$ 之一.

若 $X=\{x_1,x_2,\cdots,x_6\}$,$a^2\equiv 1 \pmod{37}$,则 $a\equiv \pm 1 \pmod{37}$.

当 $a \equiv 1 \pmod{37}$ 时，$x_1 + x_2 \equiv x_2 + x_1 \pmod{37}$ 不符合要求.

当 $a \equiv -1 \pmod{37}$ 时，$-x_1 + x_1 \equiv 0 \pmod{37}$ 不符合要求.

若 $X = \{1, a^2, x, a^2x, y, a^2y\}$，$a^4 \equiv 1 \pmod{37}$，则 $a^2 + 1 \equiv 0 \pmod{37}$，于是 $a \equiv \pm 6 \pmod{37}$，此时 $X = \{\pm 1, \pm 3, \pm 5\}$ 满足要求.

若 $X = \{1, a^2, a^4, x, a^2x, a^4x\}$，$a^6 \equiv 1 \pmod{37}$，则 $a^3 \equiv \pm 1 \pmod{37}$.

若 $a^3 \equiv 1 \pmod{37}$，则 $a \cdot 1 + 1 \equiv a \cdot a^2 + a^4 \pmod{37}$，不满足要求.

若 $a^3 \equiv -1 \pmod{37}$，则 $a \cdot a^2 + 1 \equiv 0 \pmod{37}$，不满足要求.

若 $X = \{1, a^2, a^4, a^6, a^8, a^{10}\}$，$a^{12} \equiv 1 \pmod{37}$，则 $a^4 - a^2 + 1 \equiv 0 \pmod{37}$.

从而 $a \equiv \pm 8, \pm \frac{1}{8}$，而 $a^6 \equiv -1$，$\frac{1}{a^2} \equiv a^{10} \pmod{37}$，只需证明 $a = 8$ 不满足要求.

此时 $8 \cdot 8^6 + 1 \equiv 8 \cdot 8^2 + 8^6 \pmod{37}$，不满足要求.

综上所述，$a \equiv \pm 6 \pmod{37}$ 为所求.

4 一次大会邀请了 $n(n > 3)$ 个科学家，这些科学家中的一些人互为朋友（朋友关系是相互的，且每个人都不是自己的朋友）. 已知无论怎样将这些科学家分成两个非空的群体，总存在两个来自同一群体的科学家是朋友，也存在两个来自不同群体的科学家是朋友.

在会议的第一天提出了一项提案，每位科学家对该提案的意见均用一个非负整数表示. 从第二天起，每位科学家对该提案的意见改为前一天其所有朋友对该提案意见的平均值的整数部分.

证明：经过一段时间，所有科学家对该提案都有相同的意见.

证明 我们将科学家视为顶点，当且仅当两人为朋友，在他们之间连边，这样得到图 G，则依题意有 G 不是二部图，且 G 是连通的，从而在 G 的任意两个顶点 u, v 之间，存在 u 到 v 的一条长度为偶数的链（顶点可重复），否则，注意到若某一天所有科学家的意见均不大于 M，则所有科学家在之后的意见均不大于 M.

设 n 天后的意见的最大值为 a_n，则 $\{a_n\}$ 是不增的非负整数数列，故从某天起 a_n 不变为 m. 从这一天开始，我们将意见小于 m 的科学家对应的顶点染黑.

假设结论不成立,则此时图 G 中至少有一个黑点 v.

注意到经过一天后,与前一天黑点相邻的所有点的意见小于 m,变为黑点.

那么两天后所有与 v 可以通过长为 2 的链联结的点均为黑点,且 v 为黑点.

四天后,所有与 v 可以通过长为 2,4 的链联结的点均为黑点,且 v 为黑点.

由数学归纳法可知,$2k$ 天后,所有与 v 可以通过长为 $2m(m\leqslant k)$ 的链联结的点均为黑点,于是若干天后,图 G 所有的点均为黑点,导致 a_n 减少,矛盾!

因此所有点对应的科学家的意见均为 m,即证.

5 我们知道,在尺规作图结构中,只有两种类型的一维结构:圆和直线,最开始时,白纸上只有两个距离为 1 的点. 证明:可以用无刻度直尺和圆规在纸上作出一条直线和直线上距离为 $\sqrt{2\,021}$ 的两点,且在构造过程中,出现的圆和直线的总数不超过 10.

注 请给出明确的作图步骤,并按照圆和直线出现的顺序贴上标签. 若作图步骤中出现的圆和直线的总数超过 10,则根据总数可能会得到部分分数.

证明 设已知的两个点为 A_0, A_1,满足 $A_0A_1=1$,联结 A_0, A_1 两点作直线 l_1.

以 A_1 为圆心,$A_1A_0=1$ 为半径作圆 C_2 与直线 l_1 交于 A_0, A_2 两点,则 $A_0A_2=2$.

以 A_2 为圆心,$A_2A_0=2$ 为半径作圆 C_3 与直线 l_1 交于 A_0, A_3 两点,则 $A_0A_3=4$.

以 A_3 为圆心,$A_3A_2=2$ 为半径作圆 C_4 与直线 l_1 交于 A_2, A_4 两点,则 $A_0A_4=6$.

以 A_4 为圆心,$A_4A_0=6$ 为半径作圆 C_5 与直线 l_1 交于 A_0, A_5 两点,则 $A_0A_5=12$.

以 A_5 为圆心,$A_5A_0=12$ 为半径作圆 C_6 与直线 l_1 交于 A_0, A_6 两点,则 $A_0A_6=24$.

以 A_6 为圆心,$A_6A_2=22$ 为半径作圆 C_7 与直线 l_1 交于 A_2, A_7 两点,则 $A_0A_7=46$.

设圆 C_3 与圆 C_4 的两个交点为 A_8, A_9,联结 A_8, A_9 两点作直线

l_8 与直线 l_1 交于点 A_{10}，则 $A_1A_{10}=2$.

以 A_1 为圆心，$A_1A_7=45$ 为半径作圆 C_9 与直线 l_8 交于点 A_{11}，A_{12}.

注意到 $A_1A_{11}=45$，$A_1A_{10}=2$，$\angle A_1A_{10}A_{11}=90°$，有

$$A_{10}A_{11}=\sqrt{45^2-2^2}=\sqrt{2\,021}$$

因此 l_8 和 A_{10}，A_{11} 即满足要求.

6 对整数 $0\leqslant a\leqslant n$，设 $f(n,a)$ 为多项式 $(x+1)^a(x+2)^{n-a}$ 的展开式系数中 3 的倍数的个数. 例如：$(x+1)^3(x+1)^1=x^4+5x^3+9x^2+7x+2$，则 $f(4,3)=1$. 对任意正整数 n，设 $F(n)$ 为 $f(n,0)$，$f(n,1)$，$\cdots$，$f(n,n)$ 中的最小值.

(1) 求证：存在无穷多个正整数 n，使得 $F(n)\geqslant\dfrac{n-1}{3}$.

(2) 求证：对任意正整数 n，$F(n)\leqslant\dfrac{n-1}{3}$.

证明 (1) 我们证明 $n=3^t-2$，$t\geqslant2$ 均满足要求.

我们利用 n 的三进制表示 $n=(22\cdots21)_3$，注意到题目中 a，$n-a$ 是对称的，可不妨设

$$a=(a_ta_{t-1}\cdots a_{k+1}022\cdots2)_3,\ n-a=(b_tb_{t-1}\cdots b_{k+1}122\cdots2)_3$$

且 $a_i+b_i=2(k+1\leqslant i\leqslant t)$，注意到 $(x+y)^{3\alpha}\equiv x^{3\alpha}+y^{3\alpha}\pmod 3$ 对 $\alpha\geqslant0$ 成立，从而

$$\begin{aligned}(x+1)^a(x+2)^{n-a}\equiv&(x+1)^a(x-1)^{n-a}a\equiv\\&(x^{3^{t-1}}+1)^{a_1}(x^{3^{t-1}}-1)^{b_1}\cdot\cdots\cdot\\&(x^{3^{k+1}}+1)^{a_{k+1}}(x^{3^{k+1}}-1)^{b_{k+1}}\cdot\\&(x^{3^k}-1)(x^{2\cdot3^{k-1}}-1)^2\cdot\cdots\cdot\\&(x^2-1)^2\pmod 3\end{aligned}$$

故 $(x+1)^a(x+2)^{n-a}$ 的展开式的系数中的不是 3 的倍数的个数不超过上式中的展开式的不同次项的个数，注意到

$$a_i+b_i=2,k+1\leqslant i\leqslant t$$

而

$$(y\pm1)^2=y^2\pm2y+1,(y+1)(y-1)=y^2-1$$

从而上式展开后项数不大于 $3^{t-k}\cdot2\cdot3^{k-1}=\dfrac{2n+4}{3}$，于是

$$f(n,a)\geqslant n+1-\frac{2n+4}{3}=\frac{n-1}{3}$$

进而 $F(n)\geqslant\dfrac{n-1}{3}$.

(2) 由(1)，只需证存在 a 使 $(x+1)^a(x-1)^{n-a}$ 在 mod 3 意义

下至少有$\frac{2n+4}{3}$项系数非 0.

我们记$g(n,a)=n+1-f(n,a)$,设满足$g(n,a)\geqslant\frac{2n+4}{3}$的$a$构成集合$A(n)$.

对n归纳证明:$A(n)\cap A(n+1)\neq\varnothing$,从而$A(n)\neq\varnothing$.

$n\leqslant 7$直接检验即可,假设$n<3m+2$时,结论已成立.

当$n=3m+2$时,假设$g(m,a)\geqslant\frac{2m+4}{3}$,记$b=m-a$,注意到

$$(x+1)^{3a+2}(x-1)^{3b}\equiv$$
$$(x^3+1)^a(x^3-1)^b(x^2+2x+1)\pmod 3$$

故

$$g(n,3a+2)=3g(m,a)=3\cdot\frac{2m+4}{3}\geqslant\frac{2n+4}{3}$$

从而

$$3A(m)+2\subseteq A(3m+2)$$

当$n=3m+3$时,对$a\in A(m)\cap A(m+1)$,记$b=m-a$,注意到

$$(x+1)^{3a+2}(x-1)^{3b+1}\equiv(x^3+1)^a(x^3-1)^b(x^3-x^2+x-1)\equiv$$
$$(x^3+1)^a(x^3-1)^{b+1}+(x^3+1)^a(x^3-1)^b(x-x^2)\pmod 3$$

而

$$g(m+1,a)\geqslant\frac{2m+6}{3}$$

$$g(m,a)\geqslant\frac{2m+4}{3}$$

故$g(n,3a+2)\geqslant\frac{2m+6+4m+8}{3}\geqslant\frac{2n+4}{3}$成立,从而

$$3(A(m)\cap A(m+1))+2\subseteq A(3m+3)$$

当$n=3m+4$时,假设$g(m,a)\geqslant\frac{2m+4}{3}$,记$b=m-a$,注意到

$$(x+1)^{3a+2}(x-1)^{3b+2}\equiv$$
$$(x^3+1)^a(x^3-1)^b(x^4-2x^2+1)\pmod 3$$

故

$$g(n,3a+2)=3g(m,a)=3\cdot\frac{2m+4}{3}\geqslant\frac{2n+4}{3}$$

从而

$$3A(m)+2\subseteq A(3m+4)$$

于是

$$A(3m+2)\cap A(3m+3)\neq\varnothing$$

$$A(3m+4) \cap A(3m+3) \neq \varnothing$$

再由

$$A(m) \cap A(m+1) \neq \varnothing$$

可知

$$A(3m+4) \cap A(3m+5) \neq \varnothing$$

归纳即证.

第38届中国数学奥林匹克

深圳,2022

1 设正实数序列$\{a_n\}$,$\{b_n\}$满足:对任意正整数n,均有

$$a_{n+1}=a_n-\frac{1}{1+\sum_{i=1}^{n}\frac{1}{a_i}},b_{n+1}=b_n+\frac{1}{1+\sum_{i=1}^{n}\frac{1}{b_i}}$$

(1)若$a_{100}b_{100}=a_{101}b_{101}$,求$a_1-b_1$的值.

(2)若$a_{100}=b_{99}$,比较$a_{100}+b_{100}$与$a_{101}+b_{101}$的大小.

解 (1)设

$$1+\sum_{i=1}^{n}\frac{1}{a_i}=c_n,1+\sum_{i=1}^{n}\frac{1}{b_i}=d_n$$

因此

$$a_{n+1}=a_n-\frac{1}{c_n}$$

$$b_{n+1}=b_n+\frac{1}{d_n}$$

$$c_{n+1}=c_n+\frac{1}{a_{n+1}}$$

$$d_{n+1}=d_n+\frac{1}{b_{n+1}}$$

由$a_{101}b_{101}=a_{100}b_{100}$,即

$$\left(a_{100}-\frac{1}{c_{100}}\right)\left(b_{100}+\frac{1}{d_{100}}\right)=a_{100}b_{100}$$

即

$$a_{100}c_{100}-b_{100}d_{100}=1$$

由

$$a_nc_n-a_{n-1}c_{n-1}=a_nc_n-\left(a_n+\frac{1}{c_{n-1}}\right)c_{n-1}=$$
$$a_n(c_n-c_{n-1})-1=0$$

得到$\{a_nc_n\}$为常数列

$$a_nc_n=a_1c_1=a_1+1$$

由

$$b_nd_n-b_{n-1}d_{n-1}=b_nd_n-\left(b_n-\frac{1}{d_{n-1}}\right)d_{n-1}=$$

$$b_n(d_n - d_{n-1}) + 1 = 2$$

得到$\{b_nd_n\}$为首项

$$b_1d_1 = b_1\left(1 + \frac{1}{b_1}\right) = b_1 + 1$$

公差为 2 的等差数列. 因此

$$a_{100}c_{100} - b_{100}d_{100} = (a_1 + 1) - (b_1 + 1) - 198 = a_1 - b_1 - 198 = 1$$

即 $a_1 - b_1 = 199$.

(2) 由(1)易得

$$a_nc_n = a_nc_{n-1} + 1 = a_1 + 1$$

因此 $c_n = \frac{a_1 + 1}{a_n}$ 及 $c_{n-1} = \frac{a_1}{a_n}$,得到

$$c_n = \frac{a_1 + 1}{a_n} = \frac{a_1}{a_{n+1}}$$

得到

$$\frac{a_{n+1}}{a_n} = \frac{a_1}{a_1 + 1}$$

因此

$$a_n = \frac{a_1^n}{(a_1 + 1)^{n-1}}$$

同理

$$b_nd_n = b_nd_{n-1} + 1 = b_1 + 2n - 1$$

因此 $d_n = \frac{b_1 + 2n - 1}{b_n}$ 及 $d_{n-1} = \frac{b_1 + 2n - 2}{b_n}$,得到

$$d_n = \frac{b_1 + 2n - 1}{b_n} = \frac{b_1 + 2n}{b_{n+1}}$$

即

$$\frac{b_{n+1}}{b_n} = \frac{b_1 + 2n}{b_1 + 2n - 1}$$

得到

$$b_n = \frac{(b_1 + 2n - 2)(b_2 + 2n - 4)\cdots(b_1 + 2)b_1}{(b_1 + 2n - 3)(b_1 + 2n - 5)\cdots(b_1 + 1)}$$

因为

$$a_{100} + b_{100} - a_{101} - b_{101} = (a_{100} - a_{101}) - (b_{101} - b_{100}) = \frac{1}{c_{100}} - \frac{1}{d_{100}} = \frac{d_{100} - c_{100}}{c_{100}d_{100}}$$

所以只需要比较 d_{100} 和 c_{100} 即可.

又由

$$d_{100} = \frac{b_1 + 199}{b_{100}} = \frac{(b_1 + 199)(b_1 + 197)}{b_{99}(b_1 + 198)}$$

$$c_{100}=\frac{a_1+1}{a_{100}}$$

$$a_{100}=b_{99}$$

因此只需比较$\frac{(b_1+199)(b_1+197)}{b_1+198}$和$a_1+1$即可.

假设

$$\frac{(b_1+199)(b_1+197)}{b_1+198}\leqslant 1+a_1$$

即

$$a_1\geqslant b_1+197-\frac{1}{b_1+198}>b_1+196$$

而

$$a_{100}=b_{99}\Rightarrow$$

$$a_1\left(\frac{a_1}{a_1+1}\right)^{99}=\frac{b_1(b_1+2)\cdots(b_1+196)}{(b_1+1)(b_1+3)\cdots(b_1+195)}\Rightarrow$$

$$\left(\frac{a_1}{a_1+1}\right)^{100}<\frac{b_1(b_1+2)\cdots(b_1+196)(b_1+198)}{(b_1+1)(b_1+3)\cdots(b_1+195)(b_1+197)(b_1+199)}$$

而

$$\frac{b_1(b_1+198)}{(b_1+1)(b_1+199)}<\left(\frac{b_1+99}{b_1+100}\right)^2\Leftrightarrow$$

$$\frac{2b_1+199}{b_1(b_1+198)}<\frac{2b_1+199}{(b_1+99)^2}$$

显然成立. 因此

$$\left(\frac{a_1}{a_1+1}\right)^{100}<\frac{(b_1+2)\cdots(b_1+196)}{(b_1+3)\cdots(b_1+197)}\cdot\left(\frac{b_1+99}{b_1+100}\right)^2$$

此时$a_1>b_1+196$,得到

$$\frac{a_1}{a_1+1}>\frac{b_1+196}{b_1+197}>\cdots>\frac{b_1+2}{b_1+3}$$

$$\frac{a_1}{a_1+1}>\frac{b_1+99}{b_1+100}$$

矛盾.

因此假设不成立,只能

$$\frac{(b_1+199)(b_1+197)}{b_1+198}>1+a_1$$

推出

$$a_{100}+b_{100}>a_{101}+b_{101}$$

2 给定一个边长为1的正三角形ABC. 称($\triangle DEF$, $\triangle XYZ$)是一个好三角形对，如果点D,E,F分别在线段BC,CA,AB内部，点X,Y,Z分别在直线BC,CA,AB上，满足

$$\frac{DE}{20}=\frac{EF}{22}=\frac{FD}{38}$$

且

$$XY\perp DE, YZ\perp EF, ZX\perp FD$$

当($\triangle DEF$, $\triangle XYZ$)取遍所有好三角形对时，求$\frac{1}{S_{\triangle DEF}}+\frac{1}{S_{\triangle XYZ}}$的所有可能值.

解 如图1，过D,E,F分别作BC,CA,AB的垂线，两两交点设为U,V,W($\triangle UVW$为正三角形).

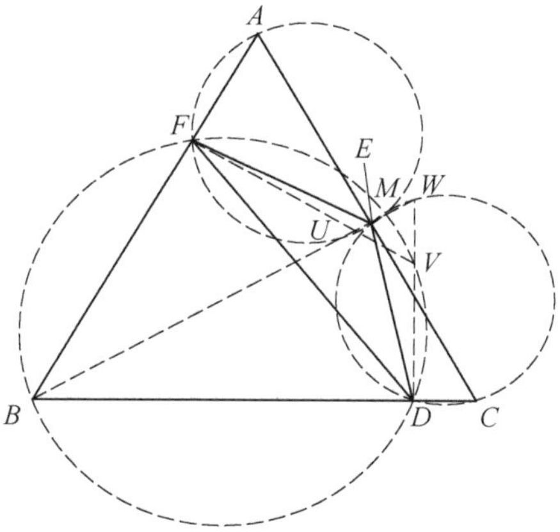

图1

设圆AEF，圆BDF，圆CDE交于密克尔(Miquel)点M. 易知U,V,W分别在圆AEF，圆BDF，圆CDE上.

由于$\triangle XYZ$对应边分别垂直$\triangle DEF$且$\triangle UVW$与$\triangle ABC$对应边分别垂直，易知D,E,F,U,V,W与X,Y,Z,A,B,C为相似对应点，且相似比为$UV:AC$，故

$$\frac{S_{\triangle XYZ}}{S_{\triangle DEF}}=\frac{AB^2}{UV^2}$$

又因为$AB=1$，所以

$$\frac{1}{S_{\triangle DEF}}+\frac{1}{S_{\triangle XYZ}}=\frac{1+UV^2}{S_{\triangle DEF}}$$

记$\angle MCW=\alpha$. 注意到

$$\angle MWU=\angle MCA, \angle MUW=\angle MAC$$

于是$\triangle MWU\backsim\triangle MCA$. 又因为$CW$为圆$CDE$的直径，所以$\angle WMC=90^\circ$，于是有

$$UV=\frac{WU}{AC}=\frac{MW}{MC}=\tan\alpha$$

因为 $\triangle DEF$ 的形状确定，所以$\frac{S_{\triangle DEF}}{DE^2}$ 为定值，且记为 λ. 由正弦定理，有

$$DE=\sin 60^\circ CW=\frac{\sqrt{3}}{2}\cdot\frac{CM}{\cos\alpha}$$

所以

$$S_{\triangle DEF}=\frac{3\lambda CM^2}{4\cos^2\alpha}$$

因此

$$\frac{1}{S_{\triangle XYZ}}+\frac{1}{S_{\triangle DEF}}=\frac{1+\tan^2\alpha}{\dfrac{3\lambda CM^2}{4\cos^2\alpha}}=\frac{4}{3\lambda CM^2}$$

为定值，故我们只需计算 λ 和 CM 即可.

先求 λ. 设 $DE=10t$, $EF=11t$, $FD=19t$，则由海伦(Heron)公式有

$$S_{\triangle DEF}=\sqrt{20t\cdot t\cdot 9t\cdot 10t}=30\sqrt{2}t^2$$

于是 $\lambda=\frac{3\sqrt{2}}{10}$.

再求 CM. 如图2，分别将 $\triangle ABM$, $\triangle BCM$, $\triangle CAM$ 绕点 B, C, A 顺时针旋转 60°，得到 M 的对应点 I, J, K，则六边形 $AKBICJ$ 的面积为 $\triangle ABC$ 面积的两倍，$\triangle AKM$, $\triangle BIM$, $\triangle CJM$ 为等边三角形，$\triangle AJM$, $\triangle BKM$, $\triangle CIM$ 全等于由 AN, BM, CM 围成的三角形. 于是有

$$2\times\frac{\sqrt{3}}{4}=\frac{\sqrt{3}}{4}[(10t)^2+(11t)^2+(19t)^2]+90\sqrt{2}t^2$$

解得

$$t^2=\frac{\sqrt{3}}{291\sqrt{3}+180\sqrt{2}}$$

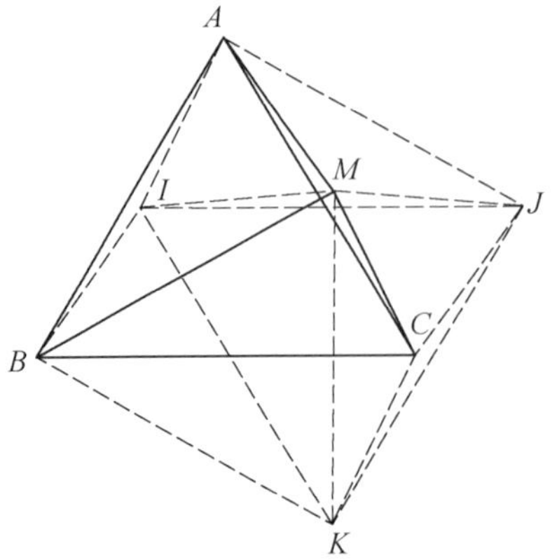

图2

从而

$$CM^2=100t^2=\frac{100\sqrt{3}}{291\sqrt{3}+180\sqrt{2}}$$

代入得到

$$\frac{4}{3\lambda CM^2}=\frac{4}{3\times\frac{3\sqrt{2}}{10}\times\frac{100\sqrt{3}}{291\sqrt{3}+180\sqrt{2}}}=\frac{97\sqrt{2}+40\sqrt{3}}{15}$$

3 给定正整数 m 和 n. 将正 $2m+2n$ 边形的 $2m$ 个顶点染黑色,其余 $2n$ 个顶点染白色. 定义两个黑点 B,C 的染色距离 $d(B,C)$ 为直线 BC 两侧的白点数目的较小者;定义两个白点 W,X 的染色距离 $d(W,X)$ 为直线 WX 两侧的黑点数目的较小者.

一个黑色配对方案 $\mathscr{B}$ 是指将所有 $2m$ 个黑点标记为 $B_1,\cdots,B_m,C_1,\cdots,C_m$,使得 m 条线段 $B_iC_i(1\leqslant i\leqslant m)$ 两两不相交. 对任一黑色配对方案 $\mathscr{B}$,记

$$P(\mathscr{B})=\sum_{i=1}^{m}d(B_i,C_i)$$

一个白色配对方案 $\mathscr{W}$ 是指将所有 $2n$ 个白点标记为 $W_1,\cdots,W_n,X_1,\cdots,X_n$,使得 n 条线段 $W_iX_i(1\leqslant i\leqslant n)$ 两两不相交. 对任一白色配对方案 $\mathscr{W}$,记

$$P(\mathscr{W})=\sum_{i=1}^{n}d(W_i,X_i)$$

证明:无论顶点的染色方式如何,均有

$$\max_{\mathscr{B}}P(\mathscr{B})=\max_{\mathscr{W}}P(\mathscr{W})$$

其中等式两边的最大值分别在所有可能的黑色配对方案 $\mathscr{B}$ 和白色配对方案 $\mathscr{W}$ 中选取.

解 对给定的配对方案 $\mathscr{B}$,可以给出一个配对方案 $\mathscr{W}$. 记此时黑色线段 B_iC_i 与所有白色线段 $W_jX_j(j=1,2,\cdots,n)$ 的交点个数为 x_i,显然 $d(B_i,C_i)\geqslant x_i$.

下面证明:对任意给定的 $\mathscr{B}$,均存在 $\mathscr{W}$,使得 $x_i=d(B_i,C_i)(i=1,2,\cdots,m)$.

我们对 m 和 n 进行归纳证明:

(1) 若 $m=1$(图 3) 或 $n=1$(图 4),命题显然成立.

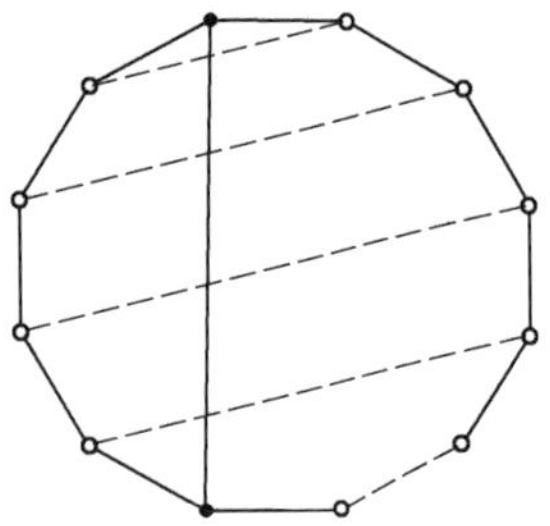

图 3

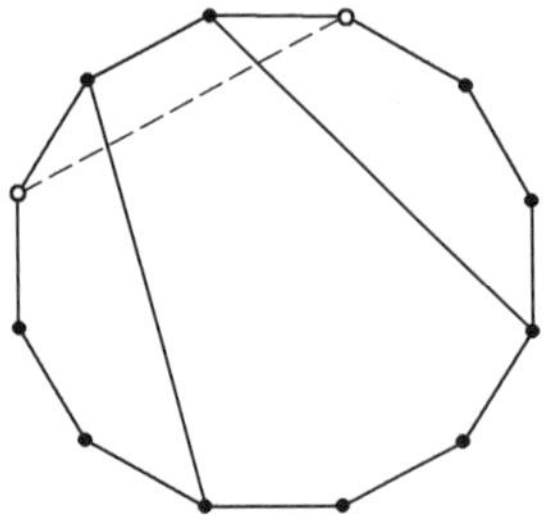

图 4

(2) 若 $m \geqslant 2, n \geqslant 2$, $\exists i$, 使得 $d(B_i, C_i) = 0$, 即 B_iC_i 一侧没有白点,去掉 B_i, C_i 两点,问题转化为 $m-1$ 的情形.

(3) 由(2) 我们不妨假设 $d(B_i, C_i) \geqslant 1$,即任意配对 B_iC_i 两侧均有白点,容易得到 $d(B_i, C_i) \leqslant n$.

① 若 $\exists j, k, 1 \leqslant j < k \leqslant m$,使得 $d(B_k, C_k) = d(B_j, C_j) = n$,则线段 B_kC_k 和 B_jC_j 之间没有白色顶点(图5),因此其余白色线段与 B_kC_k 和 B_jC_j 的交点个数相等,我们可以去掉 B_kC_k,问题转化为 $m-1$ 的情形.

② 假设存在唯一的 j 使得 $d(B_j, C_j) = n$,分别沿顺时针方向和逆时针方向取离 B_j 最近的白点 S, T, ST 一侧全是黑点且包含 B_j(图6),我们限定 $\mathscr{W}$ 中,将 S, T 配对,其他白色顶点的配对连线一定与 ST 不相交,故此时去掉 S, T 两点,不影响其他白色顶点. 又与 ST 不相交的黑色线段距离不变,与 ST 相交(删去 S, T 后少了这个交点)的黑色线段距离长为 -1,问题转化为 $n-1$ 的情形.

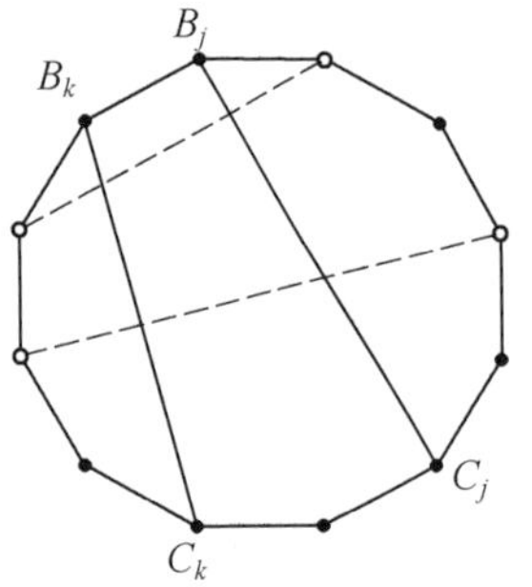

$d(B_k, C_k) = d(B_j, C_j) = n$

图 5

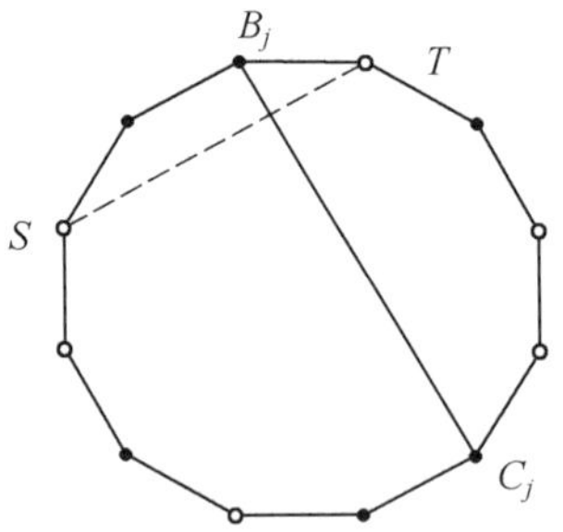

唯一 $d(B_j, C_j) = n$

图 6

③ 由 ② 不妨设 $d(B_i, C_i) < n$ 对于所有 i 成立,令 $f(B_i, C_i)$ 为 B_iC_i 含白点个数更多一侧黑色线段的个数,不妨设 B_j, C_j 满足 $f(B_j, C_j)$ 最小. 令 B_jC_j 白点个数更多的一侧为左侧. 与 ② 相同,分别沿顺时针方向和逆时针方向取离 B_j 最近的白点 S, T,去掉 S, T.

由 $f(B_j, C_j)$ 最小性假设,B_jC_j 的左侧任一配对 B_uC_u 右侧白点个数一定更多,其右侧白点个数 $\geqslant n+1$.

类似地,B_jC_j 的右侧任一配对 B_tC_t 左侧白点个数一定更多,其左侧白点个数 $\geqslant B_jC_j$ 左侧白点个数 $\geqslant n+1$.

因此,去掉 S,T 后,对于与 ST 不相交的黑色线段距离依然不变,与 ST 相交的黑色线段距离长为 -1,问题转化为 $n-1$ 的情形(图 7).

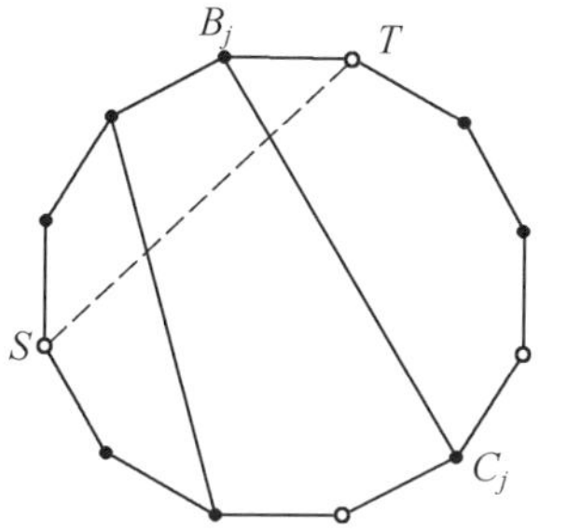

图 7

回到原题,我们证明了存在 $\mathscr{W}$,使得 $x_i=d(B_i,C_i)$ 对任意 i 恒成立.

因此$\max\limits_{\mathscr{B}} P(\mathscr{B})$ 为将 $2m$ 个黑点分成 m 组,每组 2 个线段不相交,$2n$ 个白点分成 n 组,每组 2 个线段不相交时,黑色线段与白色线段的交点个数的最大值.

同理,由对称性,$\max\limits_{\mathscr{W}} P(\mathscr{W})$ 也为此值.

4 求最小的整数 $n\geqslant 3$,满足:平面上存在 n 个点 $A_1,A_2,\cdots,A_n$,其中任意三点不共线,且对任意 $1\leqslant i\leqslant n$,存在 $1\leqslant j\leqslant n(j\neq i)$,使得线段 A_jA_{j+1} 经过线段 A_iA_{i+1} 的中点,这里 $A_{n+1}=A_1$.

解 如图 8 所示,6 个点满足连线段 $A_1A_4\parallel A_2A_5\parallel A_3A_6$,图中无三点共线且有 A_1A_2 的中点在 A_4A_5 上,A_2A_3 的中点在 A_5A_6 上,A_3A_4 的中点在 A_6A_1 上,A_4A_5 的中点在 A_1A_2 上,A_5A_6 的中点在 A_2A_3 上,A_6A_1 的中点在 A_3A_4 上,满足要求.

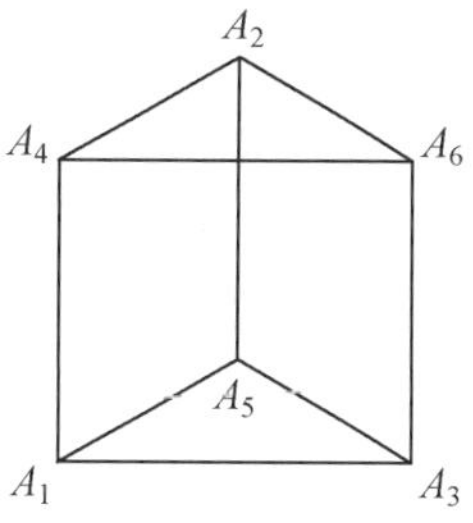

图 8

回到原题,易知 A_iA_{i+1} 的中点一定不在 $A_{i-1}A_i$ 及 $A_{i+1}A_{i+2}$ 上,因为我们有以下结论:

当 $n=3$ 时,A_1A_2 的中点无法在其他直线上出现,矛盾.

当 $n=4$ 时,A_1A_2 的中点一定在 A_3A_4 上,而 A_3A_4 的中点也一定在 A_1A_2 上,所以点 A_1,A_2,A_3,A_4 构成平行四边形 $A_1A_3A_2A_4$,此时 A_2A_3 的中点不在 A_4A_1 上,进而不在任意题设直线中出现,矛盾.

当 $n=5$ 时,若存在 $i\neq j$ 使得 A_iA_{i+1} 的中点在 A_jA_{j+1} 上且 A_jA_{j+1} 的中点在 A_iA_{i+1} 上,即图 8 中出现平行四边形 $A_iA_jA_{i+1}A_{j+1}$,不妨设为线段 A_1A_2 与线段 A_3A_4 互相平分. 此时 A_2A_3 的中点在 A_5A_4 或

A_5A_1 上,由对称性,不妨设 A_2A_3 的中点在 A_5A_4 上.

此时,若 A_4A_5 的中点在 A_2A_3 上,则有

$$A_3A_5 /\!/ A_2A_4$$

又由于

$$A_1A_3 /\!/ A_2A_4$$

因此 A_1,A_3,A_5 三点共线,矛盾.

此时必有 A_4A_5 的中点在 A_1A_2 上,如图 9 所示,设 A_1A_2,A_2A_3,A_4A_5 的中点分别为 L,M,N,A_5A_1 与 A_3A_4 和 A_2A_3 的交点分别为 P,Q,我们有

$$\frac{A_5P}{A_1P}=\frac{A_3A_5}{A_1L}=\frac{A_3A_5}{LA_2}<\frac{A_3A_5}{NA_2}=1$$

因此 P 不为 A_5A_1 的中点,同理,点 Q 不为 A_5A_1 的中点,所以 A_5A_1 的中点不在题设直线中出现.

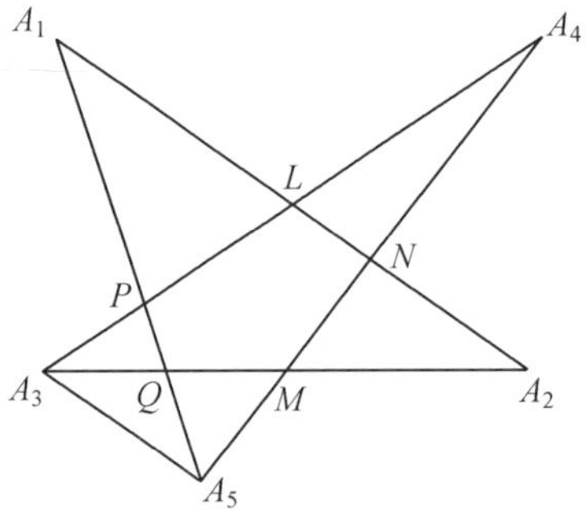

图 9

当 $n=5$ 时,若不存在 $i\neq j$ 使得 A_iA_{i+1} 的中点在 A_jA_{j+1} 上且 A_jA_{j+1} 的中点在 A_iA_{i+1} 上,即图中不出现平行四边形 $A_iA_jA_{i+1}A_{j+1}$. 由对称性,不妨设 A_1A_2 的中点在 A_3A_4 上,则 A_3A_4 的中点一定在 A_5A_1 上,依次可以继续得到 A_5A_1 的中点在 A_2A_3 上,A_2A_3 的中点在 A_4A_5 上,A_4A_5 的中点在 A_1A_2 上,所以对所有题设直线 A_iA_{i+1},均会经过某条其他题设直线的中点. 考虑这 5 个点的凸包,若凸包为三角形或四边形,则必存在线段 A_iA_{i+1} 为凸包的边,所有其他的 $n-2$ 个点均在直线同侧,则线段 A_iA_{i+1} 不会经过其他题设直线的中点,矛盾.

当凸包为五边形时,若存在线段 A_iA_{i+1} 为凸包的边,则同上可知矛盾,若否,则凸包上的 5 个点顺次排列为 A_1,A_3,A_5,A_2,A_4,记 d_{1-23} 表示点 A_1 到直线 A_2A_3 的距离,不妨 $d_{4-12}=\min\{d_{4-12},d_{2-45},d_{5-23},d_{3-51},d_{1-34}\}$,如图 10 所示,易知必有 A_4A_5 的中点在 A_2A_3 上,矛盾.

综上所述,n 的最小值为 6.

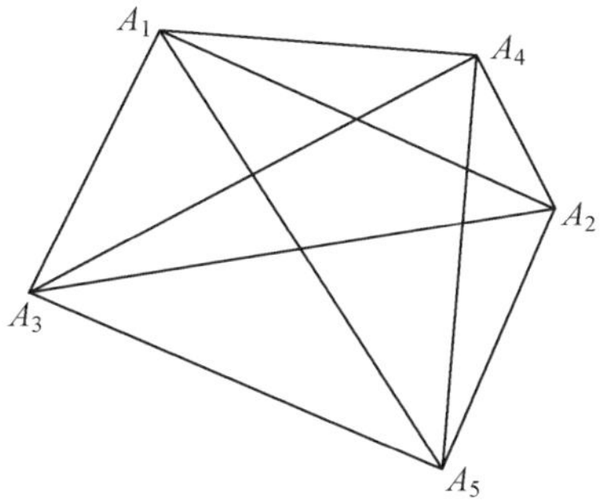

图 10

5 证明存在正数 C,使得如下结论成立.

对任意一个无穷多项的正整数等差数列 $a_1,a_2,a_3,\cdots$,若 a_1 和 a_2 的最大公因数无平方因子,则存在正整数 $m\leqslant C\cdot a_2^2$,使得 a_m 无平方因子.

注 称正整数 N 无平方因子,若它不被任何大于1的平方数整除.

解 $c=17$ 满足题意.

设 $(a_1,a_2)=d(d\in\mathbf{N}_+)$,则根据条件,$d$ 不含平方因子. 设整数 x,y 满足

$$a_n=d(x+ny)$$

若 $xy=0$,则显然存在满足条件的 a_m. 故不妨设 x,y 非零,这时有 $(x,y)=1$. 记

$$m_0=ca_2^2=cd^2(x+2y)^2$$

下面用反证法证明 $a_1,a_2,\cdots,a_{m_0}$ 中存在某一项 a_m,使得 a_m 没有平方因子.

若对于任意 $m\leqslant m_0$,a_m 均有平方因子,即存在素数 p 使得 $p^2\mid a_m$. 我们将所有能够整除 $a_1,a_2,\cdots,a_{m_0}$ 中至少一项的素数构成的集合记为 M,并根据能否整除 d 将 M 划分为 P(能整除 d)和 Q(不能整除 d).

情形1 $\mathrm{card}(P)>0,\mathrm{card}(Q)>0$.

记

$$P=\{p_1,p_2,\cdots,p_k\},p_1<p_2<\cdots<p_k$$
$$Q=\{q_1,q_2,\cdots,q_t\},q_1<q_2<\cdots<q_t$$

注意到

$$p_i^2\mid a_n\Leftrightarrow p_i^2\mid d(x+ny)\Leftrightarrow p_i\mid x+ny$$

所以 $a_1,a_2,\cdots,a_{m_0}$ 中至少有 $\dfrac{m_0}{p_1p_2\cdots p_k}$ 个不为 $p_i^2(i=1,2,\cdots,k)$ 的倍

数. 记 $A=\dfrac{1}{p_1p_2\cdots p_k}$,易知 $A\geqslant\dfrac{1}{d}$.

注意对任何整数 s,v,有

$$a_{s+vp_1p_2\cdots p_k}\equiv a_s(\bmod p_1^2p_2^2\cdots p_k^2)$$

因此我们可以从 $a_1,a_2,\cdots,a_{m_0}$ 中选出下标公差为 $p_1p_2\cdots p_k$ 且不被任何 p_i^2 整除的 Am_0 个数. 在这些数中,若存在某个 $q_j(j=1,2,\cdots,t)$ 使得 $q_j^2\mid a_n$,则有 $q_j^2\mid x+ny$. 注意到 $(p_1p_2\cdots p_k,q_j^2)=1(j=1,2,\cdots,t)$,所以这 Am_0 个数中至多有 $\left\lfloor\dfrac{Am_0}{q_j^2}\right\rfloor+1$ 个为 q_j^2 的倍数.

于是选出的数中不被任何 q_j^2 整除的数的个数不少于

$$Am_0-\sum_{j=1}^{t}\left(Am_0\frac{1}{q_j^2}+1\right)=Am_0\left(1-\sum_{j=1}^{t}\frac{1}{q_j^2}\right)-t$$

一方面

$$1-\sum_{j=1}^{t}\frac{1}{q_j^2}\geqslant 1-\frac{1}{4}-\frac{1}{2\times 3}-\frac{1}{3\times 4}-\cdots\geqslant\frac{1}{4}$$

另一方面,根据 $q_1,\cdots,q_t$ 的定义,有

$$q_t^2\leqslant\frac{a_{m_0}}{d}\Rightarrow q_t^2\leqslant x+m_0y$$

因此

$$t\leqslant q_t\leqslant\sqrt{x+m_0y}=\sqrt{cd^2(x+2y)^2y+x}\leqslant d(x+2y)\sqrt{(c+1)y}$$

于是有

$$\begin{aligned}&Am_0\left(1-\sum_{j=1}^{t}\frac{1}{q_j^2}\right)-t\geqslant\\&\frac{m_0}{4d}-t\geqslant\\&\frac{cd(x+2y)^2}{4}-d(x+2y)\sqrt{(c+1)y}\geqslant\\&\frac{cd(x+2y)\sqrt{y}}{4}-d(x+2y)\sqrt{y}\sqrt{c+1}\geqslant\\&d(x+2y)\sqrt{y}\left(\frac{c}{4}-\sqrt{c+1}\right)\geqslant\\&\frac{c}{4}-\sqrt{c+1}>0\end{aligned}$$

故 $a_1,\cdots,a_{m_0}$ 中至少存在一项不被任何 $p_i^2(i=1,2,\cdots,k)$ 或 $q_j^2(1,2,\cdots,t)$ 整除,矛盾,故假设不成立,命题得证.

情形 2 card$(Q)=0$.

$p_1,p_2,\cdots,p_k$ 同情形 1 中的定义. 根据情形 1 中的分析,$a_1,a_2,\cdots,a_{m_0}$ 中至少有 $\dfrac{m_0}{p_1p_2\cdots p_k}$ 个不为任何 $p_i^2(i=1,2,\cdots,k)$ 的倍数,

而显然$\frac{m_0}{p_1p_2\cdots p_k}\geqslant 1$,故假设不成立,命题得证.

情形3 $\operatorname{card}(P)=0,\operatorname{card}(Q)\neq 0$.

$q_1,q_2,\cdots,q_t$同情形1中的定义,则情形1中的分析,$a_1,a_2,\cdots,a_{m_0}$中不被任何q_j^2整除的数的个数不少于

$$m_0-\sum_{j=1}^{t}\left(m_0\frac{1}{q_j^2}+1\right)>Am_0\left(1-\sum_{j=1}^{t}\frac{1}{q_j^2}\right)-t>0$$

故假设不成立,命题得证.

6 有$n(n\geqslant 8)$座机场,某些机场之间有单向直达航线.对任意两座机场a,b,从a飞往b的单向直达航线至多一条(可能同时有从a飞往b的和从b飞往a的单向直达航线).已知对任意由若干座机场构成的集合$A(1\leqslant |A|\leqslant n-1)$,都有至少$4\cdot\min\{|A|,n-|A|\}$条单向直达航线从$A$中的机场飞往$A$之外的机场.

证明:对任意一座机场x,都可以从x出发,经过不超过$\sqrt{2n}$条单向直达航线回到机场x.

解 构造图G,原命题等价于n阶有向G,满足对任意两个顶点a,b,a到b的边至多一条(可以同时存在a到b的边及b到a的边).已知对顶点集$A\in V(G)(1\leqslant |A|\leqslant n-1)$,都有至少$4\cdot\min\{|A|,n-|A|\}$条不同的边,联结$A$中的某个顶点与$\bar{A}=V(G)A$中的某个顶点,此时只需证明对任意顶点$x$,都存在一条长度不超过$\sqrt{2n}$的圈包含顶点$x$.

回到原题.

显然有对任意顶点u,v,存在u到v的有向路径.否则取$A=\{y\in V(G)\mid 存在u到y的有向路径\}\cup\{u\},B=V(G)\backslash A$,则$B$非空.

但由题设条件可知存在集合A到集合B的边,与A,B的定义矛盾.

定义$d(u,v)$为u到v的最短有向路径的长度

$$N_d(x)=\{y\in V(G)\mid d(x,y)=d\}$$
$$n_d(x)=|N_d(x)|$$
$$S_k=\sum_{d=0}^{k}n_d(x)$$

取

$$A=\bigcup_{d=0}^{k}N_d(x),B=\bigcup_{d\geqslant k+1}N_d(x)$$

则A到B的边均为从$N_d(k)$中的点引向$N_d(k+1)$,这样的边至少$4\cdot\min\{S_k,n-S_k\}$条.

取k_0满足$S_{k_0}\leqslant n-S_{k_0},S_{k_0+1}>n-S_{k_0+1}$,则当$k\leqslant k_0$时,$A$到$B$的边至少有$4S_k$条,这样我们得到

$$n_k(x)n_{k+1}(x) \geqslant 4S_k$$

$$(S_{k+1} - S_k)(S_k - S_{k-1}) \geqslant 4S_k$$

$$S_{k+1} \geqslant \frac{4S_k}{S_k - S_{k-1}} + S_k - S_{k-1} + S_{k-1} = \frac{4S_{k-1}}{S_k - S_{k-1}} + S_k - S_{k-1} + 4 + S_{k-1} \geqslant (\sqrt{S_{k-1}} + 2)^2$$

因此我们得到

$$S_{k_0} \geqslant (2k_0 + 1)^2 \geqslant (k_0 + 1)^2$$

但 $S_{k_0} \leqslant \frac{n}{2} \Rightarrow k_0 \leqslant \sqrt{\frac{n}{2}} - 1$,类似地,考虑

$$N'_{d(x)} = \{y \in V(a) \mid d(y,x) = d\}$$

则有 k_1 使得

$$S'_{k_1} \leqslant \frac{n}{2}, S'_{k_1+1} > \frac{n}{2}, k_1 \leqslant \sqrt{\frac{n}{2}} - 1$$

又由 $S'_{k_1+1} + S_{k_0+1} > n$,知 $\bigcup\limits_{d=0}^{k_0+1} N_{d(x)}$ 与 $\bigcup\limits_{d=0}^{k_1+1} N'_{d(x)}$ 有公共点 y.

因此存在 $x \to y$ 的有向路径长度 $\leqslant k_0 + 1 \leqslant \sqrt{\frac{n}{2}}$,存在 $y \to x$ 的有向路径长度 $\leqslant k_1 + 1 \leqslant \sqrt{\frac{n}{2}}$,故存在 $x \to y \to x$ 的有向图,其长度 $\leqslant \sqrt{2n}$.

第 39 届中国数学奥林匹克

武汉,2023

1 求最小的实数 λ,使得对任意的正整数 n,可以将其表示成 2 023 个正整数之积,即 $n=x_1x_2\cdots x_{2\,023}$,且满足对任意的 $i\in\{1,2,\cdots,2\,023\}$,均有 x_i 是素数或者 $x_i\leqslant n^{\lambda}$.

解 λ 的最小值为$\frac{1}{1\,012}$.

一方面,取 $n=p^{2\,024}$(其中 p 为素数),此时若将 n 表示成 2 023 个正整数之积,即 $n=x_1x_2\cdots x_{2\,023}$ 时,可设 $x_i=p^{\alpha_i}$(α_i 为非负整数,$i=1,2,\cdots,2\,023$),由抽屉原理,存在正整数 j,使得 $\alpha_j\geqslant 2$,此时

$$p^{2\,024\lambda}=n^{\lambda}\geqslant x_j=p^{\alpha_j}\geqslant p^2$$

因此我们有 $\lambda\geqslant\frac{1}{1\,012}$.

另一方面,我们证明,当 $\lambda=\frac{1}{1\,012}$ 时,对任意的正整数 n,存在正整数 $x_1,x_2,\cdots,x_{2\,023}$,使得 x_i 是素数或者 $x_i\leqslant n^{\frac{1}{1\,012}}$,且 $n=x_1x_2\cdots x_{2\,023}$.

对任意的正整数 n,我们采用如下方法依次构造出满足要求的 $x_1,x_2,\cdots,x_{2\,023}$:

对 $1\leqslant k\leqslant 2\,023$,假设已构造出 $x_1,x_2,\cdots,x_{k-1}$,接下来考虑 x_k 的取值(特别地,$k=1$ 时代表尚未构造出任何一项,考虑构造 x_1 的值).

对 $m_k=\frac{n}{x_1x_2\cdots x_{k-1}}$($k=1$ 时 $m_1=n$):

若 m_k 的最大素因子 $p_k\geqslant n^{\frac{1}{1\,012}}$,则令 $x_k=p_k$;

若 m_k 的任一素因子均小于 $n^{\frac{1}{1\,012}}$,则令 x_k 为 m_k 的不超过 $n^{\frac{1}{1\,012}}$ 的最大正因数.

依次得到 $x_1,x_2,\cdots,x_{2\,023}$.

我们证明这样的构造符合要求:

由于此时对任意的 $i=1,2,\cdots,2\,023$,已有 x_i 是素数或者 $x_i\leqslant n^{\frac{1}{1\,012}}$,因此只需证 $n=x_1x_2\cdots x_{2\,023}$.

若存在 $x_i=1$，则知 m_i 不存在不小于 $n^{\frac{1}{1\,012}}$ 的素因子，也不存在不超过 $n^{\frac{1}{1\,012}}$ 的正因数，自然也就不存在不超过 $n^{\frac{1}{1\,012}}$ 的素因子，所以 $m_i=1$，这样

$$n=x_1x_2\cdots x_{i-1},x_i=x_{i+1}=\cdots=x_{2\,023}=1$$

满足 $n=x_1x_2\cdots x_{2\,023}$.

若不存在 $x_i=1$，不妨设 $x_1,x_2,\cdots,x_t$ 为在上述操作中选取的不小于 $n^{\frac{1}{1\,012}}$ 的素数，其余项为在上述操作中选取的不超过 $n^{\frac{1}{1\,012}}$ 的正因数（t 可以为0）.

此时，如果 $x_{2\,022}x_{2\,023}\leqslant n^{\frac{1}{2\,024}}$，那么与 $x_{2\,022}$ 为 $m_{2\,022}$ 的不超过 $n^{\frac{1}{1\,012}}$ 的最大正因数矛盾，所以 $x_{2\,022}x_{2\,023}\geqslant n^{\frac{1}{1\,012}}$，这样有 $x_{2\,022}\geqslant n^{\frac{1}{2\,024}}$，进而有

$$x_{t+1}\geqslant x_{t+2}\geqslant\cdots\geqslant x_{2\,022}\geqslant n^{\frac{1}{2\,024}}$$

而由取法可直接得到

$$x_1\geqslant x_2\geqslant\cdots\geqslant x_t\geqslant n^{\frac{1}{1\,012}}\geqslant n^{\frac{1}{2\,024}}$$

因此我们有 $x_1x_2\cdots x_{2\,022}\geqslant n^{\frac{2\,022}{2\,024}}$，此时

$$m_{2\,023}\leqslant n^{\frac{2}{2\,024}}=n^{\frac{1}{1\,012}}$$

所以

$$m_{2\,023}=\frac{n}{x_1x_2\cdots x_{2\,022}}$$

满足 $n=x_1x_2\cdots x_{2\,023}$.

综上所述，λ 的最小值为 $\frac{1}{1\,012}$.

简评 此题是一道形式优美且并不困难的数论问题，最终结果与整体思路容易得出，但在细节处理上需要注意对不同情况的分类讨论，避免出现遗漏.

② 求最大的实数 c，使得对任意的正整数 n 和 n 个实数 $x_1, x_2,\cdots,x_n$，均有

$$\sum_{i=1}^{n}\sum_{j=1}^{n}(n-|i-j|)x_ix_j\geqslant c\sum_{i=1}^{n}x_i^2$$

解 c 的最大可能值为 $\frac{1}{2}$.

恒等变形如下

$$\sum_{i=1}^{n}\sum_{j=1}^{n}(n-|i-j|)x_ix_j\geqslant c\sum_{i=1}^{n}x_i^2\Leftrightarrow$$

$$n(\sum_{i=1}^{n}x_i)^2-\sum_{i=1}^{n}\sum_{j=1}^{n}|i-j|x_ix_j\geqslant c\sum_{i=1}^{n}x_i^2\Leftrightarrow$$

$$n\left(\sum_{i=1}^{n} x_i\right)^2 - 2\sum_{1\leqslant i<j\leqslant n}(j-i)x_ix_j \geqslant c\sum_{i=1}^{n} x_i^2$$

令

$$S_i = x_1 + x_2 + \cdots + x_i, T_i = x_n + x_{n-1} + \cdots + x_{n+1-i}$$

则

$$S_n = T_n(\text{记为 } S), S_i + T_{n-i} = S$$

进而结合阿贝尔变换知

$$\sum_{1\leqslant i<j\leqslant n}(j-i)x_ix_j = \sum_{j=2}^{n} x_j \sum_{i=1}^{j-1}(j-i)x_i = \sum_{j=2}^{n}(S_j - S_{j-1})\sum_{i=1}^{j-1} S_i = S_n\sum_{i=1}^{n-1} S_i - \sum_{i=1}^{n-1} S_i^2$$

同理

$$\sum_{1\leqslant i<j\leqslant n}(j-i)x_ix_j = T_n\sum_{i=1}^{n-1} T_i - \sum_{i=1}^{n-1} T_i^2$$

故

$$LHS = nS^2 - S\left(\sum_{i=1}^{n-1} S_i + \sum_{i=1}^{n-1} T_i\right) + \sum_{i=1}^{n-1} S_i^2 + \sum_{i=1}^{n-1} T_i^2 = S^2 + \sum_{i=1}^{n-1} S_i^2 + \sum_{i=1}^{n-1} T_i^2$$

又

$$S_i^2 + S_{i+1}^2 \geqslant \frac{1}{2}(S_{i+1} - S_i)^2 = \frac{1}{2}x_{i+1}^2$$

同理

$$T_i^2 + T_{i+1}^2 \geqslant \frac{1}{2}x_{n-i}^2$$

进而

$$LHS = \frac{1}{2}S_1^2 + \frac{1}{2}T_1^2 + \sum_{i=1}^{n-1}\frac{1}{2}(S_i^2 + S_{i+1}^2) + \sum_{i=1}^{n-1}\frac{1}{2}(T_i^2 + T_{i+1}^2) \geqslant$$
$$\frac{1}{2}x_1^2 + \frac{1}{2}x_n^2 + \sum_{i=1}^{n-1}\frac{1}{4}x_{i+1}^2 + \sum_{i=1}^{n-1}\frac{1}{4}x_{n-i}^2 =$$
$$\frac{1}{4}x_1^2 + \frac{1}{4}x_n^2 + \frac{1}{2}\sum_{i=1}^{n} x_i^2 \geqslant$$
$$\frac{1}{2}\sum_{i=1}^{n} x_i^2$$

故 $c = \frac{1}{2}$ 时符合题意.

另外,令

$$x_1 = 1$$
$$x_i = (-1)^{i+1}\times 2, 2\leqslant i\leqslant n-1$$

有

$$x_n = (-1)^{n+1}$$

$$S_i^2 = T_i^2 = 1, 1 \leqslant i \leqslant n-1$$
$$S = 0$$

此时有

$$LHS = S^2 + \sum_{i=1}^{n-1} S_i^2 + \sum_{i=1}^{n-1} T_i^2 = 2n-2$$

而 $\sum_{i=1}^{n} x_i^2 = 4n-6$，令 n 充分大知 $c \leqslant \frac{1}{2}$.

综上所述，c 的最大可能值为 $\frac{1}{2}$.

简评 此题为一道传统形式的 n 元不等式，此前已有五年未曾在 CMO 中考查过此类问题. 本题主要考查学生的恒等变形能力，而这一处理过程与 2015 年 IMOSL 中的代数第三题极为相似，因此做过此题的考生在考场中可能可以减少部分思考时间.

3 给定素数 $p \geqslant 5$，定义集合 $\Omega = \{1,2,\cdots,p\}$. 对于 $x, y \in \Omega$，定义 $R(x,y)$ 如下：当 $y \geqslant x$ 时，$R(x,y) = y - x$；当 $y < x$ 时，$R(x,y) = y - x + p$. 对于 Ω 的一个子集 A，定义 $f(A) = \sum_{x \in A} \sum_{y \in A} (R(x,y))^2$. 若集合 A 满足 $0 < |A| < p$ 且对任意 $|B| = |A|$ 有 $f(B) \geqslant f(A)$，则称集合 A 为好集合. 求最大正整数 l，使得可以找到 l 个互不相同的好集合 $A_1, A_2, \cdots, A_l$，满足 $A_1 \subseteq A_2 \subseteq \cdots \subseteq A_l$.

解 l 的最大可能值为 $2[\log_2(p+1)]$.

将周长为 p 的圆周 p 等分，从一点开始按顺时针方向依次将各 p 等分点标记为 $1,2,\cdots,p$，对任意的 $x \neq y$，$R(x,y)$ 与 $R(y,x)$ 分别表示圆周上 x 与 y 间沿顺时针方向与逆时针方向对应的两段弧长，所以当 (x,y) 遍历集合 $\{(x,y) \mid x \in A, y \in A, x \neq y\}$ 中的所有不同元素时，$R(x,y)$ 恰好遍历圆周上所有小于 p 的弧所对应的长度. 又因为当 $x = y$ 时，$R(x,y) = 0$，所以 $\sum_{x \in A} \sum_{y \in A} (R(x,y))^2$ 表示圆周上所有小于 p 的不同弧所对应的长度平方和.

引理 1 在周长为 p 的圆周上选取 k 个点，将圆周分为 k（$k < p$，p 为素数）段弧（我们将这样的弧内不含选取的点的弧称为小弧），每段长为整数，使得圆周上所有小于 p 的不同弧（可由多段连续小弧组成）所对应的长度平方和最小，则任意两个不同的由连续 s（$0 < s < k$）段小弧组成的弧长长度差不超过 1.

引理 1 的证明 设小弧长度分别为 $x_1, x_2, \cdots, x_k$，所有不同的连续 s 段小弧组成的弧长平方之和为 f_s，则有

$$f_s=\sum_{i=1}^{k}(x_i+x_{i+1}+\cdots+x_{i+s-1})^2\text{（其中 }x_i=x_{p+i}\text{）}$$

由整数离散性及 $\sum_{i=1}^{k}(x_i+x_{i+1}+\cdots+x_{i+s-1})=sp$ 知，当 f_s 取最小值时，应有对任意的 $i=1,2,\cdots,k$

$$x_i+x_{i+1}+\cdots+x_{i+s-1}=\left[\frac{sp}{k}\right]\text{ 或 }\left[\frac{sp}{k}\right]+1$$

回到原题，对好集合 A，若 $|A|=k$，设 $A=\{t_1,t_2,\cdots,t_k\}$，记 $x_i=t_{i+1}-t_i(t_{k+1}=t_1)$，则由上述可知

$$f(A)=\sum_{s=1}^{k-1}f_s$$

由于当 $x_i=\left[\frac{ip}{k}\right]-\left[\frac{(i-1)p}{k}\right]$ 时，$f_1,f_2,\cdots,f_{k-1}$ 可同时取到最小值，因此 $f(A)$ 取最小值时 $f_1,f_2,\cdots,f_{k-1}$ 恰同时取到最小值.

因此，由引理知，此时 $x_i+x_{i+1}+\cdots+x_{i+s-1}=\left[\frac{sp}{k}\right]$ 或 $\left[\frac{sp}{k}\right]+1$.

特别地，$x_i=\left[\frac{p}{k}\right]$ 或 $\left[\frac{p}{k}\right]+1$.

引理2　对于满足条件的好集合 A，若 $|A|=k$，则必存在非负整数 t，使得

$$x_{j+t}=\left[\frac{jp}{k}\right]-\left[\frac{(j-1)p}{k}\right]\text{（其中 }x_{i+p}=x_i\text{）}$$

引理 2 的证明　记 $y_i=x_i-\frac{p}{k}$，则 $\sum_{i=1}^{k}y_i=0$.

若对于每个 y_i，均存在另一个 y_j 使得 $z(i,j)=y_i+y_{i+1}+\cdots+y_{j-1}>0$，则连一条 y_i 到 y_j 的有向线段，进而图中必存在圈 $a_1,a_2,\cdots,a_m$（a_i 为 y 的下标），故

$$0=z(a_1,a_2)+z(a_2,a_3)+\cdots+z(a_m,a_1)>0$$

矛盾！

因此存在 y_i 使得对任意的正整数 j，有

$$z(i,j)=y_i+y_{i+1}+\cdots+y_{j-1}\leqslant 0$$

由引理 1，知 $z(i,j)=\left[\frac{(j-i)p}{k}\right]-\frac{(j-i)p}{k}$，令 $t=i-1$ 即可，引理 2 得证.

由引理2，对任意 $a\mid b$，对任意好集合 T，若 $|T|=a$，则必存在好集合 S，满足 $|S|=b$ 且 $T\subseteq S$.

这是因为，可以不妨设

$$T=\left\{z+\left[\frac{p}{a}\right],z+\left[\frac{2p}{a}\right],\cdots,z+\left[\frac{ap}{a}\right]\right\}$$

此时令

$$S=\left\{z+\left[\frac{p}{b}\right],z+\left[\frac{2p}{b}\right],\cdots,z+\left[\frac{bp}{b}\right]\right\}$$

由$\frac{up}{a}=\frac{\frac{b}{a}up}{b}$知结论成立.

引理 3 当 T 为好集时,T 的补集 T_0 也为好集.

引理 3 的证明 对 T 的补集 T_0 有

$$\sum_{x\in T}\sum_{y\in T}R(x,y)^2+\sum_{x\in T}\sum_{y\in T_0}R(x,y)^2=$$
$$\sum_{x\in T}\sum_{y\in \Omega}R(x,y)^2=\sum_{x\in T}\sum_{i=1}^{p-1}i^2=$$
$$|T|\frac{p(p-1)(2p-1)}{6}$$

同理

$$\sum_{x\in T_0}\sum_{y\in T_0}R(x,y)^2+\sum_{x\in T}\sum_{y\in T_0}R(x,y)^2=\sum_{x\in \Omega}\sum_{y\in T_0}R(x,y)^2=$$
$$|T_0|\frac{p(p-1)(2p-1)}{6}$$

故

$$\sum_{x\in T_0}\sum_{y\in T_0}R(x,y)^2=$$
$$\sum_{x\in T}\sum_{y\in T}R(x,y)^2+(|T_0|-|T|)\frac{p(p-1)(2p-1)}{6}$$

即当 T 为好集时,T_0 也为好集,引理得证.

因此,对任意 $p-b\mid p-a$,对任意好集合 T,若 $|T|=a$,则必存在好集合 S,满足 $|S|=b$ 且 $T\subseteq S$.

引理 4 对任意 $t\leqslant\frac{p-1}{2}$,对任意的好集合 T,若 $|T|=t$,则存在好集合 S,满足 $|S|=p-t$ 且 $T\subseteq S$.

引理 4 的证明 不妨设 $T=\{a_1,a_2,\cdots,a_t\}$,令 $T'=\{a_1+1,a_2+1,\cdots,a_t+1\}$(集合中的元素为在模 p 意义下理解),则由于 $\frac{p}{t}\geqslant 2$,知 $T\cap T'=\varnothing$,此时 T 被 T' 的补集所包含,引理 4 得证.

对好集合 $A\subseteq B$,$|A|=a$,$|B|=b$,设 $x_a=\left[\frac{p}{a}\right]$ 及 $x_b=\left[\frac{p}{b}\right]$.

若 $x_a\geqslant 4$,则由引理 1 及引理 2,$x_a\geqslant 2x_b$.

若 $x_a=3$,且 A 中至少两个间距取到 3.

此时,若有两个相邻间距均为 3,则由引理 1 知不存在两个相邻间距均为 4(否则连续两段小弧之和为 6 和 8,矛盾).此时,若 $x_b=2$,则集合 A 中对应长度等于 4 的小弧被拆分成两个长度等于 2 的小弧,此时在 B 中同时存在两个相邻的 3 及两个相邻的 2,同上矛盾.故 $x_b=1$.

若不存在两个相邻间距均为3,则存在两组连续的弧,两端均为长度为3的小弧,其内部由长度为4的小弧组成,且长度为4的小弧数量不同(否则所有的弧均匀分布,与p为素数矛盾).设上述两组弧中较短的一组共包含m个长度为4的小弧,此时,若$x_b=2$,则将4拆分成两个2,则同时存在相邻$2m+2$段小弧中有$2m+2$个2及2个3与$2m$个2,由引理1,由于这两组弧的弧长差为2,由引理1矛盾,故$x_b=1$.

若$x_a=3$,$x_b=2$,且A中恰有一个小弧弧长为3,则所有4变为两个2,此时$a=\frac{p+1}{4}$,$b=\frac{p-1}{2}$.

若$x_a=2$,则$x_b=1$.

下面计算l的最大可能值.

设$A_1\subseteq A_2\subseteq\cdots\subseteq A_n$为满足要求的$l$个集合中元素个数小于$\frac{p}{2}$的集合,由已证结论:

若$2|A_i|\leqslant|A_{i+1}|$恒成立,则$n\leqslant[\log_2 p]$;否则必有$|A_{n-1}|=\frac{p+1}{4}$,$|A_n|=\frac{p-1}{2}$,因此$n\leqslant[\log_2(p+1)]$.

对元素数大于$\frac{p}{2}$的集合,由引理3,同理可得这样的集合个数不超过$[\log_2(p+1)]$,故$l\leqslant 2[\log_2(p+1)]$.

另外,若$p+1=2^t$,由上述引理,知存在符合要求的集合,使得

$$|A_i|=2^{i-1},1\leqslant i\leqslant t-1$$
$$|A_t|=2^{t-1}-1$$
$$|A_{t+1}|=2^{t-1}$$
$$|A_j|=p-2^{2t-j},t+2\leqslant j\leqslant 2t$$

若$p+1\neq 2^t$,$t=[\log_2 p]$,由上述引理,知存在符合要求的集合,使得

$$|A_i|=2^{i-1},1\leqslant i\leqslant t$$
$$|A_j|=p-2^{2t-j},t\leqslant j\leqslant 2t$$

综上所述,l的最大可能值为$2[\log_2(p+1)]$.

简评 此题尽管入手方向较为容易,但完整解决极为困难.根据题目中$R(x,y)$的表示形式容易想到转化为圆周上的弧长处理,此时对$f(A)$的表达式分析可以大致推断出A为好集合时对“小弧”的长度要求,这时可以得出某些情况下$|A_{i+1}|$与$|A_i|$大致须成倍数关系,因此可推测此题与$\log_2 p$有一定关系.然而尽管入手点并不困难,各种细节的处理却十分复杂:对A为好集合时所满足的充要条件的论证,以及在A_i中元素个数大于、小于及等于$\frac{p-1}{2}$的不同情况时的讨论,每步都非常复杂.此外,尽管整体思路

容易想到,但对最终结果的猜测却很容易出现各种偏差,因此也很难拿到结果分数.

4 对任意满足 $a_1+a_2+\cdots+a_{2\,023}=100$ 的非负实数组 $(a_1, a_2,\cdots,a_{2\,023})$,记 N 为 $\{(i,j)\mid i\leqslant j, a_ia_j\geqslant 1\}$ 的元素个数,求证:$N\leqslant 5\,050$,并给出取等的充要条件.

解 设 $a_1,a_2,\cdots,a_{2\,023}$ 中所有正实数为 $b_1,b_2,\cdots,b_k$.

设 $b_1,b_2,\cdots,b_k$ 中共有 x 个数不小于 1,$b_ib_j(1\leqslant i<j\leqslant k)$ 中共有 y 个数不小于 1,则

$$100=b_1+b_2+\cdots+b_k\geqslant x$$

由条件知

$$10\,000=(b_1+b_2+\cdots+b_k)^2=\sum_{i=1}^{k}b_i^2+2\sum_{1\leqslant i<j\leqslant k}b_ib_j\geqslant x+2y$$

则

$$N=x+y=\frac{(x+2y)+x}{2}\leqslant\frac{10\,100}{2}=5\,050$$

另外,容易知道取等时有 $x=100$,这代表 $b_1,b_2,\cdots,b_k$ 中共有 100 个数不小于 1,因此必有 $a_1,a_2,\cdots,a_{2\,023}$ 中恰有 100 个 1,其余均为 0,这就是 $N=5\,050$ 的充要条件.

简评 此题为本届考试中难度最低的一题. 首先,此题的取等条件容易猜出,而在发现取等时 a_i 中有较多的 0 出现后,将其中所有的正实数列出,直接平方展开便可得到所需上界,而在放缩中也可以直接得到取等的充要条件.

5 如图 1,在锐角 $\triangle ABC$ 中,K 为 BC 的延长线上一点,过 K 分别作 AB,AC 的平行线 KP,KQ,若 $BK=BP,CK=CQ$,且 $\triangle KPQ$ 的外接圆与 AK 交于点 T,证明:

(1) $\angle BTC+\angle APB=\angle CQA$;

(2) $AP\cdot BT\cdot CQ=AQ\cdot CT\cdot BP$.

证明 (1) 如图 2,过 A 作 BK 的平行线,分别与直线 PK,QK 交于点 P',Q',联结 BP',CQ',则四边形 $AP'BK$ 为平行四边形,所以 $AP'=BK=BP$,结合 $AB\parallel P'P$,知四边形 $ABPP'$ 为等腰梯形.

同理,四边形 $AQ'QC$ 为等腰梯形,由平行四边形的性质,可知 AK,BP',CQ' 互相平分,设公共点为 M.

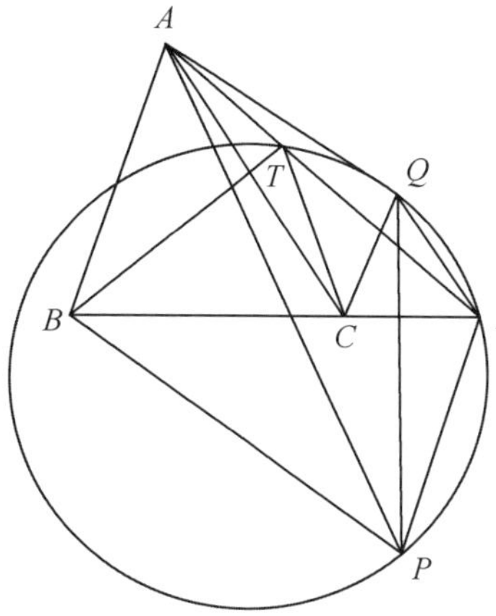

图 1

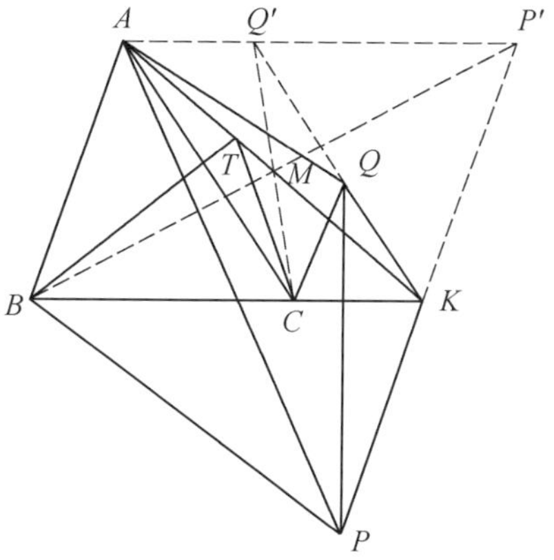

图 2

显然

$$\angle APB = \angle AP'B$$
$$\angle AQC = \angle AQ'C$$

所以

$$\begin{aligned}\angle CQA - \angle APB = \angle AQ'C - \angle AP'B &= \\ \angle AQ'M - \angle AP'M &= \\ \angle P'MQ' = \angle BMC&\end{aligned}$$

因此欲证明 $\angle BTC + \angle APB = \angle CQA$,只需证 $\angle BTC = \angle BMC$,即证 B,T,M,C 四点共圆.

采用同一法,设 T' 为 AK 上的一点,满足 T',M,C,B 四点共圆,只需证 T',Q,K,P 四点共圆.

易知 $KT'\cdot KM = KB\cdot KC$,以 K 为反演中心,$\sqrt{KB\cdot KC}$ 为反演半径作反演变换,则 M,T' 互为反演点,B,C 互为反演点. 设 Q,Q'' 互为反演点,P,P'' 互为反演点,只需证 Q'',M,P'' 三点共线.

因为 $CQ = CK$,反演后由 $\triangle KCQ \backsim \triangle KQ''B$ 知 $Q''B = Q''K$,所以 Q'' 在 BK 的中垂线上,即 Q'' 为 BK 的中垂线与 KQ 的交点,同理 P'' 为 CK 的中垂线与 KP 的交点. 下面证 Q'',M,P'' 三点共线.

建立复平面,不妨设 K 对应的复数为 $k = 0$,B,C 在实轴上,对应的实数分别为 b,c,设 Q'',P'' 对应的复数分别为 x,y,则

$$\begin{cases}\dfrac{x-k}{a-c} = \dfrac{\bar{x}-\bar{k}}{\bar{a}-\bar{c}} \\ \dfrac{x-\dfrac{b+k}{2}}{b-k} = -\dfrac{\bar{x}-\dfrac{\bar{b}+\bar{k}}{2}}{\bar{b}-\bar{k}}\end{cases} \Rightarrow \begin{cases}\dfrac{x}{a-c} = \dfrac{\bar{x}}{\bar{a}-\bar{c}} \\ \dfrac{x-\dfrac{b}{2}}{b} = -\dfrac{\bar{x}-\dfrac{\bar{b}}{2}}{b}\end{cases}$$

解得

$$x = \frac{b(a-c)}{a+\bar{a}-2c} = \frac{b(a-c)}{2(\mathrm{Re}(a)-c)}$$

同理

$$y=\frac{c(a-b)}{2(\mathrm{Re}(a)-b)}$$

而

$$\frac{y-\frac{a+k}{2}}{x-\frac{a+k}{2}}=\frac{y-\frac{a}{2}}{x-\frac{a}{2}}=\frac{\mathrm{Re}(a)-c}{\mathrm{Re}(a)-b}\cdot\frac{-bc+ac+ab-a\mathrm{Re}(a)}{-bc+ab+ac-a\mathrm{Re}(a)}=$$

$$\frac{\mathrm{Re}(a)-c}{\mathrm{Re}(a)-b}\in\mathbf{R}$$

因此 Q'',M,P'' 三点共线,结论得证.

(2) 因为

$$AP=BP'=2BM,CQ=CK,AQ=CQ'=2CM,BP=BK$$

所以原命题等价于证明

$$\frac{BT}{CT}=\frac{AQ\cdot BP}{AP\cdot CQ}$$

即证

$$\frac{BT}{CT}=\frac{2CM\cdot BK}{2BM\cdot CK}$$

由

$$\frac{BT}{CT}=\frac{\sin\angle TMB}{\sin\angle TMC}=\frac{\sin\angle BMK}{\sin\angle CMK}=\frac{BK}{CK}\cdot\frac{CM}{BM}=\frac{2CM\cdot BK}{2BM\cdot CK}$$

得证.

简评 此题为一道平面几何问题,本题最大难点在于 $\angle APB$ 与 $\angle AQC$ 的转化. 结合平行线构造共圆后,可以得到两个等腰梯形,而此时图中产生了三条共中点的线段,因此可以得到一系列平行四边形. 此后在证明 T,M,C,B 共圆的过程中应用同一法及点 K 引出的割线,知可用反演变换转化为共线问题,这一共线问题中所涉及的所有点都很容易刻画,因此用任何计算方法都可得出正确结论. 第一问解决后第二问便较为简单.

6 给定一个正 99 边形,将 $1,2,\cdots,99$ 放入 99 边形的 99 个顶点处,若两种放置方法在旋转之后可以重合,则称这两种方法是同一个. 称交换某两个相邻顶点上的数为一次操作,求最小的 n 使得至多 n 次操作可以将一种放置方法变为任意另外一种放置方法.

解 n 的最小值为 2 401.

先证明 $n\geqslant 2\ 401$.

考虑从 $1,2,3,\cdots,99$ 变换为 $99,98,\cdots,1$ 的操作次数.

对于任意三个数 a,b,c,若两两之间均未操作过,则三者之间的顺序不发生改变,不可能变为后者.

因此任意三个数中,必存在两个数进行过操作. 可转换为图论模型:将99个数转化为99个点,若两个数未进行过操作,则在两点间连一条边,由上述可知图中不存在三角形,故由图兰(Turán)定理知图中至多含 49×50 条边,因此至少操作 $C_{99}^{2}-49\times 50=2\ 401$ 次,所以 $n\geqslant 2\ 401$.

再证明 $n\leqslant 2\ 401$,即证明至多2 401次操作一定可以完成转换.

将正99边形的99个顶点放置在圆周上,设相邻两顶点间的弧长为1.

对于 $1\leqslant i\leqslant 99$ 和两种不同的放置方法 α,β,定义 $d_i(\alpha,\beta)$ 表示 i 在两个放置方法中所处位置间的劣弧长. 称使 $d_i(\alpha,\beta)=0$ 的 i 为不动数,使 $d_i(\alpha,\beta)\neq 0$ 的 i 为动数. 称不动数所处的顶点为不动点,并记所有动数的数目为 $k_{\alpha,\beta}$.

运用数学归纳法证明对状态 α,β,可用不超过 $\sum\limits_{i=1}^{99}d_i(\alpha,\beta)-\frac{1}{2}k_{\alpha,\beta}$ 次操作及旋转使 α,β 重合,对 $S(\alpha,\beta)=\sum\limits_{i=1}^{99}d_i(\alpha,\beta)$ 进行归纳.

当 $S(\alpha,\beta)=0$ 时,$\alpha=\beta$ 显然成立.

假设对小于 $S(\alpha,\beta)$ 时,命题成立.

对于 $1\leqslant i\leqslant 99$,从 i 在 α 所在位置沿劣弧到 i 在 β 中所在位置连一条有向边,称之为有向边 l_i.

(1) 若存在两个动数 i,j 在 α 中的位置为 u,v(不妨从顺时针方向来看,u 到 v 为一段劣弧),使得劣弧 $\overset{\frown}{uv}$ 上(不含 u,v)的点均为不动点,且 l_i 为顺时针方向,l_j 为逆时针方向,设 u,v 之间的顶点分别为 $w_1,w_2,\cdots,w_t$,则依次交换 (u,w_1),(w_1,w_2),(w_2,w_3),$\cdots$,(w_{t-1},w_t),(w_t,v),(w_{t-1},w_t),$\cdots$,(w_2,w_3),(w_1,w_2),(u,w_1) 上的数,共计 $2t+1$ 次后得到 α'. 进而可知 α 与 α' 之间仅交换了 u,v 两个位置上的数,故 $k_{\alpha',\beta}\geqslant k_{\alpha,\beta}-2$,而

$$S(\alpha',\beta)=S(\alpha,\beta)-2(t+1)$$

对 α',β 用归纳假设,至多

$$S(\alpha',\beta)-\frac{1}{2}k_{\alpha',\beta}\leqslant S(\alpha,\beta)-\frac{1}{2}k_{\alpha,\beta}-(2t+1)$$

次操作可将 α' 变为 β,进而至多 $S(\alpha,\beta)-\frac{1}{2}k_{\alpha,\beta}$ 次操作可将 α 变为 β.

(2) 不存在满足(1) 的 i,j,我们先证明此时所有有向边均同

向(不妨设均为顺时针).

不妨设 l_{i_1} 为顺时针,其从点 u 指向 v,若存在 l_j 起点在 $\widehat{uv}$ 上(包含点 v)为逆时针,则取其中起点最靠近 u 的 l_{j_2},记其起点为 w,则起点在 w 逆时针方向且最靠近 w 的有向边 l_{j_1} 为顺时针,此时 j_1,j_2 满足(1),矛盾.

因此起点在 $\widehat{uv}$ 上的有向边均为顺时针,特殊地,起点为 v 的有向边 l_{i_2} 为顺时针,依此类推,得到 $l_{i_1},l_{i_2},\cdots$ 为首尾衔接的顺时针有向边,直至 l_{i_m} 使得这些有向边覆盖了圆周,进而由起点在 $\widehat{uv}$ 上的有向边均为顺时针知,所有有向边均为顺时针.

① 若不存在不动点,将 α 顺时针旋转 $\frac{2\pi}{99}$,得到 α',且 $S(\alpha',\beta)\leqslant S(\alpha,\beta)-99$,且 $k_{\alpha',\beta}\geqslant k_{\alpha,\beta}-99$,由归纳假设易知结论成立.

② 若存在不动点,则我们称连续的不动点为一段不动点,设共有 t 段不动点,分别有 $a_1,\cdots,a_t$ 个不动点,则 $a_1+\cdots+a_t=99-k_{\alpha,\beta}$.

对每一段不动点 $u_1,u_2,\cdots,u_{a_i},u_1$ 的前一个点 u_0 不为不动点,依次交换 $u_0u_1,u_1u_2,\cdots,u_{a_i-1}u_{a_i}$(这操作了 a_i 步),共操作了 $a_1+\cdots+a_t=99-k_{\alpha,\beta}$ 次.再顺时针旋转 $\frac{2\pi}{99}$,得到 α'.此时相较 α,$99-k_{\alpha,\beta}$ 个不动点位置不变,位于 u_0 的点顺时针移动了 a_i+1(共 t 个这样的点),其余 $k_{\alpha,\beta}-t$ 个点顺时针移动了 1,则

$$\begin{aligned}S(\alpha',\beta)=&S(\alpha,\beta)-\sum_{i=1}^{t}(a_i+1)-(k_{\alpha,\beta}-t)=\\&S(\alpha,\beta)-(99-k_{\alpha,\beta}+t)-(k_{\alpha,\beta}-t)=\\&S(\alpha,\beta)-99\end{aligned}$$

而 $k_{\alpha',\beta}\geqslant 0$,对 α',β 用归纳假设,至多 $S(\alpha,\beta)-99$ 次操作可将 α' 变为 β,故至多

$$S(\alpha,\beta)-99+99-k_{\alpha,\beta}\leqslant S(\alpha,\beta)-\frac{1}{2}k_{\alpha,\beta}$$

次操作可将 α 变为 β 成立.

回到原题,记 β_i 为 β 逆时针旋转 $\frac{2i}{99}\pi(0\leqslant i\leqslant 98)$,则

$$\sum_{i=0}^{98}\left(S(\alpha,\beta_i)-\frac{1}{2}k_{\alpha,\beta_i}\right)=\sum_{i=0}^{98}\left(\sum_{j=1}^{99}d_j(\alpha,\beta_i)-\frac{1}{2}k_{\alpha,\beta_i}\right)=99\cdot 49^2$$

知存在 i,使得

$$S(\alpha,\beta_i)-\frac{1}{2}k_{\alpha,\beta_i}\leqslant 49^2=2\ 401$$

因此可用至多 2 401 次操作将 α 变为 β_i.进而旋转得到 β,命题得证.

综上所述，n 的最小可能值为 2 401.

简评 此题解答根据人大附中叶语行同学的做法整理，感谢叶语行同学的分享. 此题为本届考试中最为困难的一题. 当然，本题的结果与构造非常容易猜测，因此可能有同学在此题中有部分结果分数. 而在证明中，对所构造的情况证明 $n \geqslant 2\ 401$ 已不容易，对至多 2 401 次操作一定可以完成转换的证明更是极其困难.

第 40 届中国数学奥林匹克

宁波,2024

1 给定无理数 $\alpha > 1$ 及正整数 $L > \dfrac{\alpha^2}{\alpha - 1}$,正整数数列 $\{x_n\}$ 满足 $x_1 > L$ 且对任意的正整数 n,均有

$$x_{n+1} = \begin{cases} \lfloor \alpha x_n \rfloor, x_n \leqslant L \\ \left\lfloor \dfrac{x_n}{\alpha} \right\rfloor, x_n > L \end{cases}$$

(1) 证明:$\{x_n\}$ 是最终周期数列.

(2) 证明:$\{x_n\}$ 的最小正周期是一个与 x_1 无关的奇数.

证法 1 显然数列中存在一项不大于 L,由于此数列中去掉初始的若干项后不影响结论,故不妨设 x_1 为此数列中第一个不大于 L 的项,记其前一项为 x_0,重新证明命题,我们有以下结论.

结论 1 对任意的正整数 n,有

$$\left\lfloor \frac{L+1}{\alpha} \right\rfloor \leqslant x_n < \alpha L$$

结论 1 的证明 首先,由 $x_0 \geqslant L + 1$,易知

$$\left\lfloor \frac{L+1}{\alpha} \right\rfloor \leqslant x_1 \leqslant L < \alpha L$$

由于对任意的正整数 k,若 $\left\lfloor \dfrac{L+1}{\alpha} \right\rfloor \leqslant x_k \leqslant L$,则由

$$x_{k+1} = \lfloor \alpha x_k \rfloor$$

可知

$$\left\lfloor \frac{L+1}{\alpha} \right\rfloor \leqslant x_k \leqslant x_{k+1} \leqslant \lfloor \alpha L \rfloor < \alpha L$$

若 $L + 1 \leqslant x_k < \alpha L$,则由

$$x_{k+1} = \left\lfloor \frac{x_k}{\alpha} \right\rfloor$$

可知

$$\left\lfloor \frac{L+1}{\alpha} \right\rfloor \leqslant x_{k+1} \leqslant L < \alpha L$$

根据归纳公理知结论 1 得证.

进一步,由结论 1 知此正整数数列中每一项均小于 αL,而这样

的不同的正整数仅有有限个,因而必存在两项相同,又由于此数列后一项由前一项唯一确定,所以$\{x_n\}$是最终周期的.

同样地,不妨去掉初始的若干项,将数列改为纯周期数列重新考虑.

结论 2 取此数列中不大于 L 的最大项为 t,定义集合

$$A = \left\{a \in \mathbf{N}^* \mid \left\lfloor \frac{L+1}{\alpha} \right\rfloor \leqslant a \leqslant t\right\}$$

$$B = \{b \in \mathbf{N}^* \mid L+1 \leqslant b < \alpha t\}$$

首先,同上归纳可知数列中的所有项均为 $A \cup B$ 中的元素,我们证明此数列对任意正整数 i 满足如下结论:

(1) 若 $x_i \in A$ 且 $x_i \neq \left\lfloor \frac{L+1}{\alpha} \right\rfloor$,则 $x_{i+1} \in B$;

(2) 若 $x_i \in A$ 且 $x_i = \left\lfloor \frac{L+1}{\alpha} \right\rfloor$,则 $x_{i+1} = t \in A$;

(3) 若 $x_i \in B$,则 $x_{i+1} \in A \backslash \{t\}$.

结论 2 的证明 由于

$$\left\lfloor \alpha \left\lfloor \frac{L+1}{\alpha} \right\rfloor \right\rfloor < L+1, \left\lfloor \alpha \left(\left\lfloor \frac{L+1}{\alpha} \right\rfloor + 1 \right) \right\rfloor \geqslant L+1$$

且对任意的 $x_i \in B$ 必有 $x_{i+1} < t$,因而由数列中存在正整数 t 知,其前项必为$\left\lfloor \frac{L+1}{\alpha} \right\rfloor$,所以结论(1) 和(2) 成立,结论(3) 显然.

回到原题,在数列中取 $x_p = x_q = t(p < q)$ 且 x_p 与 x_q 之间不存在值为 t 的项,则易知 $x_{p+1} \in B, x_{p+2} \in A, x_{p+3} \in B, x_{p+4} \in A, \cdots, x_{q-1} \in A$, 所以 $q-1-p$ 为偶数,此数列的最小正周期 $q-p$ 为奇数. 又因为$\left\lfloor \frac{L+1}{\alpha} \right\rfloor$必在周期中出现,所以此数列最终与 x_1 无关,特别地,最小正周期与也 x_1 无关.

证法 2 (1) 显然 $x_n \in \mathbf{Z}$. 注意到,若 $x_n > L$,则

$$x_{n+1} < \frac{a_n}{a} < a_n$$

由整数的离散性知,存在 $n_0 \in \mathbf{Z}_{\geqslant 1}$,使得

$$x_{n_0} > L \text{ 且 } x_{n_0+1} \leqslant L$$

下面归纳证明对 $n \geqslant n_0$,有

$$x_n \in \left[\left\lfloor \frac{L+1}{\alpha} \right\rfloor, \lfloor \alpha L \rfloor\right] \quad ①$$

上述结论对 $n = n_0$ 成立. 假设 $x_n \in \left[\left\lfloor \frac{L+1}{\alpha} \right\rfloor, \lfloor \alpha L \rfloor\right]$.

若 $x_n \leqslant L$,则

$$\left\lfloor \frac{L+1}{\alpha} \right\rfloor \leqslant x_n \leqslant \lfloor \alpha x_n \rfloor \leqslant \lfloor \alpha L \rfloor$$

若 $x_n \geqslant L+1$,则

$$\left\lfloor\frac{L+1}{\alpha}\right\rfloor \leqslant \left\lfloor\frac{x_n}{\alpha}\right\rfloor \leqslant x_n \leqslant \lfloor\alpha L\rfloor$$

故式①对 $n+1$ 成立,完成归纳法.

由于 x_{n_0} 之后 x_n 的取值有限,且数列后一项仅由前一项决定,故 $\{x_n\}$ 是最终周期的.

(2) 若 $n>n_0$ 使得 $x_n>L$,则

$$x_{n+1}=\left\lfloor\frac{x_n}{\alpha}\right\rfloor \leqslant \left\lfloor\frac{\lfloor\alpha L\rfloor}{\alpha}\right\rfloor \leqslant L$$

故总可以取 n 满足 $n>n_0$ 且 $x_n \leqslant L$.

若 $x_n>\left\lfloor\frac{L+1}{\alpha}\right\rfloor$,则

$$x_{n+1}=\lfloor\alpha x_n\rfloor \geqslant L+1$$

$$x_{n+2}=\left\lfloor\frac{x_{n+1}}{\alpha}\right\rfloor<\frac{x_{n+1}}{\alpha}<x_n$$

又由

$$\frac{x_{n+1}}{\alpha}>\frac{\alpha x_n-1}{\alpha}>x_n-1$$

知

$$x_{n+2}=x_n-1$$

如此必存在 $m>n$ 使得 $x_m=\left\lfloor\frac{L+1}{\alpha}\right\rfloor$.

这时

$$x_{m+1}=\left\lfloor\left\lfloor\frac{L+1}{\alpha}\right\rfloor\cdot\alpha\right\rfloor<L+1$$

且

$$\begin{aligned}\alpha\cdot\left\lfloor\frac{L+1}{\alpha}\right\rfloor-\left\lfloor\frac{L+1}{\alpha}\right\rfloor &>(\alpha-1)\cdot\left(\frac{L+1}{\alpha}-1\right)\\ &>(\alpha-1)\cdot\left(\frac{\frac{\alpha^2}{\alpha-1}}{\alpha}-1\right)=1\end{aligned}$$

故 $x_{m+1}>\left\lfloor\frac{L+1}{\alpha}\right\rfloor$.

设 $x_{m+1}=\left\lfloor\frac{L+1}{\alpha}\right\rfloor+d$.

根据前述讨论可知

$$x_{m+2r+1}=x_{m+1}-r,r=0,1,\cdots,d$$

故 $x_{n_1+2d+1}=x_m$,即 $T=2d+1$ 且与 x_1 无关.

2 给定 $\triangle ABC$，点 I 是 $\triangle ABC$ 的内心，点 L,M,N 分别是 AI，AC,CI 的中点，线段 AM 上的一点 D 满足 $BC=BD$，$\triangle ABD$ 的内切圆与 AD,BD 分别切于点 E,F. 已知点 J 为 $\triangle AIC$ 的外心，ω 为 $\triangle JMD$ 的外接圆，直线 MN 交圆 ω 于点 P，直线 JL 交圆 ω 于点 Q. 证明：直线 PQ,LN,EF 三线共点.

证法 1 在线段 LN 上取一点 K，使得 $LK=\dfrac{1}{2}AD$（图 1）. 我们证明 PQ,LN,EF 三线共点于点 K，其中已有直线 LN 过点 K，以下只需证直线 PQ,EF 均过点 K.

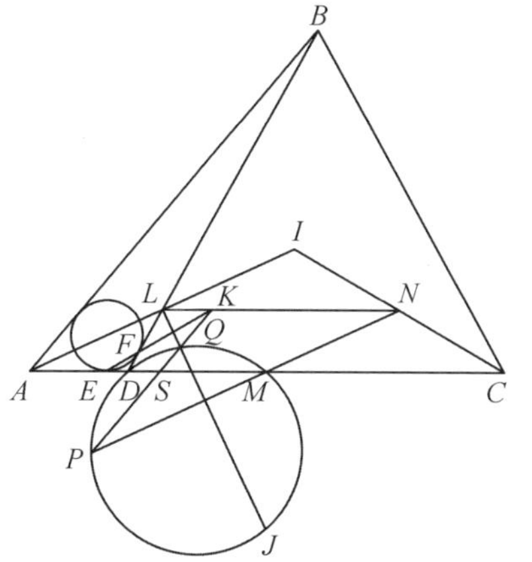

图 1

结论 1 K,P,Q 三点共线.

结论 1 的证明 设 PQ 与 AC 交于一点 S.

首先，熟知 J 为 $\triangle ABC$ 的外接圆上 $\overparen{AC}$ 的中点，因而 $\angle JMD=90^\circ$，进而知 DJ 为圆 ω 的直径，因此 $\angle DQJ=90^\circ$，所以 $DQ\perp LJ$，即点 Q 为点 D 在 LJ 上的投影，进而易知 LJ 为 AI 的中垂线，所以 $AI\perp LJ$，进而可得

$$DQ\parallel AI$$

因为 MN 为 $\triangle AIC$ 的中位线，所以 $MN\parallel AI$，进而可得

$$PM\parallel DQ\parallel AI$$

由 $DQ\parallel PM$ 知圆内接四边形 $DQMP$ 为等腰梯形，结合 $PM\parallel AI$ 可得

$$\angle QSM=2\angle AMP=2\angle IAC=\angle BAC$$

所以

$$PQ\parallel AB$$

在 $\triangle LKQ$ 中，$LK=\dfrac{1}{2}AD$，LQ 为 AD 在 LJ 上的投影，因而

$$LQ = AD\sin\frac{1}{2}\angle BAC$$

$$\angle KLQ = 90^\circ - \angle ILN = 90^\circ - \frac{1}{2}\angle BAC$$

注意到

$$LK\cos\angle KLQ = \frac{1}{2}AD\cdot\cos\left(90^\circ - \frac{1}{2}\angle BAC\right) =$$
$$\frac{1}{2}AD\sin\frac{1}{2}\angle BAC = \frac{1}{2}LQ$$

所以点 K 在 LQ 的中垂线上,因此

$$\angle LKQ = 180^\circ - 2\angle KLQ =$$
$$180^\circ - 2\times\left(90^\circ - \frac{1}{2}\angle BAC\right) = \angle BAC$$

结合 $LK \parallel AC$ 可知

$$KQ \parallel AB$$

因而 K,P,Q 三点共线,结论 1 得证.

结论 2 K,E,F 三点共线.

结论 2 的证明 设点 I,L,K,N 在 AC 上的投影分别为点 I',L',K',N'.

因为

$$EK' = AK' - AE =$$
$$AL' + L'K' - AE =$$
$$\frac{1}{2}AI' + \frac{1}{2}AD - AE =$$
$$\frac{AB + AC - BC}{4} + \frac{1}{2}AD - \frac{AB + AD - BD}{2} =$$
$$\frac{AC + BC - AB}{4} =$$
$$\frac{1}{2}CI' = CN'$$

所以四边形 $KECN$ 为等腰梯形,故

$$\angle KED = \angle ICD = \frac{1}{2}\angle BCD = \frac{1}{2}\angle BDC = \angle FED$$

因此 K,E,F 三点共线,结论 2 得证.

综上所述,知原命题成立,即直线 PQ,LN,EF 三线共点.

证法 2 如图 2,设 ID 的中点为 K,则 LN 过点 K. 下面证明 EF,PQ 均过点 K.

设点 D 关于点 E,F 的对称点分别为点 X,Y,点 I 在 AC 上的投影为点 Z,则

$$CX = 2DE + CD = AD + BD - AB + CD = AC + BC - AB = 2CZ$$

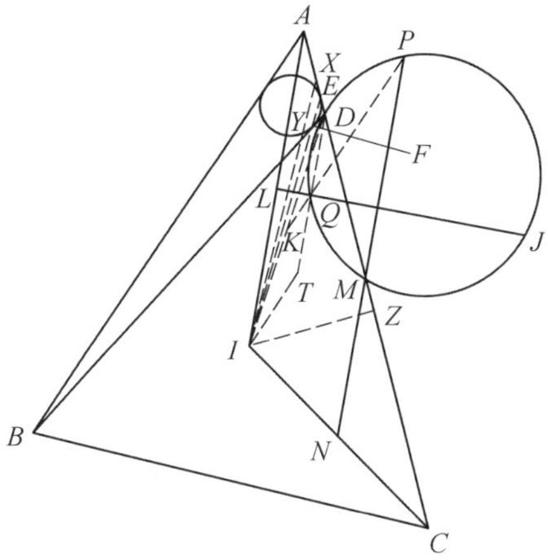

图 2

故

$$CZ = ZX$$

结合 $IZ \perp CX$,知

$$IC = IX$$

所以

$$2\angle IXC = 2\angle ICX = \angle ACB = \angle BDC = 2\angle FEC = 2\angle YXC$$

因此 I,Y,X 三点共线,即 EF 过点 K.

由 $MN /\!/ AI$,知

$$\angle PQD = \angle PMD = \angle IAD$$

由 $\angle DMJ = 90°$,知 DJ 为圆 ω 的直径,故

$$DQ \perp QJ$$

结合 $AL \perp LJ$,知 $AI /\!/ DQ$.

设点 D 关于点 Q 的对称点为点 T,则四边形 $ADTI$ 为等腰梯形.

由 $KQ /\!/ IT$ 知

$$\angle DQK = \angle DTI = 180° - \angle IAD = 180° - \angle PQD$$

3 给定正整数 $a_1 > a_2 > \cdots > a_n > 1$,记 $M = \operatorname{lcm}(a_1, a_2, \cdots, a_n)$,对有限非空正整数集 X,记

$$f(X) = \min_{1 \leqslant i \leqslant n} \sum_{x \in X} \left\{\frac{x}{a_i}\right\}$$

如果对 X 的任意真子集 Y,均有 $f(Y) < f(X)$,那么称 X 为"极小的". 设 X 是极小的,且 $f(X) \geqslant \dfrac{2}{a_n}$,证明:$|X| \leqslant f(X) \cdot M$.

证法 1 记 i_0 为使得 $\sum\limits_{x \in X} \left\{\dfrac{x}{a_i}\right\}$ 最小的 i(若有多个,则任取一个),并记 $X_{i_0} = X$.

从小到大依次考虑 $1 \leqslant i \leqslant n(i \neq i_0)$.

对某个 i,若存在 $Y \subset X$,使得 $\sum_{x \in Y}\left\{\frac{x}{a_i}\right\} = f(Y)$,其中 $|Y| = |X| - 1$,且 Y 不等于已取出的 X_j,则记 $X_i = Y$.

若不存在这样的 Y,则删去 a_i,此时 $f(X)$ 保持不变,且对任意的 $Y \subset X$,$|Y| = |X| - 1$,$f(Y)$ 保持不变,而对任意的 $Z \subset X$,$|Z| \leqslant |X| - 2$,存在 Y,$|Y| = |X| - 1$,$Z \subset Y \subset X$,从而

$$f(Z) \leqslant f(Y) < f(X)$$

故不影响 X 是极小的,同时 M 不增,故只需证删去后仍然满足 $|X| \leqslant f(X) \cdot M$. 因此不妨设每个 i 均存在对应的 X_i,特殊地,$X_{i_0} = X$,并记 $x_i \notin X_i(i \neq i_0)$,这 $n - 1$ 个 x_i 构成集合 P.

(1)$M = a_1$,显然不存在 $x \in X$ 使得 $a_1 \mid x$(否则取 $Y = X/\{x\}$,有 $f(Y) = f(X)$ 矛盾). 此时 $\forall x, \left\{\frac{x}{a_1}\right\} \geqslant \frac{1}{M}$,从而

$$f(X) \geqslant \sum_{x \in X}\left\{\frac{x}{a_1}\right\} \geqslant \frac{|X|}{M}$$

(2)$M > a_1$,此时 $\frac{M}{a_1} \geqslant 2$,进而 $\frac{M}{a_i} \geqslant i + 1$.

记 $X' = X/P$,则 $|X'| = |X| - n + 1$,注意到

$$\sum_{x \in X'}\left\{\frac{x}{a_i}\right\} \leqslant \sum_{x \in X_i}\left\{\frac{x}{a_i}\right\} = f(X_i) \leqslant f(X)$$

且当 $i \neq i_0$ 时不取等号,故

$$\sum_{i=1}^{n}\sum_{x \in X'}\left\{\frac{x}{a_i}\right\} \leqslant nf(X) - \frac{n-1}{M}$$

另外

$$\sum_{i=1}^{n}\sum_{x \in X'}\left\{\frac{x}{a_i}\right\} = \sum_{x \in X'}\sum_{i=1}^{n}\left\{\frac{x}{a_i}\right\}$$

给定 x,考虑 $\sum_{i=1}^{n}\left\{\frac{x}{a_i}\right\}$,若此和式中有 $t(t \geqslant 1)$ 项为 0,则对应这 t 个 a_i 均整除 x,而它们均整除 M,故整除(x,M). 若 $t = 1$,则(x,M) 不小于该 a_i,进而不小于2. 若 $t > 1$,则(x,M) 不小于其中第二大的 a_i 的两倍,进而不小于 $2t$,即 $t \neq 0$ 时,$(x,M) \geqslant 2t$ 恒成立. 而其余 $n - t$ 项均不为 0,此时记

$$\left\{\frac{x}{a_i}\right\} = \frac{x}{a_i} - k = \frac{x \cdot \frac{M}{a_i} - kM}{M}$$

分子为(x,M) 的倍数,故

$$\left\{\frac{x}{a_i}\right\} \geqslant \frac{(x,M)}{M} \geqslant \frac{2t}{M}$$

则

$$\sum_{i=1}^{n}\left\{\frac{x}{a_i}\right\} \geqslant \frac{2t(n-t)}{M} \geqslant \frac{2(n-1)}{M}$$

而若此和式中 n 项均不为 0,则

$$\sum_{i=1}^{n}\left\{\frac{x}{a_i}\right\} \geqslant \sum_{i=1}^{n}\frac{i+1}{M} \geqslant \frac{2(n-1)}{M}$$

故

$$nf(X)-\frac{n-1}{M} \geqslant \sum_{x\in X'}\sum_{i=1}^{n}\left\{\frac{x}{a_i}\right\} \geqslant \frac{2(n-1)}{M}(|X|-n+1)$$

若 $|X| \geqslant f(X)\cdot M$,结合

$$f(x) \geqslant \frac{2}{a_n} \geqslant \frac{2(n+1)}{M}$$

则

$$nf(X)-\frac{n-1}{M} \geqslant \frac{2(n-1)}{M}(f(X)\cdot M-n+1)$$

即

$$f(X) \leqslant \frac{(n-1)(2n-3)}{(n-2)M}$$

故

$$\frac{2(n+1)}{M} \leqslant \frac{(n-1)(2n-3)}{(n-2)M}$$

这推得 $n=2$.

当 $n=2$ 时,由上述不等式易知存在

$$\left\{\frac{x}{a_1}\right\}+\left\{\frac{x}{a_2}\right\}=\frac{2}{M}$$

(否则

$$2f(X)-\frac{1}{M} \geqslant \frac{3}{M}(|X|-1) \geqslant 3f(X)-\frac{3}{M}$$

得到

$$f(X) \leqslant \frac{2}{M} < \frac{2}{a_2}$$

矛盾),显然此时

$$a_1=\frac{M}{2}$$

$$x=\frac{kM}{2}+1$$

$$a_2 \mid x, a_2 \mid M$$

进而 $a_2=2$.

由 $f(X) \geqslant \frac{2}{a_2}=1$ 知,至少有两个 x 为奇数,对应

$$\left\{\frac{x}{a_1}\right\}+\left\{\frac{x}{a_2}\right\} \geqslant \frac{3}{M}$$

从而

$$2f(X)-\frac{1}{M}\geqslant\frac{2}{M}(|X|-3)+2\cdot\frac{3}{M}\geqslant 2f(X)$$

推出矛盾.

因此

$$|X|\leqslant f(X)\cdot M$$

证法2 设$f(X)=\lambda\geqslant\frac{2}{a_n}$. 反证法,假设$|X|>\lambda M$. 由于$\lambda$形如$\frac{k}{a_i}(k\in\mathbf{Z}_{>0})$,故$\lambda M$是整数. 我们证明,存在$x\in X$,使得$f(X\setminus\{x\})=f(X)$,这与$X$是极小的矛盾.

对$1\leqslant i\leqslant n$,记$X_i=\{x\in X\mid a_i\nmid x\}$.

考虑满足$|X_i|\leqslant\lceil\lambda a_i\rceil$的所有$i$,记这些$i$为$i_1,i_2,\cdots,i_m(i_1<i_2<\cdots<i_m)$. 若

$$X_{i_1}\cup X_{i_2}\cup\cdots\cup X_{i_m}\neq X \quad ①$$

取$x\in X\setminus(X_{i_1}\cup X_{i_2}\cup\cdots\cup X_{i_m})$,$Y=X\setminus\{x\}$,则有$f(Y)=f(X)$. 这是因为,记$Y_i=\{y\in Y\mid a_i\nmid y\}$,若$i\in\{i_1,i_2,\cdots,i_m\}$,则

$$X_i=Y_i$$

从而

$$\sum_{y\in Y}\left\{\frac{y}{a_i}\right\}=\sum_{y\in Y_i}\left\{\frac{y}{a_i}\right\}=\sum_{x\in X_i}\left\{\frac{x}{a_i}\right\}=\sum_{x\in X}\left\{\frac{x}{a_i}\right\}\geqslant\lambda$$

若$i\notin\{i_1,i_2,\cdots,i_m\}$,则

$$|Y_i|\geqslant|X_i|-1\geqslant\lceil\lambda a_i\rceil$$

从而

$$\sum_{y\in Y}\left\{\frac{y}{a_i}\right\}=\sum_{y\in Y_i}\left\{\frac{y}{a_i}\right\}\geqslant|Y_i|\cdot\frac{1}{a_i}\geqslant\lceil\lambda a_i\rceil\cdot\frac{1}{a_i}\geqslant\lambda$$

从而$f(Y)\geqslant\lambda$. 又显然$f(Y)\leqslant f(X)=\lambda$,故$f(Y)=f(X)$.

下面证明式①成立.

对$1\leqslant j\leqslant m$,记$T_j=X_{i_1}\cup\cdots\cup X_{i_j}$,以及$M_j=\operatorname{lcm}(a_{i_1},\cdots,a_{i_j})$.

显然

$$|T_1|=|X_{i_1}|\leqslant\lceil\lambda a_{i_1}\rceil=\lceil\lambda M_1\rceil$$

对$2\leqslant j\leqslant m$,有

$$|T_j\setminus T_{j-1}|\leqslant\lceil\lambda M_j\rceil-\lceil\lambda M_{j-1}\rceil$$

事实上,若$M_j=M_{j-1}$,则

$$T_j=\{x\in X\mid M_j\nmid x\}=\{x\in X\mid M_{j-1}\nmid x\}=T_{j-1}$$

故

$$|T_j\setminus T_{j-1}|=0=\lceil\lambda M_j\rceil-\lceil\lambda M_{j-1}\rceil$$

若$M_j>M_{j-1}$,则$a_{i_j}\nmid M_{j-1}$.

设 $d=\gcd(a_{i_j},M_{j-1})$，$M_{j-1}=du$，$a_{i_j}=dv$，则 u 与 v 互素，且 $u>v>1$，$M_j=duv$，有

$$|T_j\backslash T_{j-1}|\leqslant|X_{i_j}|\leqslant\lceil\lambda a_{i_j}\rceil\leqslant\lceil\lambda M_j\rceil-\lceil\lambda M_{j-1}\rceil \quad ②$$

式 ② 的后一不等式只需

$$\lambda a_{i_j}\leqslant\lambda M_j-\lambda M_{j-1}-1\Leftrightarrow\lambda d(uv-u-v)\geqslant1$$

由于

$$\lambda\geqslant\frac{2}{a_n}\geqslant\frac{2}{a_{i_j}}=\frac{2}{dv}$$

故只需证明

$$\frac{2}{v}(uv-u-v)\geqslant1\Leftrightarrow(2u-3)(v-1)\geqslant3$$

由 $u>v>1$ 知上式成立，从而式 ② 成立. 于是

$$|T_m|=|T_1|+\sum_{j=2}^{m}|T_j\backslash T_{j-1}|\leqslant\lceil\lambda M_1\rceil+\sum_{j=2}^{m}(\lceil\lambda M_j\rceil-\lceil\lambda M_{j-1}\rceil)=\lceil\lambda M_m\rceil\leqslant\lceil\lambda M\rceil=\lambda M$$

此便得式 ① 成立，故反证法假设不成立，原命题得证.

4 对于 $\mathbf{R}^2$ 中任意两点 (x_1,y_1)，(x_2,y_2)，我们定义这两点之间的小数距离为

$$\sqrt{\|x_1-x_2\|^2+\|y_1-y_2\|^2}$$

其中 $\|x\|$ 表示实数 x 与最近的整数的距离.

求最大的实数 r，使得平面上存在四个点，满足两两之间的小数距离均不小于 r.

解法 1 满足条件的最大实数 $r=\frac{\sqrt{6}-\sqrt{2}}{2}$.

第一步，构造两两之间小数距离均不小于 $\frac{\sqrt{6}-\sqrt{2}}{2}$ 的四个点.

在平面直角坐标系内，取

$$A(0,0),B\left(1-\frac{\sqrt{3}}{2},\frac{1}{2}\right),C\left(\frac{1}{2},1-\frac{\sqrt{3}}{2}\right),D\left(\frac{3-\sqrt{3}}{2},\frac{3-\sqrt{3}}{2}\right)$$

容易验证这四个点两两之间的小数距离均不小于 $\frac{\sqrt{6}-\sqrt{2}}{2}$.

第二步，证明平面内任意四个点两两之间的小数距离的最小值不超过 $\frac{\sqrt{6}-\sqrt{2}}{2}$.

记 $d=\frac{\sqrt{6}-\sqrt{2}}{2}$.

反证法：假设平面内存在四个点 A,B,C,D，使得其两两之间

的小数距离的最小值大于 d.

显然小数距离只与横、纵坐标的小数部分相关,两点间的小数距离只与两点相对位置相关,因此将平面内一点沿坐标轴方向平移整数个单位后不改变其与其他点的小数距离.

以 A 为原点构建平面直角坐标系,将点 B,C,D 均沿坐标轴方向平移整数个单位,平移至由 $A(0,0)$,$X(1,0)$,$Y(1,1)$,$Z(0,1)$ 四个点围成的单位正方形内.

进一步,容易发现正方形 $AXYZ$ 中任一点 P 到点 A 的小数距离,等于其到 A,X,Y,Z 四个点中几何距离的最小值.

分别以点 A,X,Y,Z 为圆心,d 为半径作圆,其两两交于点 E,F,G,H,容易证明 $\triangle AEH$,$\triangle XEF$,$\triangle YFG$,$\triangle ZGH$ 这四个三角形均为边长为 d 的正三角形,再分别以点 E,F,G,H 为圆心,d 为半径作圆,两两交于点 I,J,K,L,容易证明点 I,J,K,L 也分别在圆 A,圆 X,圆 Y,圆 Z 上,如图 3 所示.

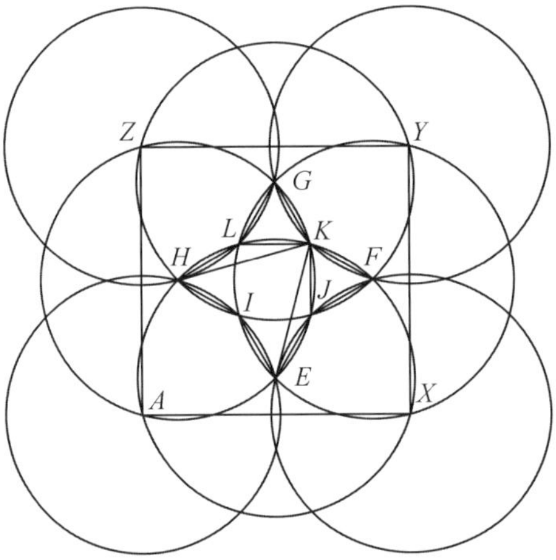

图 3

由反证法的假设,点 A,B,C,D 两两之间的小数距离均大于 d,所以点 B,C,D 均不在圆 A,圆 X,圆 Y,圆 Z 中.

另外,如图 3 所示,我们将正方形中间部分划分成三个区域:$\triangle FKJ$,$\triangle GKL$ 和多边形 $EJKLHI$,其中 $\triangle FKJ$,$\triangle GKL$ 和多边形 $EJKLHI$ 的所有边长均为 $\frac{\sqrt{6}-\sqrt{2}}{2}d$.

容易发现,同一个区域内任意两点的距离均不大于 d,所以 B,C,D 三个点一定分散在三个区域中,且不在三个区域的边界 JK,KL 上,由此可以得到,$\triangle FKJ$,$\triangle GKL$(不含边 JK,KL)两个区域中,一定至少有 B,C,D 中的一个点.

类似地,$\triangle HLI$,$\triangle EIJ$(不含边 LI,IJ)两个区域中,也一定分别包含 B,C,D 中的一个点.

因此,以上四个三角形所形成的互不重合的四个区域中,各包含 B,C,D 中的一个点,矛盾!

综上所述,满足条件的最大实数 $r=\frac{\sqrt{6}-\sqrt{2}}{2}$.

解法2 不存在四个点 A_1,A_2,A_3,A_4,任意两点的小数距离都严格大于$\frac{\sqrt{6}-\sqrt{2}}{2}$.

用反证法,假设存在这样的四个点. 显然将四个点同时平移一个向量不改变问题,将某一个点的某个坐标加上一个整数也不改变问题. 因此,不妨设 $A_1=(0,0)$,$A_i=(x_i,y_i)(i=2,3,4)$,$x_i,y_i\in[0,1]$.

由假设知,如图 4 所示,A_2,A_3,A_4 不会出现在以单位正方形四个顶点为圆心的、半径为$\frac{\sqrt{6}-\sqrt{2}}{2}$的四个扇形内,故它们都出现在图形中心的四角星区域.

如图 4, 单位正方形对角线交两个弧于点 $B_4\left(\frac{3}{2}-\sqrt{3},\frac{3-\sqrt{3}}{2}\right)$ 和 $C\left(\frac{\sqrt{3}-1}{2},\frac{\sqrt{3}-1}{2}\right)$. 这条直线将中间呈四角星区域分成两个凹等腰梯形区域. 由抽屉原理知,点 A_2,A_3,A_4 中至少有两点在同一个凹等腰梯形区域.

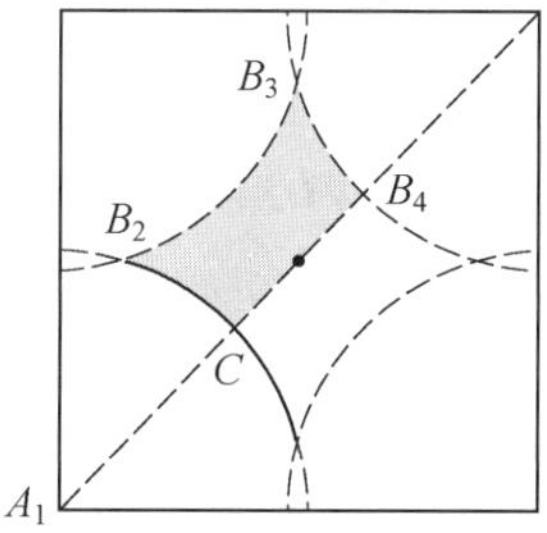

图 4

不妨设 A_2 和 A_3 在图中阴影部分的凹等腰区域,特别地,它们在等腰梯形 $B_2B_3B_4C$ 的边界或内部. 由熟知结论,凸四边形内部两点距离的最大值不超过两条对角线及四条边中的较长者.

这个等腰梯形 $B_2B_3B_4C$ 的两条对角线和四条边长度最长者为

$$B_2B_3=B_3C=B_2B_4=\frac{\sqrt{6}-\sqrt{2}}{2}$$

5 设 p 为素数,f 为$\{0,1,\cdots,p-1\}$ 到自身的一个双射,满足当$p\mid a^2-b$ 时,$|f(a)-f(b)|\leqslant 2\ 024$. 求证:有无穷多个素数 p 使得f 存在,也有无穷多个素数 p 使得f 不存在.

证法1 先证明：存在无穷多个素数 p 使得 f 存在.

用图论语言描述，令 p 个点 $v_0, v_1, \cdots, v_{p-1}$ 分别对应 $0, 1, \cdots, p-1$，若 $a^2 \equiv b \pmod p$，则连 a 指向 b 的有向边，显然 0 是孤立点，映射 f 即对图上的点赋值 $0, 1, \cdots, p-1$，则只需赋值使得相邻两点所赋值之差不超过 2 024 即可.

熟知存在无穷个素数 p，使得 -1 是模 p 的二次非剩余（即 $p \equiv 3 \pmod 4$），此时 x 与 $p-x$ 中恰有一个是模 p 的二次剩余，故只考虑 $1, \cdots, p-1$ 中的二次剩余时，这 $\frac{p-1}{2}$ 个数中每个数恰好同余于其中一个数的平方，即对应 $\frac{p-1}{2}$ 个点的诱导子图中每个点的入度均为 1，又显然每个点的出度为 1，故它们构成若干个有向圈. 再考虑剩下 $\frac{p-1}{2}$ 个二次非剩余，它们的平方恰为前文所述 $\frac{p-1}{2}$ 个二次剩余，且显然构成一一对应，故除去孤立点 v_0 外，该图为若干个连通分支，每个连通分支包括一个圈以及圈外恰 k（圈上的点数）个点分别与圈上的 k 个点连有向边.

此时，我们说明可以将某个连通分支的 $2k$ 个点赋值为连续的 $2k$ 个整数，使得相邻两点所赋值之差不超过 2 024. 事实上，将这 $2k$ 个数（不妨记为 $a, a+1, \cdots, a+2k-1$）排成如下顺序：$a, a+2, \cdots, a+2k-2, a+2k-1, a+2k-3, \cdots, a+3, a+1$，并以圈上任意一点作为第一个点，将顺时针第 i 个点赋值为这一列数中 $2i-1$ 位的数字，将顺时针第 i 个点所连的圈外一点赋值为这一列数中 $2i$ 位的数字，此时显然满足相邻两点所赋值之差不超过 2 024.

此时将 v_0 赋值为 0，将 $1, \cdots, p-1$ 拆为若干段连续整数分别作为各个连通分支上点的赋值即可，故 f 存在.

再证明：存在无穷多个素数 p 使得 f 不存在.

将自变量按模 p 考虑（即对 $x > p-1$，记 y 为 x 模 p 的余数，定义 $f(x) = f(y)$）.

熟知，数列 $\{2^{2^n}+1\}$ 中每一项均存在新的素因子，取充分大的 n 及 $2^{2^n}+1$ 的素因子 p 使得 $p \nmid 2^{2^i}+1 (i = 0, 1, 2, \cdots, n-1)$.

因此 2 模 p 的阶为 2^{n+1}，记 $a_i \equiv 2^{2^i} \pmod p (1 \leqslant a_i \leqslant p-1, i = 0, 1, 2, \cdots, n)$，则 $a_0, a_1, \cdots, a_n$ 两两不同余且任意若干项之积模 p 均不同余于 1，特别地，$a_0 = 2, a_n = p-1$.

$a_1, a_2, \cdots, a_n$ 中任意若干项之积共 2^n 个数，记为 $x_1, x_2, \cdots, x_{2^n}$，它们模 p 互不同余，且由于

$$a_i^{2^n} \equiv (2^{2^n})^{2^i} \equiv 1 \pmod p$$

知

$$x_k^{2^n} \equiv 1 \pmod p$$

此时若存在这样的f,则有

$$|f(x_k)-f(1)| \leqslant \sum_{t=0}^{n-1} |f(x_k^{2^t})-f(x_k^{2^{t+1}})| \leqslant 2\,024n$$

但n充分大时,共$2^n > 4\,048n+1$个这样的$f(x_k)$,矛盾.

因此不存在这样的f,由n的任意性知,存在无穷多个素数p使得f不存在.

证法 2 下面给出"好素数"无穷多的证明.

熟知模 4 余 3 的素数有无穷多个,我们证明若素数$p \equiv 3 \pmod 4$,则p是好素数. 先令$f(0)=0$.

下面设p的所有平方剩余为$r_1, r_2, \cdots, r_{\frac{p-1}{2}}$.

若$r_i^2 \equiv r_j \pmod p$,则从r_i向r_j引一条边(若$i=j$也视为自己向自己引边),这样$r_1, r_2, \cdots, r_{p-1}$的出度皆为 1.

而对任意r_i,设$d^2 \equiv r_i \pmod p$. 由于$\left(\frac{-1}{p}\right)=-1$,故$d$和$-d$中必有一个是模$p$的平方剩余,因此$r_i$的入度也为 1.

这样作出来的有向图就是若干个有向圈的无交并. 对一个有向圈

$$r_{i_1} \to r_{i_2} \to \cdots \to r_{i_s} \to r_{i_1}$$

若$s=2t+1$,则令

$$\begin{gathered}
f(r_{i_1})=2u \\
f(r_{i_2})=2u+4 \\
\vdots \\
f(r_{i_{t+1}})=2u+4t \\
f(r_{i_{t+2}})=2u+4t-2 \\
f(r_{i_{t+3}})=2u+4t-6 \\
\vdots \\
f(r_{i_{2t+1}})=2u+2
\end{gathered}$$

若$s=2t$,则令

$$\begin{gathered}
f(r_{i_1})=2u \\
f(r_{i_2})=2u+4 \\
\vdots \\
f(r_{i_t})=2u+4t-4 \\
f(r_{i_{t+1}})=2u+4t-2 \\
f(r_{i_{t+2}})=2u+4t-6 \\
\vdots \\
f(r_{i_{2t}})=2u+2
\end{gathered}$$

这里u是任意一个整数. 注意每个圈都使用的是连续的一些偶数,故可以适当选择这些偶数,使得不同圈使用到的这些值彼此不同.

注意此时只使用了偶数，如果 w 不是平方剩余，设 $v = w^2 (\bmod p)$，则令 $f(w) = f(v) - 1$，这样仍保证 f 是单射，且满足若 $p \mid a^2 - b$，则

$$|f(a) - f(b)| \leqslant 2\ 024$$

故模 4 余 3 的素数都是好素数.

下面给出“坏素数”无穷多的证明.

熟知对正整数 n，若奇素数 p 整除 $A^{2^n} + 1$（A 是整数），则 $p \equiv 1 (\bmod 2^{n+1})$（因为 $\text{ord}_p(A) \mid 2^{n+1}$ 但 $\text{ord}_p(A) \nmid 2^n$，故 $\text{ord}_p(A) = 2^{n+1}$），因此模 2^{n+1} 余 1 的奇素数有无穷多个（若仅有有限个，令 A 为这些奇素数之积的 2 倍，即得矛盾.）

下面假设 $p \equiv 1 (\bmod 2^{100})$，我们来证明 p 是坏素数.

事实上，由原根的存在性知 $x^{2^{100}} \equiv 1 (\bmod p)$ 在模 p 的意义下恰有 2^{100} 个解. 若存在满足题述条件的单射 f，则对满足 $x^{2^{100}} \equiv 1 (\bmod p)$ 及 $x \in \{1, 2, \cdots, p-1\}$ 的 x，必有

$$|f(x) - f(1)| \leqslant 2\ 024 \times 100$$

但这样的 x 有 2^{100} 个，而区间 $[f(1) - 2\ 024 \times 100, f(1) + 2\ 024 \times 100]$ 内仅有 $404\ 801 < 2^{100}$ 个整数，故必有两个不同的 x 的象相同，矛盾！

6 已知 $x_1, x_2, \cdots, x_n$ 为实数，且 $\sum_{i=1}^{n} x_i = n$，$\sum_{i=1}^{n} x_i^2 = 2n$，$\sum_{i=1}^{n} x_i^3 = 3n$.

（1）求最大的常数 C，使得对所有的 $n \geqslant 4$，均有 $\max\{x_1, x_2, \cdots, x_n\} - \min\{x_1, x_2, \cdots, x_n\} \geqslant C$.

（2）证明：存在常数 $\lambda > 0$，使得对所有的 $n \geqslant 4$，均有 $\max\{x_1, x_2, \cdots, x_n\} - \min\{x_1, x_2, \cdots, x_n\} \geqslant C + \lambda n^{-\frac{3}{2}}$，其中 C 为第（1）问所求值.

解法 1 （1）所求最大常数 $C = \sqrt{5}$.

先证明：当 $C = \sqrt{5}$ 时，结论成立. 记 $y_i = a_i - 1$，则

$$\sum_{i=1}^{n} y_i = 0$$

$$\sum_{i=1}^{n} (y_i + 1)^2 = 2n$$

$$\sum_{i=1}^{n} (y_i + 1)^3 = 3n$$

可得

$$\sum_{i=1}^{n} y_i = 0$$

$$\sum_{i=1}^{n} y_i^2 = n$$

$$\sum_{i=1}^{n} y_i^3 =- n$$

记 $\max\{y_1,y_2,\cdots,y_n\} = A,\min\{y_1,y_2,\cdots,y_n\} =- B$,则只需证明$A + B \geqslant C$.

由于 $-B \leqslant y_i \leqslant A$ 对任意的 i 恒成立,故有

$$0 \geqslant \sum_{i=1}^{n} (y_i + B)(y_i - A) = n(1 - AB)$$

从而 $AB \geqslant 1$,即 $A \geqslant \frac{1}{B}$.

取

$$t = \frac{1 + \sqrt{5}}{2}$$

则

$$\sum_{i=1}^{n} (y_i + t)\left(y_i - \frac{1}{t}\right)^2 = \sum_{i=1}^{n} y_i^3 + \left(t - \frac{2}{t}\right) \sum_{i=1}^{n} y_i^2 + \left(\frac{1}{T^2} - 2\right) \sum_{i=1}^{n} y_i + \frac{n}{t} = 0$$

此时,若 $B < t$,则 $y_i + t \geqslant 0$ 对任意的 i 恒成立,故

$$\sum_{i=1}^{n} (y_i + t)\left(y_i - \frac{1}{t}\right)^2 \geqslant 0$$

由取等条件知 $y_i = \frac{1}{t}$ 对任意的 i 恒成立,矛盾,故

$$B \geqslant t$$

进而

$$A + B \geqslant \frac{1}{B} + B \geqslant \frac{1}{t} + t = \sqrt{5}$$

另外,我们给出如下构造:

取 ε 充分小,$r,s \in \mathbf{Z}_+$,r,s 满足 $t < \frac{r}{s} < t + \varepsilon$,$r_0,s_0 \in \mathbf{Z}_+$,$r_0$,$s_0$ 满足$t - \varepsilon < \frac{r_0}{s_0} < t$.

令 $n = (s^2 + r^2)k + (s_0^2 + r_0^2)l$(其中 k,l 待定).

取 $y_1,y_2,\cdots,y_n$ 中恰 s^2k 个 $-\frac{r}{s}$,恰 r^2k 个$\frac{s}{r}$,恰 s_0^2l 个 $-\frac{r_0}{s_0}$,恰 r_0^2l 个$\frac{s_0}{r_0}$.

此时,显然有

$$\sum_{i=1}^{n} y_i = 0, \sum_{i=1}^{n} y_i^2 = n$$

而我们需要

$$\sum_{i=1}^{n} y_i^3 = k\left(\frac{s^3}{r} - \frac{r^3}{s}\right) + l\left(\frac{s_0^3}{r_0} - \frac{r_0^3}{s_0}\right) = -n$$

这等价于

$$k\left(\frac{r^3}{s} - \frac{s^3}{r} - s^2 - r^2\right) + l\left(\frac{r_0^3}{s_0} - \frac{s_0^3}{r_0} - s_0^2 - r_0^2\right) = 0$$

由$\frac{r_0}{s_0} < t < \frac{r}{s}$易知$k,l$的系数一正一负,故存在正整数$k,l$满足上式.

此时

$$A + B = \frac{r}{s} + \frac{s_0}{r_0} \leqslant t + \varepsilon + \frac{1}{t - \varepsilon}$$

令ε趋于0,知C的最大值为$\sqrt{5}$.

(2)取$\lambda_0 = 10^{-10}$,$\lambda \leqslant 10^{-100}$充分小.

对$y_1,y_2,\cdots,y_n$,由第(1)问可设其最大值为A,最小值为$-B$,只需证明

$$A + B \geqslant \sqrt{5} + \lambda n^{-\frac{3}{2}}$$

用反证法证明,若$A + B \leqslant \sqrt{5} + \lambda n^{-\frac{3}{2}}$,则有下述结论成立:

①$A \leqslant \frac{1}{t} + \lambda_0 n^{-\frac{3}{2}}$.

若不成立,则由于$B \geqslant t$,$A + B \geqslant \sqrt{5} + \lambda_0 n^{-\frac{3}{2}} > \sqrt{5} + \lambda n^{-\frac{3}{2}}$,矛盾.

②$B \leqslant t + \lambda_0 n^{-\frac{3}{2}}$.

若不成立,则由于$AB \geqslant 1$,可知

$$A + B \geqslant B + \frac{1}{B} = B - t + \frac{1}{B} - \frac{1}{t} + \sqrt{5} =$$
$$(B - t)\left(1 - \frac{1}{Bt}\right) + \sqrt{5} \geqslant$$
$$\frac{1}{2}(B - t) + \sqrt{5} > \frac{1}{2}\lambda_0 n^{-\frac{3}{2}} + \sqrt{5} >$$
$$\frac{1}{2}\lambda n^{-\frac{3}{2}} + \sqrt{5}$$

矛盾.

③ 对任意的i,满足$| y_i + t |$,$\left| y_i - \frac{1}{t} \right|$中必有一个不大于$\frac{1}{1\ 000}$.

由第(1)问的证明可知

$$\sum_{i=1}^{n}(y_i+t)\left(y_i-\frac{1}{t}\right)=0$$

若存在 i 使结论不成立,则由 ①② 可知

$$\frac{1}{t}\geqslant y_i\geqslant -t$$

由于 $|y_i+t|$, $\left|y_i-\frac{1}{t}\right|$ 中的一个大于 1,另一个大于 $\frac{1}{1\ 000}$,故

$$(y_i+t)\left(y_i-\frac{1}{t}\right)\leqslant -\frac{1}{1\ 000}$$

对于其他 y_i 以外的 y_j,由 ①② 同样可以得到

$$(y_i+t)\left(y_i-\frac{1}{t}\right)\leqslant 3\lambda_0 n^{-\frac{3}{2}}$$

故

$$0=\sum_{i=1}^{n}(y_i+t)\left(y_i-\frac{1}{t}\right)\leqslant -\frac{1}{1\ 000}+\lambda_0 n^{-\frac{1}{2}}<0$$

矛盾.

回到原题,定义两个集合 S,T,满足

$$S=\left\{i\mid y_i<-t\text{ 或 }y_i>\frac{1}{t}\right\}$$

$$T=\left\{i\mid y_i\in\left[-t,\frac{1}{t}\right]\right\}$$

$y_1,y_2,\cdots,y_m$ 满足

$$|y_i+t|\leqslant\frac{1}{1\ 000}$$

$y_{m+1},y_{m+2},\cdots,y_n$ 满足

$$\left|y_i-\frac{1}{t}\right|\leqslant\frac{1}{1\ 000}$$

定义 $f(y_i)=\min\left\{|y_i+t|,\left|y_i-\frac{1}{t}\right|\right\}$.

当 $i\in S$ 时

$$0\leqslant(y_i+t)\left(y_i-\frac{1}{t}\right)\leqslant 3f(y_i)$$

当 $i\in T$ 时

$$(y_i+t)\left(y_i-\frac{1}{t}\right)\leqslant -f(y_i)$$

因为

$$\sum_{i=1}^{n}(y_i+t)\left(y_i-\frac{1}{t}\right)=0$$

所以

$$\sum_{i\in T}f(y_i)\leqslant 3\sum_{i\in S}f(y_i)$$

则

$$\sum_{i=1}^{n} f(y_i) \leqslant 4\sum_{i\in S} f(y_i) \leqslant 4\lambda_0 n^{-\frac{1}{2}}$$

现定义一个新的函数

$$h(x) = 2x^3 + 3x^2 - 6x$$

则显然有

$$\sum h(y_i) = n$$

当 $1 \leqslant i \leqslant m$ 时

$$\begin{aligned}
&|h(y_i) - h(-t)| = \\
&|(y_i + t)(6T^2 - 6t - 6 + 2y_i^2 - 2y_i t - 4T^2 + 3y_i + 3t)| = \\
&(y_i + t)^2 |2y_i - 4t + 3| = \\
&(y_i + t)^2 |2(y_i + t) - 6t + 3| \leqslant \\
&(y_i + t)^2\left(6t - 3 + 2 \cdot \frac{1}{1\ 000}\right) \leqslant \\
&10(y_i + t)^2
\end{aligned}$$

同理,当 $m + 1 \leqslant i \leqslant n$ 时

$$\left| h(y_i) - h\left(\frac{1}{t}\right) \right| \leqslant 10\left(y_i - \frac{1}{t}\right)^2$$

将上述两式相加,得

$$\begin{aligned}
&\sum_{i=1}^{m}(h(y_i) - h(-t)) + \sum_{i=m+1}^{n}\left(h(y_i) - h\left(\frac{1}{t}\right)\right) = \\
&n - mh(-t) - (n - m)h\left(\frac{1}{t}\right) = \\
&n - m(5t + 1) - (n - m)(-5t + 6) = \\
&5[t(n - 2m) - (n - m)]
\end{aligned}$$

$$\begin{aligned}
&|t(n - 2m) - (n - m)| = \\
&\frac{\left|[t(n - 2m) - (n - m)]\left[\frac{1}{t}(n - 2m) + (n - m)\right]\right|}{\left|\frac{1}{t}(n - 2m) + (n - m)\right|} = \\
&\frac{|(n - 2m)^2 + (n - m)(n - 2m) - (n - m)^2|}{\frac{1}{t}|n - 2m| + |n - m|} \geqslant \\
&\frac{1}{|n - 2m| + |n - m|} \geqslant \frac{1}{2n + n} = \frac{1}{3n}
\end{aligned}$$

故

$$10\sum_{i=1}^{m}(y_i + t)^2 + 10\sum_{i=m+1}^{n}\left(y_i - \frac{1}{t}\right)^2 \geqslant \frac{5}{3n}$$

即

$$10\sum_{i=1}^{n} f^2(y_i) \geqslant \frac{5}{3n}$$

$$\sum_{i=1}^{n} f(y_i) \geqslant \sqrt{\frac{1}{6n}} > 4\lambda_0 n^{-\frac{1}{2}}$$

矛盾.

因此假设不成立,即

$$A + B > \sqrt{5} + \lambda n^{-\frac{3}{2}}$$

故原命题得证.

解法 2 (1) 我们尝试用局部不等式的思路来证明某个数 a 在最小数与最大数之间,为此我们待定 b,考虑多项式

$$f(x) = (x-a)(x-b)^2 = x^3 - (a+2b)x^2 + (2ab+b^2)x - ab^2$$

以及

$$S = \sum_{k=1}^{n} f(x_k) = 3n - (a+2b)\cdot 2n + (2ab+b^2)\cdot n - ab^2 \cdot n$$

并且希望 $S=0$,从而推出 $f(x_1), f(x_2), \cdots, f(x_n)$ 有正、有负(或者全为0),也就是说 $x_1, x_2, \cdots, x_n$ 中有数大于或等于 a 且也有数小于或等于 a(或者全为 b),即 a 在最小数与最大数之间.

$S=0$ 要求

$$3 - 2(a+2b) + (2ab+b^2) - ab^2 =$$
$$(1-a)b^2 + (2a-4)b + (3-2a) = 0$$

关于 b 的二次方程有实根等价于

$$\Delta = (2a-4)^2 - 4(1-a)(3-2a) =$$
$$4(-a^2+a+1) \geqslant 0$$

即

$$\frac{1-\sqrt{5}}{2} \leqslant a \leqslant \frac{1+\sqrt{5}}{2}$$

因此,最大值不小于$\frac{1+\sqrt{5}}{2}$,最小值不大于$\frac{1-\sqrt{5}}{2}$,故

$$\text{宽度} \geqslant \frac{1+\sqrt{5}}{2} - \frac{1-\sqrt{5}}{2} = \sqrt{5}$$

构造 n 元好数组的宽度可以任意接近$\sqrt{5}$.

取正整数 u_1, v_1, u_2, v_2 满足$\frac{v_1}{u_1} > \frac{\sqrt{5}-1}{2} > \frac{v_2}{u_2}$.

取甲组(可重集)为 u_1^2 个 $1+\frac{v_1}{u_1}$ 与 v_1^2 个 $1-\frac{u_1}{v_1}$. 甲组的 $u_1^2+v_1^2$ 个数的平均等于1,平方平均等于2,立方平均是 $4+\left(\frac{v_1}{u_1}-\frac{u_1}{v_1}\right) > 3$.

取乙组(可重集)为 u_2^2 个 $1+\frac{v_2}{u_2}$ 与 v_2^2 个 $1-\frac{u_2}{v_2}$. 乙组的 $u_2^2+v_2^2$ 个数的平均等于1,平方平均等于2,立方平均是 $4+\left(\frac{v_2}{u_2}-\frac{u_2}{v_2}\right) < 3$.

取若干个甲组与若干个乙组拼在一起可以使得总的数组的立方平均恰好等于3,并且跨度为

$$\left(1+\frac{v_1}{u_1}\right)-\left(1-\frac{u_2}{v_2}\right)=\frac{v_1}{u_1}+\frac{u_2}{v_2}$$

可以任意接近

$$\frac{\sqrt{5}-1}{2}+\frac{2}{\sqrt{5}-1}=\sqrt{5}$$

(2)考虑线性代换把最小数的近似值$\frac{1-\sqrt{5}}{2}$变成0,把最大数的近似值$\frac{1+\sqrt{5}}{2}$变成1.

设$z_i=\frac{x_i-\frac{1-\sqrt{5}}{2}}{\sqrt{5}}$,即

$$x_i=\frac{1-\sqrt{5}}{2}+\sqrt{5}z_i$$

记

$$p=\frac{5+\sqrt{5}}{10}=\frac{\sqrt{5}+1}{2\sqrt{5}}$$

我们有

$$z_1+z_2+\cdots+z_n=pn$$
$$z_1^2+z_2^2+\cdots+z_n^2=pn$$
$$z_1^3+z_2^3+\cdots+z_n^3=pn$$

我们用 $\|x\|$ 表示实数 x 到与它最近的整数的距离,易知 $\|x+y\|\leqslant\|x\|+\|y\|$ 对任意实数x,y成立.设与pn距离最近的整数为m,则

$$\|pn\|=\left|m-\frac{\sqrt{5}+1}{2\sqrt{5}}n\right|=$$
$$\frac{|(2m-n)\sqrt{5}-n|}{2\sqrt{5}}=$$
$$\frac{4}{2\sqrt{5}}\cdot\frac{|5m^2-5mn+n^2|}{(2m-n)\sqrt{5}+n}\geqslant$$
$$\frac{4}{2\sqrt{5}}\cdot\frac{1}{2n+1}$$

由(1)知,$z_1,z_2,\cdots,z_n$中的最大数不小于1,最小数不大于0.

设最大数和最小数之差为$1+\delta$,则$z_1,z_2,\cdots,z_n\in[-\delta,1+\delta]$.

我们尝试证明$\delta>\frac{\lambda}{\sqrt{5}\cdot n^{\frac{3}{2}}}$,先不妨设$\delta\leqslant\frac{1}{2}$,$z_1,z_2,\cdots,z_n\in$

$[-\delta,1+\delta]$，往证 $\delta > \dfrac{\lambda}{\sqrt{5}\cdot n^{\frac{3}{2}}}$.

另外，考虑多项式

$$g(z)=2z(1-z)$$

当 $z\in[0,1]$ 时，有

$$g(z)=2z(1-z)\geqslant \max\{z,1-z\} = \| z\|$$

当 $z\in[-\delta,0]\cup[1,1+\delta]$ 时，有

$$g(z)\geqslant -2(\delta+\delta^2)\geqslant \|z\| -4\delta$$

因此总有

$$g(z_k)\leqslant \|z_k\| -4\delta$$

由于

$$\sum_{k=1}^{n} g(z_k)=2\sum_{k=1}^{n} z_k-2\sum_{k=1}^{n} z_k^2=0$$

我们有

$$4n\delta \geqslant \sum_{k=1}^{n}\|z_k\| \geqslant \sqrt{\frac{1}{4}\|pn\|}\geqslant$$
$$\sqrt{\frac{1}{2\sqrt{5}}\cdot\frac{1}{2n+1}}>\sqrt{\frac{1}{11n}}$$

因而 $\delta > \dfrac{1}{4\sqrt{11}}\cdot\dfrac{1}{n^{\frac{3}{2}}} > \dfrac{1}{6\sqrt{5}\,n^{\frac{3}{2}}}$ 成立.

因此 n 元好数组 $(x_1,x_2,\cdots,x_n)$ 的宽度大于 $\sqrt{5}+\dfrac{1}{6n^{\frac{3}{2}}}$，即 $\lambda=\dfrac{1}{6}$ 满足要求.

编辑手记

在本书即将出版之际,正逢全球经济不景气之时,许多人悲观情绪严重,对于数学这种长线学科似乎失去了热情,多多少少都有了一丝末日之感,但经验告诉我们生活还要继续.

若干年前,匹兹堡的公众电视台午夜节目结束时,总会播放一首歌曲《凡事往好处看》.一面播放歌曲,一面屏幕上就出现飞碟用死光毁灭匹兹堡城的画面.等到全城都被毁灭得差不多了,歌者仍然在重复:“尽管人生都不如意,你我凡事往好处看!”

这首歌是英国的喜剧剧团蒙迪·佩登演出《阿 B 正传》的主题曲,原意应该是为了搞笑,歌有点单调,却意外成为英国人普遍喜爱的经典歌曲之一.2012 年,伦敦奥运会闭幕式的节目里也唱过这首歌,或许因为它能很好地反映出英国人坚韧不拔的精神.

可能有读者会问,经济都不景气了,还出版这些不当吃穿用的东西干吗?经济学中有许多令人不可思议的指数,与价格相关的有两个.一个指数是早期所谓的裙长指数,是说经济越好,女性裙子越短.这并非数学规律,因为早年间尼龙是一个很昂贵的材料,尼龙丝袜价格不菲.当经济不景气时,女人买新尼龙丝袜的能力减弱,只好通过穿长裙盖住破旧漏洞的袜子.而经济转暖后,女人买了新尼龙丝袜,当然要炫耀一下,故裙子越来越短.论文发表于 20 世纪初的某权威经济学杂志上.另一个指数是口红指数.当经济下行时,商家发现口红会大卖.原因何在呢?因为人们的爱美需求并没有变,而口红则是代价最小可以使自己变美的选择.数学之于国家,奥数之于教育都属于代价小、见效大的东西,所以出版本书可以说是恰逢其时.对于喜爱数学、喜欢奥数的人,本书是一定会受到欢迎的,虽然这部分人在人群中是少数.记得文化名人周国平曾回忆道:

> 在分科复习之后,离毕业不久,还发生了一个小插曲.上海市举行中学生数学竞赛,首先逐级预赛.我因为报考文科,没有再上数学的复习课,但仍抱着玩一玩的态度参加了学校一级的预赛.全校十四个高中毕业班,其中包括两个理科专门班,每班五十名学生,绝大多数都是报考理工科和医农科的,经过半个学期的数学复习后,都参加了这个预赛.在参赛的六百多名学生中,只有我一人是报考文科的.但是,竞赛结果公布,十二名优胜者中,我们班占了四名,其中居然有我,另外三位是许烨烨、施佐让和闻人凯.最令人意外的是黄以和的落选,因为他也是公认的数学精英.我很想让贤,把参加区县一级预赛的资格让给他,但这是不允许的,只好自己硬着头皮上场.事实证明,我是浪费了一个名额,赛题中有一大半是我一看就知道自己解不了的.

近年来,教育领域大动作不断,这也让许多奥数从业者感到茫然,好在最后给出的学科竞赛的"白名单"中,全国高中数学联赛还在,后来"希望杯"又成功地挤了进去,这使得基础尚在,否则后果不堪设想.

几年前,日本社交服务网站 e-guardian 曾发表过 2019 年度推特(Twitter)最流行热词统计"SNS 流行语大赏 2019"的结果,这一统计采集了一年来日本推特上最受关注、发布以及转发的热门词汇.其中,"平成最后的"以高达 1 078 万的热搜量遥遥领先,占据第一位;"终"则是日本 NHK 电视台节目播放完毕时出现的标志,以 290 万热搜量排名第二位;"实收 00 万"是 2019 年网上评定各领域风云人物的重要标志,以 211 万热搜量排名第三位.

日本的现状曾被有些人视为中国的未来,如老龄化社会的出现,如果最后年轻人的集体"躺平"也在中国出现,那么就会是灾难性的.

现代社会总是需要精英群体的,能在本赛事中获胜的无疑具有成为精英的潜质.

有人曾说:中学教育的后果,大学老师才有更直接的感知.教育像一场慢性炎症,中小学时代服下的猛药、抗生素、激素,到大学时代,终于结下了漠然、无所谓、不思考、不主动的恶果.

这些都是事关全局的大事,非小编能思考且改变的,所以我们还是谈谈书.

在许多人眼中,竞赛类图书属于教辅系列,而这一大类图书应以大众化、平价化、以量换价的方式存在,而我们的打法可能恰恰与之相反,追求小众化、精品化,但不知最终会不会被市场所接受.《经济观察报》评论员陈白在一篇"戴森刷屏:后工业美学的商业价值"中写道:

> 当乔布斯离世,库克最终把苹果带向拜金和庸俗的深渊,在很长一段时间里,需要通过购物和商品符号来寻求个人身价认同的消费社会,几乎出现了信仰真空,直到人们重新发现戴森.
>
> 从最开始的吹风机,到后来的空气净化器、台灯等,最终,戴森推出了售价高达 550 美金(约合 3 810 元人民币)的卷发棒套装——这款号称"神器"的卷发棒被网友认为"贵不是它的缺点,是我的缺点".

卷发棒在一般人眼中应该是不到 1 元人民币的东西,从《瞧这一家子》中刘晓庆扮演的人物到周星驰的《功夫》中包租婆的头上都可以见到,想不到居然可以定到如此高价.

我们的另一个追求是形成自己的品牌,类似于数学中的学派.

比如,彼得堡数学学派是伴随着 Ч. Л. 切比雪夫(Ч. Л. Чебышев)几十年的舌耕笔耘成长起来的.它深深地扎根在大学这片沃土里,它的成员们大都重视基础理论和实际应用,善于以经典问题为突破口,并擅长运用初等工具建立高深的结果. 19 世纪下半叶,俄国数学主要是在切比雪夫的领导下,首先在概率论、解析数论和函数逼近论这三个领域实现了突破. К. А. 科尔金(К. А. Коркин)、Е. И. 佐洛塔列夫(Е. И. Золотарев)、Ю. В. 索霍茨基(Ю. В. Сохоцкий)、К. А. 波斯谢(К. А. Поссе)、А. А. 马尔科夫(А. А. Марков)、А. М. 李雅普诺夫(А. М. Ляпунов)、Д. А. 格拉维(Д. А. Граве)、Г. Ф. 沃罗诺伊(Г. Ф. Вороной)、С. И. 沙图诺夫斯基(С. И. Шатуновский)、А. Н. 克雷洛夫(A. Н. Крылов)、Н. Е. 茹可夫斯基(Н. Е. Жуковский)、В. А. 斯捷克洛夫(В. А. Стеклов)等人又在复变函数、微分方程、代数、群论、数的几何学、函数构造、数学物理等领域大显身手,使俄国数学在19世纪末大体跟上了世界先进的潮流,某些领域的优势则一直保留到今日.

现在,俄罗斯已经是一个数学发达的国家,俄罗斯数学界的领袖们仍以自己被称为切比雪夫和彼得堡学派的传人而自豪.

奢望若干年后在中国的数学图书出版领域,我们也有类似的"江湖地位".

刘培杰
2025年7月10日
于哈工大

刘培杰数学工作室
已出版(即将出版)图书目录——初等数学

书　　名	出版时间	定　价	编号
新编中学数学解题方法全书(高中版)上卷(第2版)	2018—08	58.00	951
新编中学数学解题方法全书(高中版)中卷(第2版)	2018—08	68.00	952
新编中学数学解题方法全书(高中版)下卷(一)(第2版)	2018—08	58.00	953
新编中学数学解题方法全书(高中版)下卷(二)(第2版)	2018—08	58.00	954
新编中学数学解题方法全书(高中版)下卷(三)(第2版)	2018—08	68.00	955
新编中学数学解题方法全书(初中版)上卷	2008—01	28.00	29
新编中学数学解题方法全书(初中版)中卷	2010—07	38.00	75
新编中学数学解题方法全书(高考复习卷)	2010—01	48.00	67
新编中学数学解题方法全书(高考真题卷)	2010—01	38.00	62
新编中学数学解题方法全书(高考精华卷)	2011—03	68.00	118
新编平面解析几何解题方法全书(专题讲座卷)	2010—01	18.00	61
新编中学数学解题方法全书(自主招生卷)	2013—08	88.00	261

数学奥林匹克与数学文化(第一辑)	2006—05	48.00	4
数学奥林匹克与数学文化(第二辑)(竞赛卷)	2008—01	48.00	19
数学奥林匹克与数学文化(第二辑)(文化卷)	2008—07	58.00	36
数学奥林匹克与数学文化(第三辑)(竞赛卷)	2010—01	48.00	59
数学奥林匹克与数学文化(第四辑)(竞赛卷)	2011—08	58.00	87
数学奥林匹克与数学文化(第五辑)	2015—06	98.00	370

世界著名平面几何经典著作钩沉——几何作图专题卷(共3卷)	2022—01	198.00	1460
世界著名平面几何经典著作钩沉——民国平面几何老课本	2011—03	38.00	113
世界著名平面几何经典著作钩沉——建国初期平面三角老课本	2015—08	38.00	507
世界著名解析几何经典著作钩沉——平面解析几何卷	2014—01	38.00	264
世界著名数论经典著作钩沉——算术卷	2012—01	28.00	125
世界著名数学经典著作钩沉——立体几何卷	2011—02	28.00	88
世界著名三角学经典著作钩沉——平面三角卷Ⅰ	2010—06	28.00	69
世界著名三角学经典著作钩沉——平面三角卷Ⅱ	2011—01	38.00	78
世界著名初等数论经典著作钩沉——理论和实用算术卷	2011—07	38.00	126
世界著名几何经典著作钩沉——解析几何卷	2022—10	68.00	1564

发展你的空间想象力(第3版)	2021—01	98.00	1464
空间想象力进阶	2019—05	68.00	1062
走向国际数学奥林匹克的平面几何试题诠释.第1卷	2019—07	88.00	1043
走向国际数学奥林匹克的平面几何试题诠释.第2卷	2019—09	78.00	1044
走向国际数学奥林匹克的平面几何试题诠释.第3卷	2019—03	78.00	1045
走向国际数学奥林匹克的平面几何试题诠释.第4卷	2019—09	98.00	1046
平面几何证明方法全书	2007—08	48.00	1
平面几何证明方法全书习题解答(第2版)	2006—12	18.00	10
平面几何天天练上卷·基础篇(直线型)	2013—01	58.00	208
平面几何天天练中卷·基础篇(涉及圆)	2013—01	28.00	234
平面几何天天练下卷·提高篇	2013—01	58.00	237
平面几何专题研究	2013—07	98.00	258
平面几何解题之道.第1卷	2022—05	38.00	1494
几何学习题集	2020—10	48.00	1217
通过解题学习代数几何	2021—04	88.00	1301
最新世界各国数学奥林匹克中的平面几何试题	2007—09	38.00	14

刘培杰数学工作室
已出版(即将出版)图书目录——初等数学

书名	出版时间	定价	编号
数学竞赛平面几何典型题及新颖解	2010－07	48.00	74
初等数学复习及研究(平面几何)	2008－09	68.00	38
初等数学复习及研究(立体几何)	2010－06	38.00	71
初等数学复习及研究(平面几何)习题解答	2009－01	58.00	42
几何学教程(平面几何卷)	2011－03	68.00	90
几何学教程(立体几何卷)	2011－07	68.00	130
几何变换与几何证题	2010－06	88.00	70
计算方法与几何证题	2011－06	28.00	129
立体几何技巧与方法(第2版)	2022－10	168.00	1572
几何瑰宝——平面几何500名题暨1500条定理(上、下)	2021－07	168.00	1358
三角形的解法与应用	2012－07	18.00	183
近代的三角形几何学	2012－07	48.00	184
一般折线几何学	2015－08	48.00	503
三角形的五心	2009－06	28.00	51
三角形的六心及其应用	2015－10	68.00	542
三角形趣谈	2012－08	28.00	212
解三角形	2014－01	28.00	265
三角函数	2024－10	38.00	1744
探秘三角形:一次数学旅行	2021－10	68.00	1387
三角学专门教程	2014－09	28.00	387
图天下几何新题试卷.初中(第2版)	2017－11	58.00	855
圆锥曲线习题集(上册)	2013－06	68.00	255
圆锥曲线习题集(中册)	2015－01	78.00	434
圆锥曲线习题集(下册·第1卷)	2016－10	78.00	683
圆锥曲线习题集(下册·第2卷)	2018－01	98.00	853
圆锥曲线习题集(下册·第3卷)	2019－10	128.00	1113
圆锥曲线的思想方法	2021－08	48.00	1379
圆锥曲线的八个主要问题	2021－10	48.00	1415
圆锥曲线的奥秘	2022－06	88.00	1541
论九点圆	2015－05	88.00	645
论圆的几何学	2024－06	48.00	1736
近代欧氏几何学	2012－03	48.00	162
罗巴切夫斯基几何学及几何基础概要	2012－07	28.00	188
罗巴切夫斯基几何学初步	2015－06	28.00	474
用三角、解析几何、复数、向量计算解数学竞赛几何题	2015－03	48.00	455
用解析法研究圆锥曲线的几何理论	2022－05	48.00	1495
美国中学几何教程	2015－04	88.00	458
三线坐标与三角形特征点	2015－04	98.00	460
坐标几何学基础.第1卷,笛卡儿坐标	2021－08	48.00	1398
坐标几何学基础.第2卷,三线坐标	2021－09	28.00	1399
平面解析几何方法与研究(第1卷)	2015－05	28.00	471
平面解析几何方法与研究(第2卷)	2015－06	38.00	472
平面解析几何方法与研究(第3卷)	2015－07	28.00	473
解析几何研究	2015－01	38.00	425
解析几何学教程.上	2016－01	38.00	574
解析几何学教程.下	2016－01	38.00	575
几何学基础	2016－01	58.00	581
初等几何研究	2015－02	58.00	444
十九和二十世纪欧氏几何学中的片段	2017－01	58.00	696
平面几何中考.高考.奥数一本通	2017－07	28.00	820
几何学简史	2017－08	28.00	833
四面体	2018－01	48.00	880
平面几何证明方法思路	2018－12	68.00	913
折纸中的几何练习	2022－09	48.00	1559
中学新几何学(英文)	2022－10	98.00	1562
线性代数与几何	2023－04	68.00	1633
四面体几何学引论	2023－06	68.00	1648

刘培杰数学工作室
已出版(即将出版)图书目录——初等数学

书　　名	出版时间	定　价	编号
平面几何图形特性新析.上篇	2019－01	68.00	911
平面几何图形特性新析.下篇	2018－06	88.00	912
平面几何范例多解探究.上篇	2018－04	48.00	910
平面几何范例多解探究.下篇	2018－12	68.00	914
从分析解题过程学解题:竞赛中的几何问题研究	2018－07	68.00	946
从分析解题过程学解题:竞赛中的向量几何与不等式研究(全2册)	2019－06	138.00	1090
从分析解题过程学解题:竞赛中的不等式问题	2021－01	48.00	1249
二维、三维欧氏几何的对偶原理	2018－12	38.00	990
星形大观及闭折线论	2019－03	68.00	1020
立体几何的问题和方法	2019－11	58.00	1127
三角代换论	2021－05	58.00	1313
俄罗斯平面几何问题集	2009－08	88.00	55
俄罗斯立体几何问题集	2014－03	58.00	283
俄罗斯几何大师——沙雷金论数学及其他	2014－01	48.00	271
来自俄罗斯的5000道几何习题及解答	2011－03	58.00	89
俄罗斯初等数学问题集	2012－05	38.00	177
俄罗斯函数问题集	2011－03	38.00	103
俄罗斯组合分析问题集	2011－01	48.00	79
俄罗斯初等数学万题选——三角卷	2012－11	38.00	222
俄罗斯初等数学万题选——代数卷	2013－08	68.00	225
俄罗斯初等数学万题选——几何卷	2014－01	68.00	226
俄罗斯《量子》杂志数学征解问题100题选	2018－08	48.00	969
俄罗斯《量子》杂志数学征解问题又100题选	2018－08	48.00	970
俄罗斯《量子》杂志数学征解问题	2020－05	48.00	1138
463个俄罗斯几何老问题	2012－01	28.00	152
《量子》数学短文精粹	2018－09	38.00	972
用三角、解析几何等计算解来自俄罗斯的几何题	2019－11	88.00	1119
基谢廖夫平面几何	2022－01	48.00	1461
基谢廖夫立体几何	2023－04	48.00	1599
数学:代数、数学分析和几何(10－11年级)	2021－01	48.00	1250
直观几何学:5—6年级	2022－04	58.00	1508
几何学:第2版.7—9年级	2023－08	68.00	1684
平面几何:9—11年级	2022－10	48.00	1571
立体几何.10—11年级	2022－01	58.00	1472
几何快递	2024－05	48.00	1697

谈谈素数	2011－03	18.00	91
平方和	2011－03	18.00	92
整数论	2011－05	38.00	120
从整数谈起	2015－10	28.00	538
数与多项式	2016－01	38.00	558
谈谈不定方程	2011－05	28.00	119
质数漫谈	2022－07	68.00	1529

解析不等式新论	2009－06	68.00	48
建立不等式的方法	2011－03	98.00	104
数学奥林匹克不等式研究(第2版)	2020－07	68.00	1181
不等式研究(第三辑)	2023－08	198.00	1673
不等式的秘密(第一卷)(第2版)	2014－02	38.00	286
不等式的秘密(第二卷)	2014－01	38.00	268
初等不等式的证明方法	2010－06	38.00	123
初等不等式的证明方法(第二版)	2014－11	38.00	407
不等式·理论·方法(基础卷)	2015－07	38.00	496
不等式·理论·方法(经典不等式卷)	2015－07	38.00	497
不等式·理论·方法(特殊类型不等式卷)	2015－07	48.00	498
不等式探究	2016－03	38.00	582
不等式探秘	2017－01	88.00	689

刘培杰数学工作室
已出版(即将出版)图书目录——初等数学

书名	出版时间	定价	编号
四面体不等式	2017—01	68.00	715
数学奥林匹克中常见重要不等式	2017—09	38.00	845
三正弦不等式	2018—09	98.00	974
函数方程与不等式:解法与稳定性结果	2019—04	68.00	1058
数学不等式.第1卷,对称多项式不等式	2022—05	78.00	1455
数学不等式.第2卷,对称有理不等式与对称无理不等式	2022—05	88.00	1456
数学不等式.第3卷,循环不等式与非循环不等式	2022—05	88.00	1457
数学不等式.第4卷,Jensen不等式的扩展与加细	2022—05	88.00	1458
数学不等式.第5卷,创建不等式与解不等式的其他方法	2022—05	88.00	1459
不定方程及其应用.上	2018—12	58.00	992
不定方程及其应用.中	2019—01	78.00	993
不定方程及其应用.下	2019—02	98.00	994
Nesbitt不等式加强式的研究	2022—06	128.00	1527
最值定理与分析不等式	2023—02	78.00	1567
一类积分不等式	2023—02	88.00	1579
邦费罗尼不等式及概率应用	2023—05	58.00	1637
几类初等几何不等式研究	2025—04	98.00	1816
同余理论	2012—05	38.00	163
[x]与{x}	2015—04	48.00	476
极值与最值.上卷	2015—06	28.00	486
极值与最值.中卷	2015—06	38.00	487
极值与最值.下卷	2015—06	28.00	488
整数的性质	2012—11	38.00	192
完全平方数及其应用	2015—08	78.00	506
多项式理论	2015—10	88.00	541
奇数、偶数、奇偶分析法	2018—01	98.00	876
历届美国中学生数学竞赛试题及解答(第1卷)1950～1954	2014—07	18.00	277
历届美国中学生数学竞赛试题及解答(第2卷)1955～1959	2014—04	18.00	278
历届美国中学生数学竞赛试题及解答(第3卷)1960～1964	2014—06	18.00	279
历届美国中学生数学竞赛试题及解答(第4卷)1965～1969	2014—04	28.00	280
历届美国中学生数学竞赛试题及解答(第5卷)1970～1972	2014—06	18.00	281
历届美国中学生数学竞赛试题及解答(第6卷)1973～1980	2017—07	18.00	768
历届美国中学生数学竞赛试题及解答(第7卷)1981～1986	2015—01	18.00	424
历届美国中学生数学竞赛试题及解答(第8卷)1987～1990	2017—05	18.00	769
历届国际数学奥林匹克试题集	2023—09	158.00	1701
历届中国数学奥林匹克试题及解答	2025—07	68.00	1844
历届加拿大数学奥林匹克试题集	2012—08	38.00	215
历届美国数学奥林匹克试题集	2023—08	98.00	1681
历届波兰数学竞赛试题集.第1卷,1949～1963	2015—03	18.00	453
历届波兰数学竞赛试题集.第2卷,1964～1976	2015—03	18.00	454
历届巴尔干数学奥林匹克试题集	2015—05	38.00	466
历届CGMO试题及解答	2024—03	48.00	1717
保加利亚数学奥林匹克	2014—10	38.00	393
圣彼得堡数学奥林匹克试题集	2015—01	38.00	429
匈牙利奥林匹克数学竞赛题解.第1卷	2016—05	28.00	593
匈牙利奥林匹克数学竞赛题解.第2卷	2016—05	28.00	594
历届美国数学邀请赛试题集(第2版)	2017—10	78.00	851
全美高中数学竞赛:纽约州数学竞赛(1989—1994)	2024—08	48.00	1740
普林斯顿大学数学竞赛	2016—06	38.00	669
亚太地区数学奥林匹克竞赛题	2015—07	18.00	492
日本历届(初级)广中杯数学竞赛试题及解答.第1卷(2000～2007)	2016—05	28.00	641
日本历届(初级)广中杯数学竞赛试题及解答.第2卷(2008～2015)	2016—05	38.00	642
越南数学奥林匹克题选:1962—2009	2021—07	48.00	1370
罗马尼亚大师杯数学竞赛试题及解答	2024—09	48.00	1746
欧洲女子数学奥林匹克	2024—04	48.00	1723
360个数学竞赛问题	2016—08	58.00	677

刘培杰数学工作室
已出版(即将出版)图书目录——初等数学

书　　名	出版时间	定　价	编号
奥数最佳实战题.上卷	2017—06	38.00	760
奥数最佳实战题.下卷	2017—05	58.00	761
解决问题的策略	2024—08	48.00	1742
哈尔滨市早期中学数学竞赛试题汇编	2016—07	28.00	672
全国高中数学联赛试题及解答:1981—2019(第 4 版)	2020—07	138.00	1176
2024 年全国高中数学联合竞赛模拟题集	2024—01	38.00	1702
20 世纪 50 年代全国部分城市数学竞赛试题汇编	2017—07	28.00	797
国内外数学竞赛题及精解:2018—2019	2020—08	45.00	1192
国内外数学竞赛题及精解:2019—2020	2021—11	58.00	1439
许康华竞赛优学精选集.第一辑	2018—08	68.00	949
天问叶班数学问题征解 100 题.Ⅰ,2016—2018	2019—05	88.00	1075
天问叶班数学问题征解 100 题.Ⅱ,2017—2019	2020—07	98.00	1177
美国初中数学竞赛:AMC8 准备(共 6 卷)	2019—07	138.00	1089
美国高中数学竞赛:AMC10 准备(共 6 卷)	2019—08	158.00	1105
中国数学奥林匹克国家集训队选拔试题背景研究	2015—01	78.00	1781
历届国际 Zhautykov 数学奥林匹克试题及解答 2005～2025	2025—06	48.00	1823

高考数学核心题型解题方法与技巧	2010—01	28.00	86
高考数学压轴题解题诀窍(上)(第 2 版)	2018—01	58.00	874
高考数学压轴题解题诀窍(下)(第 2 版)	2018—01	48.00	875
突破高考数学新定义创新压轴题	2024—08	88.00	1741
应当这样解答高考题:十年高考真题创新解法集萃	2025—03	98.00	1814
向量法巧解数学高考题	2009—08	28.00	54
高中数学课堂教学的实践与反思	2021—11	48.00	791
数学高考参考	2016—01	78.00	589
新课程标准高考数学解答题各种题型解法指导	2020—08	78.00	1196
全国及各省市高考数学试题审题要津与解法研究	2015—02	48.00	450
高中数学章节起始课的教学研究与案例设计	2019—05	28.00	1064
新课标高考数学——五年试题分章详解(2007～2011)(上、下)	2011—10	78.00	140,141
全国中考数学压轴题审题要津与解法研究	2013—04	78.00	248
新编全国及各省市中考数学压轴题审题要津与解法研究	2014—05	58.00	342
全国及各省市 5 年中考数学压轴题审题要津与解法研究(2015 版)	2015—04	58.00	462
中考数学专题总复习	2007—04	28.00	6
中考数学较难题常考题型解题方法与技巧	2016—09	48.00	681
中考数学难题常考题型解题方法与技巧	2016—09	48.00	682
中考数学中档题常考题型解题方法与技巧	2017—08	68.00	835
中考数学选择填空压轴好题妙解 365	2024—01	80.00	1698
中考数学:三类重点考题的解法例析与习题	2020—04	48.00	1140
中小学数学的历史文化	2019—11	48.00	1124
小升初衔接数学	2024—06	68.00	1734
赢在小升初——数学	2024—08	78.00	1739
初中平面几何百题多思创新解	2020—01	58.00	1125
初中数学中考备考	2020—01	58.00	1126
高考数学之九章演义	2019—08	68.00	1044
高考数学之难题谈笑间	2022—06	68.00	1519
化学可以这样学:高中化学知识方法智慧感悟疑难辨析	2019—07	58.00	1103
如何成为学习高手	2019—09	58.00	1107
高考数学:经典真题分类解析	2020—04	78.00	1134
高考数学解答题破解策略	2020—11	58.00	1221
从分析解题过程学解题:高考压轴题与竞赛题之关系探究	2020—08	88.00	1179
从分析解题过程学解题:数学高考与竞赛的互联互通探究	2024—06	88.00	1735
教学新思考:单元整体视角下的初中数学教学设计	2021—03	58.00	1278
思维再拓展:2020 年经典几何题的多解探究与思考	即将出版		1279
十年高考数学试题创新与经典研究:基于高中数学大概念的视角	2024—10	58.00	1777
高中数学题型全解(全 5 册)	2024—10	298.00	1778
中考数学小压轴汇编初讲	2017—07	48.00	788
中考数学大压轴专题微言	2017—09	48.00	846

刘培杰数学工作室
已出版(即将出版)图书目录——初等数学

书　　名	出版时间	定　价	编号
怎么解中考平面几何探索题	2019－06	48.00	1093
北京中考数学压轴题解题方法突破(第 10 版)	2024－11	88.00	1780
高考数学奇思妙解	2016－04	38.00	610
高考数学解题策略	2016－05	48.00	670
数学解题泄天机(第 2 版)	2017－10	48.00	850
高中物理教学讲义	2018－01	48.00	871
高中物理教学讲义:全模块	2022－03	98.00	1492
高中物理答疑解惑 65 篇	2021－11	48.00	1462
中学物理基础问题解析	2020－08	48.00	1183
初中数学、高中数学脱节知识补缺教材	2017－06	48.00	766
高考数学客观题解题方法和技巧	2017－10	38.00	847
十年高考数学精品试题审题要津与解法研究	2021－10	98.00	1427
中国历届高考数学试题及解答.1949－1979	2018－01	38.00	877
历届中国高考数学试题及解答.第二卷,1980—1989	2018－10	28.00	975
历届中国高考数学试题及解答.第三卷,1990—1999	2018－10	48.00	976
跟我学解高中数学题	2018－07	58.00	926
中学数学研究的方法及案例	2018－05	58.00	869
高考数学抢分技能	2018－07	68.00	934
高一新生常用数学方法和重要数学思想提升教材	2018－06	38.00	921
高考数学全国卷六道解答题常考题型解题诀窍:理科(全 2 册)	2019－07	78.00	1101
高考数学全国卷 16 道选择、填空题常考题型解题诀窍.理科	2018－09	88.00	971
高考数学全国卷 16 道选择、填空题常考题型解题诀窍.文科	2020－01	88.00	1123
高中数学一题多解	2019－06	58.00	1087
历届中国高考数学试题及解答:1917－1999	2021－08	118.00	1371
2000～2003 年全国及各省市高考数学试题及解答	2022－05	88.00	1499
2004 年全国及各省市高考数学试题及解答	2023－08	78.00	1500
2005 年全国及各省市高考数学试题及解答	2023－08	78.00	1501
2006 年全国及各省市高考数学试题及解答	2023－08	88.00	1502
2007 年全国及各省市高考数学试题及解答	2023－08	98.00	1503
2008 年全国及各省市高考数学试题及解答	2023－08	88.00	1504
2009 年全国及各省市高考数学试题及解答	2023－08	88.00	1505
2010 年全国及各省市高考数学试题及解答	2023－08	98.00	1506
2011～2017 年全国及各省市高考数学试题及解答	2024－01	78.00	1507
2018～2023 年全国及各省市高考数学试题及解答	2024－03	78.00	1709
突破高原:高中数学解题思维探究	2021－08	48.00	1375
高考数学中的“取值范围”	2021－10	48.00	1429
新课程标准高中数学各种题型解法大全.必修一分册	2021－06	58.00	1315
新课程标准高中数学各种题型解法大全.必修二分册	2022－01	68.00	1471
高中数学各种题型解法大全.选择性必修一分册	2022－06	68.00	1525
高中数学各种题型解法大全.选择性必修二分册	2023－01	58.00	1600
高中数学各种题型解法大全.选择性必修三分册	2023－04	48.00	1643
高中数学专题研究	2024－05	88.00	1722
历届全国初中数学竞赛经典试题详解	2023－04	88.00	1624
孟祥礼高考数学精刷精解	2023－06	98.00	1663
新高考数学第二轮复习讲义	2025－01	88.00	1808
新编 640 个世界著名数学智力趣题	2014－01	88.00	242
500 个最新世界著名数学智力趣题	2008－06	48.00	3
400 个最新世界著名数学最值问题	2008－09	48.00	36
500 个世界著名数学征解问题	2009－06	48.00	52
400 个中国最佳初等数学征解老问题	2010－01	48.00	60
500 个俄罗斯数学经典老题	2011－01	28.00	81
1000 个国外中学物理好题	2012－04	48.00	174
300 个日本高考数学题	2012－05	38.00	142
700 个早期日本高考数学试题	2017－02	88.00	752

刘培杰数学工作室
已出版(即将出版)图书目录——初等数学

书　　名	出版时间	定　价	编号
500 个前苏联早期高考数学试题及解答	2012—05	28.00	185
546 个早期俄罗斯大学生数学竞赛题	2014—03	38.00	285
548 个来自美苏的数学好问题	2014—11	28.00	396
20 所苏联著名大学早期入学试题	2015—02	18.00	452
161 道德国工科大学生必做的微分方程习题	2015—05	28.00	469
500 个德国工科大学生必做的高数习题	2015—06	28.00	478
360 个数学竞赛问题	2016—08	58.00	677
200 个趣味数学故事	2018—02	48.00	857
470 个数学奥林匹克中的最值问题	2018—10	88.00	985
德国讲义日本考题．微积分卷	2015—04	48.00	456
德国讲义日本考题．微分方程卷	2015—04	38.00	457
二十世纪中叶中、英、美、日、法、俄高考数学试题精选	2017—06	38.00	783
中国初等数学研究　2009 卷(第 1 辑)	2009—05	20.00	45
中国初等数学研究　2010 卷(第 2 辑)	2010—05	30.00	68
中国初等数学研究　2011 卷(第 3 辑)	2011—07	60.00	127
中国初等数学研究　2012 卷(第 4 辑)	2012—07	48.00	190
中国初等数学研究　2014 卷(第 5 辑)	2014—02	48.00	288
中国初等数学研究　2015 卷(第 6 辑)	2015—06	68.00	493
中国初等数学研究　2016 卷(第 7 辑)	2016—04	68.00	609
中国初等数学研究　2017 卷(第 8 辑)	2017—01	98.00	712
初等数学研究在中国．第 1 辑	2019—03	158.00	1024
初等数学研究在中国．第 2 辑	2019—10	158.00	1116
初等数学研究在中国．第 3 辑	2021—05	158.00	1306
初等数学研究在中国．第 4 辑	2022—06	158.00	1520
初等数学研究在中国．第 5 辑	2023—07	158.00	1635
初等数学研究在中国．第 6 辑	2025—07	198.00	1825
几何变换(Ⅰ)	2014—07	28.00	353
几何变换(Ⅱ)	2015—06	28.00	354
几何变换(Ⅲ)	2015—01	38.00	355
几何变换(Ⅳ)	2015—12	38.00	356
初等数论难题集(第一卷)	2009—05	68.00	44
初等数论难题集(第二卷)(上、下)	2011—02	128.00	82,83
数论概貌	2011—03	18.00	93
代数数论(第二版)	2013—08	58.00	94
代数多项式	2014—06	38.00	289
初等数论的知识与问题	2011—02	28.00	95
超越数论基础	2011—03	28.00	96
数论初等教程	2011—03	28.00	97
数论基础	2011—03	18.00	98
数论基础与维诺格拉多夫	2014—03	18.00	292
解析数论基础	2012—08	28.00	216
解析数论基础(第二版)	2014—01	48.00	287
解析数论问题集(第二版)(原版引进)	2014—05	88.00	343
解析数论问题集(第二版)(中译本)	2016—04	88.00	607
解析数论基础(潘承洞,潘承彪著)	2016—07	98.00	673
解析数论导引	2016—07	58.00	674
数论入门	2011—03	38.00	99
代数数论入门	2015—03	38.00	448

刘培杰数学工作室
已出版(即将出版)图书目录——初等数学

书　　名	出版时间	定　价	编号
数论开篇	2012－07	28.00	194
解析数论引论	2011－03	48.00	100
Barban Davenport Halberstam 均值和	2009－01	40.00	33
基础数论	2011－03	28.00	101
初等数论 100 例	2011－05	18.00	122
初等数论经典例题	2012－07	18.00	204
最新世界各国数学奥林匹克中的初等数论试题(上、下)	2012－01	138.00	144,145
初等数论(Ⅰ)	2012－01	18.00	156
初等数论(Ⅱ)	2012－01	18.00	157
初等数论(Ⅲ)	2012－01	28.00	158
平面几何与数论中未解决的新老问题	2013－01	68.00	229
代数数论简史	2014－11	28.00	408
代数数论	2015－09	88.00	532
代数、数论及分析习题集	2016－11	98.00	695
数论导引提要及习题解答	2016－01	48.00	559
素数定理的初等证明. 第 2 版	2016－09	48.00	686
数论中的模函数与狄利克雷级数(第二版)	2017－11	78.00	837
数论:数学导引	2018－01	68.00	849
范氏大代数	2019－02	98.00	1016
解析数学讲义. 第一卷,导来式及微分、积分、级数	2019－04	88.00	1021
解析数学讲义. 第二卷,关于几何的应用	2019－04	68.00	1022
解析数学讲义. 第三卷,解析函数论	2019－04	78.00	1023
分析·组合·数论纵横谈	2019－04	58.00	1039
Hall 代数:民国时期的中学数学课本:英文	2019－08	88.00	1106
基谢廖夫初等代数	2022－07	38.00	1531
基谢廖夫算术	2024－05	48.00	1725

数学精神巡礼	2019－01	58.00	731
数学眼光透视(第 2 版)	2017－06	78.00	732
数学思想领悟(第 2 版)	2018－01	68.00	733
数学方法溯源(第 2 版)	2018－08	68.00	734
数学解题引论	2017－05	58.00	735
数学史话览胜(第 2 版)	2017－01	48.00	736
数学应用展观(第 2 版)	2017－08	68.00	737
数学建模尝试	2018－04	48.00	738
数学竞赛采风	2018－01	68.00	739
数学测评探营	2019－05	58.00	740
数学技能操握	2018－03	48.00	741
数学欣赏拾趣	2018－02	48.00	742

从毕达哥拉斯到怀尔斯	2007－10	48.00	9
从迪利克雷到维斯卡尔迪	2008－01	48.00	21
从哥德巴赫到陈景润	2008－05	98.00	35
从庞加莱到佩雷尔曼	2011－08	138.00	136

博弈论精粹	2008－03	58.00	30
博弈论精粹. 第二版(精装)	2015－01	88.00	461
数学 我爱你	2008－01	28.00	20
精神的圣徒　别样的人生——60 位中国数学家成长的历程	2008－09	48.00	39
数学史概论	2009－06	78.00	50
归纳科学史(全 2 卷)	2025－03	298.00	1817
时间 空间 物质:数学形式及其在物理中的应用	2025－06	88.00	1822

刘培杰数学工作室
已出版(即将出版)图书目录——初等数学

书　名	出版时间	定　价	编号
数学史概论(精装)	2013－03	158.00	272
数学史选讲	2016－01	48.00	544
斐波那契数列	2010－02	28.00	65
数学拼盘和斐波那契魔方	2010－07	38.00	72
斐波那契数列欣赏(第2版)	2018－08	58.00	948
Fibonacci 数列中的明珠	2018－06	58.00	928
数学的创造	2011－02	48.00	85
数学美与创造力	2016－01	48.00	595
数海拾贝	2016－01	48.00	590
数学中的美(第2版)	2019－04	68.00	1057
数论中的美学	2014－12	38.00	351
数学王者　科学巨人——高斯	2015－01	28.00	428
振兴祖国数学的圆梦之旅:中国初等数学研究史话	2015－06	98.00	490
二十世纪中国数学史料研究	2015－10	48.00	536
《九章算法比类大全》校注	2024－06	198.00	1695
数字谜、数阵图与棋盘覆盖	2016－01	58.00	298
数学概念的进化:一个初步的研究	2023－07	68.00	1683
数学发现的艺术:数学探索中的合情推理	2016－07	58.00	671
活跃在数学中的参数	2016－07	48.00	675
数海趣史	2021－05	98.00	1314
玩转幻中之幻	2023－08	88.00	1682
数学艺术品	2023－09	98.00	1685
数学博弈与游戏	2023－10	68.00	1692
诗人与数学家	2025－06	88.00	1826
数学解题——靠数学思想给力(上)	2011－07	38.00	131
数学解题——靠数学思想给力(中)	2011－07	48.00	132
数学解题——靠数学思想给力(下)	2011－07	38.00	133
我怎样解题	2013－01	48.00	227
数学解题中的物理方法	2011－06	28.00	114
数学解题的特殊方法	2011－06	48.00	115
中学数学计算技巧(第2版)	2020－10	48.00	1220
中学数学证明方法	2012－01	58.00	117
数学趣题巧解	2012－03	28.00	128
高中数学教学通鉴	2015－05	58.00	479
和高中生漫谈:数学与哲学的故事	2014－08	28.00	369
算术问题集	2017－03	38.00	789
张教授讲数学	2018－07	38.00	933
陈永明实话实说数学教学	2020－04	68.00	1132
中学数学学科知识与教学能力	2020－06	58.00	1155
怎样把课讲好:大罕数学教学随笔	2022－03	58.00	1484
中国高考评价体系下高考数学探秘	2022－03	48.00	1487
数苑漫步	2024－01	58.00	1670
自主招生考试中的参数方程问题	2015－01	28.00	435
自主招生考试中的极坐标问题	2015－04	28.00	463
近年全国重点大学自主招生数学试题全解及研究.华约卷	2015－02	38.00	441
近年全国重点大学自主招生数学试题全解及研究.北约卷	2016－05	38.00	619
自主招生数学解证宝典	2015－09	48.00	535
中国科学技术大学创新班数学真题解析	2022－03	48.00	1488
中国科学技术大学创新班物理真题解析	2022－03	58.00	1489
格点和面积	2012－07	18.00	191
射影几何趣谈	2012－04	28.00	175
斯潘纳尔引理——从一道加拿大数学奥林匹克试题谈起	2014－01	28.00	228
李普希兹条件——从几道近年高考数学试题谈起	2012－10	18.00	221
拉格朗日中值定理——从一道北京高考试题的解法谈起	2015－10	18.00	197

刘培杰数学工作室
已出版(即将出版)图书目录——初等数学

书　　名	出版时间	定　价	编号
闵科夫斯基定理——从一道清华大学自主招生试题谈起	2014－01	28.00	198
哈尔测度——从一道冬令营试题的背景谈起	2012－08	28.00	202
切比雪夫逼近问题——从一道中国台北数学奥林匹克试题谈起	2013－04	38.00	238
伯恩斯坦多项式与贝齐尔曲面——从一道全国高中数学联赛试题谈起	2013－03	38.00	236
卡塔兰猜想——从一道普特南竞赛试题谈起	2013－06	18.00	256
麦卡锡函数和阿克曼函数——从一道前南斯拉夫数学奥林匹克试题谈起	2012－08	18.00	201
贝蒂定理与拉姆贝克莫斯尔定理——从一个拣石子游戏谈起	2012－08	18.00	217
皮亚诺曲线和豪斯道夫分球定理——从无限集谈起	2012－08	18.00	211
平面凸图形与凸多面体	2012－10	28.00	218
斯坦因豪斯问题——从一道二十五省市自治区中学数学竞赛试题谈起	2012－07	18.00	196
纽结理论中的亚历山大多项式与琼斯多项式——从一道北京市高一数学竞赛试题谈起	2012－07	28.00	195
原则与策略——从波利亚"解题表"谈起	2013－04	38.00	244
转化与化归——从三大尺规作图不能问题谈起	2012－08	28.00	214
代数几何中的贝祖定理(第一版)——从一道 IMO 试题的解法谈起	2013－08	18.00	193
成功连贯理论与约当块理论——从一道比利时数学竞赛试题谈起	2012－04	18.00	180
素数判定与大数分解	2014－08	18.00	199
置换多项式及其应用	2012－10	18.00	220
椭圆函数与模函数——从一道美国加州大学洛杉矶分校(UCLA)博士资格考题谈起	2012－10	28.00	219
差分方程的拉格朗日方法——从一道 2011 年全国高考理科试题的解法谈起	2012－08	28.00	200
力学在几何中的一些应用	2013－01	38.00	240
从根式解到伽罗华理论	2020－01	48.00	1121
康托洛维奇不等式——从一道全国高中联赛试题谈起	2013－03	28.00	337
拉克斯定理和阿廷定理——从一道 IMO 试题的解法谈起	2014－01	58.00	246
毕卡大定理——从一道美国大学数学竞赛试题谈起	2014－07	18.00	350
拉格朗日乘子定理——从一道 2005 年全国高中联赛试题的高等数学解法谈起	2015－05	28.00	480
雅可比定理——从一道日本数学奥林匹克试题谈起	2013－04	48.00	249
李天岩一约克定理——从一道波兰数学竞赛试题谈起	2014－06	28.00	349
受控理论与初等不等式——从一道 IMO 试题的解法谈起	2023－03	48.00	1601
布劳维不动点定理——从一道前苏联数学奥林匹克试题谈起	2014－01	38.00	273
莫德尔－韦伊定理——从一道日本数学奥林匹克试题谈起	2024－10	48.00	1602
整勾股数问题——从一道美国高中数学试题谈起	2025－07	38.00	1604
斯蒂尔杰斯积分——从一道国际大学生数学竞赛试题的解法谈起	2024－10	68.00	1605
切博塔廖夫猜想——从一道 1978 年全国高中数学竞赛试题谈起	2024－10	38.00	1606
卡西尼卵形线——从一道高中数学期中考试试题谈起	2024－10	48.00	1607
格罗斯问题——亚纯函数的唯一性问题	2024－10	48.00	1608
布格尔问题——从一道第 6 届全国中学生物理竞赛预赛试题谈起	2024－09	68.00	1609
莱布尼茨定理——微分几何中的包络问题	2025－01	38.00	1610
多项式逼近问题——从一道美国大学生数学竞赛试题谈起	2024－10	48.00	1748
贝克码与编码理论——从一道全国高中数学联赛二试试题的解法谈起	2025－03	48.00	1751
托姆突变理论浅谈——从一道普特南数学竞赛试题的解法谈起	2025－06	58.00	1752
沙可夫斯基定理——从一道韩国数学奥林匹克竞赛试题的解法谈起	2025－01	68.00	1753
中国剩余定理——总数法构建中国历史年表	2015－01	28.00	430

刘培杰数学工作室
已出版(即将出版)图书目录——初等数学

书　　名	出版时间	定　价	编号
斯特林公式——从一道 2023 年高考数学(天津卷)试题的背景谈起	2025－01	28.00	1754
外索夫博弈——从一道瑞士国家队选拔考试试题谈起	2025－03	48.00	1755
分圆多项式——从一道美国国家队选拔考试试题的解法谈起	2025－01	48.00	1786
伊万诺夫的反例——分圆多项式的系数问题	2025－07	68.00	1791
费马数与广义费马数——从一道 USAMO 试题的解法谈起	2025－01	48.00	1794
拉比诺维奇定理	即将出版		
刘维尔定理——从一道《美国数学月刊》征解问题的解法谈起	即将出版		
卡塔兰恒等式与级数求和——从一道 IMO 试题的解法谈起	即将出版		
勒让德猜想与素数分布——从一道爱尔兰竞赛试题谈起	即将出版		
天平称重与信息论——从一道基辅市数学奥林匹克试题谈起	即将出版		
哈密尔顿－凯莱定理:从一道高中数学联赛试题的解法谈起	2014－09	18.00	376
艾思特曼定理——从一道 CMO 试题的解法谈起	即将出版		
阿贝尔恒等式与经典不等式及应用	2018－06	98.00	923
迪利克雷除数问题	2018－07	48.00	930
幻方、幻立方与拉丁方	2019－08	48.00	1092
帕斯卡三角形	2014－03	18.00	294
蒲丰投针问题——从 2009 年清华大学的一道自主招生试题谈起	2014－01	38.00	295
斯图姆定理——从一道“华约”自主招生试题的解法谈起	2014－01	18.00	296
许瓦兹引理——从一道加利福尼亚大学伯克利分校数学系博士生试题谈起	2014－08	18.00	297
拉姆塞定理——从王诗宬院士的一个问题谈起	2016－04	48.00	299
坐标法	2013－12	28.00	332
数论三角形	2014－04	38.00	341
毕克定理	2014－07	18.00	352
数林掠影	2014－09	48.00	389
我们周围的概率	2014－10	38.00	390
凸函数最值定理:从一道华约自主招生题的解法谈起	2014－10	28.00	391
易学与数学奥林匹克	2014－10	38.00	392
生物数学趣谈	2015－01	18.00	409
反演	2015－01	28.00	420
因式分解与圆锥曲线	2015－01	18.00	426
轨迹	2015－01	28.00	427
面积原理:从常庚哲命的一道 CMO 试题的积分解法谈起	2015－01	48.00	431
形形色色的不动点定理:从一道 28 届 IMO 试题谈起	2015－01	38.00	439
柯西函数方程:从一道上海交大自主招生的试题谈起	2015－02	28.00	440
三角恒等式	2015－02	28.00	442
无理性判定:从一道 2014 年“北约”自主招生试题谈起	2015－01	38.00	443
数学归纳法	2015－03	18.00	451
极端原理与解题	2015－04	28.00	464
法雷级数	2014－08	18.00	367
摆线族	2015－01	38.00	438
函数方程及其解法	2015－05	38.00	470
含参数的方程和不等式	2012－09	28.00	213
希尔伯特第十问题	2016－01	38.00	543
无穷小量的求和	2016－01	28.00	545
切比雪夫多项式:从一道清华大学金秋营试题谈起	2016－01	38.00	583
泽肯多夫定理	2016－03	38.00	599
代数等式证题法	2016－01	28.00	600
三角等式证题法	2016－01	28.00	601
吴大任教授藏书中的一个因式分解公式:从一道美国数学邀请赛试题的解法谈起	2016－06	28.00	656
易卦——类万物的数学模型	2017－08	68.00	838
“不可思议”的数与数系可持续发展	2018－01	38.00	878
最短线	2018－01	38.00	879
数学在天文、地理、光学、机械力学中的一些应用	2023－03	88.00	1576
从阿基米德三角形谈起	2023－01	28.00	1578

刘培杰数学工作室
已出版(即将出版)图书目录——初等数学

书　　名	出版时间	定　价	编号
幻方和魔方(第一卷)	2012—05	68.00	173
尘封的经典——初等数学经典文献选读(第一卷)	2012—07	48.00	205
尘封的经典——初等数学经典文献选读(第二卷)	2012—07	38.00	206
初级方程式论	2011—03	28.00	106
初等数学研究(Ⅰ)	2008—09	68.00	37
初等数学研究(Ⅱ)(上、下)	2009—05	118.00	46,47
初等数学专题研究	2022—10	68.00	1568
趣味初等方程妙题集锦	2014—09	48.00	388
趣味初等数论选美与欣赏	2015—02	48.00	445
耕读笔记(上卷):一位农民数学爱好者的初数探索	2015—04	28.00	459
耕读笔记(中卷):一位农民数学爱好者的初数探索	2015—05	28.00	483
耕读笔记(下卷):一位农民数学爱好者的初数探索	2015—05	28.00	484
几何不等式研究与欣赏.上卷	2016—01	88.00	547
几何不等式研究与欣赏.下卷	2016—01	48.00	552
初等数列研究与欣赏·上	2016—01	48.00	570
初等数列研究与欣赏·下	2016—01	48.00	571
趣味初等函数研究与欣赏.上	2016—09	48.00	684
趣味初等函数研究与欣赏.下	2018—09	48.00	685
三角不等式研究与欣赏	2020—10	68.00	1197
新编平面解析几何解题方法研究与欣赏	2021—10	78.00	1426
火柴游戏(第2版)	2022—05	38.00	1493
智力解谜.第1卷	2017—07	38.00	613
智力解谜.第2卷	2017—07	38.00	614
故事智力	2016—07	48.00	615
名人们喜欢的智力问题	2020—01	48.00	616
数学大师的发现、创造与失误	2018—01	48.00	617
异曲同工	2018—09	48.00	618
数学的味道(第2版)	2023—10	68.00	1686
数学千字文	2018—10	68.00	977
数贝偶拾——高考数学题研究	2014—04	28.00	274
数贝偶拾——初等数学研究	2014—04	38.00	275
数贝偶拾——奥数题研究	2014—04	48.00	276
钱昌本教你快乐学数学(上)	2011—12	48.00	155
钱昌本教你快乐学数学(下)	2012—03	58.00	171
集合、函数与方程	2014—01	28.00	300
数列与不等式	2014—01	38.00	301
三角与平面向量	2014—01	28.00	302
平面解析几何	2014—01	38.00	303
立体几何与组合	2014—01	28.00	304
极限与导数、数学归纳法	2014—01	38.00	305
趣味数学	2014—03	28.00	306
教材教法	2014—04	68.00	307
自主招生	2014—05	58.00	308
高考压轴题(上)	2015—01	48.00	309
高考压轴题(下)	2014—10	68.00	310

刘培杰数学工作室
已出版(即将出版)图书目录——初等数学

书　　名	出版时间	定　价	编号
从费马到怀尔斯——费马大定理的历史	2013—10	198.00	Ⅰ
从庞加莱到佩雷尔曼——庞加莱猜想的历史	2013—10	298.00	Ⅱ
从切比雪夫到爱尔特希(上)——素数定理的初等证明	2013—07	48.00	Ⅲ
从切比雪夫到爱尔特希(下)——素数定理100年	2012—12	98.00	Ⅲ
从高斯到盖尔方特——二次域的高斯猜想	2013—10	198.00	Ⅳ
从库默尔到朗兰兹——朗兰兹猜想的历史	2014—01	98.00	Ⅴ
从比勃巴赫到德布朗斯——比勃巴赫猜想的历史	2014—02	298.00	Ⅵ
从麦比乌斯到陈省身——麦比乌斯变换与麦比乌斯带	2014—02	298.00	Ⅶ
从布尔到豪斯道夫——布尔方程与格论漫谈	2013—10	198.00	Ⅷ
从开普勒到阿诺德——三体问题的历史	2014—05	298.00	Ⅸ
从华林到华罗庚——华林问题的历史	2013—10	298.00	Ⅹ

美国高中数学竞赛五十讲.第1卷(英文)	2014—08	28.00	357
美国高中数学竞赛五十讲.第2卷(英文)	2014—08	28.00	358
美国高中数学竞赛五十讲.第3卷(英文)	2014—09	28.00	359
美国高中数学竞赛五十讲.第4卷(英文)	2014—09	28.00	360
美国高中数学竞赛五十讲.第5卷(英文)	2014—10	28.00	361
美国高中数学竞赛五十讲.第6卷(英文)	2014—11	28.00	362
美国高中数学竞赛五十讲.第7卷(英文)	2014—12	28.00	363
美国高中数学竞赛五十讲.第8卷(英文)	2015—01	28.00	364
美国高中数学竞赛五十讲.第9卷(英文)	2015—01	28.00	365
美国高中数学竞赛五十讲.第10卷(英文)	2015—02	38.00	366

三角函数(第2版)	2017—04	38.00	626
不等式	2014—01	38.00	312
数列	2014—01	38.00	313
方程(第2版)	2017—04	38.00	624
排列和组合	2014—01	28.00	315
极限与导数(第2版)	2016—04	38.00	635
向量(第2版)	2018—08	58.00	627
复数及其应用	2014—08	28.00	318
函数	2014—01	38.00	319
集合	2020—01	48.00	320
直线与平面	2014—01	28.00	321
立体几何(第2版)	2016—04	38.00	629
解三角形	2025—01	88.00	323
直线与圆(第2版)	2016—11	38.00	631
圆锥曲线(第2版)	2016—09	48.00	632
解题通法(一)	2014—07	38.00	326
解题通法(二)	2014—07	38.00	327
解题通法(三)	2014—05	38.00	328
概率与统计	2014—01	28.00	329
信息迁移与算法	即将出版		330

刘培杰数学工作室
已出版(即将出版)图书目录——初等数学

书　　名	出版时间	定　价	编号
IMO 50 年. 第 1 卷(1959－1963)	2014－11	28.00	377
IMO 50 年. 第 2 卷(1964－1968)	2014－11	28.00	378
IMO 50 年. 第 3 卷(1969－1973)	2014－09	28.00	379
IMO 50 年. 第 4 卷(1974－1978)	2016－04	38.00	380
IMO 50 年. 第 5 卷(1979－1984)	2015－04	38.00	381
IMO 50 年. 第 6 卷(1985－1989)	2015－04	58.00	382
IMO 50 年. 第 7 卷(1990－1994)	2016－01	48.00	383
IMO 50 年. 第 8 卷(1995－1999)	2016－06	38.00	384
IMO 50 年. 第 9 卷(2000－2004)	2015－04	58.00	385
IMO 50 年. 第 10 卷(2005－2009)	2016－01	48.00	386
IMO 50 年. 第 11 卷(2010－2015)	2017－03	48.00	646
数学反思(2006—2007)	2020－09	88.00	915
数学反思(2008—2009)	2019－01	68.00	917
数学反思(2010—2011)	2018－05	58.00	916
数学反思(2012—2013)	2019－01	58.00	918
数学反思(2014—2015)	2019－03	78.00	919
数学反思(2016—2017)	2021－03	58.00	1286
数学反思(2018—2019)	2023－01	88.00	1593
历届美国大学生数学竞赛试题集. 第一卷(1938—1949)	2015－01	28.00	397
历届美国大学生数学竞赛试题集. 第二卷(1950—1959)	2015－01	28.00	398
历届美国大学生数学竞赛试题集. 第三卷(1960—1969)	2015－01	28.00	399
历届美国大学生数学竞赛试题集. 第四卷(1970—1979)	2015－01	18.00	400
历届美国大学生数学竞赛试题集. 第五卷(1980—1989)	2015－01	28.00	401
历届美国大学生数学竞赛试题集. 第六卷(1990—1999)	2015－01	28.00	402
历届美国大学生数学竞赛试题集. 第七卷(2000—2009)	2015－08	18.00	403
历届美国大学生数学竞赛试题集. 第八卷(2010—2012)	2015－01	18.00	404
新课标高考数学创新题解题诀窍:总论	2014－09	28.00	372
新课标高考数学创新题解题诀窍:必修 1～5 分册	2014－08	38.00	373
新课标高考数学创新题解题诀窍:选修 2－1,2－2,1－1,1－2分册	2014－09	38.00	374
新课标高考数学创新题解题诀窍:选修 2－3,4－4,4－5 分册	2014－09	18.00	375
全国重点大学自主招生英文数学试题全攻略:词汇卷	2015－07	48.00	410
全国重点大学自主招生英文数学试题全攻略:概念卷	2015－01	28.00	411
全国重点大学自主招生英文数学试题全攻略:文章选读卷(上)	2016－09	38.00	412
全国重点大学自主招生英文数学试题全攻略:文章选读卷(下)	2017－01	58.00	413
全国重点大学自主招生英文数学试题全攻略:试题卷	2015－07	38.00	414
全国重点大学自主招生英文数学试题全攻略:名著欣赏卷	2017－03	48.00	415
劳埃德数学趣题大全. 题目卷. 1:英文	2016－01	18.00	516
劳埃德数学趣题大全. 题目卷. 2:英文	2016－01	18.00	517
劳埃德数学趣题大全. 题目卷. 3:英文	2016－01	18.00	518
劳埃德数学趣题大全. 题目卷. 4:英文	2016－01	18.00	519
劳埃德数学趣题大全. 题目卷. 5:英文	2016－01	18.00	520
劳埃德数学趣题大全. 答案卷:英文	2016－01	18.00	521

刘培杰数学工作室
已出版(即将出版)图书目录——初等数学

书 名	出版时间	定 价	编号
李成章教练奥数笔记.第1卷	2016-01	48.00	522
李成章教练奥数笔记.第2卷	2016-01	48.00	523
李成章教练奥数笔记.第3卷	2016-01	38.00	524
李成章教练奥数笔记.第4卷	2016-01	38.00	525
李成章教练奥数笔记.第5卷	2016-01	38.00	526
李成章教练奥数笔记.第6卷	2016-01	38.00	527
李成章教练奥数笔记.第7卷	2016-01	38.00	528
李成章教练奥数笔记.第8卷	2016-01	48.00	529
李成章教练奥数笔记.第9卷	2016-01	28.00	530
第19~23届"希望杯"全国数学邀请赛试题审题要津详细评注(初一版)	2014-03	28.00	333
第19~23届"希望杯"全国数学邀请赛试题审题要津详细评注(初二、初三版)	2014-03	38.00	334
第19~23届"希望杯"全国数学邀请赛试题审题要津详细评注(高一版)	2014-03	28.00	335
第19~23届"希望杯"全国数学邀请赛试题审题要津详细评注(高二版)	2014-03	38.00	336
第19~25届"希望杯"全国数学邀请赛试题审题要津详细评注(初一版)	2015-01	38.00	416
第19~25届"希望杯"全国数学邀请赛试题审题要津详细评注(初二、初三版)	2015-01	58.00	417
第19~25届"希望杯"全国数学邀请赛试题审题要津详细评注(高一版)	2015-01	48.00	418
第19~25届"希望杯"全国数学邀请赛试题审题要津详细评注(高二版)	2015-01	48.00	419
物理奥林匹克竞赛大题典——力学卷	2014-11	48.00	405
物理奥林匹克竞赛大题典——热学卷	2014-04	28.00	339
物理奥林匹克竞赛大题典——电磁学卷	2015-07	48.00	406
物理奥林匹克竞赛大题典——光学与近代物理卷	2014-06	28.00	345
历届中国东南地区数学奥林匹克试题及解答	2024-06	68.00	1724
历届中国西部地区数学奥林匹克试题集(2001~2012)	2014-07	18.00	347
历届中国女子数学奥林匹克试题集(2002~2012)	2014-08	18.00	348
数学奥林匹克在中国	2014-06	98.00	344
数学奥林匹克问题集	2014-01	38.00	267
数学奥林匹克不等式散论	2010-06	38.00	124
数学奥林匹克不等式欣赏	2011-09	38.00	138
数学奥林匹克超级题库(初中卷上)	2010-01	58.00	66
数学奥林匹克不等式证明方法和技巧(上、下)	2011-08	158.00	134,135
他们学什么:原民主德国中学数学课本	2016-09	38.00	658
他们学什么:英国中学数学课本	2016-09	38.00	659
他们学什么:法国中学数学课本.1	2016-09	38.00	660
他们学什么:法国中学数学课本.2	2016-09	28.00	661
他们学什么:法国中学数学课本.3	2016-09	38.00	662
他们学什么:苏联中学数学课本	2016-09	28.00	679

刘培杰数学工作室
已出版(即将出版)图书目录——初等数学

书　　名	出版时间	定　价	编号
高中数学题典——集合与简易逻辑·函数	2016－07	48.00	647
高中数学题典——导数	2016－07	48.00	648
高中数学题典——三角函数·平面向量	2016－07	48.00	649
高中数学题典——数列	2016－07	58.00	650
高中数学题典——不等式·推理与证明	2016－07	38.00	651
高中数学题典——立体几何	2016－07	48.00	652
高中数学题典——平面解析几何	2016－07	78.00	653
高中数学题典——计数原理·统计·概率·复数	2016－07	48.00	654
高中数学题典——算法·平面几何·初等数论·组合数学·其他	2016－07	68.00	655

台湾地区奥林匹克数学竞赛试题.小学一年级	2017－03	38.00	722
台湾地区奥林匹克数学竞赛试题.小学二年级	2017－03	38.00	723
台湾地区奥林匹克数学竞赛试题.小学三年级	2017－03	38.00	724
台湾地区奥林匹克数学竞赛试题.小学四年级	2017－03	38.00	725
台湾地区奥林匹克数学竞赛试题.小学五年级	2017－03	38.00	726
台湾地区奥林匹克数学竞赛试题.小学六年级	2017－03	38.00	727
台湾地区奥林匹克数学竞赛试题.初中一年级	2017－03	38.00	728
台湾地区奥林匹克数学竞赛试题.初中二年级	2017－03	38.00	729
台湾地区奥林匹克数学竞赛试题.初中三年级	2017－03	28.00	730

不等式证题法	2017－04	28.00	747
平面几何培优教程	2019－08	88.00	748
奥数鼎级培优教程.高一分册	2018－09	88.00	749
奥数鼎级培优教程.高二分册.上	2018－04	68.00	750
奥数鼎级培优教程.高二分册.下	2018－04	68.00	751
高中数学竞赛冲刺宝典	2019－04	68.00	883

初中尖子生数学超级题典.实数	2017－07	58.00	792
初中尖子生数学超级题典.式、方程与不等式	2017－08	58.00	793
初中尖子生数学超级题典.圆、面积	2017－08	38.00	794
初中尖子生数学超级题典.函数、逻辑推理	2017－08	48.00	795
初中尖子生数学超级题典.角、线段、三角形与多边形	2017－07	58.00	796

数学王子——高斯	2018－01	48.00	858
坎坷奇星——阿贝尔	2018－01	48.00	859
闪烁奇星——伽罗瓦	2018－01	58.00	860
无穷统帅——康托尔	2018－01	48.00	861
科学公主——柯瓦列夫斯卡娅	2018－01	48.00	862
抽象代数之母——埃米·诺特	2018－01	48.00	863
电脑先驱——图灵	2018－01	58.00	864
昔日神童——维纳	2018－01	48.00	865
数坛怪侠——爱尔特希	2018－01	68.00	866
传奇数学家徐利治	2019－09	88.00	1110

刘培杰数学工作室
已出版(即将出版)图书目录——初等数学

书　　名	出版时间	定　价	编号
当代世界中的数学.数学思想与数学基础	2019—01	38.00	892
当代世界中的数学.数学问题	2019—01	38.00	893
当代世界中的数学.应用数学与数学应用	2019—01	38.00	894
当代世界中的数学.数学王国的新疆域(一)	2019—01	38.00	895
当代世界中的数学.数学王国的新疆域(二)	2019—01	38.00	896
当代世界中的数学.数林撷英(一)	2019—01	38.00	897
当代世界中的数学.数林撷英(二)	2019—01	48.00	898
当代世界中的数学.数学之路	2019—01	38.00	899

105 个代数问题:来自 AwesomeMath 夏季课程	2019—02	58.00	956
106 个几何问题:来自 AwesomeMath 夏季课程	2020—07	58.00	957
107 个几何问题:来自 AwesomeMath 全年课程	2020—07	58.00	958
108 个代数问题:来自 AwesomeMath 全年课程	2019—01	68.00	959
109 个不等式:来自 AwesomeMath 夏季课程	2019—04	58.00	960
110 个几何问题:选自各国数学奥林匹克竞赛	2024—04	58.00	961
111 个代数和数论问题	2019—05	58.00	962
112 个组合问题:来自 AwesomeMath 夏季课程	2019—05	58.00	963
113 个几何不等式:来自 AwesomeMath 夏季课程	2020—08	58.00	964
114 个指数和对数问题:来自 AwesomeMath 夏季课程	2019—09	48.00	965
115 个三角问题:来自 AwesomeMath 夏季课程	2019—09	58.00	966
116 个代数不等式:来自 AwesomeMath 全年课程	2019—04	58.00	967
117 个多项式问题:来自 AwesomeMath 夏季课程	2021—09	58.00	1409
118 个数学竞赛不等式	2022—08	78.00	1526
119 个三角问题	2024—05	58.00	1726
119 个三角问题	2024—05	58.00	1726

紫色彗星国际数学竞赛试题	2019—02	58.00	999
数学竞赛中的数学:为数学爱好者、父母、教师和教练准备的丰富资源.第一部	2020—04	58.00	1141
数学竞赛中的数学:为数学爱好者、父母、教师和教练准备的丰富资源.第二部	2020—07	48.00	1142
和与积	2020—10	38.00	1219
数论:概念和问题	2020—12	68.00	1257
初等数学问题研究	2021—03	48.00	1270
数学奥林匹克中的欧几里得几何	2021—10	68.00	1413
数学奥林匹克题解新编	2022—01	58.00	1430
图论入门	2022—09	58.00	1554
新的、更新的、最新的不等式	2023—07	58.00	1650
几何不等式相关问题	2024—04	58.00	1721
数学归纳法——一种高效而简捷的证明方法	2024—06	48.00	1738
数学竞赛中奇妙的多项式	2024—01	78.00	1646
120 个奇妙的代数问题及 20 个奖励问题	2024—04	48.00	1647
几何不等式相关问题	2024—04	58.00	1721
数学竞赛中的十个代数主题	2024—10	58.00	1745
AwesomeMath 入学测试题:前九年:2006—2014	2024—11	38.00	1644
AwesomeMath 入学测试题:接下来的七年:2015—2021	2024—12	48.00	1782
奥林匹克几何入门	2025—01	48.00	1796
数学太空漫游:21 世纪的立体几何	2025—01	68.00	1810
数学奥林匹克竞赛中的几何引理	2025—04	48.00	1815
罗马尼亚数学问题集	2025—06	68.00	1820

刘培杰数学工作室
已出版(即将出版)图书目录——初等数学

书　　名	出版时间	定　价	编号
澳大利亚中学数学竞赛试题及解答(初级卷)1978～1984	2019—02	28.00	1002
澳大利亚中学数学竞赛试题及解答(初级卷)1985～1991	2019—02	28.00	1003
澳大利亚中学数学竞赛试题及解答(初级卷)1992～1998	2019—02	28.00	1004
澳大利亚中学数学竞赛试题及解答(初级卷)1999～2005	2019—02	28.00	1005
澳大利亚中学数学竞赛试题及解答(中级卷)1978～1984	2019—03	28.00	1006
澳大利亚中学数学竞赛试题及解答(中级卷)1985～1991	2019—03	28.00	1007
澳大利亚中学数学竞赛试题及解答(中级卷)1992～1998	2019—03	28.00	1008
澳大利亚中学数学竞赛试题及解答(中级卷)1999～2005	2019—03	28.00	1009
澳大利亚中学数学竞赛试题及解答(高级卷)1978～1984	2019—05	28.00	1010
澳大利亚中学数学竞赛试题及解答(高级卷)1985～1991	2019—05	28.00	1011
澳大利亚中学数学竞赛试题及解答(高级卷)1992～1998	2019—05	28.00	1012
澳大利亚中学数学竞赛试题及解答(高级卷)1999～2005	2019—05	28.00	1013
天才中小学生智力测验题.第一卷	2019—03	38.00	1026
天才中小学生智力测验题.第二卷	2019—03	38.00	1027
天才中小学生智力测验题.第三卷	2019—03	38.00	1028
天才中小学生智力测验题.第四卷	2019—03	38.00	1029
天才中小学生智力测验题.第五卷	2019—03	38.00	1030
天才中小学生智力测验题.第六卷	2019—03	38.00	1031
天才中小学生智力测验题.第七卷	2019—03	38.00	1032
天才中小学生智力测验题.第八卷	2019—03	38.00	1033
天才中小学生智力测验题.第九卷	2019—03	38.00	1034
天才中小学生智力测验题.第十卷	2019—03	38.00	1035
天才中小学生智力测验题.第十一卷	2019—03	38.00	1036
天才中小学生智力测验题.第十二卷	2019—03	38.00	1037
天才中小学生智力测验题.第十三卷	2019—03	38.00	1038
重点大学自主招生数学备考全书:函数	2020—05	48.00	1047
重点大学自主招生数学备考全书:导数	2020—08	48.00	1048
重点大学自主招生数学备考全书:数列与不等式	2019—10	78.00	1049
重点大学自主招生数学备考全书:三角函数与平面向量	2020—08	68.00	1050
重点大学自主招生数学备考全书:平面解析几何	2020—07	58.00	1051
重点大学自主招生数学备考全书:立体几何与平面几何	2019—08	48.00	1052
重点大学自主招生数学备考全书:排列组合·概率统计·复数	2019—09	48.00	1053
重点大学自主招生数学备考全书:初等数论与组合数学	2019—08	48.00	1054
重点大学自主招生数学备考全书:重点大学自主招生真题.上	2019—04	68.00	1055
重点大学自主招生数学备考全书:重点大学自主招生真题.下	2019—04	58.00	1056
高中数学竞赛培训教程:平面几何问题的求解方法与策略.上	2018—05	68.00	906
高中数学竞赛培训教程:平面几何问题的求解方法与策略.下	2018—06	78.00	907
高中数学竞赛培训教程:整除与同余以及不定方程	2018—01	88.00	908
高中数学竞赛培训教程:组合计数与组合极值	2018—04	48.00	909
高中数学竞赛培训教程:初等代数	2019—04	78.00	1042
高中数学讲座:数学竞赛基础教程(第一册)	2019—06	48.00	1094
高中数学讲座:数学竞赛基础教程(第二册)	即将出版		1095
高中数学讲座:数学竞赛基础教程(第三册)	即将出版		1096
高中数学讲座:数学竞赛基础教程(第四册)	即将出版		1097

刘培杰数学工作室
已出版(即将出版)图书目录——初等数学

书　　名	出版时间	定　价	编号
新编中学数学解题方法 1000 招丛书. 实数(初中版)	2022－05	58.00	1291
新编中学数学解题方法 1000 招丛书. 式(初中版)	2022－05	48.00	1292
新编中学数学解题方法 1000 招丛书. 方程与不等式(初中版)	2021－04	58.00	1293
新编中学数学解题方法 1000 招丛书. 函数(初中版)	2022－05	38.00	1294
新编中学数学解题方法 1000 招丛书. 角(初中版)	2022－05	48.00	1295
新编中学数学解题方法 1000 招丛书. 线段(初中版)	2022－05	48.00	1296
新编中学数学解题方法 1000 招丛书. 三角形与多边形(初中版)	2021－04	48.00	1297
新编中学数学解题方法 1000 招丛书. 圆(初中版)	2022－05	48.00	1298
新编中学数学解题方法 1000 招丛书. 面积(初中版)	2021－07	28.00	1299
新编中学数学解题方法 1000 招丛书. 逻辑推理(初中版)	2022－06	48.00	1300
高中数学题典精编. 第一辑. 函数	2022－01	58.00	1444
高中数学题典精编. 第一辑. 导数	2022－01	68.00	1445
高中数学题典精编. 第一辑. 三角函数・平面向量	2022－01	68.00	1446
高中数学题典精编. 第一辑. 数列	2022－01	58.00	1447
高中数学题典精编. 第一辑. 不等式・推理与证明	2022－01	58.00	1448
高中数学题典精编. 第一辑. 立体几何	2022－01	58.00	1449
高中数学题典精编. 第一辑. 平面解析几何	2022－01	68.00	1450
高中数学题典精编. 第一辑. 统计・概率・平面几何	2022－01	58.00	1451
高中数学题典精编. 第一辑. 初等数论・组合数学・数学文化・解题方法	2022－01	58.00	1452
历届全国初中数学竞赛试题分类解析. 初等代数	2022－09	98.00	1555
历届全国初中数学竞赛试题分类解析. 初等数论	2022－09	48.00	1556
历届全国初中数学竞赛试题分类解析. 平面几何	2022－09	38.00	1557
历届全国初中数学竞赛试题分类解析. 组合	2022－09	38.00	1558
从三道高三数学模拟题的背景谈起:兼谈傅里叶三角级数	2023－03	48.00	1651
从一道日本东京大学的入学试题谈起:兼谈 π 的方方面面	2025－01	68.00	1652
从两道 2021 年福建高三数学测试题谈起:兼谈球面几何学与球面三角学	2025－01	58.00	1653
从一道湖南高考数学试题谈起:兼谈有界变差数列	2024－01	48.00	1654
从一道高校自主招生试题谈起:兼谈詹森函数方程	即将出版		1655
从一道上海高考数学试题谈起:兼谈有界变差函数	即将出版		1656
从一道北京大学金秋营数学试题的解法谈起:兼谈伽罗瓦理论	2024－10	38.00	1657
从一道北京高考数学试题的解法谈起:兼谈毕克定理	即将出版		1658
从一道北京大学金秋营数学试题的解法谈起:兼谈帕塞瓦尔恒等式	2024－10	68.00	1659
从一道高三数学模拟测试题的背景谈起:兼谈等周问题与等周不等式	即将出版		1660
从一道 2020 年全国高考数学试题的解法谈起:兼谈斐波那契数列和纳卡穆拉定理及奥斯图达定理	即将出版		1661
从一道高考数学附加题谈起:兼谈广义斐波那契数列	2025－01	68.00	1662

刘培杰数学工作室
已出版(即将出版)图书目录——初等数学

书　　名	出版时间	定　价	编号
从一道普通高中学业水平考试中数学卷的压轴题谈起——兼谈最佳逼近理论	2024－10	58.00	1759
从一道高考数学试题谈起——兼谈李普希兹条件	即将出版		1760
从一道北京市朝阳区高二期末数学考试题的解法谈起——兼谈希尔宾斯基垫片和分形几何	2025－01	68.00	1761
从一道高考数学试题谈起——兼谈巴拿赫压缩不动点定理	即将出版		1762
从一道中国台湾地区高考数学试题谈起——兼谈费马数与计算数论	即将出版		1763
从 2022 年全国高考数学压轴题的解法谈起——兼谈数值计算中的帕德逼近	2024－10	48.00	1764
从一道清华大学 2022 年强基计划数学测试题的解法谈起——兼谈拉马努金恒等式	即将出版		1765
从一篇有关数学建模的讲义谈起——兼谈信息熵与信息论	即将出版		1766
从一道清华大学自主招生的数学试题谈起——兼谈格点与闵可夫斯基定理	即将出版		1767
从一道 1979 年高考数学试题谈起——兼谈勾股定理和毕达哥拉斯定理	即将出版		1768
从一道 2020 年北京大学"强基计划"数学试题谈起——兼谈微分几何中的包络问题	即将出版		1769
从一道高考数学试题谈起——兼谈香农的信息理论	即将出版		1770

代数学教程.第一卷,集合论	2023－08	58.00	1664
代数学教程.第二卷,抽象代数基础	2023－08	68.00	1665
代数学教程.第三卷,数论原理	2023－08	58.00	1666
代数学教程.第四卷,代数方程式论	2023－08	48.00	1667
代数学教程.第五卷,多项式理论	2023－08	58.00	1668
代数学教程.第六卷,线性代数原理	2024－06	98.00	1669

中考数学培优教程——二次函数卷	2024－05	78.00	1718
中考数学培优教程——平面几何最值卷	2024－05	58.00	1719
中考数学培优教程——专题讲座卷	2024－05	58.00	1720

联系地址:哈尔滨市南岗区复华四道街 10 号　哈尔滨工业大学出版社刘培杰数学工作室
邮　　编:150006
联系电话:0451－86281378　　13904613167
E-mail:lpj1378@163.com